▲ 蝴蝶结

▲ 苹果iPod

▲ 玫瑰花

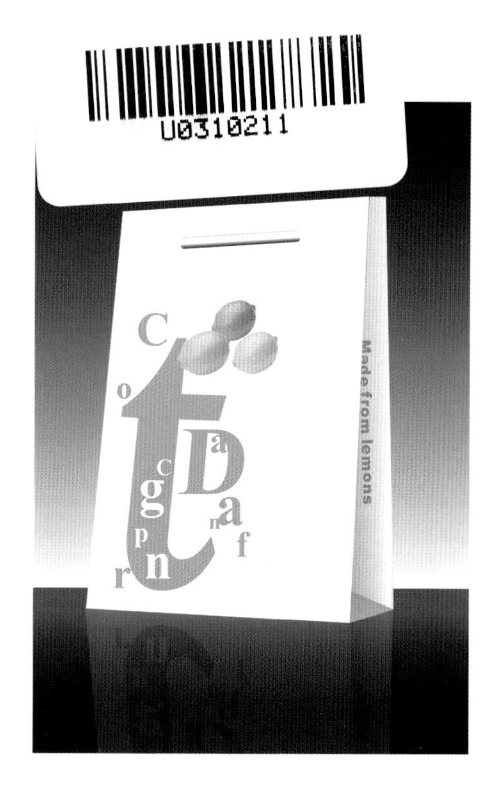

▲ 柠檬手提袋

Welcome to Cartoon Club

We are an international trade company. Located in Guangzhou city, Guangdong, CHINA. Our products of high quality reach world wide countries and areas, like USA, Europe, Asia, etc. Currently we offer anime and classic toys. The products include Plush dolls, action figures, anime clothing, anime wallscrolls, models and many more.

We ship after we received payment. The customer can choose regular EMS first or UPS\DHL\TNT\Fedex as the shipping method. The UPS rates may be higher than the EMS rates. The normal order processing time may be from 2 days to 2 weeks. But most of your orders can be delivered within one week.

We have our own factories.
We can design and produce many cartoon products. Crucial we have good relationships with many ODM factories.
Best Quality, Low Prices, Soon Delivey are our company's purpose to service customer. We're looking for more business friends and need your support.

So if you are interested in our products. Earnest welcome to contact us at any time. We will always provide best quality, price and service for you.

Please state your name, shipping address, phone number, fax number (if you wish your order information and invoice faxed), and e-mail address, if possible.

Clubs and Societies

There are several student clubs and societies covering interests as diverse as drama, mathematics, film, politics, photography and some outdoor pursuits and so on. There is also a student magazine in English, Surf Zone, made and published by the English magazine club under the English Language Centre. Students can meet up and communicate and make friends with others who have the same interests. If there's no society to cover some specific area of interests, students can also set up their own, and if enough people are interested they may even get a grant to do so! Apart from being a fantastic opportunity to make friends and relax outside the classroom, becoming involved in societies is also a chance to gain valuable and practical experience and many graduate employers will ask their applicants about the extra-curricular activities they were involved in at University.

Cartoon Club

It aims to foster students' creativity, imagination and communication skills. The Club shows cartoons or animation films every Wednesday night and is planning to organise "cosplays" when students will dress up as cartoon characters.

If you have any questions, please ask to us freely.

Movie Club is a comprehensive club which creates movies using DV clips shot by students themselves. Currently the club has more than 100 student members. The club has three departments including movie editing, campus interviewing and external interviewing. The club aims at capturing students' daily life in videos and has accomplished more than 10 DV works.

Taekwondo Club aims at promoting martial spirit of taekwondo among the students. The club offers facilities and lessons to help students with the basic movements and spiritual guidance of martial art. These activities can help

▲ 三折页平面效果

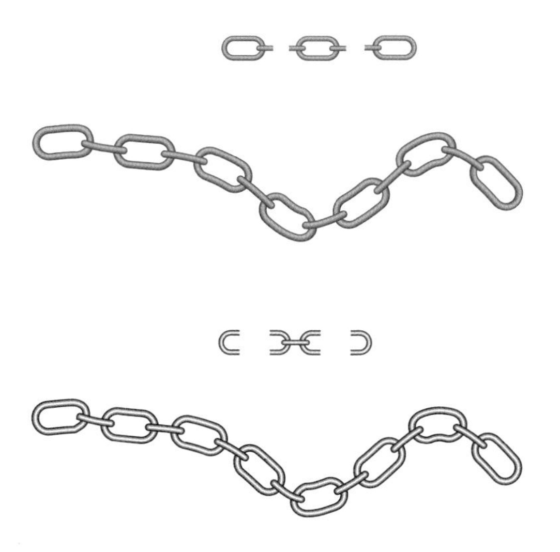

▲ 锁链

▲ 印染花布图形

▲ 折扇

▲ 立体半透明标志

Tianjin Academy of Fine Arts
Apple Computer Training Center
Tianjin Academy of Fine Arts

Tianjin Academy of Fine Arts
Apple Computer Training

▲ 放大镜的放大效果

高等院校计算机规划教材·多媒体系列

Illustrator CS6 中文版应用教程

（第二版）

张　凡　等编著

设计软件教师协会　审

内 容 简 介

本书属于实例教程类图书。全书分为 8 章，内容包括：Illustrator CS6 概述，绘图与着色，画笔和符号，文本和图表，渐变、网格和混合，透明度、外观属性、图形样式、滤镜与效果，图层与蒙版和综合实例。

本书层次分明、语言流畅、图文并茂，融入了大量的实际教学经验。配套光盘与教材结合紧密，内含书中用到的素材及效果，设计精良，结构合理，强调应用技巧，对教学水平的提高、学生应用能力的培养创造了良好条件。

本书适合作为高等院校相关专业师生或社会培训班的教材，也可作为平面设计爱好者的自学用书和参考用书。

图书在版编目（CIP）数据

Illustrator CS6 中文版应用教程/张凡等编著. —2 版. —北京：中国铁道出版社，2016.2
高等院校计算机规划教材. 多媒体系列
ISBN 978-7-113-21381-7

Ⅰ. ①I… Ⅱ. ①张… Ⅲ. ①图形软件－高等学校－教材 Ⅳ. ①TP391.41

中国版本图书馆 CIP 数据核字(2016)第 011457 号

书　　名：Illustrator CS6 中文版应用教程（第二版）
作　　者：张　凡　等编著

策　　划：汪　敏　　**读者热线：**（010）63550836
责任编辑：秦绪好　徐盼欣
封面设计：付　巍
封面制作：白　雪
责任校对：汤淑梅
责任印制：郭向伟

出版发行：中国铁道出版社（100054，北京市西城区右安门西街 8 号）
网　　址：http://www.51eds.com
印　　刷：北京尚品荣华印刷有限公司
版　　次：2009 年 12 月第 1 版　2016 年 2 月第 2 版　2016 年 2 月第 1 次印刷
开　　本：787 mm×1 092 mm　1/16　**印张：**19.25　**彩插：**2　**字数：**465 千
印　　数：1～ 3 000 册
书　　号：ISBN 978-7-113-21381-7
定　　价：49.80 元（附赠光盘）

高等院校计算机规划教材·多媒体系列

丛书序

PREFACE

随着数码影像技术的飞速发展以及软、硬件设备的迅速普及，计算机影像技术已逐渐成为大众所关注、所迫切需要掌握的一项重要技能，数码技术在艺术设计领域中应用的技术门槛也得以真正降低，Photoshop、Illustrator、Flash、3ds Max、Premiere 等一系列软件已成为设计领域中不可或缺的重要工具。

然而，面对市面上琳琅满目的计算机设计类图书，常常令渴望接近计算机设计领域的人们望而却步、无从选择。根据对国内现有的同类教材的调查，发现许多教材虽然都以设计为名，并辅以大量篇幅的实例教学，但对所选案例的设计意识与设计品味方面并不够重视。加之各家软件公司不断在全球进行一轮又一轮的新品推介，计算机设计类图书也被迫不断追逐着频繁升级的版本脚步，致使在案例的设置与更新方面常常不能顾及设计潮流的变更。因此，不能使读者在学习软件的同时逐步建立起计算机设计的新思维。

这套“高等院校计算机规划教材 · 多媒体系列”教材从读者的角度出发，尽量让读者能够真正学习到完整的软件应用知识和实用有效的设计思路。无论是整体的结构安排还是章节的讲解顺序，都是以“基础知识—进阶案例—高级案例”为主线进行介绍。“基础知识”部分用简练的语言把错综复杂的知识串连起来，并且强调了软件学习的重点与难点。“案例部分”不但囊括了所有知识点的操作技巧，并且以近年来最新出现的数字艺术风格、最新的软件技巧、媒介形式以及新的设计概念为依据进行案例的设置，结合平面与动画设计中面临的实际课题。本书一方面注重培养学生对于新技术的敏感和快速适应性，使他们能注意到技术变化带来的各种新的可能性，消除技术所形成的障碍；另一方面也使学生能够多方面、多视角地感受与掌握电脑设计的时尚语言，扩展对传统视觉设计范畴的认识。

整套教材的特点：

- 三符合：符合本专业教学大纲，符合市场上技术发展潮流，符合各高校新课程设置需要。
- 三结合：相关企业制作经验、教学实践和社会岗位职业标准紧密结合。
- 三联系：理论知识、对应项目流程和就业岗位技能紧密联系。
- 三适应：适应新的教学理念，适应学生现状水平，适应用人标准要求。
- 技术新、任务明、步骤详细、实用性强，专为数字艺术紧缺人才量身定做。
- 基础知识与具体范例操作紧密结合、边讲边练、学习轻松、容易上手。
- 课程内容安排科学合理，辅助教学资源丰富，方便教学，重在原创和创新。
- 理论精练全面、任务明确具体、技能实操可行，即学即用。

本套丛书由设计软件教师协会组织编写。教材定位准确，教学内容新颖、理论深度适当。

由于在编写形式上完全按照教学规律编写，因此非常适合实际教学。本套教材理论和实践的比例恰当，教材、光盘两者之间互相呼应，相辅相成，为教学和实践提供了极其方便的条件。

编者均是北京市教委评定的高校精品教材的获奖者。该套教材符合当今高等教育方向，很适合计算机应用学科的教学。教材的知识点、难点和重点分配合理，练习贴切。附赠光盘包含多媒体视频教学和电子课件，便于院校师生使用。

多媒体系列编委会

2009 年 8 月

第二版前言

FOREWORD

Illustrator 是由 Adobe 公司开发的矢量图绘制软件，在平面广告等领域得到了广泛的应用。

本书属于实例教程类图书。每章都有“本章重点”和“课后练习”，以便读者掌握本章重点，并在学习该章后自己进行相应的操作。本书每个实例都包括“制作要点”和“操作步骤”两部分。本书分为 8 章，各章主要内容如下：

第 1 章 Illustrator CS6 概述。详细讲解了图像类型、分辨率、色彩模式及 Illustrator CS6 的工作界面。

第 2 章 绘图与着色。详细讲解了 Illustrator CS6 各种基本工具的使用方法。

第 3 章 画笔和符号。介绍了画笔和符号工具的使用，详细讲解了自定义画笔的使用方法。

第 4 章 文本和图表。介绍了文本的使用技巧，详细讲解了特效字的制作方法，以及无缝贴图和自定义图表图案的制作方法。

第 5 章 渐变、网格和混合。详细讲解了渐变、网格和混合的使用方法。

第 6 章 透明度、外观属性、图形样式、滤镜与效果。介绍了透明度、外观、样式、滤镜与效果面板的使用，详细讲解了常用滤镜和效果的使用方法。

第 7 章 图层与蒙版。详细讲解了图层和蒙版的使用技巧。

第 8 章 综合实例。本章从实战角度出发，通过 4 个综合实例，对本书前 7 章讲解的内容作了一个总结，旨在拓展读者思路和综合使用 Illustrator CS6 各方面知识的能力。

与上一版相比，本书添加了苹果 iPod、制作印染花布图形、制作由线构成的海报等多个实用性更强的实例，更便于读者将所学知识应用到实际工作中。

本书是“设计软件教师协会”推出的系列教材之一，具有实例内容丰富、结构清晰、实例典型、讲解详尽、富有启发性等特点。全部实例都是由多所院校（中央美术学院、北京师范大学、清华大学美术学院、北京电影学院、中国传媒大学、天津美术学院、天津师范大学艺术学院、首都师范大学、山东理工大学艺术学院、河北职业艺术学院）具有丰富教学经验的教师和一线优秀设计人员从长期教学和实际工作中总结出来的。

参与本书编著的人员有张凡、李岭、郭开鹤、卢惠、马莎、薛昊、谢菁、崔梦男、康清、张智敏、王上、谭奇、程大鹏、宋兆锦、于元青、韩立凡、曲付、刘翔、何小雨。

本书适合作为高等院校相关专业师生或社会培训班的教材，也可作为平面设计爱好者的自学用书和参考用书。

由于作者水平有限，书中不妥之处在所难免，敬请读者批评指正。

编 者

2015 年 12 月

第一版前言

FOREWORD

Illustrator是由Adobe公司开发的矢量图绘制软件，在平面广告等领域得到了广泛的应用。目前，最高版本为Illustrator CS4。

本书属于实例教程类图书。全书分为8章，每章都有“本章要点”和“课后练习”，以便读者掌握本章重点，并在学习该章后自己进行相应的操作。本书每个实例都包括要点和操作步骤两部分。

第1章 Illustrator CS4概述，详细讲解图像类型、色彩模式、分辨率及Illustrator CS4基本界面构成方面的知识。第2章 绘图与着色，详细讲解Illustrator CS4各种基本工具的使用方法。第3章 画笔和符号，介绍画笔和符号工具的使用方法，详细讲解自定义画笔的使用方法。第4章 文本和图表，介绍文本的使用技巧，详细讲解特效字的制作方法，以及无缝贴图和自定义图表图案的制作方法。第5章 渐变、渐变网格和混合，详细讲解渐变、渐变网格和混合的使用方法。第6章 透明度、外观属性、图形样式、滤镜和效果，介绍透明度、外观、样式、滤镜与效果面板的使用，详细讲解常用滤镜和效果的使用方法。第7章 图层与蒙版，详细讲解蒙版和图层的使用技巧。第8章 综合实例，本章从实战角度出发，通过4个综合实例，对本书前7章讲解的内容作了总结，旨在拓展读者思路和提高综合使用Illustrator CS4各种功能的能力。

本书是设计软件教师协会推出的系列教材之一，具有内容丰富、结构清晰、实例典型、讲解详尽、富有启发性等特点。全部实例都是由多所院校（中央美术学院、北京师范大学、清华大学美术学院、北京电影学院、中国传媒大学、天津美术学院、天津师范大学艺术学院、首都师范大学、山东理工大学艺术学院、河北职业艺术学院）具有丰富教学经验的教师和一线优秀设计人员从长期教学和实际工作中总结出来的。为了便于读者学习，本书配套光盘中含有大量高清晰的教学视频文件。

参与本书编写的人员有：张凡、于元青、李岭、郭开鹤、王上、王浩、冯贞、李营、孙立中、顾伟、田富源、李建刚、李羿丹、韩立凡、张锦、许文开、王世旭、张雨薇、程大鹏、宋兆锦、李波、宋毅、郑志宇、肖立邦、于娥、关金国、易红、许宏伟、蔡曾谙。

由于作者水平有限，书中不妥之处，敬请读者批评指正。

编　者

2009年9月

目 录

CONTENTS

第 1 章 Illustrator CS6 概述 1
1.1 点阵图与矢量图 1
1.2.1 点阵图 1
1.2.2 矢量图 1
1.2 分辨率 2
1.3 色彩模式 3
1.3.1 RGB 模式 3
1.3.2 CMYK 模式 3
1.3.3 HSB 模式 3
1.3.4 灰度模式 3
1.4 Illustrator CS6 的工作界面 4
1.4.1 工具箱 4
1.4.2 面板 10
课后练习 16
第 2 章 绘图与着色 17
2.1 绘制线形 17
2.1.1 绘制直线 17
2.1.2 绘制弧线 18
2.1.3 绘制螺旋线 19
2.2 绘制图形 20
2.2.1 绘制矩形和圆角矩形 20
2.2.2 绘制圆和椭圆 21
2.2.3 绘制星形 22
2.2.4 绘制多边形 23
2.2.5 绘制光晕 24
2.3 绘制网格 25
2.3.1 绘制矩形网格 25
2.3.2 绘制极坐标网格 27
2.4 徒手绘图与修饰 28
2.4.1 钢笔工具 28
2.4.2 铅笔工具 29
2.4.3 平滑工具 30
2.4.4 路径橡皮擦工具 31
2.5 路径编辑 32
2.5.1 平均锚点 32
2.5.2 简化锚点 32
2.5.3 连接锚点 33
2.5.4 分割路径 33
2.5.5 偏移路径 34
2.6 路径查找器 34
2.6.1 “路径查找器”面板 34
2.6.2 联集、减去顶层、交集和差集 35
2.6.3 分割、修边、合并和裁剪 36
2.6.4 轮廓和减去后方对象 38
2.7 描摹图稿 38
2.8 “颜色”和“色板”面板 40
2.9 实例应用 41
2.9.1 “钢笔工具”的使用 42
2.9.2 旋转的圆圈 45
2.9.3 制作旋转重复式标志 46
2.9.4 制作字母图形化标志 52
2.9.5 制作无缝拼贴包装图案 59
2.9.6 网格构成的标志 61
2.9.7 制作由线构成的海报 66
课后练习 71
第 3 章 画笔和符号 72
3.1 使用画笔 72
3.1.1 使用画笔绘制图形 72
3.1.2 编辑画笔 73
3.2 使用符号 76
3.2.1 “符号”面板 76
3.2.2 符号系工具 78
3.3 实例讲解 81
3.3.1 锁链 81
3.3.2 水底世界 85
3.3.3 制作沿曲线旋转的重复图形效果 92
3.3.4 制作印染花布图形 95

课后练习 105
第4章 文本和图表 106
4.1 文本的编辑 106
4.1.1 创建文本的方式 106
4.1.2 字符和段落格式 108
4.1.3 编辑文本的其他操作 110
4.2 图表 115
4.2 1 图表的类型 115
4.2.2 创建图表 117
4.2.3 编辑图表 120
4.3 实例讲解 126
4.3.1 制作折扇效果 127
4.3.2 立体文字效果 131
4.3.3 变形的文字 132
4.3.4 单页广告版式设计 135
4.3.5 立体饼图 145
4.3.6 自定义图表 148
4.3.7 制作趣味图表 153
课后练习 165
第5章 渐变、网格和混合 166
5.1 使用渐变填充 166
5.1.1 线性渐变填充 166
5.1.2 径向渐变填充 168
5.2 使用网格 168
5.2.1 创建网格 168
5.2.2 编辑渐变网格 170
5.3 使用混合 170
5.3.1 创建混合 171
5.3.2 设置混合参数 171
5.3.3 编辑混合图形 172
5.3.4 扩展混合 173
5.4 实例讲解 173
5.4.1 制作立体五角星效果 173
5.4.2 制作蝴蝶结 174
5.4.3 制作玫瑰花 178
5.4.4 手提袋的制作 1 180
课后练习 189
第6章 透明度、外观属性、图形样式、滤镜与效果 191
6.1 混合模式和透明度 191
6.1.1 混合模式 191
6.1.2 透明度 192
6.2 外观面板 193
6.2.1 使用“外观”面板 194
6.2.2 编辑“外观”属性 196
6.3 图形样式 196
6.3.1 为对象添加图形样式 197
6.3.2 新建图形样式 197
6.4 效果 197
6.5 实例讲解 198
6.5.1 半透明的气泡 198
6.5.2 扭曲练习 200
6.5.3 制作立体半透明标志 203
6.5.4 苹果 iPod 209
课后练习 219
第7章 图层与蒙版 220
7.1 认识“图层”面板 220
7.2 图层的创建与编辑 221
7.2.1 创建新图层 221
7.2.2 调整图层顺序 222
7.2.3 复制图层 223
7.2.4 删除图层 223
7.2.5 合并图层 223
7.3 编辑图层 224
7.3.1 选择图层及图层中的对象 224
7.3.2 隐藏／显示图层 224
7.4 创建与编辑蒙版 225
7.4.1 创建剪切蒙版 225
7.4.2 释放蒙版效果 225
7.5 实例讲解 225
7.5.1 彩色光盘 226
7.5.2 铅笔 228
7.5.3 放大镜的放大效果 233
7.5.4 手提袋制作 2 235
7.5.5 彩色点状字母标志 241
课后练习 244
第8章 综合实例 245
8.1 无袖T恤衫设计 245
8.2 三折页设计 250
8.3 杂志封面版式设计 265
8.4 包装盒平面展开图及立体展示效果图 276
课后练习 298

第1章 Illustrator CS6概述

Illustrator　CS6是一款功能强大的矢量图形设计软件，它集图形设计、文字编辑和高品质输出于一体，广泛应用于各类广告设计和产品包装等领域。通过本章学习应掌握图像类型、分辨率、色彩模式及Illustrator　CS6的工作界面构成方面的知识。

1.1　点阵图与矢量图

图像文件的类型有两种，即矢量图和位图。了解这两种图像的区别，对于作品创作与有效编辑图像至关重要。

1.2.1　点阵图

点阵图像是由无数的彩色网格组成的，每个网格称为一个像素，每个像素都具有特定的位置和颜色值。

由于一般位图图像的像素都非常多而且小，因此图像看起来比较细腻，但是如果将位图图像放大到一定比例，无论图像的具体内容是什么，看起来都是像马赛克一样的一个个像素，如图1–1所示。

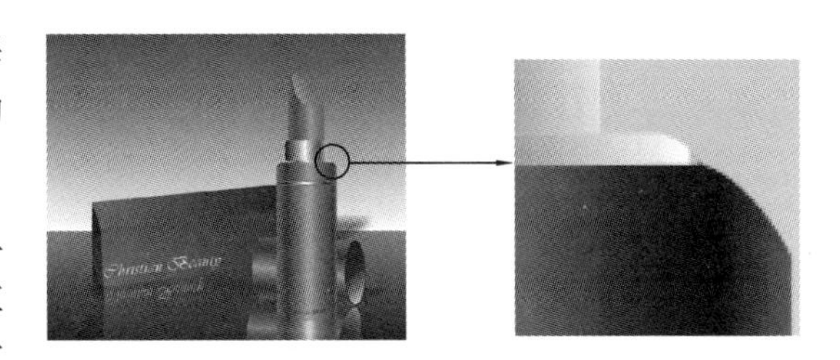

图1–1　位图放大效果

1.2.2　矢量图

矢量图形是由数学公式所定义的直线和曲线所组成的。数学公式根据图像的几何特性来描绘图像。例如，可以用半径这样一个数学参数来准确定义一个圆，或是用长宽值来准确定义一个矩形。

相对于位图图像而言，矢量图形的优势在于不会因为显示比例等因素的改变而降低图形的品质。如图1–2所示，左图是正常比例显示的一幅矢量图，右图为放大后的效果，可以清楚地看到，放大后的图片依然很精细，并没有因为显示比例的改变而变得粗糙。

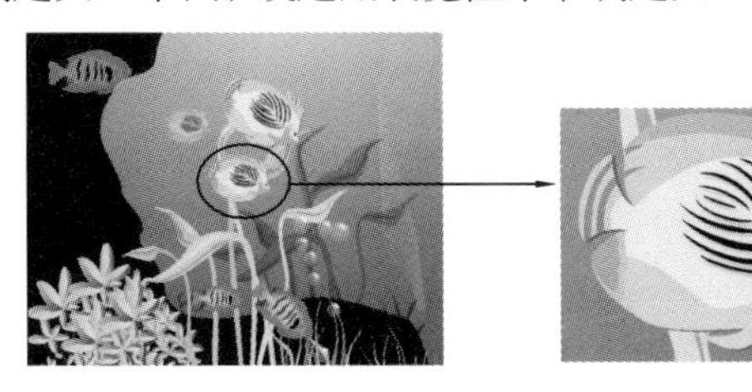

图1–2　矢量图放大效果

1.2 分 辨 率

常用的分辨率有图像分辨率、显示器分辨率、输出分辨率和位分辨率 4 种。

1. 图像分辨率

图像分辨率是指图像中每单位长度所包含的像素（即点）的数目。常以像素 / 英寸（ppi，pixel percent inch）为单位。

提示

图像分辨率越高，图像越清晰。但过高的分辨率会使图像文件过大，对设备要求也越高。因此在设置分辨率时，应考虑所制作图像的用途。Phtoshop默认图像分辨率是72 ppi，这是满足普通显示器的分辨率。下面是几种常用的图像分辨率：

（1）发布于网页上的图像分辨率是72 ppi或96 ppi。

（2）报纸图像通常设置为120 ppi或150 ppi。

（3）打印的图形分辨率为150 ppi。

（4）彩版印刷图像分辨率通常设置为300 ppi。

（5）大型灯箱图形一般不低于30 ppi。

（6）一些特大的墙面广告等有时可设定在30 ppi以下。

2. 显示器分辨率（屏幕分辨率）

显示器分辨率是指显示器中每单位长度显示的像素（即点）的数目。通常以点 / 英寸（dpi）表示。常用的显示器分辨率有 1024×768 像素（长度上分布了 1024 个像素，宽度上分布了 768 个像素）、800×600 像素、640×480 像素。

PC 显示器的典型分辨率为 96 dpi，Mac 显示器的典型分辨率为 72 dpi。

提示

正确理解显示器分辨率的概念有助于帮助理解屏幕上图像的显示大小经常与其打印尺寸不同的原因。在Photoshop中图像像素直接转换为显示器像素，当图像分辨率高于显示器分辨率时，图像在屏幕上的显示比实际尺寸大。例如，当一幅分辨率为72 ppi的图像在72 dpi的显示器上显示时，其显示范围是1英寸×1英寸；而当图像分辨率为216 ppi时，图像在72 dpi的显示器上其显示范围为3英寸×3英寸。因为屏幕只能显示72像素/英寸，它需要3英寸才能显示216像素的图像。

3. 输出分辨率

输出分辨率是指照排机或激光打印机等输出设备在输出图像时每英寸所产生的油墨点数。通常使用的单位也是dpi。

提示

为了获得最佳效果，应使用与照排机或激光打印机输出分辨率成正比（但不相同）的图像分辨率。大多数激光打印机的输出分辨率为300～600 dpi,当图像分辨率为72 ppi时，其打印效果较好；高档照排机能够以1200 dpi或更高精度打印，对150～350 dpi的图像打印效果较佳。

4．位分辨率

位分辨率又叫位深，是用来衡量每个像素所保存的颜色信息的位元数。例如，一个 24 位的 RGB 图像，表示其各原色 R、G、B 均使用 8 位，三元之和为 24 位。在 RGB 图像中，每一个像素均记录 R、G、B 三原色值，因此每一个像素所保存的位元数为 24 位。

1.3 色彩模式

Illustrator CS6 支持多种色彩模式，其中常用的模式有 RGB、CMYK、HSB、灰度等，这几种模式之间可以进行互换。

1.3.1 RGB 模式

RGB 模式主要用于视频等发光设备，如显示器、投影设备、电视、舞台灯等。这种模式包括三原色——红（R）、绿（G）、蓝（B），每种色彩都有 256 种颜色，每种色彩的取值范围是 0 ～ 255，这三种颜色混合可产生 16 777 216 种颜色。RGB 模式是一种加色模式（理论上），当红、绿、蓝都为 255 时，为白色；均为 0 时，为黑色；均为相等数值时为灰色。换句话说，可把 R、G、B 理解成三盏灯，当这三盏灯都打开，且为最大数值 255 时，即可产生白色。当这三盏灯全部关闭，即为黑色。在该模式下所有的滤镜均可用。

1.3.2 CMYK 模式

CMYK 模式是一种印刷模式。这种模式包括四原色——青（C）、洋红（M）、黄（Y）、黑（K），每种颜色的取值范围为 0% ～ 100%。CMYK 是一种减色模式（理论上），人们的眼睛理论上是根据减色的色彩模式来辨别色彩的。太阳光包括地球上所有的可见光，当太阳光照射到物体上时，物体吸收（减去）一些光，并把剩余的光反射回去。人们看到的就是这些反射的色彩。例如，高原上太阳紫外线很强，花为了避免烧伤，浅色和白色的花居多，如果是白色花则是花没有吸收任何颜色；再如，自然界中黑色花很少，因为花是黑色意味着它要吸收所有的光，这就可能被烧伤。在 CMYK 模式下有些滤镜不可用，而在位图模式和索引模式下所有滤镜均不可用。

在 RGB 和 CMYK 模式下大多数颜色是重合的，但有一部分颜色不重合，这部分颜色就是溢色。

1.3.3 HSB 模式

HSB 模式是基于人眼对色彩的感觉。H 代表色相，取值范围为 0 ～ 360；S 代表饱和度（纯度），取值范围为 0% ～ 100%；B 代表亮度（色彩的明暗程度），取值范围为 0% ～ 100%；当全亮度和全饱和度相结合，会产生任何最鲜艳的色彩。在该模式下有些滤镜不可用。

1.3.4 灰度模式

灰度模式下的图像由具有 256 级灰度的黑白颜色构成。一幅灰度图像在转变成 CMYK 模式后可以添加彩色，如果将 CMYK 模式的彩色图像转变为灰度模式的图像后，其颜色不能再恢复。

1.4 Illustrator CS6 的工作界面

图 1-3 所示为使用 Illustrator CS6 打开一幅图像的窗口。从图中可以看到，Illustrator CS6 的工作界面包括标题栏、菜单栏、选项栏、工具箱、面板、状态栏等组成部分。下面重点介绍工具箱和面板。

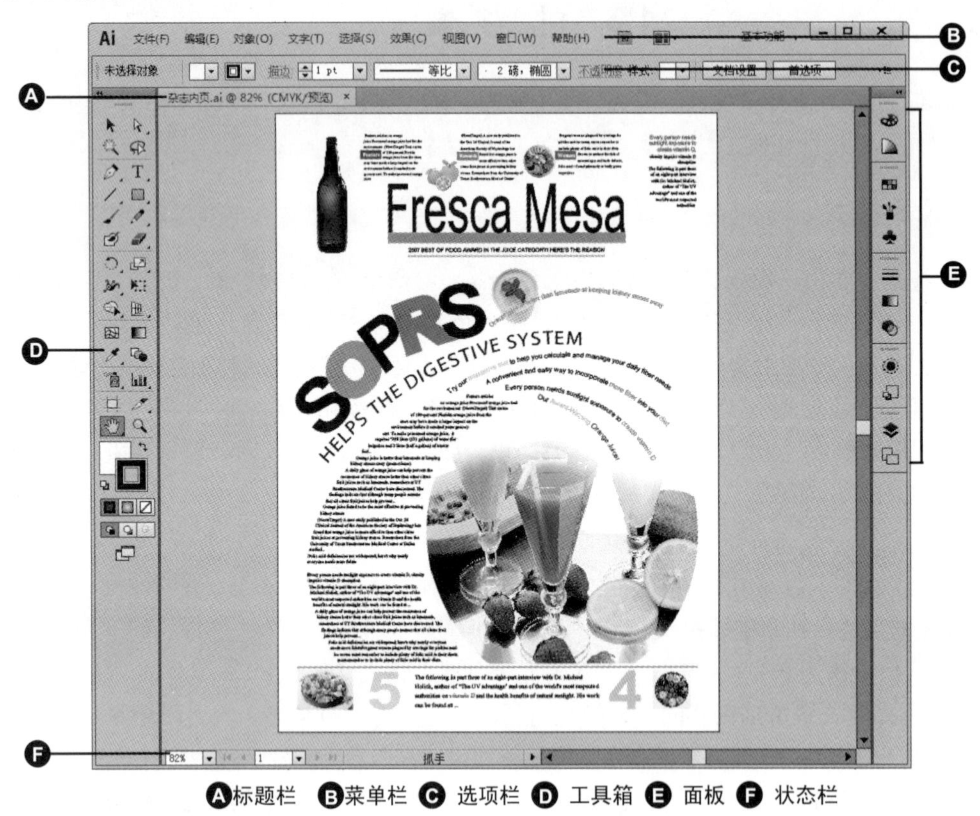

图1-3 Illustrator CS6的工作界面

1.4.1 工具箱

工具箱是 Illustrator CS6 中一个重要的组成部分，几乎所有作品的完成都离不开工具箱的使用。通过执行菜单中的“窗口|工具”命令，可以控制工具箱的显示和隐藏。

工具箱默认状态下位于屏幕的左侧，可以根据需要将它移动到任意位置。工具箱中的工具用形象的小图标来表示，为了节省空间，Illustrator CS6 将许多工具隐藏起来，有些工具图标右下方有一个小三角形，表示包含隐藏工具的工具组，当按住该图标不放时就会弹出隐藏工具，如图 1-4 所示。单击工具箱最顶端的小图标可将工具箱变成长单条或短双条结构。

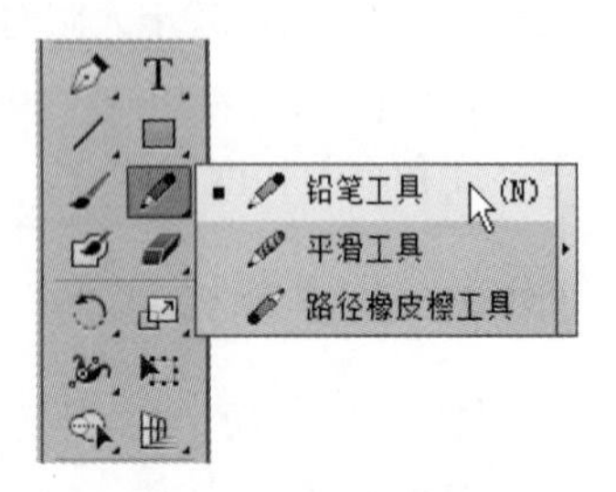

图1-4 显示隐藏工具

工具箱中的主要工具的功能和用途如图 1-5 所示。

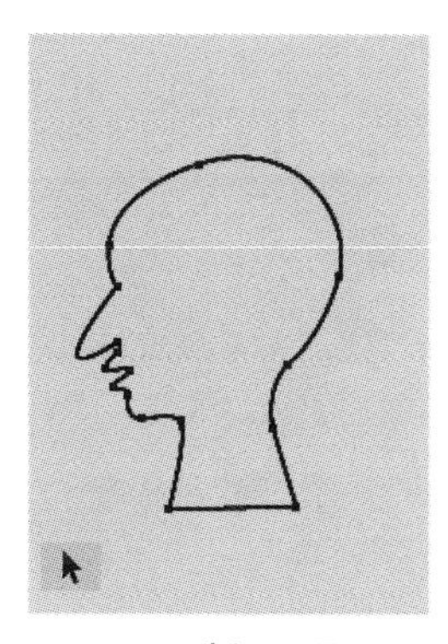

选择工具

用来选择整个图形对象。如果是成组后的图形，将选中一组对象

直接选择工具

用于选择单个或几个节点，经常用于路径形状的调整

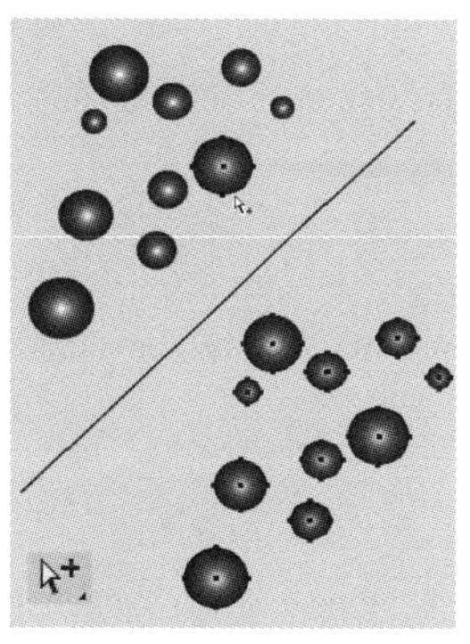

编组选择工具

用来选择编组中的子对象。单击对象可以将其选中。双击对象可以选中对象所在的编组

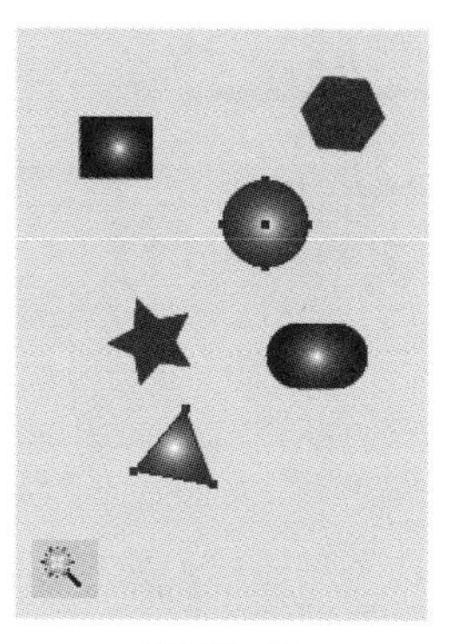

魔棒工具

用来选择具有相似填充、边线或透明属性的对象

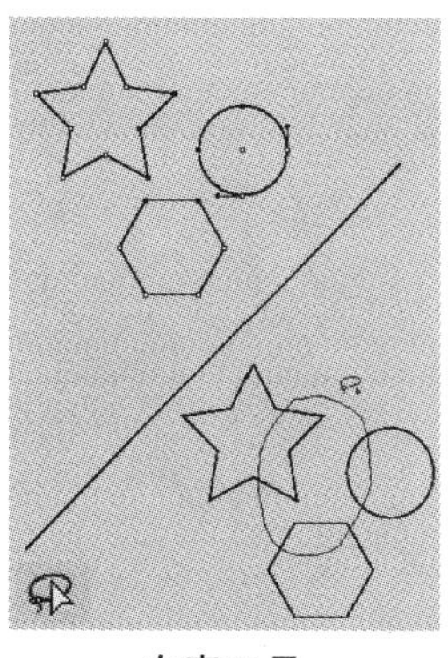

套索工具

利用该工具可以选择鼠标所选区域内的所有锚点，这些锚点可以位于一个对象，也可以位于多个对象

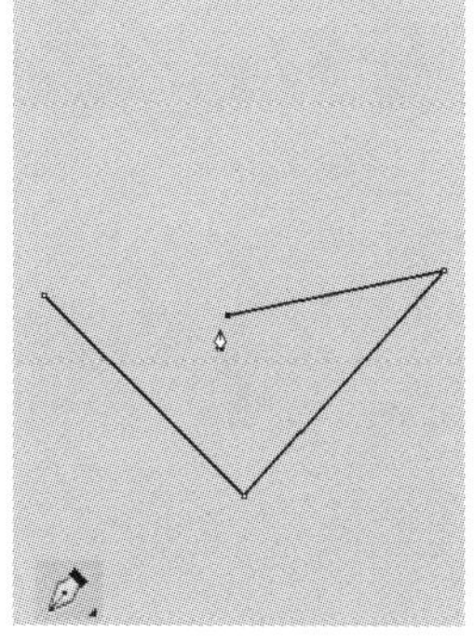

钢笔工具

绘制路径的基本工具，与添加锚点、删除锚点、转换锚点工具组合使用，可以生成复杂的路径

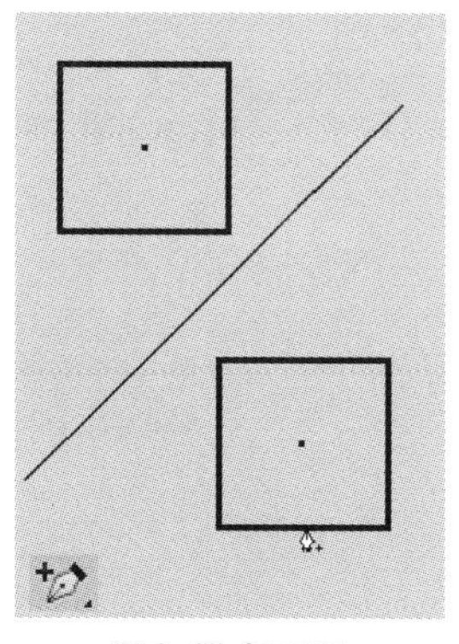

添加锚点工具

用于在已有路径上添加锚点

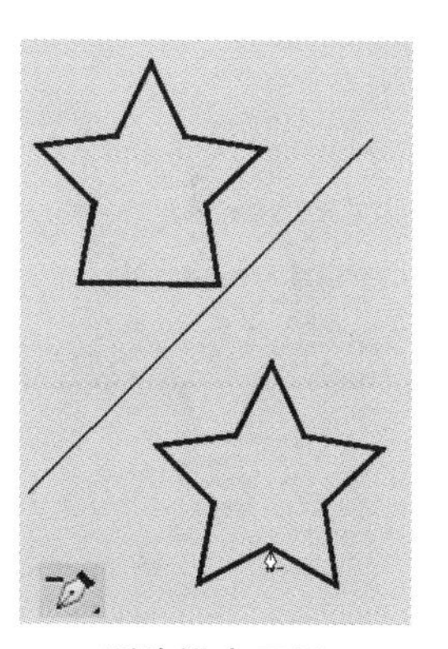

删除锚点工具

用来删除已有路径上的锚点

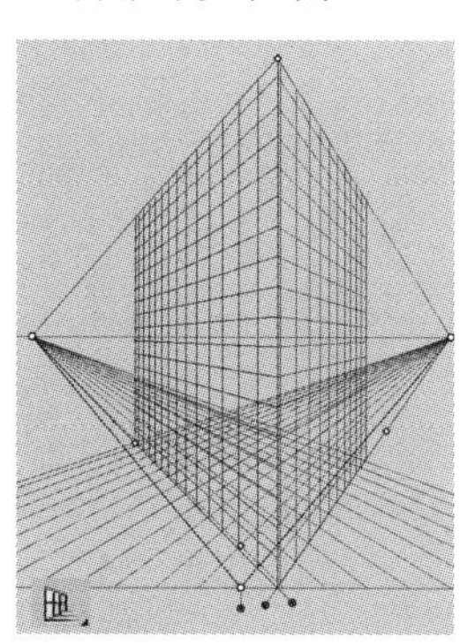

透视网格工具

利用该工具可以使图形根据透视网格产生相应的透视效果

变形工具

利用该工具可以使图形随着变形工具的笔刷拖动而变形

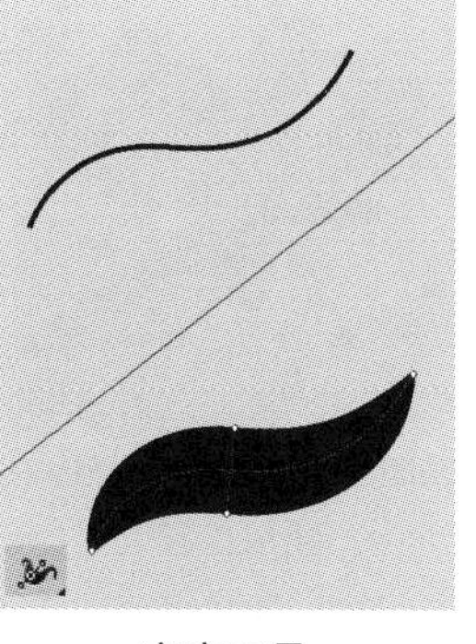

宽度工具

使用该工具，可以使绘制的路径描边变宽，并调整为各种多变的形状效果

斑点画笔工具

使用该工具，可以绘制带有外轮廓的路径

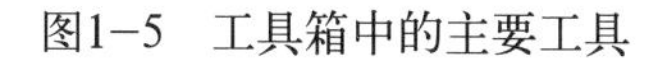

图1-5　工具箱中的主要工具

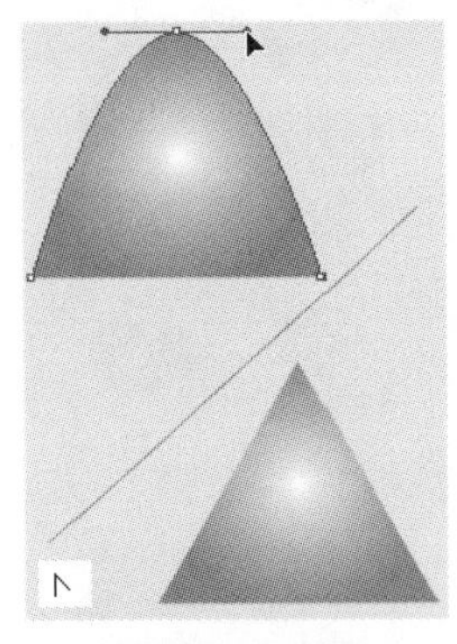

转换锚点工具

可用来将角点转换为平滑点，或将平滑点转换为角点。主要用于调整路径形状

文字工具

用来书写排列整齐的点文字或段落文字

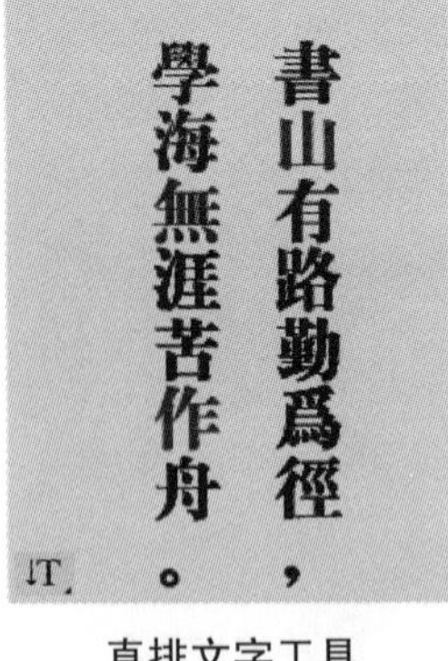

直排文字工具

与文字工具相似，但文字排列方向为纵向，和古代文字写法一致

区域文字工具

可以将文字约束在一定范围内，从而使版面更加生动

直排区域文字工具

与区域文字工具类似，但文字排列方向为纵向

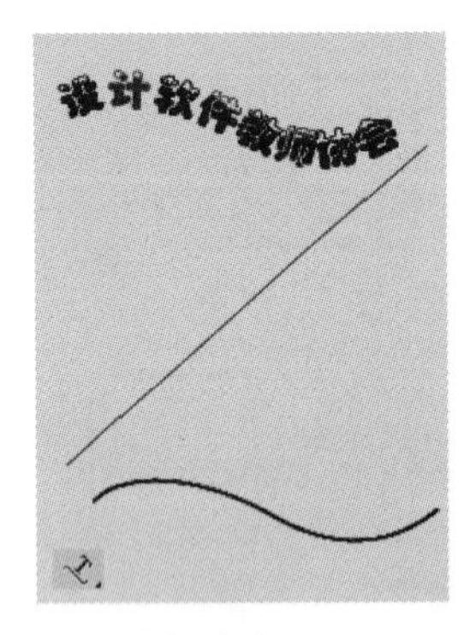

路径文字工具

可以沿路径水平方向排列文字

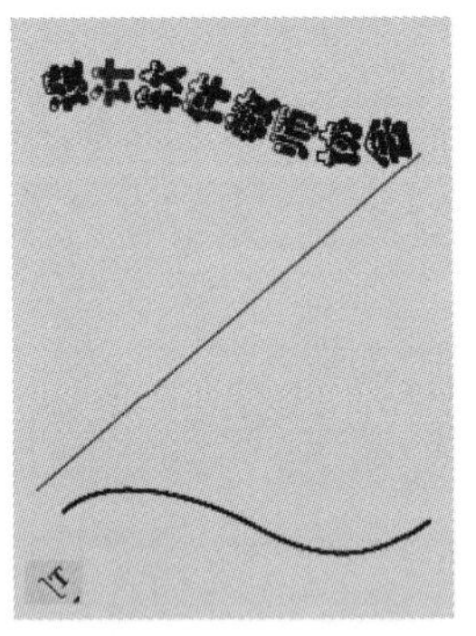

直排路径文字工具

可以沿路径垂直方向排列文字

光晕工具

用来绘制光晕对象

画笔工具

可用来描绘具有画笔外观的路径。Illustrator中共提供了4种画笔：书法、散点、艺术与图案

铅笔工具

可用来绘制与编辑路径，在绘制路径时，节点随鼠标运动的轨迹自动生成

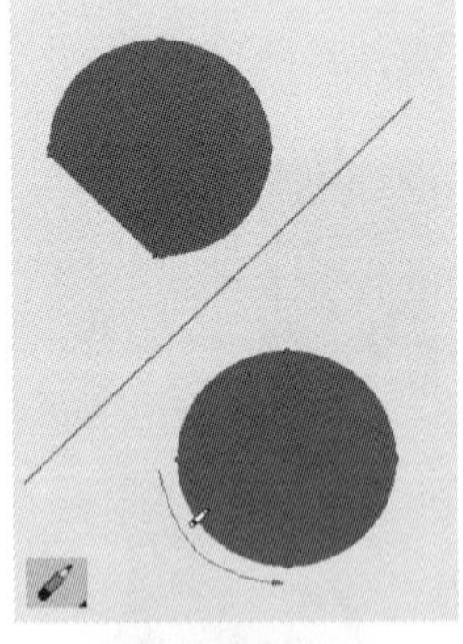

路径橡皮擦工具

用来擦除路径的一部分或全部

镜像工具

可沿一条轴线翻转图形对象

图1-5　工具箱中的主要工具（续）

旋转工具

可沿自定义的轴心点对图形及填充图案进行旋转

比例缩放工具

可以改变图形对象及其填充图案的大小

倾斜工具

可以倾斜图形对象

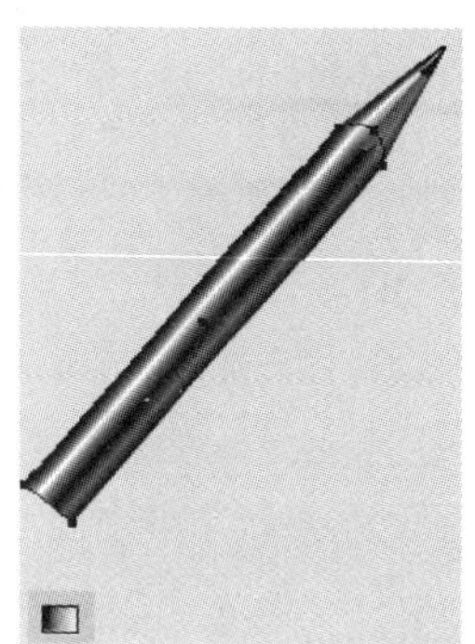

渐变工具

用来调节渐变起始和结束的位置及方向

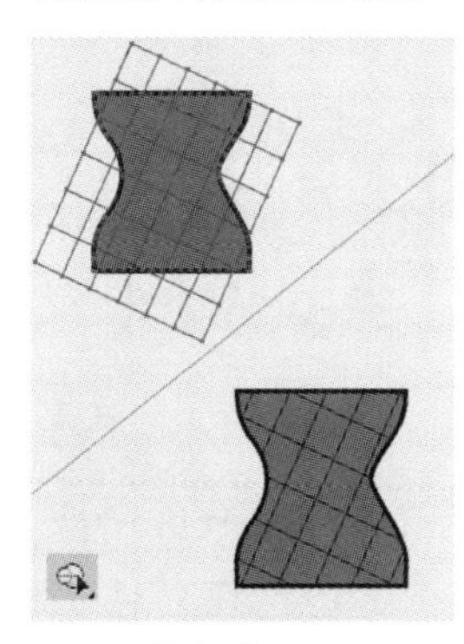

形状生成器工具

使用该工具，可以将绘制的多个简单图形合并为一个复杂的图形，还可以分离、删除重叠的形状，快速生成新的图形

混合工具

可以在多个图形对象之间生成一系列的过渡对象，以产生颜色与形状上的逐渐变化

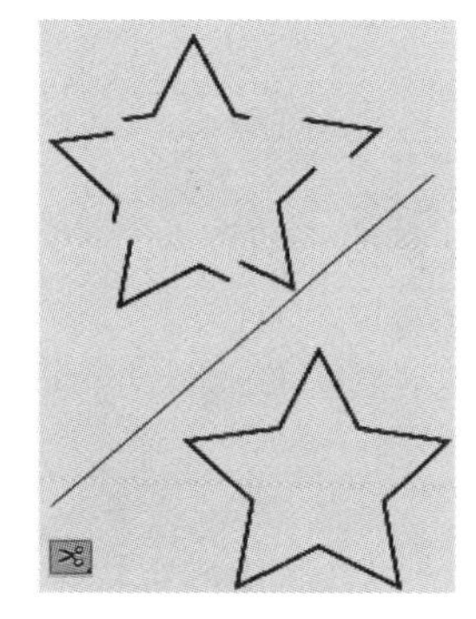

剪刀工具

用来剪断路径

美工刀工具

可以任意裁切图形对象

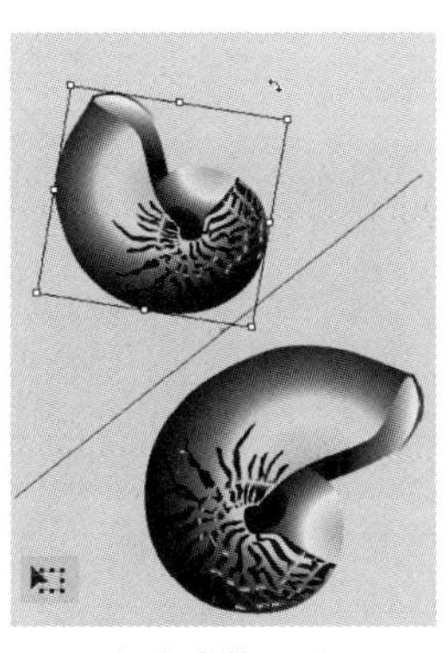

自由变换工具

可以对图形对象进行缩放、旋转或倾斜变换

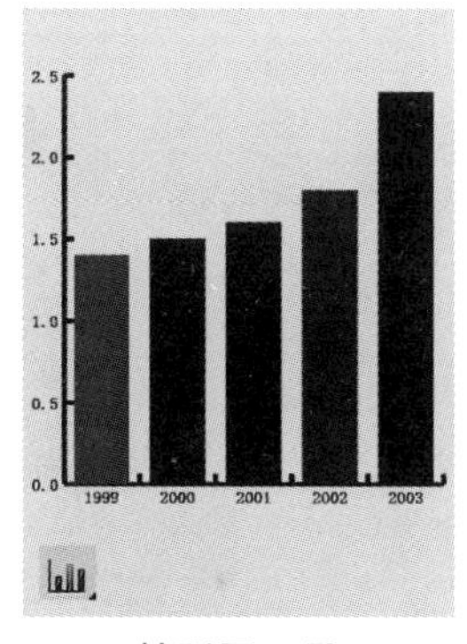

柱形图工具

9种图表工具中的一种，用垂直的柱形图来显示或比较数据

符号喷枪工具

用来在画面上施加符号对象。它与复制图形相比，可节省大量的内存，提高设备的运算速度

符号旋转器工具

可用来旋转符号

图1-5　工具箱中的主要工具（续）

符号着色器工具

可用自定义的颜色对符号进行着色

符号滤色器工具

可用来改变符号的透明度

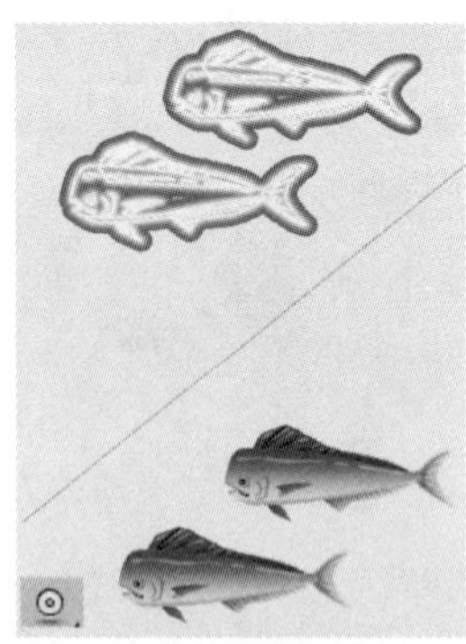

符号样式器工具

可用来对符号施加样式

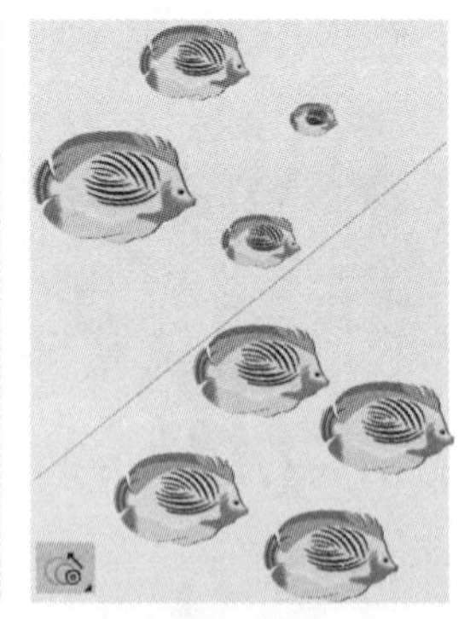

符号缩放器工具

可用来放大或缩小符号，从而使符号具有层次感

符号移位器工具

用来移动符号

符号紧缩器工具

可用来收拢或扩散符号

扇贝工具

可在图形对象轮廓上添加一些类似扇贝壳表面的凹凸纹理

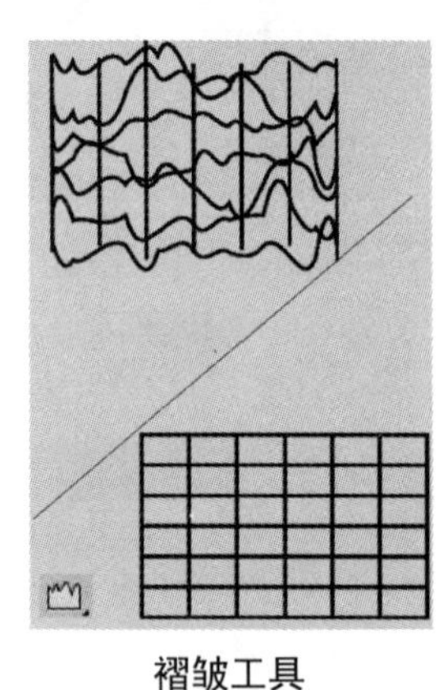

褶皱工具

可在图形对象轮廓上添加一些褶皱

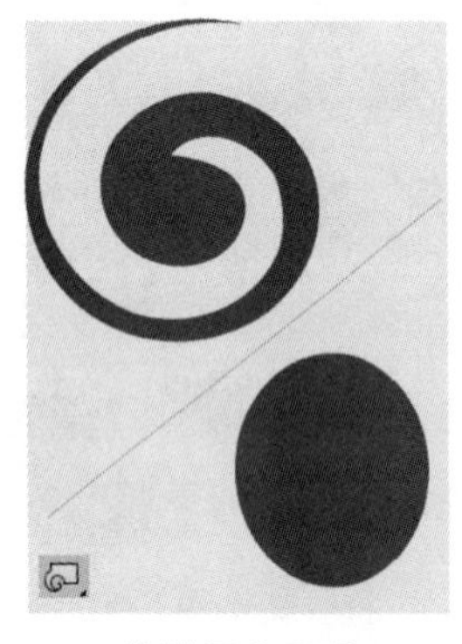

旋转扭曲工具

可使图形对象卷曲变形

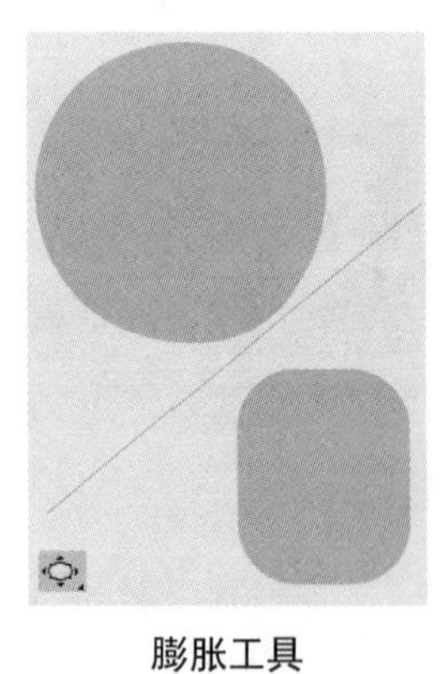

膨胀工具

可使图形对象膨胀变形

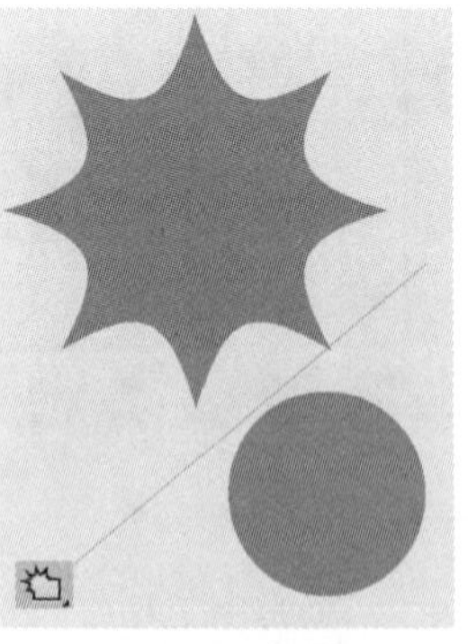

晶格化工具

可在图形对象轮廓上添加一些尖锥状的凸起

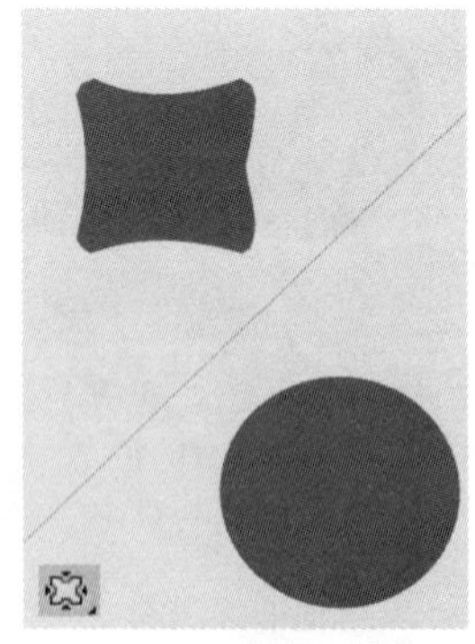

缩拢工具

可使图形对象收缩变形

图1-5　工具箱中的主要工具（续）

缩放工具

在窗口中放大或缩小视野，以便查看图像局部细节或整体概貌，并不改变图形对象的大小

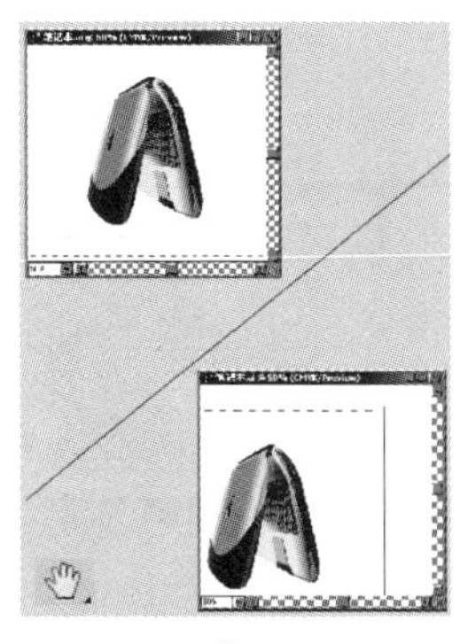

抓手工具

用来移动画板在窗口中的显示位置，并不改变图形对象在画板中的位置

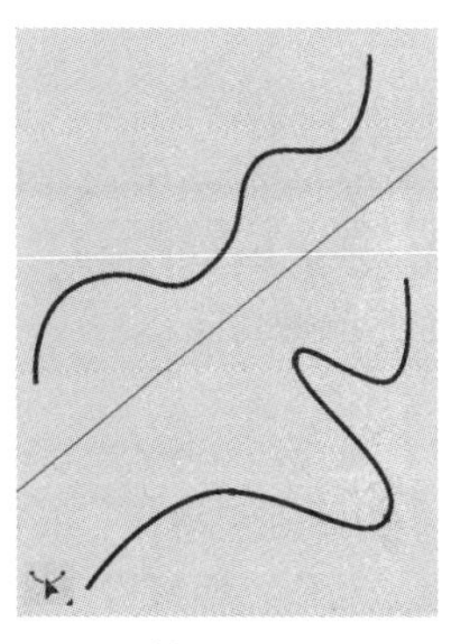

整形工具

使用该工具，可使路径如同卷曲的钢丝一样变形

平滑工具

用于对路径进行平滑处理

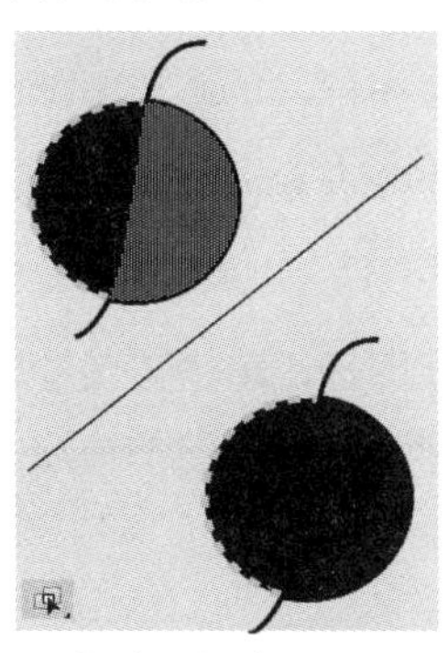

实时上色选择工具

用于选择实时上色后的线条或填充，以便进行修改

画板工具

可利用自定义特征或预定义特征绘制多个裁剪区域。可以快速创建完全裁剪到选区的单页PDF，使其能够存储图稿的变化

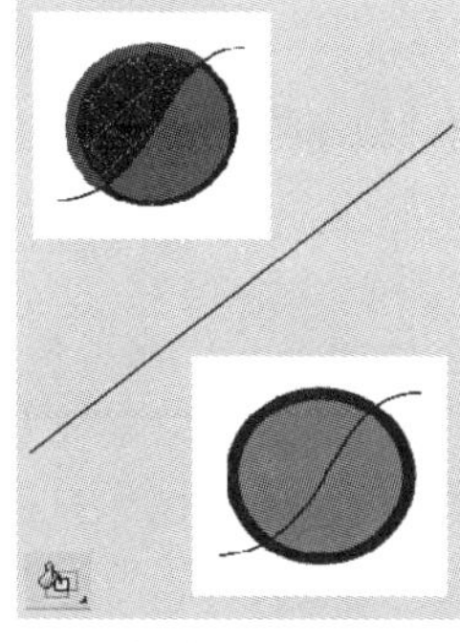

实时上色工具

使用不同颜色为每个路径段描边，并使用不同的颜色、图案或渐变填充每个封闭路径

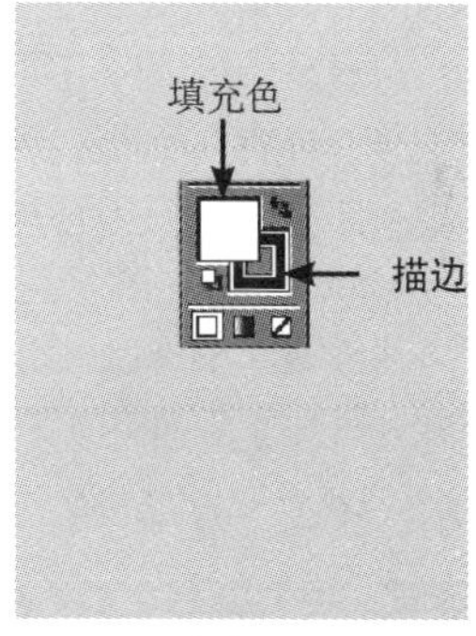

填充与描边

其中显示当前填充的状态，可为选定对象应用渐变填充，可使对象无填充色或线条色

网格工具

用于手动创建网格

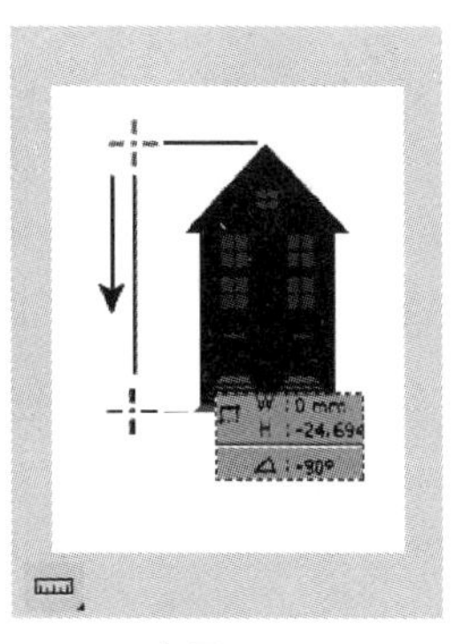

度量工具

用于测量两点之间的距离

切片工具

用于将一幅图像分割成多幅图像

切片选择工具

用于选择和移动切片的位置

图1-5 工具箱中的主要工具（续）

1.4.2　面板

Illustrator CS6 将面板缩小为图标，在这种情况下，单击相应的图标，会显示出相关的面板。并不是所有的面板都会出现在屏幕上，可以通过“窗口”菜单下的命令调出或关闭相关的面板。

下面简单介绍一下各个面板的功能：

1．“动作”面板

“动作”面板如图 1–6 所示。“动作”面板在面板缩略图中显示为图标，单击该图标即可调出“动作”面板。使用“动作”面板可以记录、播放、编辑和删除动作，还可以用来存储和载入动作文件。

动作用来记录固定的工作流程（使用命令和工具的过程）。对于重复性的工作而言，将操作过程保存为动作，并在自动任务中加以调用，可以大大提高工作效率。

2．“对齐”面板

“对齐”面板如图 1–7 所示。“对齐”面板在面板缩略图中显示为图标，单击该图标即可调出“对齐”面板。利用“对齐”面板可以将多个对象按指定方式对齐或分布。

3．“外观”面板

“外观”面板如图 1–8 所示。“外观”面板在面板缩略图中显示为图标，单击该图标即可调出“外观”面板。“外观”面板中以层级方式显示被选择对象的所有外观属性，包括描边、填充、样式、效果等。可以很方便地选择外观属性进行修改。

图1–6　“动作”面板

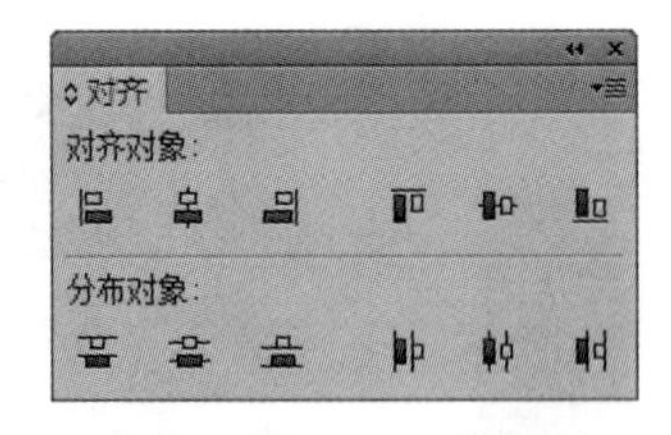

图1–7　“对齐”面板

图1–8　“外观”面板

4．“属性”面板

“属性”面板如图 1–9 所示。“属性”面板在面板缩略图中显示为图标，单击该图标即可调出“属性”面板。“属性”面板的主要功能是设置选定对象的一些显示属性。使用该面板中的选项，可以选择显示或者隐藏选定对象的中心点，可以选中“叠印填充”选项来决定是否显示或者打印叠印，还可以为多个 URL 链接建立图像映射。

5. “画笔”面板

“画笔”面板如图1-10所示。“画笔”面板在面板缩略图中显示为图标，单击该图标即可调出“画笔”面板。画笔是用来装饰路径的，可以使用“画笔”面板来管理文件中的画笔，可以对画笔进行添加、修改、删除和应用等操作。

6. “颜色”面板

“颜色”面板如图1-11所示。“颜色”面板在面板缩略图中显示为图标，单击该图标即可调出“颜色”面板。可以在“颜色”面板中基于所选颜色模式来定义或调整填充色与描边色，也可以通过滑块的拖动或数字输入来调整颜色，还可以直接选取色样。具体可参见“2.8“‘颜色’和‘色板’面板”。

图1-9　“属性”面板

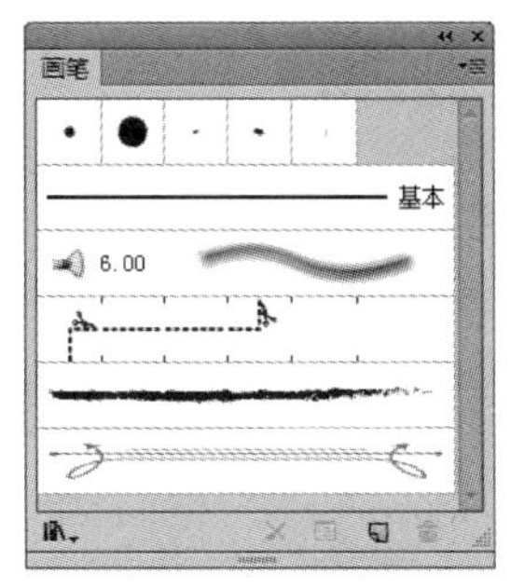

图1-10　“画笔”面板

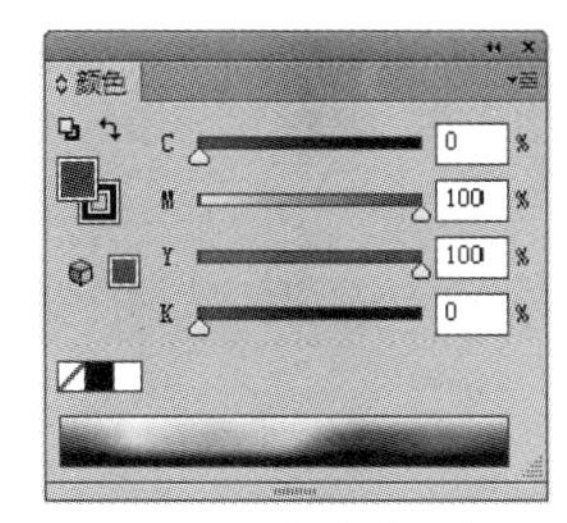

图1-11　“颜色”面板

7. “文档信息”面板

“文档信息”面板如图1-12所示。“文档信息”面板在面板缩略图中显示为图标，单击该图标即可调出“文档信息”面板。可以在“文档信息”面板中查看文件的多种信息，包括文件存储在磁盘上的位置、颜色模式等。

8. “渐变”面板

“渐变”面板如图1-13所示。“渐变”面板在面板缩略图中显示为图标，单击该图标即可调出“渐变”面板。“渐变”面板用来定义或修改渐变填充色。它有“线性”和“径向”两种渐变类型可供选择。

9. “信息”面板

“信息”面板如图1-14所示。“信息”面板在面板缩略图中显示为图标，单击该图标即可调出“信息”面板。“信息”面板用来查看所选择对象的位置、大小、描边色、填充色以及某些测量信息。

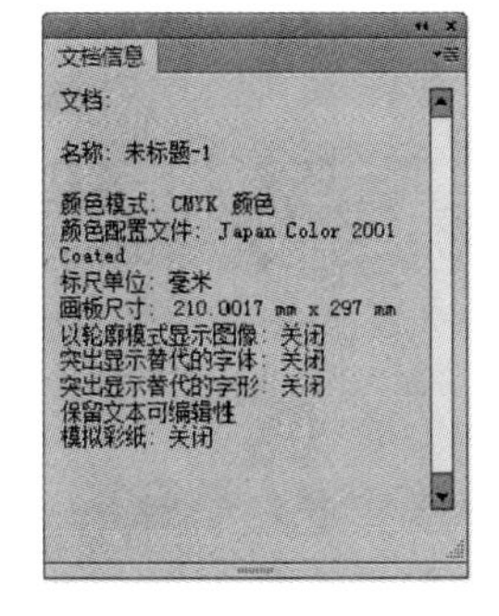

图1-12　“文档信息”面板

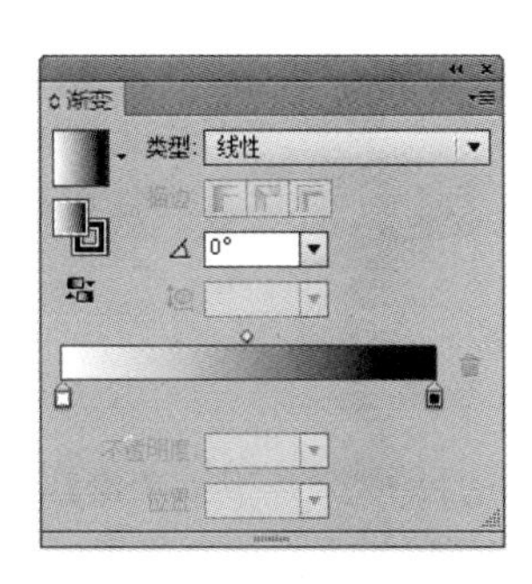

图1-13　“渐变”面板

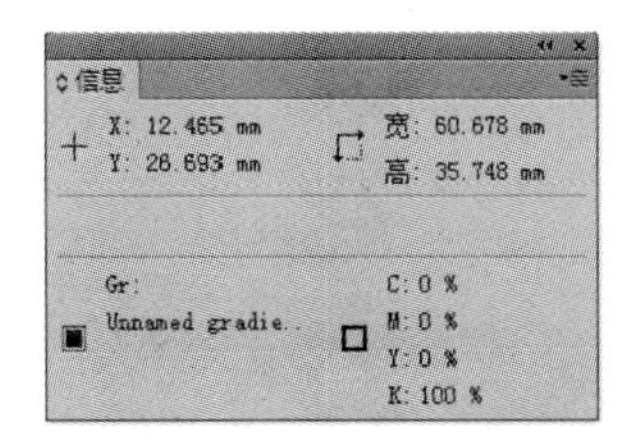

图1-14　“信息”面板

10. "图层"面板

“图层”面板如图 1–15 所示。“图层”面板在面板缩略图中显示为图标，单击该图标即可调出“图层”面板。“图层”面板是用来管理层及图形对象的。“图层”面板显示文件中的所有层及层上的所有对象，包括这些对象的状态（如隐藏与锁定）、它们之间的相互关系等。为了便于区分，Illustrator CS6 用不同的颜色标明了不同的父图层，而对于父图层下面的子图层则显示与父图层相同的颜色。

11. “链接”面板

“连接”面板如图 1–16 所示。“连接”面板在面板缩略图中显示为图标，单击该图标即可调出“链接”面板。“链接”面板显示文档中所有链接与嵌入的图像。如果链接图像被更新或丢失，也会给出相应的提示。

12. “魔棒”面板

“魔棒”面板如图 1–17 所示。“魔棒”面板在面板缩略图中显示为图标，单击该图标即可调出“魔棒”面板。魔棒面板相当于（魔棒）工具的选项设置窗口，从中可以设置属性相似对象的相关条件。

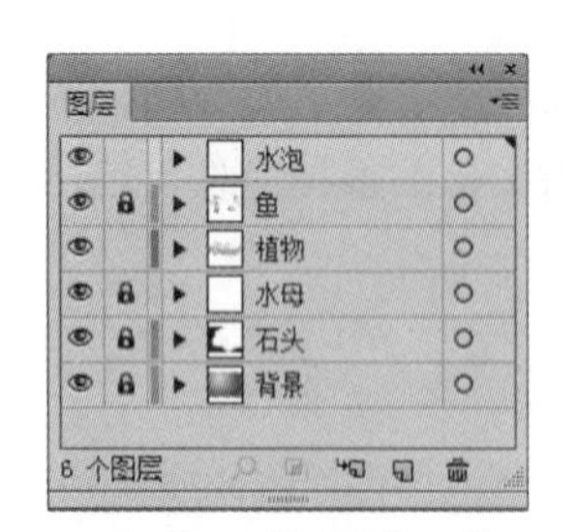

图1–15 “图层”面板

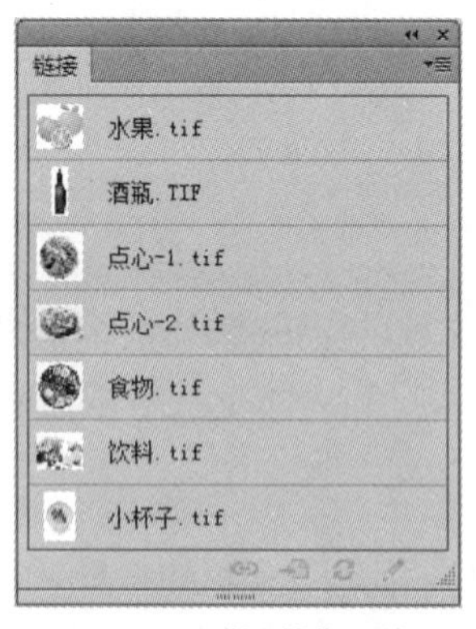

图1–16 “链接”面板

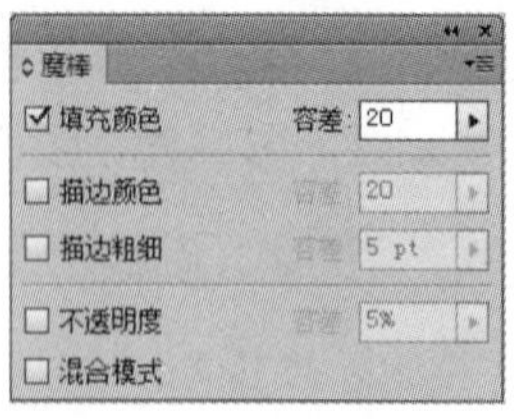

图1–17 “魔棒”面板

13. “导航器”面板

“导航器”面板如图 1–18 所示。“导航器”面板在面板缩略图中显示为图标，单击该图标即可调出“导航器”面板。使用“导航器”面板可以方便地控制屏幕中画面的显示比例及显示位置。

14. “路径查找器”面板

“路径查找器”面板如图 1–19 所示。“路径查找器”面板在面板缩略图中显示为图标，单击该图标即可调出“路径查找器”面板。利用“路径查找器”面板可以将多个路径以多种方式组合成新的形状。它包括“形状模式”和“路径查找器”两大类。具体可参见“2.6 路径查找器”。

15. “颜色参考”面板

“颜色参考”面板如图 1–20 所示。“颜色参考”面板在面板缩略图中显示为图标，单击该图标即可调出“颜色参考”面板。“颜色参考”面板会基于工具面板中的当前颜色来建议协调颜色。利用该面板可以用这些颜色对图稿着色，也可以将这些颜色存储为色板。

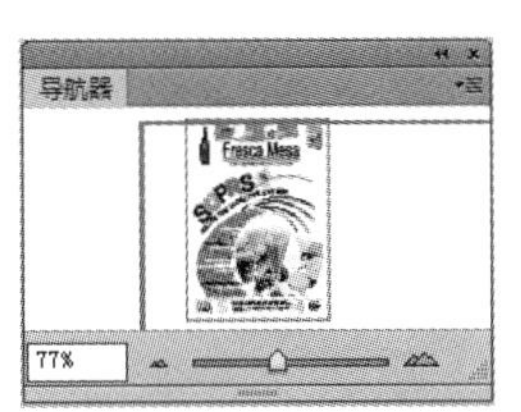

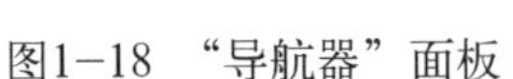

图1-18 “导航器”面板

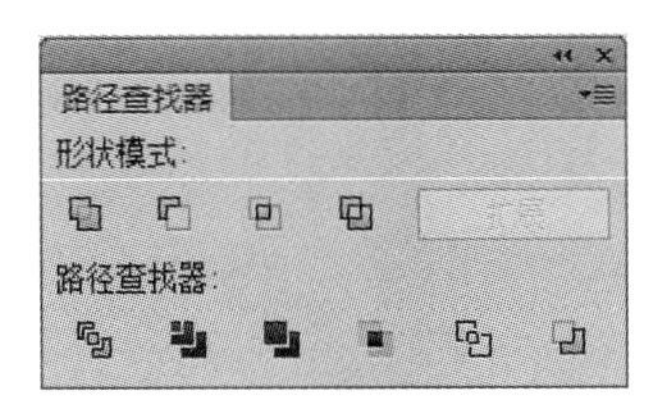

图1-19 “路径查找器”面板

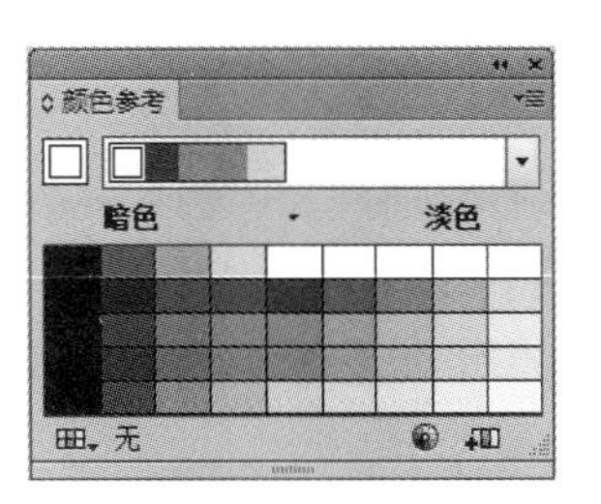

图1-20 “颜色参考”面板

16. “描边”面板

“描边”面板如图 1-21 所示。“描边”面板在面板缩略图中显示为图标，单击该图标即可调出“描边”面板。“描边”面板用来指定线条是实线还是虚线、虚线类型（如果是虚线）、描边粗细、描边对齐方式、斜接限制、箭头、宽度配置文件和线条连接的样式及线条端点。

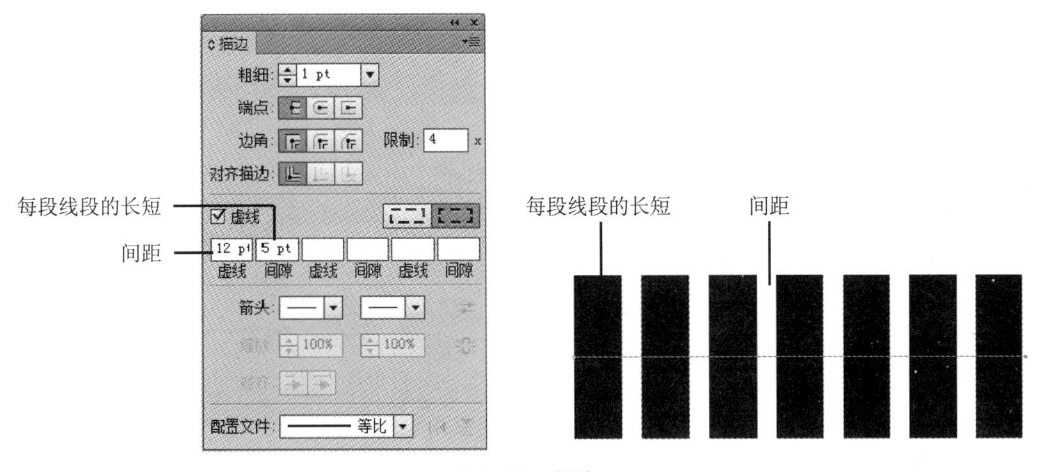

图1-21 描边

“描边”面板中的端点有平头端点、圆头端点和方头端点 3 种类型。图 1-22 所示为各种端点类型的效果比较。

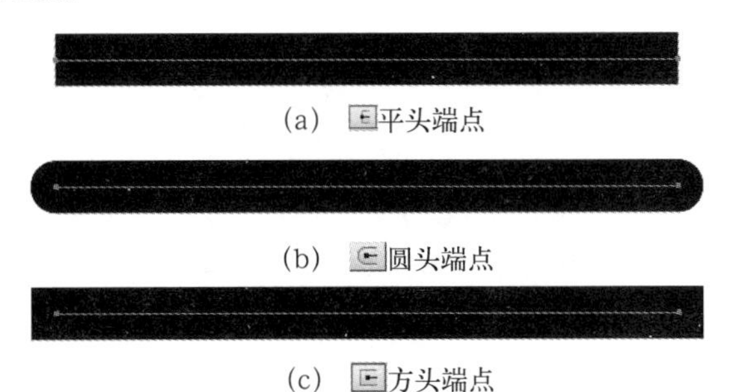

(a) 平头端点

(b) 圆头端点

(c) 方头端点

图1-22 各种端点类型的效果比较

“描边”面板中的连接有斜接连接、圆角连接和斜角连接 3 种类型。图 1-23 所示为各种连接类型的效果比较。

图1-23　各种连接类型的效果比较

“描边”面板中有多种开始和结束箭头可供选择，可在线段开始和结束位置添加的各类箭头，如图 1-24 所示。

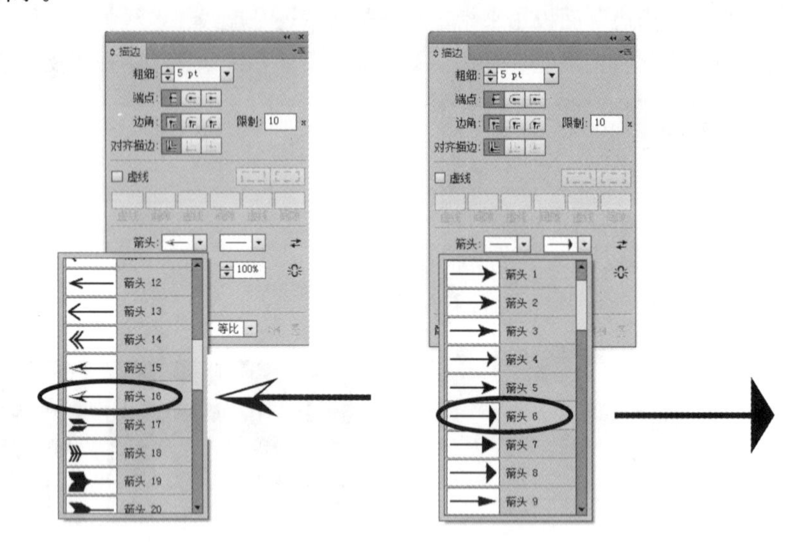

图1-24　可在线段开始和结束位置添加的各类箭头

17. “图形样式”面板

“图形样式”面板如图 1-25 所示。“图形样式”面板在面板缩略图中显示为图标，单击该图标即可调出“图形样式”面板。“图形样式”面板可以将对象的各种外观属性作为一个样式来保存，以便于快速应用到对象上。

18. “SVG 交互”面板

“SVG 交互”面板如图 1-26 所示。“SVG 交互”面板在面板缩略图中显示为图标，单击该图标即可调出“SVG 交互”面板。当输出用于网页浏览的 SVG 图像时，可以利用“SVG 交互”面板添加一些用于交互的 JavaScript 代码（如鼠标响应事件）。

19. “变量”面板

“变量”面板如图 1-27 所示。“变量”面板在面板缩略图中显示为图标，单击该图标即可调出“变量”面板。文档中每个变量的类型和名称均列在“变量”面板中，可以使用“变量”面板来处理变量和数据组。如果变量绑定到一个对象，则“对象”列将显示绑定对象在“图层”面板中显示的名称。

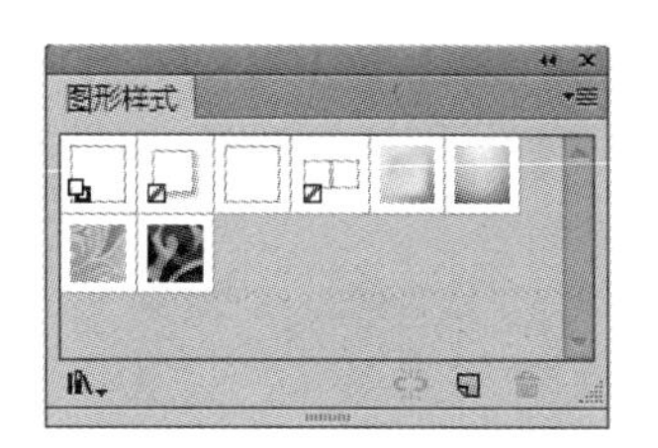

图1–25 “图形样式”面板

图1–26 “SVG交互”面板

图1–27 “变量”面板

20. “色板”面板

“色板”面板如图 1–28 所示。“色板”面板在面板缩略图中显示为▦图标，单击该图标即可调出“色板”面板。“色板”面板可以将调制好的纯色、渐变色和图案作为一种色样保存，以便于快速应用到对象上。具体可参见“2.8 ‘颜色’和‘色板’面板”。

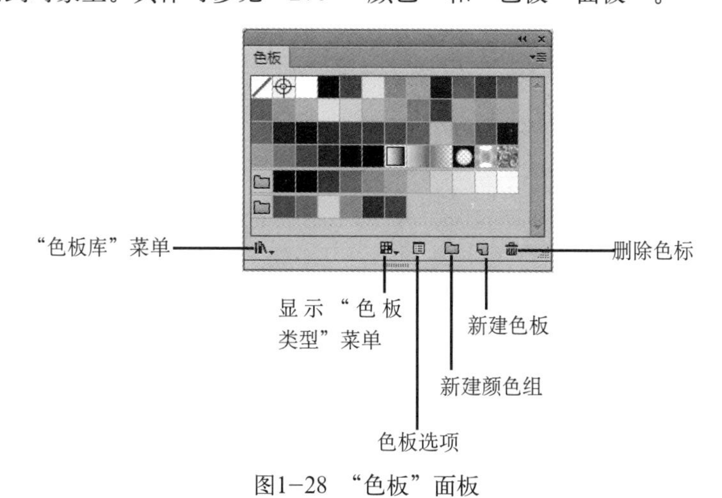

图1–28 “色板”面板

21. “符号”面板

“符号”面板如图 1–29 所示。“符号”面板在面板缩略图中显示为♣图标，单击该图标即可调出“符号”面板。符号可用来表现具有相似特征的群体，可以将 Illustrator CS6 中绘制的各种图形对象作为符号来保存。

22. “变换”面板

“变换”面板如图 1–30 所示。“变换”面板在面板缩略图中显示为⌗图标，单击该图标即可调出“变换”面板。“变换”面板提供了被选择对象的位置、尺寸和方向信息，利用“变换”面板可以精确地控制变换操作。

23. “透明度”面板

“透明度”面板如图 1–31 所示。“透明度”面板在面板缩略图中显示为◉图标，单击该图标即可调出“透明度”面板。“透明度”面板可用来控制被选择对象的透明度与混合模式，还可以用来创建不透明度蒙版。

24. “字符”面板

“字符”面板如图 1–32 所示。“字符”面板在面板缩略图中显示为图标，单击该图标即可调出“字符”面板。“字符”面板提供了格式化字符的各种选项（如字体、字号、行间距、字间距、字距微调、字体拉伸和基线移动等）。

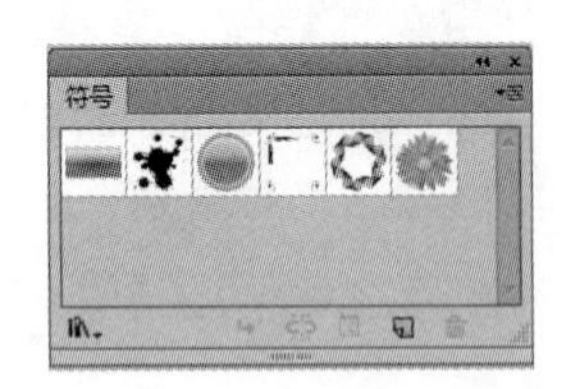

图1–29 “符号”面板

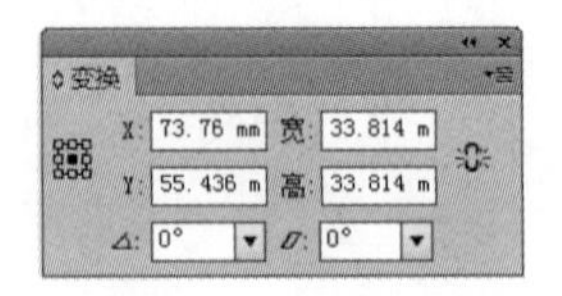

图1–30 “变换”面板

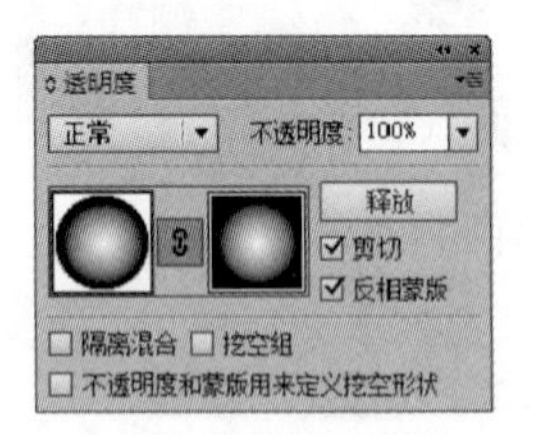

图1–31 “透明度”面板

25. “段落”面板

“段落”面板如图 1–33 所示。“段落”面板在面板缩略图中显示为¶图标，单击该图标即可调出“段落”面板。使用“段落”面板可为文字对象中的段落文字设置格式化选项。

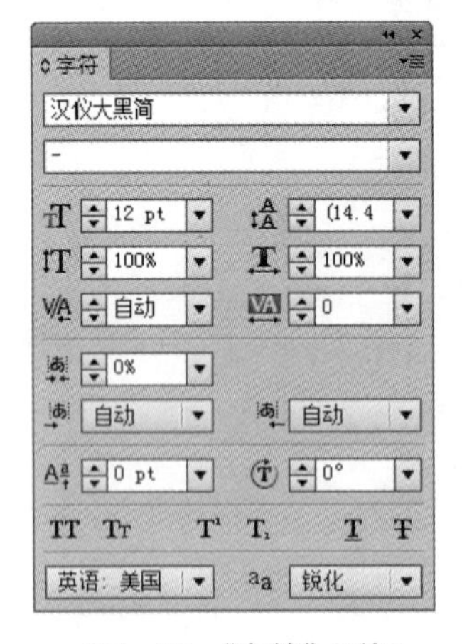

图1–32 “字符”面板

图1–33 “段落”面板

课 后 练 习

1. 简述点阵图和矢量图的区别。
2. 简述 RGB 和 CMYK 两种色彩模式的特点。
3. 简述“描边”面板的使用。

第2章 绘图与着色

在Illustrator CS6中可以绘制各种图形，并对线条和填充赋予不同的颜色，还可以对其进行再次编辑。此外，通过“路径查找器”可以对图形和图形之间进行各种组合处理。通过本章学习应掌握Illustrator CS6绘图与着色方面的相关知识。

2.1 绘制线形

线形是平面设计中经常会用到的一种基本图形，在Illustrator CS6的工具箱中提供了多种绘制线形的工具，可以利用它们绘制直线、弧线和螺旋线。

2.1.1 绘制直线

直线应该说是平面设计中最简单、最基本的图形对象了，绘制直线使用的是工具箱中的（直线段工具），如图2-1所示。绘制直线的具体操作步骤如下：

（1）选择工具箱中的（直线段工具）后，光标将变成十字形。然后按照两点确定一条直线的原则，在画布上任意一点单击，作为直线的起始点。再拖动鼠标，当到达直线的终止点后释放鼠标左键，即可完成任意长度、任意倾角的直线绘制，如图2-2所示。

（2）在拖动鼠标绘制直线的过程中，结合〈Shift〉、〈Alt〉、〈~〉等功能键可以得到一些具有特殊效果的直线。比如，在拖动鼠标绘制直线的过程中按下〈Shift〉键，可以得到方向水平、垂直或者倾角为45°的直线，如图2-3所示；按下〈Alt〉键，可以得到以单击点为中心的直线。

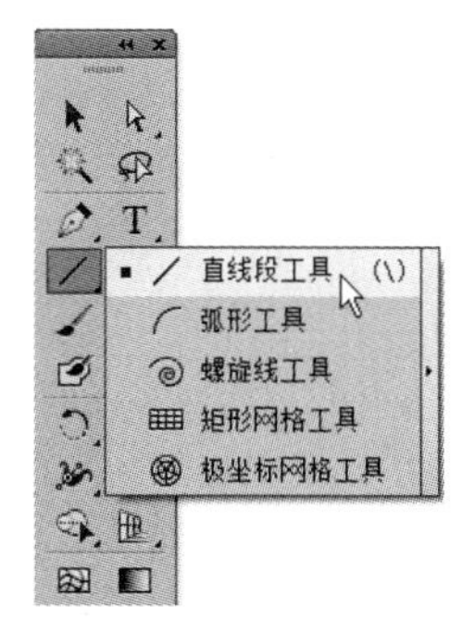

图2-1 选择“直线段工具”

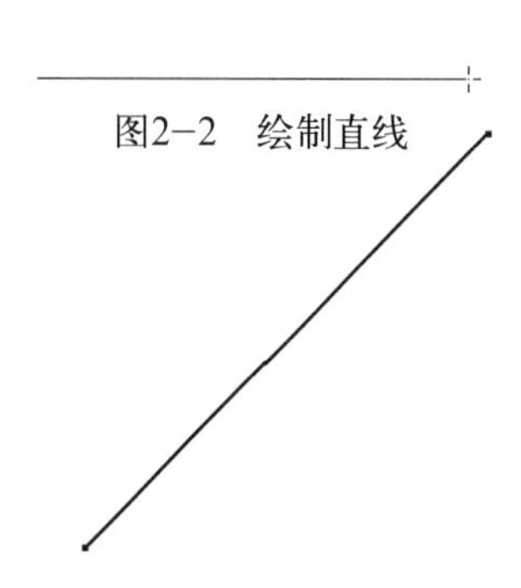

图2-2 绘制直线

图2-3 绘制45°的直线

（3）用拖动鼠标的方法只能粗略地绘制直线，当需要精确指定直线的长度和方向时，可以选择 ╱（直线段工具），单击画布的任意位置，此时会弹出图 2–4 所示的对话框。

（4）在该对话框中，“长度(L)”数值框用于设定直线的长度，“角度(A)”数值框用于设定直线的角度，设定完毕后，单击“确定”按钮，即可精确地绘制所需的直线。

图2–4 “直线段工具选项”对话框

2.1.2 绘制弧线

弧线也是一种重要的基本图形，直线可以看作弧线的一种特殊情况，所以弧线有着更为广泛的用途。Illustrator CS6 提供的绘制弧线的方法很丰富，利用这些方法，可以绘制出各种长短不一、形状各异的弧线。绘制弧线的具体操作步骤如下：

（1）选择工具箱中的 ⌒（弧形工具），如图 2–5 所示，然后在画布上拖动鼠标，从而形成弧线的两个端点。在两个端点之间，将会自然形成一段光滑的弧线。图 2–6 为使用 ⌒（弧形工具）绘制的弧线。

（2）在拖动鼠标的过程中，按下键盘上的〈Shift〉、〈Alt〉、〈~〉等功能键，以及〈C〉、〈F〉键等，可以得到一些具有特殊效果的弧线。比如，在拖动鼠标绘制弧线时，按下〈Shift〉键，将得到在水平和垂直方向长度相等的弧线，如图 2–7 所示；按下〈Alt〉键，可以得到以单击点为中心的直线；按下〈C〉键，可以通过增加两条水平和垂直的直线从而得到封闭的弧线，如图 2–8 所示；按下〈~〉键，可以同时绘制得到多条弧线，从而可以制作出特殊的效果，如图 2–9 所示；按下〈F〉键，则可以改变弧线的凹凸方向；按下上下方向键，则可以增加和减少弧度。

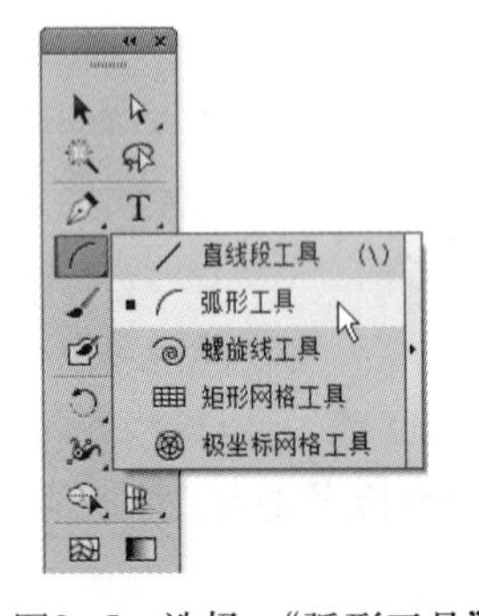

图2–5 选择“弧形工具”

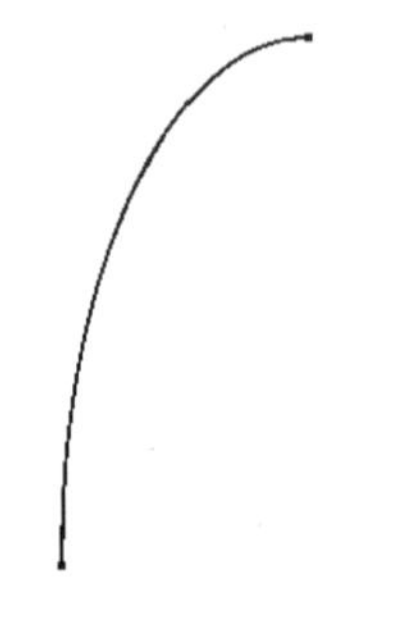
图2–6 绘制弧线

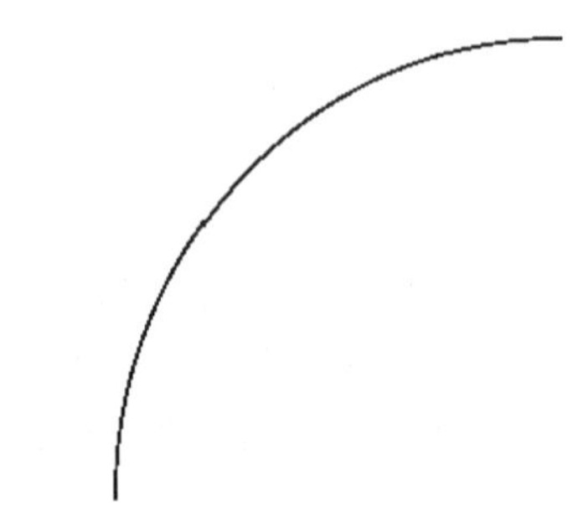
图2–7 水平和垂直方向长度相等的弧线

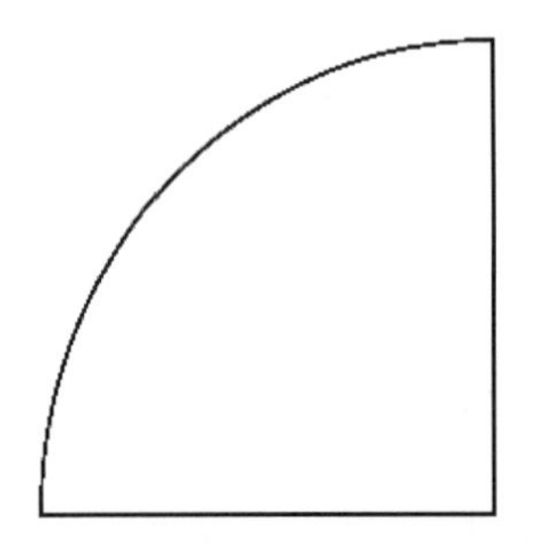
图2–8 绘制封闭弧线

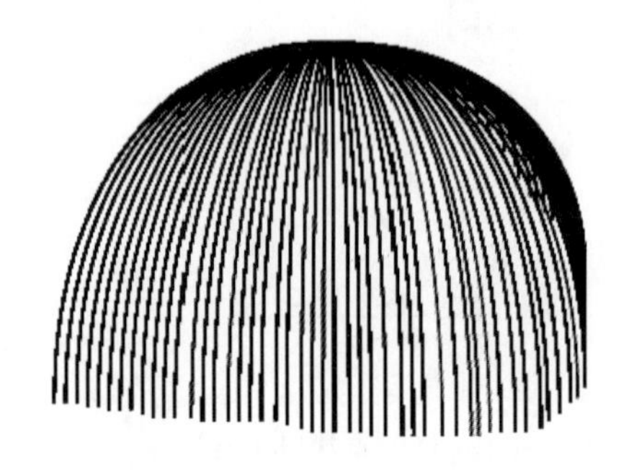
图2–9 同时绘制多条弧线

（3）用拖动鼠标的方法只能粗略地绘制弧线，当需要精确指定弧线的长度和方向时，可以在选择 （弧形工具）的情况下，单击画布的任意位置，此时会弹出图 2-10 所示的对话框。

（4）在该对话框中，可以精确设定对弧线各轴向的长度、凹凸方向和弯曲程度。

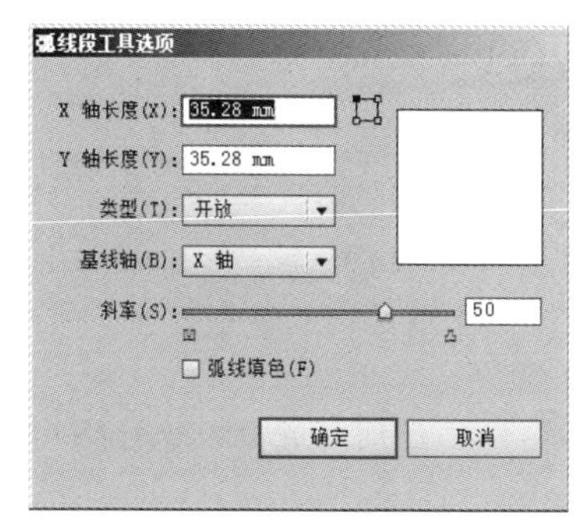

图2-10　“弧线段工具选项”对话框

2.1.3　绘制螺旋线

相对于直线和弧线而言，螺旋线是一种并不常用的线形。但在某些场合下，它也是必不可少的一种线形。绘制弧线的具体操作步骤如下：

（1）选择工具箱中的 （螺旋线工具），如图 2-11 所示。然后在将要绘制的螺旋线中心处按住鼠标左键后在画布上拖动，接着释放鼠标即可绘制出螺旋线，如图 2-12 所示。

（2）在绘制螺旋线的过程中，通过配合键盘上不同的键，可以实现某些特殊效果。比如，按上下方向键，可以增加或减少螺旋线的圈数；按下〈~〉键，将会同时绘制出多条螺旋线；在绘制螺旋线的过程中，按下空格键，就会“冻结”正在绘制的螺旋形，此时可以在屏幕上任意移动，当松开空格键后可以继续绘制螺旋线；按下〈Shift〉键，可以使螺旋线以 45° 的增量旋转；按下〈Ctrl〉键，可以调整螺旋线的紧密程度。

（3）用拖动鼠标的方法只能粗略地绘制螺旋线，当需要精确指定直线的长度和方向时，可以在选中 （螺旋线工具）的情况下，单击画布的任意位置。此时会弹出图 2-13 所示的对话框，在该对话框中可以通过其中的参数详细设置来精确绘制所需的螺旋线。

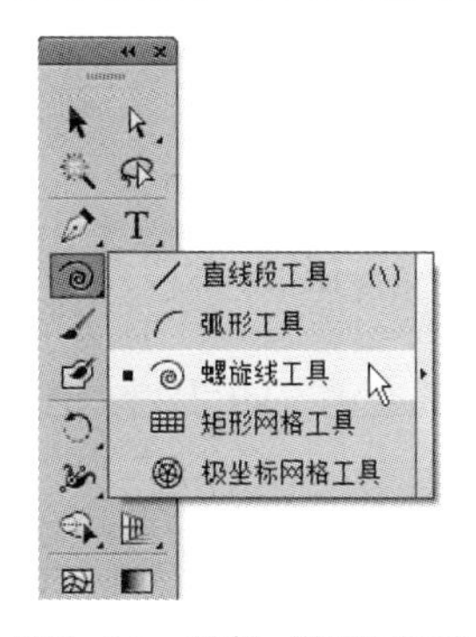

图2-11　选择“螺旋线工具”

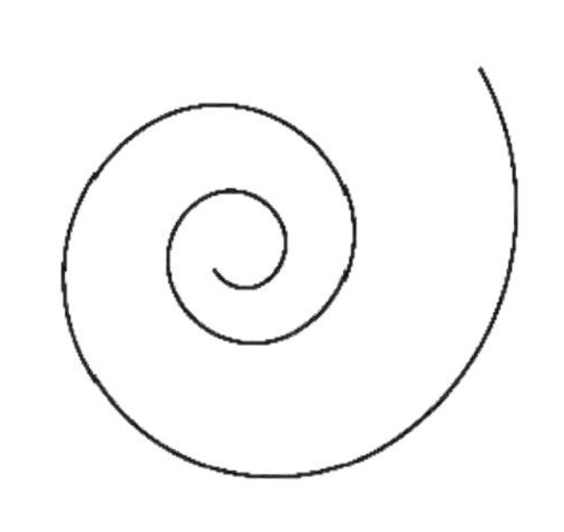

图2-12　绘制螺旋线

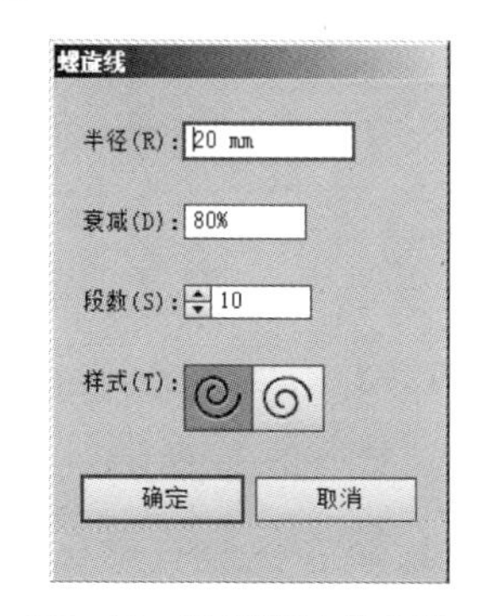

图2-13　设置螺旋线参数

（4）在该对话框中，“半径”数值框用于设置螺旋线的半径值，即螺旋线中心点到螺旋线终止点之间的直线距离，如图 2-14 所示；“衰减”数值框用于为螺旋线指定一个所需的衰减度；“段数”数值框用于设定螺旋线的段数；“样式”用于设置螺旋线旋转方向，有顺时针和逆时针两个选项可供选择。

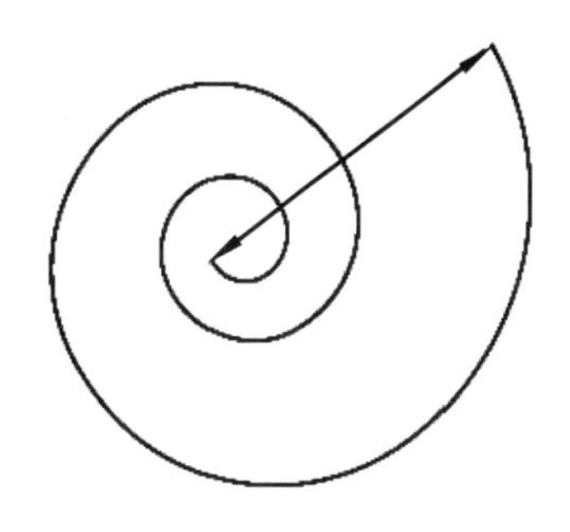

图2-14　半径的范围

2.2 绘制图形

本节所指的“图形”是一个狭义的概念，是指使用绘图工具绘制的、封闭的、可直接设置填充和线型的基本图形，包括矩形、圆、椭圆、多边形和星形等。通过这些基本的图形，可以组合出丰富多彩的复杂图形。

2.2.1 绘制矩形和圆角矩形

1. 绘制矩形

绘制矩形有两种方法：第1种方法是在屏幕上拖动鼠标绘制出矩形或圆角矩形；第2种方法是使用数值方法绘制矩形或圆角矩形。当只需粗略地确定矩形大小的时候，用前一种方法更为快捷；当需要精确地指定矩形的长和宽的时候，用后一种方法更为精确。

绘制矩形的具体操作步骤如下：

（1）选择工具箱上的（矩形工具），如图2–15所示，此时光标将变成一个十字形。然后在画布上的某一点处按住鼠标左键，往任意方向拖动，此时将会出现蓝色的矩形框，如图2–16所示。

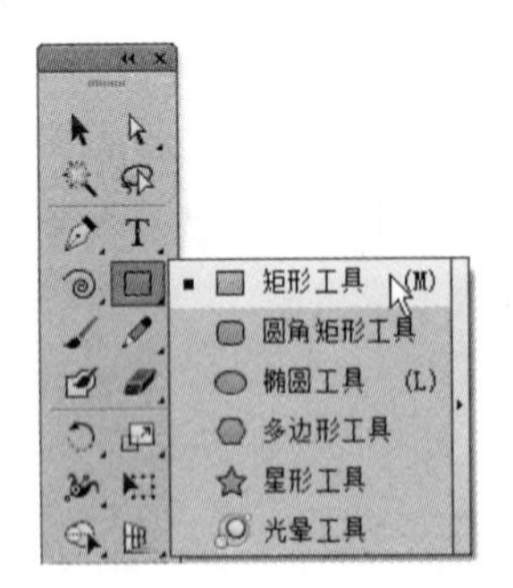

图2–15 选择“矩形工具”

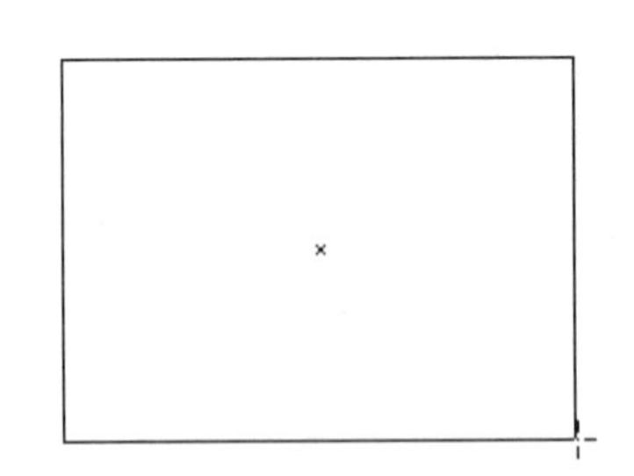

图2–16 出现蓝色的矩形框

（2）当最终确定矩形的大小后，在矩形起始点的对角点处释放鼠标左键，即可完成矩形的绘制，如图2–17所示。

提示

在拖动鼠标的同时，按住〈Shift〉键，可以绘制出正方形，如图2–18所示；按住〈Alt〉键，将从中心开始绘制矩形；按住空格键，会暂时“冻结”正在绘制的矩形，此时可以在屏幕上任意移动预览框的位置，松开空格键后可以继续绘制矩形。

（3）如果需要精确地绘制矩形，既要精确地指定矩形的长和宽，可以选择工具箱上的（矩形工具），在屏幕上任一位置单击，此时，将会弹出图2–19所示的对话框。

（4）在该对话框中，“宽度”数值框用于设置矩形的宽度，“高度”数值框用于设置矩形的高度。设置完成后，单击“确定”按钮即可。

2. 绘制圆角矩形

绘制圆角矩形的基本操作方法与绘制矩形基本一致，具体操作步骤如下：

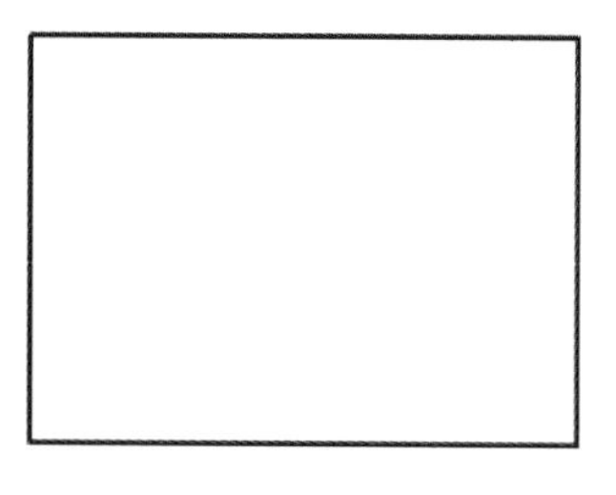

图2-17 绘制矩形

图2-18 绘制正方形

图2-19 “矩形”对话框

（1）选择工具箱上的（圆角矩形工具），如图 2-20 所示，然后在画面上拖动，当松开鼠标后即可绘制出一个圆角矩形，如图 2-21 所示。

（2）如果需要精确地绘制圆角矩形，即要精确地指定圆角矩形的长、宽以及圆角半径的值，可以选择工具箱上的（圆角矩形工具），在屏幕上任意位置单击，此时会弹出图 2-22 所示的对话框。

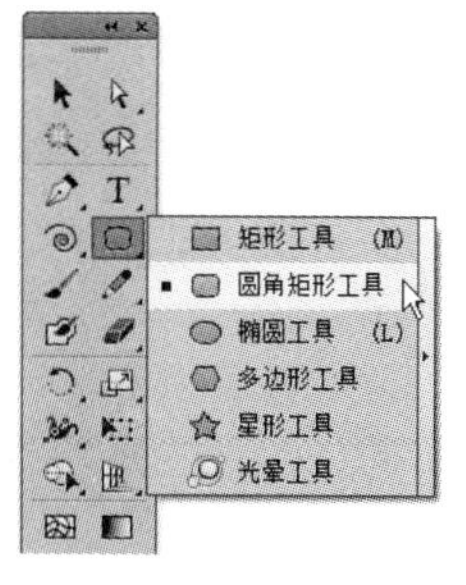

图2-20 选择“圆角矩形工具”

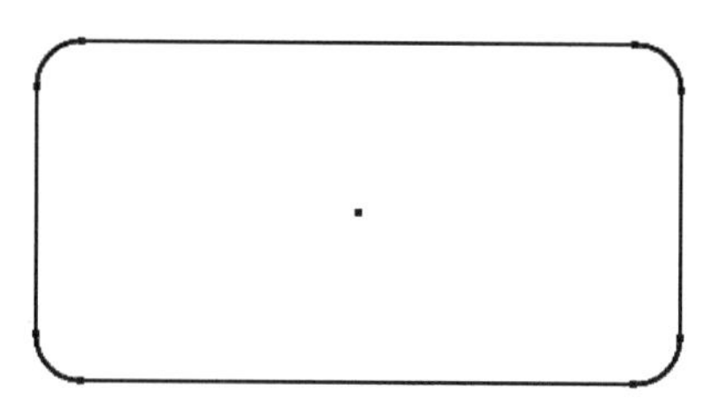

图2-21 绘制圆角矩形

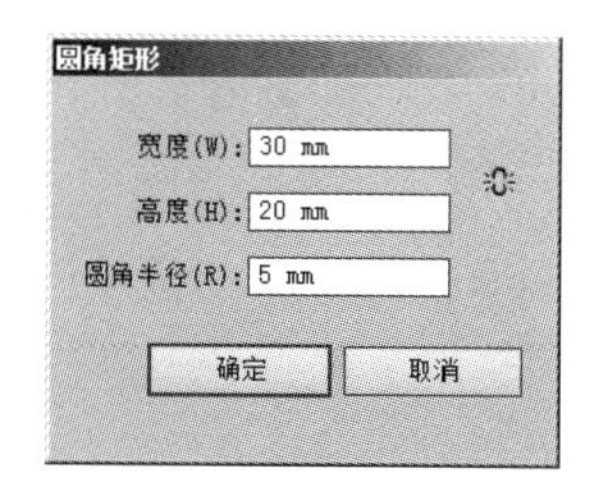

图2-22 “圆角矩形”对话框

（3）在该对话框中，“宽度”数值框用于设置圆角矩形的宽度，“高度”数值框用于设置圆角矩形的高度，“圆角半径”数值框用于指定圆角矩形的半径。设置完成后，单击“确定”按钮即可。

2.2.2 绘制圆和椭圆

和绘制矩形和圆角矩形一样，绘制圆和椭圆也有两种方法可供选取：第 1 种方法是在屏幕上拖动鼠标绘制出圆和椭圆；第 2 种方法是使用数值方法绘制圆和椭圆。当只需粗略地确定圆和椭圆的大小的时候，用前一种方法更为快捷；当需要精确地指定椭圆的长和宽的时候，用后一种方法更为精确。

（1）选择工具箱上的（椭圆工具），如图 2-23 所示，然后按住鼠标左键，在画布上拖动，当达到所需的大小后释放鼠标，即可完成椭圆的绘制，如图 2-24 所示。

提示

在拖动鼠标时按住〈Shift〉键，会绘制出一个标准的圆；按住〈Alt〉键，将不是从左上角开始绘制椭圆，而是从中心开始；按住空格键，会“冻结”正在绘制的椭圆，可以在屏幕上任意移动预览图形的位置，松开空格键后可以继续绘制椭圆。

（2）如果需要精确地绘制圆或椭圆（即要精确地指定圆的半径或椭圆的长短轴），可以选择工具箱上的（椭圆工具），在屏幕上任意位置单击，此时将弹出图 2-25 所示的对话框。

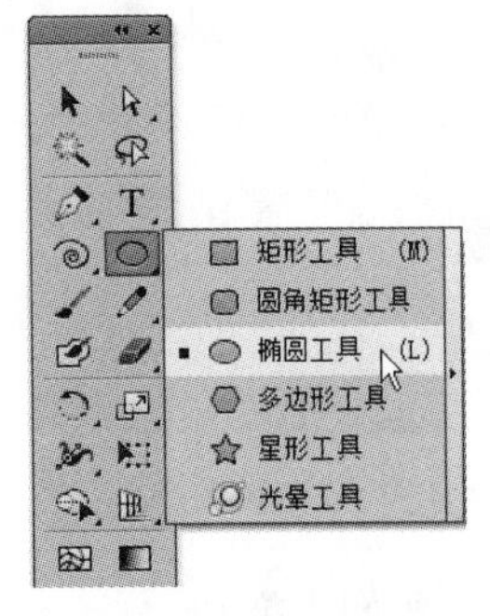

图2-23　选择椭圆工具

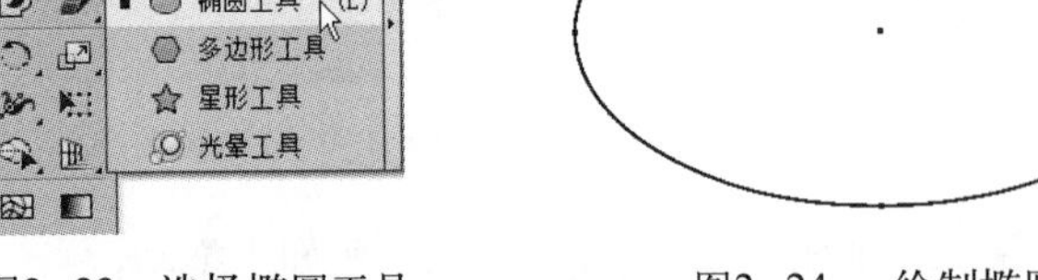
图2-24　绘制椭圆

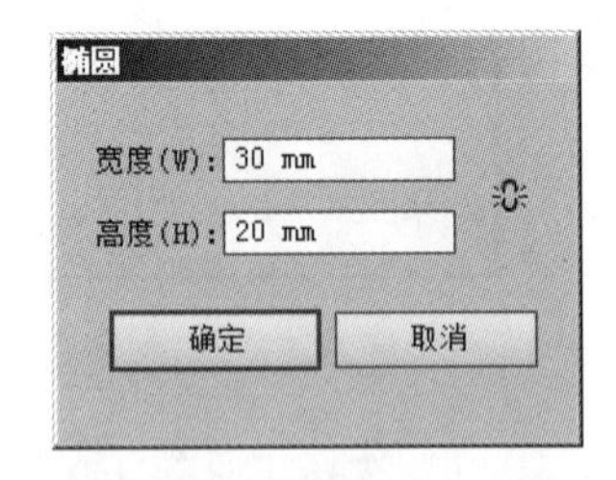

图2-25　“椭圆”对话框

（3）在该对话框中，不是通过直接指定圆的半径或椭圆的长短轴来确定圆或椭圆的大小，而是通过指定圆或椭圆的外接矩形的长和宽来确定圆或椭圆的大小。其中“宽度”数值框用于设置外接矩形的宽度，“高度”数值框用于设置外接矩形的高度。设置完毕后，单击“确定”按钮即可。

2.2.3　绘制星形

星形也是常用的图形之一，所以Illustrator CS6中也提供了专门绘制星形的工具。绘制星形的具体操作步骤如下：

（1）选择工具箱上的☆（星形工具），如图2-26所示，然后在画布的任意位置进行拖动，最后释放鼠标即可绘制出星形，如图2-27所示。

提示

在绘制多边形的过程中，可以按向上或向下的箭头键增加和减少多边形的边数；按住〈Ctrl〉键，可以在不改变内径大小的情况下改变外径的大小。

（2）如果要精确绘制多边形，可以选择工具箱上的☆（星形工具），然后在画布的任意位置单击，将会弹出图2-28所示的对话框。

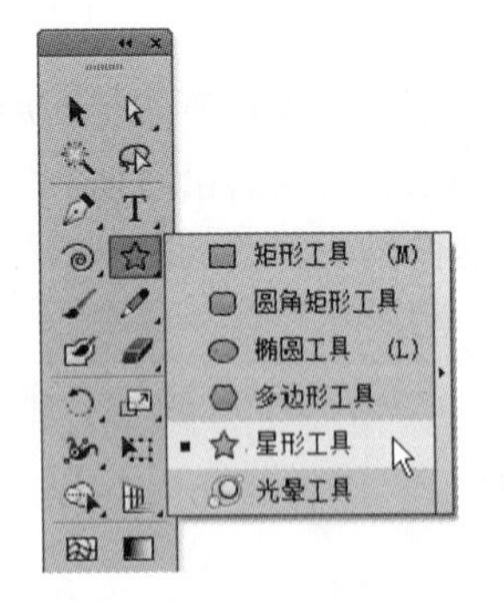

图2-26　选择“星形工具”

图2-27　绘制星形

图2-28　“星形”对话框

（3）在“星形”对话框中，可以通过“角点数”数值框选取或输入所需要绘制的星形的外凸点数。比如，绘制五角星，则此处设置为5。图2-29所示为使用☆（星形工具）绘制的不同角点数的星形。

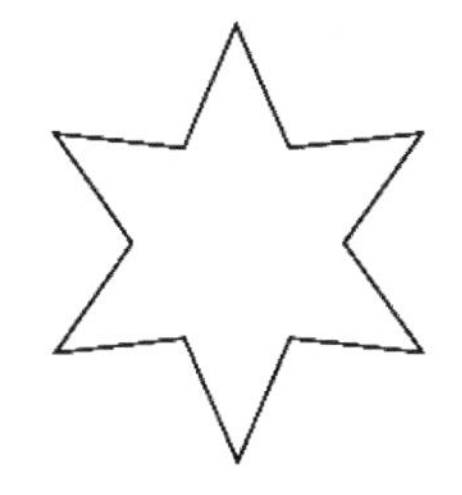

图2-29 绘制的不同角点数的星形

(4) 在“星形”对话框中，“半径 1”数值框用于输入星形的外凸半径，即外凸点到中心点的距离；“半径 2”数值框用于输入星形的内凹半径，即内凹点到中心点的距离，如图 2-30 所示。

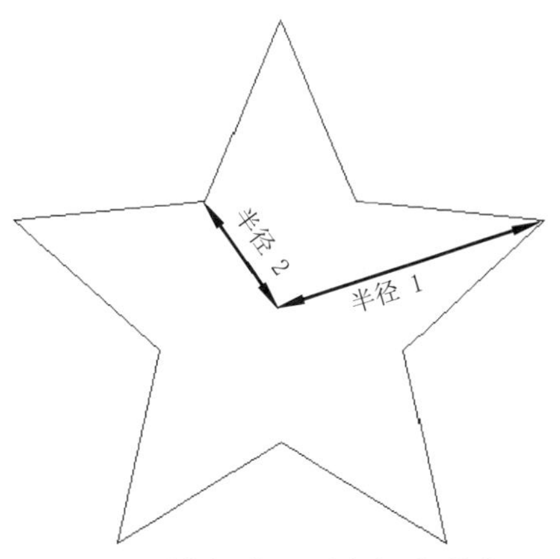

图2-30 “半径1”和“半径2”的范围

(5) 和绘制正多边形时类似，在拖动鼠标的过程中按住键盘上的〈~〉键，可以同时绘制出多个多边形，从而可以形成一些特殊的效果。

2.2.4 绘制多边形

在 Illustrator CS6 中，可以绘制任意边数的正多边形。与绘制矩形和椭圆的方法类似，也可以分为拖动鼠标绘制的方法和精确绘制的方法。绘制多边形的具体操作步骤如下：

(1) 选择工具箱上的 (多边形工具)，如图 2-31 所示，然后按住鼠标左键在画布上拖动，最后释放鼠标即可绘制出多边形，如图 2-32 所示。

(2) 如果要精确绘制多边形，可以选择工具箱上的 (多边形工具)，在画布的任何位置单击，此时会弹出图 2-33 所示的对话框。

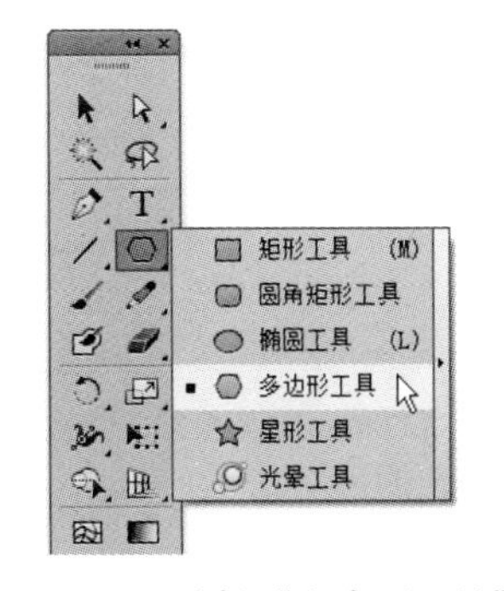

图2-31 选择“多边形工具”

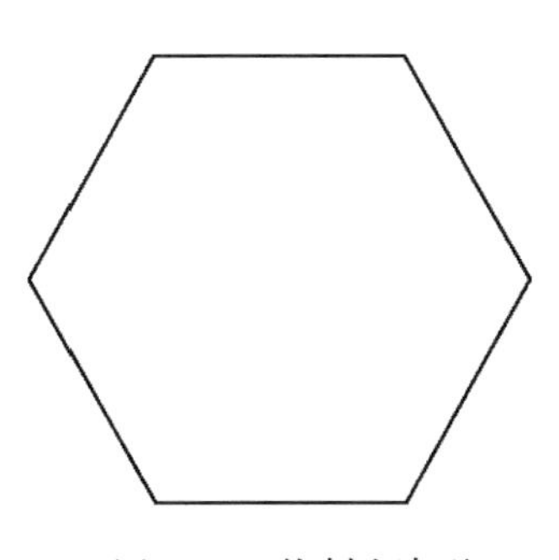

图2-32 绘制多边形

图2-33 “多边形”对话框

(3) 在“多边形”对话框中，可以通过“边数”数值框选取或者输入所需要绘制的正多边形的边数；在“半径”数值框中，可以输入正多边形外接圆的半径。设置完毕后，单击“确定”按钮即可。

(4) 在绘制的过程中，左右移动鼠标可以转动多边形，从而形成并非规则放置的多边形，如图 2-34 所示。在拖动鼠标的过程中，按住键盘上的〈~〉键，可以同时绘制出多个多边形，从而可以形成一些特殊的效果，如图 2-35 所示。

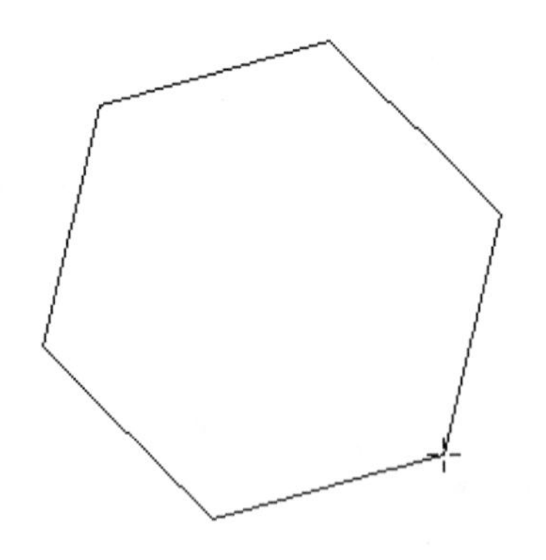

图2-34　绘制非规则放置的多边形

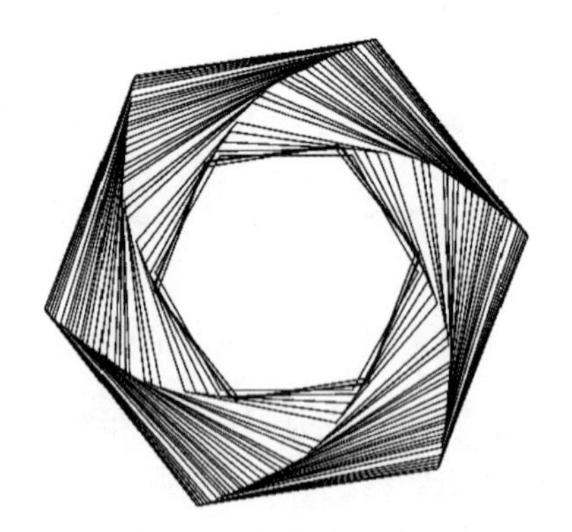

图2-35　同时绘制多个多边形

2.2.5　绘制光晕

利用光晕工具可以绘制光晕图形，它不是简单的基本图形，而是一种具有闪耀效果的复杂形体，如图 2-36 所示。

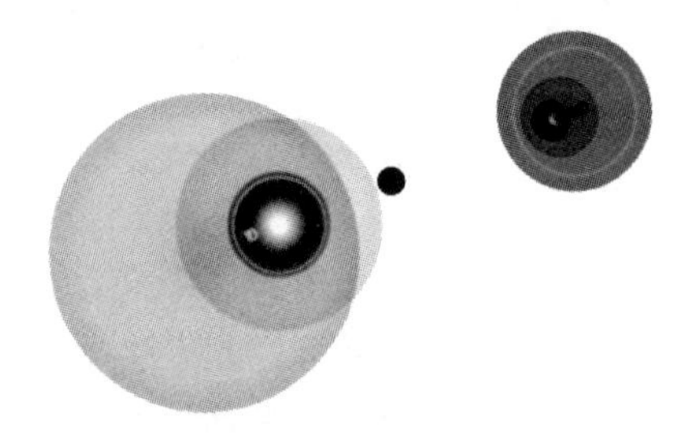

图2-36　光晕效果

绘制光晕工具的具体操作步骤如下：

（1）选择工具箱上的（光晕工具），如图 2-37 所示。此时光标将变成一个实十字和虚十字相间的形状，然后按住鼠标左键在画布上拖动，即可进行光晕图形的绘制，如图 2-38 所示。

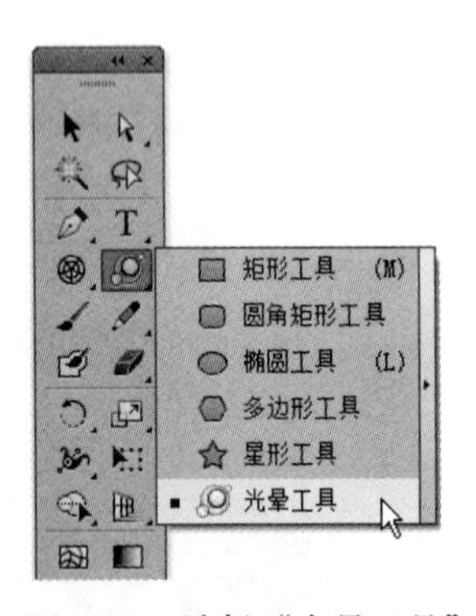

图2-37　选择“光晕工具”

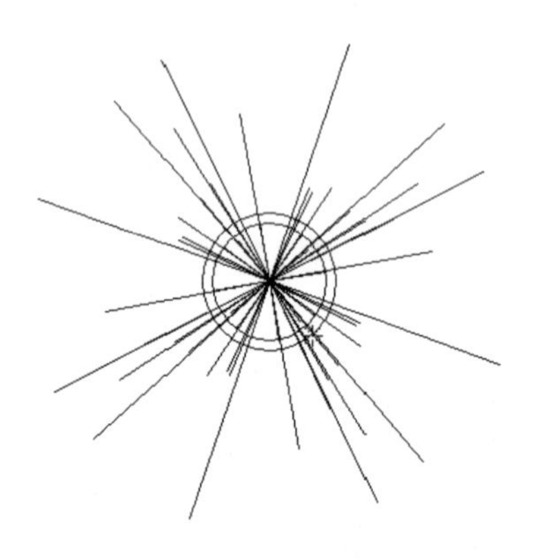

图2-38　绘制光晕图形的过程

（2）在拖动鼠标绘制的过程中，可以以图形的中心转动图形。如果不想旋转闪耀图形，可按下键盘上的〈Shift〉键；如果在拖动鼠标的过程中按下空格键，就会暂停绘制操作，并可在页面上任意移动未绘制完成的闪耀图形；按下向下箭头键，则可以减少闪耀图形的射线数目；如果当前的闪耀图形满足要求，即可释放鼠标左键，结果如图 2-39 所示。

（3）此时并没有完成闪耀图形的绘制，要完成最终的闪耀图形，必须双击所绘制的闪耀图形的框架图，然后在弹出的图 2-40 所示的对话框中进行设置，设置完成后单击“确定”按钮即可。

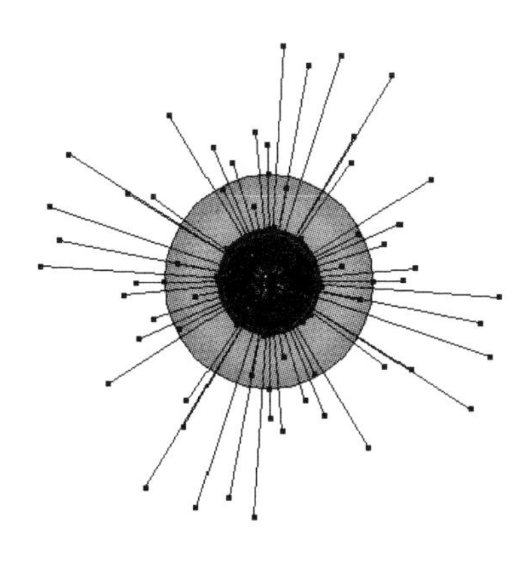

图2-39 绘制完成效果

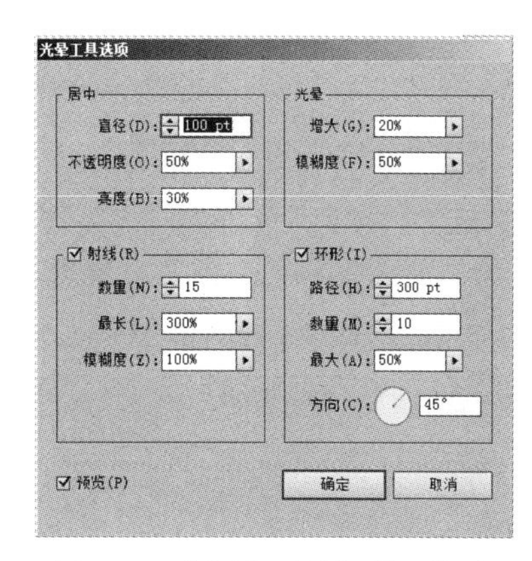

图2-40 “光晕工具选项”对话框

2.3 绘制网格

在平面设计中，网格是经常会用到的，而矩形网格和极坐标网格又是最常用的两种网格。使用▦（矩形网格工具）和◉（极坐标网格工具），能够快速地绘制出矩形网格和极坐标网格。

2.3.1 绘制矩形网格

绘制矩形网格的具体操作步骤如下：

（1）选择工具箱上的▦（矩形网格工具），如图 2-41 所示，然后在画布上拖动鼠标，通过确定的两个对角点来确定矩形网格的位置和大小，所绘制的矩形网格如图 2-42 所示。

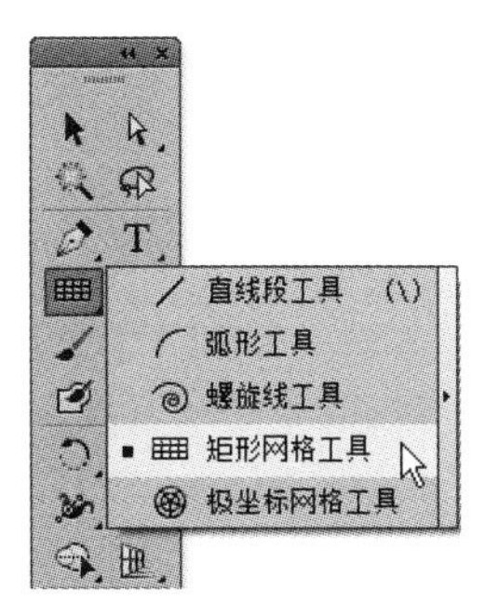

图2-41 选择“矩形网格工具”

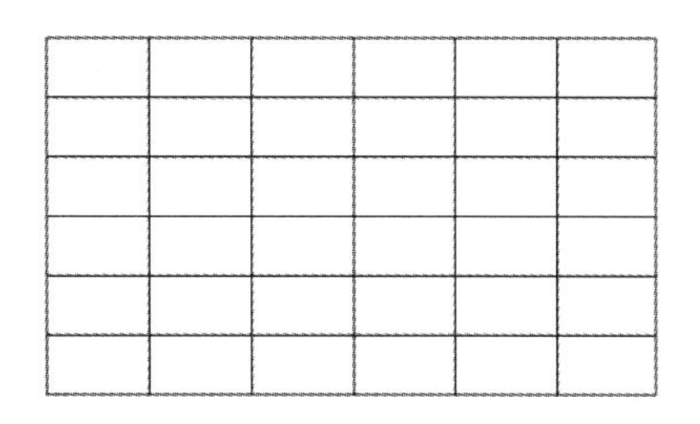

图2-42 绘制矩形网格

（2）在拖动鼠标绘制矩形网格的过程中，如果按下〈Shift〉键可以得到正方形网格，如图 2-43 所示；如果按下键盘上的向上箭头键可以增加矩形网格的行数，按下键盘上的向下箭头键可以减少矩形网格的列数。

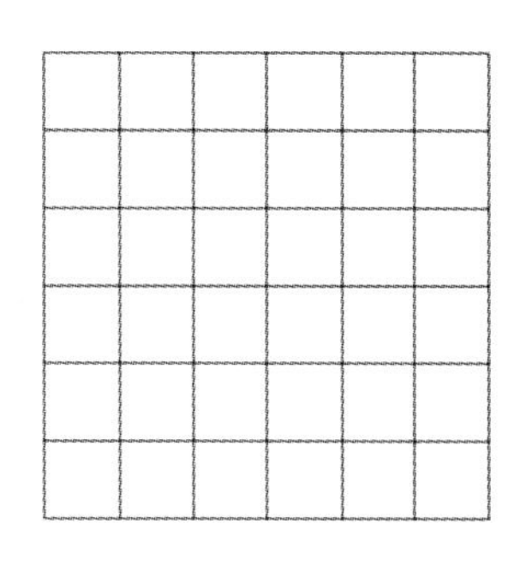

图2-43 正方形网格

（3）如果要精确绘制矩形网格，可以选择工具箱上的▦（矩形网格工具），然后在画布的任意位置单击，此时会弹出图 2-44 所示的对话框。

（4）在该对话框中，“默认大小”选项组用于设置矩形网格的宽度和高度；在“水平分割线”选项组中的“数量”数值框用于设置水平分割线的数目，“倾斜”数值框用于指定水平分割线与网格的水平边缘的距离；“垂直分割线”选项组中的“数量”数值框用于设置垂直分割线的数目，而“倾斜”用于设置垂直分割线与网格垂直边缘的距离。如果将水平“倾斜”值设为 60%，将会得到图 2-45 所示的矩形网格；将垂直“倾斜”值设为 60%，将会得到图 2-46 所示的矩形网格。

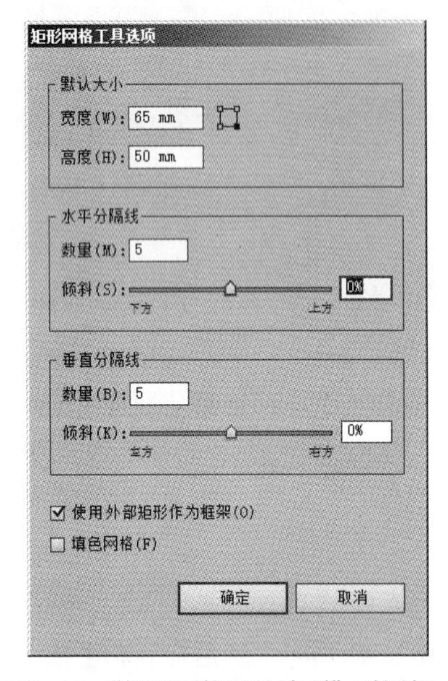

图2-44 “矩形网格工具选项”对话框

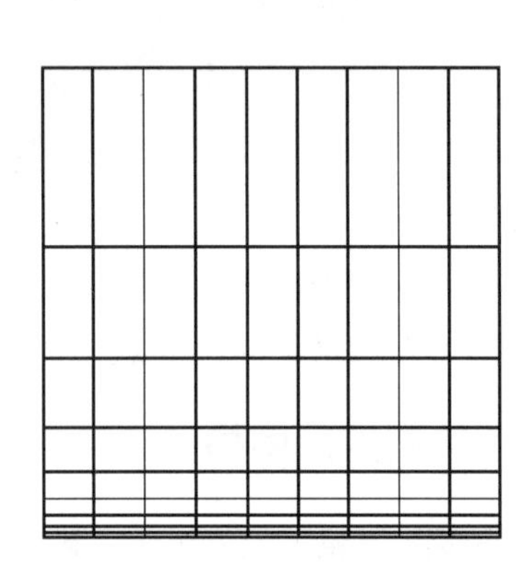

图2-45 水平“倾斜（S）”值为60%的矩形网格

提示

在绘制矩形网格的过程中，利用键盘上的向上和向下箭头键同样可以得到图2-46和图2-47所示的效果。

（5）如果在该对话框中选中了“使用外部矩形作为框架”复选框，则将矩形网格最外层的矩形作为整个网格的边框；如果选中了“填充网格”复选框，则将填充网格。图 2-47 所示为填充了的矩形网格。

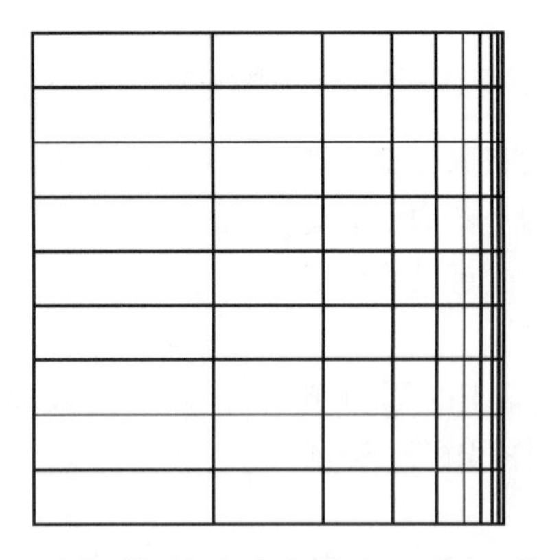

图2-46 垂直“倾斜（K）”值为60%的矩形网格

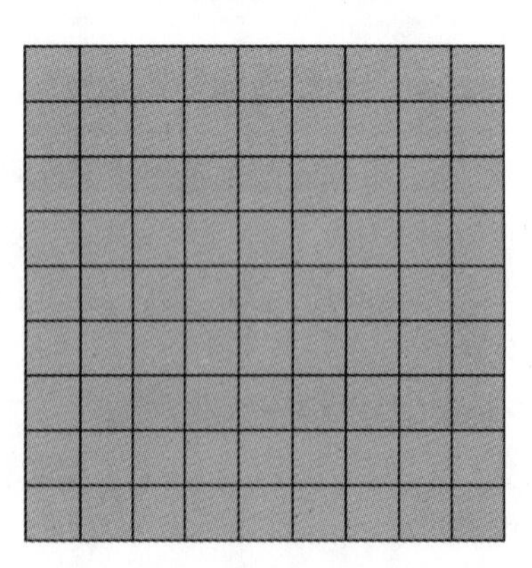

图2-47 填充了的矩形网格

2.3.2 绘制极坐标网格

绘制极坐标网格的具体操作步骤如下：

（1）选择工具箱上的（极坐标网格工具），如图 2−48 所示。然后在画布上拖动鼠标，通过确定外轮廓圆的外接矩形的两个对角点来确定极坐标网格的位置和大小，所绘制的极坐标网格如图 2−49 所示。

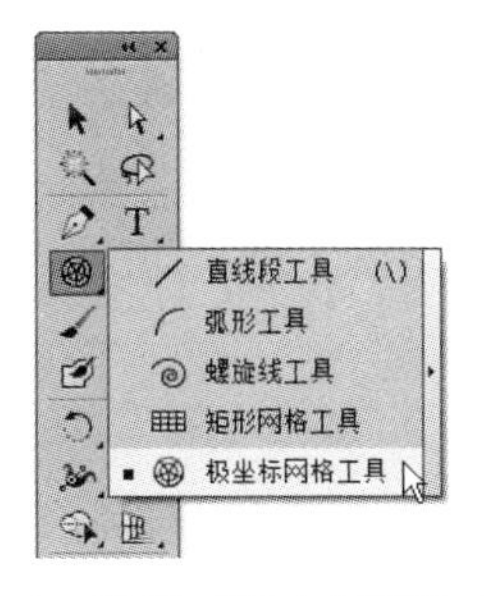

图2−48 选择“极坐标网格工具”

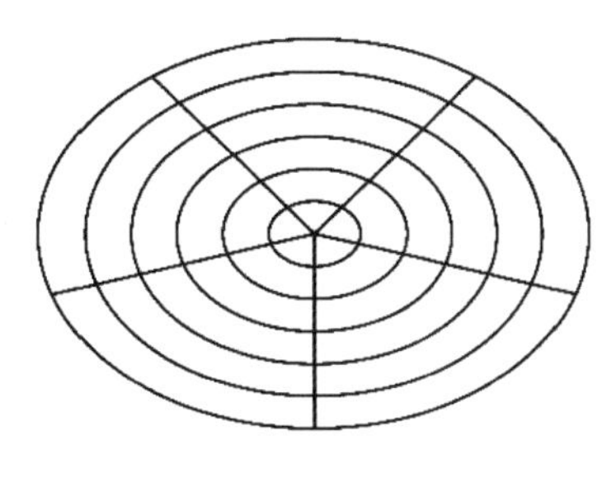

图2−49 绘制极坐标网格

（2）在拖动鼠标绘制极坐标网格的过程中，如果按下键盘上的〈Shift〉键，可以得到外轮廓为正圆的极坐标网格，如图 2−50 所示；如果按下键盘上的向上箭头键，可以增加极坐标网格同心圆的数目，如图 2−51 所示；如果按下键盘上的向右箭头键，可以增加极坐标网格射线的数目，如图 2−52 所示。

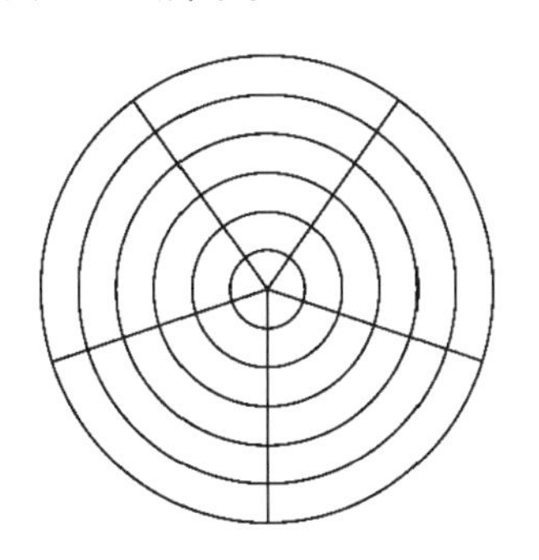

图2−50 外轮廓为正圆的极坐标网格　图2−51 增加极坐标的同心圆　图2−52 增加极坐标的网格射线

（3）如果要绘制精确的极坐标网格，选择工具箱上的（极坐标网格工具），然后在画布的任意位置单击，将会弹出图 2−53 所示的对话框。

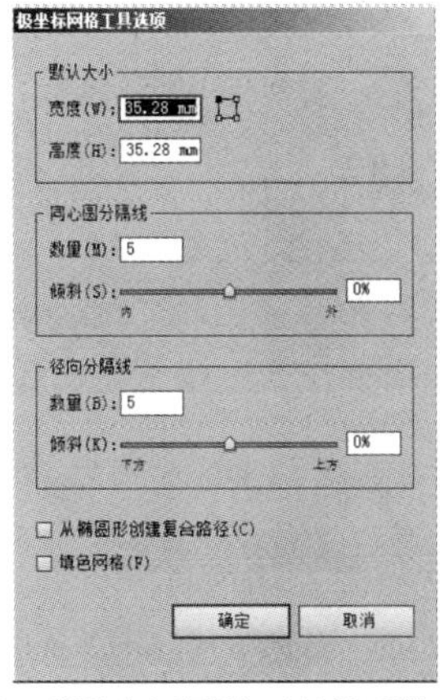

图2−53 “极坐标网格工具选项”对话框

（4）在该对话框中，“默认大小”选项组用于设置极坐标网格外接矩形的宽度和高度；“同心圆分隔线”选项组中的“数量”数值框用于指定分隔线的数目，“倾斜”数值框用于指定分隔线与网格轴向边缘的距离；“径向分隔线”选项组中的“数量”数值框用于指定径向分隔线的数目，“倾斜”数值框用于指定径向分隔线与网格径向起点的距离。如果将水平“倾斜”值设为 60%，将会得到图 2−54 所示的极坐标网格；将垂直“倾斜”值设为 60%，将会得到图 2-55 所示的极坐标网格。

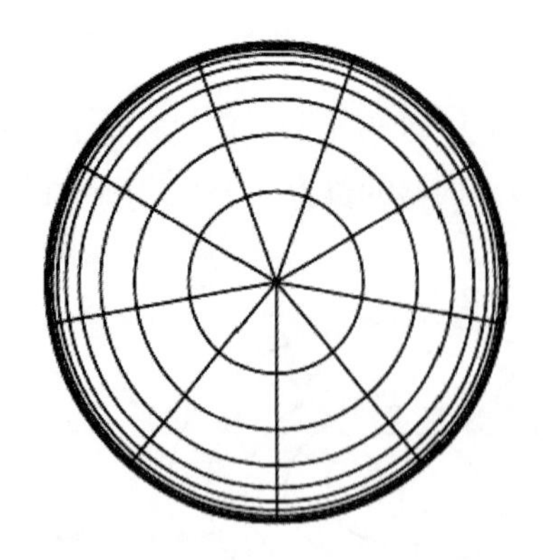

图2-54　水平“倾斜（S）”值为60%的极坐标网格

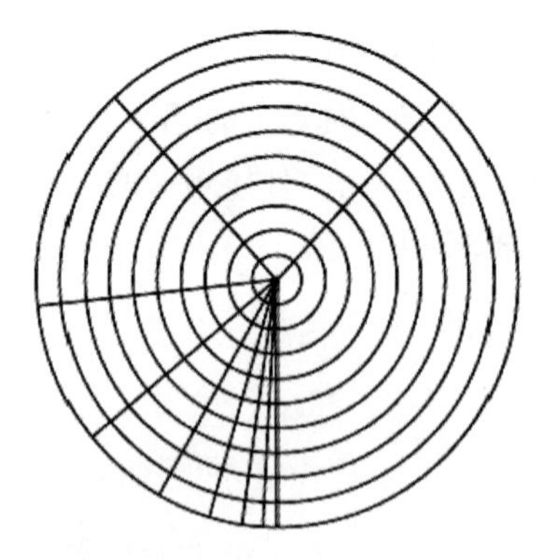

图2-55　垂直“倾斜（K）”值为60%的极坐标网格

2.4　徒手绘图与修饰

在平面设计中，并非所有的线条都是类似直线、椭圆的规则图形，更多的时候需要用灵巧的双手和铅笔等作图工具，来绘制一些不规则的图形。本节将讲解（钢笔工具）、（铅笔工具）、（平滑工具）和（路径橡皮擦工具）的使用。

2.4.1　钢笔工具

（钢笔工具）是一个非常重要的工具，也是用户平时绘图工作中使用最频繁的一种工具，它可以用来绘制直线和平滑曲线，并可对绘制的路径进行精确的控制，具体应用请参见“2.9.1　钢笔工具的使用”。单击工具箱中的（钢笔工具），在弹出的工具组中将显示出（添加锚点工具）、（删除锚点工具）和（转换锚点工具），如图 2-56 所示。下面主要讲解这三种工具的使用方法。

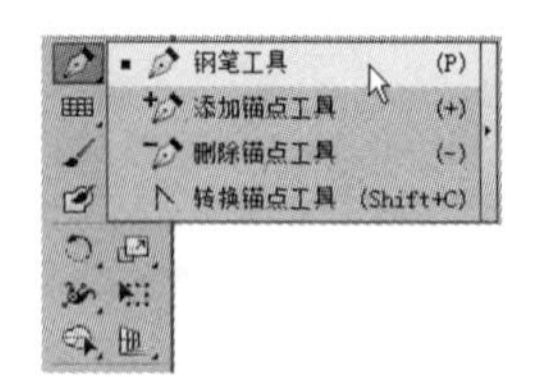

图2-56　钢笔工具组

1．添加锚点

在路径中适当的添加锚点可以更好地控制曲线。添加锚点的具体操作步骤如下：选择工具箱中的（添加锚点工具），然后在要添加锚点的路径上单击，即可添加一个锚点。

提示

如果是直线路径，添加的锚点是角点；如果是曲线路径，添加的锚点是平滑点；如果要在路径上均匀地添加锚点，可以执行菜单中的“对象|路径|添加锚点”命令，此时会在该路经两个锚点之间添加一个新锚点。

2．删除锚点

适当添加锚点可以更好地控制曲线，但多余的锚点会使路径的复杂度增大，而且会延长输出的时间，此时可以删除多余的锚点。删除锚点的具体操作步骤如下：选择工具箱中的（删除锚点工具），在需要删除的锚点上单击，即可删除该锚点。锚点被删除后，系统会自动调整曲线的形状。

3．转换锚点工具

使用工具箱中的 （转换锚点工具），在曲线锚点上单击即可将平滑点转换为角点。如果在角点上单击并拖动鼠标，则可将角点转换为平滑点。锚点改变性质后，曲线的形状也会发生相应的变化。

2.4.2 铅笔工具

使用 （铅笔工具）可以随意绘制出自由不规则的曲线路径。在绘制的过程中，Illustrator CS6会自动依据鼠标的轨迹来设定节点而生成路径。铅笔工具既可以绘制闭合路径，又可以绘制开放路径。同时，铅笔工具还可以将已存在的曲线的节点作为起点，延伸绘制出新的曲线，从而达到修改曲线的目的。图2–57所示为使用 （铅笔工具）绘制的4帧人物原画。

图2–57　4帧人物原画

铅笔工具的具体使用方法如下：

（1）选择工具箱上的 （铅笔工具），如图2–58所示，此时光标将变为“ ”。然后在合适的位置按下左键后拖动鼠标绘制路径，接着释放鼠标即可完成曲线绘制，如图2–59所示。

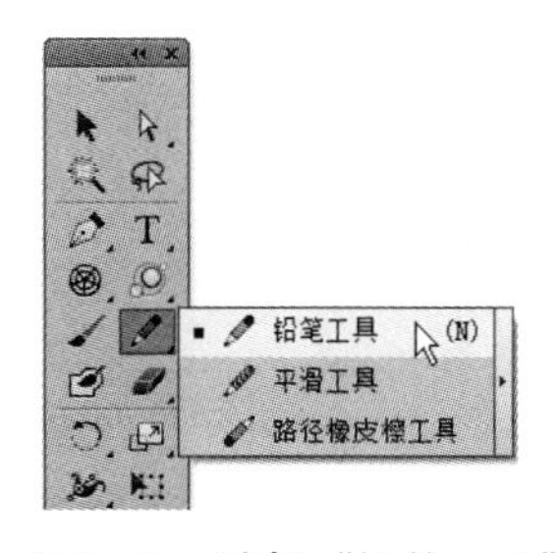

图2–58　选择“铅笔工具”

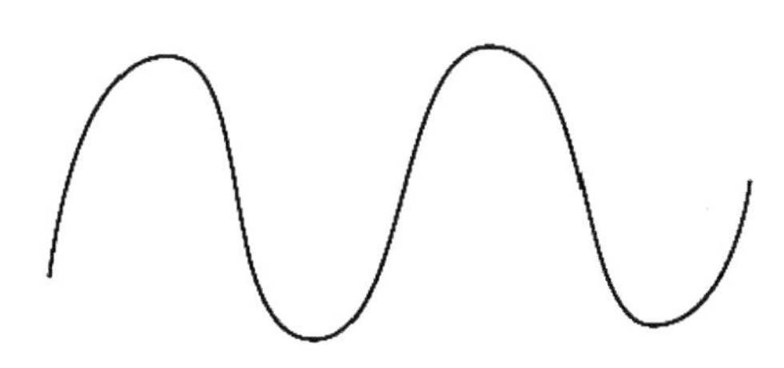

图2–59　绘制曲线

（2）如果需要得到封闭的曲线，可以在拖动鼠标时按下〈Alt〉键，此时光标将变为一个带有圆圈的铅笔形状，其中圆圈表示可以绘制封闭曲线。在这种状态下，系统将会自动将曲线的起点和终点用一条直线连接起来，从而形成封闭的线，如图2–60所示。

（3）另外，使用 （铅笔工具）在封闭图形上的两个节点之间拖动，可以修改图形的形状。图2–61所示为经过铅笔工具适当修改后的形状。

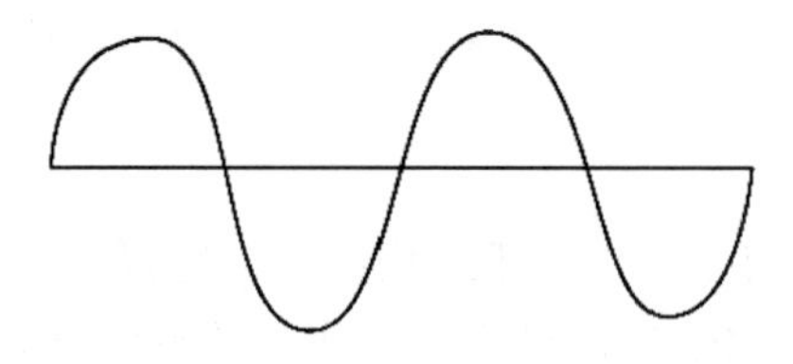

图2-60　封闭的曲线

图2-61　经过铅笔工具适当修改后的形状

提示

必须选中需要更改的图形才可以改变图形的形状。

（4）在使用 （铅笔工具）时，还可以对铅笔工具进行参数预置。方法：双击工具箱上的 （铅笔工具），此时会弹出图 2-62 所示的对话框。

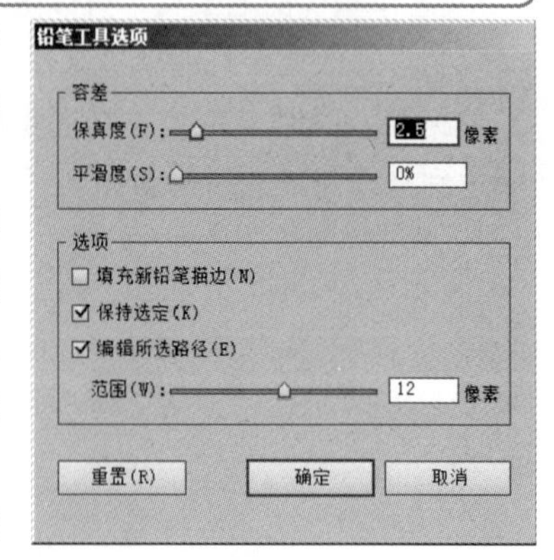

图2-62　“铅笔工具选项”对话框

（5）在该对话框中有“容差”和“选项”两个选项组。在“容差”选项组中，“保真度”用来设置铅笔工具绘制得到的曲线上的点的精确度，单位为像素，取值范围为 0.5 ～ 20，值越小，所绘制的曲线将越粗糙。图 2-63 所示为不同“保真度”的比较效果。

在“容差”选项组中，“平滑度”用于指定所绘制曲线的平滑程度。值越大，所得到的曲线就越平滑。图 2-64 所示为设定了不同平滑度的效果。

在“选项”选项组中，选中“保持选定”复选框，可以保证曲线绘制完毕后自动处于被选取状态；选中“编辑所选路径”复选框，表示可对选中的进行再次编辑。

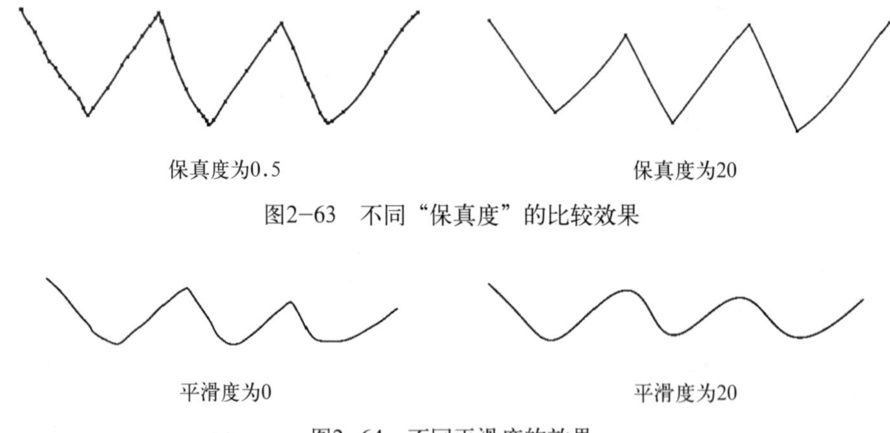

图2-63　不同“保真度”的比较效果

图2-64　不同平滑度的效果

2.4.3　平滑工具

使用鼠标徒手绘制图形时，往往不能够像现实中使用铅笔或钢笔那样得心应手，此时可以使用 （平滑工具），使曲线变得更平滑。

平滑工具的具体使用方法如下：

（1）选择工具箱上的 （平滑工具），如图 2-65 所示，此时光标将变为带有螺纹图案的铅笔形状。然后按住鼠标左键，在画布上拖动时会显示光标的拖动轨迹，如图 2-66 所示。

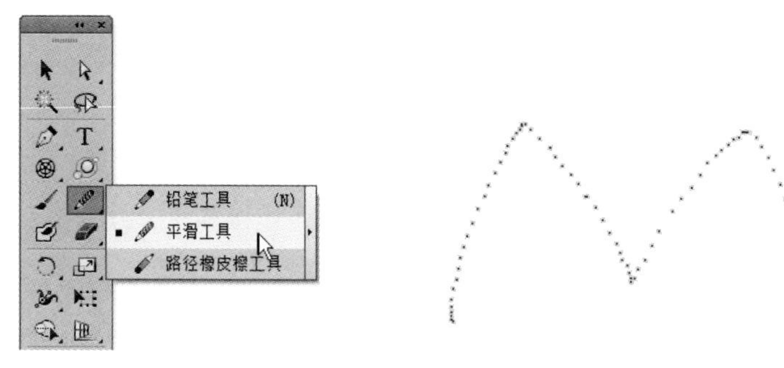

图2-65　选择“平滑工具”　　　图2-66　在画布上拖动时显示出的拖动轨迹

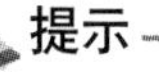

提示

在使用（铅笔工具）时，按住〈Alt〉键不放，则铅笔工具将变成（平滑工具）；而释放〈Alt〉键后将恢复为铅笔工具。

（2）要对目标路径实施平滑操作时，需要首先选择（平滑工具），然后将光标移至需要进行平滑操作的路径旁，按下鼠标左键并拖动。当完成平滑操作后，释放鼠标左键，此时目标路径更为平滑。图 2-67 所示为实施了平滑操作前后的比较效果。

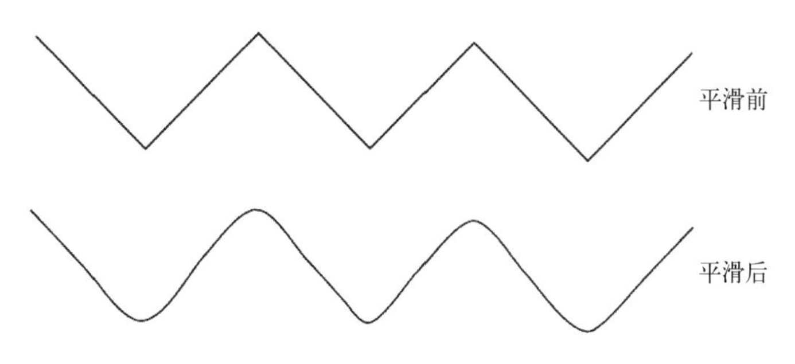

图2-67　平滑操作前后的比较效果

（3）双击工具箱上的（平滑工具），将会弹出图 2-68 所示的对话框。

该对话框用于调整使用平滑工具处理曲线时的“保真度”和“平滑度”。“保真度”和“平滑度”的参数值越大，处理曲线时对原图形的改变也就越大，曲线变得越平滑；参数值越小，处理曲线时对图形原形的改变也就越小。

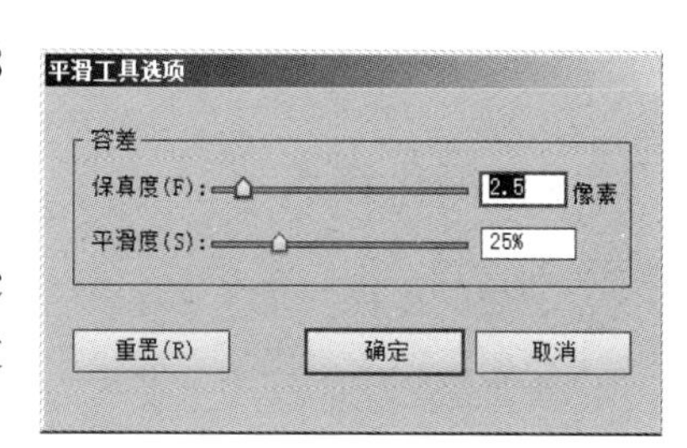

图2-68　“平滑工具选项”对话框

2.4.4　路径橡皮擦工具

和（平滑工具）一样，（路径橡皮擦工具）也是一种徒手修饰工具，它能够清除已有路径。

路径橡皮擦工具的具体使用方法如下：

（1）选中需要擦除的路径，然后选择工具箱上的（路径橡皮擦工具），在需要擦除的地方拖动鼠标，即可完成擦除工作。

（2）擦除工具可以将目标路径的端部清除，也可以将目标路径的中间某一段清除，从而形成多条路径。

2.5 路径编辑

在创建路径之后，还可以对路径进行平均锚点、简化锚点、连接锚点、分割锚点、偏移路径等操作。

2.5.1 平均锚点

使用平均锚点命令，可以将选中路径上的锚点位置重新排列，从而得到所需的效果。平均锚点的具体操作步骤如下：

（1）选中需要平均锚点的路径。

（2）执行菜单中的“对象|路径|平均”命令，弹出图2−69所示的对话框。选择“水平”单选按钮，表示所选锚点将按水平轴分布；选择“垂直”单选按钮，表示所选锚点将按垂直轴分布；选择“两者兼有”单击按钮，表示所选锚点将同时按水平和垂直轴分布。图2−70所示为选择不同选项的平均锚点效果。

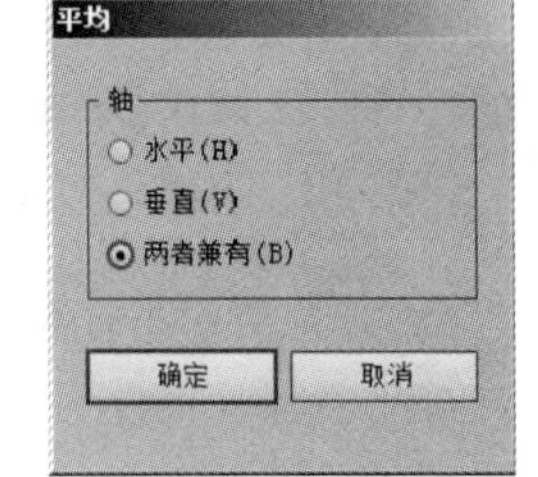

图2−69 “平均”对话框

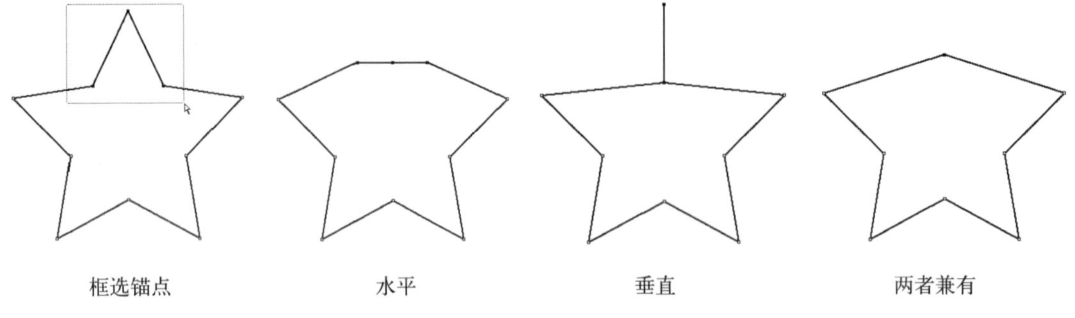

图2−70 单击不同选项的平均锚点效果

2.5.2 简化锚点

使用简化锚点命令，可以简化路径上多余的锚点，且不改变原路径图形的基本形状。简化锚点的具体操作步骤如下：

（1）选中需要简化锚点的路径。

（2）执行菜单中的“对象|路径|简化”命令，弹出图2−71所示的对话框。

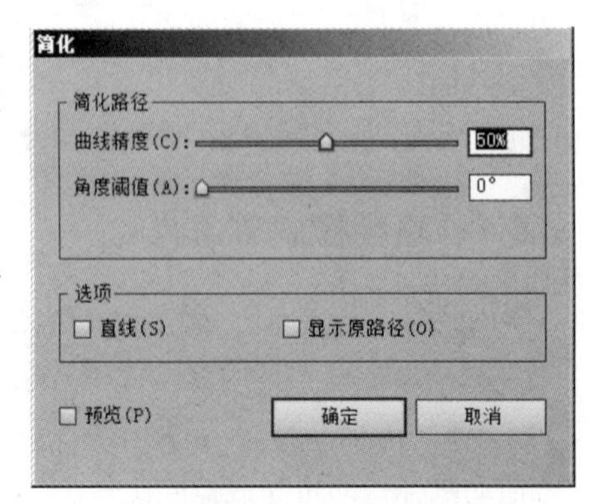

图2−71 “简化”对话框

- 曲线精度：用于指定路径的弯曲度，参数值越小，路径越平滑，锚点越多。
- 角度阈值：用于指定路径的角度临界值，值越大，路径上每个角越平滑。

- 直线：选中该复选框，所有曲线都会变成直线。
- 显示原路径：选中该复选框，系统将在调整的过程中显示原图的描边线。

单击“确定”按钮后即可简化锚点。图 2-72 所示为简化锚点前后效果比较。

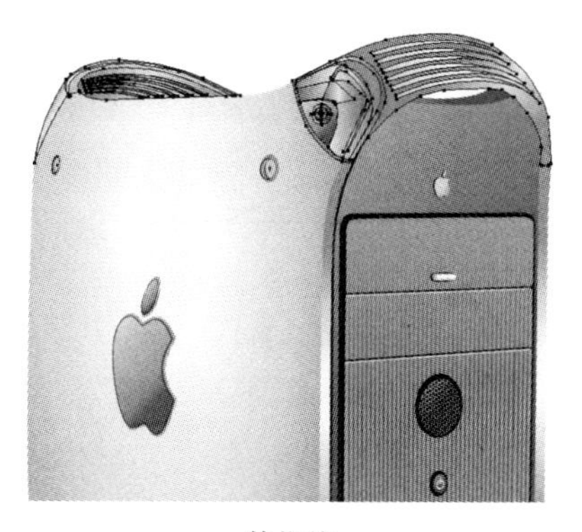

简化前　　　　简化后

图2-72　简化锚点前后的效果比较

2.5.3　连接锚点

连接锚点的具体操作步骤如下：

（1）选中需要连接锚点的路径。

（2）执行菜单中的“对象|路径|连接”命令，即可连接锚点。图 2-73 所示为连接锚点前后的效果比较。

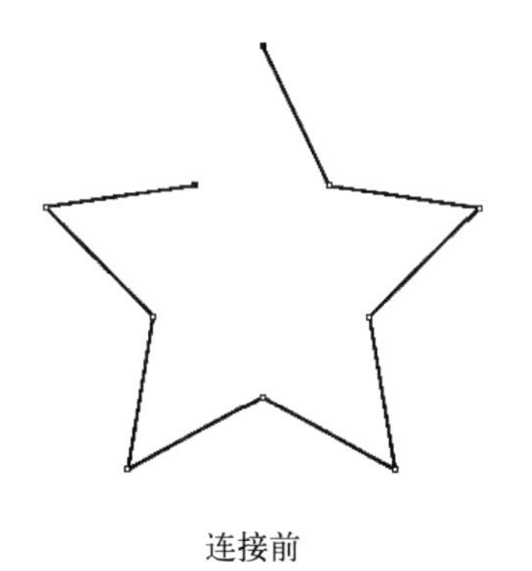

连接前

连接后

图2-73　连接锚点前后的效果比较

2.5.4　分割路径

分割路径的具体操作步骤如下：

（1）选中要进行分割路径的位于上方的对象。

（2）执行菜单中的“对象|路径|分割下方对象”命令，此时位于上层的路径会对位于下层的路径进行分割。图 2-74 所示为分割路径前后的效果比较。

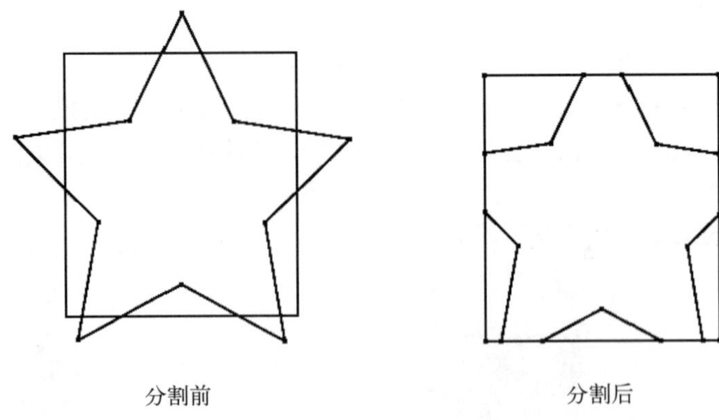

分割前　　分割后

图2-74　分割路径前后的效果比较

2.5.5　偏移路径

偏移路径的具体操作步骤如下：

（1）选中要进行偏移的路径。

（2）执行菜单中的“对象|路径|偏移路径”命令，然后在弹出的图 2-75 所示的对话框中设置需要偏移路径的位移量、连接及斜接限制后，单击“确定”按钮，即可完成路径偏移。图 2-76 所示为偏移路径前后的效果比较。

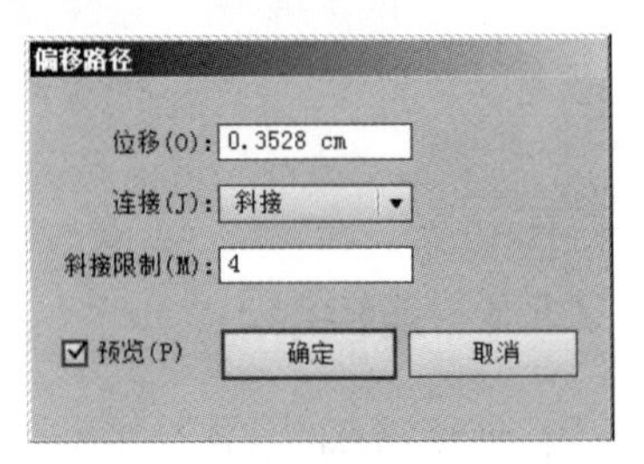

图2-75　“偏移路径”对话框

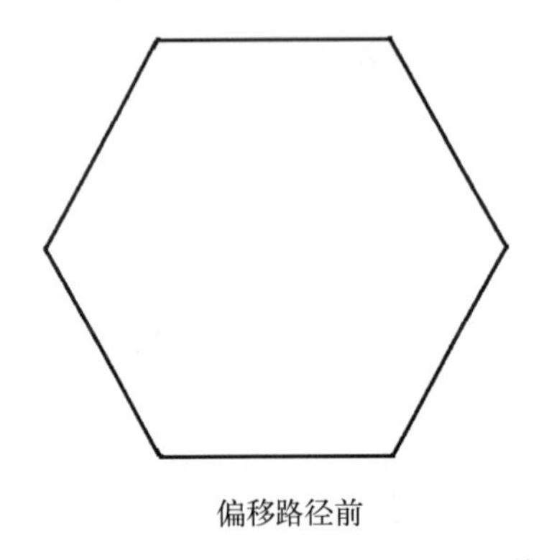

偏移路径前

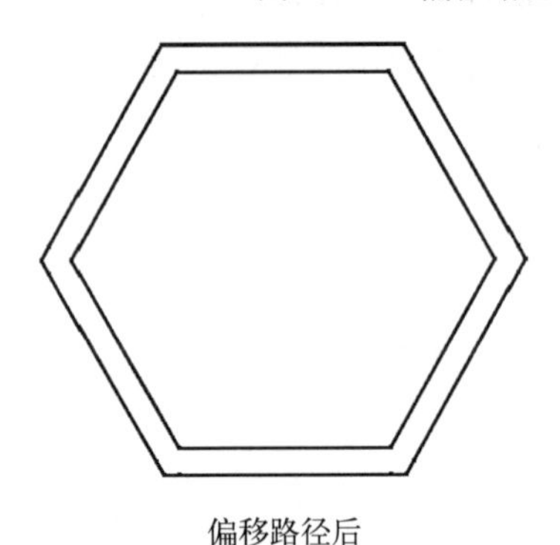

偏移路径后

图2-76　偏移路径前后的效果比较

2.6　路径查找器

在 Illustrator CS6 中编辑图形时，路径查找器面板是最常用的工具之一，它包含一组功能强大的路径编辑命令，通过它可以将一些简单的图形进行组合，从而生成复合图形或是新的图形。

2.6.1　“路径查找器”面板

执行菜单中的“窗口|路径查找器”命令，调出“路径查找器”面板，如图 2-77 所示。

“路径查找器”面板中的按钮分为“形状模式”和“路径查找器”两组：

1. 形状模式

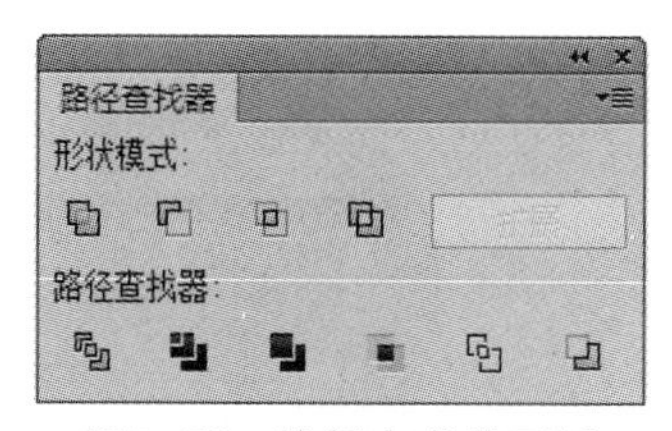

图2–77　路径查找器面板

形状模式按钮组中一共有 5 个按钮命令，从左到右分别是：

(1) ：联集。

(2) ：减去顶层。

(3) ：交集。

(4) ：差集。

(5) 扩展 ：扩展。

执行前 4 个按钮命令均可以通过不同的组合方式在多个图形间制作出对应的复合图形；而扩展按钮则能够将复合图形扩展为复合路径。

提示

"扩展"按钮只有在执行前4个按钮命令时才可用。

2. 路径查找器

路径查找器按钮组的主要作用是将对象分解成各个独立的部分，或者删除对象中不需要的部分。这组命令一共有 6 个按钮，从左到右分别是：

(1) ：分割。

(2) ：修边。

(3) ：合并。

(4) ：裁剪。

(5) ：轮廓。

(6) ：减去后方对象。

2.6.2　联集、减去顶层、交集和差集

(1) （联集）：可以将选定图形中的重叠部分联合在一起，从而生成新的图形。新图形的填充和边线属性与位于顶部图形的填充和边线属性相同。图 2–78 所示为联集前后的效果对比。

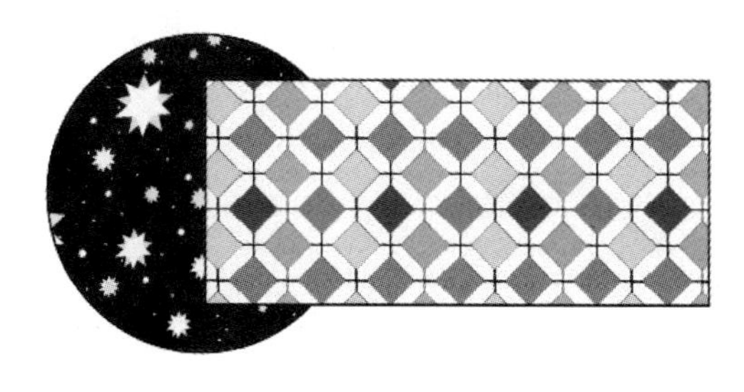

联集前效果

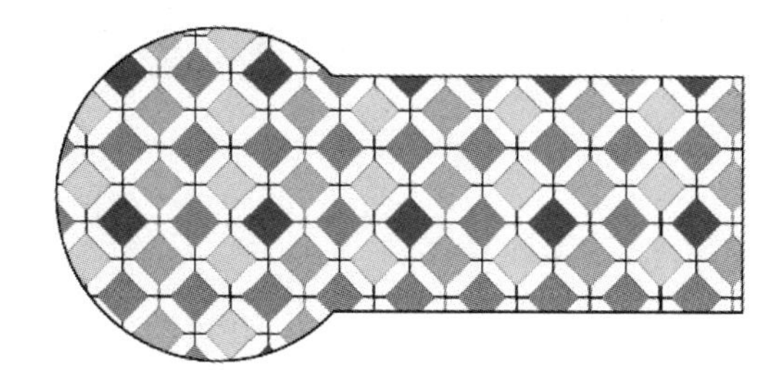

联集后效果

图2–78　联集前后的比较图

(2) （减去顶层）：可以用前面的图形减去后面的图形，计算后前面图形的非重叠区域被保留，后面的图形消失，最终图形和原来位于前面的图形保持相同的填充和边线属性。图 2–79 所示为减去顶层前后的效果对比。

减去顶层前效果

减去顶层后效果

图2-79　减去顶层前后的效果对比

（3）（交集）：用于保留图形中的重叠部分，最终图形和原来位于最前面的图形具有相同的填充和边线属性。图 2-80 所示为交集前后的效果对比。

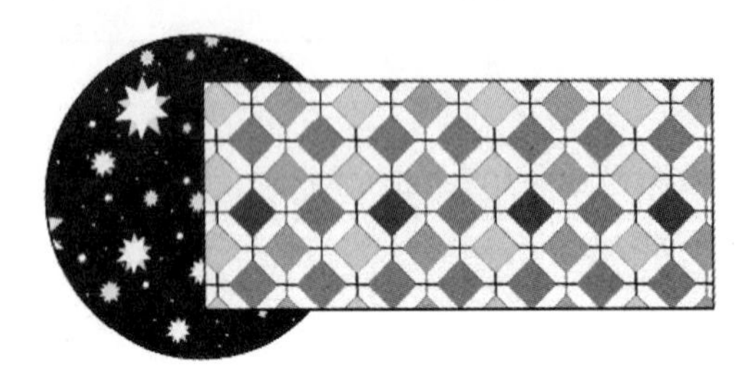

交集前效果

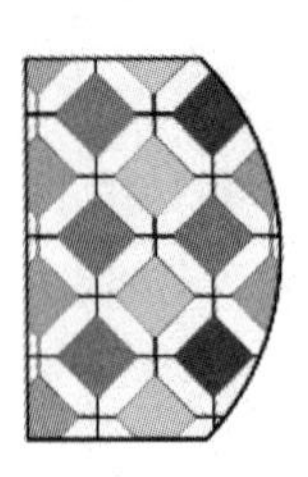

交集后效果

图2-80　交集前后的比较图

（4）（差集）：用于删除多个图形间的重叠部分，而只保留非重叠的部分。所生成的新图形将具有原来位于最顶部图形的填充和边线等属性。图 2-81 所示为差集前后的效果对比。

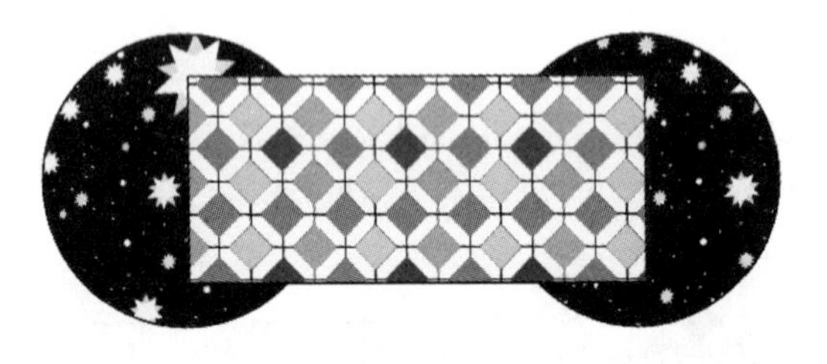

差集前效果

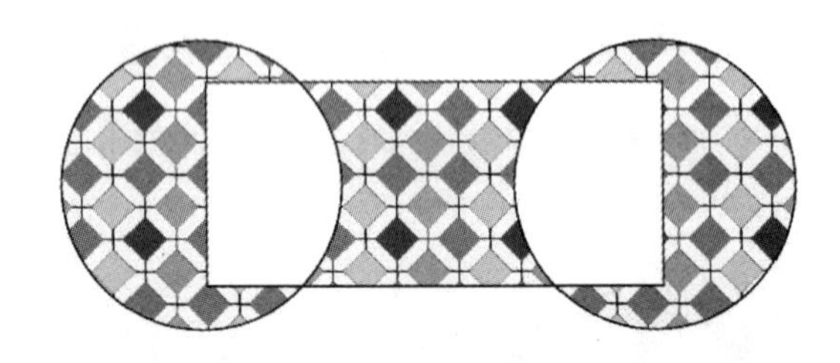

差集后效果

图2-81　差集前后的比较图

2.6.3　分割、修边、合并和裁剪

（1）（分割）：用于将多个有重叠区域的图形的重叠部分和非重叠部分进行分离，从而得到多个独立的图形。分割后生成的新图形的填充和边线属性和原来图形保持一致。图 2-82 所示为分割前后的比较图。

（2）（修边）：用于将后面图形被覆盖的部分剪掉。修边后的图形保留原来的填充属性，但描边色将变为无色。图 2-83 所示为修边前后的比较图。

（3）（合并）：比较特殊，它根据所选中图形的填充和边线属性的不同而有所不同。如果图形的填充和边线属性都相同，则类似于并集，此时可将所有图形组成一个整体，合并成一个对象，但对象的描边色将变为无色，应用效果如图 2-84 所示；如果图形的填充和边线属性不相同，则相当于（修边）操作，应用效果如图 2-85 所示。

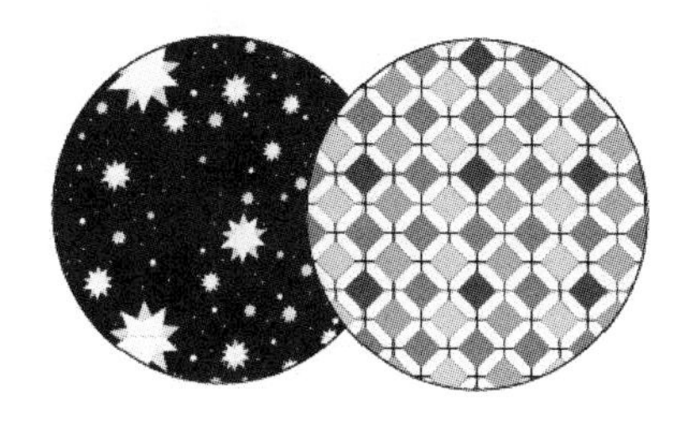
分割前效果

分割后效果

图2-82　分割前后的比较图

修边前效果

修边后效果

图2-83　修边前后的比较图

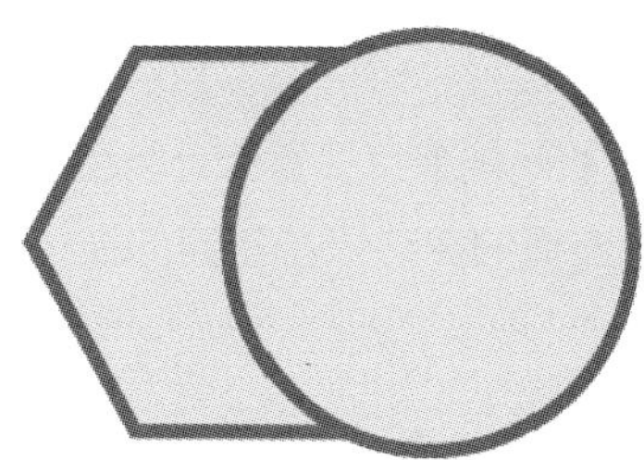

图2-84　属性相同的图形应用“合并”操作

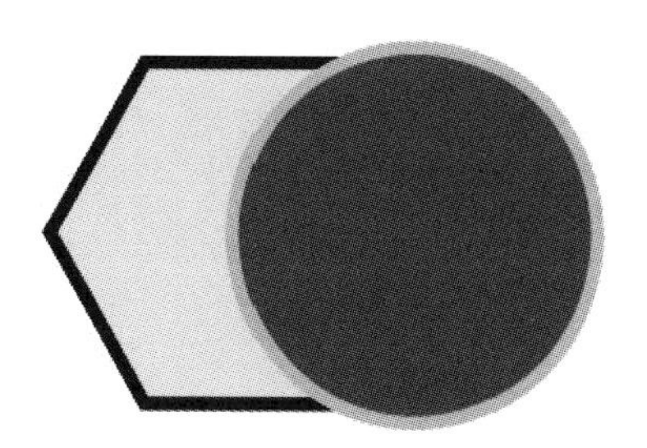

图2-85　属性不相同的图形应用“合并”操作

（4）（裁剪）：它的工作原理与蒙版十分相似，对于两个或多个有重叠区域的图形，裁剪操作可以将所有落在最上面图形之外的部分裁剪掉，同时裁剪器本身消失。图 2-86 所示为裁剪前后的效果对比。

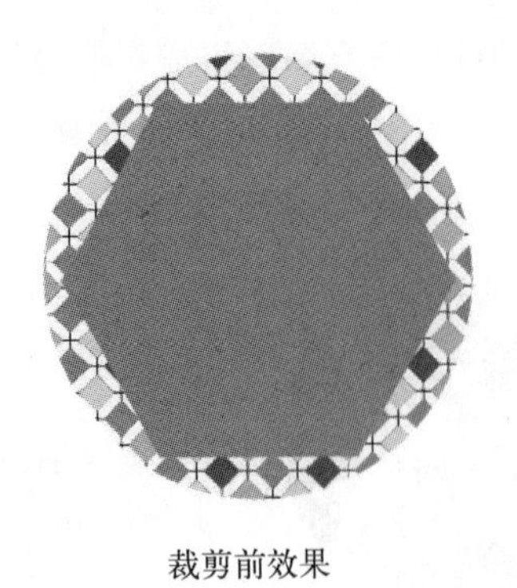

裁剪前效果　　裁剪后效果

图2-86　裁剪前后的比较图

2.6.4　轮廓和减去后方对象

（1）（轮廓）：用于将所有的填充图形转换为轮廓线，计算后结果为轮廓线的颜色和原来图形的填充色相同，且描边色变为1 pt。图2-87所示为执行“轮廓”操作前后的效果对比。

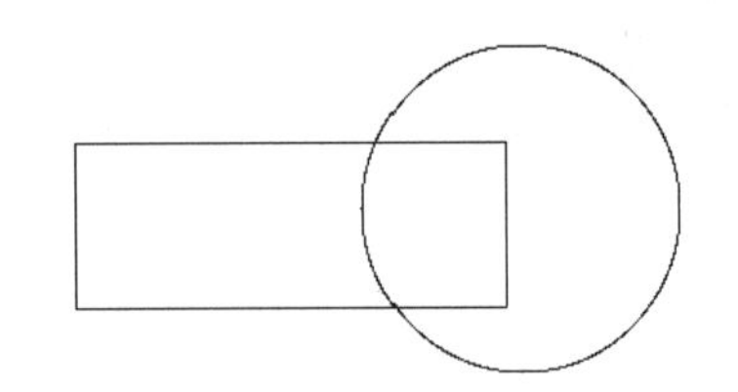

执行“轮廓”操作前效果　　执行“轮廓”操作后效果

图2-87　执行“轮廓”操作前后的比较图

（2）（减去后方对象）：用前面的图形减去后面的图形，计算结果为前面图形的非重叠区域被保留，后面的图形消失，最终图形和原来位于前面的图形保持相同的描边色和填充色。图2-88所示为减去后方对象前后的效果对比。

减去后方对象前　　减去后方对象后

图2-88　减去后方对象前后的比较图

2.7　描 摹 图 稿

在Illustrator CS6中可以轻松地描摹图稿。例如，通过将图形引入Illustrator并描摹，可以基于纸上或另一图形程序中存储的栅格图像上绘制的铅笔素描创建图形。

描摹图稿最简单的方式是打开或将文件置入 Illustrator 中，然后使用“实时描摹”命令描摹图稿。此时还可以控制细节级别和填色描摹的方式。当对描摹结果满意时，可将描摹转换为矢量路径或“实时上色”对象。图 2–89 所示为导入的一幅图像，单击“实时描摹”按钮，即可对其进行描摹。图 2–90 所示为描摹图稿的效果，图 2–91 所示为单击“扩展”按钮后将其转换为矢量路径的效果。

图2–89　导入图像

图2–90　描摹图稿的效果

图2–91　扩展后效果

2.8 “颜色”和“色板”面板

颜色是提升作品表现力最强有力的手段之一。对于绝大多数的绘图作品来说，色彩是一件必不可少的利器。通过不同色彩的合理搭配，可以在简单而无色的基本图形的基础上创造出各种美轮美奂的效果。

1. “颜色”面板

执行菜单中的“窗口|颜色”命令，即可调出“颜色”面板，如图2-92所示。它是Illustrator CS6中对图形进行填充操作最重要的手段。利用“颜色”面板可以很方便地设定图形的填充色和描边色。图2-92中各部分的功能介绍如下：

❶ 滑块：拖动滑块可调节色彩模式中所选颜色所占的比例。

❷ 色谱条：显示某种色谱内所有的颜色。

❸ 参数值：显示所选颜色色样中各颜色之间的比例。

❹ 滑杆：结合滑块一起使用，用于改变色彩模式中各颜色之间的比例。

❺ 填充显示框：用于显示当前的填充颜色。

❻ 轮廓线显示框：显示当前轮廓线的填充颜色。

❼ 等价颜色框：该框中的颜色，显示为最接近当前选定的色彩模式的等价颜色。

单击“颜色”面板右上角的小三角图标，在弹出的快捷菜单中有“灰度”“RGB”“HSB”“CMYK”和“Web 安全 RGB” 5种颜色模式供用户选择，如图2-93所示。

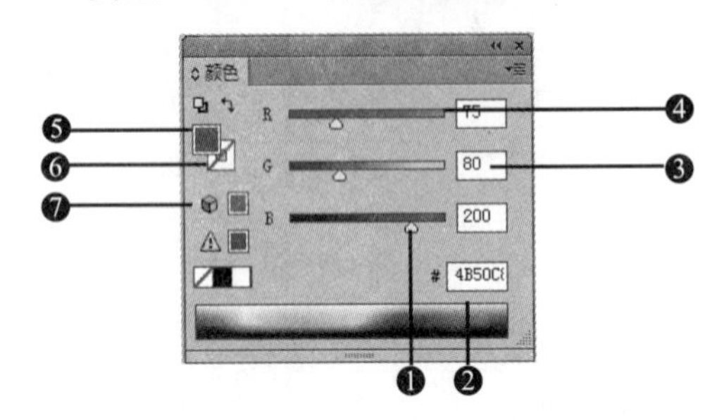

图2-92 “颜色”面板

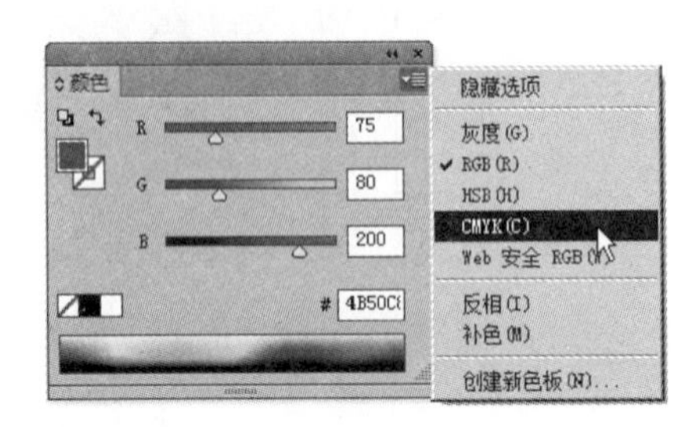

图2-93 5种颜色模式

2. “色板”面板

使用“颜色”面板可以给图形应用填充色和描边色，使用“色板”面板也可以进行填充色和描边色的设置。在该面板中存储了多种色样样本、渐变样本和图案样本，而且存储在其中的图案样本不仅可以用于图形的颜色填充，还可以用于描边色填充。执行菜单中的“窗口|色板”命令，即可调出“色板”面板，如图2-94所示。其中各部分的功能介绍如下：

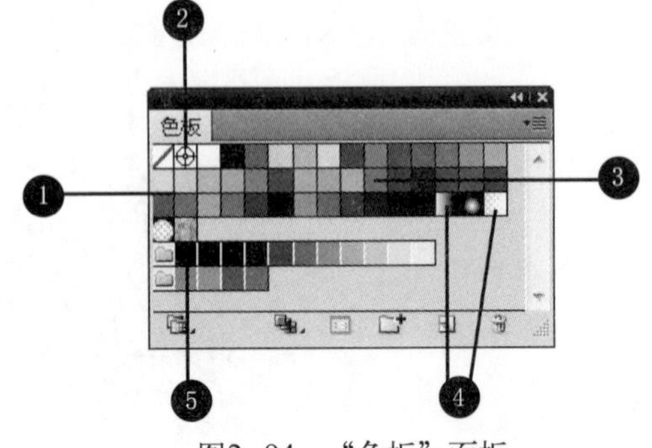

图2-94 “色板”面板

❶ 无色样本：可以将所选图形的内部和边线填充为无色。

❷ 注册样本：应用注册样本，将会启用程序中默认的颜色，即灰度颜色。同时，“颜色”面板也会

发生相应的变化。

❸ 纯色样本：可对选定图形进行不同的颜色填充和边线填充。

❹ 渐变填充样本：可对选定的图形进行渐变填充，但不能对边线进行填充。

❺ 图案填充样本：可对选定的图形进行图案填充，而且能对边线进行填充。

在“色板”面板下方有6个按钮，下面分别介绍。

- （“色板库”菜单）：单击该按钮，将弹出图2-95所示的快捷菜单，从中可以选择其他的色板进行调入。
- （“显示色板类型”菜单）：单击该按钮，将弹出图2-96所示的快捷菜单，从中可以选择色板以何种方式进行显示。
- （色板选项）：在色板中选择一种颜色，然后单击该按钮，将弹出图2-97所示的“色板选项”对话框，从中可查看该颜色的相关参数，并可对其进行修改。

图2-95 “色板库”快捷菜单

- （新建颜色组）：单击该按钮，将弹出图2-98所示的“新建颜色组”对话框，选择相应参数后单击“确定”按钮，即可新建一个颜色组。

图2-96 “显示色板类型”快捷菜单

图2-97 “色板选项”对话框

图2-98 “新建颜色组”对话框

- （新建色板）：选中一个图形后单击该按钮，可将其定义为新的样本并添加到面板中。
- （删除色板）：单击该按钮，可删除选定的样本。

2.9 实例应用

本节将通过7个实例来对绘图与着色的相关知识进行具体应用，旨在帮助读者能够举一反三，快速掌握绘图与着色在实际中的应用。

2.9.1 “钢笔工具”的使用

制作要点

“钢笔工具”不好掌握，但其规律其实是十分简单的。本例将从易到难，分5个步骤绘制一组图形，如图2-99所示。通过本例的学习，相信大家一定能够学会利用钢笔工具熟练地绘制贝塞尔曲线，并通过（添加锚点工具）、（删除锚点工具）和（转换锚点工具）对贝塞尔曲线进行修改。

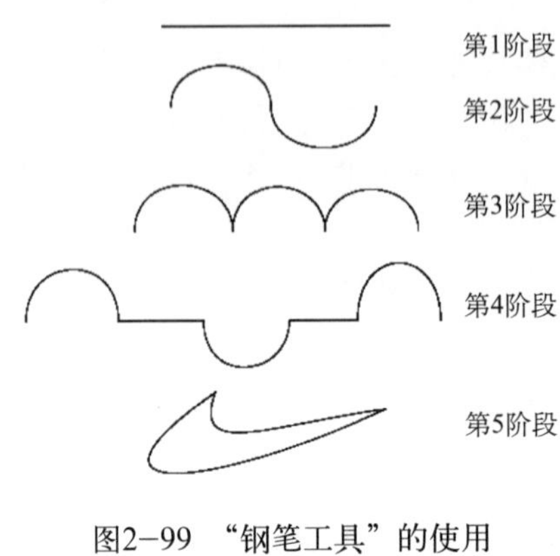

图2-99 “钢笔工具”的使用

操作步骤

第 1 阶段：绘制直线

（1）执行菜单中的“文件 | 新建”命令，在弹出的对话框中设置参数，如图 2-100 所示，然后单击“确定”按钮，新建一个文件。

（2）选择工具箱中的（钢笔工具），鼠标指针会变成×形状。然后在需要绘制直线的地方单击，接着配合〈Shift〉键在页面合适的位置单击，这时会创建线段的另一个节点，而且在两个节点之间会自动生成一条直线段，起始点和终止点分别为该直线段的两个端点，如图 2-101 所示。

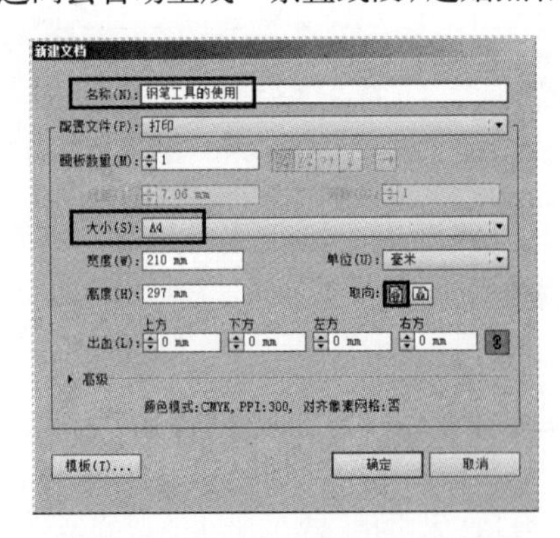

图2-100 设置“新建文档”参数

图2-101 两个节点连成一条直线

提示

在绘制直线时，配合〈Shift〉键是为了保证成45°的倍数绘制直线。

第 2 阶段：绘制不同方向的曲线

（1）选择工具箱中的 （钢笔工具），在需要绘制曲线的地方单击，则页面上会出现第一个节点。然后按住鼠标不放（配合〈Shift〉键）向上拖动，这时该节点两侧会出现两个控制柄，如图 2–102 所示。用户可以通过拖动控制柄来调整曲线的曲率，控制柄的方向和形状决定了曲线的方向和形状。接着在页面上另外一点单击并向下拖动（配合〈Shift〉键），效果如图 2–103 所示。

（2）同理，在另外一点单击并向上拖动，效果如图 2–104 所示。

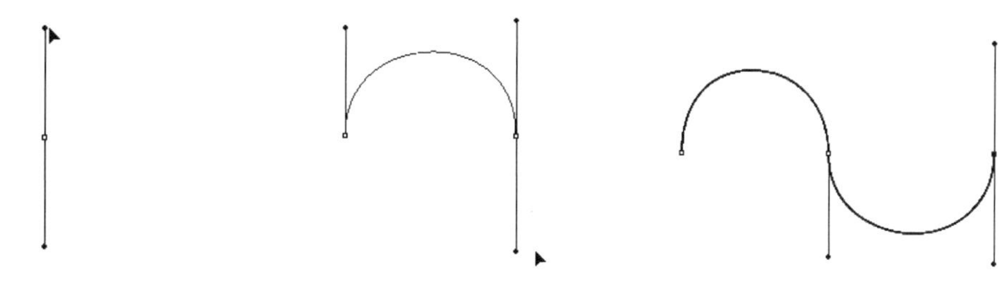

图2–102 节点两侧会出现两个控制柄　图2–103 单击并向下拖动　图2–104 单击并向上拖动

第 3 阶段：绘制同一方向的曲线

（1）首先绘制曲线，如图 2–103 所示。

（2） 由于控制柄的方向决定了曲线的方向，此时要产生同方向的曲线，就意味着要将下方的控制柄移到上方来。其方法为：按住工具箱中的 （钢笔工具），在弹出的隐藏工具中选择 （转换锚点工具），或者按〈Alt〉键切换到该工具上。然后选择下方的控制柄向上拖动（配合〈Shift〉键），使两条控制柄重合，效果如图 2–105 所示。

（3）同理，绘制其余的曲线，效果如图 2–106 所示。

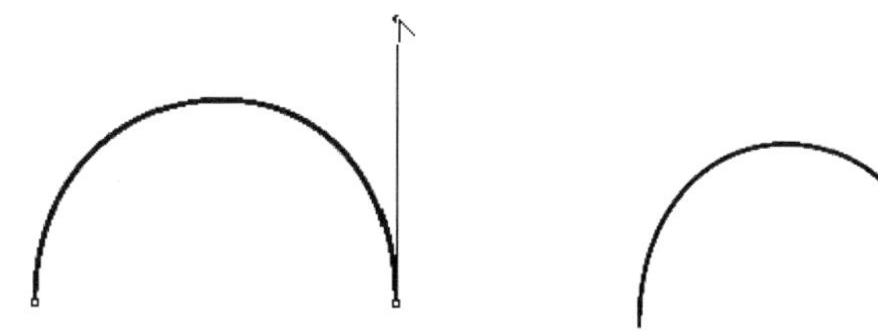

图2–105 使两条控制柄重合

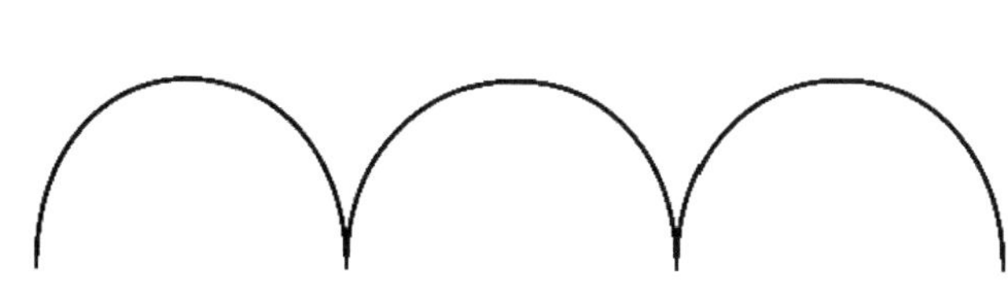

图2–106 绘制同一方向的曲线

第 4 阶段：绘制曲线和直线相结合的线段

（1）首先绘制曲线，如图 2–103 所示。

（2）将 （钢笔工具）定位在第 2 个节点处，此时会出现节点转换标志，如图 2–107 所示。然后单击该点，则下方的控制柄消失，如图 2–108 所示，这意味着平滑点转换成了角点。接着配合〈Shift〉键在下一个节点处单击，从而产生一条直线，如图 2–109 所示。

（3）如果要继续绘制曲线，可在第 3 个节点处单击，如图 2–110 所示。然后向下拖动鼠标产生一个控制柄，如图 2–111 所示。

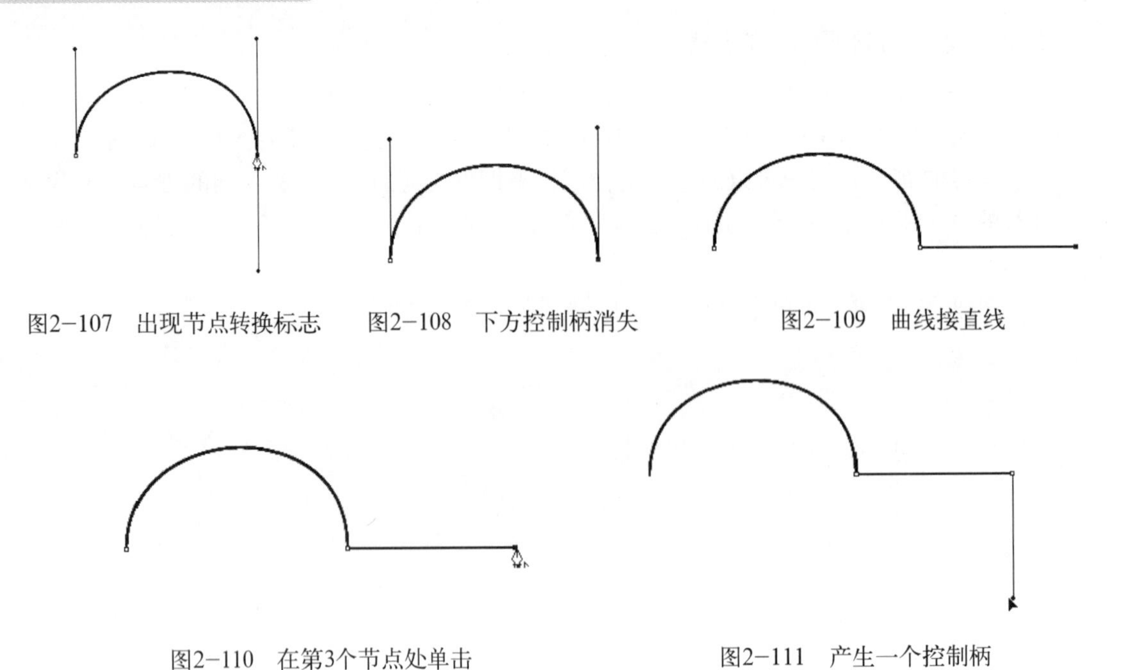

图2-107　出现节点转换标志　图2-108　下方控制柄消失　图2-109　曲线接直线

图2-110　在第3个节点处单击　图2-111　产生一个控制柄

提示

该控制柄的方向将决定曲线的方向。

（4）在页面相应位置单击并向上拖动，效果如图 2-112 所示。

（5）同理，继续绘制曲线，效果如图 2-113 所示。

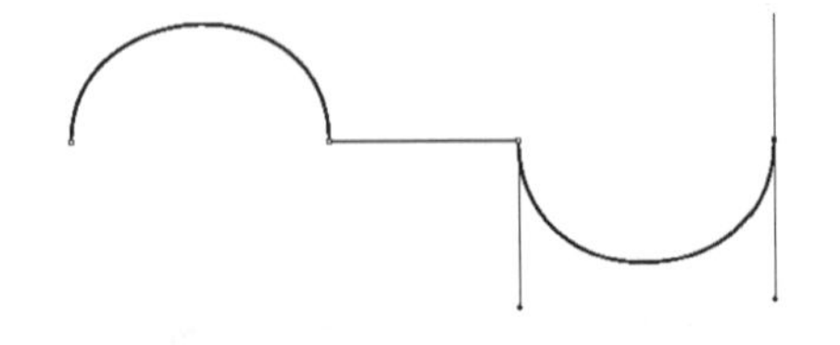

图2-112　单击并向上拖动

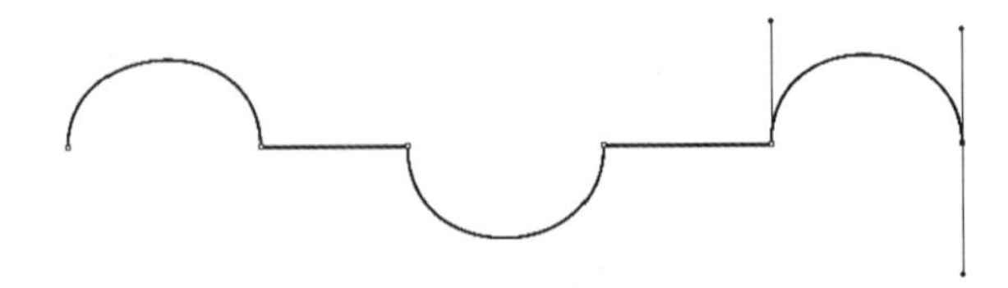

图2-113　继续绘制曲线

第 5 阶段：利用两个节点绘制图标

（1）利用（钢笔工具）绘制两个节点（在绘制第 1 个节点时向下拖动鼠标，在绘制第 2 个节点时向上拖动鼠标），然后将鼠标放到第 1 个节点上，此时会出现如图 2-114 所示的标记，这意味着单击该节点将封闭路径。此时单击该节点封闭路径，效果如图 2-115 所示。

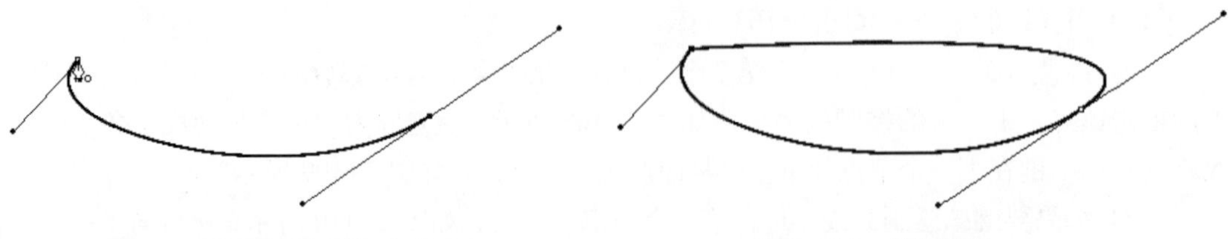

图2-114　将鼠标放到第1个节点上　图2-115　封闭路径

（2）通过调整控制柄的方向和形状，改变曲线的方向和形状，效果如图 2-116 所示。

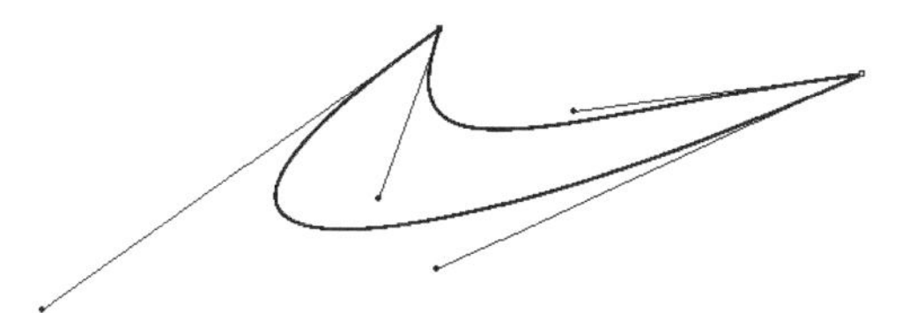

图2-116　改变曲线的方向和形状

2.9.2　旋转的圆圈

制作要点

本例将制作旋转的圆圈效果，如图2-117所示。通过本例的学习，应掌握填充、线条和（旋转工具）的应用。

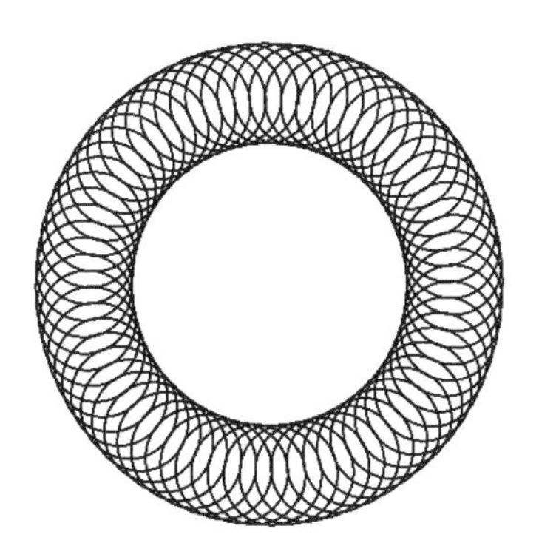

图2-117　旋转的圆圈效果

操作步骤

（1）执行菜单中的“文件|新建”命令，在弹出的对话框中设置参数，如图2-118所示，然后单击“确定”按钮，新建一个文件。

（2）选择工具箱中的（椭圆工具），设置线条色为黑色，填充色为无色，然后按住〈Shift〉键在绘图区中拖动，从而创建一个正圆，如图2-119所示。

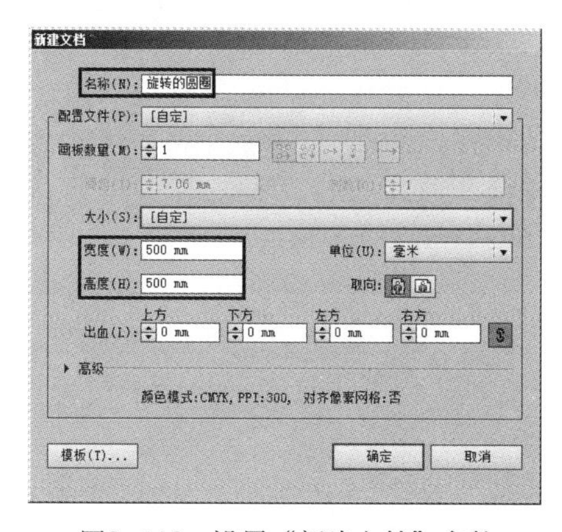

图2-118　设置“新建文档”参数

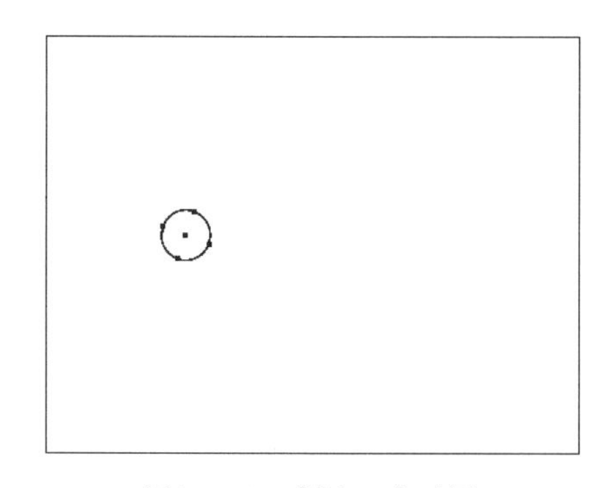

图2-119　创建一个正圆

（3）选择绘制的圆形，然后选择工具箱中的 （旋转工具），按住〈Alt〉键在绘图区的中央单击，从而确定旋转的轴心点，如图 2–120 所示。接着在弹出的对话框中设置“角度”为 5°，如图 2–121 所示。再单击“复制”按钮，复制出一个圆形并将其旋转 5°，效果如图 2–122 所示。

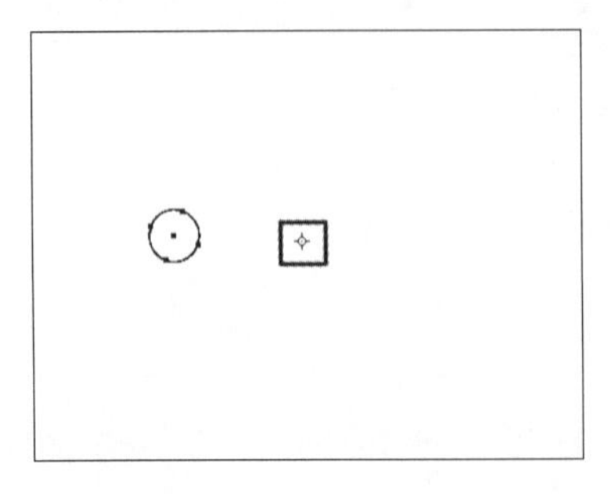

图2–120　确定旋转的轴心点

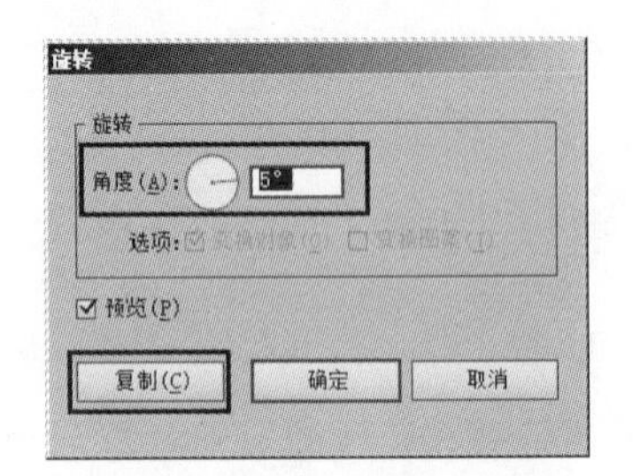

图2–121　设置旋转角度

（4）多次按快捷键〈Ctrl+D〉，重复旋转操作，最终效果如图 2–123 所示。

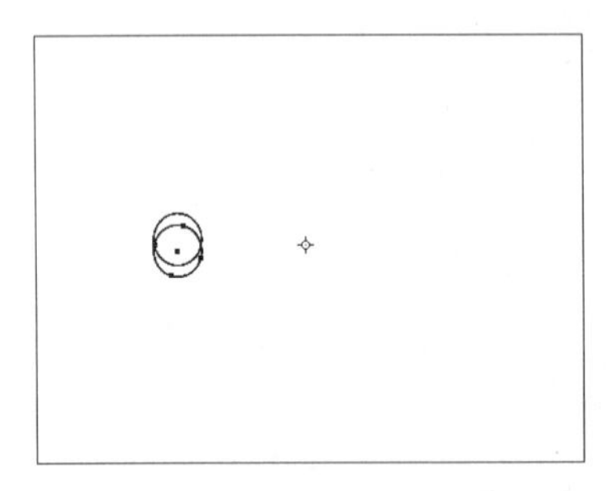

图2–122　旋转复制效果

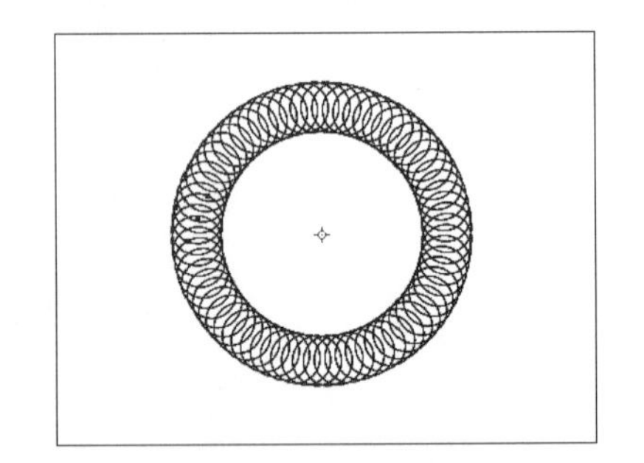

图2–123　最终效果

2.9.3　制作旋转重复式标志

制作要点

本例将制作一个旋转重复式标志，如图2–124所示。这个标志属于几何抽象图形标志中的一种，它的特点是有一个基本图形单元（可以是点、线或图形），然后将其环绕一个圆心进行旋转，每隔一定距离进行一次复制，从而形成对称的、绝对等分的、圆满的标志图形。本例的基本图形单元是圆形，简单的圆形经过不断地组合旋转而被赋予了新的生命力，从而产生全新的概念。通过本例学习，应掌握旋转重复式标志的制作方法。

图2–124　旋转重复式标志

操作步骤

（1）执行菜单中的“文件 | 新建”命令，在弹出的对话框中设置如图 2–125 所示，然后单击“确定”按钮，新建一个文件，存储为“旋转重复式标志 .ai”。

(2)　执行菜单中的“视图｜显示标尺”命令，调出标尺。然后将鼠标移至水平标尺内，按住鼠标向下拖动，拉出一条水平方向参考线。接着再将鼠标移至垂直标尺内，拉出一条垂直方向的参考线，两条参考线交汇于图 2-126 所示页面中心位置。

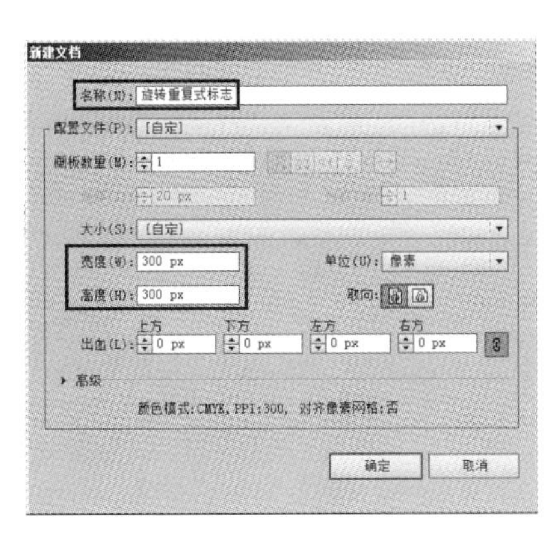

图2-125　设置“新建文档”参数

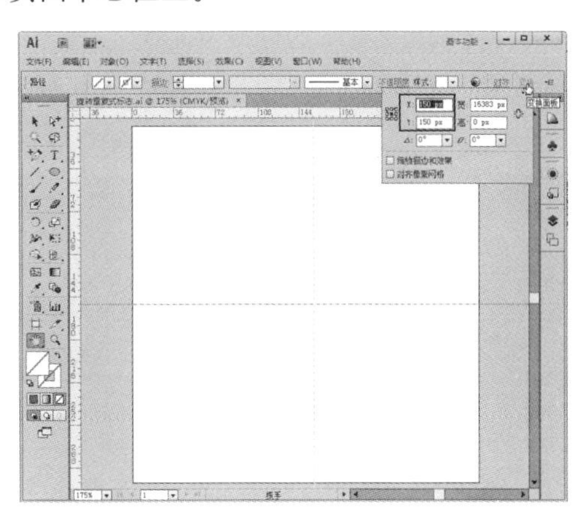

图2-126　从标尺中拖出交叉的参考线

(3) 由于此标志存在沿中心旋转和精确等分等问题，因此需要多花些精力来为其做准备工作。首先，绘制整个标志的圆形边界，并将其转换为参考线。方法：选择工具箱中的（椭圆工具），同时按住〈Shift〉键和〈Alt〉键，从参考线的交点向外拖动鼠标，绘制出一个从中心向外发散的圆形。然后利用工具箱中的（选择工具），选中这个圆形，在工具选项栏右侧单击“变换”按钮，打开“变换”面板，在其中将“宽”（宽度值）和“高”（高度值）都设置为 170 px，如图 2-127 所示。

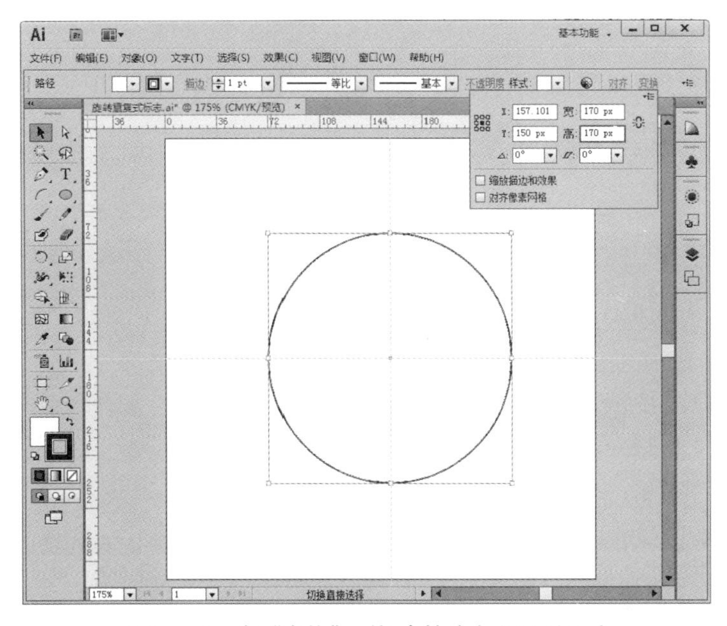

图2-127　在“变换”面板中精确定义圆形尺寸

(4) 执行菜单中的“视图｜参考线｜建立参考线”命令，将这个圆形转换为参考线。然后执行菜单中的“视图｜参考线｜锁定参考线”命令，将其位置锁定。

（5）为了后面等分的需要，要先用参考线定义圆弧上60°的位置。方法：选择工具箱中的（直线段工具），然后按住〈Shift〉键画出一条水平直线，这条直线穿过圆的圆心，长度正好是圆的直径，如图2–128所示。接着选择工具箱中的（旋转工具），先在参考圆心处单击，将圆心设为新的旋转中心点。接下来，在（旋转工具）上双击，在弹出的对话框中进行设置，如图2–129所示，单击“复制”按钮，如图2–130所示。

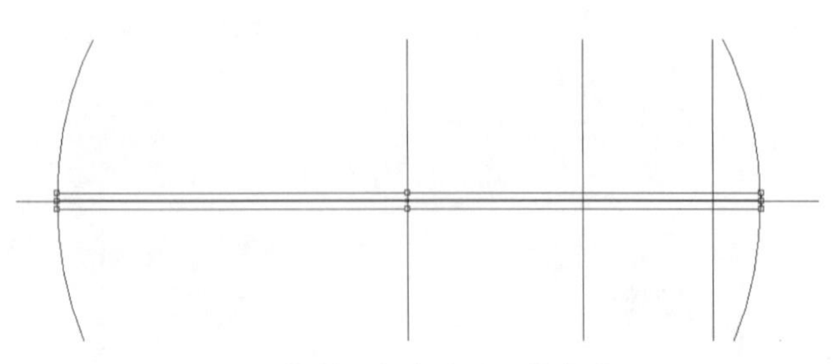
图2–128　绘制一条穿过圆心的直线

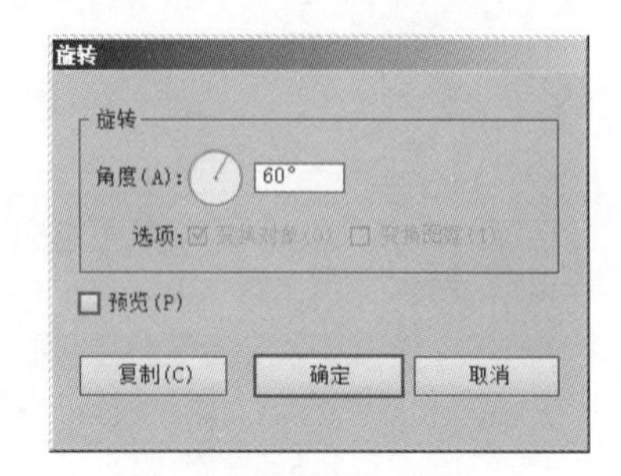

图2–129　“旋转”对话框

（6）执行菜单中的“视图｜参考线｜建立参考线”命令，将这条直线转换为参考线，如图2–131所示。然后执行菜单中的“视图｜参考线｜锁定参考线”命令，将其位置锁定。这条直线与圆弧相交的点便是圆弧上60°。的位置。

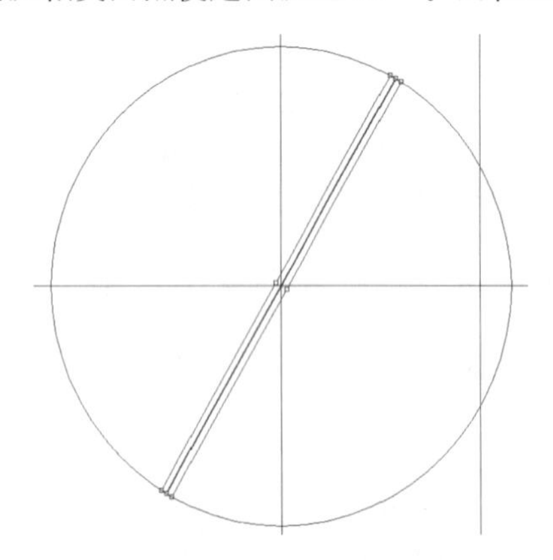
图2–130　用参考线定义圆弧60°的位置

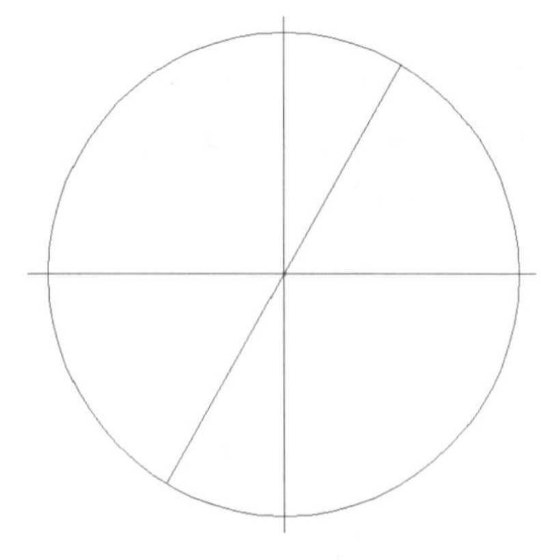
图2–131　将直线转为参考线

（7）下一条参考线是为了定义标志中圆形排列的曲线轨迹，先绘制一条弧形路径并将其转换为参考线。方法：选择工具箱中的（钢笔工具），绘制图2–132所示的开放曲线。然后，执行菜单中的“视图｜参考线｜建立参考线”命令，将这个圆形转换为参考线。至此，参考线基本准备完毕。

（8）接下来，开始绘制重复式标志的第一个单元图形——9个沿弧线排列的由大到小的圆形。方法：选择工具箱中的（椭圆工具），同时按住〈Shift〉键和〈Alt〉键，从参考线的交点出发向外拖动鼠标，绘制出一个从中心向外扩散的圆形。然后，按快捷键〈F6〉打开“颜色”面板，在面板

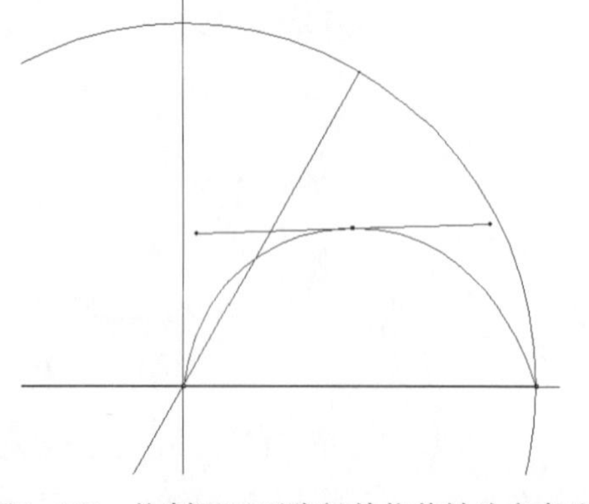
图2–132　绘制圆弧形路径并将其转为参考线

右上角弹出菜单中选择“CMYK”项，将这个圆形的“填色”设置为一种蓝色（参考颜色数值为 CMYK（100，0，0，60）），“描边”设置为“无”。接着，应用工具箱中的（选择工具）选中这个圆形，在工具选项栏右侧单击“变换”按钮，打开图 2–133 所示的“变换”面板，在其中将“宽”（宽度值）和“高”（高度值）都设置为 24 px。

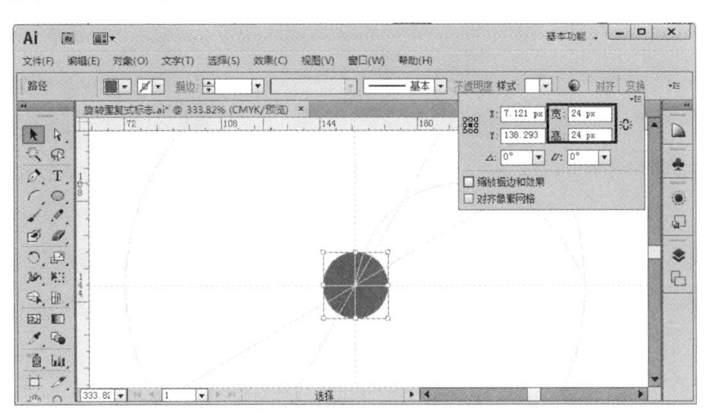

图2–133　绘制第1个重复式标志的单元图形——蓝色圆形

（9）利用工具箱中的（选择工具）按住〈Alt〉键向右上方拖动第 1 个蓝色圆形，复制出第 2 个圆形。然后，在工具选项栏右侧单击“变换”按钮，在打开的“变换”面板中将“宽”（宽度值）和“高”（高度值）都设置为 22 px。注意第 2 个圆形的圆心一定要置于图 2–134 所示的参考弧线上。

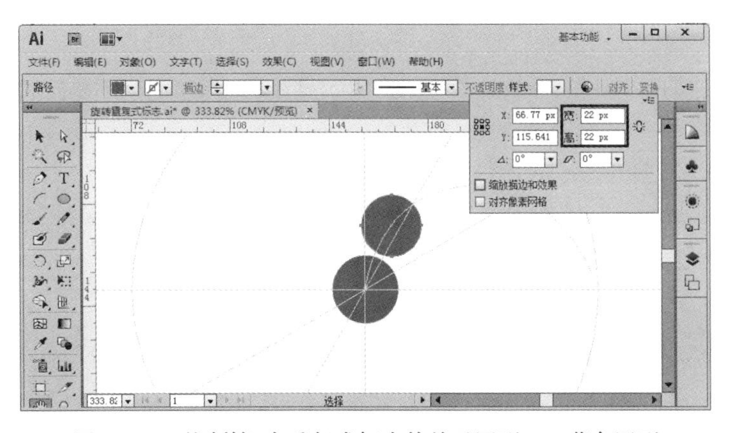

图2–134　绘制第2个重复式标志的单元图形——蓝色圆形

（10）同理，依次制作其余 8 个圆形，它们的宽高尺寸分别为 19 px、16 px、12 px、9 px、7 px、5 px、4 px、3 px、如图 2–135 所示。

提示

所有圆形的圆心都位于参考弧线上。

（11）利用工具箱中的（选择工具）将图 2–136 所示的 9 个圆形都选中（位于中心的那一个不选中），按快捷键〈Ctrl+G〉将它们组成一组。

（12）将成组的 9 个圆形作为一个完整的复制单元，沿着圆心一边旋转一边进行多重复制。

先来制作第1个复制单元。第1个复制单元非常重要，它的旋转角度直接影响后面的一系列复制图形。方法：利用工具箱中的（选择工具）选中9个成组的圆形，然后选中工具箱中的（旋转工具），先在参考圆心处单击，将圆心设为新的旋转中心点。接下来，按住〈Alt〉键（这时光标变成黑白相叠的两个小箭头）并拖动复制单元图形沿圆弧向左移动，到步骤（5）定义的60°圆弧参考线处松开鼠标，位置一定要摆放精确，使图形边缘精确地与辅助线相吻合，如图2–137所示。至此，第1个复制单元制作完成。

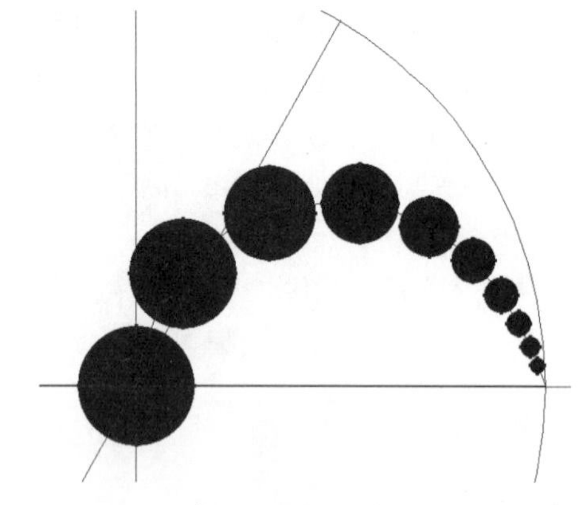
图2–135　一串沿弧线排列的由大到小的圆形

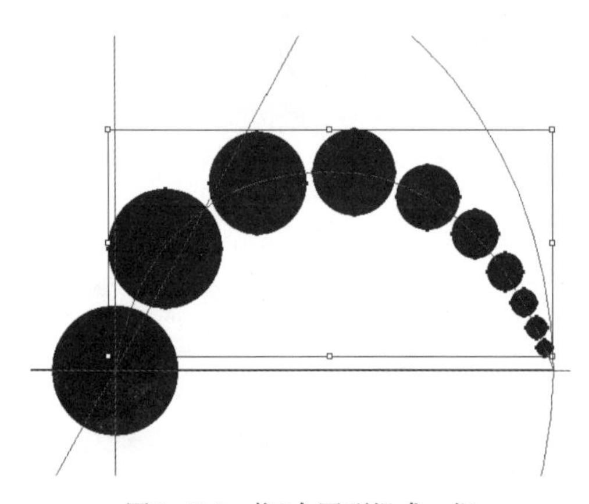
图2–136　将9个圆形组成一组

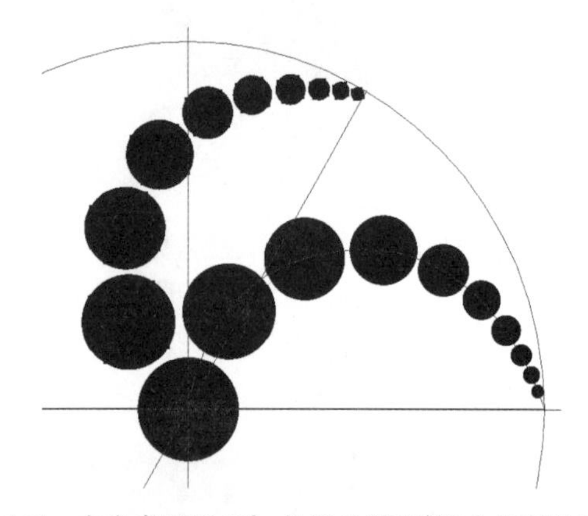
图2–137　在参考圆弧60°位置处得到第1个复制单元

（13）接下来开始进行多重复制。方法：反复按快捷键〈Ctrl+D〉，以相同间隔（每60°圆弧排放一个单元）进行自动多重复制，产生出多个均匀地排列于同一圆周上的复制图形，如图2–138所示。

（14）利用工具箱中的（选择工具）选中图2–139所示的一个复制单元，然后按快捷键〈Shift+Ctrl+G〉将其拆组。

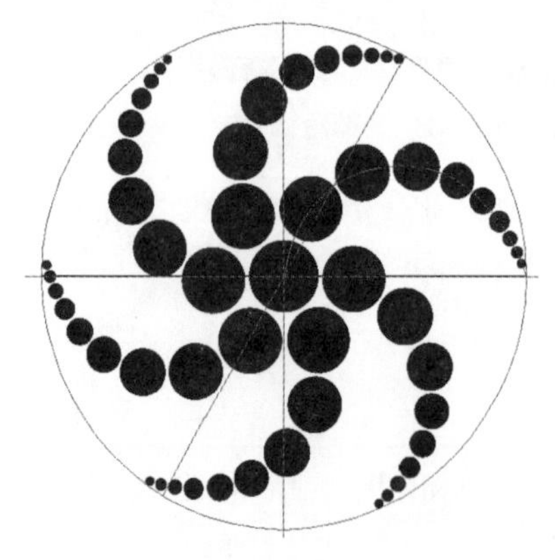
图2–138　多重复制产生的图形效果

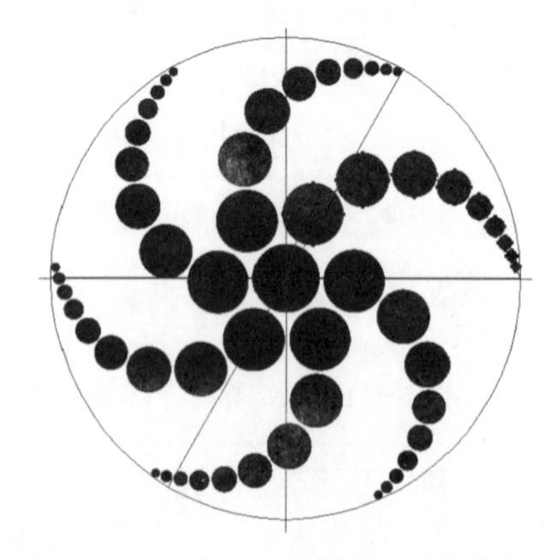
图2–139　选中一个复制单元并将其拆组

（15）下面要制作另一组复制单元图形，为了复制图形能够达到精确整齐，先制作一条直线并将其转换为参考线，用来定义圆弧上 30° 的位置。方法请读者自己参看本例步骤（5），效果如图 2-140 所示。

（16）利用工具箱中的 （选择工具）将图 2-141 所示的 8 个圆形都选中，按快捷键〈Ctrl+G〉将它们组成一组，然后选中工具箱中的 （旋转工具），先在参考圆心处单击，将圆心设为新的旋转中心点。接着按住〈Alt〉键拖动该复制单元图形沿圆弧向左移动，到上一步骤定义的 30° 圆弧参考线处松开鼠标，得到图 2-142 所示效果，这 8 个圆形是该标志的第 2 个复制单元。

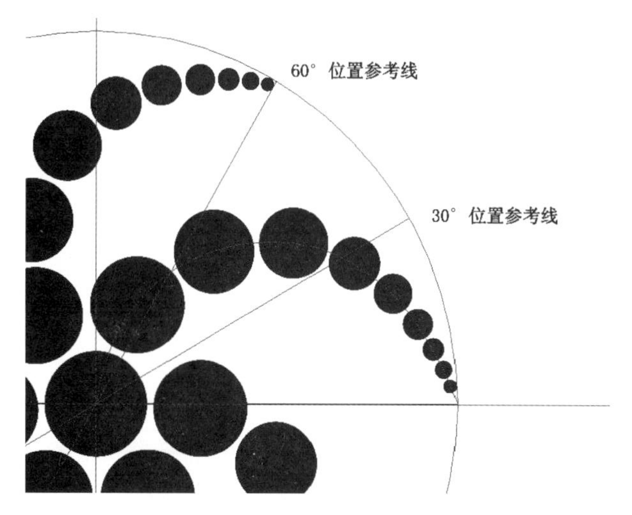

图2-140　定义圆弧上30° 的位置

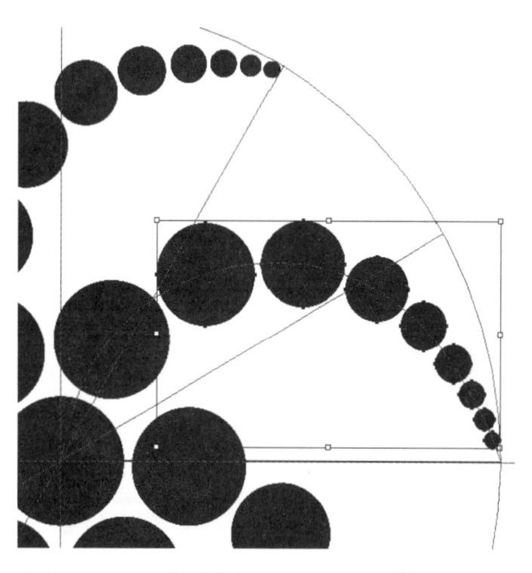
图2-141　将图中这8个圆形组成一组

（17）再次利用工具箱中的 （旋转工具）定义相同的圆心，然后按住〈Alt〉键拖动该复制单元图形沿圆弧向左移动，到图 2-143 所示 90° 圆弧参考线处松开鼠标。

（18）接下来开始进行多重复制。方法：反复按快捷键〈Ctrl+D〉，以相同间隔（每 60° 圆弧排放一个单元）进行自动多重复制，再生成 6 组沿圆弧旋转排列的复制图形。最后形成图 2-144 所示的放射状的复杂圆点排列。

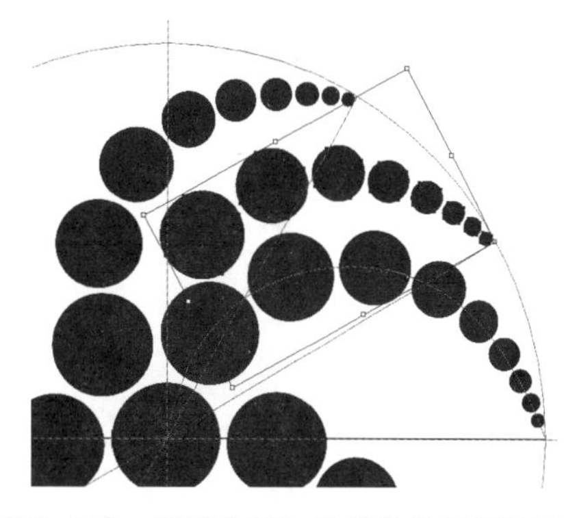
图2-142　圆弧上30° 位置处的复制单元

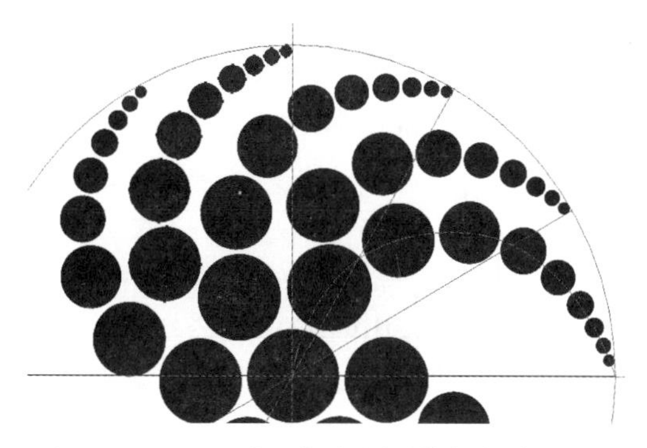
图2-143　圆弧上90° 位置处的复制单元

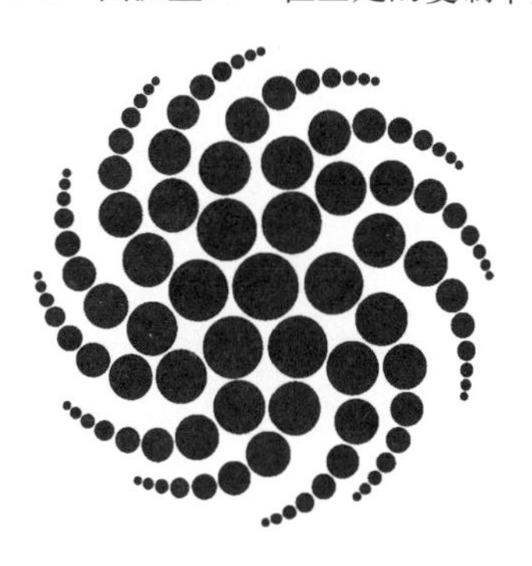
图2-144　最终效果

提示

（1）最后将步骤（5）绘制的参考直线段删除。

（2）在手动设置圆心时容易出现细微误差，最后可以稍微移动位置以补正。

2.9.4 制作字母图形化标志

制作要点

本例将制作一个字母图形化的标志，如图2-145所示。这个标志包括图形与艺术字体两部分。标志的立体造型主要是由两个变形的字母构架而成，而这两个字母的变形风格，又形成了该标志的标准字体风格。通过本例学习大家应掌握一种设计与开发艺术字形的新思路。

操作步骤

（1）执行菜单中的“文件｜新建”命令，在弹出的对话框中设置如图2-146所示，然后单击“确定”按钮，新建一个文件，存储为“字母图形化标志.ai”。

图2-145　字母图形化的标志

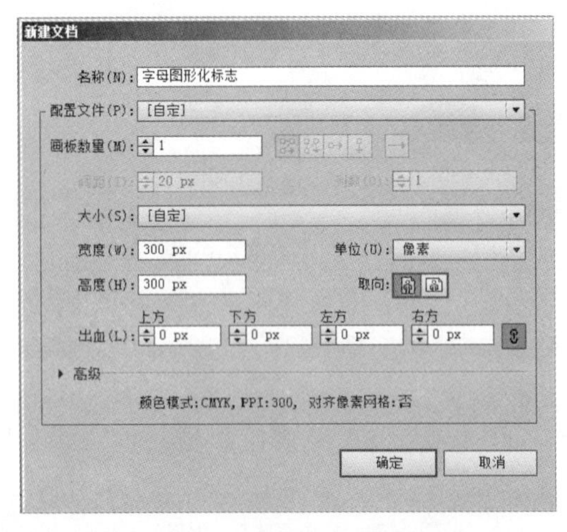

图2-146　设置“新建文档”参数

（2）标志主要由“M”和“C”两个字母修改外形后拼接在一起，形成立体造型的主要构架。下面先来制作字母“M”的变体效果。方法：选择工具箱中的T（文字工具），输入英文字母“M”。然后在工具选项栏中设置一种普通的“Impact”字体（也可以选择其他类似的英文字体），文本填充颜色设置为黑色。接着执行“文字｜创建轮廓”命令，将文字转换为图2-147所示的由锚点和路径组成的图形。

（3）在平面设计尤其是标志设计中，常常不直接采用机器字库里现成的字体，而是在现有字体的基础上进行修改和变形，从而创造出与标志图形风格相符、具有独特个性的艺术字体。现在开始进行对“M”字体外形的修整。方法：先选用工具箱中的（删除锚点工具），将图2-148中用圆圈圈选出的锚点删除，得到图2-149所示效果。然后，应用工具箱中的（添加锚点工具）在图2-150中用圆圈标注的位置增加两个锚点。接着用工具箱中的（直接选择工具）将新增加的锚点向上拖动。

图2-147 将字母“M”转为普通路径

图2-148 将图中用圆圈圈选出的锚点删除

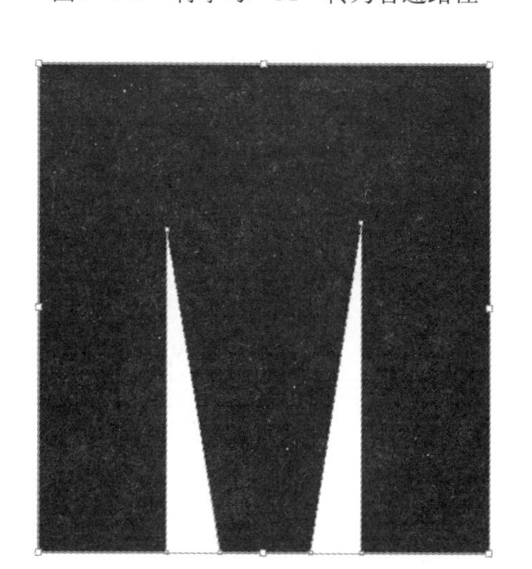

图2-149 删除锚点后的效果

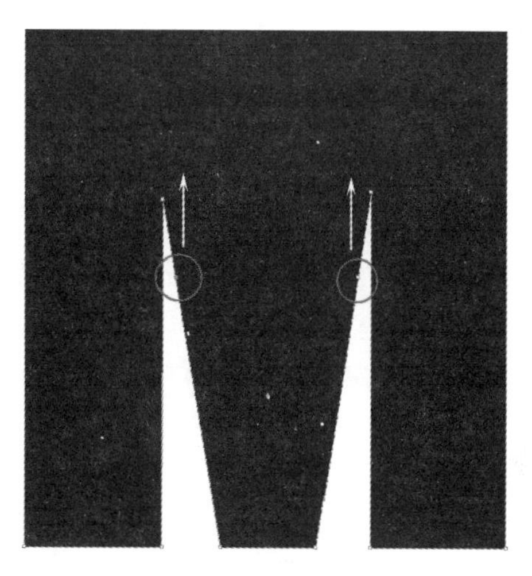

图2-150 将新增加的锚点向上拖动

（4）利用工具箱中的（选择工具）选中“M”图形，将它横向稍微拉宽一些。然后，利用（直接选择工具）开始仔细调整锚点位置，使字母“M”形成极其规范的水平垂直结构。如图 2-151 所示，用（直接选择工具）按住〈Shift〉键依次将图中用圆圈圈出的锚点选中，然后在选项栏内单击（垂直顶对齐）按钮，使这 4 个锚点水平顶端对齐。

（5）继续进行字母外形的修整，新设计的标准字体具有特殊的圆弧形装饰角，先绘制顶端装饰角的路径形状。方法：选择工具箱中的（钢笔工具），绘制图 2-152 所示的位于“M”左上角的封闭曲线路径（填充任意一种醒目的颜色以示区别），绘制完之后，应用工具箱中的（选择工具）选中这个图形，然后按住〈Alt〉键将其向右拖动并复制出一份（拖动的过程中按下〈Shift〉键可保持水平对齐）。接着，执行菜单中的“对象｜变换｜对称”命令，在弹出的对话框中设置如图 2-153 所示，将复制单元进行镜像操作，得到图 2-154 所示的对称图形。

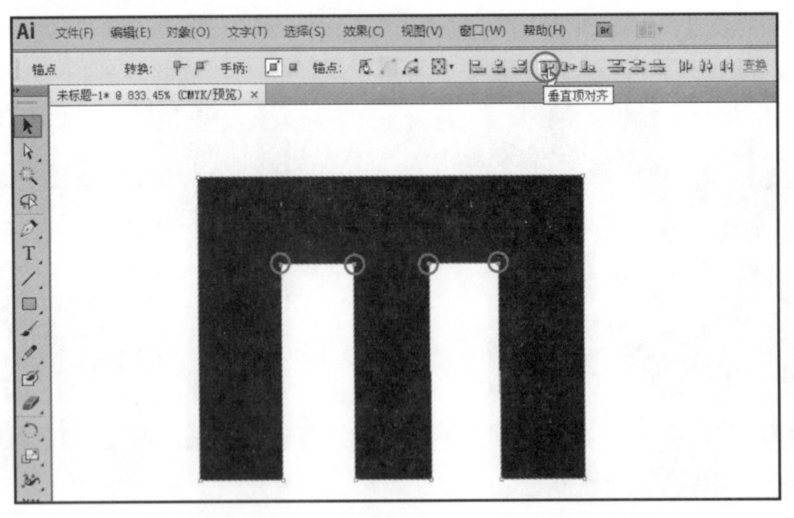

图2-151　将图中用圆圈圈出的4个锚点垂直顶对齐

图2-152　绘制出左上角的装饰角并复制一份移至右侧

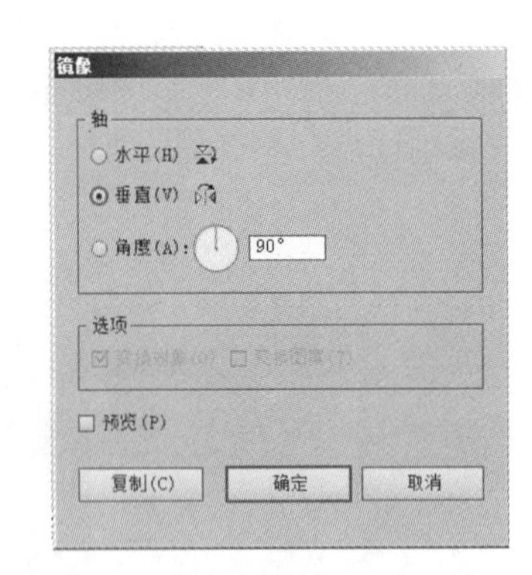

图2-153　“镜像”对话框

图2-154　上端两个装饰角形成对称结构

提示

在后面的步骤中，现在绘制的装饰角小图形都是用来减去底下“M”图形边缘的，因此，这些装饰角小图形一定要与“M”两侧边缘吻合，否则后面相减后会露出多余的黑色边缘。可应用工具箱中的（缩放工具）放大局部后进行仔细调整。

（6）同理，再绘制“M”下端的弧形装饰角路径，并将其复制两份，分别置于图2-155所示的位置。然后，应用工具箱中的（选择工具）将前面绘制的5个装饰角图形和“M”图形都一起选中，按快捷键〈Shift+Ctrl+F9〉打开图2-156所示的“路径查找器”面板，在其中单

击 (减去顶层)按钮,"M"图形与5个装饰角图形发生相减的运算,得到图2−157所示效果,形成一种新的"M"字形。

图2−155 绘制"M"下端的弧形装饰角路径

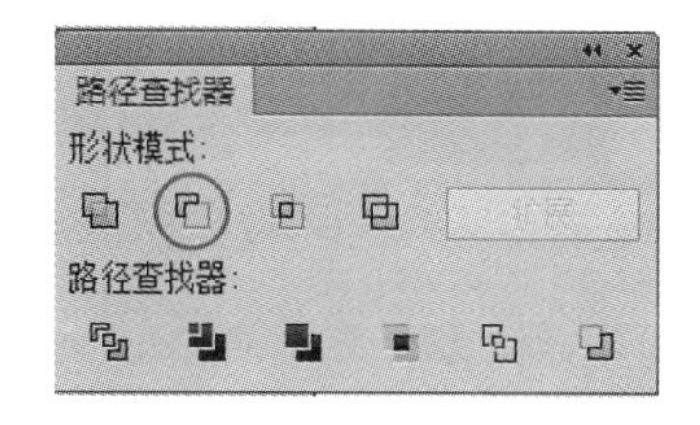

图2−156 路径查找器面板

(7)接下来选择工具箱中的 (文字工具),输入英文字母"C"。参考前面修整字母"M"的思路和方法,对字母"C"进行相同风格的变形。但字母"C"在原来字体中顶端本来就是弧形,因此可将保留原字形顶端效果不做修改。主要针对字母"C"内部形状进行调整,将内部原来较窄的空间扩宽,效果如图2−158所示。

图2−157 形成一种新的"M"字形

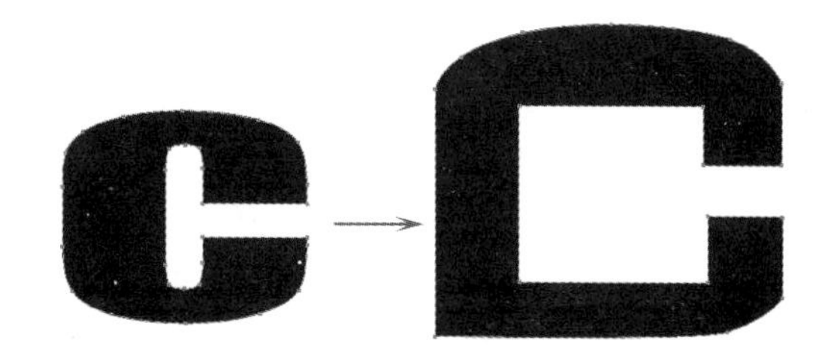

图2−158 对字母"C"进行相同风格的变形

(8)本例标志的标准字体内容为"media",其他几个字母在制作思路上与前面的"M"相似,只是在小的细节方面有所差别。例如,以小写字母"e"为例,先按与"M"相似的方法来处理外形与装饰角,得到图2−159所示效果。

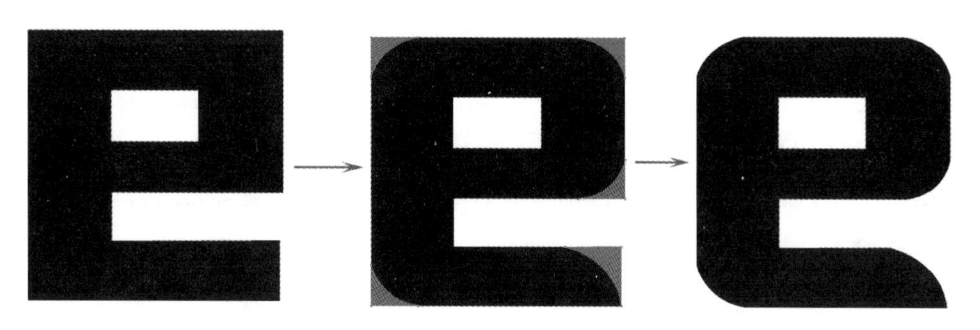

图2−159 对小写字母"e"进行相同风格的变形,并且添加装饰角

(9)在字母"e"内部封闭区域再绘制两个小圆弧图形,"填色"设置为黑色,如图2−160所示。然后应用工具箱中的 (选择工具)将两个小圆弧图形和"e"图形一起选中,在图2−161所示的"路径查找器"面板中单击 (联集)按钮,使字母"e"内部区域出现两个圆角。

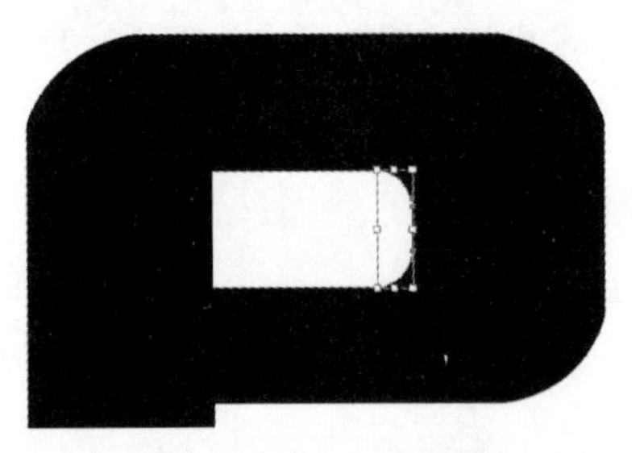

图2-160　在字母“e”内部封闭区域绘制小圆弧图形

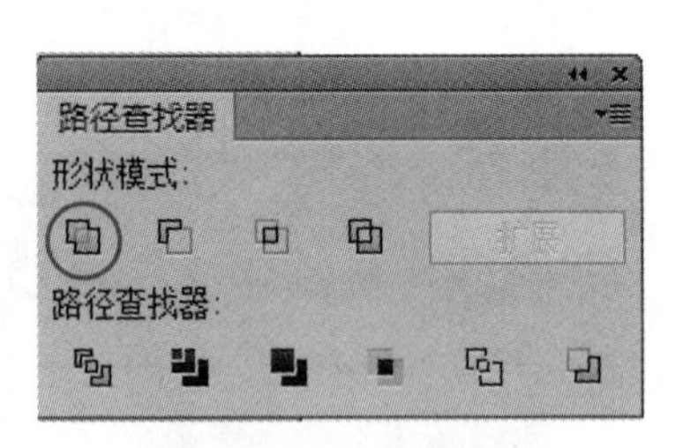

图2-161　联集图形

（10）同理，制作出单词“media”中所有的字母变体，然后利用工具箱中的（选择工具）将所有字母选中，在“路径查找器”面板中单击“扩展”按钮。因为前面修整字母外形的过程中经过多次图形加减等操作，会有许多路径重叠的情况，应用“路径查找器”面板中的“扩展”功能可将重叠零乱的路径合为一个整体路径，如图 2-162 所示。

图2-162　制作出单词“media”中所有的字母变体

提示

文字填充颜色参考色值为CMYK（0，100，100，10）。

（11）前面提过，这个标志主要由“M”和“C”两个字母修改外形后拼接在一起，形成立体造型的主要构架。下面开始制作标志的图形部分。先应用工具箱中的（选择工具）将前面步骤制作的“M”图形选中，然后，按快捷键〈Ctrl+F9〉打开“渐变”面板，设置一种“深红 — 浅红”的两色径向渐变（两色参考数值分别为 CMYK（15，95，90，0）、CMYK（0，15，30，0））。渐变方向需要进行调整。方法：选择工具箱中的（渐变工具），在图形内部从中心部分向右下方向拖动鼠标拉出一条直线（直线的方向和长度分别控制渐变的方向与色彩分布），得到倾斜分布的渐变效果，如图 2-163 所示。

（12）保持“M”图形被选中的状态下，选中工具箱中的（自由变换工具），图形四周出现矩形的控制框，将鼠标光标移至控制框任意一个边角附近，待光标形状变为旋转标识时，拖动控制框进行顺时针方向的旋转，得到图 2-164 所示的效果。

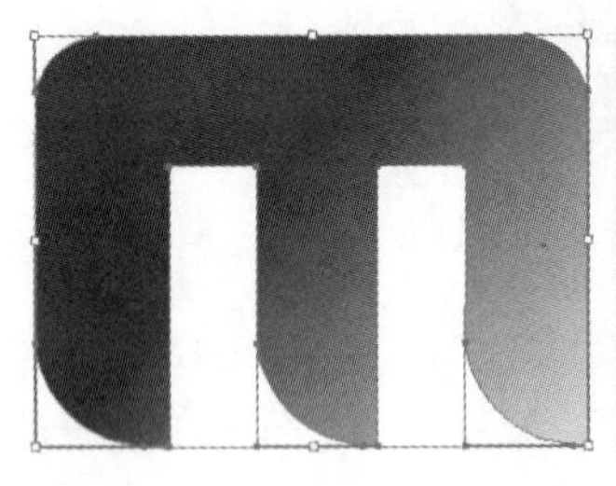

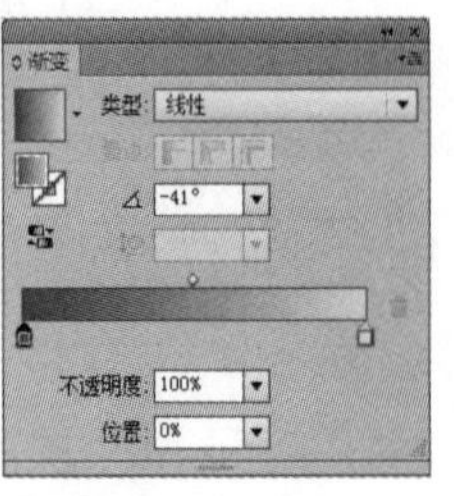

图2-163　在字母“M”中填充两色渐变

图2-164　将图形“M”顺时针旋转一定角度

（13）继续利用（自由变换工具）对图形进行扭曲变形。方法：单击“M”自由变换控制框左下角的控制手柄，然后按住〈Ctrl+Alt〉组合键拖动，先使字母图形发生倾斜变形，接着按住〈Ctrl〉键拖动使图形发生扭曲变形。最后得到图 2-165 所示扭曲效果。变形调整完成之后，执行菜单中的“对象｜扩展外观”命令，将图形由变形状态转变为正常状态。

提示

应用自由变换工具的快捷键技巧：先用鼠标按住变形控制框的一个控制手柄，然后按住〈Ctrl+Alt〉组合键拖动可使图形发生倾斜变形；按住〈Shift+Alt+Ctrl〉组合键拖动可使图形发生透视变形，仅按住〈Ctrl〉键拖动则使图形发生任意的扭曲变形（注意：要先按鼠标，再按键盘操作）。

（14）将字母“C”填充为黑灰（灰色参考色值为 K40）渐变，然后采用与前两步骤相同的方法进行扭曲变形。接着，将两个字母图形拼接在一起，形成图 2-166 所示效果。拼接处可用（直接选择工具）调整锚点位置，以使两个边缘严丝合缝。

图2-165　字母“M”进行扭曲变形

图2-166　将变形之后的“M”与“C”拼接在一起

（15）　字母“M”和“C”构成了立方体造型的两个面，下面来绘制第三个面。方法：选用工具箱中的（钢笔工具）绘制图 2-167 所示的闭合路径，并在“渐变”面板中设置一种“灰色—白色”的两色径向渐变（灰色参考数值为 K50）。最后执行菜单中的“对象｜排列｜置于底层”命令，将它置于字母“M”和“C”的后面。

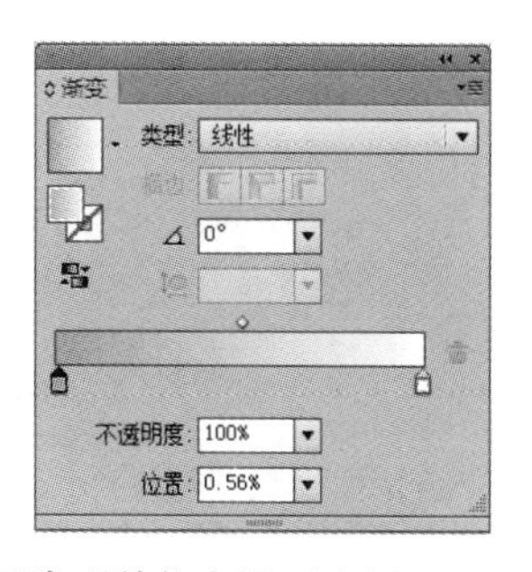

图2-167　绘制填充为灰色—白色的四边形并将它置于底层

（16）　对顶层部分进行镂空的处理。方法：用工具箱中的（钢笔工具）绘制一个填充为白色的四边形，将其放置于图 2-168 所示顶层位置。然后应用工具箱中的（选择工具）按住〈Shift〉键将两个四边形都选中，在“路径查找器”面板中单击（减去顶层）按钮，两个四边形发生相减的运算。最后，单击“扩展”按钮。上层面积较小的四边形形状成为下层四边形中的镂空区域。形象地说，就是标志顶部（填充灰色—白色渐变的四边形）被挖空了一块。

(17) 现在立方体的结构已初具规模，但是并没有形成各个面的厚度感和光影效果。我们来分析一下，由于这个立方体各个面都具有镂空的部分，利用这一点，来制作符合造型原理、透视原理以及光影效果的其他各个转折面。先来处理顶端挖空部分的厚度。方法：用工具箱中的（钢笔工具）绘制图 2−169 所示的两个窄长四边形。这两个图形位于立体造型中的背光面，因此填充“黑色—深灰色”的径向渐变（灰色参考数值为 K75）。然后，应用工具箱中的（选择工具）按住〈Shift〉键将两个四边形都选中，执行菜单中的“对象｜排列｜置于底层”命令，将它们置于标志顶端镂空部分的内部，形成顶层的厚度感，效果如图 2−170 所示。

图2−168 标志顶层图形进行镂空的处理

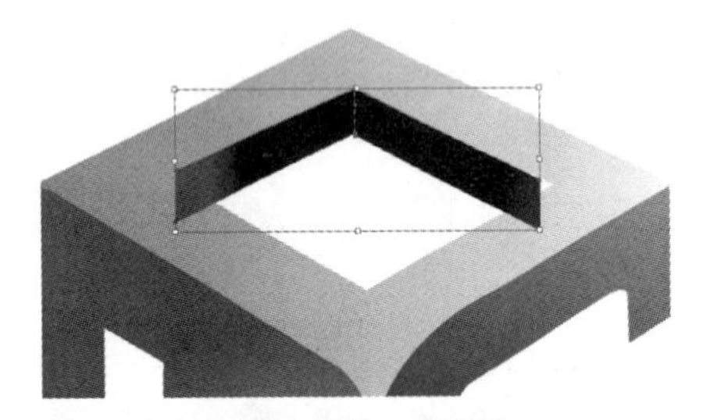

图2−169 绘制并填充两个窄长的四边形

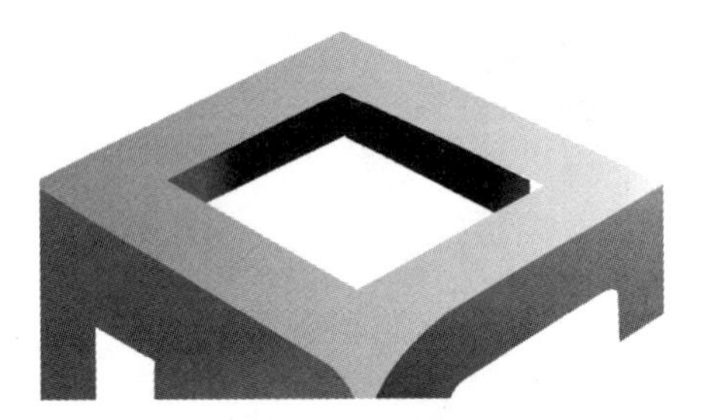

图2−170 形成标志顶层厚度感

(18) 在顶层镂空的区域内，放置一个颜色鲜艳的立体造型。应用工具箱中的（钢笔工具）绘制 5 个形态各异的四边形，按图 2−171 所示的结构进行拼接，颜色效果请读者按自己的喜好来进行设置，但注意左侧图形颜色较浅，而右侧图形中颜色较深，用以暗示光照射的方向。绘制完成后，利用工具箱中的（选择工具）将 5 个四边形都选中，按快捷键〈Ctrl+G〉将它们组成一组。最后，把它们放置到标志顶端镂空区域内，效果如图 2−172 所示。

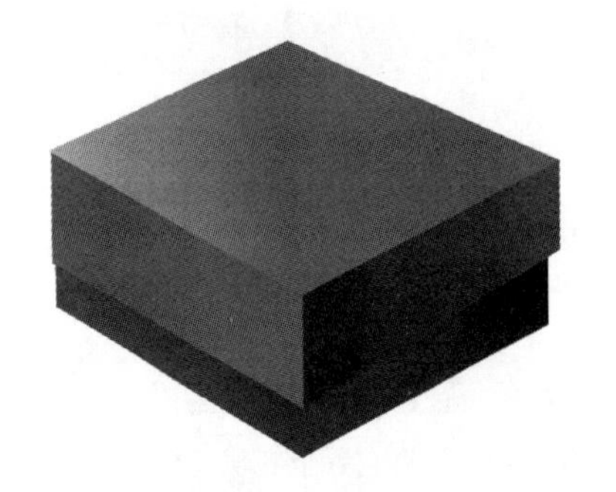

图2−171 绘制一个颜色鲜艳的立体造型

图2−172 将立体图形置于标志顶端镂空区域内

(19) 制作标志下半部分的各个转折面，使标志图形具有厚重结实的感觉。方法：利用工具箱中的（钢笔工具）绘制出图 2−173 所示各个转折面图形，然后执行菜单中的“对象｜排列｜置于底层”命令，将这些图形全部移至最下一层。调整相对位置，效果如图 2−174 所示。

（20）进行细节的调整，例如，字形“M”中的水平横线过于生硬，需要将这一段路径调整为图 2–175 所示的曲线形状，形成类似弧形拱门上侧的效果。

（21）将前面制作完成的标准字“media”移至标志图形下部，最终效果如图 2–176 所示。本例通过对普通字体的字母外形进行增减，从而制作出一种全新的艺术字形，并将其应用到标志图形中，再将平面图形通过拼接塑造成立体的造型，这种思路可供读者借鉴。

图2–173 绘制其他转折

图2–174 将所有转折面图形都置于底层

图2–175 调整曲线形状

图2–176 最终效果

2.9.5 制作无缝拼贴包装图案

制作要点

图案填充是矢量软件中一个重要的功能。Illustrator CS6的“色板”面板中提供了不少图案，但很多时候需要制作自己的图案，比如制作贺卡、包装纸之类的设计。本例将制作一个无缝拼贴图案，如图2–177所示。通过本例的学习，应掌握利用“色板”面板自定义无缝拼贴图案的方法。

图2–177 无缝拼贴包装图案

操作步骤

(1) 执行菜单中的“文件|新建”命令，在弹出的对话框中设置如图2-178所示，然后单击“确定”按钮，新建一个文件。

(2) 制作最基本的图案单元。其方法为：利用工具箱上的（多边形工具）、（矩形工具）和（文字工具）创建基本图案单元，如图2-179所示。

(3) 图案的重复是发现基本单元的依据，所以不让其他人发现基本单元的主要方式就是在基本单元中故意地制造几个重复图案，以假乱真。下面就来制作重复图案。其方法为：执行菜单中的“视图|智能参考线”命令，打开智能捕捉功能。然后选中全部图形，利用工具箱上的（选择工具）选择矩形左上角的顶点，此时会出现文字提示。接着按住〈Ctrl〉键，将复制后的图形拖到右侧，结果如图2-180所示。

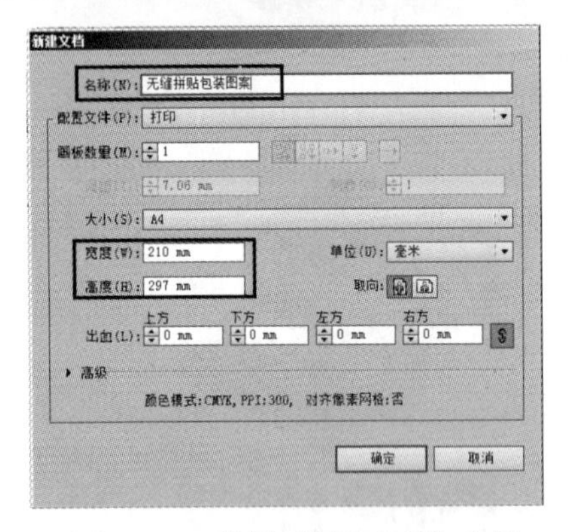

图2-178　设置“新建文档”参数

图2-179　创建基本图案单元

图2-180　将复制后的图形拖到右侧

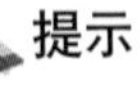

提示

一定要放到右边的顶点才放手，Illustrator会帮助用户吸附到顶点上去的。

(4) 同理，在左上方也复制一个最基本的图案单元，结果如图2-181所示。

提示

复制的目的是制造边缘的连续图形的衔接。

(5) 将外边没有和边界相交的所有图形都选中，然后删除，效果如图2-182所示。

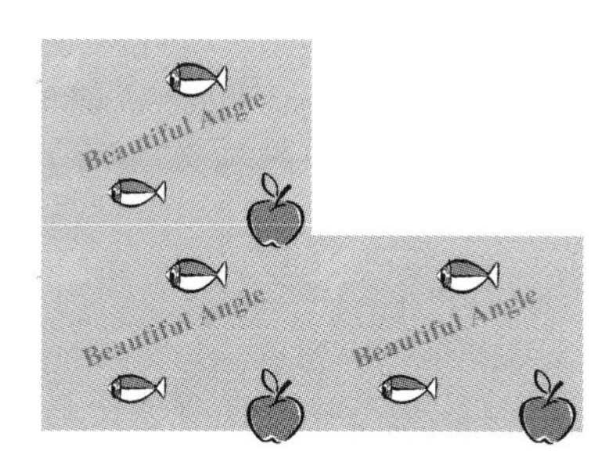

图2–181　在左上方也复制一个最基本的图案单元

图2–182　删除多余的图形

（6）现在是最关键的一步。选择背景中的矩形，执行菜单中的“编辑|复制”命令，再执行菜单中的“编辑|贴在后面”命令，从而复制一个矩形放置到最下面。然后不要取消选择，将其填充色和描边色均设置为无色。

提示

将填充色和描边色均设置为无色是个非常关键的步骤，Illustrator制造无缝拼接的图形需要在最下面放置一个无色无轮廓的矩形。这个矩形会在制作的图案中起到一个遮罩的作用，隐藏掉矩形之外的多余内容。

（7）选择所有图形，将它们拖放到“色板”面板中。这样，面板中就会出现要定义的图案，如图 2–183 所示。

提示

此时如果找不到“色板”面板，可以执行菜单中的“窗口|色板”命令，调出“色板”面板。

（8）利用工具箱上的 （矩形工具）创建一个矩形。然后选择该矩形，在“色板”中单击定义的图案，即可将定义的图案指定给填充区域，最终效果如图 2–184 所示。

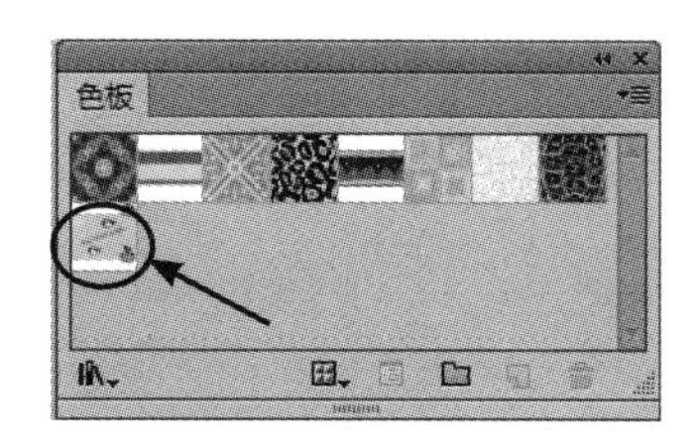

图2–183“色板”面板

图2–184　最终效果

2.9.6　网格构成的标志

制作要点

本例将制作一个由网格构成的标志，如图2–185所示。这一类标志由纵横排列的方格（或点）构成，在规则排列的基础上再设计出小局部的变化，因此可以先利用矩形网格工具生成基础网格，然后再对网格进行创意性的改变。通过本例学习除了要掌握矩形网格工具的应用之外，还有一项重要的功能是利用“路径查找器”中的“分割”功能分离图形，它可以灵活地通过图形或线条对整体图形进行自由的裁切，本例中有3处应用到此功能。

操作步骤

（1）执行菜单中的“文件 | 新建”命令，在弹出的对话框中设置如图 2–186 所示，单击“确定”按钮，从而新建一个文件。然后将其存储为“网格标志 .ai”。

（2）先制作标志的基本网格结构，这个标志的矩形网格分为 7 行 5 列。方法：选择工具箱中的（矩形网格工具），然后在绘图区中单击，在弹出的“矩形网格工具选项”对话框中设置参数如图 2–187 所示，单击“确定”按钮，从而得到图 2–188 所示网格框架。接着将网格框架的“填充”颜色设置为草绿色（参考颜色数值为 CMYK（65，0，90，0）），将“边线”设置为黑色（便于后面做镂空时显示得清楚），“粗细”为 3 pt，得到图 2–189 所示的效果。

图2–185　网格构成的标志

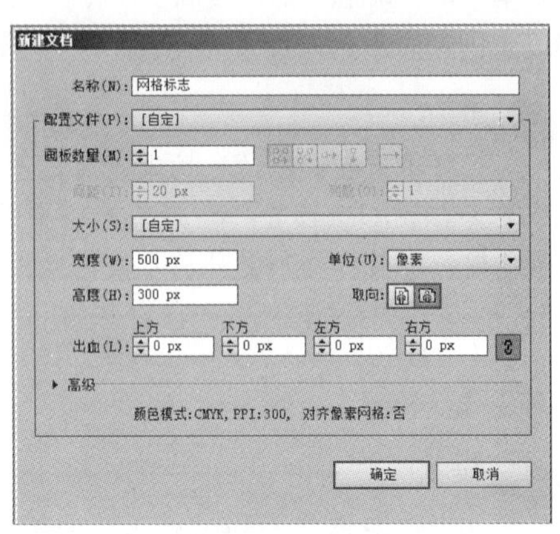

图2–186　建立新文档

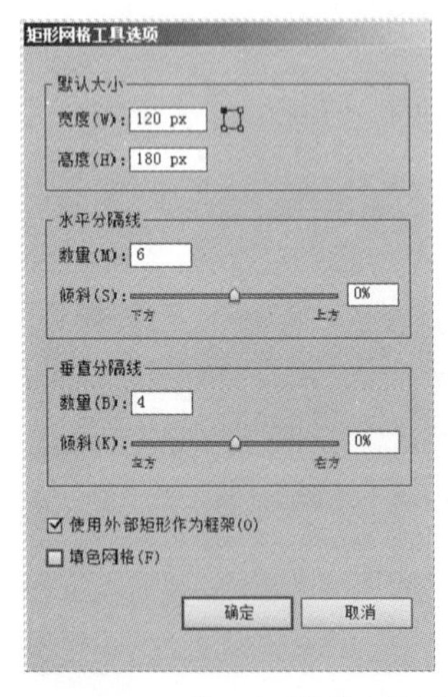

图2–187　“矩形网格”对话框

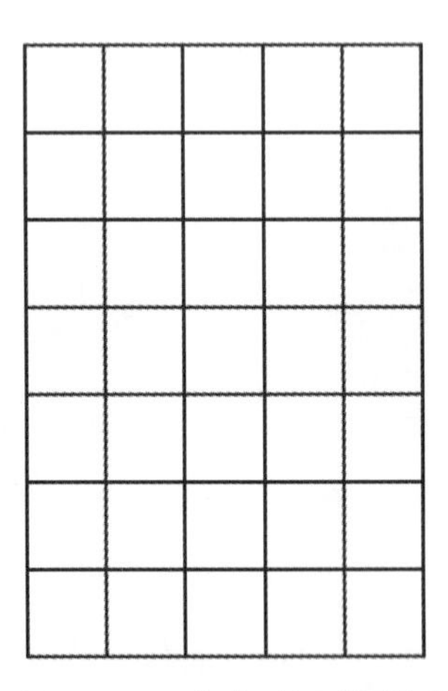

图2–188　生成7行5列网格框架

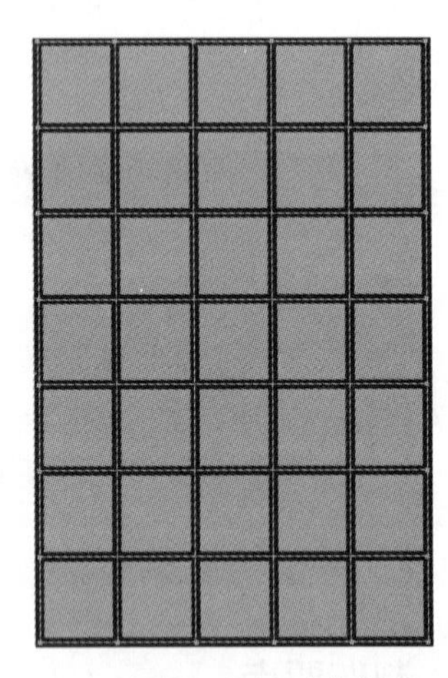

图2–189　改变颜色

（3）利用工具箱中的（选择工具）选中矩形网格，然后执行菜单中的“对象 | 扩展”命令，在弹出的“扩展”对话框选择“描边”复选框，如图 2–190 所示，单击“确定”按钮，从而矩形网格的黑色边线被分离出来，形成一些独立的矩形，如图 2–191 所示。接着利用工具箱中的（直接选择工具）选择最外圈描边图形，按〈Delete〉键将其删除，效果如图 2–192 所示。

(4)利用"路径查找器"中的功能，对黑线部分进行镂空处理。方法：利用工具箱中的 (选择工具)选中矩形网格，按快捷键〈Shift+Ctrl+F9〉打开路径查找器面板，在其中单击 (分割)按钮，如图2-193所示。分割完成后，利用工具箱中的 (直接选择工具)选择其中一个局部，此时会发现整体的网格已被拆分为许多小矩形单元，如图2-194所示。

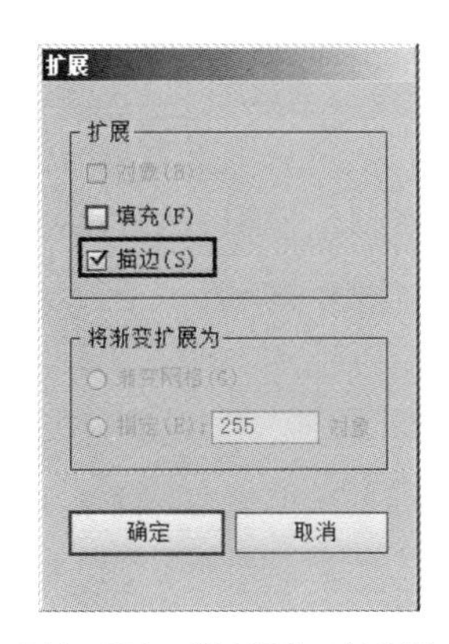

图2-190 "扩展"对话框

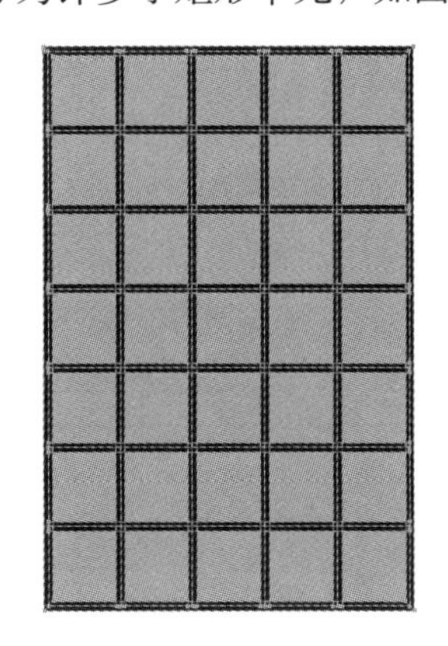

图2-191 矩形网格的黑色边线被分离出来

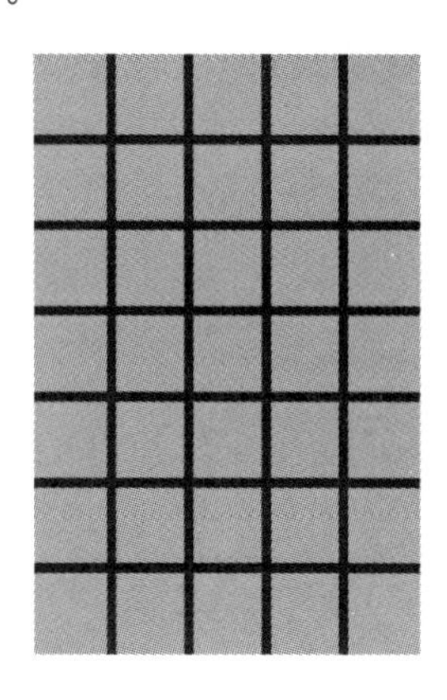

图2-192 将最外圈描边黑线删除

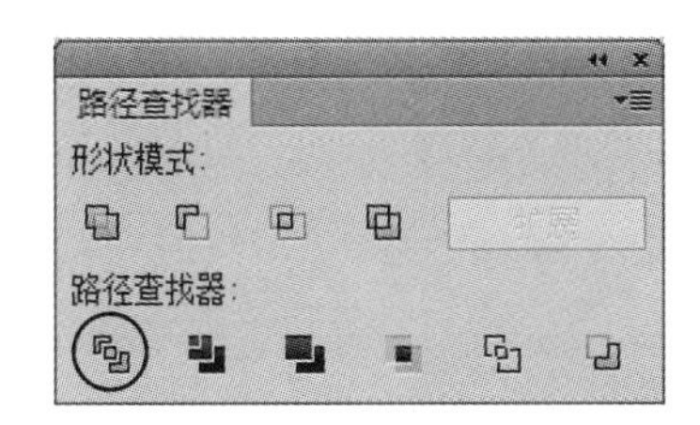

图2-193 "路径查找器"面板

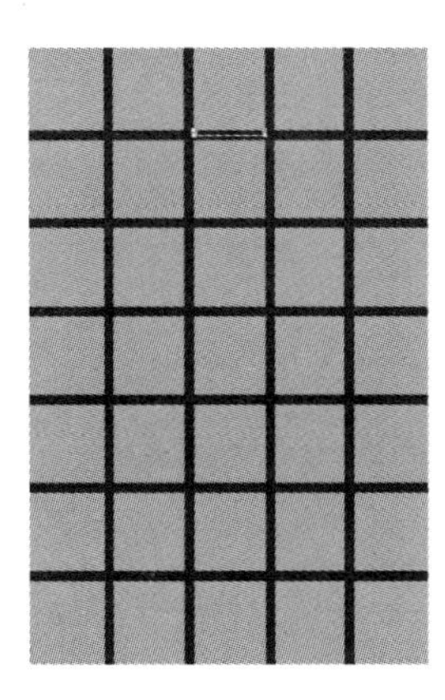

图2-194 对矩形网格继续进行分割处理

提示

如果选不中局部小图形，可以先取消全部选取（用"直接选择工具"在页面空白处单击一次），然后再用 （直接选择工具）选择局部图形即可。

(5)任意选中一个分割出的黑色小矩形，然后执行菜单中的"选择｜相同｜填充颜色"命令，从而将所有分割后的黑色小矩形都选中，如图2-195所示。然后按〈Delete〉键将它们删除，效果如图2-196所示。这样，完整的矩形网格不仅被拆分成35个小正方形，而且中间空白部分镂空，以便下面标志放置在不同的背景之上。

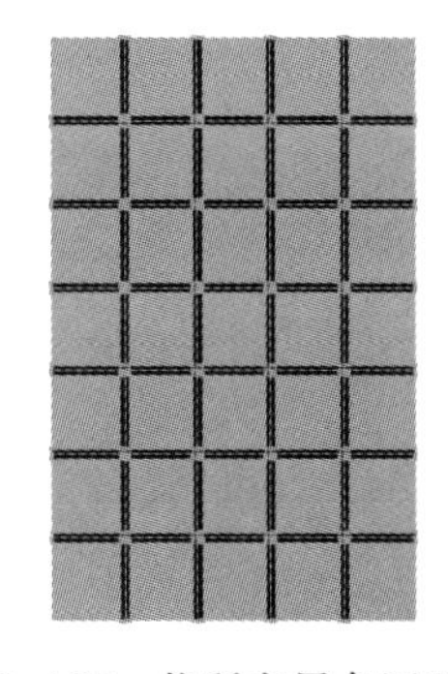

图2-195 将所有黑色图形选中

(6)接下来，对拆分开的网格图形可进行自由修整。方法：利用 (直接选择工具)选中几个小正方形，然后按〈Delete〉键将其删除，效果如图2-197所示。接着将其余一些小正方形进行颜色的修改（读者可以根据自己的喜好来修改颜色），此时规则的网格开始变为有趣的排列，效果如图 2–198 所示。

（7）矩形网格的缺点是过于工整与严肃，这主要是大量水平与垂直交错的直线所形成的视觉感受，要打破这种过于理性的框架，可以适当地添加柔和的曲线形。下面将将矩阵的四个边角处理为圆弧形。

方法：先放大显示标志右上角位置，然后利用工具箱中的（弧形工具）画出一道弧线，如图 2–199 所示。再利用工具箱中的（直接选择工具）将弧线和位于右上角的小正方形（弧线在小正方形上面）都选中，按快捷键〈Shift+Ctrl+F9〉打开“路径查找器”面板。接着在其中单击（分割）按钮，如图 2–200 所示。分割完成后（注意：要先按快捷键〈Shift+Ctrl+A〉取消选取）再利用工具箱中的（直接选择工具）选择裁开的右上方局部图形，并按〈Delete〉键将其删除，得到如图 2–201 所示效果。

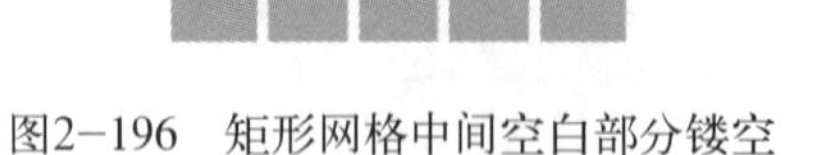

图2–196　矩形网格中间空白部分镂空　图2–197　删除几个小矩形　图2–198　修改局部颜色

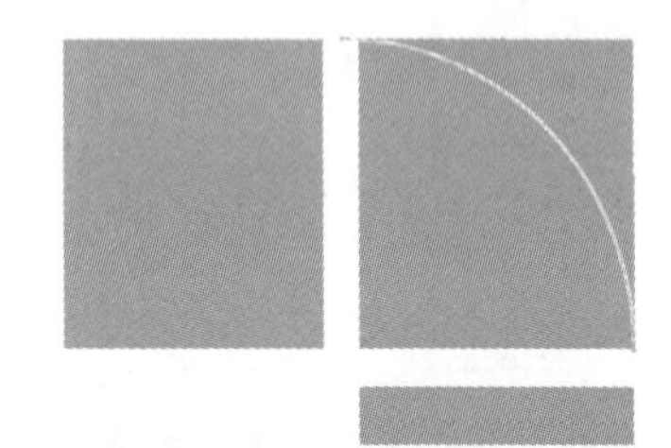

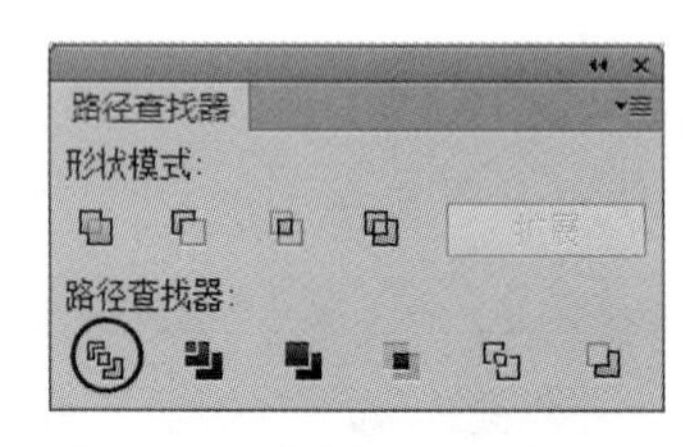

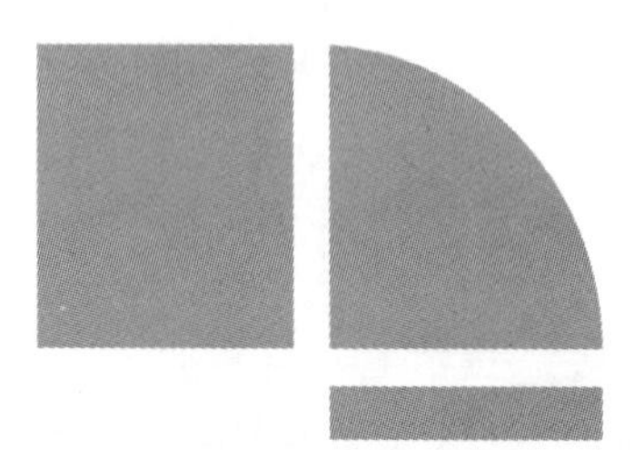

图2–199　在标志右上角画出一道圆弧线　图2–200　“路径查找器”面板　图2–201　右上角正方形的弧形处理

提示

应用工具箱中的（弧形工具），按住〈Shift〉键可画出1/4正圆弧。

（8）同理，将标志位于四个边角的正方形都处理为一侧弧形，处理完后的整体标志效果如图 2–202 所示。接下来，要将它整体沿顺时针方向旋转 45°。方法：利用工具箱中的（选择工具）选中所有图形，然后按快捷键〈Ctrl+G〉将它们组成一组。接着双击工具箱中的（旋转工具），在弹出的对话框中设置如图 2–203 所示，单击“确定”按钮，此时标志图形整体沿顺时针方向旋转了 45°，如图 2–204 所示。

（9）图形制作完成后，接下来要制作与图形搭配的艺术字体。该标志的文字由细体和粗体两组文字构成，下面先输入文字。方法：选择工具箱中的（文字工具），输入小写英文“blue”和大写英文“MSU”（注意：分两个独立的文本块输入）。然后在工具选项栏中设置“字体”为“Arial”和“Arial Black”（读者可以自己选取两种粗细对比的英文字体）。接着执行菜单中的“文字｜创建轮廓”命令，将文字转换为普通图形，如图 2-205 所示。

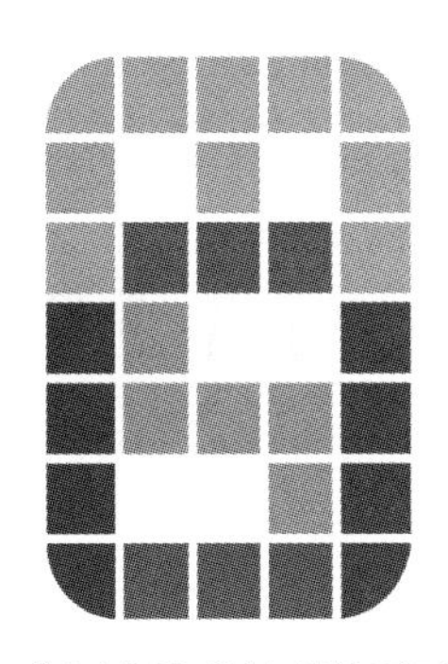

图2-202　将四个边角处理为弧形后的效果

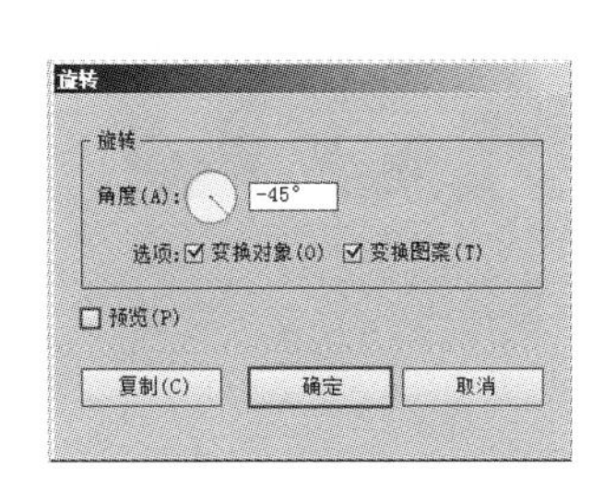

图2-203　“旋转”对话框

图2-204　标志顺时针旋转45°

图2-205　输入英文并将文字转为图形

提示

由于本例的文字还要进行一些图形化的处理，所以必须执行菜单中的“文字｜创建轮廓”命令，将文字转换为普通图形。

（10）因为文字还要制作一个浅浅的投影效果，因此要将它复制一份并做镜像处理。方法：利用工具箱中的（选择工具）同时选中两个文本块，然后选择工具箱中的（镜像工具），在绘图区单击设置对称中心点（在文本行稍向下位置），接着按住〈Alt〉键和〈Shift〉键拖动鼠标（注意要先按〈Alt〉键，得到对称图形后别松开鼠标，再按〈Shift〉键对齐），即可得到图 2-206 所示的反转文字。最后按快捷键〈Ctrl+F9〉打开“渐变”面板，设置图 2-207 所示的“浅灰色—白色”的线性渐变，从而形成文字倒影的效果。

图2-206　制作镜像文字 　　　　图2-207　在反转文字中填充浅灰至白色的线性渐变

（11）下面要将文字沿一条波浪形曲线进行分割。方法：先利用工具箱中的（钢笔工具），

在页面中绘制图2-208所示的曲线路径，然后利用（选择工具）同时选中两个文本块和一条曲线路径（按住〈Shift〉键逐个选取）。接着按快捷键〈Shift+Ctrl+F9〉打开“路径查找器”面板，在其中单击（分割）按钮（这项“分割”功能在本例中已是第3次被应用了）。分割完成后，每个字母都被曲线裁为上下两部分（注意：要先按快捷键〈Shift+Ctrl+A〉取消选取）。最后利用工具箱中的（直接选择工具）选择“blue”每个字母上半部分图形，填充颜色为浅蓝色（参考颜色数值为CMYK（65，30，10，0）），从而得到图2-209所示效果。

图2-208　绘制一条波浪形的曲线路径

图2-209　文字被曲线分割后可以局部填色

（12）　同理，利用工具箱中的（直接选择工具）选取每个字母的上下部分，将其填充为不同的颜色（参考颜色数值：blue下半部分的颜色参考值为CMYK（90，60，10，0）；MSU上半部分的颜色参考值为 CMYK（0，0，0，60）； MSU下半部分的颜色参考值为 CMYK（0，0，0，80）），效果如图2-210所示。

（13）　最后，全部选中文字部分，按快捷键〈Ctrl+G〉组成一组。然后将它缩放到合适的大小，放置于标志图形的右侧。至此，整个标志制作完成，最后的效果如图2-211所示。

图2-210　文字被填充为上下不同的颜色

图2-211　最后完成的标志效果图

2.9.7　制作由线构成的海报

制作要点

本例取材于《莫斯科之声》期刊封面，在暗红色的背景中，细微的线条极具规律地按圆或直线轨迹进行重复，是以线为主要造型元素的抽象设计作品之一，如图2-212所示。通过本例的学习，应掌握“多重复制”功能的应用。

操作步骤

（1）执行菜单中的“文件｜新建”命令，创建一个空白图形文件，存储为“由线构成的海报 .ai”。

（2）绘制暗红色的背景。方法：选择工具箱中的（矩形工具），绘制一个矩形框，然后按快捷键〈F6〉，打开“颜色”面板，在面板右上角弹出的菜单中选择“CMYK”选项，将该矩形的“填充”颜色设置为一种稍暗的红色（参考颜色数值为 CMYK（30，100，100，10）），将“描边”颜色设置为“无”。

图2-212 由线构成的海报

（3）接下来要制作一系列沿同一个中心不断旋转复制的圆形线框。其制作原理是 Illustrator 软件中常用的多重复制功能，即以一个单元图形（圆形线框）为基础，环绕同一中心点进行自动复制，生成极其规范的沿环形排列的多重圆形。首先选择工具箱中的（椭圆工具），按住〈Shift〉键绘制出一个正圆形，并将该圆形的“填充”颜色设置为“无色”，“描边”颜色设置为白色（或浅灰色）。然后按快捷键〈Ctrl+F10〉，打开“描边”面板，将“粗细”设置为 0.5 pt。接着执行菜单中的“视图｜显示标尺”命令，调出标尺，各拉出一条水平方向和垂直方向的参考线，使两条参考线交汇于一点，如图 2-213 所示。

（4） 在“多重复制”之前，先生成第一个绕中心旋转的复制单元。其方法：选择工具箱中的（选择工具）选中该圆形线框，然后选择工具箱中的（旋转工具），先在参考中心处单击，设置新的旋转中心点。接着，按住〈Alt〉键拖动圆形向一侧移动，复制出一个沿中心点旋转的圆形线框图形，作为第一个复制单元，如图 2-214 所示。

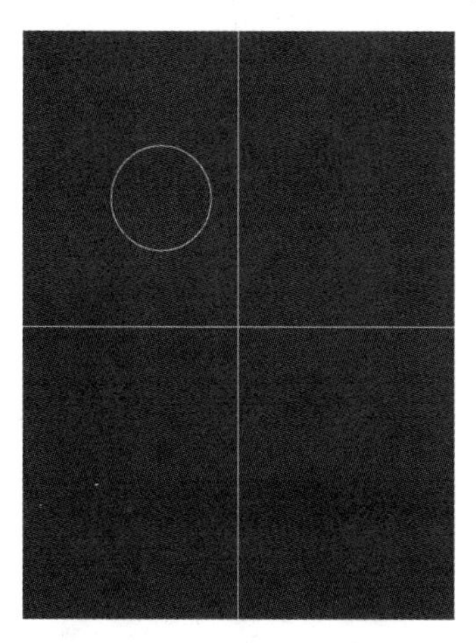

图2-213 拉出参考线

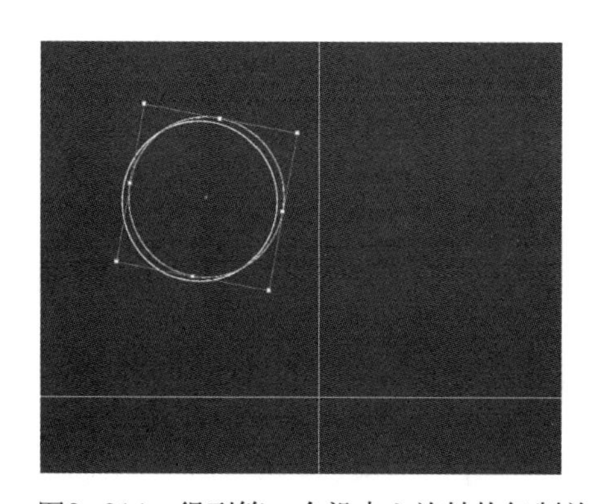

图2-214 得到第一个沿中心旋转的复制单元

（5）接下来进行多重复制。其方法：反复按快捷键〈Ctrl+D〉，以相同间隔进行自动多重复制，以产生出多个均匀地环绕同一圆心旋转的复制图形，形成如图 2-215 所示的线圈结构。

（6）将圆形线圈中的局部圆形的“描边”颜色改变为红色。其方法：利用工具箱中的（选择工具）选中圆形线圈中上部的一部分圆形，然后将选中的这些圆形的“描边”颜色更改为红色（参考颜色数值为 CMYK（0，100，80，0）），如图 2-216 所示。最后，将所有圆形线框图形一起选中，按快捷键〈Ctrl+G〉将它们组成一组。

(7) 在线圈内部区域添加一个黄灰色的圆形。方法：选择 (椭圆工具)，同时按住〈Shift〉键和〈Alt〉键，然后从参考线的交点出发向外拖动鼠标，绘制出一个从中心向外扩散的正圆形。接着将其“填充”颜色设置为一种黄灰色（参考颜色数值为 CMYK（10，20，50，20）），将“描边”颜色设置为白色，再在“描边”面板中将“粗细”设置为 1 pt，效果如图 2–217 所示。

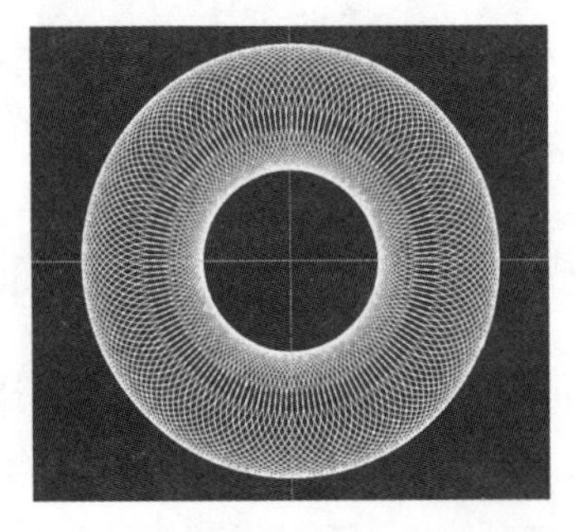

图2–215 多个均匀环绕同一圆心旋转的图形

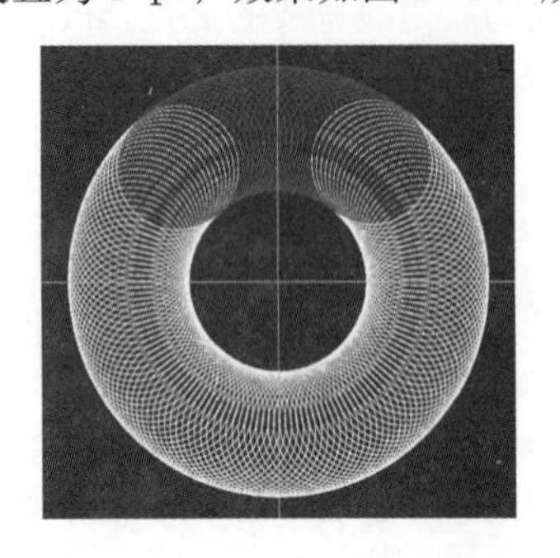

图2–216 将上部一些圆形的“描边”颜色改变为红色

(8) 线圈制作完成后，在线圈的中心位置绘制黑色剪影式的主题图形。参考图 2–218 所示的效果，利用工具箱中的 (钢笔工具) 先描绘出轮廓路径，然后将所有路径的“填充”颜色设置为黑色。当画到顶端部分时，较细的直线可用工具箱中的 (直线段工具) 绘制。

图2–217 在线圈内部添加一个黄灰色圆形

图2–218 绘制黑色剪影式的主题图形

(9) 可视情况将图形中一些主要部分填充为黑灰渐变色，从而增加一些视觉变化的因素。方法：先利用工具箱中的 (选择工具) 选中位于中间部位较粗的路径。然后按快捷键〈Ctrl+F9〉打开“渐变”面板，设置填充色为“黑色—灰色—黑色”的线性渐变（灰色参考数值为 K40），如图 2–219 所示。对于位于右下角位置的 3 个小闭合路径的渐变色，请读者自行设置，效果如图 2–220 所示。

图2–219 在“渐变”面板中设置渐变

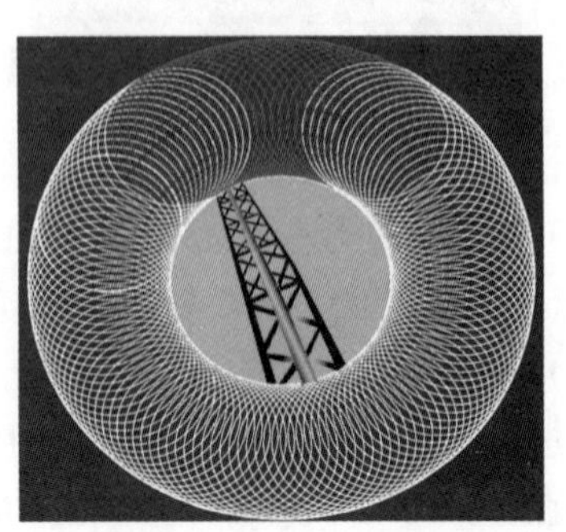

图2–220 将几个主要闭合路径填充为黑灰渐变色

（10）在黑色剪影式图形的左上部分添加一个抽象的黑色人形，也以剪影的形式来表现，利用工具箱中的（钢笔工具）直接绘制填色即可，效果如图 2-221 所示。

提示

自动填充的渐变色方向不一定理想，作为一种常用的调节方法，可在工具箱中选择(渐变工具)，然后在已填充渐变的图形上拖动出一条直线，且直线的方向和长度分别控制渐变的方向与色彩分布。

（11）以图形“混合”的方法来制作海报底部排列的圆形。先绘制出 3 个基本的圆形，然后在这 3 个圆形间以“混合”方式进行复制。其方法：选择工具箱中的（椭圆工具），按住〈Shift〉键绘制出一个正圆形（“描边”颜色设置为白色，“粗细”设置为 0.25pt）。然后选择（选择工具），按住〈Alt〉键向右拖动该圆形（拖动的过程中按住〈Shift〉键可保持水平对齐），得到一个复制单元。同理，再复制出一个圆形，按如图 2-222 所示方式排列。最后，将位于两侧的两个圆形的“描边”颜色设置为红色（参考颜色数值为 CMYK（30，100，100，10））。

图2-221 添加黑色人形剪影

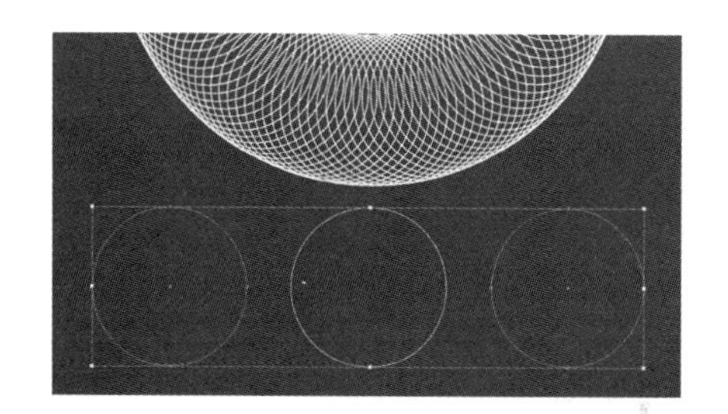

图2-222 绘制出3个基本圆形

（12）选择（选择工具），按住〈Shift〉键将 3 个圆形同时选中，接下来进行图形的“混合”操作。其方法为：执行菜单中的“对象｜混合｜建立”命令，然后执行菜单中的“对象｜混合｜混合选项”命令，在弹出的对话框中设置参数，如图 2-223 所示，单击“确定”按钮，效果如图 2-224 所示。可见，3 个圆形间自动生成了一系列水平排列的复制图形，并且颜色也形成了从两侧到中心的渐变效果。

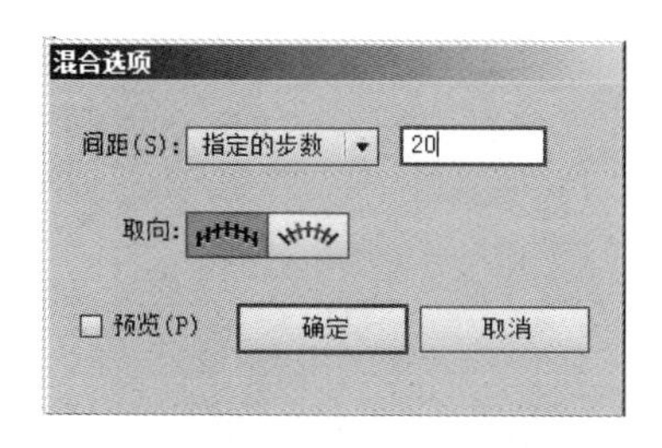

图2-223 “混合选项”对话框

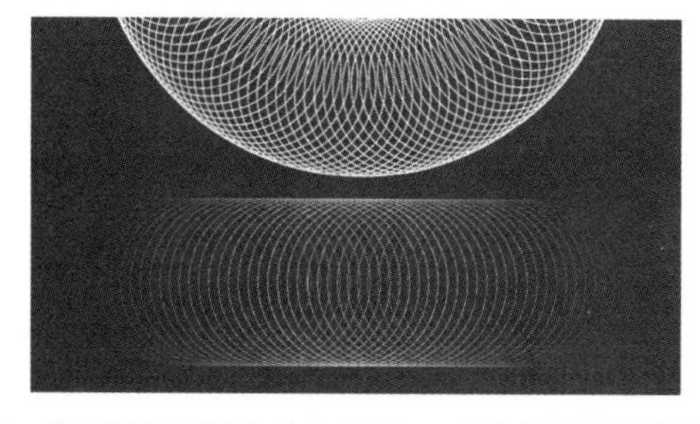

图2-224 在3个圆形间自动生成了一系列水平排列的复制图形

（13）在海报上添加文字。其方法为：选择工具箱中的（文字工具），输入文本“MBOPNT MOCKBA…”。然后在“工具”选项栏中设置“字体”为“Arial”，“字体样式”为“Bold”。接着执行“文字｜创建轮廓”命令，将文字转换为图 2-225 所示的由锚点和路径组成的图形。

最后使用 （选择工具）对文字海报进行拉伸变形（本例将标题文字设计为窄长的风格），并将“填充”颜色设置为白色，然后放置到图 2–226 所示的海报中靠上的位置。

图2–225 将文字转换为由锚点和路径组成的图形

图2–226 将标题文字置于海报中靠上的位置

（14）使用工具箱中的 （选择工具）选中标题文字，然后执行菜单中的“效果｜风格化｜投影”命令，在弹出的对话框中设置参数，如图 2–227 所示，在文字右下方添加黑色的投影，以增强文字的立体效果，如图 2–228 所示。

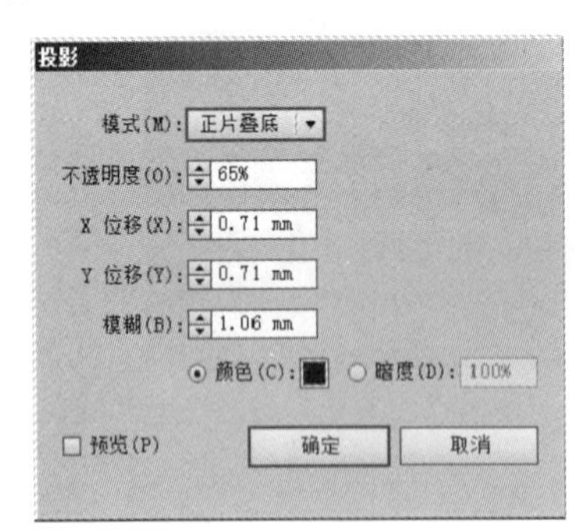

图2–227 “投影”对话框

图2–228 在文字右下方添加投影

（15） 同理，输入文本“GOVORIT MOSKVA...”，并制作投影效果，如图 2–229 所示。至此，整个海报制作完毕，最终效果如图 2–230 所示。

图2–229 制作标题下小字

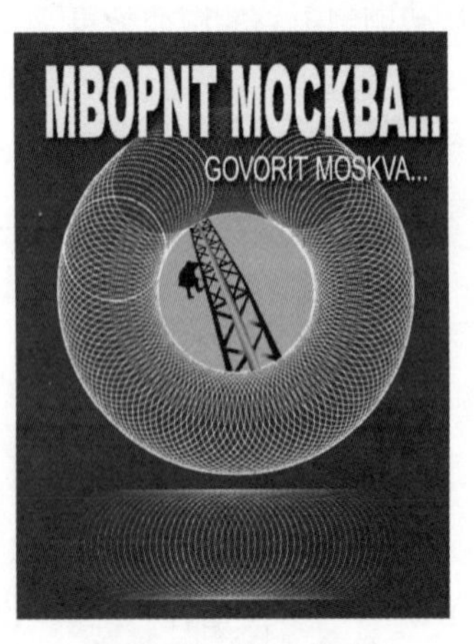

图2–230 最终效果

课 后 练 习

1. 制作图 2-231 所示的缠绕的圆环效果。
2. 制作图 2-232 所示的篮球标志效果。

图2-231　缠绕的圆环效果

图2-232　篮球标志效果

第3章 画笔和符号

在Illustrator　CS6中，符号和画笔是两组极具特色的工具。在这两组工具中都存储了系统预置好的符号样本和画笔样本，使用这些预置样本，用户可以绘制出许多丰富多彩的艺术作品。通过本章学习应掌握画笔和符号的具体应用。

3.1 使用画笔

在绘图中，除了可以使用铅笔外，还可以使用功能更为强大的画笔制作出更加丰富多彩的效果。

3.1.1 使用画笔绘制图形

使用画笔绘制图形具体操作步骤如下：

（1）选择工具箱上的（画笔工具），如图3-1所示，该工具一般要和“画笔”面板配合使用。如果此时工作窗口中没有显示“画笔”面板，可以执行菜单中的“窗口|画笔”命令，调出“画笔”面板，如图3-2所示。

（2）Illustrator　CS6默认面板中只有两种画笔笔头，如果要载入其他画笔笔刷，可以单击面板下方的（画笔库菜单）按钮，从弹出的快捷菜单中选择相应的命令，如图3-3所示，从而调出相应画笔库，如图3-4所示。然后单击相应的画笔笔刷，即可将其载入画笔面板，如图3-5所示。

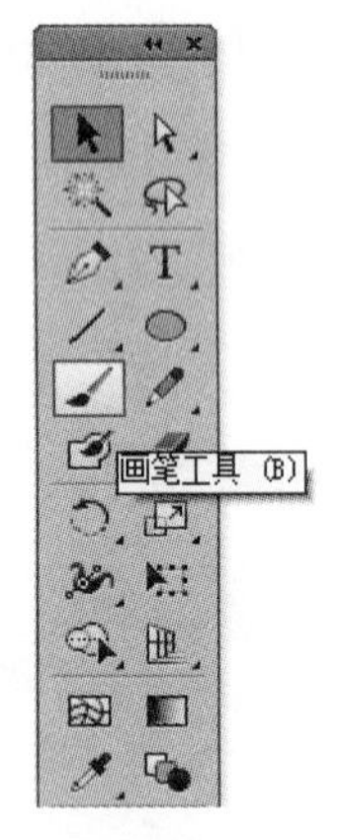

图3-1　选择“画笔工具”

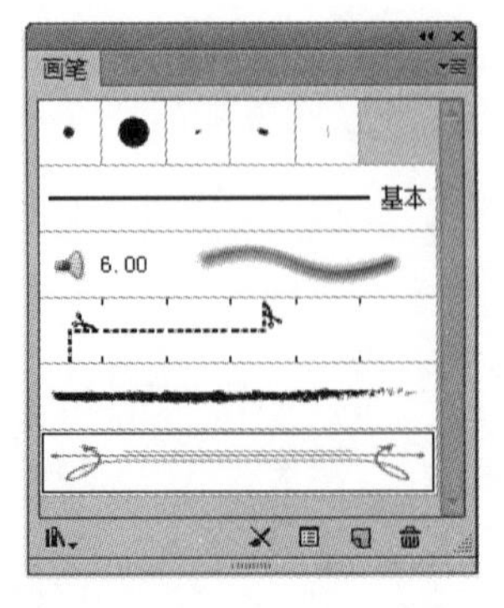

图3-2　默认“画笔”面板

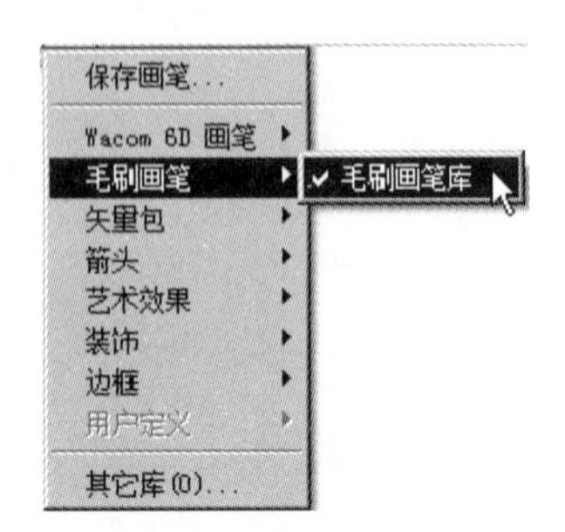

图3-3　选择相应的命令

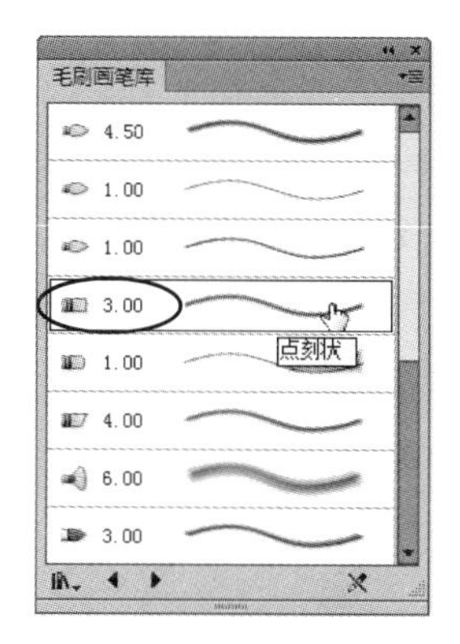

图3-4　选择相应的画笔笔刷

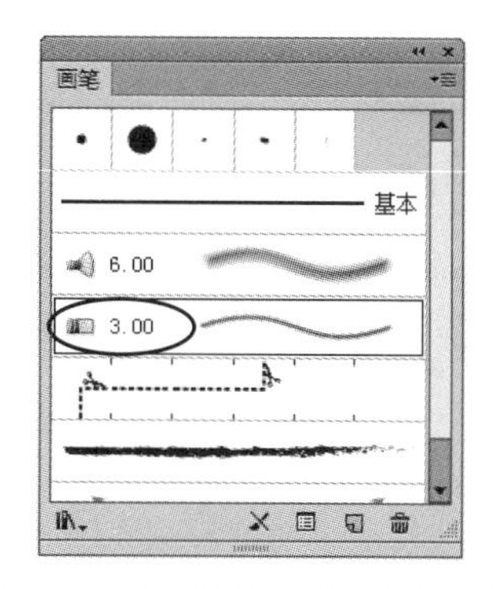

图3-5　将画笔载入“画笔”面板

（3）在“画笔”面板中选取一种画笔样式，将光标移到页面上的合适的地方，按下左键并拖动，然后释放鼠标即可完成绘制。

（4）双击工具箱上的（画笔工具），将打开“画笔工具选项”对话框，如图 3-6 所示。

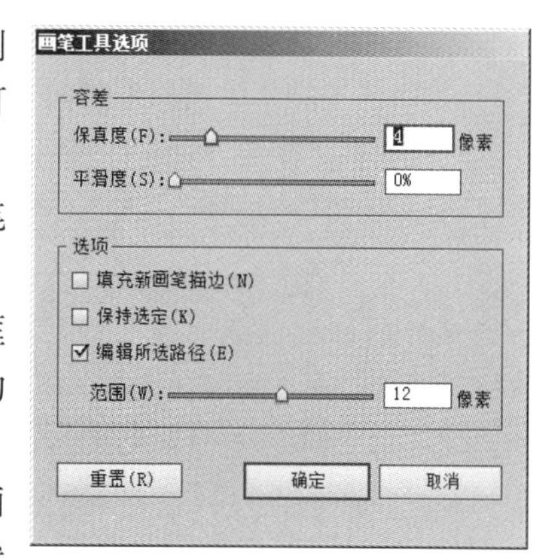

图3-6　“画笔工具选项”对话框

（5）在该对话框“容差”选项组中，“保真度”数值框用于设定（画笔工具）绘制曲线时所经过的路径上的点的精确度，以像素为度量单位，取值范围为 0 ～ 20。值越小，所绘制的曲线将越粗糙。“平滑度”数值框用于指定（画笔工具）所绘制曲线的平化程度。值越大，所得到的曲线就越平滑。

在“选项”选项组中，如果选中了“填充新画笔描边”复选框，则每次使用（画笔工具）绘制图形时，系统都会自动以默认颜色来填充对象的轮廓线；如果选中了“保持选定”复选框，则绘制完的曲线将会自动处于被选取状态；如果选中了“编辑所选路径”复选框，（画笔工具）可对选中的路径进行编辑。

（6）使用（画笔工具）创建了图形后，如果更改笔刷类型，可以选中要更改的图形，然后在“画笔”面板中单击要替换的笔刷即可。

（7）在“画笔”面板下方有 5 个按钮，其功能如下：

- 画笔库菜单：单击该按钮，将弹出图 3-3 所示的快捷菜单，从该菜单中可以选择相应的画笔笔刷进行载入。
- 移去画笔描边：用于将当前图形上应用的笔刷删除，而留下原始路径。
- 所选对象的选项：用于打开应用到被选中图形上的笔刷的选项对话框，在该对话框中可以编辑笔刷。
- 新建画笔：用于打开“新建笔刷”对话框，利用该对话框可以创建新的笔刷。
- 删除画笔：用于删除该笔刷类型。

3.1.2　编辑画笔

Illustrator　CS6 中可以载入多种类型的画笔笔刷，并可对其进行编辑。下面主要讲解书法和箭头笔刷的编辑方法。

1．编辑书法笔刷

图 3–7 所示为 6 种不同书法笔刷。图 3–8 所示为分别使用了这 6 种书法笔刷绘制出的图形。

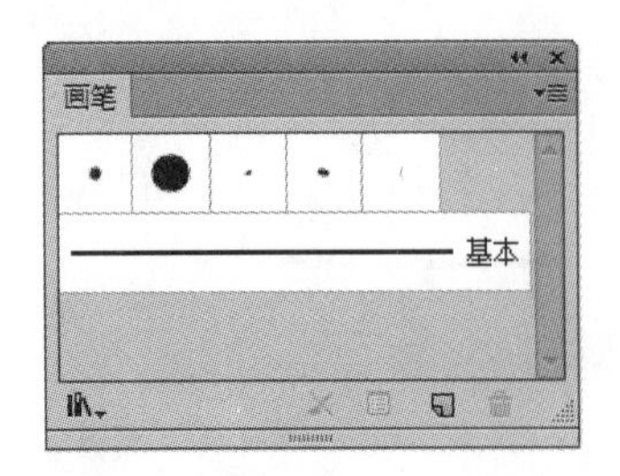

图3–7　6种不同的书法笔

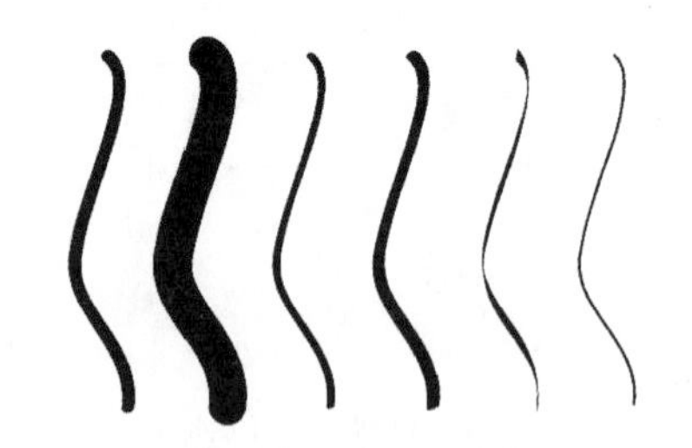

图3–8　使用6种书法笔刷绘制的图形

编辑画笔的具体操作步骤如下：

（1）在“画笔”面板上双击需要进行编辑的书法笔刷类型，此时会弹出“书法画笔选项”对话框，如图 3–9 所示，图 3–10 所示为应用了该画笔的效果。

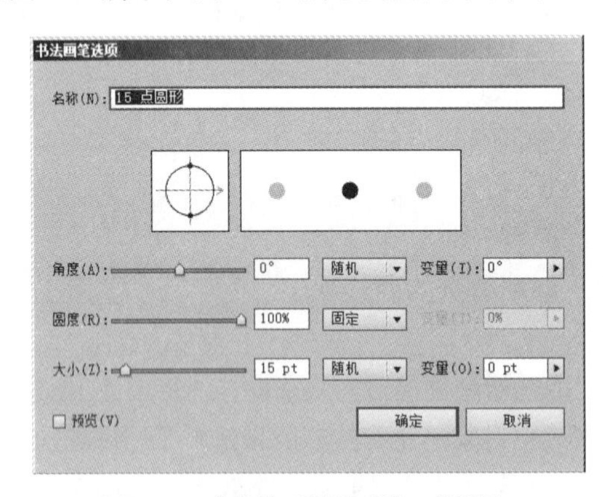

图3–9　“书法画笔选项”对话框

图3–10　应用点圆形画笔的效果

（2）在该对话框中可以设置画笔笔尖的“角度”“圆度”“大小”等。同时在下拉列表中还有“固定”和“随机”等选项可供选择。图 3–11 所示为更改后的设置，图 3–12 所示为更改设置后的效果。

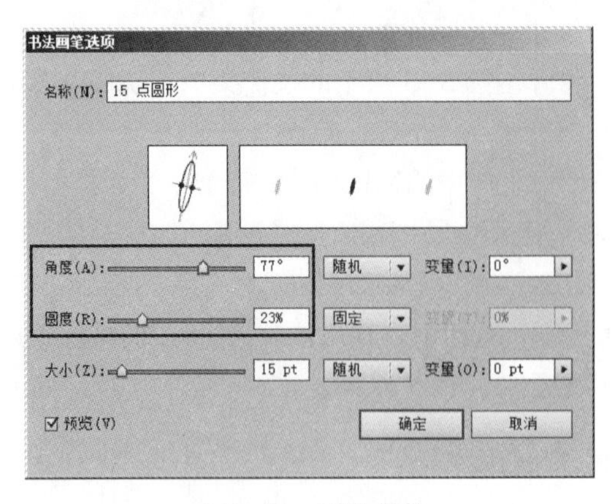

图3–11　更改参数

图3–12　更改参数后的效果

2. 编辑箭头笔刷

Illustrator CS6 默认可以载入“图案箭头”“箭头＿标准”和“箭头＿特殊”3 种类型的箭头笔刷，如图 3-13 所示。利用箭头笔刷可以绘制出各种箭头效果，此外还可以对其进行编辑。

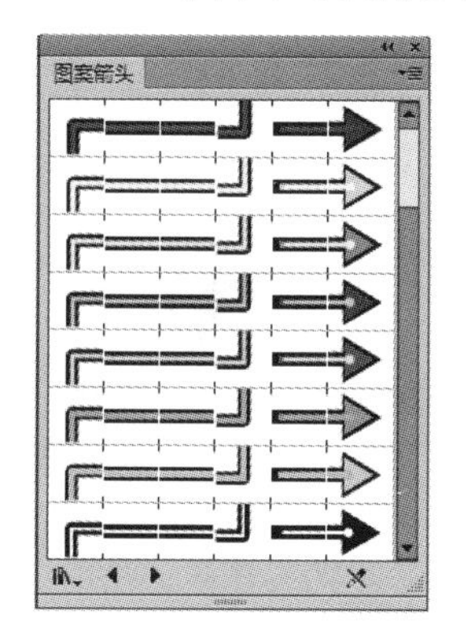

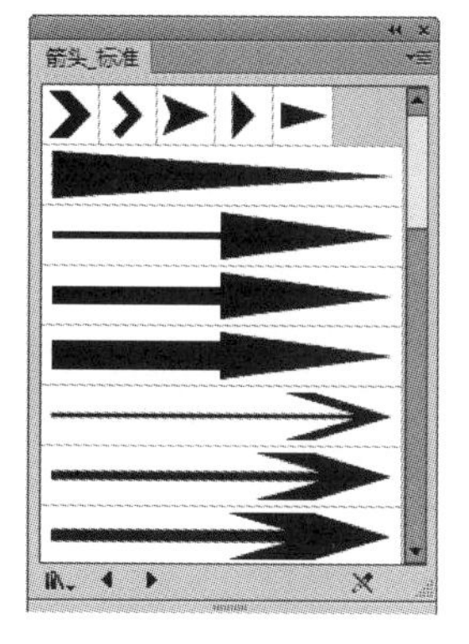

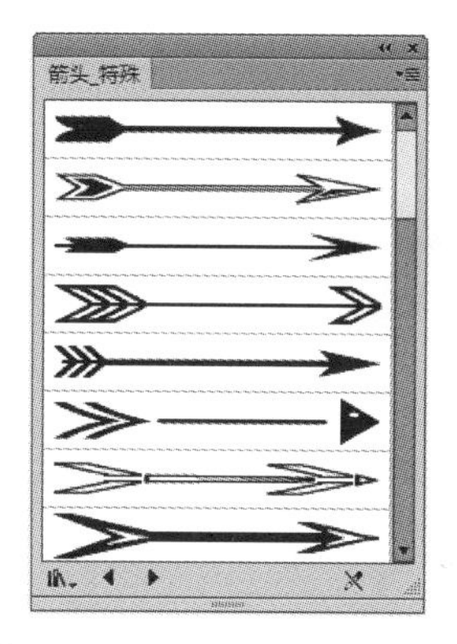

图3-13 可以载入的箭头笔刷

编辑箭头画笔的具体操作步骤如下：

（1）首先在“画笔”面板上双击需要进行编辑的箭头笔刷类型，如图 3-14（a）所示，此时会弹出“艺术画笔选项”对话框，如图 3-14（b）所示。图 3-15 所示为应用该画笔绘制的曲线效果。

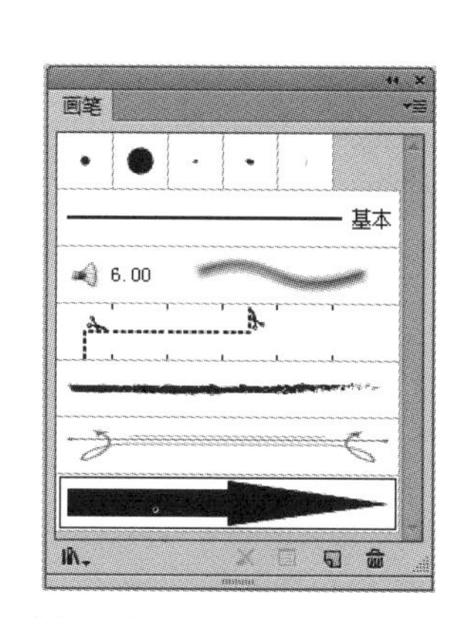

（a）双击需要编辑的箭头笔刷

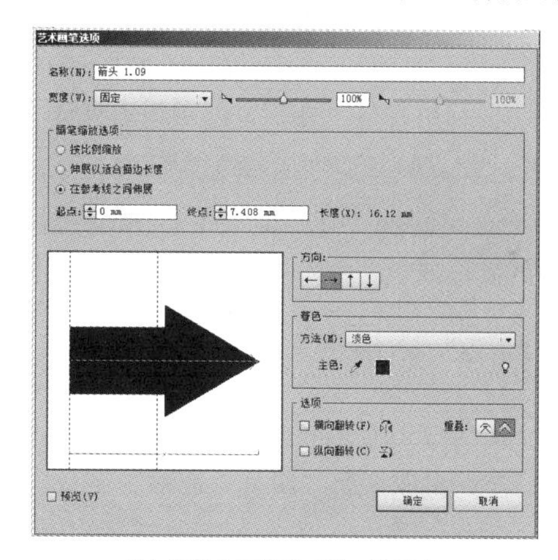

（b）“艺术画笔选项”对话框

图3-14 编辑箭头笔刷

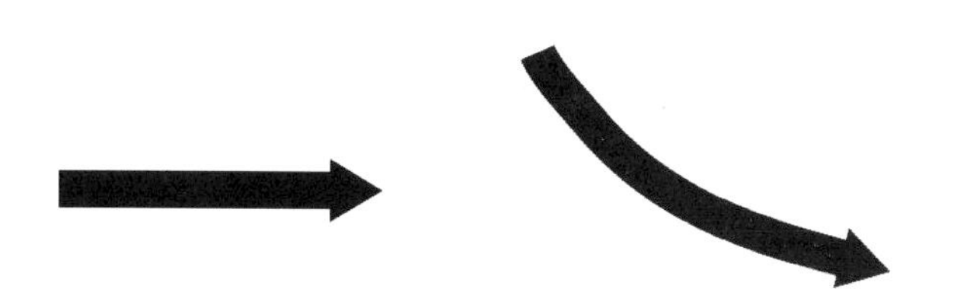

图3-15 应用该画笔的效果

（2）在“艺术画笔选项”对话框中可以设置画笔笔尖的“方向”“大小”“翻转”等参数。图 3-16 所示为更改后的设置，图 3-17 所示为更改设置后的效果。

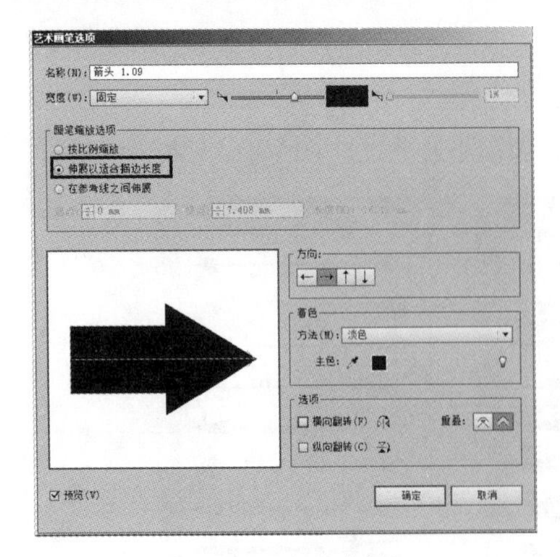

图3-16　更改参数

图3-17　更改参数后效果

3.2 使用符号

符号最初的目的是让文件变小，但在Illustrator CS6中将符号变成了极具诱惑力的设计工具。过去，要产生大量的相似物体，例如，树上的树叶以及屏幕中的星辰等形成复杂背景的物体，就要重复数不清的复制和粘贴等操作，如果再对每个物体少许的变形，则更加烦琐。现在一切都变得简单了，利用符号工具，可以创建自然的、疏密有致的集合体，只需先定义符号即可。

任何Illustrator元素，从诸如直线等简单的符号到结合了文字和图像的复杂的图形等，都可以作为符号存储起来。符号提供了方便的用于管理符号的界面，也能产生符号库，并能够和工作小组中的其他成员共享符号库，就像画笔和样式库一样。

3.2.1 “符号”面板

Illustrator CS6提供了一个专门用来对符号进行操作的“符号”面板，执行菜单中的“窗口|符号”命令，可以调出“符号”面板。图3-18所示为Illustrator CS6默认的符号面板。

“符号”面板是创建、编辑、存储符号的工具，在面板下方有6个按钮。

（1）符号库菜单：单击该按钮，将弹出图3-19所示的快捷菜单，从该菜单中可以选择相应的符号类型进行载入。

（2）置入符号实例：用于在页面的中心位置选中一个符号范例。

（3）符号选项：单击该按钮，将会弹出相应的“符号选项”对话框。

（4）断开符号链接：用于将添加到图形中的符号范例与“符号”面板断开链接，断开链接后的符号范例将成为符号的图形。

（5）新建符号：选中要定义为符号的图形，单击该按钮，即可将其添加到“符号”面板中作为符号。

（6）删除符号：用于删除“符号”面板中的符号。

将“符号”面板中的符号应用到文档中，常用的方法有两种：一种是使用鼠标拖动的方法，首先在“符号”面板选中合适的符号后，直接将其拖动到当前文档中，这种方式只能得到一个符号范例，如图 3-20 所示；另一种是使用 (符号喷枪工具)，该工具可同时创建多个符号范例，并且将它们作为一个符号集合。将在下面详细介绍第二种方式。

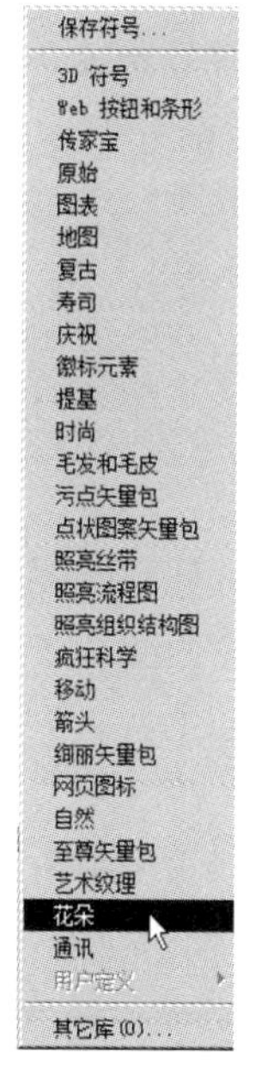

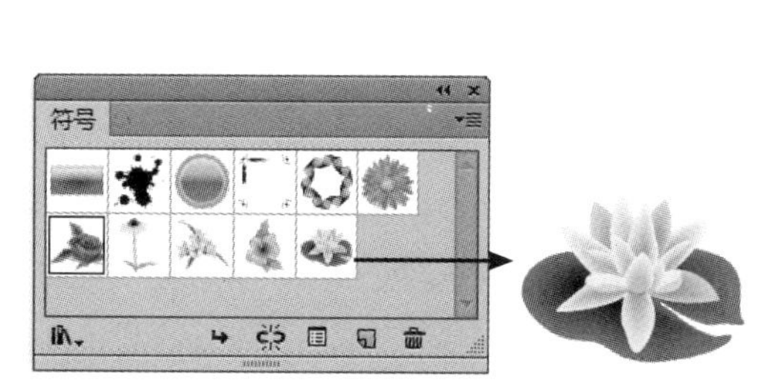

图3-18 默认的“符号”面板 图3-19 符号库快捷菜单 图3-20 将符号直接拖入文档

在 Illustrator CS6 中，各种普通的图形对象、文本对象、复合路径、光栅图像、渐变网格等均可以被定义为符号。如果要创建新的符号，可以使用将对象直接拖入“符号”面板中，如图 3-21 所示。此时弹出图 3-22 所示的对话框，选择相应参数后单击“确定”按钮，即可创建新的符号，如图 3-23 所示。

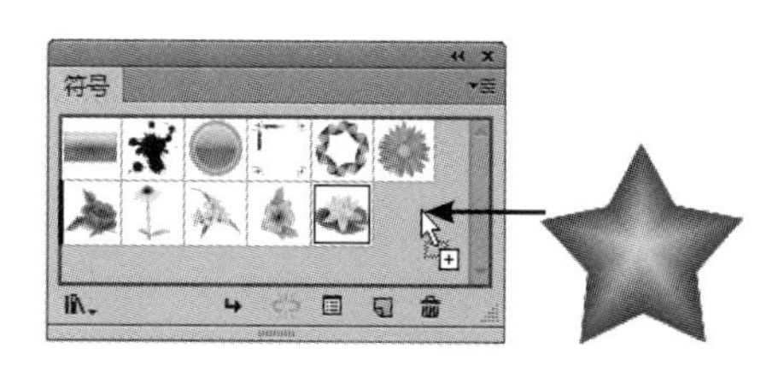

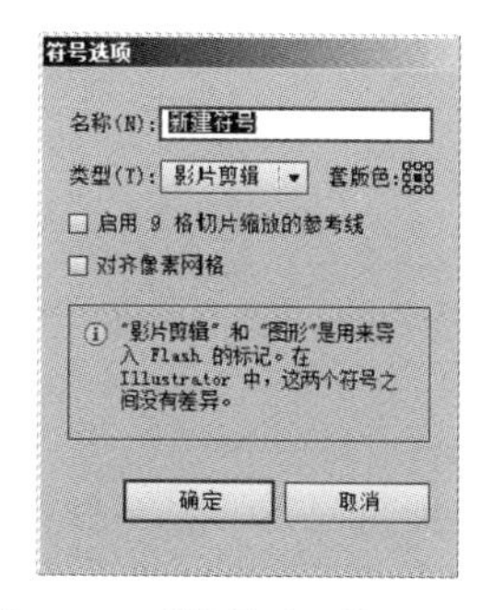

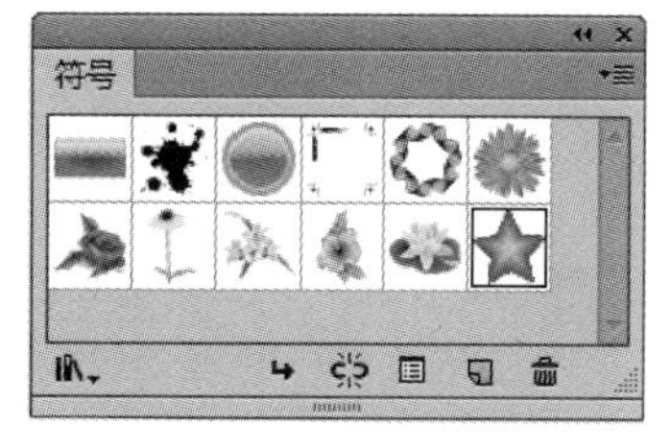

图3-21 将图形拖入“符号”面板 图3-22 “符号选项”对话框 图3-23 创建新的符号

提示

“符号”的功能和应用方式类似于“画笔”。但需要区分的是：Illustrator中的画笔是一种画笔技术，而符号的应用则是作为一种对图形进行整体操作的技术；另外，工具箱上的“符号系”工具组包含有多个工具，能够对应用到文档中的符号进行各种编辑，而这是画笔所不具备的。

3.2.2 符号系工具

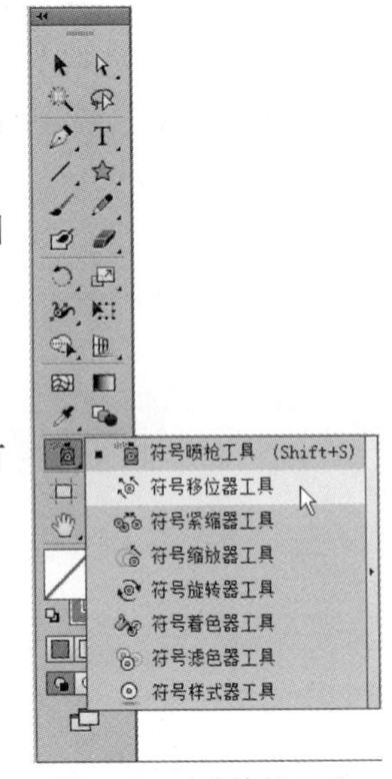

图3-24 8种符号工具

在工具箱中的“符号系”工作组中提供了8种关于符号操作的工具，如图3-24所示。其功能分别如下：

(1) 符号喷枪工具：用来在画面上施加符号对象。它与复制图形相比，可节省大量的内存，从而提高设备的运算速度。

(2) 符号移位器工具：用来移动符号。

(3) 符号紧缩器工具：用来收拢或扩散符号。

(4) 符号缩放器工具：用来放大或缩小符号，从而使符号具有层次感。

(5) 符号旋转器工具：用来旋转符号。

(6) 符号着色器工具：用自定义的颜色对符号进行着色。

(7) 符号滤色器工具：用来改变符号的透明度。

(8) 符号样式器工具：用来对符号施加样式。

“符号系”工具的具体使用方法如下：

(1) 选择工具箱上的符号系工作组中的（符号喷枪工具），此时光标将变成一个带有瓶子图案的圆形。然后在“符号”面板中选择一种符号，如图3-25所示。接着，在画布上按下鼠标左键并拖动，此时会沿着鼠标拖动的轨迹喷射出多个符号，如图3-26所示。

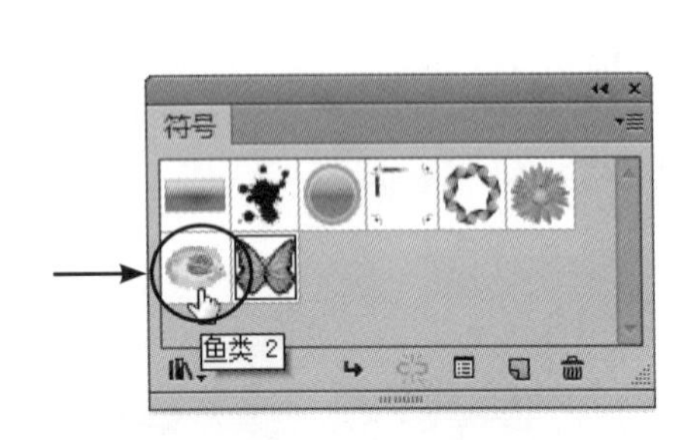

图3-25 选择一种符号

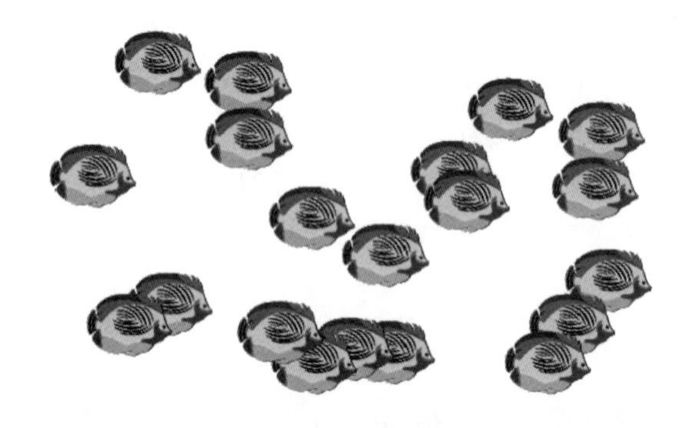

图3-26 利用（符号喷枪工具）喷射出多个符号

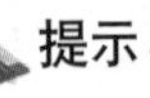

提示

这些符号将自动组成一个符号集合，而不是以独立的符号出现。

(2) 在应用了符号或者使用了（选择工具）选中符号集合后，如果要移动符号，可以选择符号系工作组中的（符号移位器工具），将光标移到要移动的符号之上按下鼠标左键并拖动，此时笔刷范围内的符号将随着鼠标而发生移动，如图3-27所示。

(3) 如果要紧缩符号，可以先选中符号集合，然后选择符号系工作组中的（符号紧缩器工具），将光标移动到要紧缩的符号上，按下鼠标左键并拖动即可实现紧缩符号的目的，如图3-28所示。

(4) 如果要缩放符号，可以先选中符号集合，然后选择符号系工作组中的（符号缩放器工具），将光标移到要缩放的符号上拖动，此时在光标圆之中的符号范例将变大；如果按下〈Alt〉

键拖动则可以缩小符号，如图 3-29 所示。

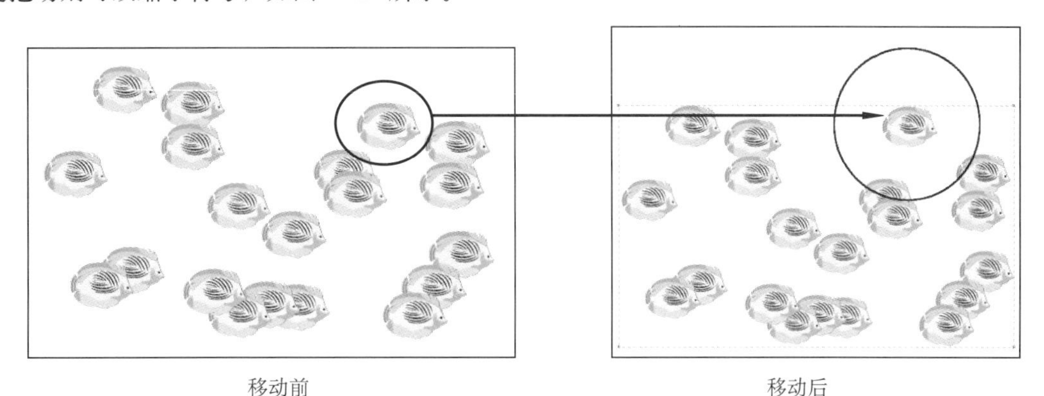

移动前　　移动后

图3-27　移动符号前后比较图

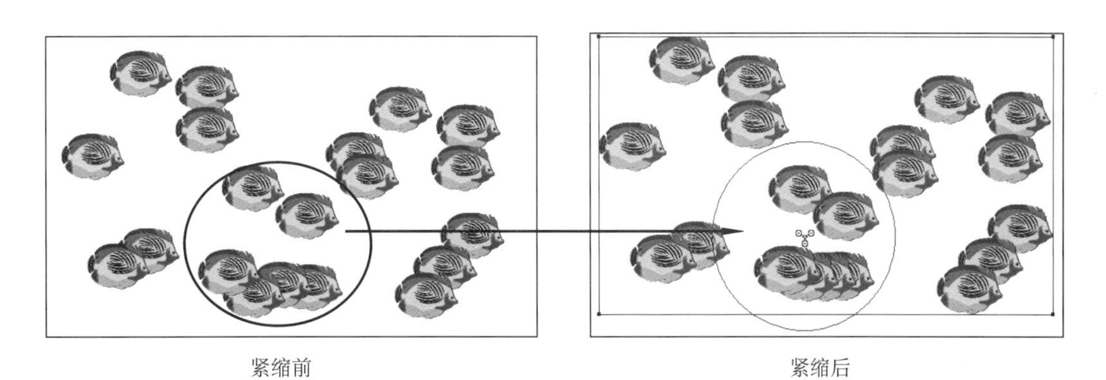

紧缩前　　紧缩后

图3-28　紧缩符号前后比较图

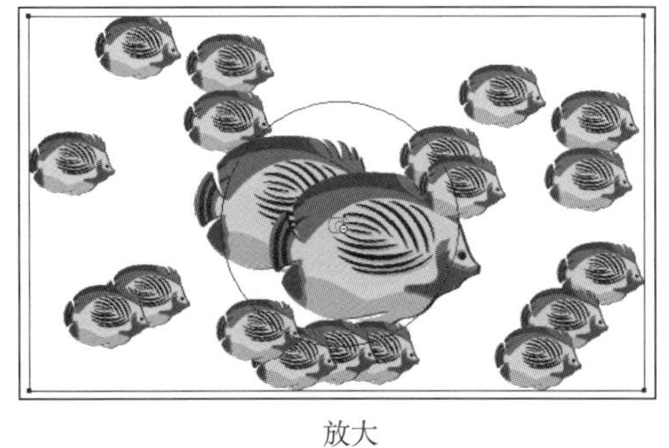

放大

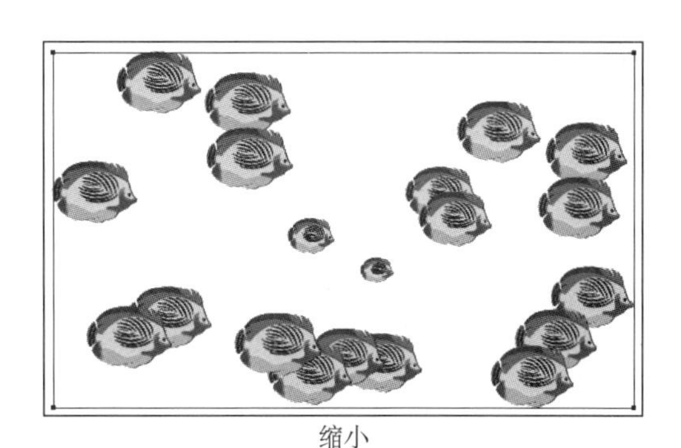

缩小

图3-29　缩放符号前后比较图

（5）如果要旋转符号，可以先选中符号集合，然后选择符号系工作组中的（符号旋转器工具），将光标移动到要旋转的符号之上拖动，此时在光标圆之中的符号将发生旋转，如图 3-30 所示。

（6）如果要为符号上色，可以在“色板”或“颜色”面板中设定一种颜色作为当前色。然后选中符号集合后，选择符号系工作组中的（符号着色器工具），将光标移到要改变填充色的符号之上拖动，此时光标圆中的符号的填充色将变为当前颜色，如图 3-31 所示。

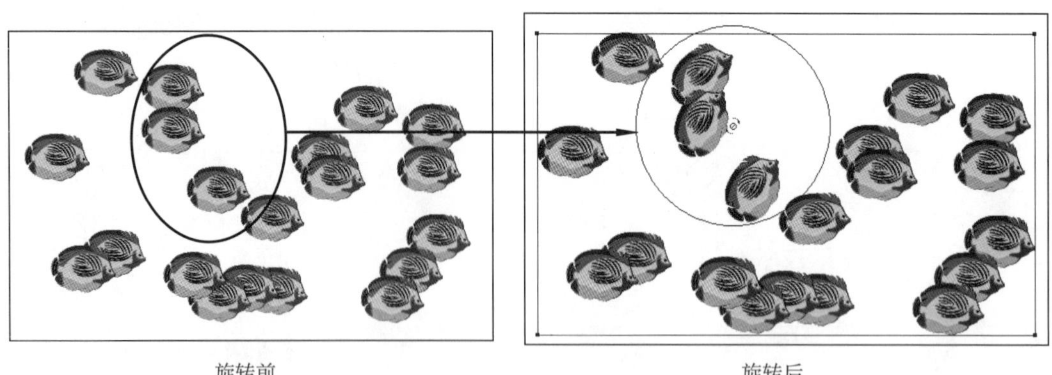

图3-30　旋转符号前后比较图

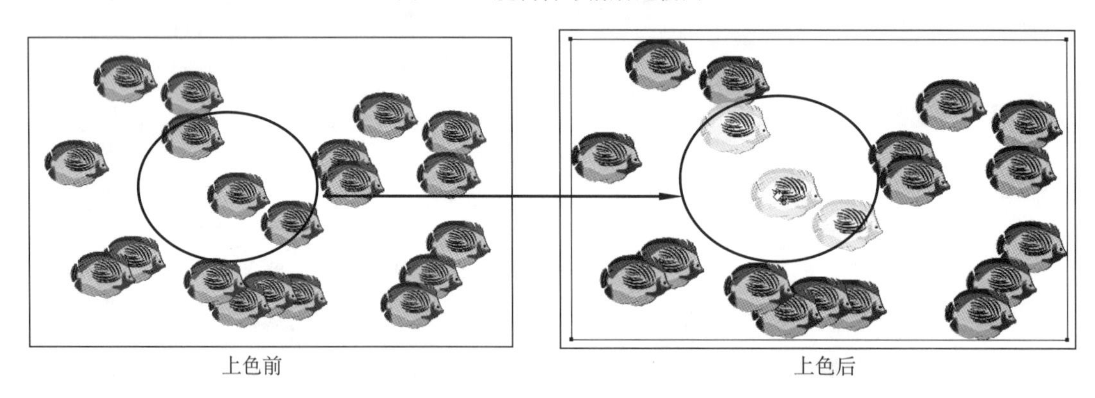

图3-31　给符号上色前后比较图

提示

在为符号上色的时候，在光标圆中呈现的是径向渐变效果，而不是单纯的上色。

（7）如果要改变符号的透明度，可以先选中符号集合，然后选择符号系工作组中的（符号滤色器工具），将光标移到要改变透明度的符号之上，此时笔刷之中的符号范例的透明度就会发生变化，如图3-32所示。

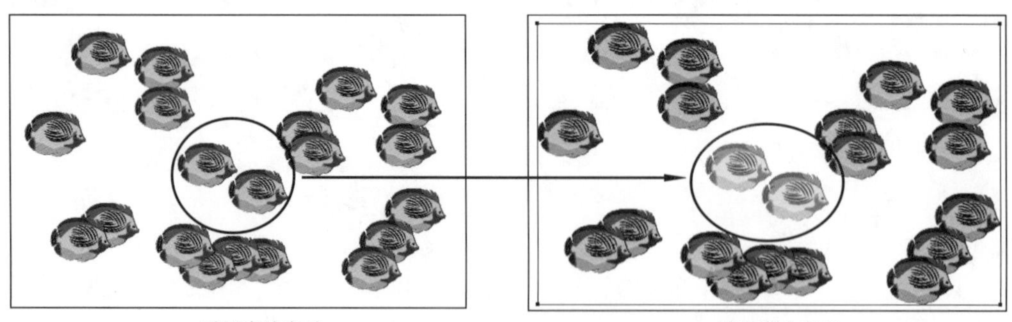

图3-32　改变符号透明度前后比较图

（8）如果要改变符号的样式，可以先选中符号集合，然后在“图形样式”面板中设定一种样式作为当前样式。接着选择符号系工作组中的（符号样式器工具），将光标移到要改变样式的符号之上单击，此时光标圆中的符号样式将发生变化，如图 3-33 所示。

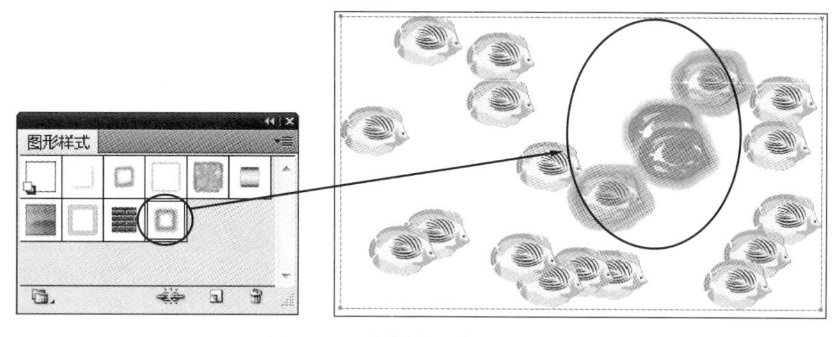

图3-33　将样式添加到符号上

（9）如果要从符号集合中删除部分符号，可以先选中符号集合，然后选择符号系工作组中的（符号喷枪工具），按下〈Alt〉键，在要删除的符号上按下左键并拖动，即可将笔刷经过区域中的符号删除，如图 3-34 所示。

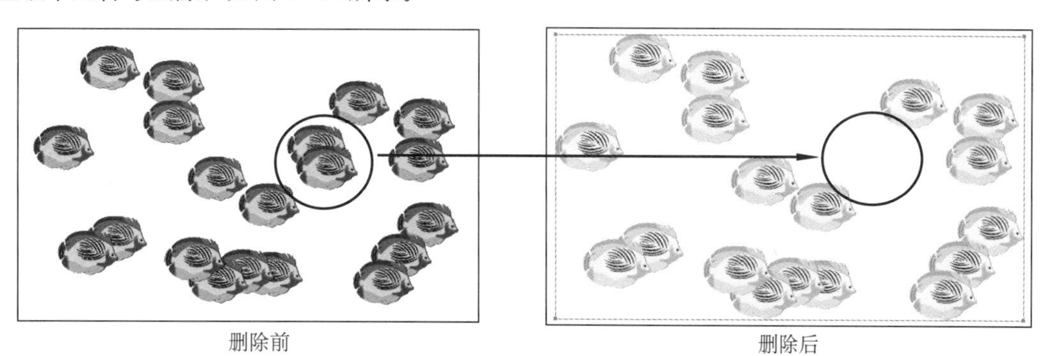

图3-34　删除符号前后比较图

3.3　实例讲解

本节将通过4个实例来对画笔和符号的相关知识进行具体应用，旨在帮助读者能够举一反三，快速掌握画笔和符号在实际中的应用。

3.3.1　锁链

本例将制作锁链效果，如图3-35所示。通过本例的学习，读者应掌握菜单中“轮廓化描边”命令、“混合”命令和“图案”画笔的综合应用。

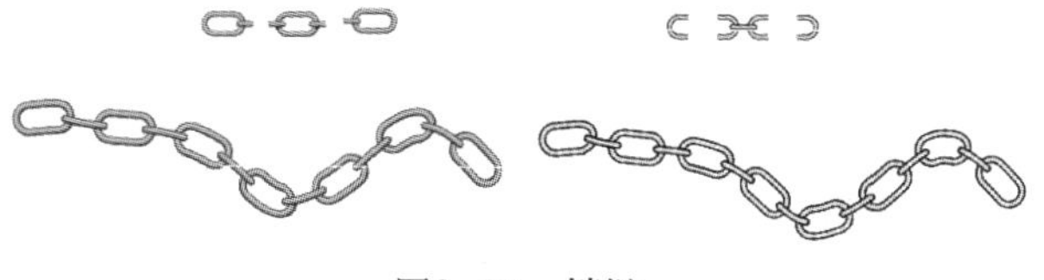

图3-35　锁链

操作步骤：

1．制作单个锁节

（1）执行菜单中的“文件|新建”命令，在弹出的对话框中设置参数，如图 3-36 所示，然后单击“确定”按钮，新建一个文件。

图3-36 设置“新建文档”参数

（2）选择工具箱中的（圆角矩形工具），然后设置填充色为（无色），描边色为蓝色，如图 3-37 所示，并设置线条粗细为 4 pt。接着在绘图区单击，在弹出的对话框中设置参数，如图 3-38 所示，单击“确定”按钮，创建出一个圆角矩形，效果如图 3-39 所示。

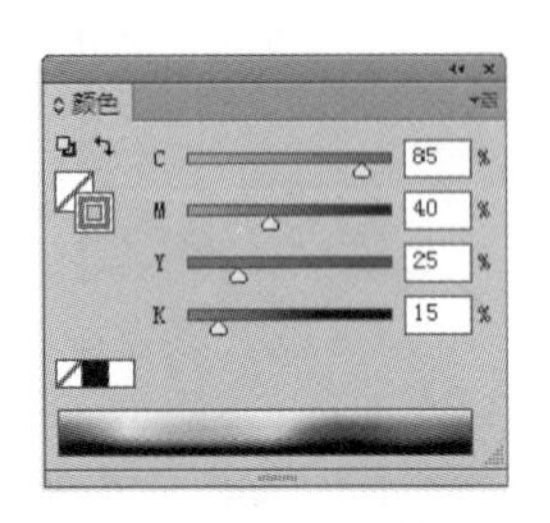

图3-37 设置参数

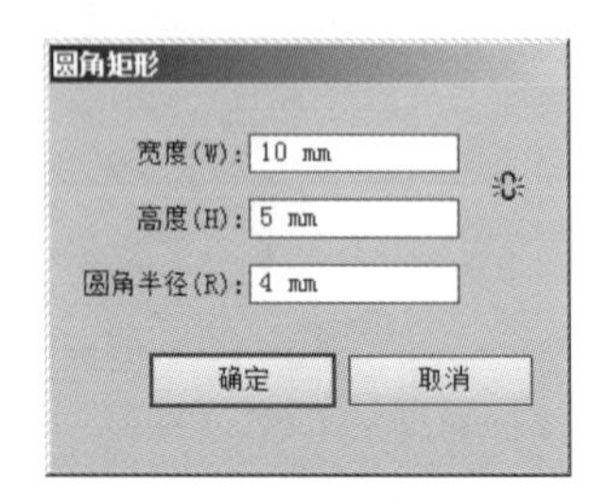

图3-38 设置圆角矩形参数

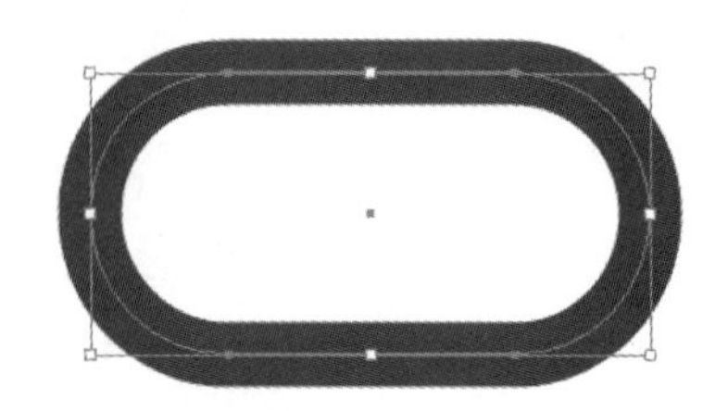

图3-39 创建圆角矩形

（3）将圆角矩形原地复制一个，然后改变描边色，如图 3-40 所示，并设置线条粗细为 1 pt，效果如图 3-41 所示。

（4）同时选中两个圆角矩形，执行菜单中的“对象|混合|建立”命令，将两个图形进行混合，效果如图 3-42 所示。

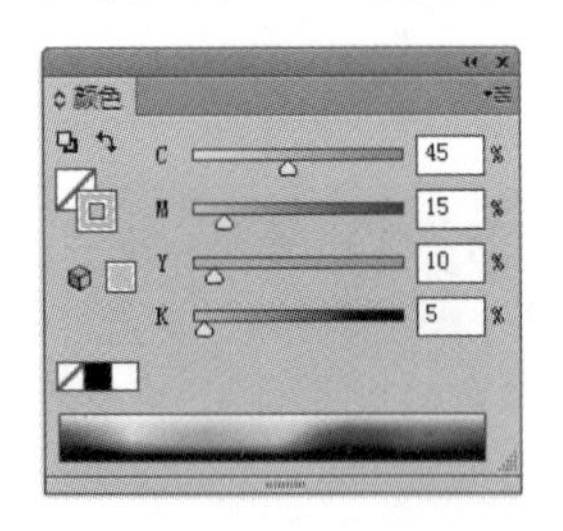

图3-40 改变描边色

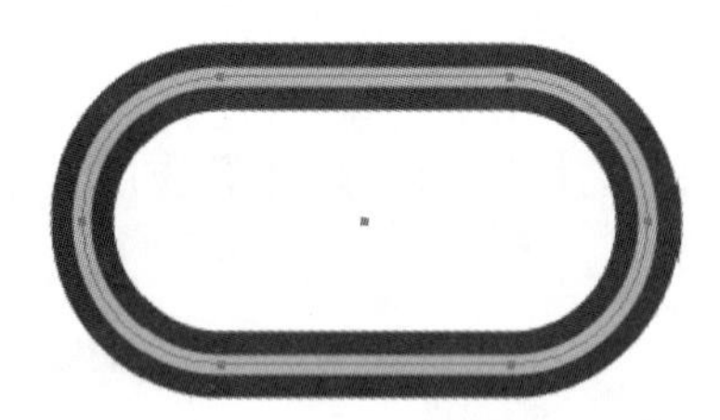

图3-41 改变线条粗细效果

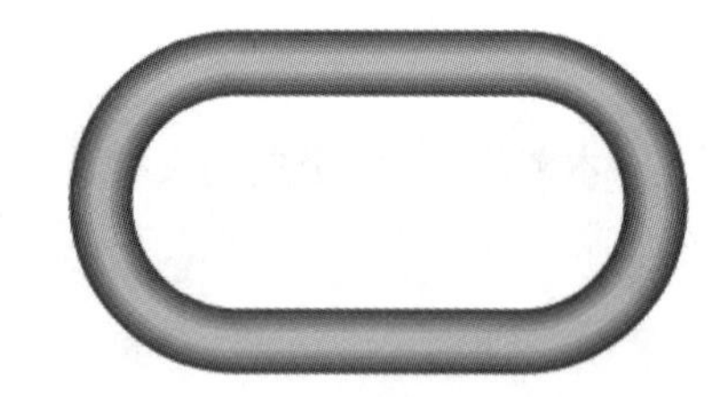

图3-42 混合效果

（5）利用工具箱中的（直线段工具）创建端点为圆角的直线，并设置线条粗细为 4pt，如图 3-43 所示。然后将线条色改为 CMYK（85，40，25，15），效果如图 3-44 所示。

（6）复制一条直线并将线宽设置为 1 pt，将描边色改为 CMYK（40，15，10，5）。

（7）选中两条直线，执行菜单中的“对象|路径|轮廓化描边”命令，将它们全部转换为图形，效果如图 3-45 所示，然后选择它们，执行菜单中的“对象|混合|建立”命令进行混合，效果如图 3-46 所示。

（8）将混合后的直线扩展为图形。其方法为：执行菜单中的“对象|扩展”命令，在弹出

的对话框中设置参数，如图 3–47 所示，从而得到一组单独的可编辑的对象，如图 3–48 所示。此时可通过菜单中“视图|轮廓”命令来查看，如图 3–49 所示。

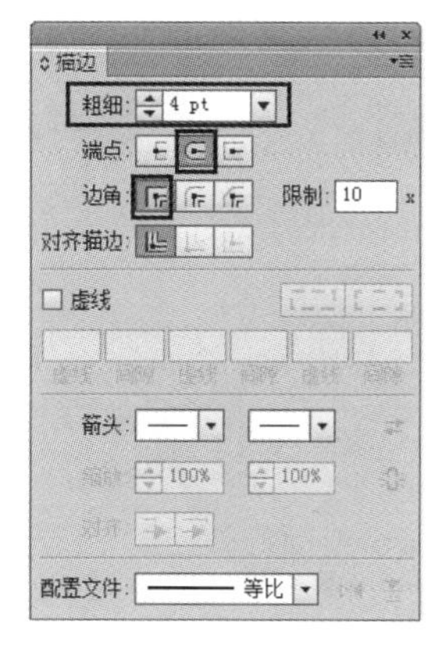

图3–43 设置“描边”参数

图3–44 改变线条色效果

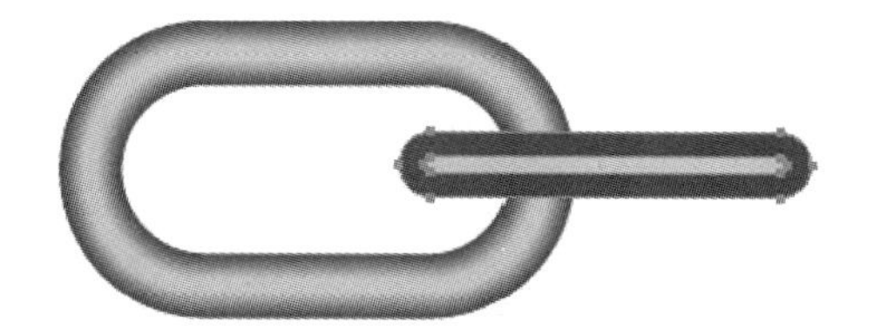

图3–45 将直线转换为图形

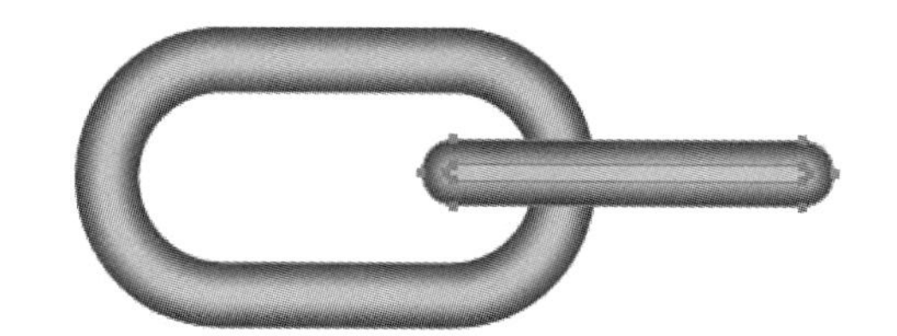

图3–46 混合效果

图3–47 设置“扩展”参数

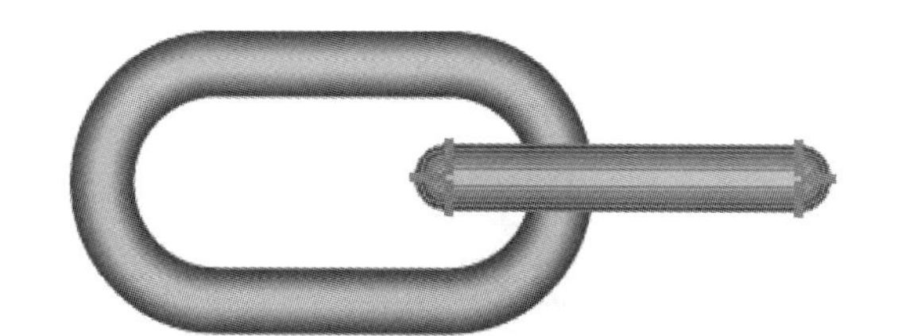

图3–48 扩展效果

提示

扩展直线的目的是进行在“路径查找器”面板中的计算，去除多余的部分。

(9) 利用“路径查找器”面板，删除锁链中多余的部分。其方法为：绘制矩形，如图 3–50 所示，然后同时选中混合后的直线和矩形，单击“路径查找器”面板中的 (修边) 按钮，如图 3–51 所示，将混合后的直线与矩形重叠的区域删除。接着利用工具箱中的 (编组选择工具) 选中矩形并删除，效果如图 3–52 所示。

(10) 同理，制作出其余的锁链，效果如图 3–53 所示。

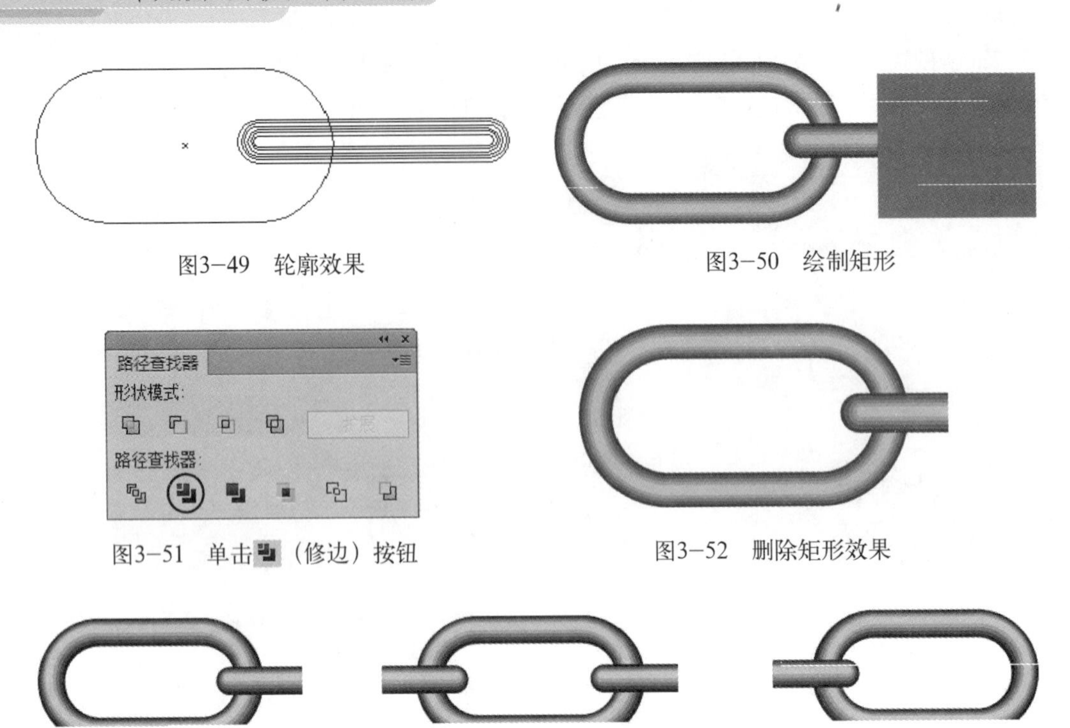

图3-49　轮廓效果

图3-50　绘制矩形

图3-51　单击（修边）按钮

图3-52　删除矩形效果

图3-53　制作出其余的锁链效果

2．制作整条锁链

（1）执行菜单中的“窗口|色板”命令，调出“色板”面板，然后分别将制作的3个链节图形拖入“色板”面板中，将它们定义为图案，效果如图3-54所示。

（2）执行菜单中的“窗口|画笔”命令，调出“画笔”面板，然后单击（新建画笔）按钮，在弹出的对话框中设置参数，如图3-55所示，单击“确定”按钮，接着在弹出的对话框中设置参数，如图3-56所示，单击“确定”按钮，完成图案画笔的创建。此时，“画笔”面板如图3-57所示。

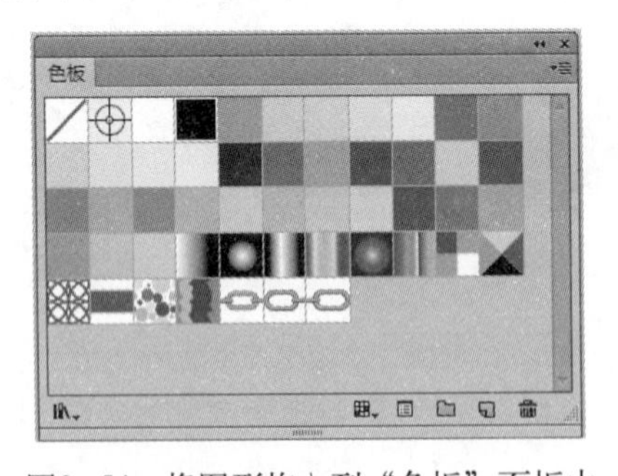

图3-54　将图形拖入到“色板”面板中

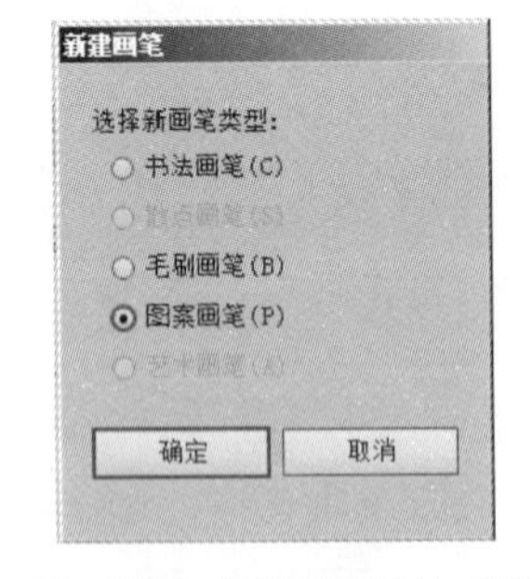

图3-55　选择“图案画笔”单选按钮

（3）利用工具箱上的（钢笔工具）绘制一条路径，如图3-58所示，然后单击“画笔”面板中定义好的锁链画笔，效果如图3-59所示。

（4）此时锁链链节比例过大。为了解决这个问题，可在“描边”面板中将线条粗细由1 pt改为0.25 pt，如图3-60所示，效果如图3-61所示。

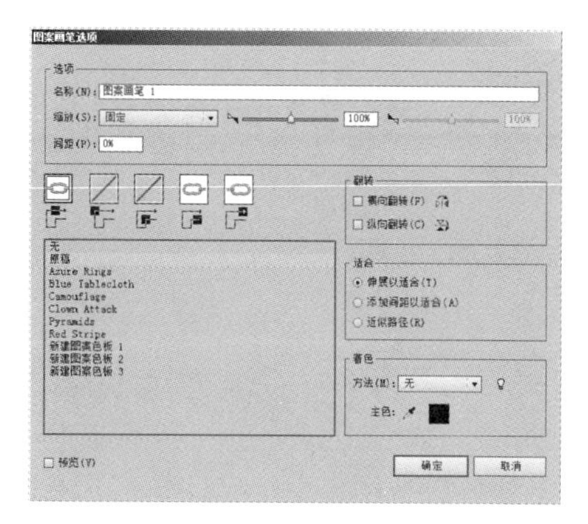

图3-56 设置“图案画笔选项”参数

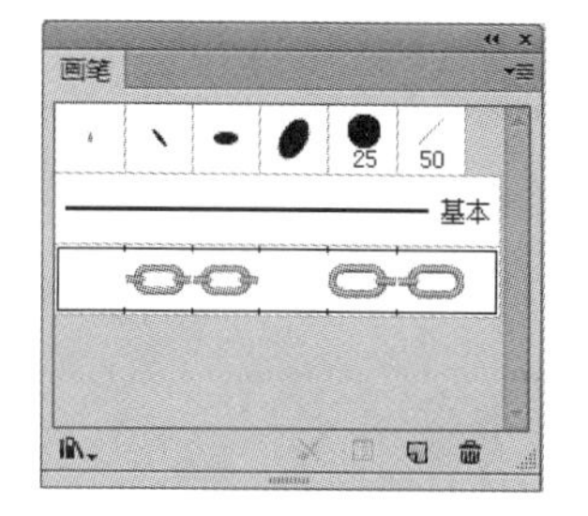

图3-57 所创建的图案画笔

图3-58 绘制路径

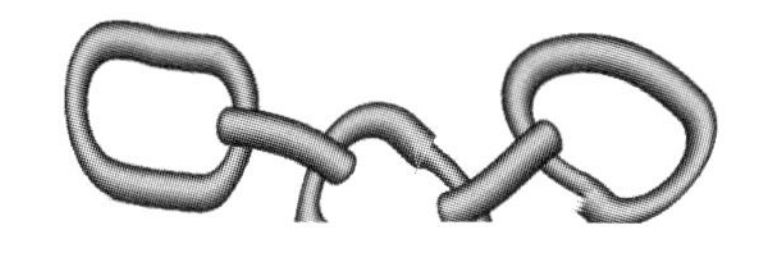

图3-59 施加图案画笔效果

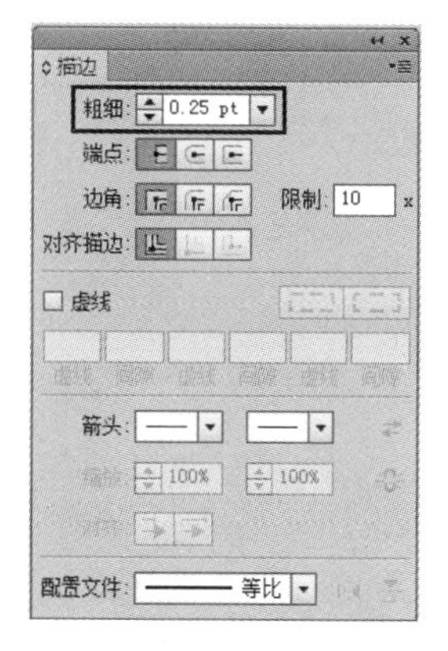

图3-60 改变线条粗细

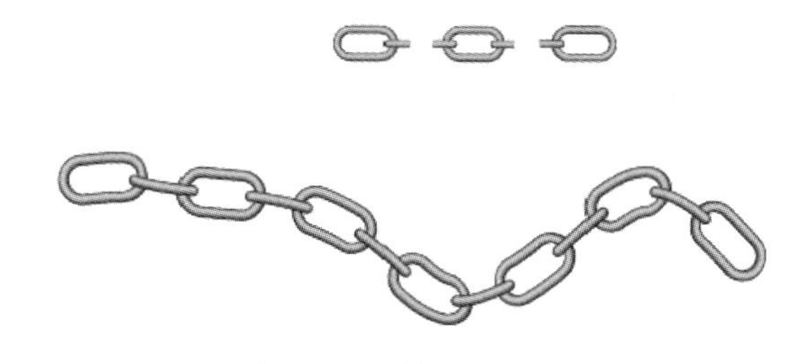

图3-61 最终效果

3.3.2 水底世界

制作要点

本例将制作一个绚丽的水底世界，如图3-62所示。通过本例的学习，应掌握（钢笔工具）、（渐变工具）、（混合工具）、符号工具、“透明度”面板、“图层”面板和蒙版的综合应用。

操作步骤

1. 制作背景

（1）执行菜单中的“文件|新建”命令，在弹出的对话框中设置参数，如图 3-63 所示，

然后单击“确定”按钮，新建一个文件。

图3-62　水底世界

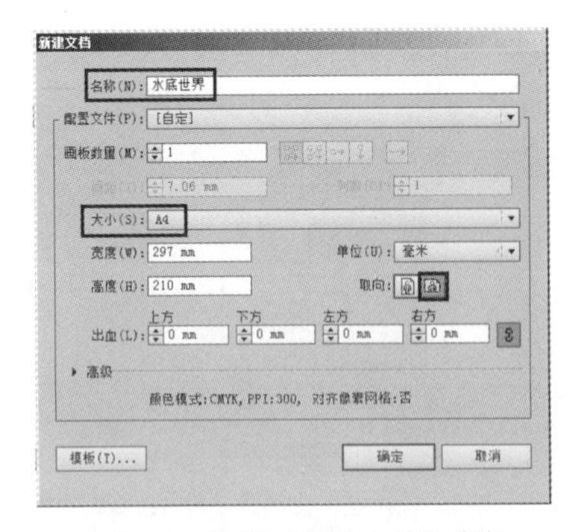

图3-63　设置“新建文档”参数

（2）选择工具箱中的（矩形工具），设置描边色为无色，填充色的设置如图 3-64 所示。然后在绘图区中绘制一个矩形，效果如图 3-65 所示。

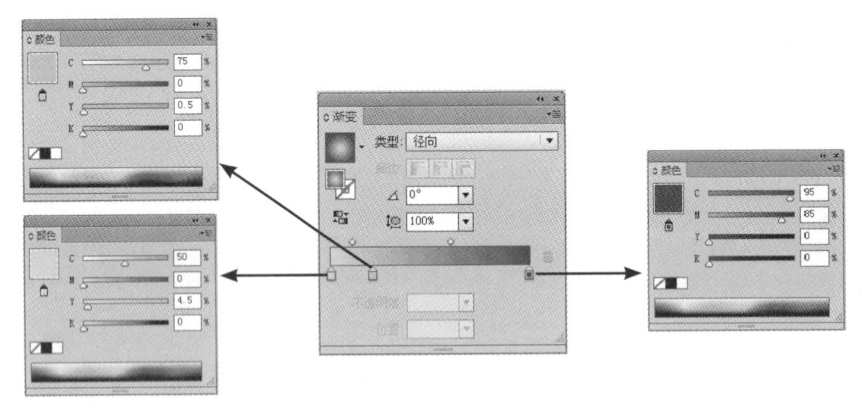

图3-64　设置填充色为渐变色

（3）单击“图层”面板下方的（创建新图层）按钮，新建图层，然后使用工具箱中的（钢笔工具）绘制水底岩石的形状，并用黑色进行填充，效果如图 3-66 所示。

图3-65　绘制矩形

图3-66　绘制岩石形状

2. 制作水母

水母是通过混合和蒙版来制作的。

（1）首先新建“水母”图层，为了操作方便，将其余层锁定，如图 3–67 所示。

（2）利用工具箱中的 （椭圆工具）绘制椭圆，并设置描边色为白色，填充色为无色，效果如图 3–68 所示。

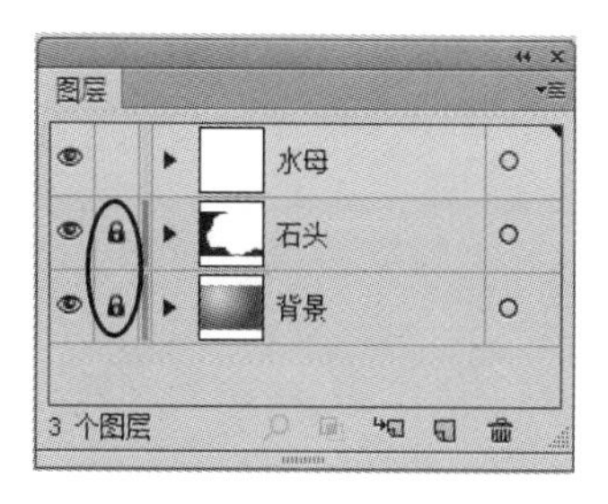

图3–67　新建“水母”图层并锁定其他层

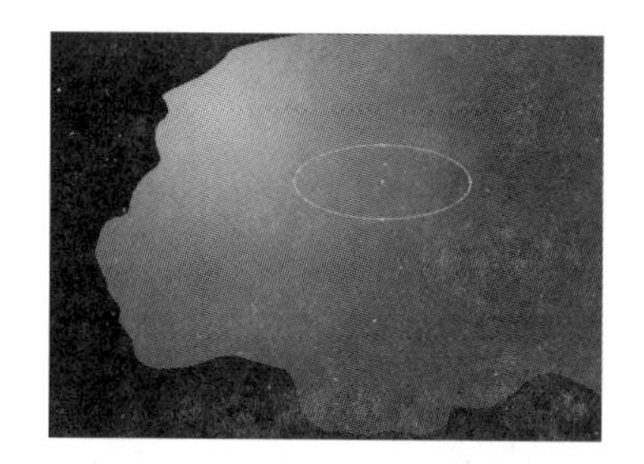

图3–68　绘制椭圆

（3）选中椭圆，执行菜单中的“编辑|复制”命令，然后执行菜单中的“编辑|贴在前面”命令，原地复制一个椭圆，接着利用工具箱中的 （直接选择工具）调整节点的位置，效果如图 3–69 所示。

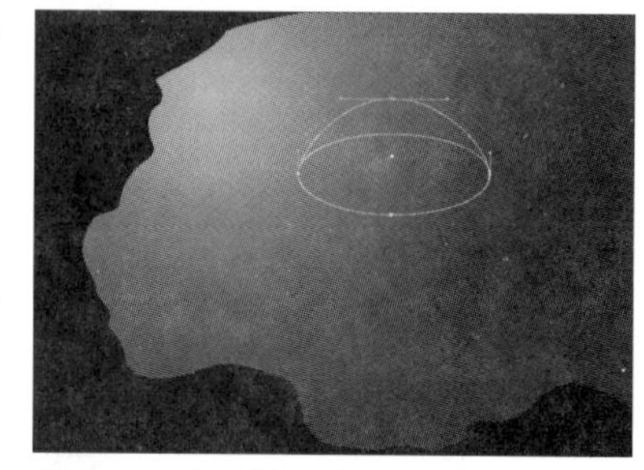

图3–69　复制并调整椭圆节点的位置

（4）双击工具箱中的 （混合工具），在弹出的对话框中设置参数，如图 3–70 所示，单击“确定”按钮，然后分别单击两个椭圆，对它们进行混合，效果如图 3–71 所示。

（5）绘制直线。选择工具箱中的 （旋转工具），在图 3–72 所示的位置上单击，从而确定旋转的轴心点。接着在弹出的对话框中设置参数，如图 3–73 所示，再单击“复制”按钮，效果如图 3–74 所示。

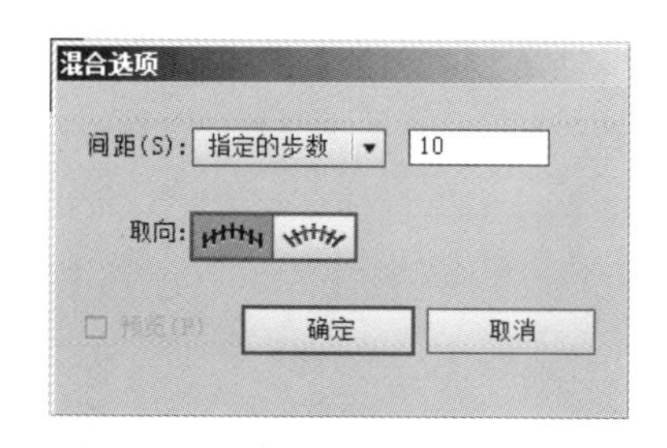

图3–70　设置“混合选项”参数

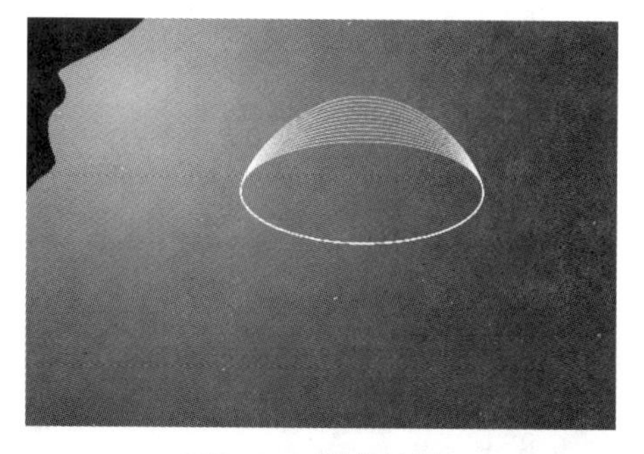

图3–71　混合效果

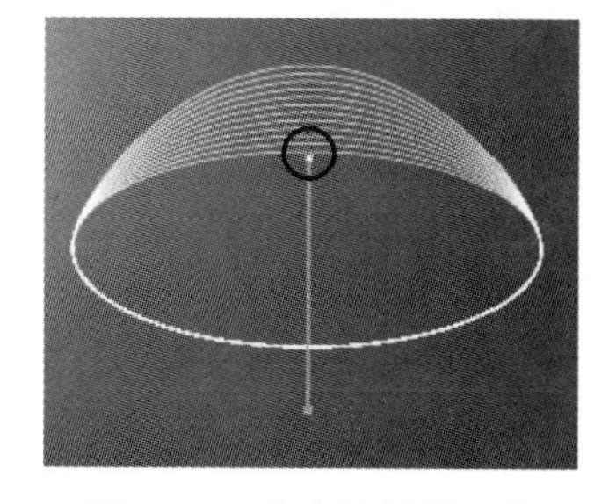

图3–72　确定旋转轴心点

图3–73　设置旋转角度

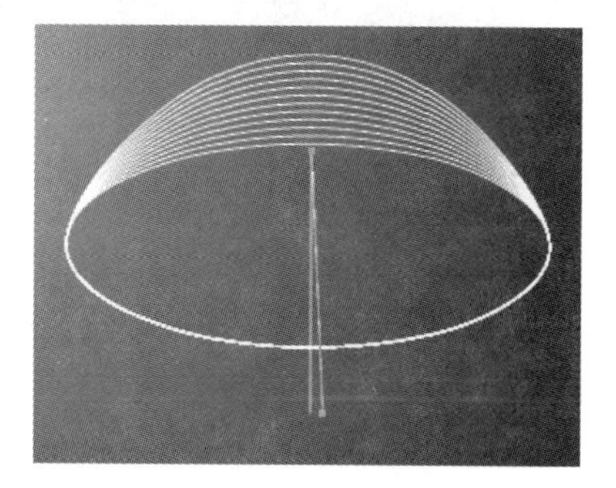

图3–74　旋转复制效果

（6）按快捷键〈Ctrl+D〉，重复旋转操作，效果如图 3–75 所示。

（7）将所有的直线选中，然后执行菜单中的“对象|编组”命令，将它们成组。接着执行菜单中的“对象|排列|后移一层”命令，将成组后的直线放置到混合图形的下方。

（8）将刚才复制的椭圆粘贴过来，如图 3–76 所示。

图3–75　重复旋转操作

图3–76　将刚才复制的椭圆粘贴过来

（9）同时选择复制后的椭圆和成组后的直线，执行菜单中的“对象|剪切蒙版|建立”命令，效果如图 3–77 所示。

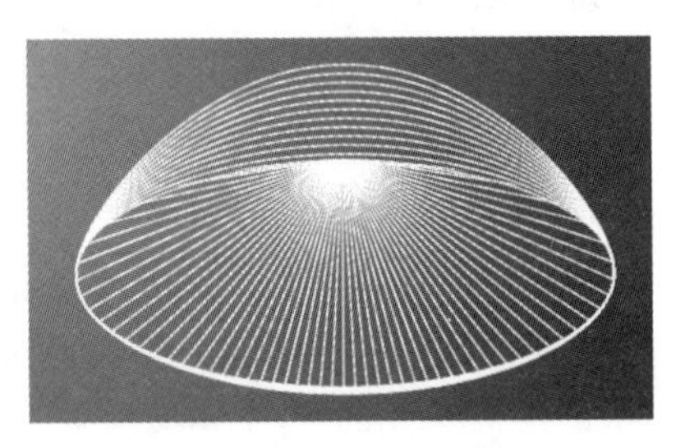

图3–77　剪切蒙版效果

（10）制作水母的须。其方法为：绘制图 3–78 所示的曲线，然后利用（混合工具）对它们进行混合，效果如图 3–79 所示。

（11）同理，制作水母其余的须，效果如图 3–80 所示。

（12）制作水母在水中的半透明效果。其方法为：选中水母造型，在“透明度”面板中将其“不透明度”设为 20%，如图 3–81 所示，使之与环境相适应，效果如图 3–82 所示。

图3–78　绘制曲线

图3–79　混合效果

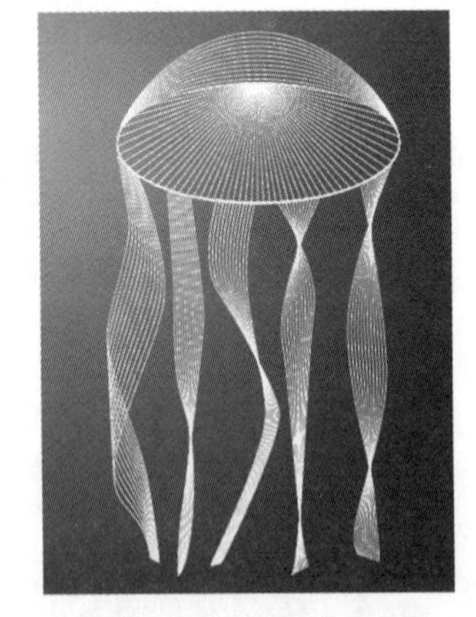

图3–80　制作水母其余的须

3．制作具有层次感的水草

（1）执行菜单中的“窗口|符号库|自然”命令，调出“自然”元件库，如图 3–83 所示。

图3-81 将“不透明度”设为20%

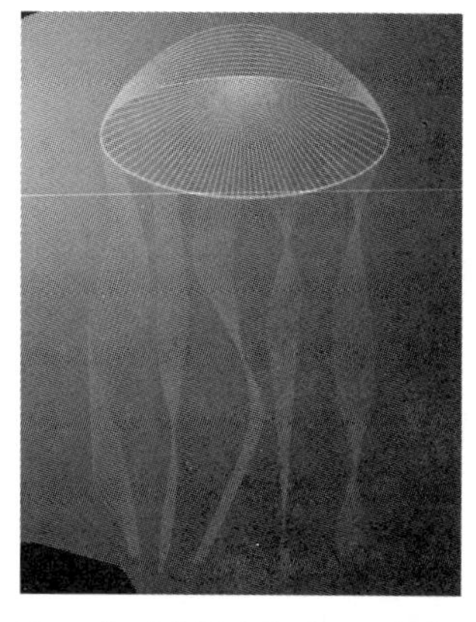

图3-82 “不透明度”为20%的效果

（2）新建“水草”图层，然后使用工具箱中的（符号喷枪工具），在“水草”图层添加各式水草，效果如图 3-84 所示。

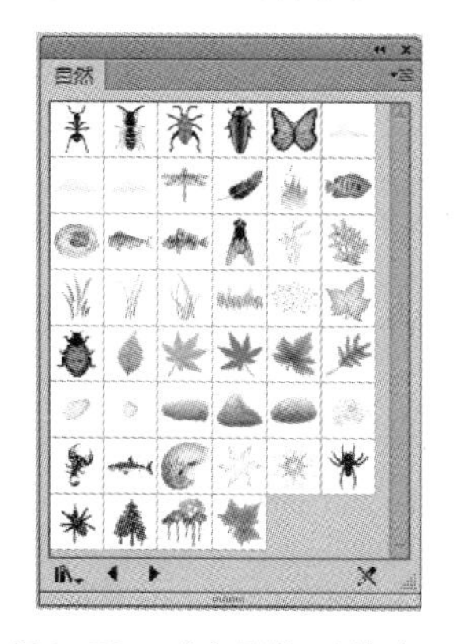

图3-83 “自然”元件库

图3-84 添加各式水草

提示

（1）利用符号与复制图形相比，将图形定义为符号不仅可以让文件变小，而且可以对其进行移动、缩放、旋转、填充、改变不透明度、调节疏密程度和施加样式等极具创造性的操作。比如，以前制作夜空中的繁星等复杂背景的物体，只能通过重复复制和粘贴等操作来完成。如果再对个别物体进行少许的变形，那将是非常复杂的。现在就都变得简单了，只要将其定义成符号即可。

（2）几乎所有的Illustrator元素，都可以作为符号存储起来。唯一例外的是一些复杂的组合（例如图表的组合）和嵌入的艺术对象（不是链接）。

（3）此时水草没有层次感。下面通过改变水草的“混合模式”来获得水草的层次感，如图 3-85 所示，效果如图 3-86 所示。

4. 添加水中各种鱼类

新建“鱼”图层，然后使用（符号喷枪工具）添加各种鱼类，并使用（符号旋转工具）、（符号移位器工具）、（符号缩放器工具）和（符号滤色器工具）对符号进行调整，此时图层的分布如图 3-87 所示，效果如图 3-88 所示。

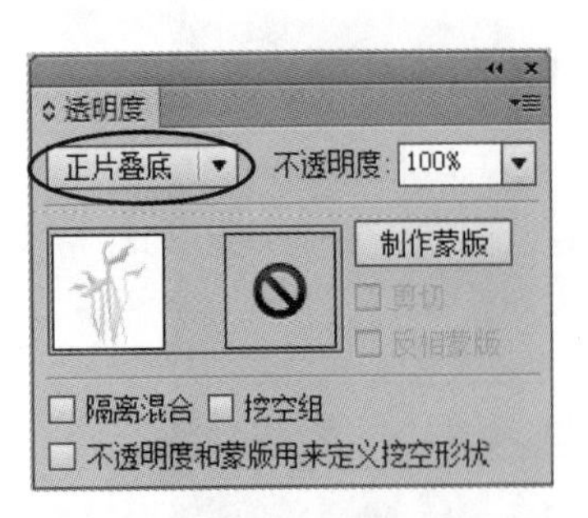

图3-85　改变远处水草的“混合模式”

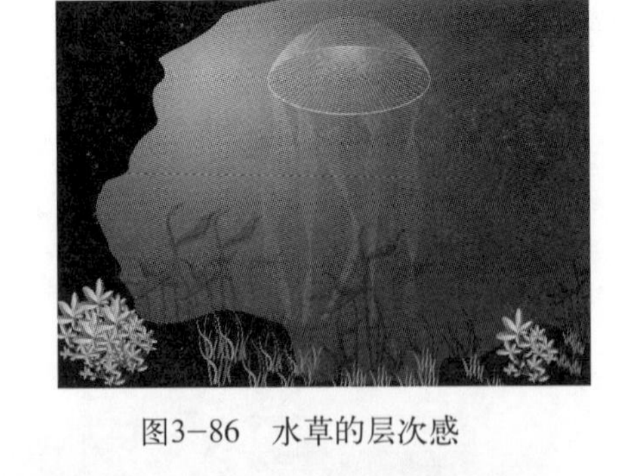

图3-86　水草的层次感

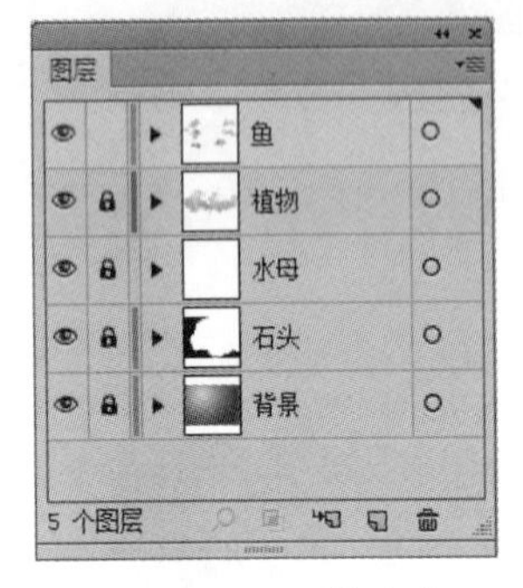

图3-87　图层的分布

图3-88　绘制各种鱼类

5．制作带有高光的气泡

在 Illustrator CS6 中除了可以使用其自带的符号外，还可以自定义符号。前面利用了 Illustrator CS6 自带的“符号库”来制作水草和鱼类。下面将制作一个气泡，然后将其指定为“符号”，从而制作出其余的气泡。

（1）为了便于操作，锁定所有图层，然后新建“水泡”图层，如图 3-89 所示。

（2）选择工具箱中的 （椭圆工具），设置线条色为无色，并在“渐变”面板中将渐变“类型”设为“径向”，将渐变色设为“蓝—白”渐变，如图 3-90 所示，然后在绘图区中绘制一个圆形，并用 （渐变工具）调整渐变位置，效果如图 3-91 所示。

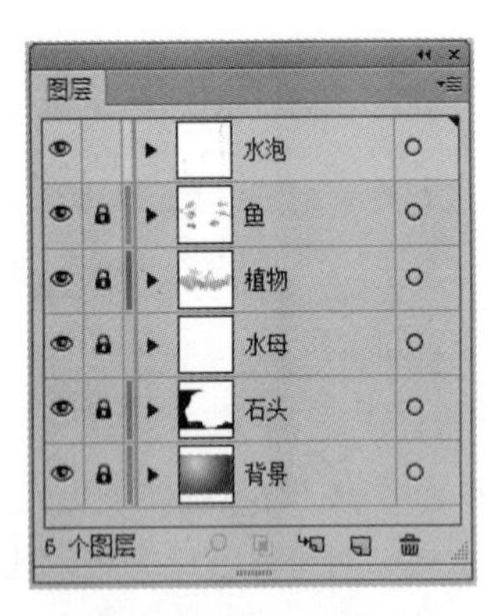

图3-89　新建“水泡”图层

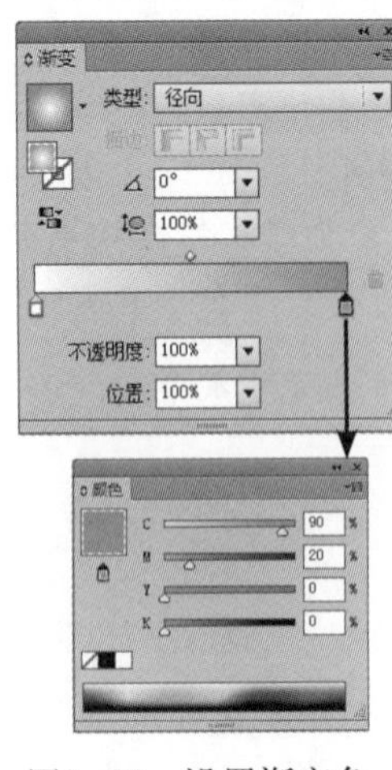

图3-90　设置渐变色

图3-91　绘制圆形

（3）制作水泡的高光效果。其方法为：利用工具箱中的 （钢笔工具），绘制图形作为基本高光，如图 3–92 所示，然后绘制一个大一些的图形作为高光外部对象（描边色和填充色均为无色），如图 3–93 所示。接着执行菜单中的“对象 | 混合 | 混合选项”命令，在弹出的对话框中设置参数，如图 3–94 所示，单击“确定”按钮，最后同时选中这两个图形，执行菜单中的“对象 | 混合 | 建立”命令，效果如图 3–95 所示。

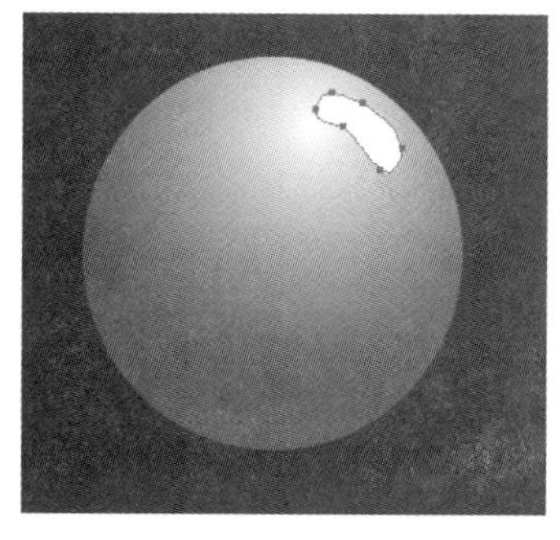
图3–92　绘制图形作为基本高光

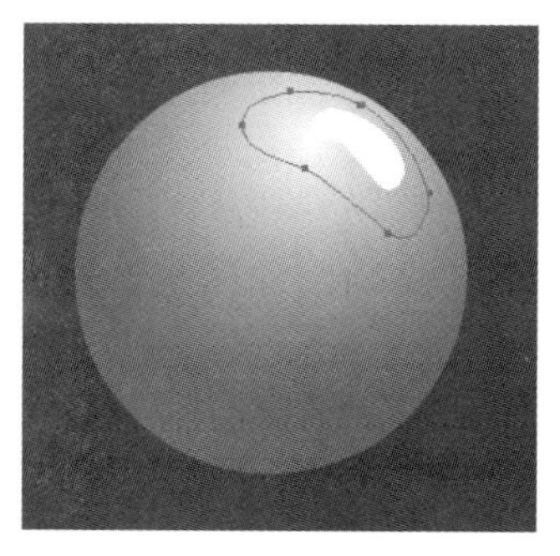
图3–93　描边和填充均为无色的效果

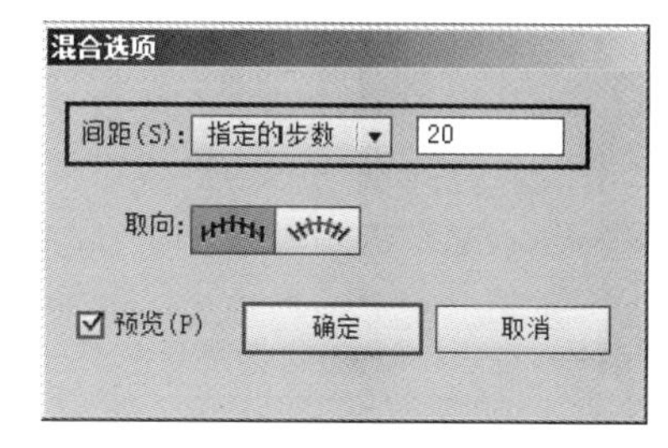

图3–94　设置“混合选项”参数

（4）制作水泡的透明效果。其方法为：在“透明度”面板中将混合后的高光的“不透明度”设为 80%，如图 3–96 所示。将气泡的“不透明度”设置为 50%，效果如图 3–97 所示。

图3–95　混合效果

图3–96　设置“不透明度”为80%

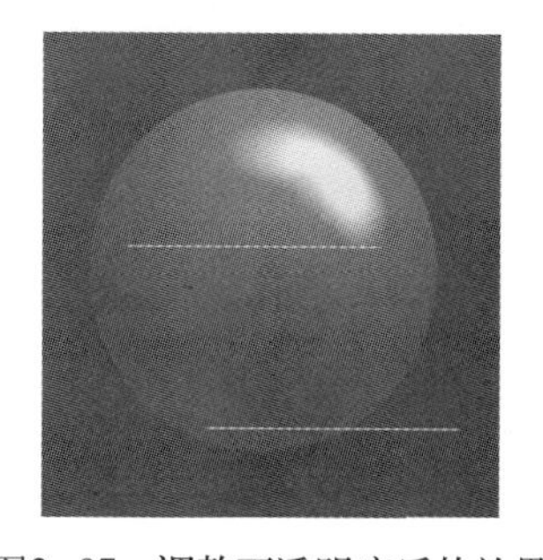
图3–97　调整不透明度后的效果

（5）复制气泡。其方法为：执行菜单中的“窗口 | 符号”命令，调出“符号”面板。然后框选气泡和高光，拖入“符号”面板中，从而将其定义为符号，此时“符号”面板如图 3–98 所示，接着选择工具箱中的 （符号喷枪工具）添加气泡，并用 （符号缩放器工具）调整气泡大小，用 （符号紧缩器工具）调整气泡的疏密程度，效果如图 3–99 所示。

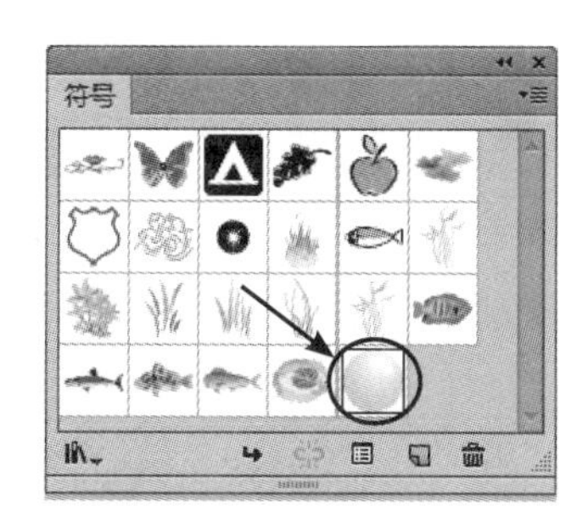

图3–98　将水泡定义为符号

图3–99　最终效果

3.3.3 制作沿曲线旋转的重复图形效果

制作要点

本例将制作一个沿曲线旋转的重复图形，效果如图3-100所示。这个案例具有一定的典型性，锯齿状的三角图形沿圆弧线（或螺旋线）向中心排列，而旋转至边缘时又逐渐消失，这样的效果会令人想到“多重复制”或“图形混合”的制作思路。但仔细观察一下，图形沿螺旋线向外消失其实并不是在逐渐变小，而是显示的面积逐渐减小而已，这种情况应用“自定义画笔”功能来实现更简便恰当。通过本例的学习，应掌握利用自定义画笔制作重复图形的方法。

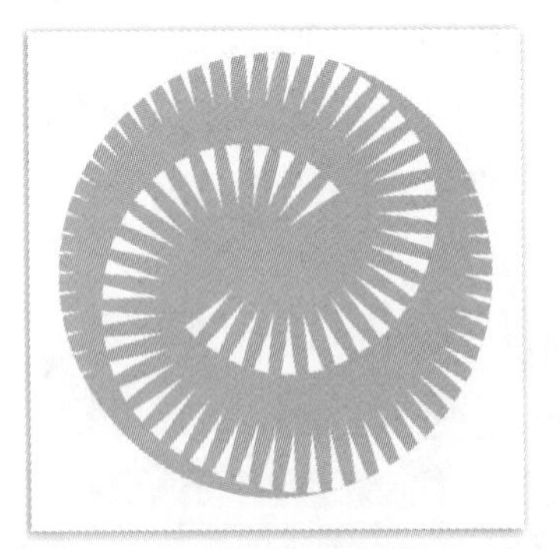

图3-100　沿曲线旋转的重复图形效果

操作步骤

（1）执行菜单中的“文件｜新建”命令，新建一个名称为“沿曲线旋转的重复图形 .ai”的文件，并将文档的宽度与高度均设置为 100 mm。

（2）利用工具箱中的（椭圆工具）绘制出一个圆形（按住〈Shift〉键可绘制圆形），并将其填充为绿色（参考颜色数值为 CMYK（50，0，90，0）），如图 3-101 所示。然后利用工具箱中的（螺旋线工具）绘制出图 3-102 所示的螺旋线（绘制螺旋线时不要松开鼠标）。

图3-101　绘制出一个圆形

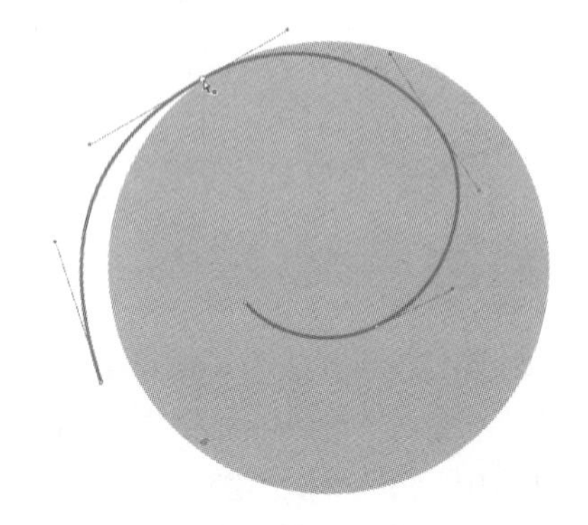

图3-102　绘制螺旋线并调节形状

提示

按键盘上的向上和向下方向键可以增减螺旋线的圈数。如果对绘制的螺旋线形状不满意，还可以利用（直接选择工具）调节锚点和方向线，以改变曲线形状。

（3）这个案例的核心点是“自定义画笔”，下面先来绘制画笔的单元图形，单元图形一般要尽可能简洁与概括。方法：利用工具箱中的（钢笔工具）绘制出一个窄长的小三角形，并填充为白色（为了便于观看，暂时将背景设置为深蓝色），然后利用工具箱中的（矩形工具）绘制出一个矩形框（“填充”和“描边”都设置为无），如图 3-103 所示。

> 矩形框的宽度以及它与小三角形两侧的距离很重要，它将决定后面自定义画笔形状点的间距，因此矩形框的宽度不能太大。

（4）利用工具箱中的（选择工具）同时选中这个矩形框和小三角形，然后按〈F5〉键打开“画笔”面板，接着单击面板右上角的按钮，从弹出的快捷菜单中选择“新建画笔”命令，如图 3-104 所示。再在弹出的“新建画笔”对话框中选择新建“图案画笔”项，如图 3-105 所示，单击“确定”按钮。最后在弹出的“图案画笔选项”对话框中保持默认设置，如图 3-106 所示。单击“确定”按钮，此时新创建的画笔会自动出现在“画笔”面板中。

图3-103 绘制出一个小三角形和一个矩形框

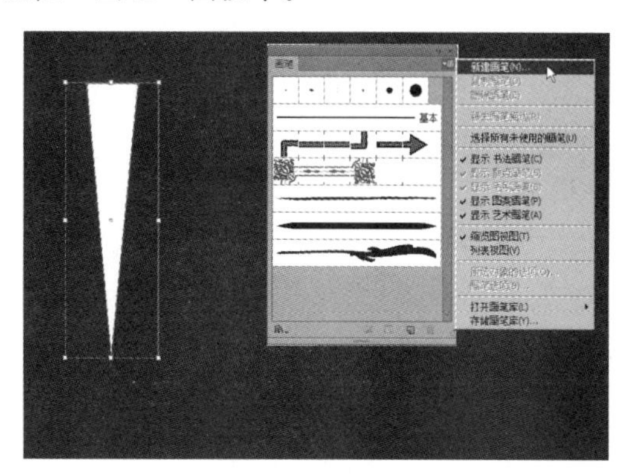

图3-104 选择“新建画笔”命令

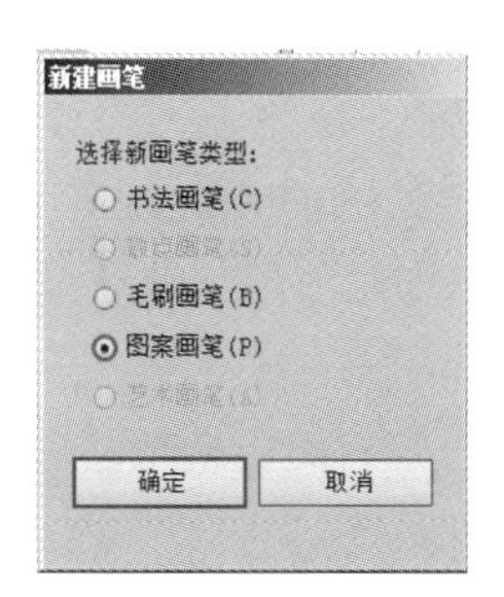

图3-105 “新建画笔”对话框

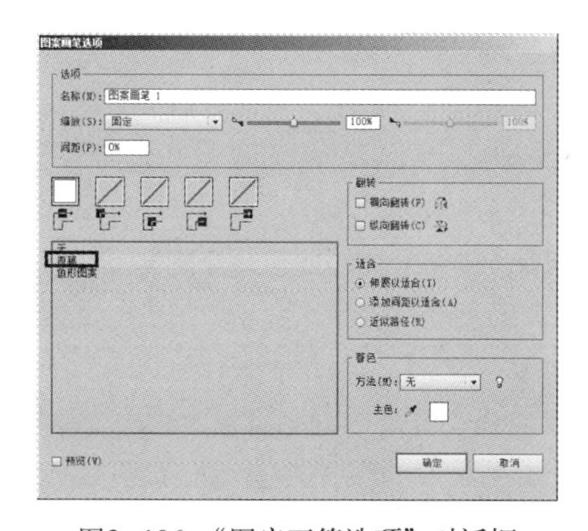

图3-106 “图案画笔选项”对话框

（5）选中刚才绘制的螺旋线，然后在“画笔”面板中单击新创建的画笔图标，此时刚才绘制的小三角形会沿螺旋线的走向进行向心排列，从而形成有趣的锯齿状图形，效果如图 3-107 所示。

（6）利用工具箱中的（螺旋线工具）绘制出另一条螺旋线，然后将其旋转到如图 3-108 所示的角度。接着利用工具箱中的（直接选择工具）调节锚点和方向线。最后在“画笔”面板中单击新创建的画笔图标。此时，小三角形会沿螺旋线走向进行向心排列，效果图 3-109 所示。

（7）利用（矩形工具）绘制一个黑色的背景，此时能看出白色的画笔图形其实延伸到了绿色圆形之外，因此还需要利用 Illustrator 中的“剪切蒙版”将多余的画笔裁掉。下面先制作作为“剪切蒙版”的剪切形状。方法：利用工具箱中的（选择工具）先选中绿色的正圆形，然后按快捷键〈Ctrl+C〉进行复制，再按快捷键〈Ctrl+F〉原位粘贴一份，接着按快捷键〈Shift+Ctrl+]〉将其置于顶层，效果如图 3-110 所示。最后将新复制出的圆形的“填充”和“描边”都设置为无色，这样，“剪切蒙版”的剪切形状就准备好了。

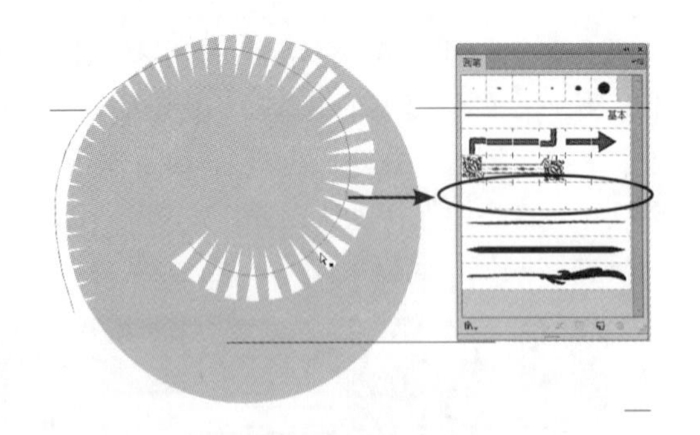

图3-107　选中螺旋线并单击画笔图标

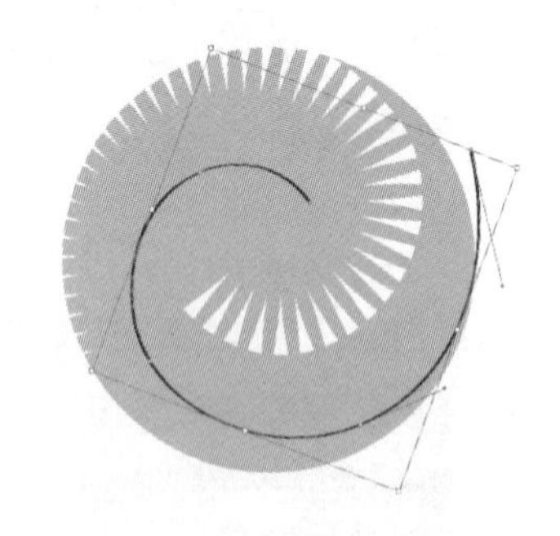

图3-108　绘制出另一条螺旋线

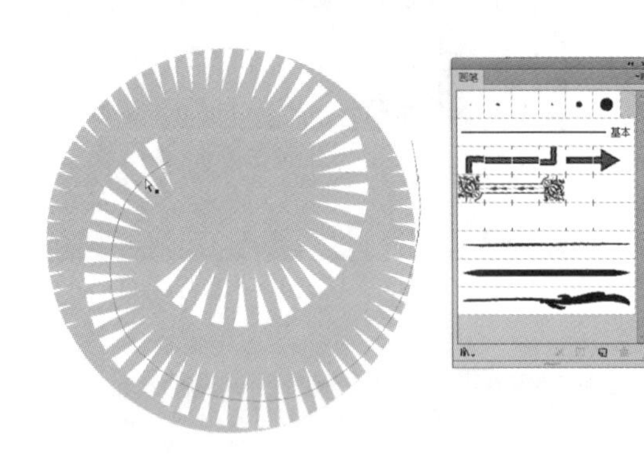

图3-109　选中新的螺旋线并单击画笔图标

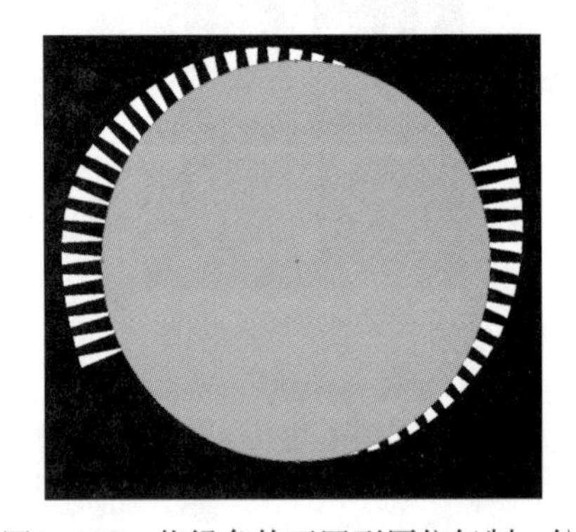

图3-110　将绿色的正圆形原位复制一份

（8）利用“剪切蒙版”裁切圆形以外的画笔图形。方法为：在按住〈Shift〉键的同时利用工具箱中的（选择工具）单击选择刚才制作好的圆形“蒙版”和所有的画笔图形，然后执行菜单中的“对象｜剪切蒙版｜建立”命令，此时画笔图形超出圆形的部分就被裁掉了，效果如图 3-111 所示。

（9）下面将黑色背景进行删除，此时一个沿螺旋线向心排列，而旋转至圆形边缘时又逐渐消失了的锯齿状图形序列就制作完成了，最终效果如图 3-112 所示。

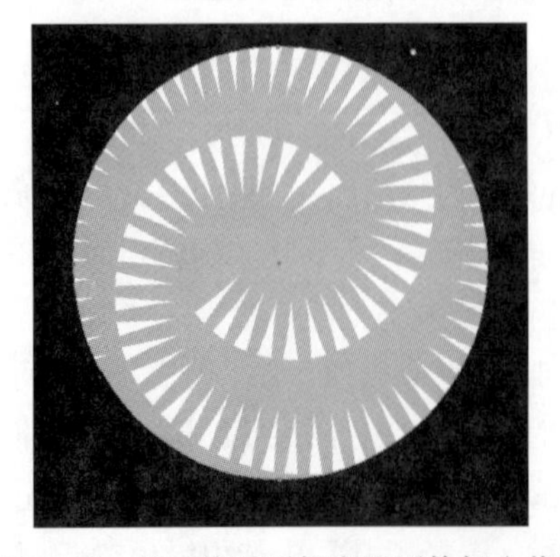

图3-111　将画笔图形超出圆形的部分裁掉

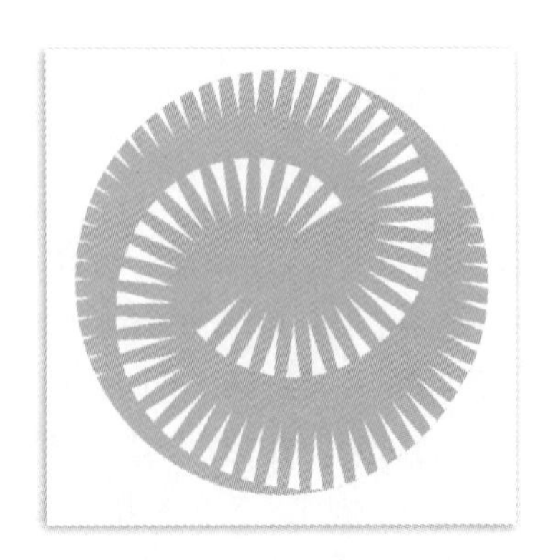

图3-112　最后完成的效果图

3.3.4 制作印染花布图形

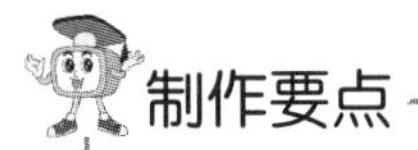

制作要点

本例将制作一个以蝴蝶图案为主的印染作品，如图3-113所示。在现代设计中，借鉴、移植传统民间美术的图形不乏其例，本例选取的是一种民间印染花布纹样图形。这一类图形变化十分丰富，纹样以大自然中的花、果、鸟、鱼、蝴蝶为主，辅以简单的几何纹样。其格局为对称式，即中间一幅为独立纹样，上下左右为全对称图形。如果从现代设计的角度来分析，它们在图案构成上基本上是采用平面造型中的点、线、面，突出表现平面感和装饰味，并巧妙地运用斑点的粗细、疏密组合成十分精巧的画面。因此画面既整体规范，又能在千变万化的图形里品味出不同的风格和趣味。通过本例的学习，应掌握利用Illustrator CS6中的功能精确地完成图案的重复与对称的排列，并且可以得心应手地处理图案上的斑点镂空效果。

图3-113 印染花布图形

操作步骤

（1）执行菜单中的“文件｜新建”命令，在弹出的对话框中设置参数，如图3-114所示，然后单击“确定”按钮，新创建一个文件，存储为“制作印染花布图形.ai”。

（2）绘制图案主体——蝴蝶图形。蝴蝶被设计为全对称的图案，因此绘制时先从其一侧形状入手。选取工具箱中的（钢笔工具），绘制出一个蝴蝶翅膀形状的闭合路径，如图3-115所示。然后按快捷键〈F6〉打开“颜色”面板，在面板右上角弹出的菜单中单击“CMYK”项，将其“填充”设置为一种红色，其参考颜色数值为CMYK（20，100，70，0）。

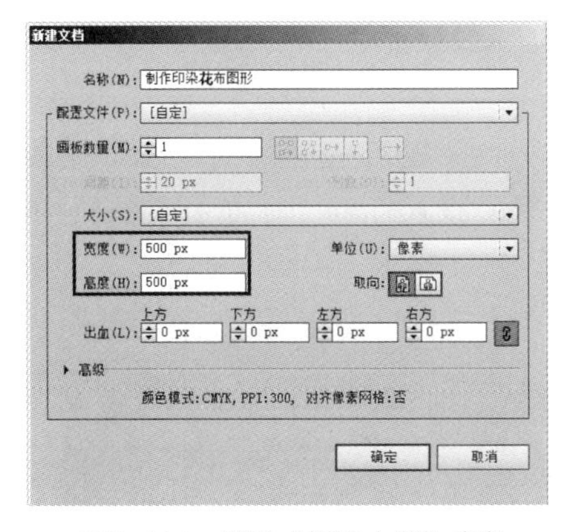

图3-114 设置“新建文档”参数

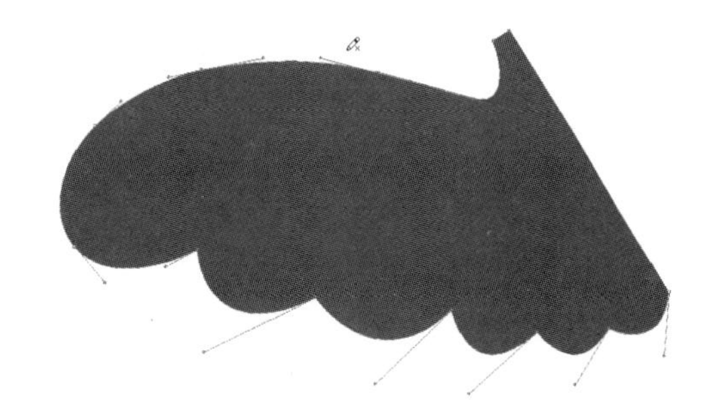

图3-115 绘制蝴蝶图形左侧形状

提示

绘制完路径后，还可以用工具箱中的（铅笔工具）对路径进行修改。方法为：首先选中路径，然后使用（铅笔工具）在路径上要修改的部分画线，达到所要求的形状时释放鼠标，路径形状会随着新画的轨迹而修改，此方法主要用于形状的细微调整。

（3）利用工具箱中的（选择工具）选中左侧蝴蝶图形，然后选择工具箱中的（镜像工具），在图 3-116 所示的位置单击，设置新的镜像中心点。接下来，按住〈Alt〉键（这时光标变成黑白相叠的两个小箭头）并拖动左侧蝴蝶图形向右转动，直到左右两侧蝴蝶翅膀完全吻合对齐后释放鼠标，效果如图 3-117 所示。

图3-116　设置镜像中心点

图3-117　通过镜像操作得到右侧蝴蝶翅膀形状

（4）将左右蝴蝶图形连接成一个整体，以便于后面的操作。方法为：按快捷键〈Shift+Ctrl+F9〉打开“路径查找器”面板，在其中单击（联集）按钮，将左右两个图形合为一个完整的闭合路径。图形相加后填充色有可能会改变，下面将其“填充”设置为红色，参考颜色数值为 CMYK（20，100，70，0），“描边”设置为橘黄色，参考颜色数值为 CMYK（0，50，100，0），描边“粗细”设置为 1 pt，效果如图 3-118 所示。

图3-118　将左右蝴蝶图形合为一个完整的闭合路径

（5）选择工具箱中的（直接选择工具）选中蝴蝶路径，执行菜单中的“对象｜路径｜偏移路径”命令，在弹出的图 3-119 所示的对话框中将“位移”设置为 -4 px，单击“确定”按钮。结果，蝴蝶路径向内收缩了一圈，如图 3-120 所示。

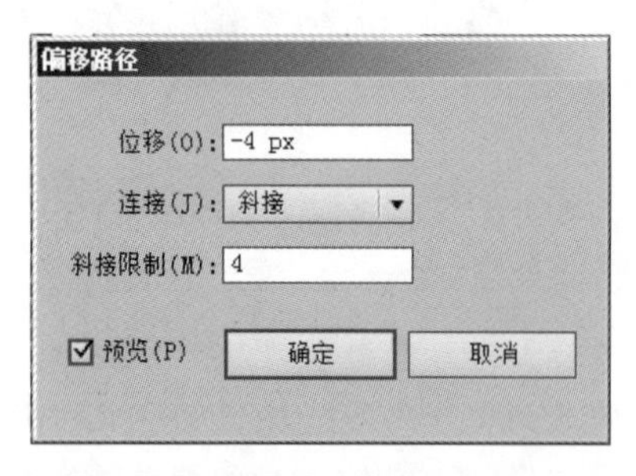

图3-119　“偏移路径”对话框

图3-120　应用“偏移路径”命令得到收缩的形状

提示

“偏移路径”对话框中的“位移”设置为负的数值会使路径向内收缩，而正的数值会使路径向外扩张。

（6）选用工具箱中的（剪刀工具）将已收缩的路径从中间剪开，然后利用工具箱中的（删除锚点工具）将路径两端的锚点各删除一个，剩下的路径形状如图 3–121 所示。

图3–121 将收缩后的路径从中间剪成两段

（7）接下来要对蝴蝶翅膀进行一系列的装饰，在民间染织图样中常常用许多细密的小圆点组成花纹，此处不用实线而采用密点来代替，并且不用大块的花纹，而用稍大些的密点来体现。这样在效果上既不杂乱，又不呆板，显得丰富而有层次，这种花纹又称为细点花纹。下面开始由外及内制作各种以密点为主的装饰纹理，首先先将轮廓路径转为点状连接。方法为：按快捷键〈Ctrl+F10〉打开“描边”面板，如图 3–122 所示，将“粗细”设置为 3 pt。然后在面板上单击“圆头端点”按钮，再选择“虚线”复选框，在面板下部第一个文本框内输入 0 pt，第二个文本框内输入 5 pt（用于控制虚点排列的间隙大小），后面其他的文本框全设为 0 pt，这样可得到均匀的圆点虚线。最后，将“填充”设置为蓝色，参考颜色数值为 CMYK（100，80，0，0），“描边”设置为橘黄色，参考颜色数值为 CMYK（0，50，100，0），效果如图 3–123 所示。

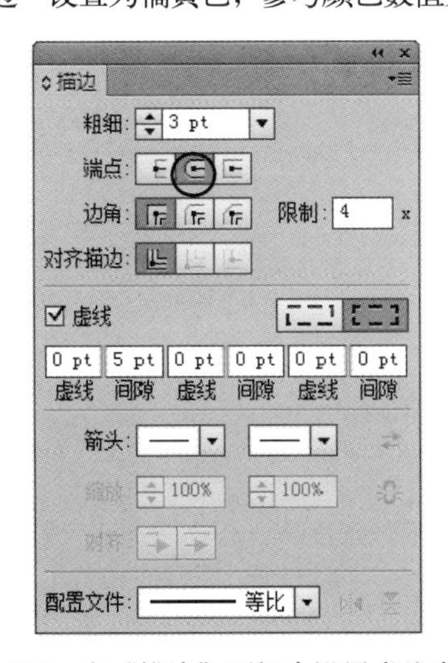

图3–122 在“描边”面板中设置虚线参数

图3–123 将轮廓路径转为黄色圆点状连接

（8）参考图 3–124 所示的效果，请读者自己完成蝴蝶身上其他图案和圆点线段，两个翅膀的图案呈完全对称状排布。

提示

其中绿色图形请用工具箱中的（钢笔工具）绘出，而其他点线设置方法与本例步骤（7）相同，圆点的大小可通过改变“描边”面板中的“粗细”数值来调整。

图3-124　完成蝴蝶身上其他的小图案和圆点线段

（9）自己设计一种笔触，用以制作蝴蝶翅膀上一种特殊的细密纹理。方法为：应用工具箱中的（椭圆工具），按住〈Shift〉键拖动鼠标，绘制出一个从中心向外发散的圆形（圆形仅用于定义笔触，因此绘制得尽量小一些）。将其“填充”设置为白色，“描边”设置为无。

（10）　应用“多重复制”的方法将白色小圆形复制出一排。方法为：选择工具箱中的（选择工具）选中这个圆形，将其向右拖动时先后按住〈Alt〉键和〈Shift〉键（向右拖动的过程中复制出一份，并保持水平对齐），得到第一个复制单元。然后，反复按快捷键〈Ctrl+D〉，自动复制出10个等距排列且水平对齐的白色圆形，效果如图3-125所示。

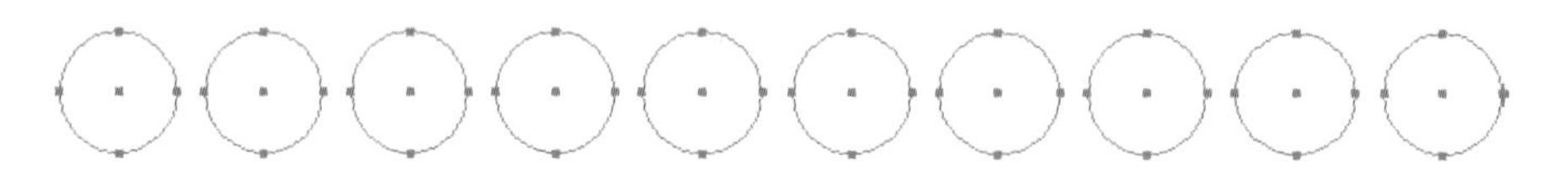
图3-125　多重复制得到一排等距的白色小圆形

（11）在自定义画笔之前，需要先将这些小圆形存储为“图案”单元。方法：执行菜单中的“窗口｜色板”命令，打开“色板”面板，将这10个小圆形直接拖动到“色板”面板中，自动存储为一个新的图案单元，如图3-126所示。在“色板”面板中双击该图案单元，在打开的图3-127所示的“色板选项”对话框中更改图案名称为“白色圆形”。

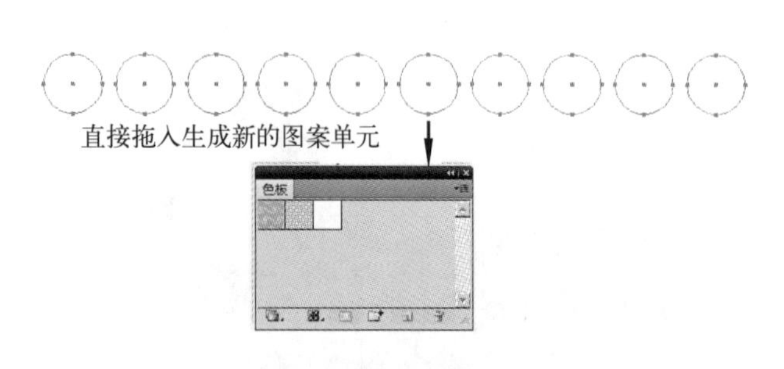

图3-126　生成新图案单元

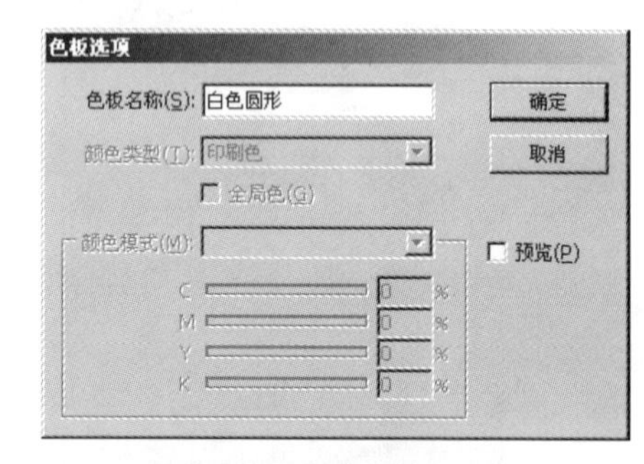

图3-127　更改图案名称

（12）按快捷键〈F5〉，打开图3-128所示的“画笔”面板，然后在面板下部单击（新建画笔）按钮，在打开的“新建画笔”对话框中设置参数，如图3-129所示，在4种画笔类型中选中“新建图案画笔”单击按钮，单击“确定”按钮。接着在弹出的“图案画笔选项”对话框的“名称”文本框中输入“对称图案”。“名称”文本框下面有5个小的方框，分别代表5种图案，从左到右依次为：图案周边、外拐角、内拐角、开头和结尾。这里要定义的是一种简单的点状图案画笔，因此只需点中第一个小方框，在下面的列表中选择刚才制作好的“白色圆形”即可，如图3-130所示。最后单击“确定”按钮，新定义的画笔会自动添加到“画笔”面板列表中。

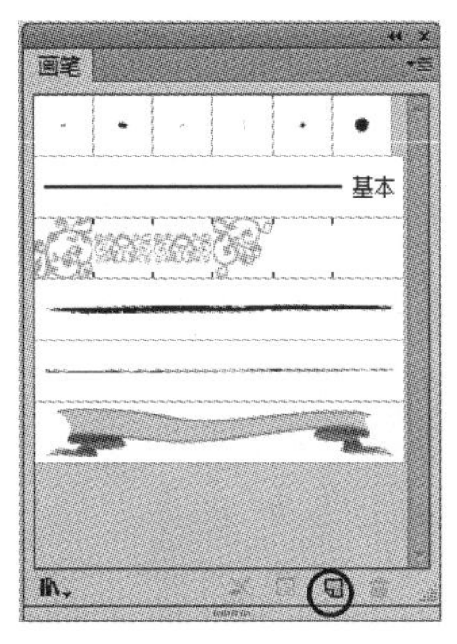

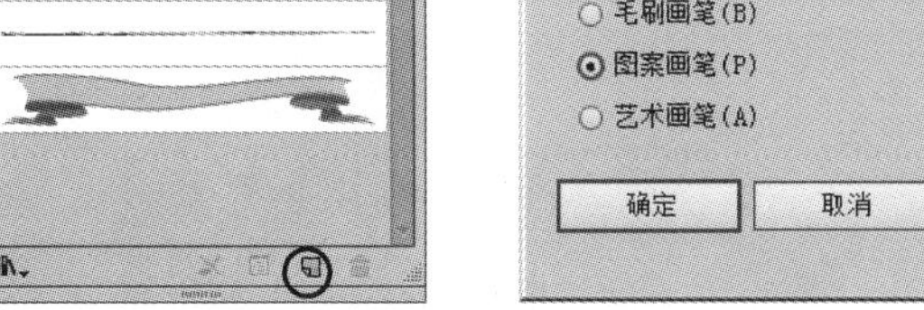

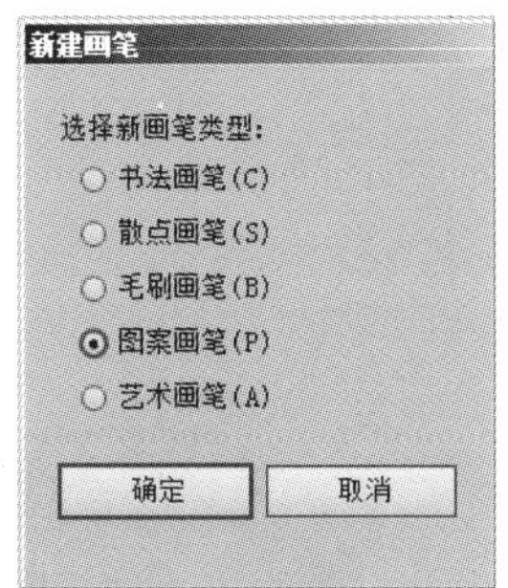

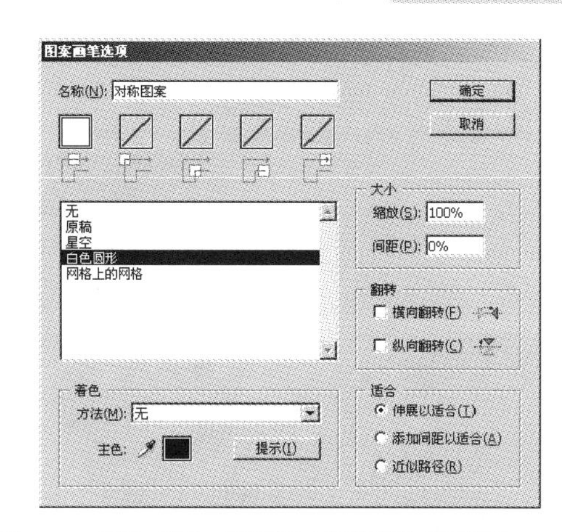

图3-128 “画笔”面板　　图3-129 “新建画笔”对话框　　图3-130 “图案画笔选项”对话框

提示

Illustrator中包含4种类型的画笔：书法、散点、图案和艺术画笔，其中“图案画笔”可绘制出由图案组成的路径，图案沿路径不停重复，因此很容易实现对称的构图。

（13）试验一下刚才新建的图案画笔的效果。应用工具箱中的（钢笔工具）在图中绘制出一条曲线路径，然后在“画笔”面板列表中选择“对称图案”，随着绘制线条的形状和长短的不同，绘制出的图案会发生一定的变形，效果如图 3-131 所示。

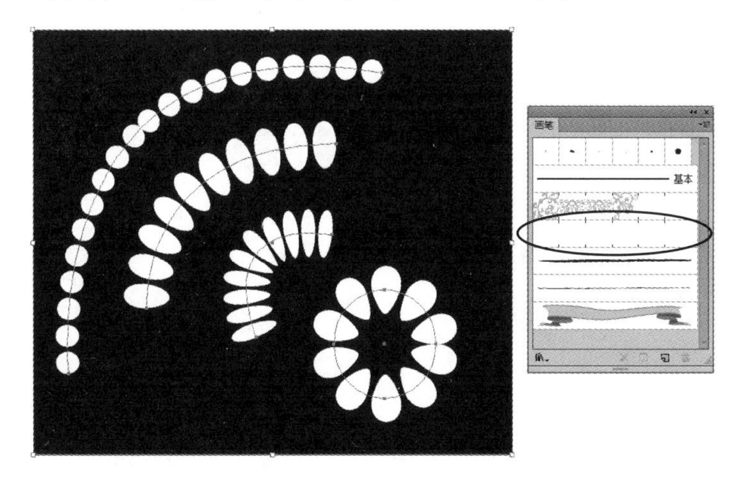

图3-131　随着绘制线条的形状和长短不同，画出的图案会发生一定的变形

（14）应用这种变化的画笔在蝴蝶翅膀上添加弧形花纹，如图 3-132 所示，产生了一种绵密繁复的美感。

（15）在本例蝴蝶的造型上，已由写实迈向了图案化的边缘。图案的构成元素简洁明了，疏密有致。下面，还剩下一些细节，如蝴蝶一对卷曲的前须、眼睛等部分的添加，在绘制时注意保持图案局部的对称性，完成的效果如图 3-133 所示。然后利用工具箱中的（选择工具）将所有构成蝴蝶的图形都选中，按快捷键〈Ctrl+G〉将它们组成一组。

（16）接下来以蝴蝶为核心单元，开始制作一系列的对称构成图形。“对称构成”即完全以严格的对称原理构成的图形，对称的图形具有稳定、整齐之感，基本单元图形经过对称与复制还可以形成出乎意料的新的形状。我们先将蝴蝶图案进行对称排列。

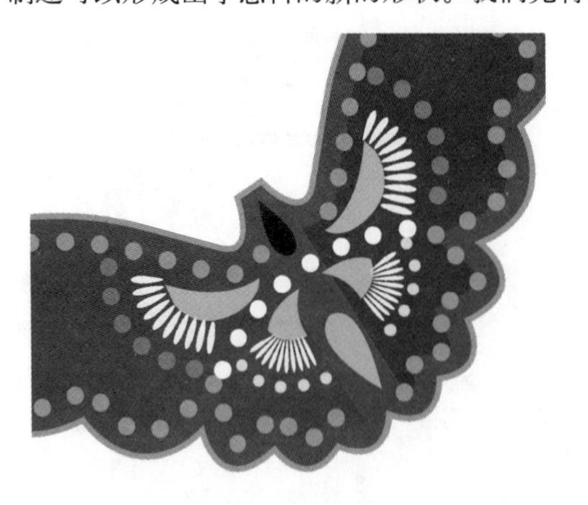

图3-132　用图案画笔在蝴蝶翅膀上添加弧形花纹

图3-133　完成的蝴蝶图案

方法为：执行菜单中的“视图｜标尺｜显示标尺”命令，调出标尺，将鼠标分别移至水平标尺和垂直标尺内，拉出两条交汇于页面中心的参考线，此点坐标为（250 px，250 px），将这一交点作为对称的中心点。然后，将蝴蝶图案移至图3-134所示参考线的左上部分。接着利用工具箱中的（镜像工具），在中心点位置处单击，设置新的镜像中心点。之后按住〈Alt〉键（这时光标变成黑白相叠的两个小箭头）并拖动蝴蝶图形向右转动，释放鼠标后得到右侧对称图形。

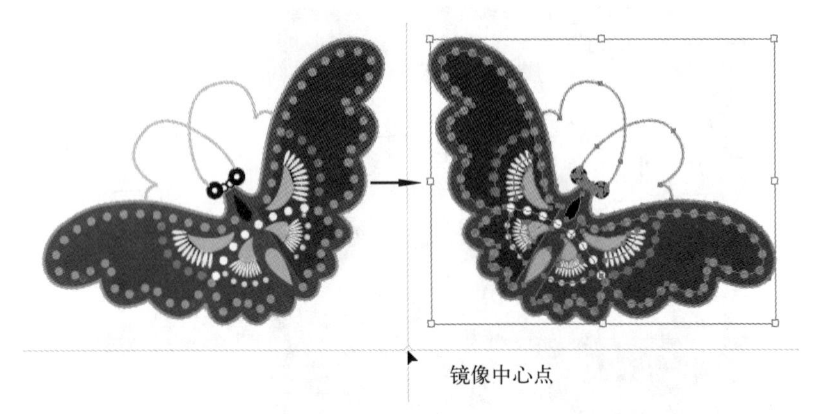

图3-134　以页面中心为对称中心点，得到右侧镜像图形

（17）同理，再得到图3-135所示的中心点下部其他两个蝴蝶对称图形，形成整齐而又富有情调的4个对称蝴蝶组合图案。

提示

用镜像工具加〈Alt〉键拖动图形向右转动时，可再按住〈Shift〉键，以确保复制图形与原图形水平或垂直对齐。

（18）在整个图案对称中心的空白处需要放置一朵复瓣的花形。方法为：先用工具箱中的（钢笔工具）绘制出1/4的花形部分，如图3-136所示，以下的制作方法就可以举一反三了。同理，通过复制与镜像的手法来拼接出一朵花的形状，花形上面排列着表示花瓣的白色小圆点，制作方法不再赘述，效果如图 3–137 所示。

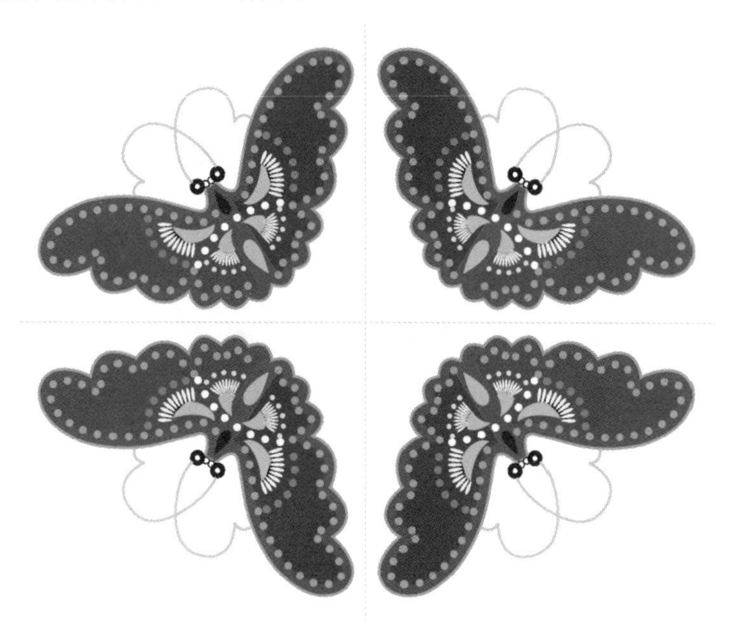

图3–135 形成整齐的4个对称蝴蝶组合图案

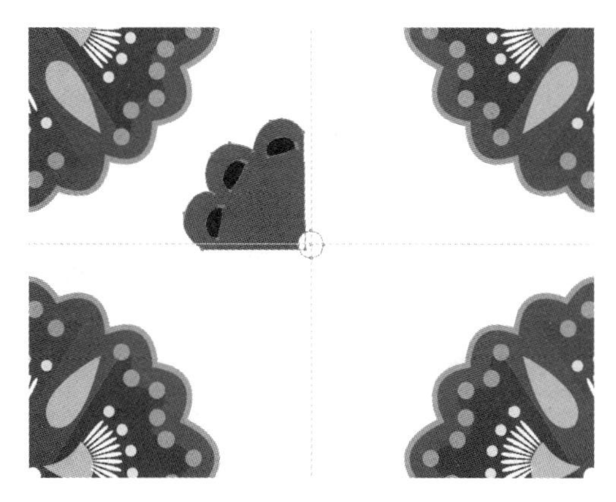

图3–136 制作1/4花形部分

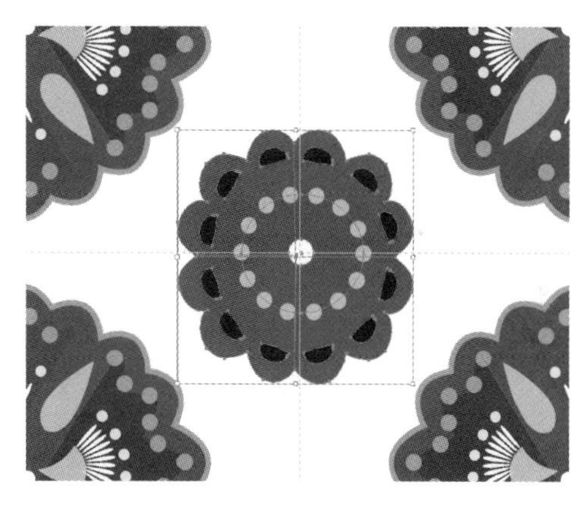

图3–137 中心对称的复瓣花形

（19）制作一个完全对称的带装饰圆角的衬底图形，先绘制它的单元图形。方法为：选择工具箱中的（圆角矩形工具）在页面上单击，在弹出的“圆角矩形”对话框中设置参数，如图 3–138 所示。然后拖动鼠标绘制出一个圆角矩形，将其“填充”设置为蓝色，参考颜色数值为 CMYK（90，70，0，40），“描边”设置为“无”。

（20）用工具箱中的（选择工具）选中这个圆角矩形，然后在工具选项栏右侧单击“变换”按钮，打开图 3–139 所示的“变换”面板，在面板左下角将“旋转”栏设置为 45。

（21）按住〈Alt〉键拖动图形，再复制出另外 3 个圆角矩形，如图 3–140 所示。

提示

为了精确对位，最好先设置4条辅助线，以使4个圆角矩形的中心点对齐。

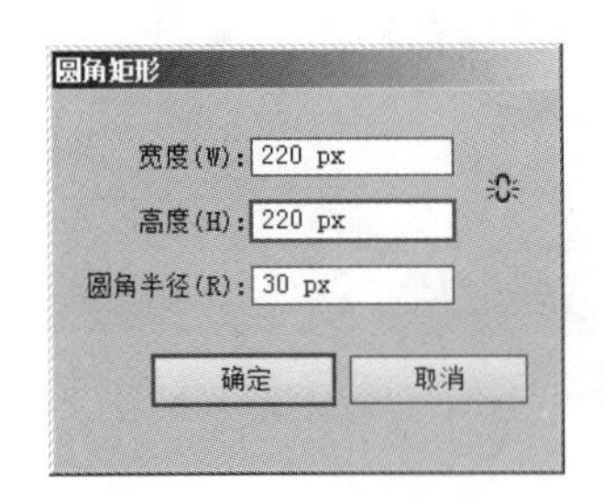

图3-138 “圆角矩形”对话框

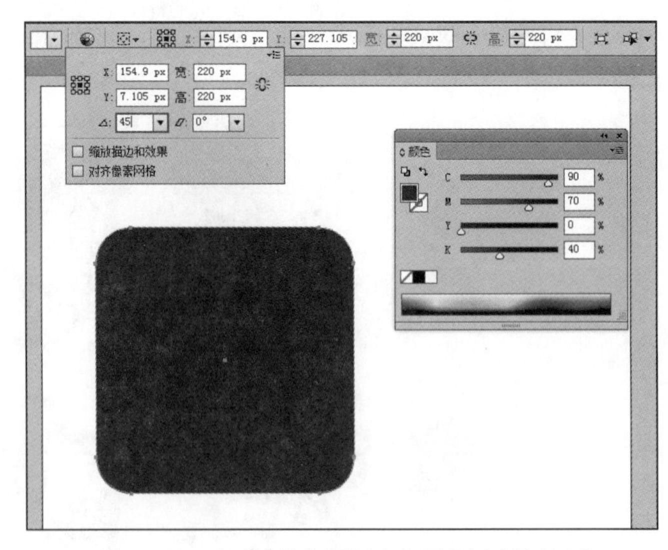

图3-139 在“变换”面板中将圆角矩形旋转45°

（22）将 4 个分离的圆角矩形合成一个完整形状，消除内部重叠的路径。方法为：应用工具箱中的（选择工具）同时选中这 4 个圆角矩形，然后按快捷键〈Shift+Ctrl+F9〉打开“路径查找器”面板。在其中先单击（联集）按钮，再单击面板右侧的“扩展”按钮，此时 4 个圆角矩形合为一个完整的闭合路径，效果如图 3-141 所示。

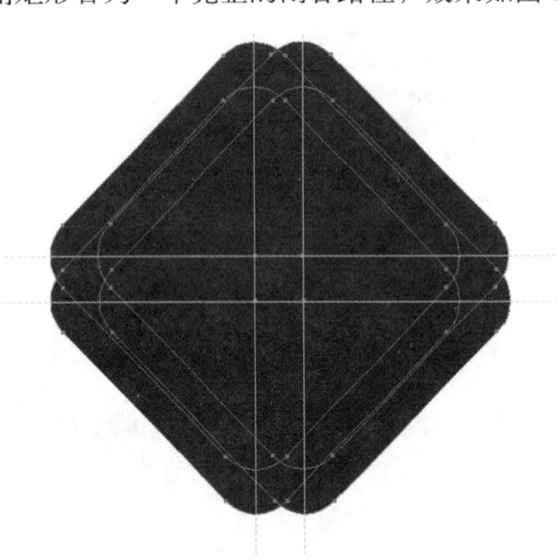

图3-140 利用参考线使4个圆角矩形对齐

图3-141 将4个图形合为一个完整的闭合路径

提示

图形相加后填充色有可能会改变，请重新进行设置。

（23）选择工具箱中的（选择工具）选中刚才制作完成的复合图形，执行菜单中的“对象｜排列｜置于底层”命令，将其移至蝴蝶图案的下面（所有图形以参考线为准中心对称），效果如图 3-142 所示。

（24）利用工具箱中的（矩形工具），按住〈Shift+Alt〉组合键，从参考线的交点出发向外拖动鼠标，绘制出一个从中心向外发散的正方形，将其“填充”设置为蓝色，参考颜色数值为CMYK（100，80，0，70），“描边”设置为“无”。接着，执行菜单中的“对象｜排列｜置于底层”命令，将其放置到所有图形的下面，作为整体背景，效果如图3-143所示。

图3-142　将蓝色装饰图形置于蝴蝶图案下面

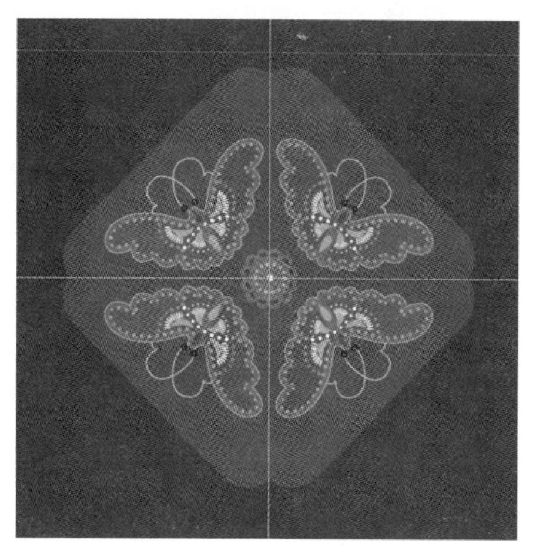

图3-143　绘制深蓝色整体背景

（25）带圆角的复合图形轮廓也需要以细点来进行修饰，这样符合该图案整体的风格。先将其路径轮廓复制一份并向外扩大一圈，然后再转为点状线。方法为：用工具箱中的（直接选择工具）选中带有圆角的复合图形，执行菜单中的“对象｜路径｜偏移路径”命令，然后在弹出的对话框中设置参数，如图3-144所示，将“位移”设置为3 px，单击“确定”按钮，效果如图3-145所示。可以看到复合图形被复制出一份，复制图形的外轮廓明显地向外扩展了一圈。

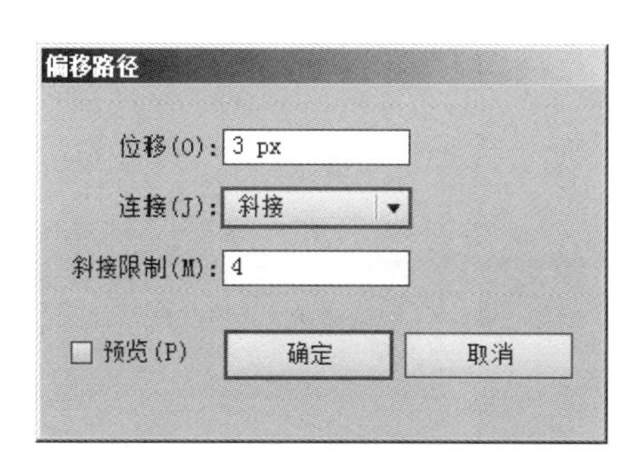

图3-144　“偏移路径”对话框

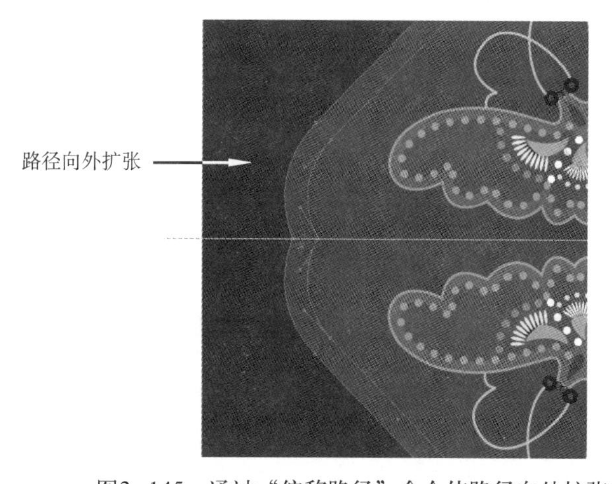

图3-145　通过“偏移路径”命令使路径向外扩张

（26）利用工具箱中的（直接选择工具）选中位于最外圈的路径（也就是新扩张出来的路径），将其“填充”设置为无，“描边”设置为蓝色，参考颜色数值为CMYK（90，70，0，40）。然后在“描边”面板中设置参数，如图3-146所示。选择“圆头线端”按钮，再选择“虚线”选项，在面板下部第一个文本框内输入0 pt，第二个文本框内输入8 pt（用于控制虚点排列的间隙大小），后面其他的文本框全设为0 pt。细密而均匀的蓝色圆点虚线环绕图案排列，将图案边缘修饰得更为精致，如图3-147所示。

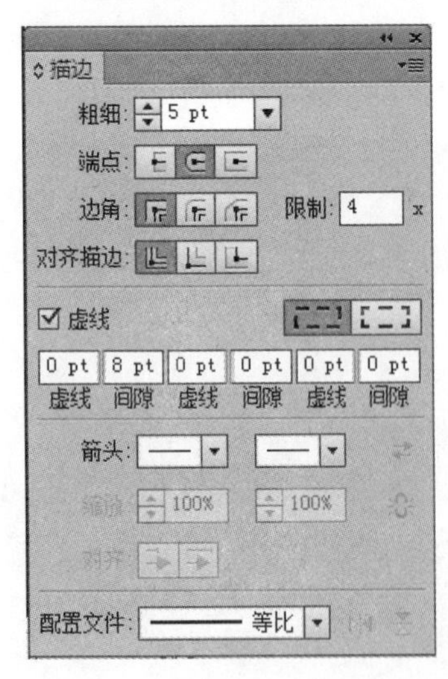

图3-146　在“描边”面板中设置虚线参数

图3-147　扩张后的路径被描上一圈均匀的蓝色圆点

（27）蝴蝶图案的外围还有 4 朵牡丹花形的对称排布，这种四角对称的均衡构图在民间印染花样中应用较多，花形仍采用浅黄色虚点的构成，而环绕花形排列的叶片可用工具箱中的（铅笔工具）来绘制，因为（铅笔工具）相比较（钢笔工具）具有更大的随意性，绘制这种自然图形非常适合，请读者自己绘制叶片图案，并请注意其排布在花形两侧所构成的对称性，效果如图 3-148 所示。

提示

牡丹花形“描边”的参考色值为CMYK（0，0，70，0），叶片“填充”的参考色值为CMYK（60，0，50，0）。

（28）最后，在深蓝色背景上再添加一圈点状线，完成整幅图案的制作。通过此例，读者可充分体会到在图案构成上常用的重复与对称的手法，基本单元图形经过不断地对称与复制之后可以形成复杂的视觉感受，再巧妙地运用点的粗细、疏密组合，可得到既规范、整齐而又妙趣横生的对称构成图形。最后完成的效果如图 3-149 所示。

图3-148　利用对称原理得到牡丹花形和叶片造型

图3-149　最后完成的图案效果

课后练习

1. 利用另一种图案画笔来制作锁链，如图 3-150 所示。
2. 利用符号工具制作海报效果，如图 3-151 所示。

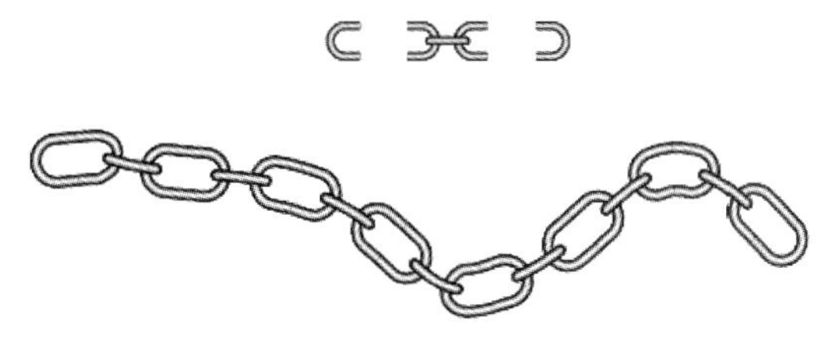

图3-150 锁链效果

图3-151 海报效果

第4章 文本和图表

文本编辑是 Illustrator CS6 一个重要功能。利用 Illustrator CS6 不仅可以创建横排或竖排文本，还可以编辑文本的属性，如字体、字距、字间距、行间距及文字的对齐方式等。另外还可以制作各种文字特效和进行图文混排。

Illustrator CS6 提供了 9 种图表工具。利用这些工具可以根据需求，制作中各种类型的数据图表。此外还可以对所创建的图表进行数据数值的设置、图表类型的更改，并可以将自定义的图案应用到图表中去。

通过本章学习，应熟练掌握 Illustrator CS6 文本的多种编辑方法和图表的应用。

4.1 文本的编辑

文本的编辑包括创建文本的方式、编辑文本的字符格式和编辑文本的其他操作 3 部分内容。

4.1.1 创建文本的方式

Illustrator 的文本操作功能非常强大，其工具箱中提供了 T（文字工具）、T（区域文字工具）、（路径文字工具）、IT（直排文字工具）、IT（直排区域文字工具）和（直排路径文字工具）6 种文本工具，如图 4-1 所示。使用它们可以创建 3 种文本：点文本、区域文本和路径文本。另外，通过执行“文件 | 打开”或“文件 | 置入”命令和“复制”和“粘贴”命令，可以获得其他程序创建的文本。

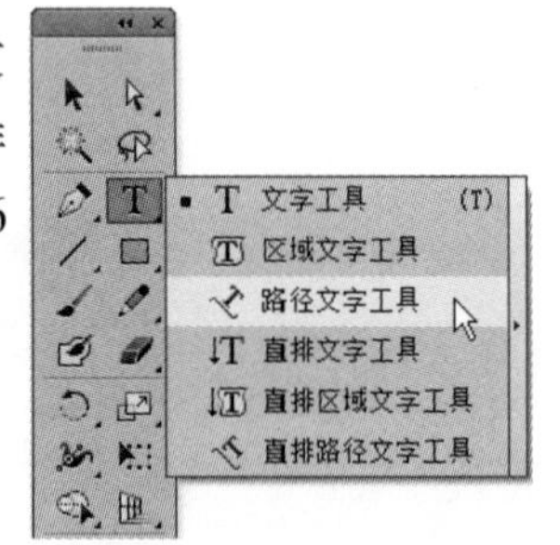

图4-1 6种文本工具

1. 点文本

使用 T（文字工具）和 IT（直排文字工具）在页面上任意位置单击，就可以创建点文本。在单击处将出现一个不断闪烁着的表示当前文本插入点的光标，该光标也被称为“I”形光标，表示此时用户可以用键盘输入文字，按下〈Enter〉键可以换行。当完成一个文本对象的输入时，单击工具箱中的 T（文字工具）可以同时将当前文本作为一个对象选中（此时“I”形光标消失），并指向下一个文本对象的开始处。如果要编辑文本，用 T（文字工具）单击要编辑的文本即可；如果要将文本选取为一个对象，选择任意工具单击即可。

提示

输入文本后双击可以选中一个单词；三击选中整个段落；按下〈Shift〉键再单击可以扩大选取。如果要将文本选取为一个对象，可以选择任意工具单击即可。

2. 区域文本

创建区域文本的方法有两种：

（1）使用 T（文字工具）在页面上单击并拖动，创建一个矩形框，可以在其中输入文本。一旦定义了矩形框，将出现“I”形光标，等待用户输入文本。当输入的文本到达矩形框的边缘时，文字将自动换行。

（2）使用任意工具创建一个图形路径，然后使用工具箱中的（区域文字工具）和（直排区域文字工具）在路径上单击，即可在路径内部放置文本。

提示

按住键盘上的〈Shift〉键，可在相似工具间进行水平和垂直方向的切换。

当创建了区域文本后，使用工具箱中的（直接选择工具）选中一个节点并将其移动到新的位置，能够扭曲路径形状，或者调整方向线也能够改变路径形状。此时路径内的文本也将随着路径的形状的变化而重新排列。

3. 路径文本

使用（路径文字工具）和（直排路径文字工具）在路径上单击，即可创建沿路经边界排列的文本。

当创建了路径文本后，会出现 3 个标记，如图 4–2 所示。其中位于起始和结束处的标记代表路径文字的入口和出口，可以通过移动它们的位置来调整文字在路径上的位置；位于中间的标记用来控制路径文本的方向，按住鼠标直到出现一个到“T”形的图标，然后可以通过拖动它将文本翻到路径的另一边，如图 4–3 所示。

图4–2　路径文本上的3个标记

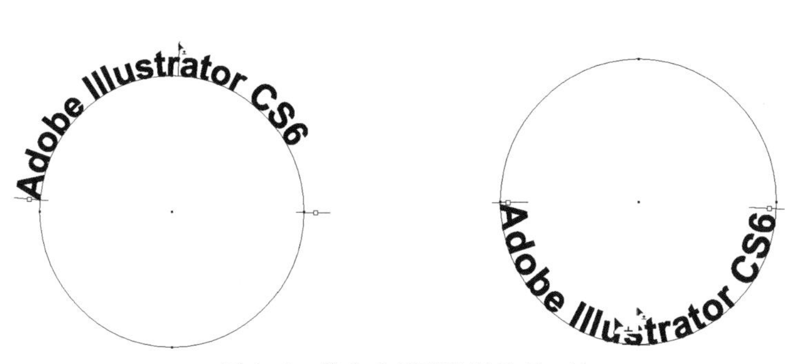

图 4–3　将文本翻到路径的另一边

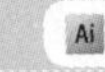

提示

与区域文本相似，使用工具箱中的（直接选择工具）改变路径形状时，路径上的文本将自动重新调整以适合新路径。

在创建了路径文本后，如果要对路径文本的属性进行修改，可以双击工具箱中任意一种文本工具，在弹出的图4-4所示的“路径文字选项”对话框中进行设置。

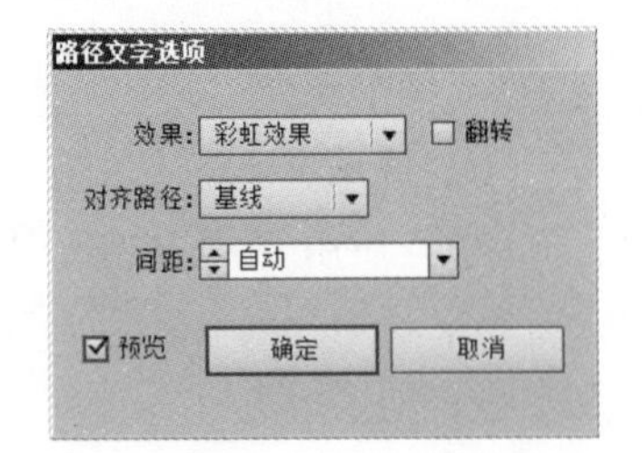

图4-4 “路径文字选项”对话框

（1）效果：在“效果”右侧下拉列表框中有“彩虹效果”“倾斜效果”“3D带状效果”“阶梯效果”和“重力效果”5个选项可供选择。

（2）翻转：选中“翻转”选项，会自动将文本跳到路径的另一边。

（3）对齐路径：在“对齐路径”右侧下拉列表框中有“字母上缘”“字母下缘”“中央”和“基线”4个选项可供选择。

（4）间距：用于调整文本围绕曲线移动时文本之间的距离。

4.1.2 字符和段落格式

在Illustrator CS6中可以对所创建的文本进行编辑，如选择文字、改变字体大小和类型 、设置文本的行距、设置文本的字距等，从而能够更加自由地编辑文本对象中的文字，使其更符合整体版面的设计要求。

1. “字符”面板

“字符”面板如图4-5所示。可以使用“字符”面板为文档中的单个字符应用格式设置选项。这里需要说明的是在“字符”面板中还可以为文本设置下画线和删除线，如图4-6所示。

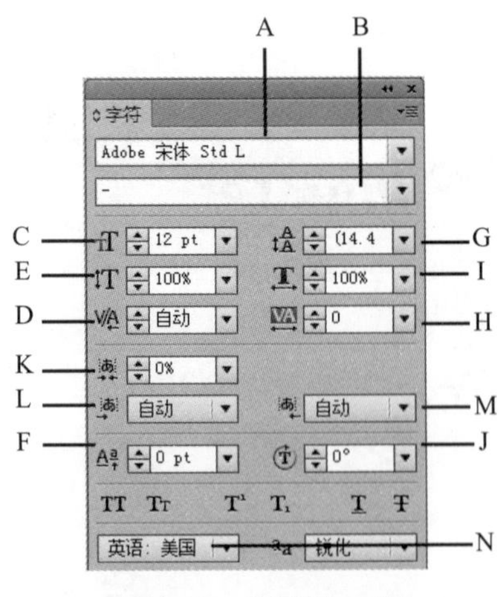

图4-5 “字符”面板

A—字体；B—字体样式；C—字体大小；D—字间距调整；E—垂直缩放；F—基线偏移；G—行距；H—字符间距；I—水平缩放；J—字符旋转；K—比例间距；L—插入空格（左）；M—插入空格（右）；N—语言

当选择了文字或文字工具处于现用状态时，也可以使用操作界面顶部的选项面板中的选项来设置字符格式，如图 4-7 所示。

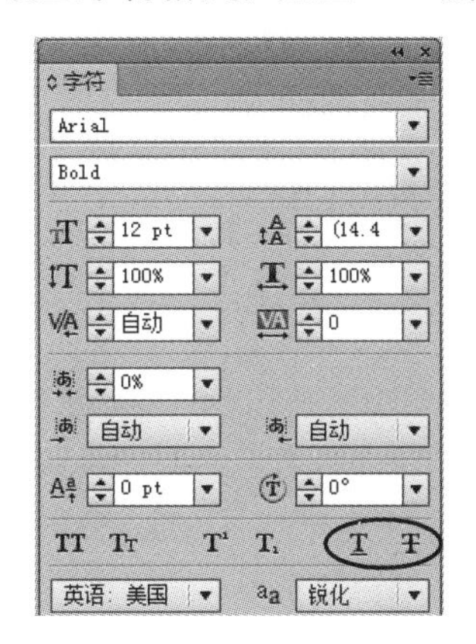

Underline 下画线

Strikethrough 删除线

图4-6 为文本设置下画线和删除线

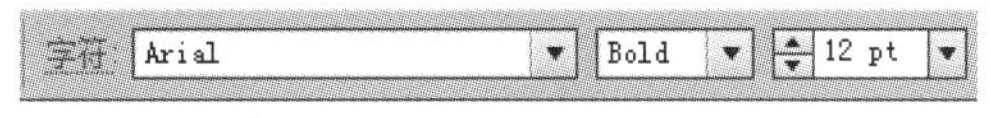

图4-7 字符选项面板

2. “段落”面板

“段落”面板如图 4-8 所示。可以使用“段落”面板来更改列和段落的格式。

当选择了文字或文字工具处于现用状态时，也可以使用操作界面顶部的选项面板中的选项来设置段落格式，如图 4-9 所示。

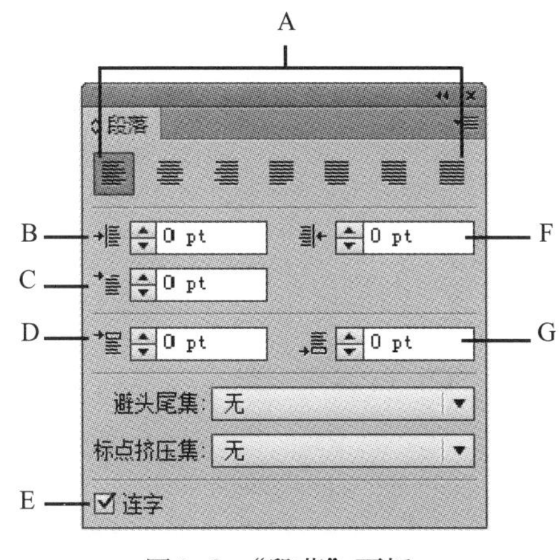

图4-8 “段落”面板

A—对齐方式；B—左缩进；C—首行左缩进；D—段前间距；
E—连字；F—右缩进；G—段后间距

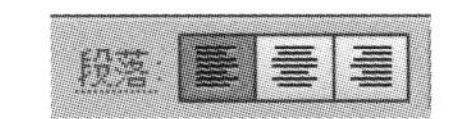

图4-9 段落选项面板

3. “字符样式”和“段落样式”面板

“字符样式”和“段落样式”面板如图 4-10 所示。可以从头开始或者基于已有的样式创建新的字符和段落样式，还可以更新样式的属性。

（1）创建新的样式。

创建新的样式的操作步骤如下：

① 使用当前文本的样式作为默认样式，并使用默认的名称。

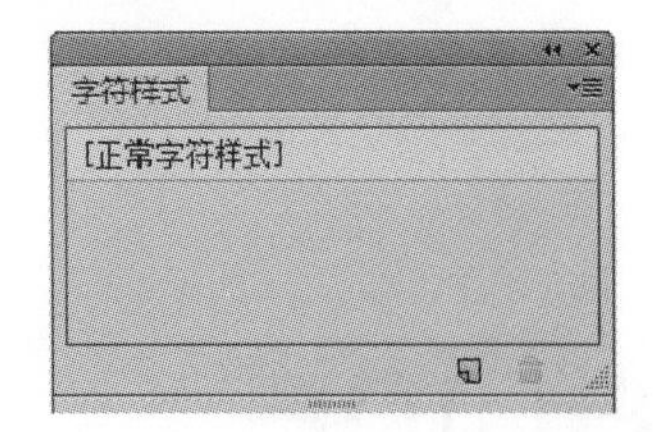

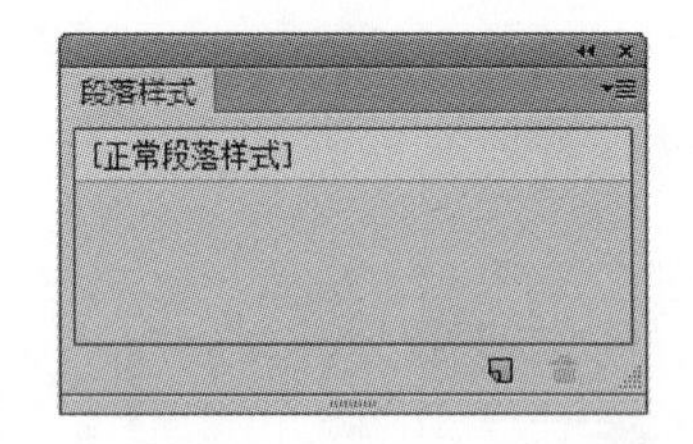

图4-10 “字符样式”和“段落样式”面板

② 在“字符样式”或“段落样式”面板中单击下方的 （创建新样式）按钮，即可新建样式。

③ 如果要在创建样式时给新样式重命名，可以单击“字符样式”面板右上方的 按钮，从弹出的快捷菜单中选择“新建字符样式”命令；或者单击“段落样式”面板右上方的 按钮，从弹出的快捷菜单中选择“新建段落样式”命令，在弹出的对话框中为新样式命名。

（2）在已有的样式上创建新样式。

在已有的样式上创建新样式的操作步骤如下：

① 在“字符样式”或“段落样式”面板中选择已有的样式。

② 单击“字符样式”面板右上方的 按钮，从弹出的快捷菜单中选择“复制字符样式”命令；或者单击“段落样式”面板右上方的 按钮，从弹出的快捷菜单中选择“复制段落样式”命令，新复制的样式即会出现在面板中。

（3）更改新的或已有样式的属性。

更改新的或已有样式的属性的操作步骤如下：

① 在“字符样式”或“段落样式”面板中选取样式的名称，然后右击并从弹出的快捷菜单中选择“字符样式选项”或“段落样式选项”命令。

② 在弹出的对话框中设置样式属性，包括字体、字体大小、颜色等基本特征和OpenType特征。

（4）应用样式。

① 选中要格式化的文本。

② 单击“字符样式”或“段落样式”面板中的样式名称即可。

4.1.3 编辑文本的其他操作

Illustrator CS6提供了多种文本对象的编辑操作，如文本的选择、文本的复制与粘贴、更改文本排列方向、将文本转换为路径和将图片与文字进行混排等。

1. 选择文本

如果要对文本进行编辑操作，必须先将其选中，然后才能进行相应的操作。选中文本的方法有两种：一是选择整个文本块；二是选择文本块中的某一部分文字。

（1）选择整个文本块。

选择整个文本块的具体操作步骤如下：选择工具箱中的 （选择工具），然后在该文本块中单击，即可选中整个文本块，并且选中的文本块四周将显示文本框，如图4-11所示。

（2）选择文本块中的某一部分文字。

选择文本块中的某一部分文字的具体操作步骤如下：选择工具箱中的 （文字工具）或

（直排文字工具），然后选择需要选择的文字前端或后端单击并拖动，此时拖动经过的文字将反相显示，即表示该部分文字已被选中，如图 4-12 所示。

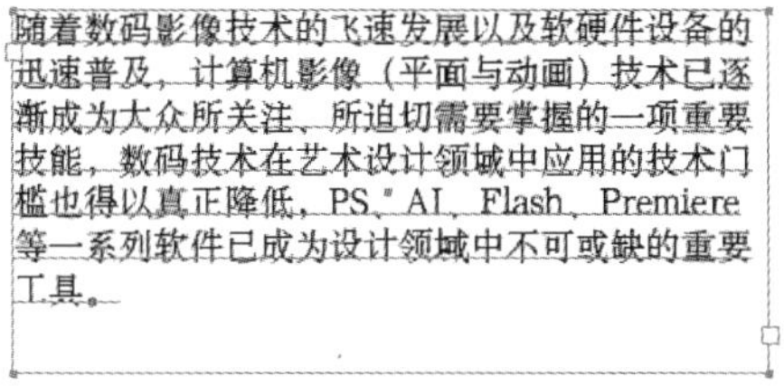

图4-11　选择整个文本块

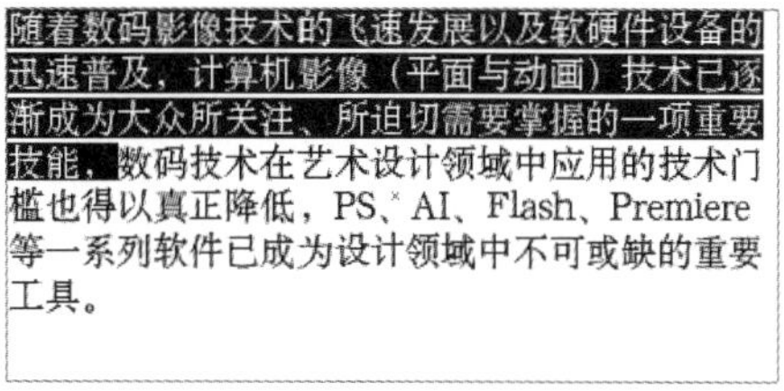

图4-12　选择文本块中的某一部分文字

提示

将鼠标光标定位在文本中，然后在按快捷键<Ctrl+Shift>的同时，按向上箭头键，可选中该段落中光标上面的所有文字；如果按快捷键<Ctrl+Shift>的同时，按向下箭头键，可选择该段落中光标下面的所有文字；每按一次向上箭头键（向下箭头键），便可选择一行文字；如果在段落中连续快速单击鼠标左键3次，即可选中整个段落。

2．剪切、复制和粘贴文本

使用“编辑”菜单中的“复制”“剪切”和“粘贴”命令，可以对创建的文本对象进行同一文本对象中不同位置之间或不同文本对象之间的复制、剪切和粘贴文本对象等操作。

（1）剪切文本。

剪切文本的操作步骤：使用工具箱中的 T（文字工具）或 IT（直排文字工具），在绘图区中选择要进行剪切操作的文本，然后执行菜单中的“编辑 | 剪切”（快捷键〈Ctrl+X〉）命令，即可剪切所选择的文本。

（2）复制和粘贴文本。

复制与粘贴文本的操作步骤：使用工具箱中的 T（文字工具）或 IT（直排文字工具），在绘图区中选择要进行操作的文本，然后执行菜单中的“编辑 | 复制”（快捷键〈Ctrl+C〉）命令，接着在需要粘贴的位置单击，从而确定插入点。最后执行菜单中的“编辑 | 粘贴”（快捷键〈Ctrl+V〉）命令，即可粘贴所复制的文本。

3．双效吸管

利用（吸管工具）能将一个文本对象的外观属性（包括描边、填充、字符和段落属性）复制到另一个文本对象。在 Illustrator CS6 中，吸管工具有“取样吸管”和“应用吸管”两种模式，因此又叫双效吸管。

利用双效吸管可以将文本格式从一个对象复制到另一个对象，具体操作步骤如下：

（1）选择工具箱中的（吸管工具），将其放在未选取的文本对象上，此时会看到吸管处于采样模式，当它在文本对象上正确定位后，吸管处于取样模式，旁边有个小“T”，表示当前是对文本进行取样，如图 4-13 所示，单击文本对象即可提取它的属性，此时吸管变成了形状，吸管中出现了油墨，表示已经采样了文本的属性。

（2）将吸管放在未选中的文本对象上，如图 4-14 所示。然后按键盘上的〈Alt〉键，此时吸管变成了应用模式，单击文本即可应用刚才在第 1 个文本对象上采样的属性，结果如图 4-15 所示。

图4-13　将吸管工具在文本对象上正确定位的状态 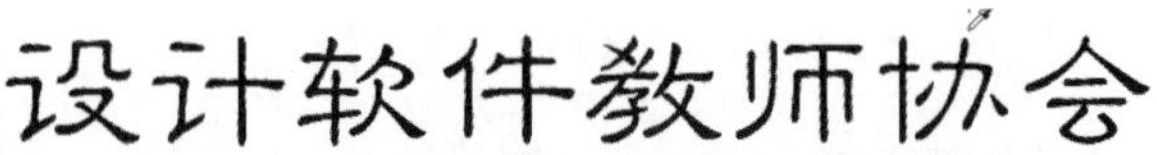　　图4-14　将吸管放在未选中的文本对象上

如果要重新设置（吸管工具）采样并应用何种属性，可以双击工具箱中的（吸管工具），在弹出的“吸管选项”对话框中进行再次设置，如图 4-16 所示。

图4-15　应用文本对象上采样的属性

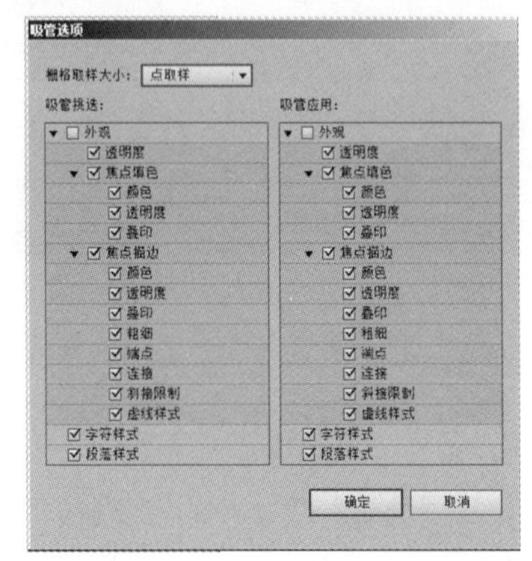

图4-16　“吸管选项”对话框

4．转换文本排列方向

Illustrator CS6 还提供了转换文本对象排列方向的功能。执行在绘图区中选择需要转换排列方向的文本，然后执行菜单中的“文字 | 文字方向 | 水平”或“文字 | 文字方向 | 垂直”命令，即可将选择的文本对象转换成水平或垂直排列方向。

5．将文本转换为轮廓

（1）为什么要将文本转换为轮廓。

将文本转换为轮廓有 3 种情况：

- 进行图形转换、扭曲组成单词或字母的单个曲线或描点。对一个单词来说，可以实现从最微小的拉伸到极端的扭曲的各种转换。
- 当把文本输出到其他程序中保持字母和单词的距离。许多能够导入 Illustrator 创建的、可编辑的程序并不支持用户自定义的特殊字距和单词词句，因此在包含自定义单词和字母间距的情况下，在导出 Illustrator 文本前最好将文本转换为轮廓。
- 防止字体丢失。为了防止对方客户没有当初设计时所需字体而出现字体替换的情况，将文本转换为轮廓是十分必要的。

提示

不要将小字号的文本转换为轮廓。这是因为小字号的文本对象转换为轮廓后在屏幕上看起来将不如转换前清晰。

（2）将文本转换为轮廓的方法。

① 利用工具箱中的 （直接选择工具）选择所有要转换为轮廓的文本（选择了非文本对象也没关系），如图 4-17 所示。

② 执行菜单中的“文字 | 创建轮廓”命令，即可将文本转换为轮廓，如图 4-18 所示。

动漫游戏行业　　动漫游戏行业

图4-17　选择文本 　　图4-18　将文本转换为轮廓

6. 将图片和文本进行混排

Illustrator　CS6 具有较好的图文混排功能，可以实现常见的图文混排效果。和文本分栏一样，进行图文混排的前提是用于混排的文本必须是文本块或区域文字，不能是直接输入的文本和路径文本，否则将无法进行图文混排操作。在文本块中插入的图形可以是任意形态的图形路径，还可以是置入的位图图像和画笔工具创建的图形对象，但需要经过处理后才可以使用。

（1）规则图文混排。

所谓图文混排，是指文本对象按照规则的几何路径与图形（或图像）对象进行混合排列。规则的几何路径可以是矩形、正方形、圆形、多边形和星形等图形形状。

创建规则图文混排的具体操作步骤如下：

① 使用工具箱中的 T（文字工具）在绘图窗口中输入一段文本，如图 4-19 所示。

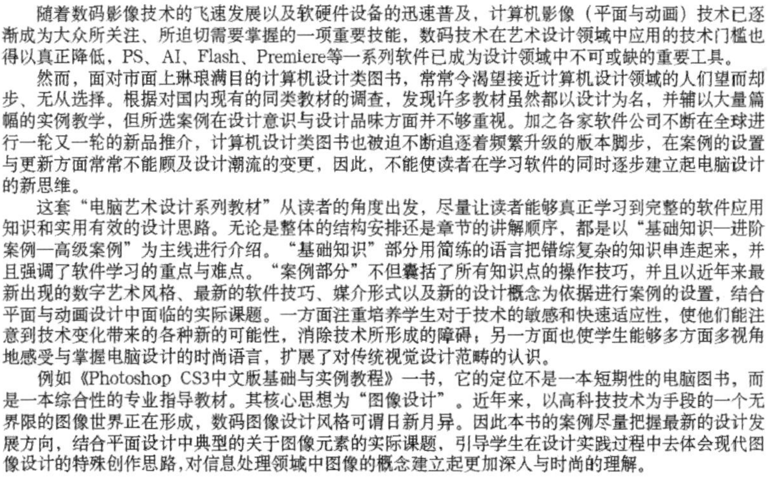

随着数码影像技术的飞速发展以及软硬件设备的迅速普及，计算机影像（平面与动画）技术已逐渐成为大众所关注、所迫切需要掌握的一项重要技能，数码技术在艺术设计领域中应用的技术门槛也得以真正降低，PS、AI、Flash、Premiere等一系列软件已成为设计领域中不可或缺的重要工具。

然而，面对市面上琳琅满目的计算机设计类图书，常常令渴望接近计算机设计领域的人们望而却步、无从选择。根据对国内现有的同类教材的调查，发现许多教材虽然都以设计为名，并辅以大量篇幅的实例教学，但所选案例在设计意识与设计品味方面并不够重视。加之各家软件公司不断在全球进行一轮又一轮的新品推介，计算机设计类图书也被迫不断追逐着频繁升级的版本脚步，在案例的设置与更新方面常常不能顾及设计潮流的变更，因此，不能使读者在学习软件的同时逐步建立起电脑设计的新思维。

这套“电脑艺术设计系列教材”从读者的角度出发，尽量让读者能够真正学习到完整的软件应用知识和实用有效的设计思路。无论是整体的结构安排还是章节的讲解顺序，都是以“基础知识—进阶案例—高级案例”为主线进行介绍。“基础知识”部分用简练的语言把错综复杂的知识串连起来，并且强调了软件学习的重点与难点。“案例部分”不但囊括了所有知识点的操作技巧，并且以近年来最新出现的数字艺术风格、最新的软件技巧、媒介形式以及新的设计概念为依据进行案例的设置，结合平面与动画设计中面临的实际课题。一方面注重培养学生对于技术的敏感和快速适应性，使他们能注意到技术变化带来的各种新的可能性，消除技术所形成的障碍；另一方面也使学生能够多方面多视角地感受与掌握电脑设计的时尚语言，扩展了对传统视觉设计范畴的认识。

例如《Photoshop CS3中文版基础与实例教程》一书，它的定位不是一本短期性的电脑图书，而是一本综合性的专业指导教材。其核心思想为“图像设计”。近年来，以高科技技术为手段的一个无界限的图像世界正在形成，数码图像设计风格可谓日新月异。因此本书的案例尽量把握最新的设计发展方向，结合平面设计中典型的关于图像元素的实际课题，引导学生在设计实践过程中去体会现代图像设计的特殊创作思路,对信息处理领域中图像的概念建立起更加深入与时尚的理解。

图4-19　输入文本

② 执行菜单中的“文件 | 置入”命令，置入一幅图片。然后将其移动到文本对象上方。接着同时选择文本和图片，执行菜单中的“对象 | 文本绕排 | 建立”命令，即可创建图文混排，如图 4-20 所示。

（2）不规则图文混排。

所谓不规则图文混排，是指文本对象按照非规则的路径、图形或图像进行混合排列。如果

所绘制或置入的是不规则的图形对象，可以直接将其移至所需混排的文本对象上，再将图形对象调整至文本对象的前面。然后执行菜单中的“对象|文本混排|文本绕排选项”命令，在弹出的图 4-21 所示的对话框中设置“位移”数值，单击“确定”按钮，即可创建不规则的图文混排效果，如图 4-22 所示。

随着数码影像技术的飞速发展以及软硬件设备的迅速普及，计算机影像（平面与动画）技术已逐渐成为大众所关注、所迫切需要掌握的一项重要技能，数码技术在艺术设计领域中应用的技术门槛也得以真正降低，PS、AI、Flash、Premiere等一系列软件已成为设计领域中不可或缺的重要工具。

然而，面对市面上琳琅满目的计算机设计类图书，常常令渴望接近计算机设计领域的人们望而却步、无从选择。根据对国内现有的同类教材的调查，发现许多教材虽然都以设计为名，并辅以大量篇幅的实例教学，但所选案例在设计意识与设计品味方面并不够重视。加之各家软件公司不断在全球进行一轮又一轮的新品推介，计算机设计类图书也被迫不断追逐着频繁升级的版本脚步，在案例的设置与更新方面常常不能顾及设计潮流的变更，因此，不能使读者在学习软件的同时逐步建立起电脑设计的新思维。

这套“电脑艺术设计系列教材”从读者的角度出发，尽量让读者能够真正学习到完整的软件应用知识和实用有效的设计思路。无论是整体的结构安排还是章节的讲解顺序，都是以“基础知识—进阶案例—高级案例”为主线进行介绍。“基础知识”部分用简练的语言把错综复杂的知识串连起来，并且强调了软件学习的重点与难点。“案例部分”不但囊括了所有知识点的操作技巧，并且以近年来最新出现的数字艺术风格、最新的软件技巧、媒介形式以及新的设计概念为依据进行案例的设置，结合平面与动画设计中面临的实际课题。一方面注重培养学生对于技术的敏感和快速适应性，使他们能注意到技术变化带来的各种新的可能性，消除技术所形成的障碍；另一方面也使学生能够多方面多视角地感受与掌握电脑设计的时尚语言，扩展了对传统视觉设计范畴的认识。

例如《Photoshop CS3中文版基础与实例教程》一书，它的定位不是一本短期性的电脑图书，而是一本综合性的专业指导教材。其核心思想为“图像设计”。近年来，以高科技技术为手段的一个无界限的图像世界正在形成，数码图像设计风格可谓日新月异。因此本书的案例尽量把握最新的设计发展方向，结合平面设计中典型的关于图像元素的实际课题，引导学生在设计实践过程中去体会现代图像设计的特殊创作思路，对信息处理领域中图像的概念建立起更加深入与时尚的理解。

图4-20　创建的规则图文混排效果

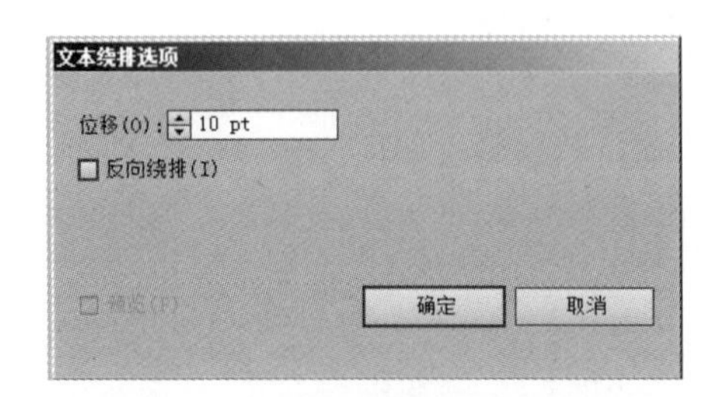

图4-21　“文本绕排选项”对话框

随着数码影像技术的飞速发展以及软硬件设备的迅速普及，计算机影像（平面与动画）技术已逐渐成为大众所关注、所迫切需要掌握的一项重要技能，数码技术在艺术设计领域中应用的技术门槛也得以真正降低，PS、AI、Flash、Premiere等一系列软件已成为设计领域中不可或缺的重要工具。

然而，面对市面上琳琅满目的计算机设计类图书，常常令渴望接近计算机设计领域的人们望而却步、无从选择。根据对国内现有的同类教材的调查，发现许多教材虽然都以设计为名，并辅以大量篇幅的实例教学，但所选案例在设计意识与设计品味方面并不够重视。加之各家软件公司不断在全球进行一轮又一轮的新品推介，计算机设计类图书也被迫不断追逐着频繁升级的版本脚步，在案例的设置与更新方面常常不能顾及设计潮流的变更，因此，不能使读者在学习软件的同时逐步建立起电脑设计的新思维。

这套“电脑艺术设计系列教材”从读者的角度出发，尽量让读者能够真正学习到完整的软件应用知识和实用有效的设计思路。无论是整体的结构安排还是章节的讲解顺序，都是以“基础知识—进阶案例—高级案例”为主线进行介绍。“基础知识”部分用简练的语言把错综复杂的知识串连起来，并且强调了软件学习的重点与难点。“案例部分”不但囊括了所有知识点的操作技巧，并且以近年来最新出现的数字艺术风格、最新的软件技巧、媒介形式以及新的设计概念为依据进行案例的设置，结合平面与动画设计中面临的实际课题。一方面注重培养学生对于技术的敏感和快速适应性，使他们能注意到技术变化带来的各种新的可能性，消除技术所形成的障碍；另一方面也使学生能够多方面多视角地感受与掌握电脑设计的时尚语言，扩展了对传统视觉设计范畴的认识。

例如《Photoshop CS3中文版基础与实例教程》一书，它的定位不是一本短期性的电脑图书，而是一本综合性的专业指导教材。其核心思想为“图像设计”。近年来，以高科技技术为手段的一个无界限的图像世界正在形成，数码图像设计风格可谓日新月异。因此本书的案例尽量把握最新的设计发展方向，结合平面设计中典型的关于图像元素的实际课题，引导学生在设计实践过程中去体会现代图像设计的特殊创作思路，对信息处理领域中图像的概念建立起更加深入与时尚的理解。

图4-22　创建的不规则图文混排效果

（3）编辑和释放文本混排。

创建图文混排效果后，如果对混排的效果不满意，可以使用工具箱中的选择选择应用文本绕图效果的图形或图像，然后执行菜单中的“对象|文本绕排|文本绕排选项”命令，在弹出的“文本绕排选项”对话框中更改所需的参数值，单击“确定”按钮，可将调整的参数值应用到所选择的图形或图像中。

如果要取消图文混排效果，可以利用工具箱中的（选择工具）选择图形或图像，然后执行菜单中的“对象|文本绕排|释放”命令，即可对选择的图形或图像取消应用的文本绕排效果。

4.2 图　　表

图表包括图表的类型、创建图表和编辑文本的编辑图表 3 部分内容。

4.2 1　图表的类型

在现实工作中，图表在商业、教育、科技等领域是一种十分常用的工具，因为它直观、易懂，可以获得直观的视觉效果。在 Illustrator CS6 中提供了（柱形图工具）、（堆积柱形图工具）、（条形图工具）、（堆积条形图工具）、（折线图工具）、（面积图工具）、（散点图工具）、（饼图工具）和（雷达图工具）9 种图表工具，如图 4-23 所示。每种图表都有其自身的优越性，可以根据自己的不同需要，选择合适的图表工具，创建符合需要的图表。

1. 柱形图表

柱形图表是“图表类型”对话框中默认的图表类型。该类型的图表是通过与数据值成比例的柱形图形，表示一组或多组数据之间的相互关系。

柱形图表可以将数据表中的每一行的数据数值放在一起，以便进行比较。该类型的图表能将事物随着时间的变化趋势很直观地表现出来，如图 4-24 所示。

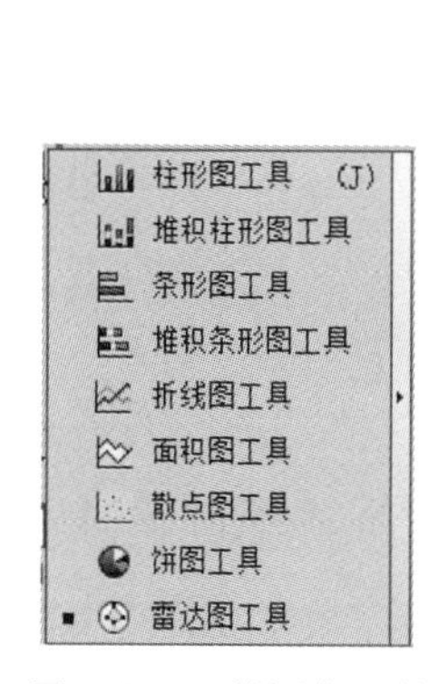

图4-23　9种图表工具

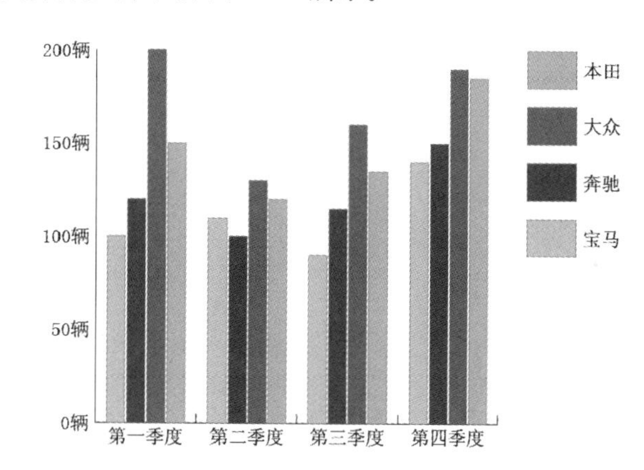

图4-24　柱形图表

该图表的表示方法是以坐标轴的方式逐栏显示输入的所有数据资料，柱形的高度代表所比较的数值。柱形图表最大的优点是：在图表上可以通过直接读出不同形式的统计数值。

2. 堆积柱形图表

堆积柱形图表与柱形图表相似，只是在表达数值信息的形式上有所不同。柱形图表用于每一类项目中单个分项目数据的数值比较，而堆积柱形图表用于将每一类项目中所有分项目数据的数值比较，如图 4-25 所示。

该图表是将同类中的多组数据，以堆积的方式形成垂直举行进行类型之间的比较。

3. 条形图表

条形图表与柱形图表相似，都是通过长度与数据数值成比例的矩形，表示一组或多组数据数值之间的相互关系。它们的不同之处在于，柱形图表中的数据数值形成的矩形是垂直方向的，而条形图表的数据数值形成的矩形是水平方向的，如图 4–26 所示。

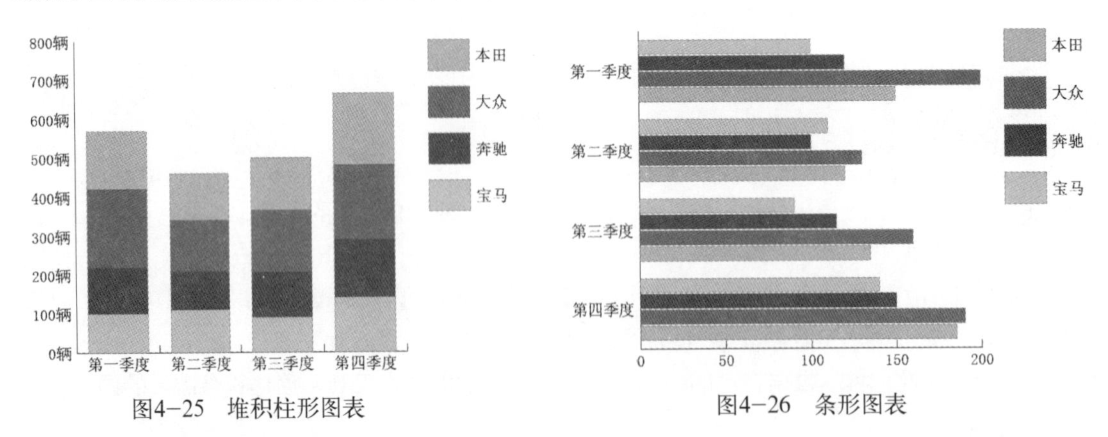

图4–25 堆积柱形图表

图4–26 条形图表

4．堆积条形图表

堆积条形图表与堆积柱形图标类似，都是将同类中的多组数据数值，以堆积的方式形成矩形，进行类型之间的比较。它们的不同之处在于，堆积柱形图表中的数据数值形成的矩形是垂直方向的，而堆积条形图表中的数据数值形成的矩形是水平方向的，如图 4–27 所示。

5．折线图表

折线图表是通过线段来表现数据数值随时间变化的趋势的，可以更好地把握事物发展的过程、分析变化趋势和辨别数据数值变化的特性。该类型的图表将同项目的数据数值以点的形式在图表中显示，再通过线段将其连接，如图 4–28 所示。通过折线图表、不仅能够纵向比较图表中各个横行的数据数值，而且还可以横向比较图表中的纵行数据数值。

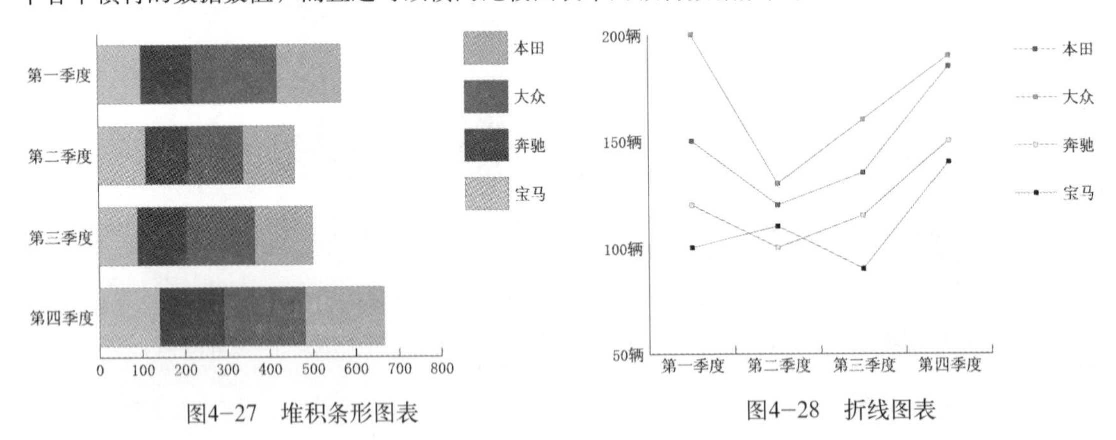

图4–27 堆积条形图表

图4–28 折线图表

6．面积图表

面积图表所表示的数据数值关系与折线图表比较相似，但是与后者相比，前者更强调整体在数据值上的变化。面积图表是通过用点表示一组或多组数据数值，并以线段连接不同组的数据数值点，形成面积区域，如图 4–29 所示。

7．散点图表

散点图表是一种比较特殊的数据图表，它主要用于数学的数理统计、科技数据的数值比较等方面。该类型的图表的X轴和Y轴都是数据数值坐标轴，它会在两组数据数值的交汇处形成坐标点。每一个数据数值的坐标点都是通过X坐标和Y坐标进行定位的，坐标点之间使用线段相互连接。通过散点图表能够反映数据数值的变化趋势，可以直接查看X坐标轴和Y坐标轴之间的相对性，如图4-30所示。

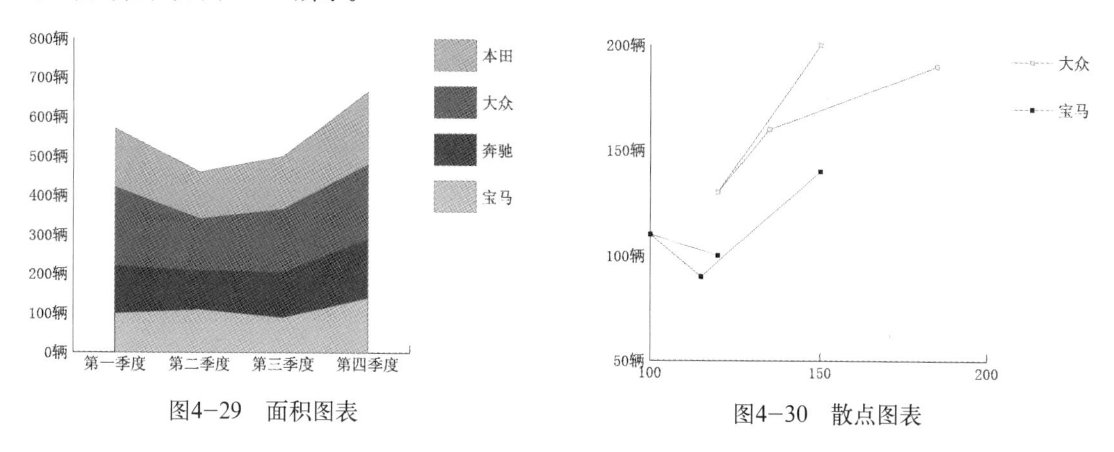

图4-29　面积图表　　图4-30　散点图表

8．饼图图表

饼图图表是将数据数值的总和作为一个圆饼，其中各组数据数值所占的比例通过不同的颜色来表示。该类型的图表非常适合于显示同类项目中不同分项目的数据数值之间的相互比较，它能够很直观地显示出在一个整体中各个项目部分所占的比例数值，如图4-31所示。

9．雷达图表

雷达图表是一种以环形方式进行各组数据数值比较的图表。这种比较特殊的图表，能够将一组数据以其数值多少在刻度数值尺度上标注成数值点，然后通过线段将各个数值点连接起来，这样可以通过所形成的各组不同的线段图形来判断数据数值的变化，如图4-32所示。

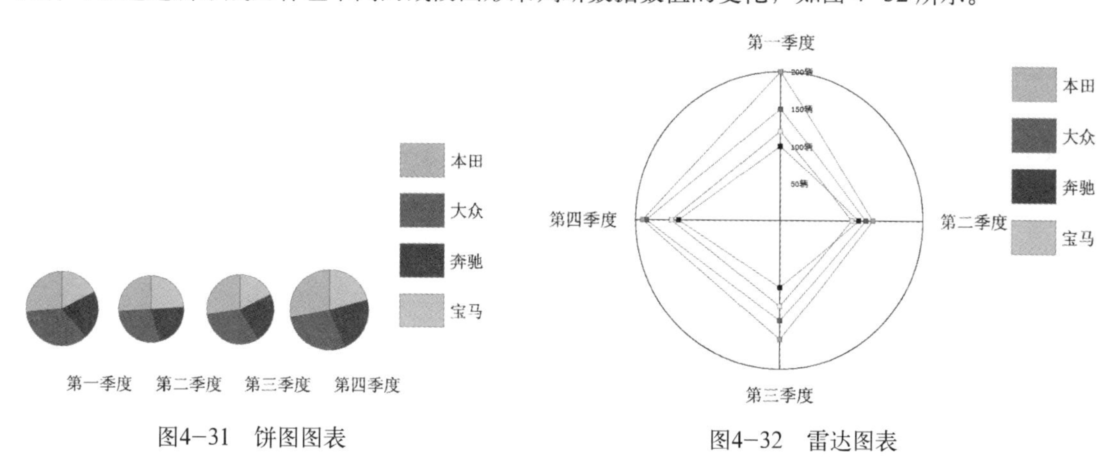

图4-31　饼图图表　　图4-32　雷达图表

4.2.2　创建图表

图表的创建主要包括设定确定图表范围的长度和宽度，以及进行比较的图表数据资料，而数据资料才是图表的核心和关键。

1. 创建指定图表大小

在创建图表时，指定图表大小是指确定图表的高度和宽度，其方法有两种：一是通过拖动鼠标来任意创建图表；二是通过输入数值来精确创建图表。

(1) 直接创建图表。

选择工具箱中图表工具组中的任意一个图表工具，移动鼠标至图形窗口，单击鼠标左键并拖动，此时将出现一个矩形框，该矩形框的长度和宽度即为图表的长度和宽度，释放鼠标后，将弹出图 4-33 所示的对话框。

该数据输入框的主要选项含义如下：

- ：用于导入外部数据。
- ：若不小心弄错了所输入数据的行和列的关系，单击该按钮，即可达到转换行列数据的效果。
- ：切换 X 轴和 Y 轴坐标。
- ：设置数据格的位宽和小数的精度，单击该按钮，会弹出“单元格样式”对话框，如图 4-34 所示。其中“小数位数”选项用于控制小数点后面有几位的精度，“列宽度”选项用于设置数据框中的栏宽度，也就是数据的位数。

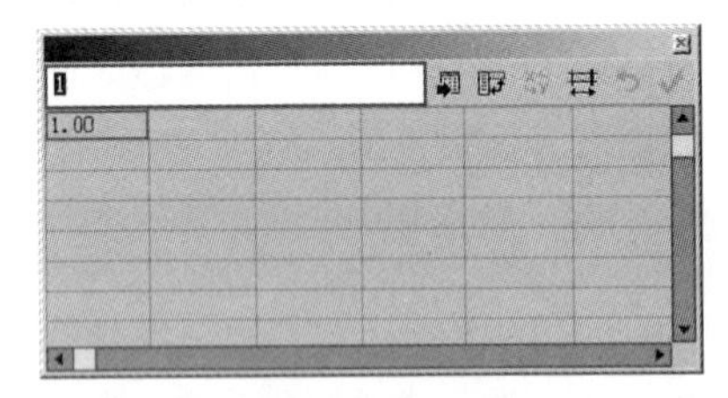

图4-33　图表数据输入框

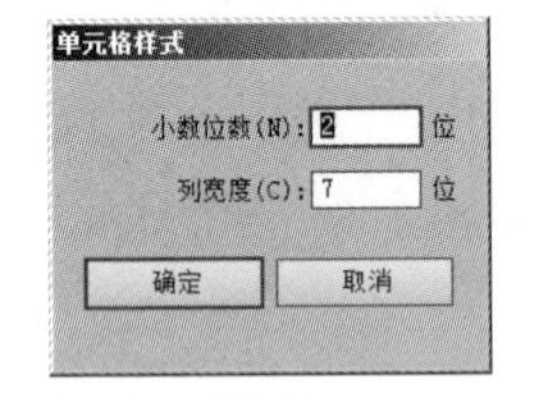

图4-34　“单元格样式”对话框

- ：单击该按钮，可清除所输入的全部数据，从而使数据输入框恢复到原始状态。
- ：单击该按钮，确认所输入的数据，即可创建图表。

提示

使用图表工具创建图表时，若按住<Shift>键的同时拖动鼠标，则绘制正方形的图表；若按住<Alt>键的同时拖动鼠标，则将以鼠标单击处为中心向四周延伸，以创建图表。

(2) 创建精确的图表。

如需要创建精确的图表，可选取工具箱中的图表工具后，在图形窗口中的任意位置处单击，此时会弹出“图表”对话框，如图 4-35 所示。

在该对话框中，直接在“宽度”和“高度”文本框中输入所需要图表大小的数值，然后单击“确定”按钮，即可弹出图表数据输入框。然后在输入框中输入相应数据，如图 4-36 所示，单击按钮，即可生成相应的图表，如图 4-37 所示。

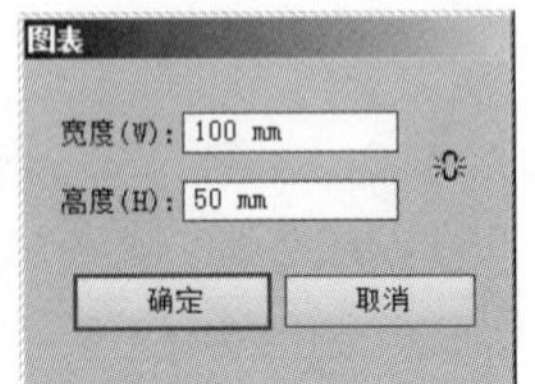

图4-35　“图表”对话框

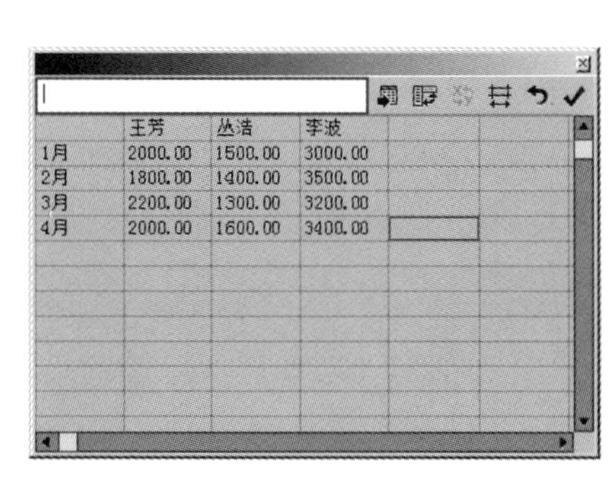

	王芳	丛浩	李波
1月	2000.00	1500.00	3000.00
2月	1800.00	1400.00	3500.00
3月	2200.00	1300.00	3200.00
4月	2000.00	1600.00	3400.00

图4-36 输入图表数据

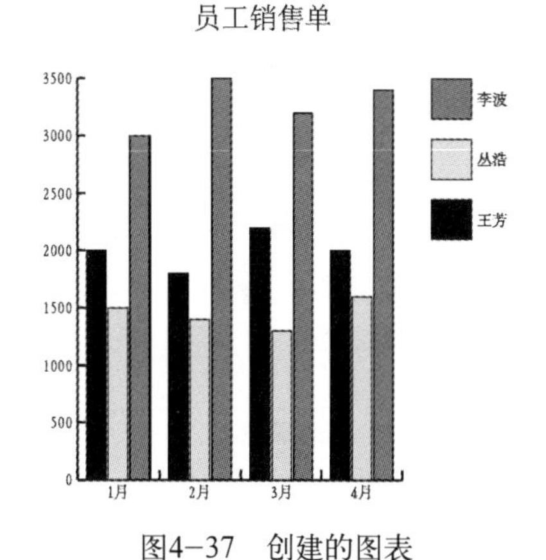

图4-37 创建的图表

2．输入图表数据

图表数据资料的输入是创建图表过程中非常重要的一环。在 Illustrator CS6 中，可以通过 3 种方法来输入图表资料 ：第 1 种方法是使用图表数据输入框直接输入相应的图表数据；第 2 种方法是导入其他文件中的图表资料：第 3 种方法是从其他程序或图表中复制资料。下面就对这 3 种数据输入方法进行详细的介绍。

（1）使用图表数据框输入数据。

在图表数据输入框中，第一排左侧的文本框为数据输入框，一般图表的数据都在该文本框中。图表数据输入框中的每一个方格就是一个单元格。在实际的操作过程中，单击单元格即可输入图表数据资料，也可以输入图表标签和图例名称。

提示

在数据输入框中输入数据时，按〈Enter〉键，光标会自动跳到同列的下一个单元格；按<Tab>键，光标会自动跳到同行的下一个单元格。使用工具箱中的方向键，可以使光标在图表数据输入框中向任意方向移动。单击任意一个单元格即可激活该单元格。

图表标签和图例名称是组成图表的必要元素，一般情况下需要先输入标签和图例名称，然后在与其对应的单元格中输入数据，数据输入完毕后，单击✔按钮，即可创建相应的图表。

（2）导入其他文件中的图表资料。

在 Illustrator CS6 中，若要导入其他文件中的资料，其文件必须保存为文本格式。导入的方法是：选择工具箱中的图表工具，在图形窗口中单击并拖动，在弹出的数据输入框中单击按钮。然后在弹出的图 4-38 所示的“导入图表数据”对话框中选择需要导入的文件，单击“打开”按钮，即可将数据导入到图表数据输入框中。

（3）从其他的程序或图表中复制资料。

使用复制、粘贴的方法，可以在某些电子表格或文本文件中复制需要的图表数据资料，其具体方法与复制文本完全相同。首先在其他的应用程序中按快捷键〈Ctrl+C〉复制所需要的资料，然后在 Illustrator CS6 的图表数据输入框中按快捷键〈Ctrl+V〉进行粘贴，如此反复，直到完成复制操作。

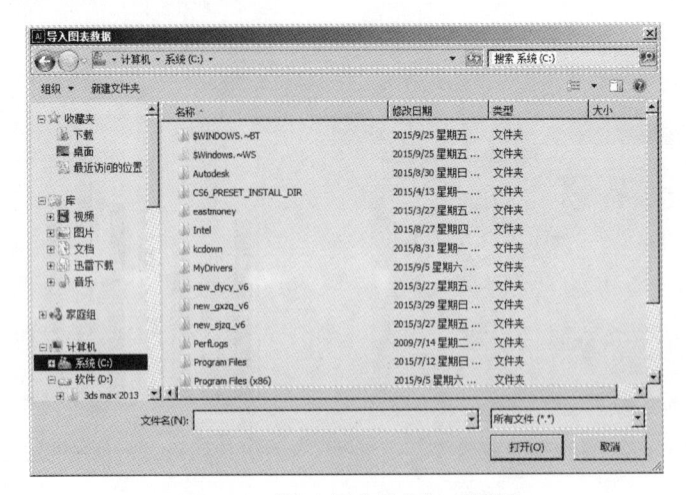

图4-38 “导入图表数据”对话框

4.2.3 编辑图表

Illustrator CS6允许对已经生成的图表进行编辑。例如，可以更改某一组数据，也可以改变不同图表类型中的相关选项，以生成不同的图表外观，甚至可以改变图表中的示意图形状。

1．编辑图表的类型

利用工具箱中的（选择工具）选择要编辑的图表，然后执行菜单中的“对象|图表|类型”命令；或双击工具栏中的图表工具；或右击工作区中的图表并从弹出的快捷菜单中选择“类型”命令，此时会弹出图4-39所示的“图表类型”对话框。在该对话框中可以更改图表的类型、添加图表的样式、设置图表选项以及对图表的坐标轴进行重新设置。

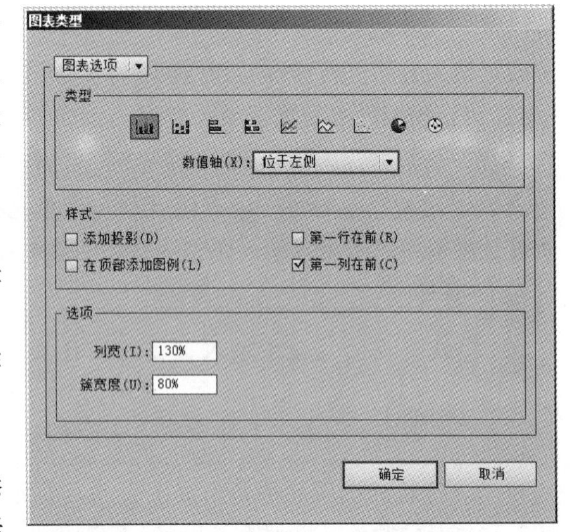

图4-39 “图表类型”对话框

（1）更改图表类型。

将当前的图表改用另一种类型的具体方法如下：

① 利用工具箱中的（选择工具）选择要编辑的图表。

② 执行菜单中的“对象|图表|类型”命令，在弹出的“图表类型”中选择要更改的图表类型，如图4-40所示，单击“确定”按钮，即可完成图表类型的更改，如图4-41所示。

（2）设置坐标轴的位置。

除了饼图图表外，其他类型的图表都有一条数据坐标轴。在“图表类型”对话框中，通过设置“数值轴”中的选项可以指定数值坐标轴的位置。选择不同的图表类型，其“数值轴”中的选项也会有所不同。

当选择柱形图表、堆积柱形图表、折线图表或面积图表时，在“数值轴”选项右侧的下拉列表中共有“位于左侧”“位于右侧”和“位于两侧”3 个选项，选择不同的选项，创建出的图表也各不相同，如图 4-42 所示。

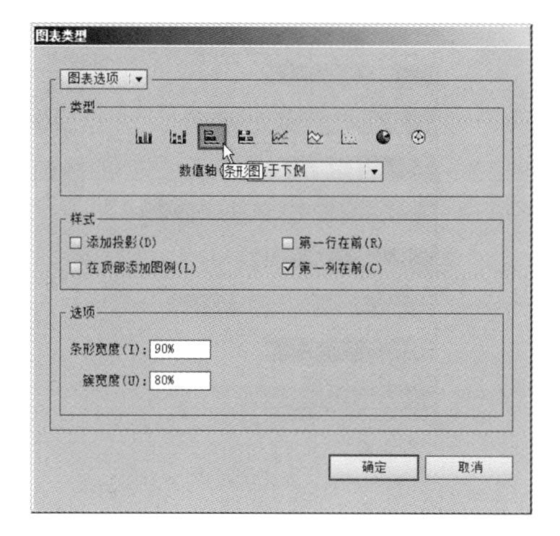

图4-40 选择要更改的图表类型

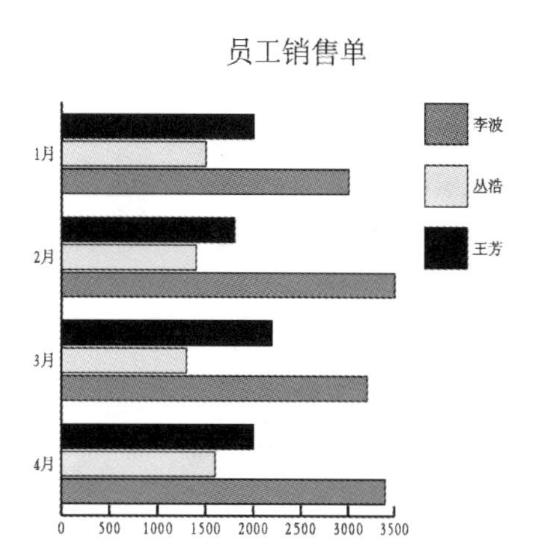

图4-41 更改类型后的图表

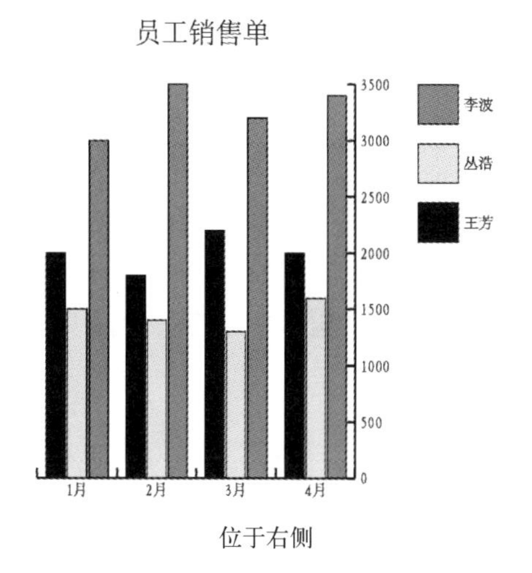

位于右侧

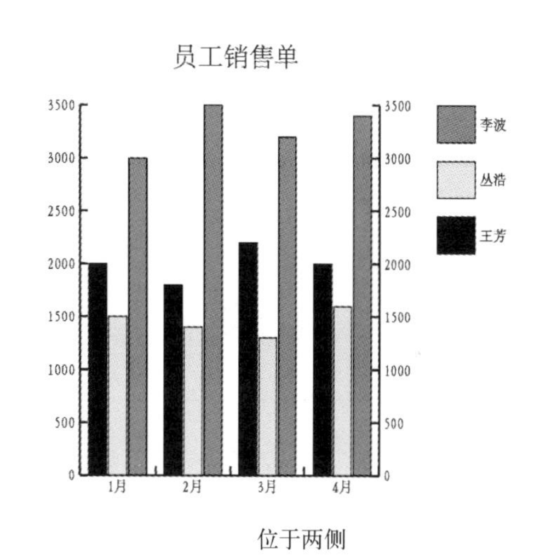

位于两侧

图4-42 不同数值轴的柱形图表

当选择条形图表和堆积条形图表时，在“数值轴”选项右侧的下拉列表中共有“位于上侧”“位于下侧”和“位于两侧”3 个选项，选择不同的选项，创建的图表也各不相同，如图 4-43 所示。

当选择散点图表时，在“数值轴”选项右侧的下拉列表中共有“位于左侧”和“位于两侧”2 个选项，选择不同的选项，创建出的图表也各不相同，如图 4-44 所示。

当选择雷达图表时，在“数值轴”选项右侧的下拉列表中将只有“位于每侧”选项。

2. 编辑图表的资料

若要对已经创建的图表的资料进行编辑修改，首先要利用工具箱中的（选择工具）选择要编辑的图表，然后执行菜单中的“对象 | 图表 | 数据”命令（或右击要编辑的图表，从弹出的快捷菜单中选择“数据”命令），此时将会弹出与该图表相对应的数据输入框，如图 4-45 所示。

在该数据输入框中对数据资料进行修改，然后单击✔按钮，即可将修改的数据应用至选择的图表中，如图 4-46 所示。

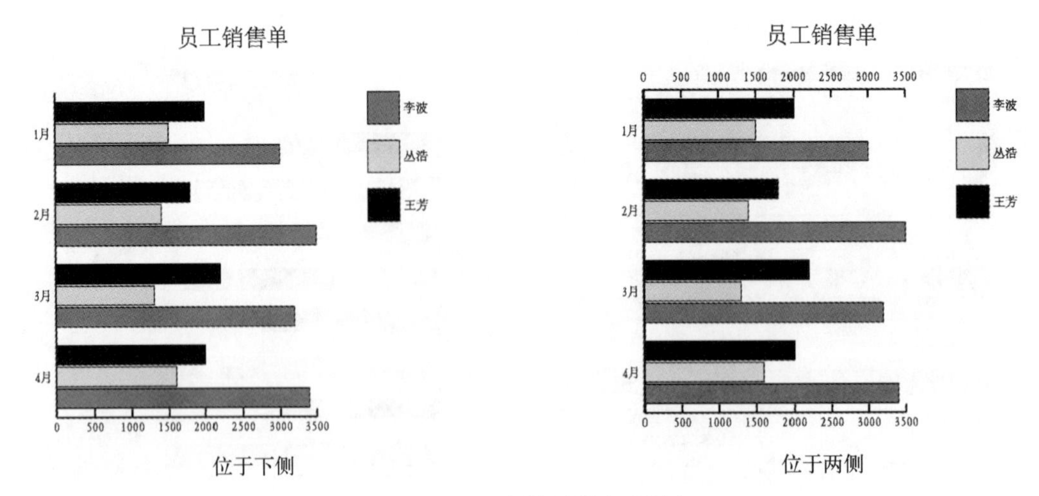

图4-43　不同数值轴的条形图表

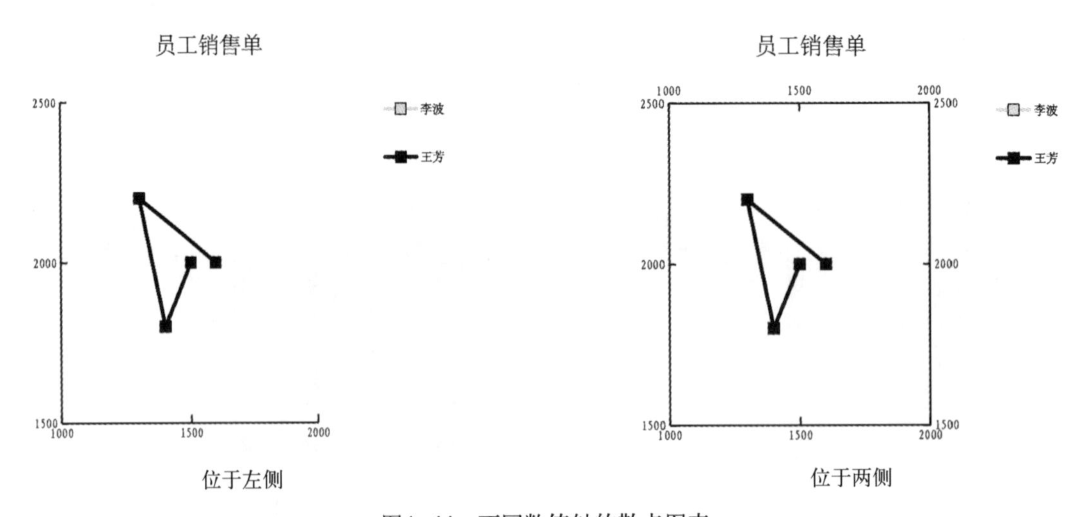

图4-44　不同数值轴的散点图表

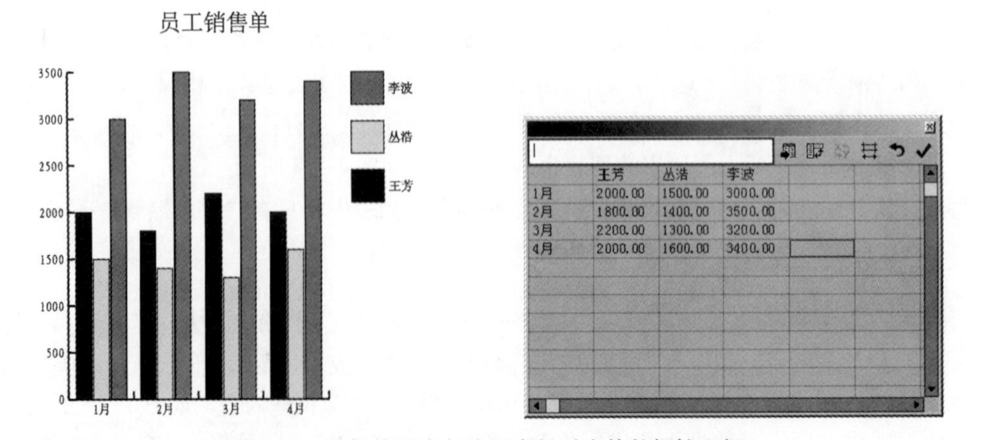

	王芳	丛浩	李波
1月	2000.00	1500.00	3000.00
2月	1800.00	1400.00	3500.00
3月	2200.00	1300.00	3200.00
4月	2000.00	1600.00	3400.00

图4-45　选择的图表与该图表相对应的数据输入框

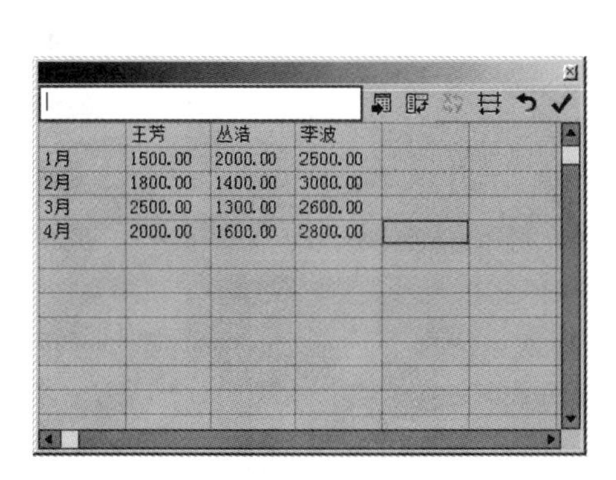

	王芳	丛浩	李波
1月	1500.00	2000.00	2500.00
2月	1800.00	1400.00	3000.00
3月	2500.00	1300.00	2600.00
4月	2000.00	1600.00	2800.00

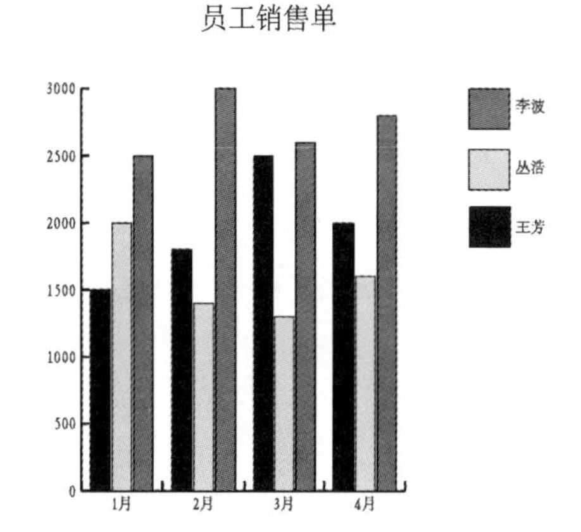

图4-46　修改数据与图表

若要调换图表的行／列，首先要选择工具箱中的 （选择工具）选中图表，然后执行菜单中的“对象|图表|数据”命令，接着在弹出的数据输入框中单击 按钮，再单击 按钮，即可调换所选择的图表的行／列，如图 4-47 所示。

3. 设置图表的效果

对于创建的不同类型的图表，不仅可以修改其数据数值，而且还可以为其添加其他的视觉效果，如添加投影、在图表上方显示图例等。

（1）添加投影。

利用工具箱中的 （选择工具）选中要添加投影的图表，如图 4-48 所示。然后执行菜单中的“对象|图表|类型”命令，接着在弹出的对话框中选中“添加投影”复选框，如图 4-49 所示，单击“确定”按钮，即可为所选择的图表添加投影，如图 4-50 所示。

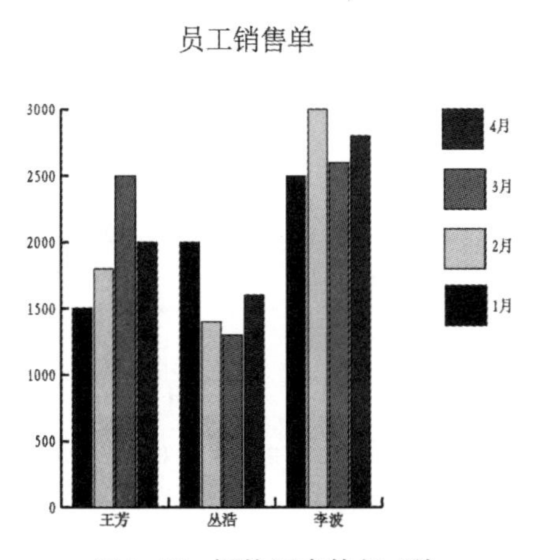

图4-47　调换图表的行/列

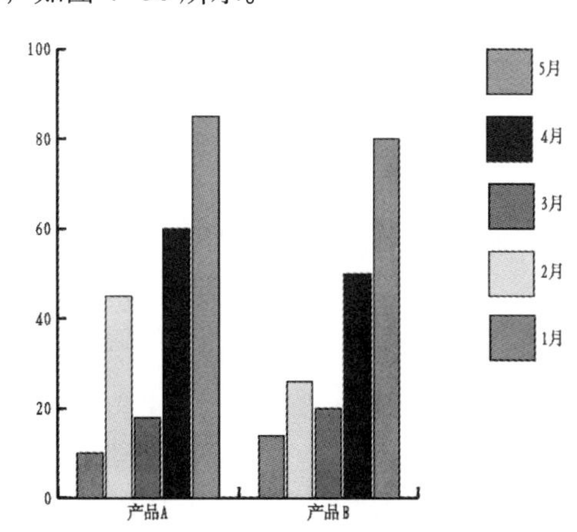

图4-48　选中要添加投影的图表

（2）在图表上方显示图例。

利用工具箱中的 （选择工具）选中要添加投影的图表，然后双击工具箱中的图表工具（或执行菜单中的“对象|图表|类型”命令；也可以右击图表，从弹出的快捷菜单中选择“类型”命令），在弹出的对话框中选中“在顶部添加图例”复选框，如图 4-51 所示，单击“确定”按钮，即可

在图表的上方显示图例，如图 4-52 所示。

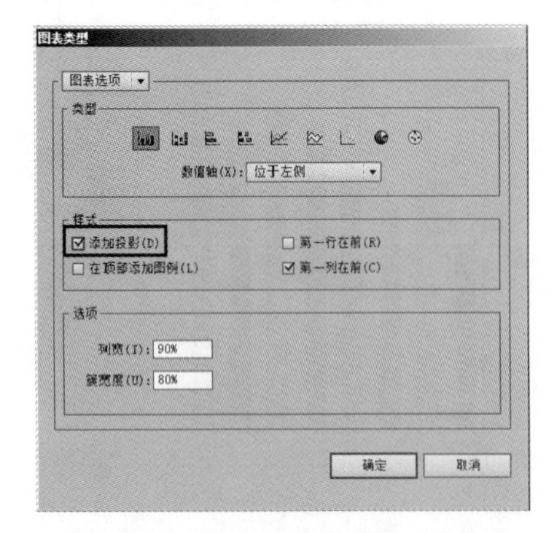

图4-49　选中“添加投影”复选框

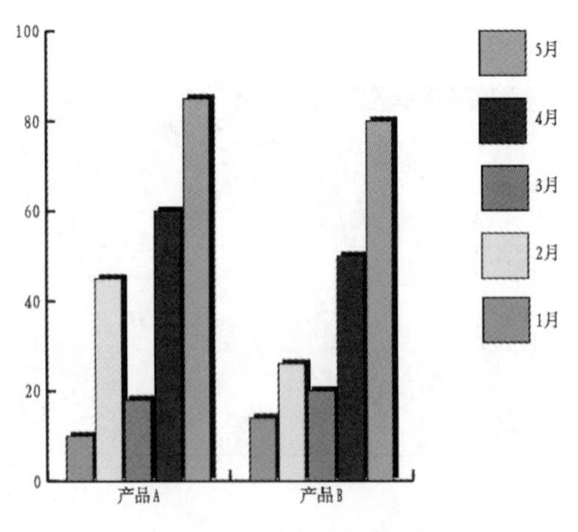

图4-50　添加投影效果

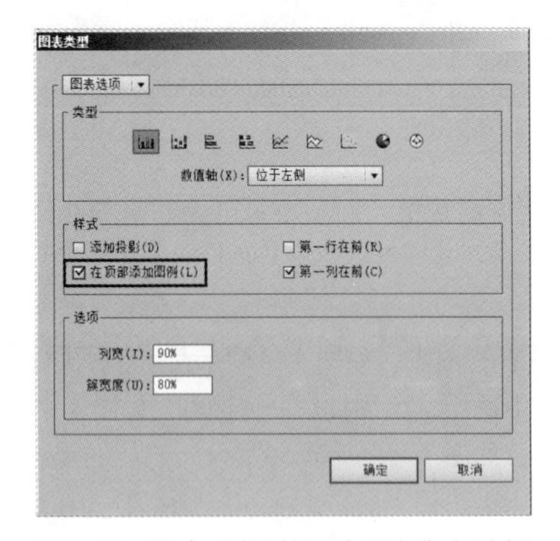

图4-51　选中“在顶部添加图例”复选框

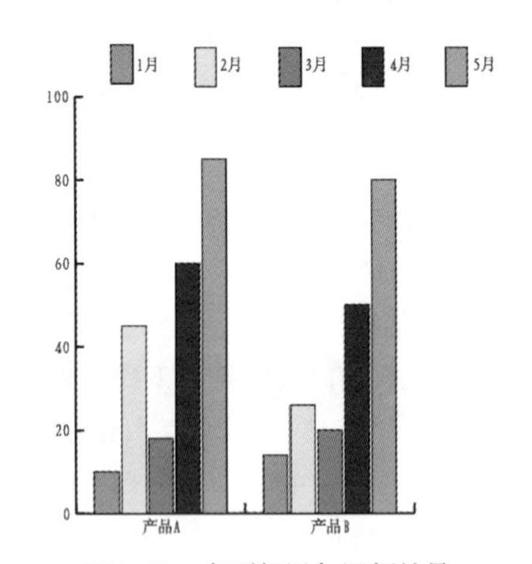

图4-52　在顶部添加图例效果

4．设置图表的选项

对于已创建的不同类型的图表，不仅可以编辑图表的数据数值和图表的显示效果，还可以在“图表类型”对话框中对不同类型的图表的参数选项进行设置与编辑。

（1）设置柱形图表和堆积柱形图表的参数选项。

利用工具箱中的（选择工具），选中柱形图表或堆积柱形图表，然后执行菜单中的“对象|图表|类型”命令，在弹出的“图表类型”对话框中对“选项”参数进行设置，如图 4-53 所示。柱形图表和堆积柱形图表的选项参数相同，该选项区域的参数含义如下：

- 列宽：用于设置柱形的宽度，其默认参数值为 90%。
- 簇宽度：用于设置一组范围内所有图形的宽度总和。其默认参数值为 80%。

（2）设置条形图表与堆积条形图表的参数选项。

条形图表与堆积条形图表的“选项”参数相同，如图 4-54 所示。

该选项区域的参数含义如下：

- 条形宽度：用于设置条形的宽度，其默认参数值为 90%。

图4−53　柱形图表和堆积柱形图表的“选项”参数

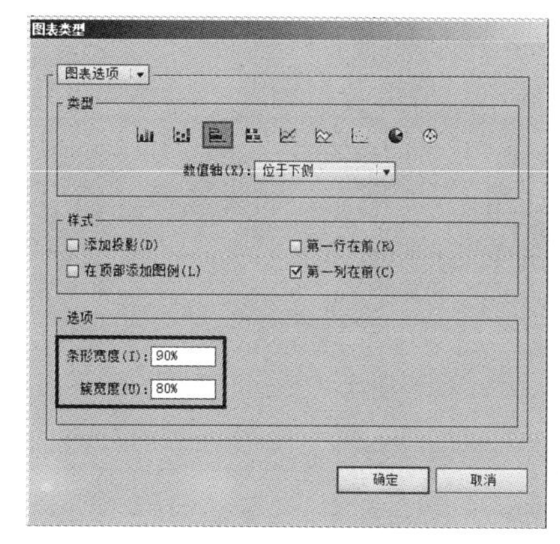

图4−54　条形图表与堆积条形图表的“选项”参数

- 簇宽度：用于设置一组范围内所有条形的宽度总和。其默认参数值为 80%。

（3）设置折线图表与雷达图表的参数选项。

折线图表与雷达图表的“选项”参数相同，如图 4−55 所示。该选项区域的参数含义如下：

- 标记数据点：选中该复选框，图表中的每个数据点将会以一个矩形点显示。
- 连接数据点：选中该复选框，图表将会用线段将各个数据点连接起来。
- 线段边到边跨 X 轴：选中该复选框，图表中连接数据点的线段将会沿 X 轴方向从左至右延伸至图表 Y 轴所标记的竖直纵轴末端。
- 绘制填充线：该项只有在选中“连接数据点”复选框的情况下才可以使用。选中该复选框，将会以该选项下方“线宽”文本框中设置的参数值来改变所创建的数据连接线的线宽大小。

（4）设置散点图表的参数选项。

散点图表的“图表类型”对话框中的“选项”区域除少了“线段边到边跨 X 轴”选项之外，其他的参数和折线图表与雷达图表的参数选项完全相同。

（5）设置饼图图表的参数选项。

饼图图表的“图表选项”对话框中的“选项”区域如图 4−56 所示。

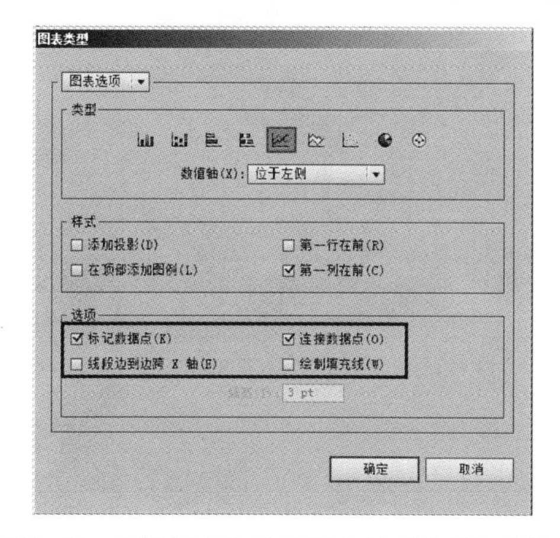

图4−55　折线图表与雷达图表的“选项”参数

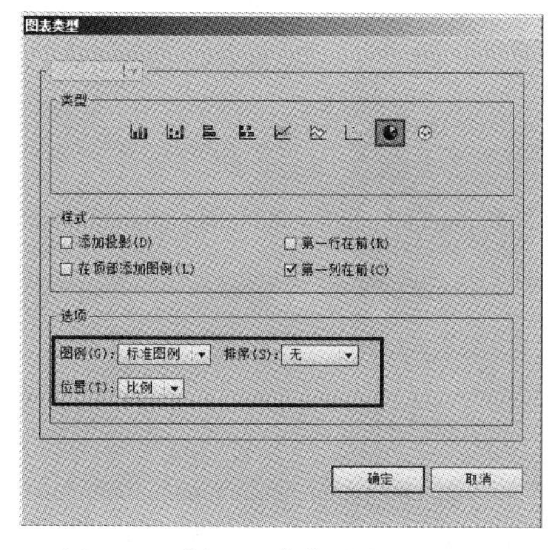

图4−56　饼图图表的“选项”参数

该选项区域的参数含义如下：

- 图例：单击其右侧的下拉按钮，在弹出的列表框中如果选择“无图例”选项，图表将不会显示图例；如果选择“标准图例”选项，图表将会将图例与项目名称放置在图表之外，如图 4–57 所示；如果选择“楔形图例”选项，图表将会将项目名称放置在图表内，如图 4–58 所示。

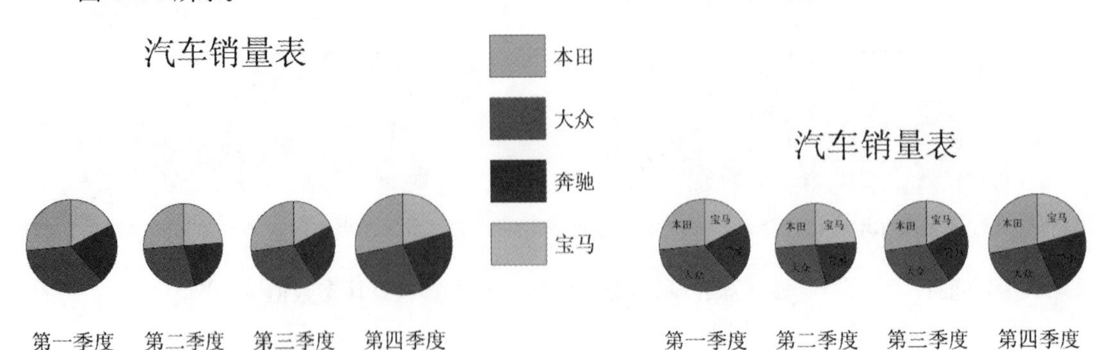

图4–57　选择“图例”为“标准图例”选项的饼图图表

图4–58　选择“图例”为“楔形图例”选项的饼图图表

- 排序：单击其右侧的下拉按钮，在弹出的列表框中如果选择“无”选项，图表将会完全按数据值输入的顺序顺时针排列在饼图中；如果选择“第一个”选项，图表将会将数据数值中最大数据比值放置在顺时针排列的第一个位置，而其他的数据数值将按照数据数值输入的顺序顺时针排列在饼图中；如果选择“全部”选项，图表将按照数据数值的大小顺序顺时针排列在饼图中。
- 位置：其右侧的下列列表中提供了“比例”“相等”和“堆积”3 个选项可供选择。如果选择“比例”，则会按比例显示各个饼形图表的大小；如果选择“相等”，则所有饼形图形的直径相等；如果选择“堆积”，则所有饼形图表会叠加在一起，并且每个饼形图形的大小都成比例，如图 4–59 所示。

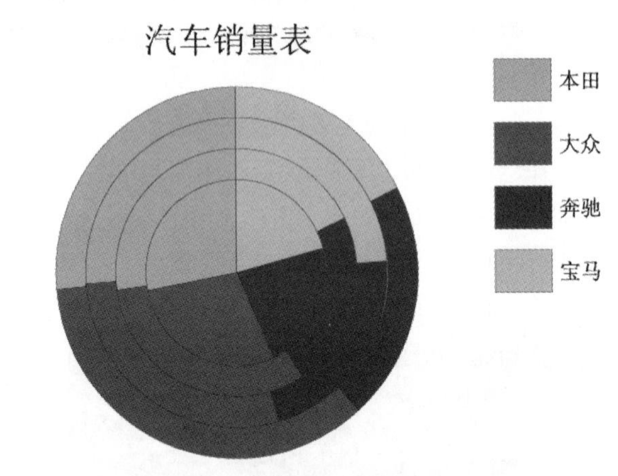

图4–59　选择“位置”为“堆积”选项的饼图图表

4.3　实例讲解

本节将通过 7 个实例来对文本和图表的相关知识进行具体应用，旨在帮助读者能够举一反三，快速掌握文本和图表在实际中的应用。

4.3.1 制作折扇效果

制作要点

本例将制作折扇效果，如图4-60所示。通过本例的学习应掌握（渐变工具）、（旋转工具）、（路径文字工具）和将文字“扩展”为图形后再进行填充的综合应用。

图4-60 折扇

操作步骤

1．制作扇面

（1）执行菜单中的“文件|新建”命令，在弹出的对话框中设置参数，如图 4-61 所示，单击“确定”按钮，从而新建一个文件。

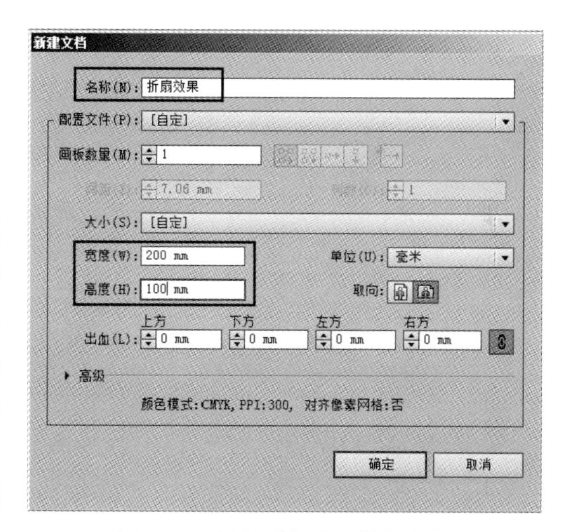

图4-61 设置“新建文档”参数

（2）选择工具箱中的（矩形工具），在工作区中单击，然后在弹出的对话框中设置矩形尺寸，如图 4-62 所示，单击“确定”按钮，从而创建一个矩形。接着将矩形描边色设置为黑色，填充色设置为“黄—白—黄”线性渐变，如图 4-63 所示，效果如图 4-64 所示。

（3）选中矩形，然后选择工具箱中的（旋转工具），按住〈Alt〉键在矩形右下方单击，从而确定旋转的轴心点，如图 4-65 所示。接着在弹出的对话框中设置参数，如图 4-66 所示，单击“确定”按钮，从而将其旋转 60°，效果如图 4-67 所示。

（4）选中旋转后的矩形，按〈Alt〉键在图 4-67 所示的标记的位置上单击，从而确定旋转的轴心点。接着在弹出的对话框中设置参数，如图 4-68 所示，单击“复制”按钮，从而复制出一个顺时针旋转 5° 的矩形，效果如图 4-69 所示。

（5）按快捷键〈Ctrl+D〉（重复上次的旋转操作）26 次，效果如图 4-70 所示。

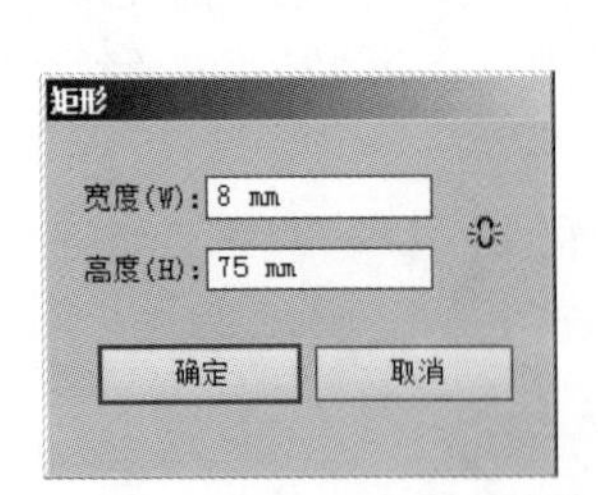

图4-62　设置“矩形”参数

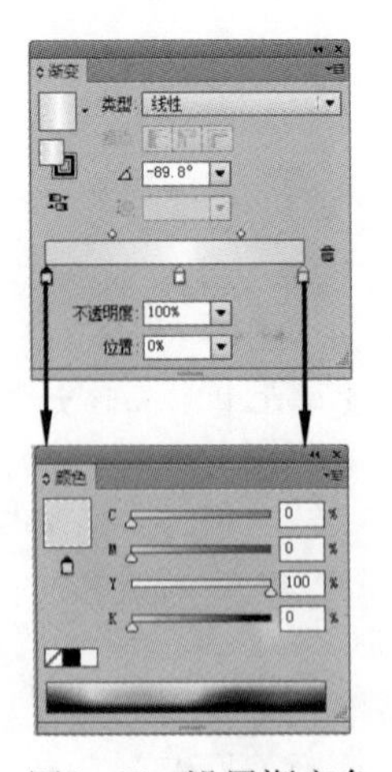

图4-63　设置渐变色

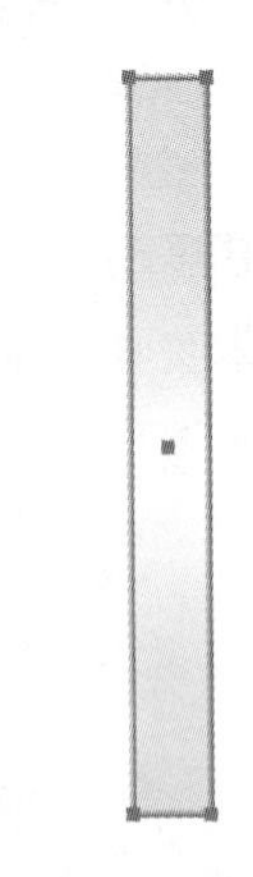

图4-64　绘制矩形

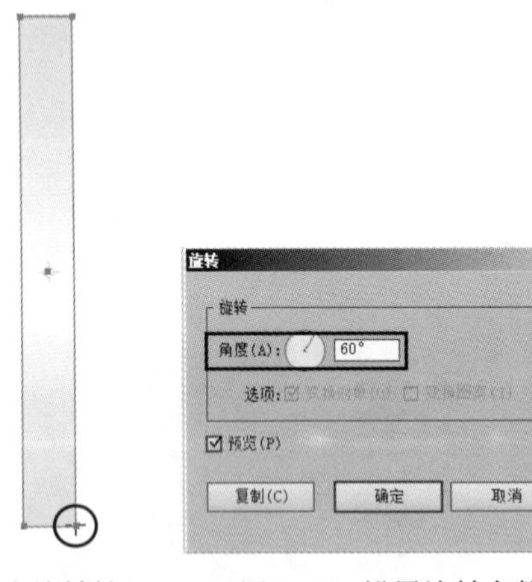

图4-65　确定旋转轴心

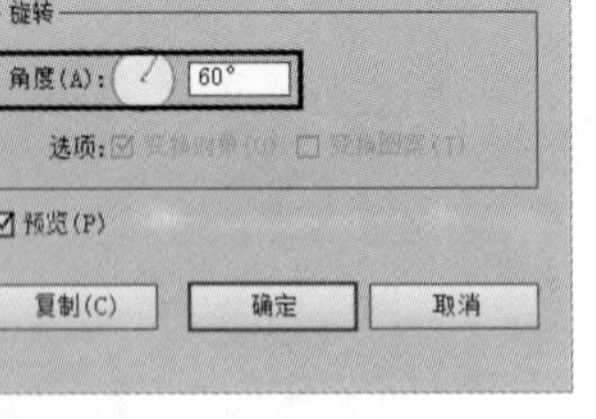

图4-66　设置旋转参数

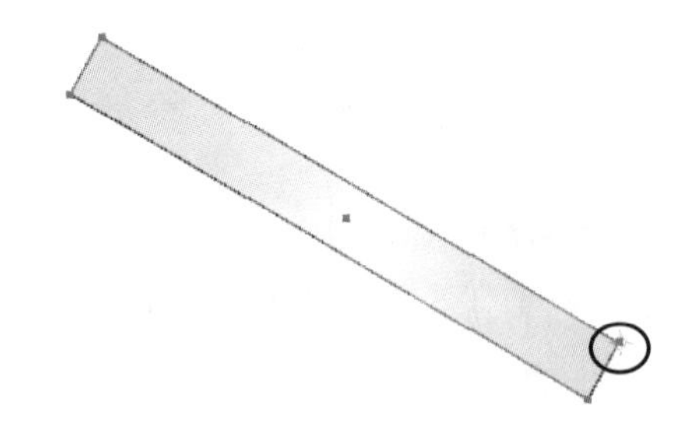

图4-67　旋转效果

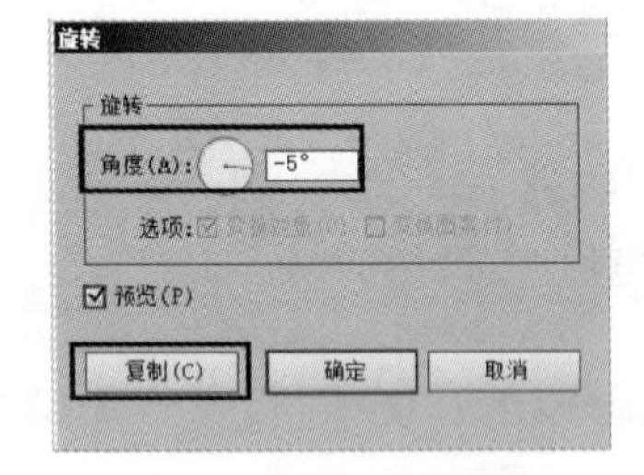

图4-68　设置旋转参数

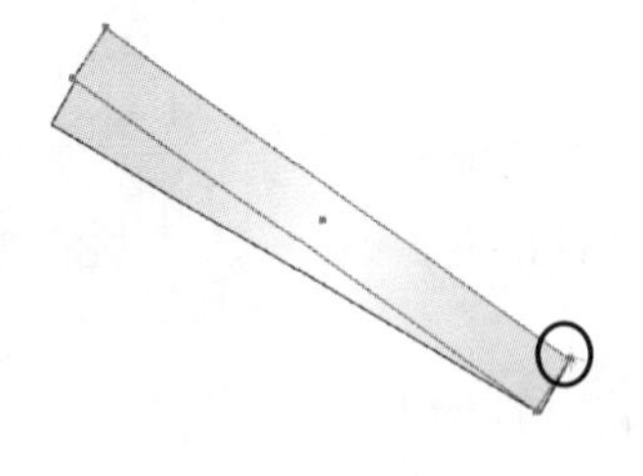

图4-69　旋转复制效果

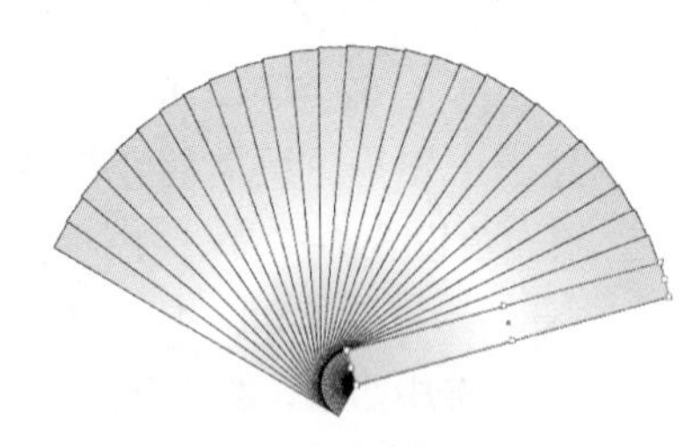

图4-70　旋转复制26次

2. 制作扇面上的文字

（1）选择工具箱中的 （椭圆工具），配合〈Shift+Alt〉组合键，以扇面轴心点为中心绘制一个正圆形，作为文字环绕的路径，如图 4-71 所示。

（2）选择工具箱中的 （路径文字工具），单击圆形路径的边缘，此时出现文字输入光标，如图 4-72 所示。

（3）输入文字“COOL”，设置的字体和字号如图 4-73 所示，效果如图 4-74 所示。

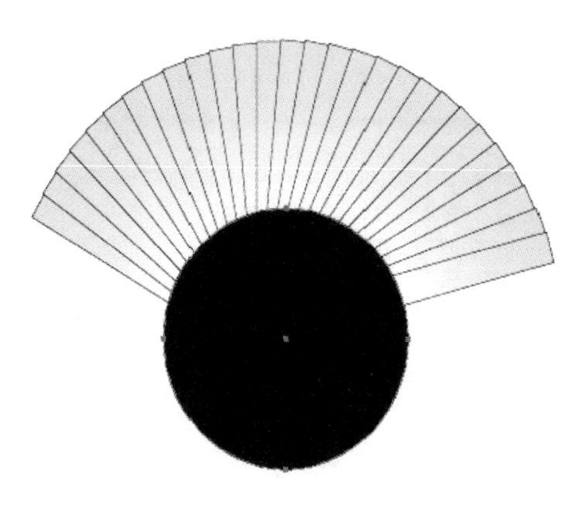

图4-71 绘制正圆形作为文字环绕的路径

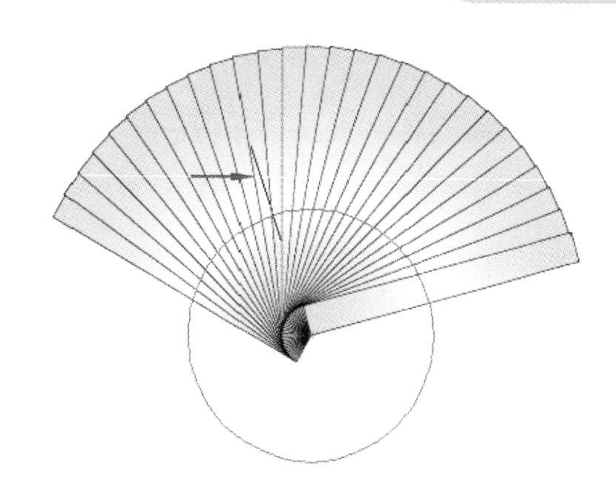

图4-72 文字输入光标

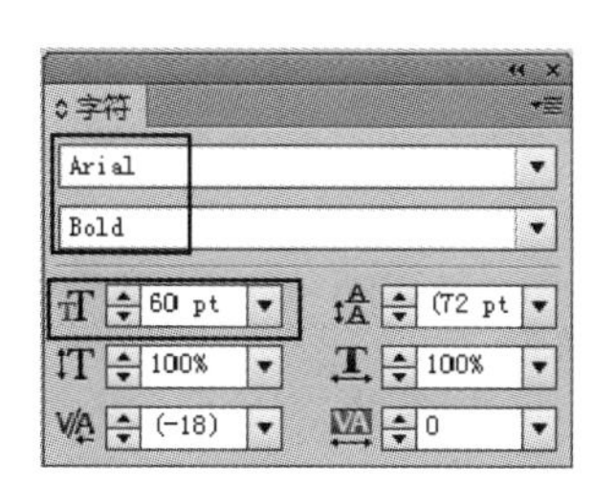

图4-73 设置字符属性

图4-74 输入文字

（4）此时，文字没有位于扇面中央，下面将光标放置在图 4-75 所示的位置，移动文字到适当的位置，效果如图 4-76 所示。

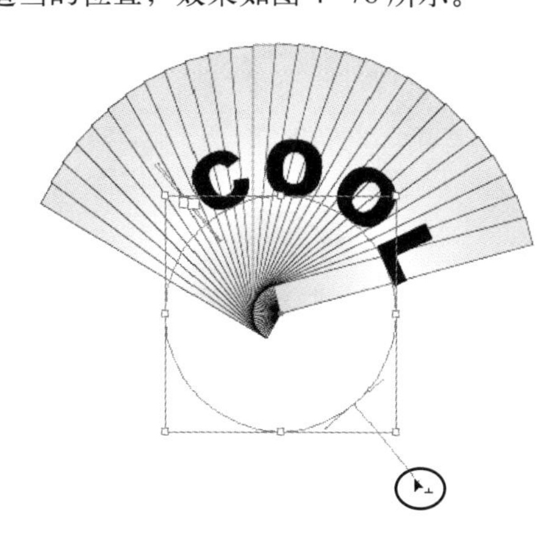

图4-75 放置鼠标位置

图4-76 移动文字到适当的位置

（5）将文字扩展为路径。方法为：选中文字，执行菜单中的“对象 | 扩展”命令，在弹出的对话框中进行设置，如图 4-77 所示，单击“确定”按钮，效果如图 4-78 所示。

（6）对文字进行渐变填充。方法为：选中扩展后的文字，在“渐变”面板中设置填充色为“绿—白—紫色”线性渐变，如图 4-79 所示，效果如图 4-80 所示。

图4-77　设置“扩展”参数

图4-78　扩展效果

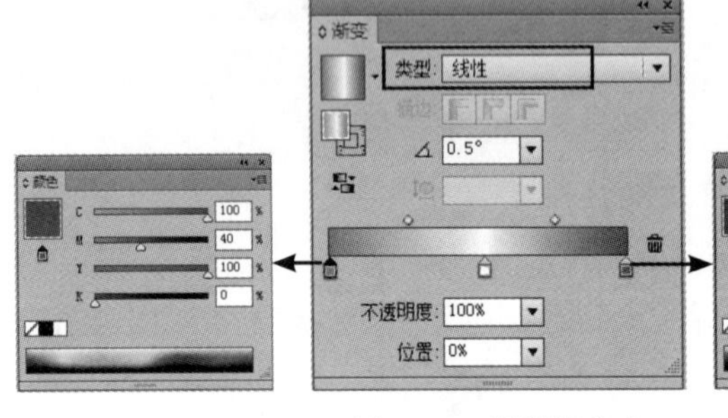

图4-79　设置渐变色

图4-80　对文字进行渐变填充

（7）此时，每个字母均产生了渐变效果，而需要的是文字整体产生一个渐变效果。为了解决这个问题，下面选择工具箱中的■（渐变工具）从左向右拖动鼠标，如图 4-81 所示，从而使文字产生一个整体的渐变效果，效果如图 4-82 所示。

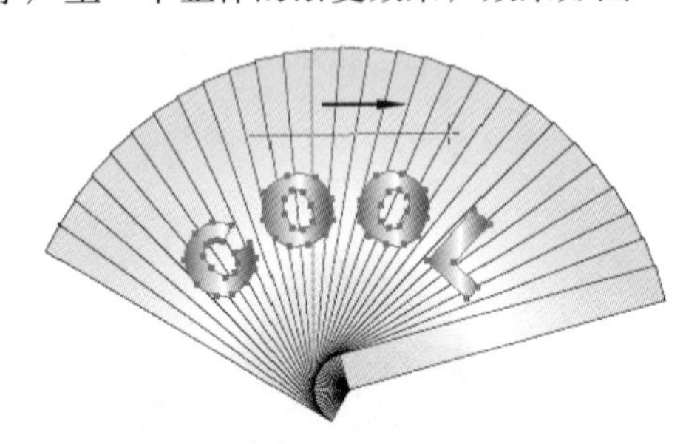

图4-81　从左向右拖动鼠标

图4-82　对文字进行整体的渐变效果

（8）对文字添加线条效果。方法为：选择文字，在“颜色”面板中设置描边色，如图 4-83 所示，然后在“描边”面板中设置“线宽”为 2 pt，效果如图 4-84 所示。

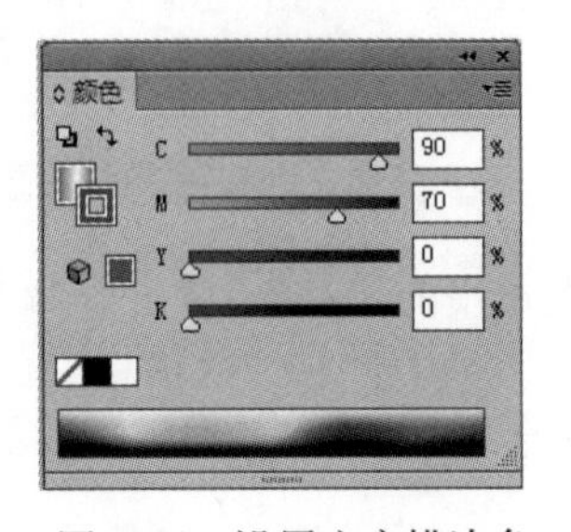

图4-83　设置文字描边色

图4-84　文字描边效果

4.3.2　立体文字效果

制作要点

本例将制作一个立体文字效果，如图4-85所示。通过本例的学习，应掌握（混合工具）的使用。

操作步骤

（1）执行菜单中的“文件|新建”命令，在弹出的对话框中设置参数，如图 4-86 所示，单击“确定”按钮，新建一个文件。

图4-85　立体文字效果

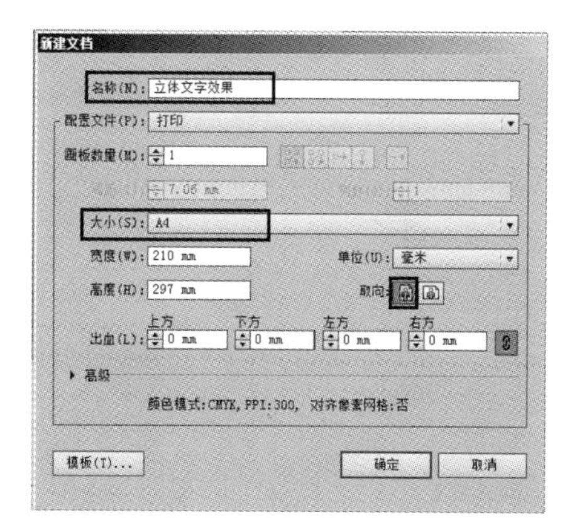

图4-86　设置“新建文档”参数

（2）选择工具箱中的 T（文字工具），直接输入文字“数字中国”，并设置“字体”为“汉仪中隶书简”，“字号”为 72 pt，如图 4-87 所示，效果如图 4-88 所示。

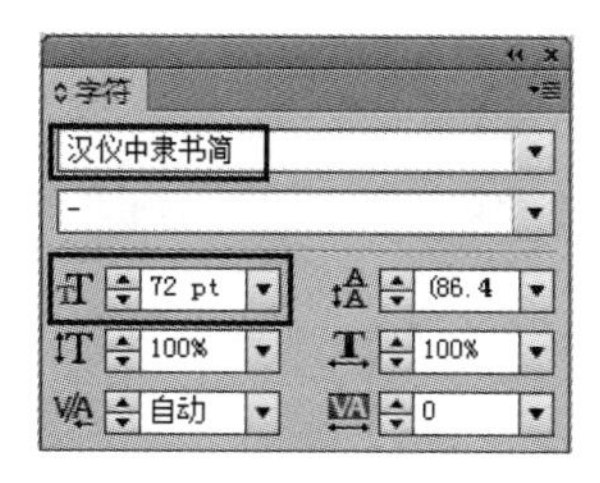

图4-87　设置文本属性

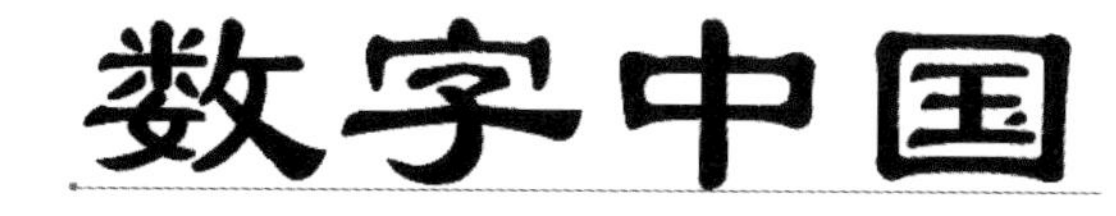

图4-88　输入文字效果

提示

此时采用的是直接输入文字的方法，而不是按指定的范围输入文字。

（3）将文字的描边色设置为黄色，填充色设置为无色，效果如图 4-89 所示。

（4）选中文字，按快捷键〈Ctrl+C〉进行复制，然后按快捷键〈Ctrl+V〉粘贴，从而复制出一个文字副本，接着移动文字位置，并设置文字描边色为红色，填充色为黄色，效果如图 4-90 所示。

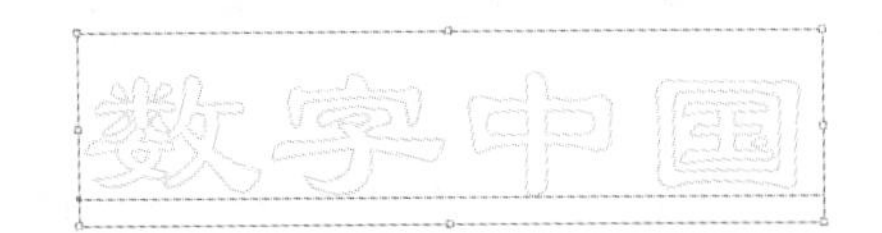
图4-89　设置文字描边色为黄色

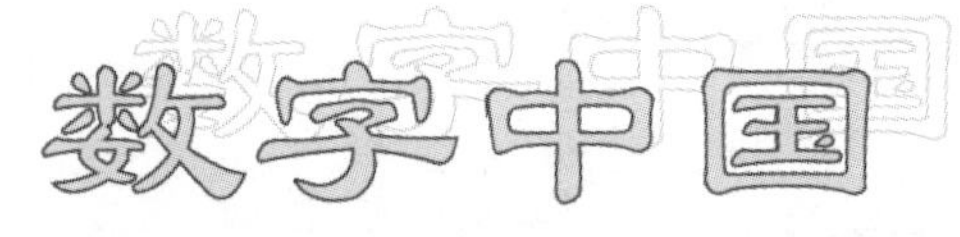
图4-90　将复制的文字描边色设为红色，填充色设为黄色

（5）选择工具箱中的（混合工具），分别单击两个文字，从而将两个文字进行混合，效果如图 4-91 所示。

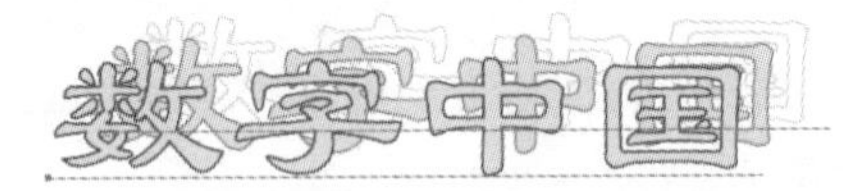
图4-91　混合效果

提示

也可以同时选中两个文字，执行菜单中的“对象|混合|建立”命令，将文字进行混合，效果是一致的。

（6）此时，混合后的文字并没有产生需要的立体纵深效果，这是因为两个文字之间的混合数过少的原因，下面就来解决这个问题。其方法为：选中混合后的文字，执行菜单中的“对象 | 混合 | 混合选项”命令，在弹出的“混合选项”对话框中将“指定的步数”的数值由 1 改为 200，如图 4-92 所示，然后单击“确定”按钮，最终效果如图 4-93 所示。

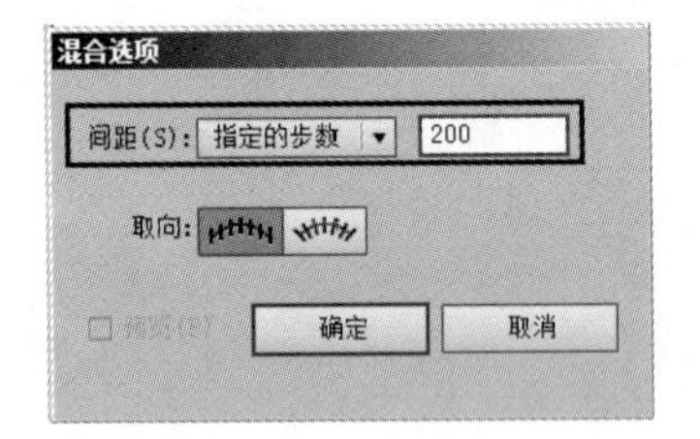

图4-92　设置“混合选项”参数

图4-93　最终效果

4.3.3 变形的文字

制作要点

本例将制作变形的文字效果，如图4-94所示。通过本例的学习，应掌握利用“封套扭曲”命令变形文字的方法。

操作步骤

1．创建描边文字

（1）执行菜单中的“文件 | 新建”命令，在弹出的对话框中设置参数，如图 4-95 所示，然后单击“确定”按钮，新建一个文件。

（2）利用工具箱中的 T（文字工具），输入文字“ChinaDV”，并设置“字体”为 Arial Black，“字号”为 72 pt，然后选择文字，单击“外观”面板右上角的小三角，在弹出的快捷菜单中选择“添加新填色”命令，为文本添加一个渐变填充，如图 4-96 所示，效果如图 4-97 所示。

（3）为了美观，对文字添加两种颜色的描边，如图 4-98 所示，效果如图 4-99 所示。

图4-94　变形的文字效果

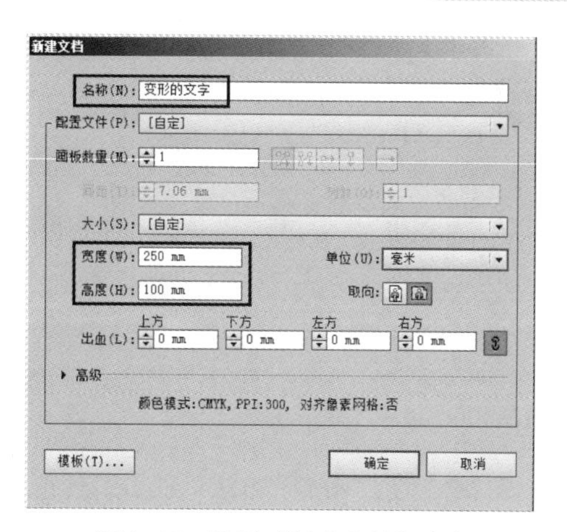

图4-95　设置“新建文档”参数

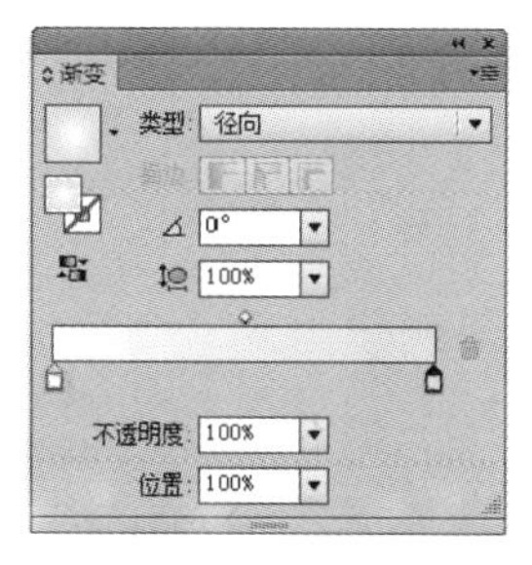

图4-96　设置渐变色

图4-97　渐变填充效果

图4-98　对文字添加两种颜色的描边

图4-99　描边效果

2. 对文字进行弯曲变形

选择文字，执行菜单中的“对象|封套扭曲|用变形建立”命令，然后在弹出的对话框中设置参数，如图 4-100 所示，单击“确定”按钮，效果如图 4-101 所示。

提示

弯曲一共有15种标准形状，如图4-102所示，通过它们可以对物体进行变形操作。

3. 对文字进行变形

（1）执行菜单中的“对象|封套扭曲|释放”命令，对文字取消弯曲变形。

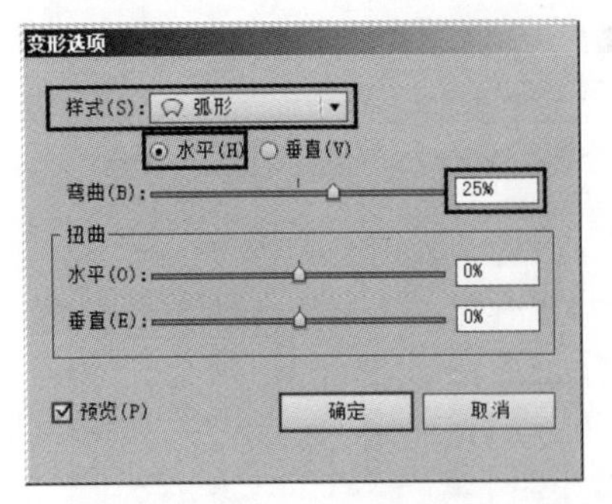

图4-100　设置“变形选项”参数

图4-101　变形效果

（2）绘制变形图形。方法：利用工具箱中的“矩形工具”绘制矩形，然后执行菜单中的“对象|路径|添加锚点”命令两次为矩形添加节点，接着利用工具箱中的 （直接选择工具）移动节点，效果如图 4-103 所示。

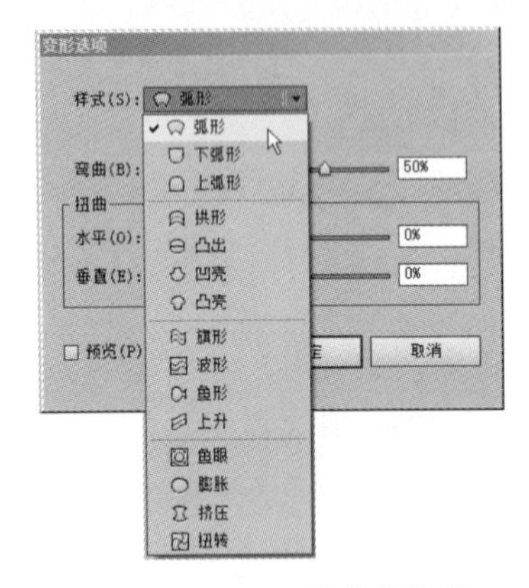

图4-102　15种弯曲类型

图4-103　添加并调整节点位置

（3）同时选择文字和变形后的矩形，执行菜单中的“对象|封套扭曲|用顶层对象建立”命令，效果如图 4-104 所示。此时，文字会随着矩形的变形而发生变形。

4．创建一种曲线透视效果

（1）选中文字，执行菜单中的“对象|封套扭曲|扩展”命令，将文本进行扩展，效果如图 4-105 所示。

图4-104　文字会随着矩形的变形发生变形

图4-105　将文本进行扩展效果

提示

封套后文本不能够再次进行封套处理，如果要产生再次变形效果，必须将其“扩展”为图形。

（2）执行菜单中的“对象 | 封套扭曲 | 用变形建立”命令，在弹出的对话框中设置参数，如图 4–106 所示，单击“确定”按钮，最终效果如图 4–107 所示。

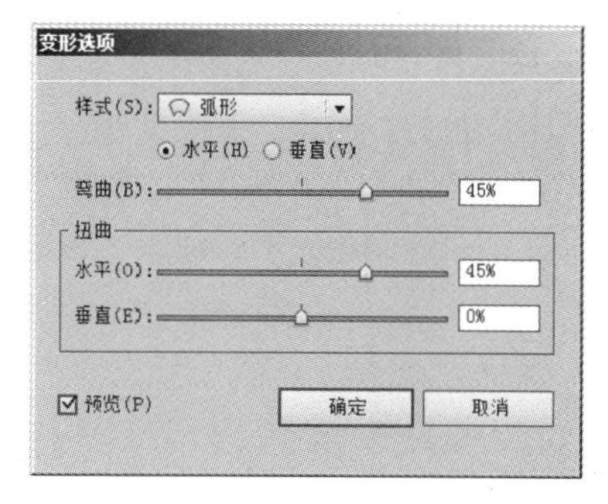

图4–106　设置变形参数

图4–107　封套扭曲效果

4.3.4　单页广告版式设计

制作要点

Illustrator不仅是一个超强的绘图软件，还是一个应用范围广泛的文字排版软件。本例选取的是杂志中的一个单页广告的版式案例，如图4–108所示。这幅广告的版式设计巧妙地采取了“视觉流线”的方法，在特定的视觉空间里，将文字处理成线乃至流动的块面，按照设计师的刻意安排形成一种引导性的阅读方式，把读者的注意力有意识地引入版面中的重要部位。Illustrator软件具有使文字沿任意线条和任意形状排列的功能，因此很容易实现这种“视觉流线”的效果。通过本例的学习，应掌握利用Illustrator CS6制作单页广告版式设计的方法。

操作步骤

（1）执行菜单中的“文件 | 新建”命令，在弹出的对话框中设置参数，如图 4–109 所示，然后单击“确定”按钮，新建一个文件（该杂志页面尺寸为标准 16 开），并存储为“杂志内页 .ai”。该杂志的版心尺寸为 190 mm × 265 mm，上、下、左、右的边空为 10 mm。

图4–108　单页广告版式设计

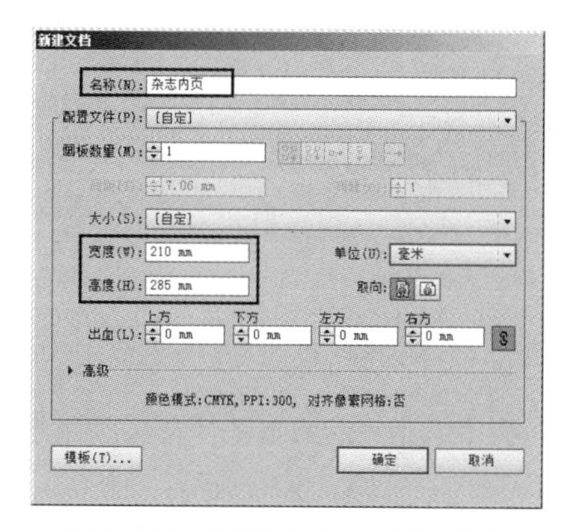

图4–109　设置“新建文档”参数

提示

本例设置的页面大小只是杂志单页的尺寸，不包括对页。

（2）该广告版面为图文混排型，图片元素共 7 张，其中 6 张为配合正文编排的小图片，1 张为占据视觉中心的面积较大的饮料摄影图片。先将这张核心图片置入页面中，其方法为：执行菜单中的“文件 | 置入”命令，在弹出的对话框中选择配套光盘中的“素材及效果 \4.3.4 单页广告版式设计 \ 广告版面素材 \ 饮料 .tif”，如图 4-110 所示，单击“置入”按钮，将图片原稿置入“杂志内页 .ai”页面中，如图 4-111 所示。

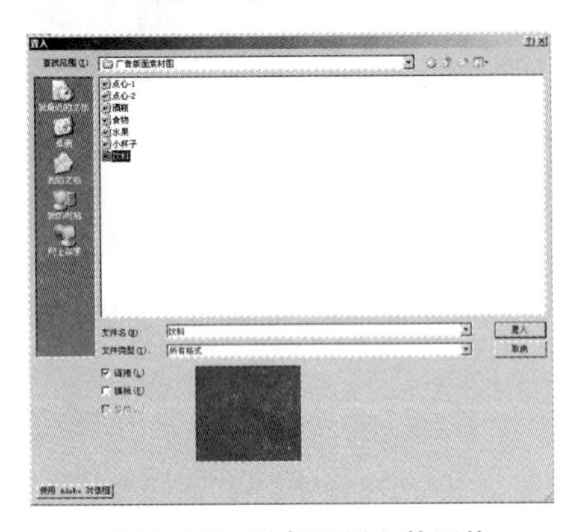

图4-110 选择要置入的图片

图4-111 置入的饮料摄影图片

（3）整个广告版面在水平方向上可分为 3 栏，分别有水平线条进行视觉分割。下面先来定义这 3 栏的位置。其方法为：执行菜单中的“视图 | 显示标尺”命令，调出标尺。然后将鼠标移至水平标尺内，按住鼠标左键向下拖动，拉出两条水平方向的参考线，且上面一条位于纵坐标 65 mm 处，下面一条位于 255 mm 处，将页面分割为 3 部分。接着利用工具箱中的（选择工具）单击选中刚才置入的饮料摄影图片，将它放置到页面的右下部分（版心之内），使底边与第二条参考线对齐，如图 4-112 所示。

提示

从标尺中同时拖出4条参考线，分别置于距离四边10 mm的位置，定义版心的范围。

（4）目前，广告内主要图片的外形为矩形，这样的图片规范但无特色，本例要制作的是色彩明快的饮料与食品广告，因此版面中的趣味性也就是形式美感是非常重要的，要根据广告的整体风格来营造一种活泼的版面语言。下面先来修整图片的外形，使它形成类似杯子轮廓的优美曲线外形。其方法为：利用工具箱中的（钢笔工具），在页面中绘制图 4-113 所示的闭合路径（类似酒杯上半部分的圆弧形外轮廓）。在绘制完后，还可用工具箱中的（直接选择工具）调节锚点及其手柄，以修改曲线形状。然后用工具箱中的（选择工具）将它移动到图片上面。

提示

将该路径的“填充”颜色和“描边”颜色都设置为无。

（5）下面利用绘制好的弧形路径作为蒙版形状，在底图上制作剪切蒙版效果，以使底图在路径之外的部分全部被裁掉。其方法为：利用（选择工具），按住〈Shift〉键将路径与底图同时选中。然后执行菜单中的“对象 | 剪切蒙版 | 建立”命令，将超出弧形路径之外的多余图

像部分裁掉，效果如图 4-114 所示。

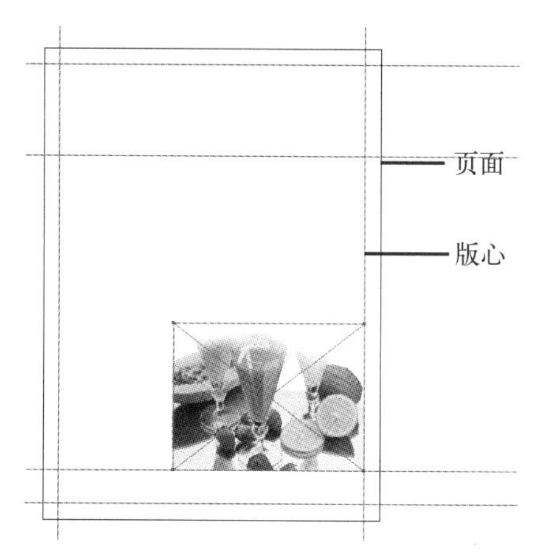

图4-112　用参考线将版面进行水平分割

图4-113　绘制作为剪切蒙版的闭合路径

（6）为了与图形边缘的弧线取得和谐统一的风格，使文字排版不显得孤立，需要将主体图形周围的正文也处理成圆弧形状，这就要用到 Illustrator 中的“区域排文”功能。其方法为：先用工具箱中的（钢笔工具），在饮料图形的左侧绘制图 4-115 所示的闭合路径，其右侧的弧线与饮料图形边缘要采取相同的弧度。然后利用工具箱中的 T（文字工具）输入一段文字。接着在“工具”选项栏中设置“字体”为 Times New Roman，“字号”为 6 pt，效果如图 4-116 所示。此段的文字数量要多一些，也可以直接将 Word 等文本编辑软件中生成的文本文件通过执行菜单中的“文件｜置入”命令进行置入。

图4-114　超出弧形路径之外多余的图像部分被裁掉

图4-115　在饮料图片左侧绘制闭合路径

Feature articles on orange juice:
Processed orange juice bad for the environment
(NewsTarget) That carton of 100-percent Florida orange juice from the store may have made a large impact on the environment before it reached your grocery cart. To make processed orange juice, it requires "958 litres (253 gallons) of water for irrigation and 2 litres (half a gallon) of tractor fuel...
Orange juice is better than lemonade at keeping kidney stones away (press release)
A daily glass of orange juice can help prevent the recurrence of kidney stones better than other citrus fruit juices such as lemonade, researchers at UT Southwestern Medical Center have discovered. The findings indicate that although many people assume that all citrus fruit juices help prevent...
Orange juice found to be the most effective at preventing kidney stones
(NewsTarget) A new study published in the Oct. 26 Clinical Journal of the American Society of Nephrology has found that orange juice is more effective than other citrus fruit juices at preventing kidney stones. Researchers from the University of Texas Southwestern Medical Center at Dallas studied...
Folic acid deficiencies are widespread; here's why nearly everyone needs more folate
Pregnant women plagued by cravings for pickles and ice cream must remember to include plenty of folic acid in their diets. Shown to reduce the risk of miscarriage and birth defects, folic acid – found primarily in leafy green

图4-116　输入一段文字

提示

由于主要是学习排版的技巧，因此广告中的文字内容用户自行输入即可。

（7）接下来将文字放置到刚才绘制的（位于图片左侧）闭合路径内，以使文字在路径区域内进行排版，形成一种文本图形化的效果。其方法为：利用工具箱中的 T（文字工具）将文字全部选中，如图 4-117 所示。然后按快捷键〈Ctrl+C〉进行复制。接着利用 ▶（选择工具）单击选中闭合路径，再利用工具箱中的 T（区域文字工具）在图 4-118 所示的路径边缘单击，此时路径上会出现一个跳动的文本输入光标，最后按快捷键〈Ctrl+V〉，将刚才复制的文本粘贴到路径内，即可形成图 4-119 所示的“区域内排版”效果。

图4-117　将文本全部选中

图4-118　利用“区域文字工具”在路径边缘单击

（8）“区域内排版”功能可以实现文字在任意形状内的排版，这种图形化语言已成为正文编排的一种有效的发展趋势。在这种编排方式中，文字被视为图形化的元素，其排列形式不同程度地传达出广告的情绪色彩。延续这种段落文本的排版风格，下面来处理分散的小标题文字，小标题文字的设计采取的是“沿线排版”思路。利用工具箱中的 ✒（钢笔工具）绘制图 4-120 所示的一段开放曲线路径。注意，这条曲线的弧度要与区域文本的外形相符。

图4-119　文字在路径区域内的排版效果

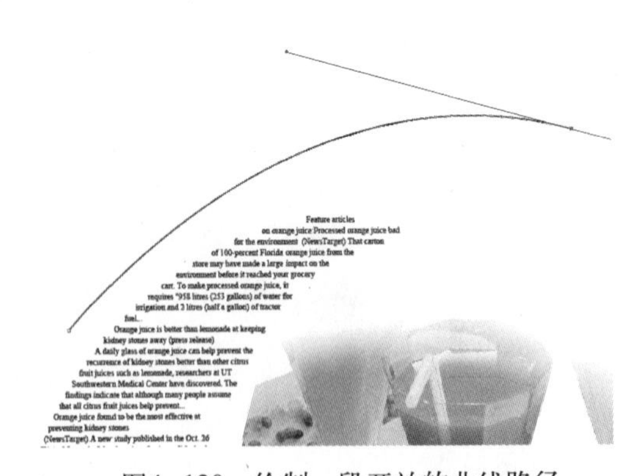

图4-120　绘制一段开放的曲线路径

（9）在曲线路径上输入文本，使文字沿着曲线进行排版。其方法为：先选中这段曲线路径，然后应用工具箱中的 ~（路径文字工具）在曲线左边的端点上单击，此时路径左端出现一个跳动的文本输入光标，直接输入文本，则所有新输入的字符都会沿着这条曲线向前进行排版，效果如图 4-121 所示。接着，将路径上的文字全部选中，按快捷键〈Ctrl+T〉打开“字符”面板，在其中设置图 4-122 所示的字符属性（注意，“字符间距”要设为 60 pt）。

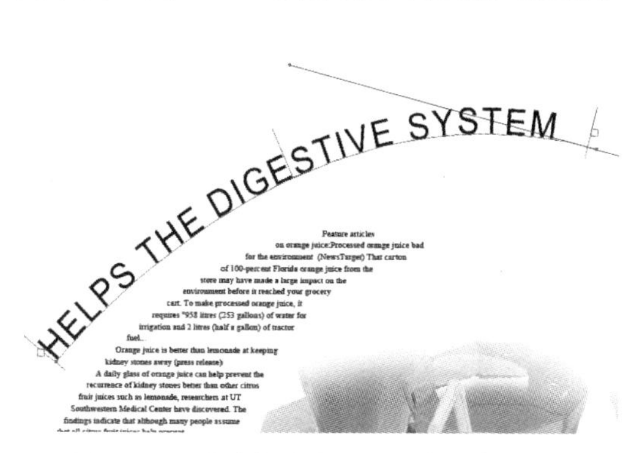

图4-121 文字沿着曲线进行排版的效果

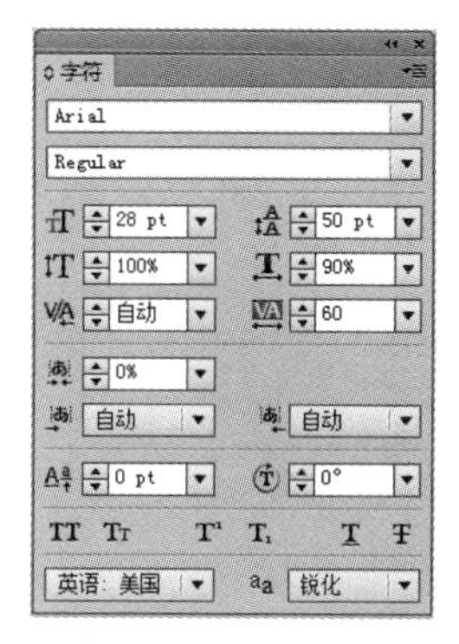

图4-122 “字符”面板

（10）再绘制出几条曲线路径，形成图 4-123 所示的一种向外发散的线条轨迹。同理，利用工具箱中的（路径文字工具）在每条曲线左边的端点上单击，当路径左端出现跳动的文本输入光标后，直接输入各行文本，即可形成多条沿线排版的小标题文字。在文字沿线排版效果制作完成后，利用工具箱中的（直接选择工具）单击选中文字，此时弧形路径便会显示出来，然后调节锚点及其手柄修改曲线形状，此时曲线上排列的文字也会随之发生相应的变化，如图 4-124 所示。文字属性的具体设置可参见图 4-125 所示的“字符”面板。

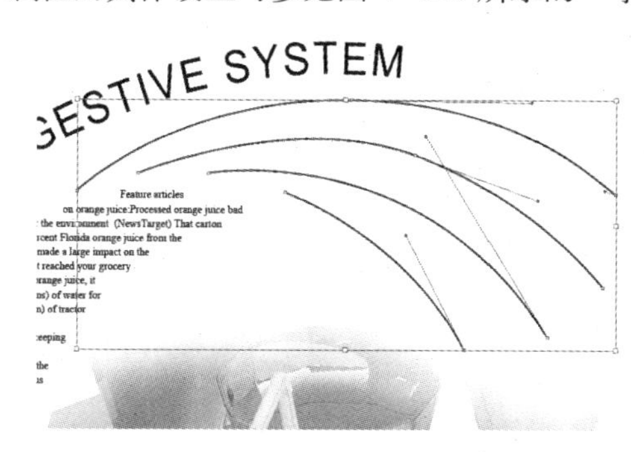

图4-123 再绘制出几条曲线路径

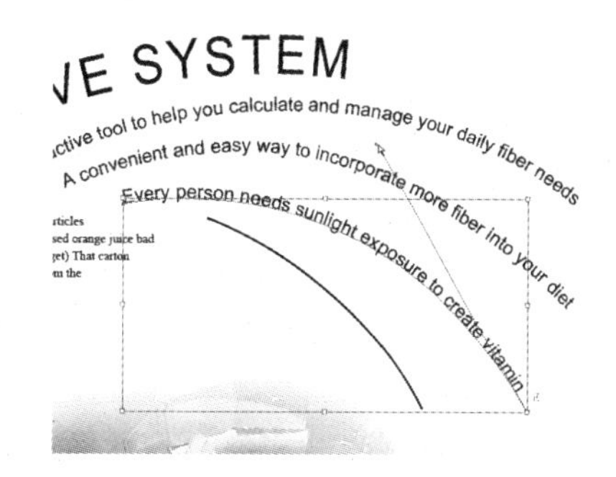

图4-124 文字随曲线形状的调整发生改变

提示

沿线排版中的文字小到一定程度，就会在视觉上产生连续的“线”的效果，这是一种采用间接的巧妙手法产生的视觉上的线。线本身就具有卓越的造型力，如图4-126所示，多条弧线文字有节奏地编排在一起，形成了轻松有趣的视觉韵律，引导读者的视线，在阅读过程中产生丰富的感受和自由的联想。

（11）为了使“线”的效果更加具有特色，下面利用工具箱中的 T（文字工具）将曲线路径上的局部文字选中，如图 4-127 所示。然后将它们的“填充”颜色设置为草绿色或橘黄色。

（12）刚才制作的都是小标题文字，现在来制作醒目的大标题。大标题也是以沿线的形式来排版的，但不同的是，每个字母的摆放角度不同，因此，必须将标题拆分成单个字母来进行艺术化处理。其方法为：利用工具箱中的 T（文字工具）输入文本“SOPRS”，在“工具”

选项栏中设置“字体”为Arial。然后执行菜单中的“文字｜创建轮廓”命令，将文字转换为图4-128所示的由锚点和路径组成的图形。

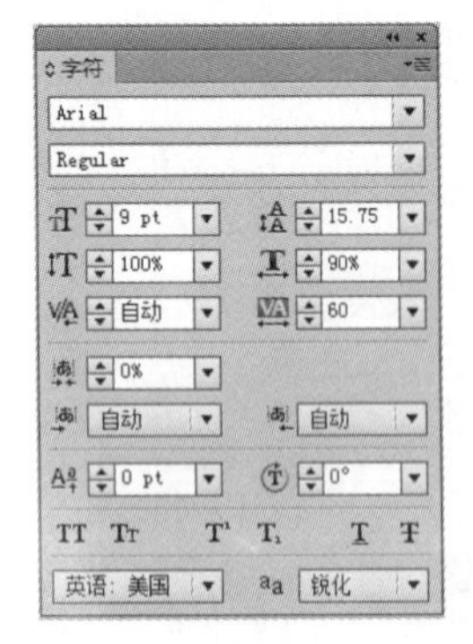

图4-125 “字符”面板设置

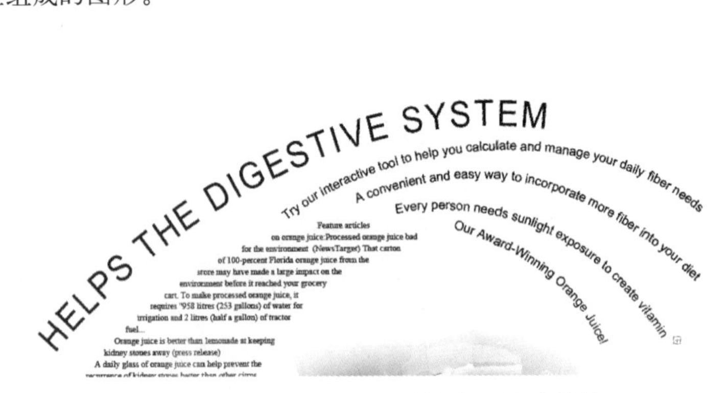

图4-126 多条沿线排版的小标题文字效果

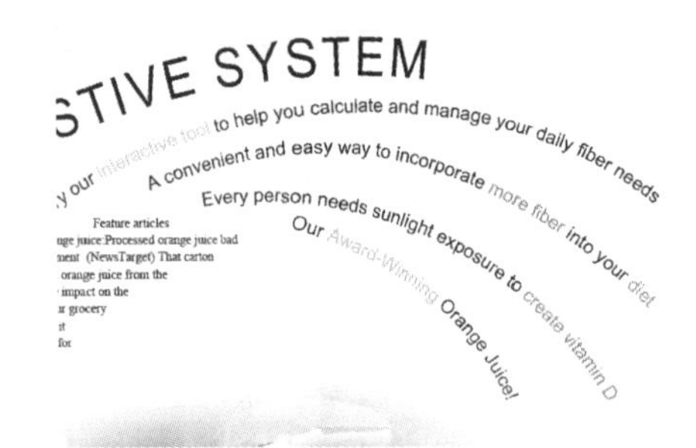

SOPRS

图4-127 将曲线路径上的局部文字设置为草绿色或橘黄色 图4-128 将文字转换为由锚点和路径组成的图形

（13）将该单词转换为路径后，每个字母都变为独立的闭合路径，现在需要将其中的字母“O”和“R”宽度增加。其方法为：利用工具箱中的（直接选择工具），按住〈Shift〉键逐个选中字母“O”和“R”，然后执行菜单中的“对象｜路径｜偏移路径”命令，在弹出的对话框中设置参数，如图4-129所示，单击“确定”按钮，效果如图4-130所示。可以看到文字被复制了一份，并且轮廓明显地向外扩展。

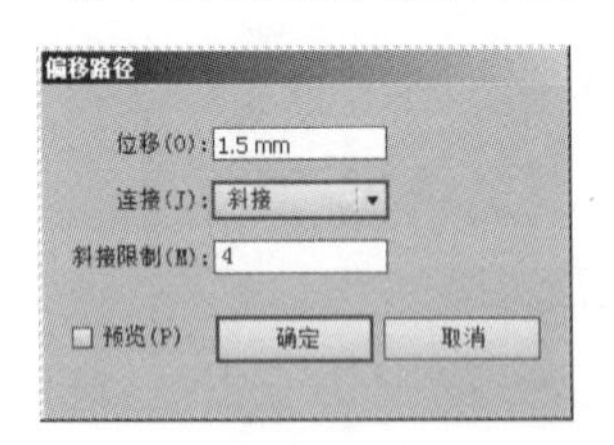

图4-129 “偏移路径”对话框

图4-130 “偏移路径”后文字被复制且轮廓明显地向外扩展

（14）进行“偏移路径”后实际上文字被复制了一份，下面对原来的字母图形进行删除。其方法为：按快捷键〈Shift+Ctrl+A〉取消选取，然后利用（直接选择工具），按住〈Shift〉键逐个选中图4-131所示的字母“O”和“R”的原始图形，再按〈Delete〉键将它们删除。

（15）利用工具箱中的（直接选择工具）选中字母“O”，将其“填充”颜色设置为橘黄色（参考颜色数值为CMYK（10，50，100，0）），将字母“R”的“填充”颜色设置为橘红色（参考颜色数值为CMYK（10，70，100，0）），效果如图4-132所示。

（16）标题文字与副标题文字排列风格一致，都是沿着从左下至右上的圆弧线进行编排的。其方法为：利用工具箱中的（直接选择工具）分别选中每个字母，然后利用工具箱中的（自由变换工具）将它们各自旋转一定角度，调整大小并按图 4-133 所示的位置关系进行排列，放在前面制作好的沿线排版的小标题文字上面。

图4-131　选中扩边前的原始路径并将其删除

SOPRS

图4-132　改变字母“O”和字母“R”的颜色

（17）执行菜单中的“文件｜置入”命令，在弹出的对话框中选择配套光盘中的“素材及效果\4.3.4　单页广告版式设计\广告版面素材\小杯子.tif”文件，单击“置入”按钮。然后将图片原稿缩小放置到图 4-134 所示的位置。

图4-133　逐个调整标题每个字母的角度和大小

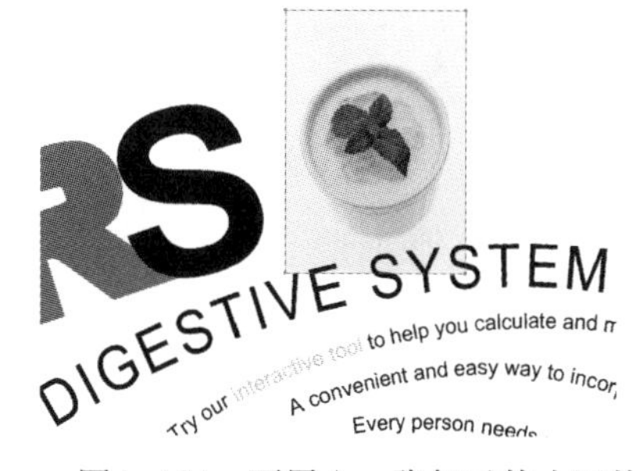

图4-134　再置入一张杯子的小图片

提示

由于本例广告为白色背景，因此所有相关小图片都在Photoshop中事先做了去底的处理。

（18）前面说过，在水平方向上该广告版面共分为3栏，现在中间面积最大的一栏已大体完成，效果如图 4-135 所示。下面处理最上面的一栏，这部分以文字为主体，且文字内穿插了 3 张食品饮料主题的小图片。先来制作醒目的标题。其方法为：参照图 4-136 所示的效果，先输入文本“Fresca　Mesa”，在“工具”选项栏中设置“字体”为 Arial。然后执行菜单中的“文字｜

创建轮廓”命令，将文字转换为由锚点和路径组成的图形。接着利用工具箱中的 （矩形工具）绘制出一个与文字等宽的矩形，将其“填充”颜色设置为一种橙色（参考颜色数值为 CMYK（0，60，100，0）），“描边”颜色设置为无。最后再输入下面的一排小字（如果输入的原文是英文小写字母，可以执行菜单中的“文字｜更改大小写｜大写”命令，将其全部转为大写字母）。

图4－135　中间面积最大一栏的整体效果

图4－136　最上面一栏醒目的标题

（19）利用工具箱中的 （选择工具），将上一步制作的两行文字和一个矩形色块都选中，然后按快捷键〈Shift+F7〉打开“对齐”面板，如图 4－137 所示。在其中单击“水平居中对齐”按钮，使三者居中对齐，然后按快捷键〈Ctrl+G〉将它们组成一组。最后将其放置到版面水平居中的位置，效果如图 4－138 所示。

图4－137　“对齐”面板

图4－138　将三者居中对齐，然后放置到版面居中的位置

（20）继续制作版面最上面一栏中的正文效果。这一栏内的正文纵向分为 4 部分，也就是 4 个小文本块，其中 3 个都用到了色块内嵌到文字内部（也称为图文互斥）的效果，可以通过修改文本块外形来实现。其方法为：新输入一段文本，在“工具”选项栏中设置“字体”为 Times New Roman，“字号”为 5 pt。然后利用工具箱中的 （直接选择工具）单击文字块，使文本块周围显示出矩形路径。接着利用工具箱中的 （添加锚点工具）在左侧路径上添加 4 个锚点，如图 4－139 所示。最后利用 （直接选择工具）将靠中间的两个新增锚点向右拖动到图 4－140 所示的位置，则文本块中的文字将随着路径外形的改变而自动调整。

（21）绘制一个红色的矩形，并将它移至文本块左侧中间空出的位置，然后在上面添加白色文字，效果如图 4－141 所示。同理，制作出如图 4－142 所示的另外两个“图文互斥”的文本块，放置于版面顶部。注意，一定要位于版心之内。

（22）执行菜单中的“文件｜置入”命令，在弹出的对话框中分别选择配套光盘中的“素材及效果\4.3.4　单页广告版式设计\广告版面素材\酒瓶 .tif ”“水果 .tif ”“点心-1.tif”

文件，单击“置入”按钮。然后将置入的图片原稿进行缩小，并放置到图 4-143 所示的位置。

Feature articles on orange juice:Processed orange juice bad for the environment (NewsTarget) That carton of 100-percent Florida orange juice from the store may have made a large impact on the environment before it reached your grocery cart. To make processed orange juice, it requires "958 litres (253 gallons) of water for irrigation and 2 litres (half a gallon) of tractor fuel...
Orange juice is better than lemonade at keeping kidney stones away (press release)

图4-139 在左侧路径上添加4个锚点

Feature articles on orange juice:Processed orange juice bad for the environment (NewsTarget) That carton of 100-percent Florida orange juice from the store may have made a large impact on the environment before it reached your grocery cart. To make processed orange juice, it requires "958 litres (253 gallons) of water for irrigation and 2 litres (half a gallon) of tractor fuel...
Orange juice is better than lemonade at keeping kidney stones away (press release)

图4-140 文字随着路径外形改变而自动调整

Feature articles on orange juice:Processed orange juice bad for the environment (NewsTarget) That carton of 100-percent Florida orange juice from the store may
Feature
have made a large impact on the environment before it reached your grocery cart. To make processed orange juice, it requires "958 litres (253 gallons) of water for irrigation and 2 litres (half a gallon) of tractor fuel...
Orange juice is better than lemonade at keeping kidney stones away (press release)

图4-141 绘制出一个红色的矩形，然后在上面添加白色文字

Feature articles on orange juice:Processed orange juice bad for the environment (NewsTarget) That carton
Feature
of 100-percent Florida orange juice from the store may have made a large impact on the environment before it reached your grocery cart. To make processed orange juice

(NewsTarget) A new study published in the Oct. 26 Clinical Journal of the American Society of Nephrology has
Research
found that orange juice is more effective than other citrus fruit juices at preventing kidney stones. Researchers from the University of Texas Southwestern Medical Center

Pregnant women plagued by cravings for pickles and ice cream must remember to include plenty of folic acid in their diets.
Woman
Shown to reduce the risk of miscarriage and birth defects, folic acid – found primarily in leafy green vegetables

Fresca Mesa

图4-142 制作完成的3个“图文互斥”的文本块

图4-143 加入3张小图片的版面效果

（23）上部最右侧还有一个小文本块，设置正文的“字体”为Times New Roman，“字号”为5 pt。设置最上面3行内容的“字体”为Arial，“字号”为7 pt，文字颜色为品红色 CMYK（0，95，30，0）。然后利用工具箱中的 T（文字工具）将小文本块中的全部文字选中，接着按快捷

键〈Alt+Ctrl+T〉打开“段落”面板，如图 4-144 所示，在其中单击“右对齐”按钮，使文字靠右侧对齐排列。再缩小画面，按快捷键〈Ctrl+；〉暂时隐藏参考线，查看目前的整体效果，如图 4-145 所示。

图4-144　右侧文本块排版方式为“右对齐”

图4-145　隐藏参考线，查看目前的整体效果

（24）在页面靠下部的第 3 栏版式中包括两张小图片、两个数字和一段文本，其制作方法此处不再赘述，用户可参考图 4-146 所示的效果自行制作。

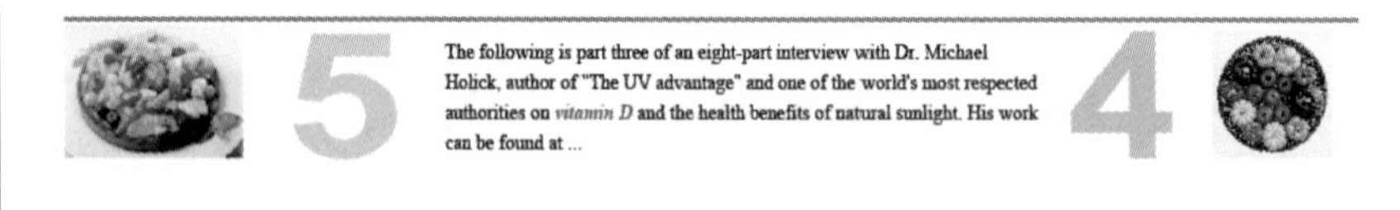

图4-146　页面靠下部的第3栏版式效果

（25）现在版面右侧中部显得有点空，需要在此位置添加一行沿弧线排列的灰色文字，如图 4-147 所示。至此，整幅广告制作完成。

这个例子主要学习了在版面空间中如何将文字处理成线乃至块面，以形成文本图形化的艺术效果。最终完成的效果如图 4-148 所示。

图4-147　再添加一行沿弧线排列的灰色文字

图4-148　版面的最终效果

4.3.5 立体饼图

制作要点

本例将制作一个具有立体感的饼状图，如图4-149所示。通过本例学习应熟练掌握图表工具和（直接选择工具）的使用，熟悉“颜色”面板中不同颜色模式的转换以及隐藏命令的应用。

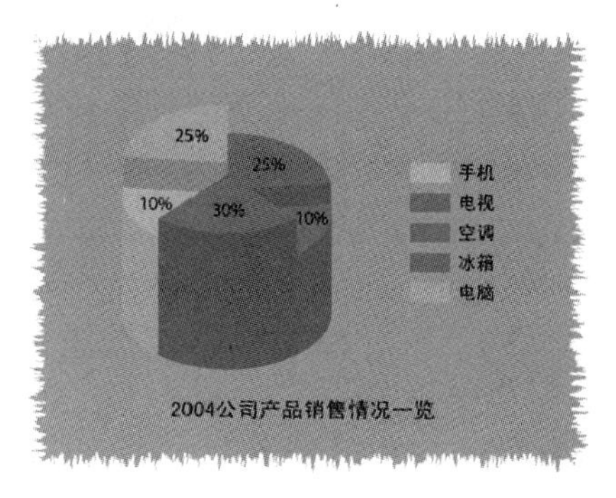

图4-149 立体饼图

操作步骤

1．制作饼图的平面

（1）执行菜单中的“文件|新建”命令，新建一个大小为A4、颜色模式为“RGB”的文件。

（2）选择工具箱上的（饼图工具），在页面上单击，在弹出对话框中设定好饼图的尺寸，如图4-150所示，单击“确定”按钮。然后在弹出的表格中输入数值，如图4-151所示，输入完成后单击右上角的按钮，此时一个平面的饼图就制作完成了，效果如图4-152所示。

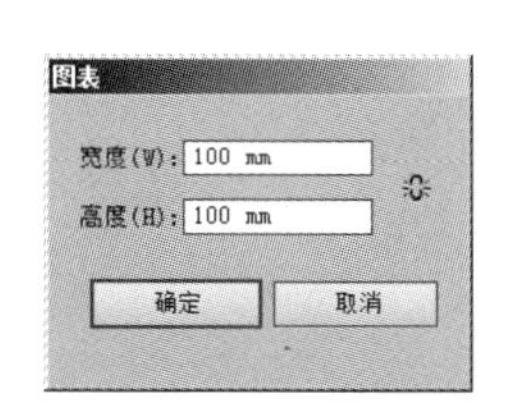

图4-150 设定饼图的尺寸

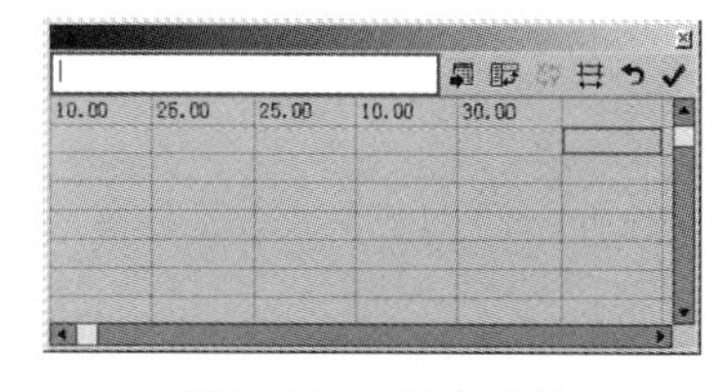

图4-151 输入数值

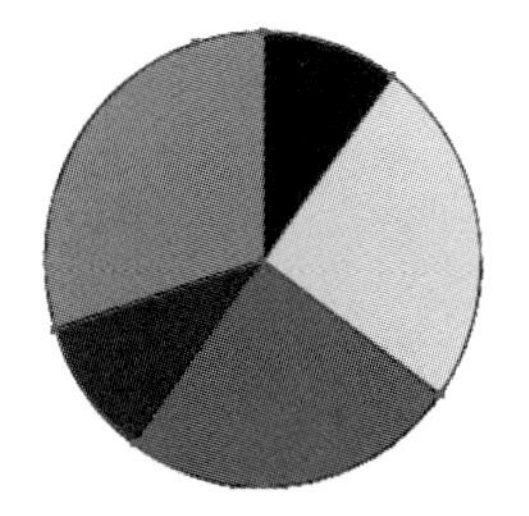

图4-152 平面饼图

提示

此例的饼图要分成5份，因此输入5个数值，数值的大小表示每份所占的百分比。

（3）此时单击这个饼图会发现没有矩形的控制框，这时无法对它进行形状上的编辑，下面就来解决这个问题。方法：执行菜单中的“对象|取消编组”命令，然后选择（自由变形工具），此时饼图周围就有了控制线，如图4-153所示，接着将其压缩变形为一个椭圆形，如图4-154所示。

（4）将饼图的描边色线设为（无色），并在饼图的下边再复制一个饼图。方法：首先将每个扇形填充上不同的颜色，然后利用（选择工具）选中填充后饼图，向下拖动的同时按下〈Alt〉键，为了和上面的饼图垂直还可以同时按下〈Shift〉键，复制的结果如图4-155所示。

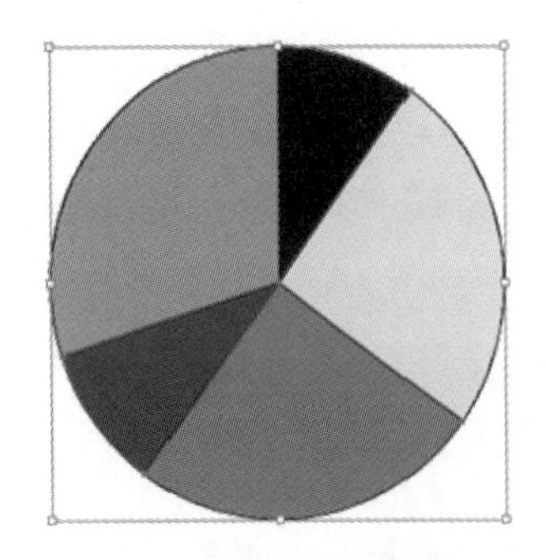
图4-153　饼图周围的控制线

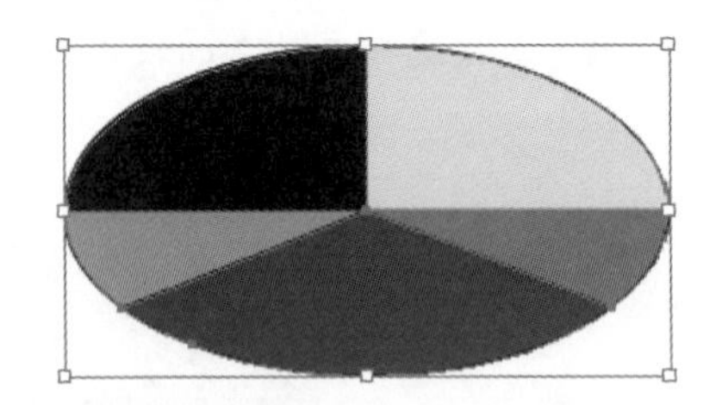
图4-154　将饼图压缩变形为一个椭圆形

2. 制作饼图的圆柱

(1)为了便于绘图，下面执行菜单中的“视图|智能辅助线”命令。然后选择工具箱中的（钢笔工具），沿扇形的4个端点画一个矩形，如图4-156所示。

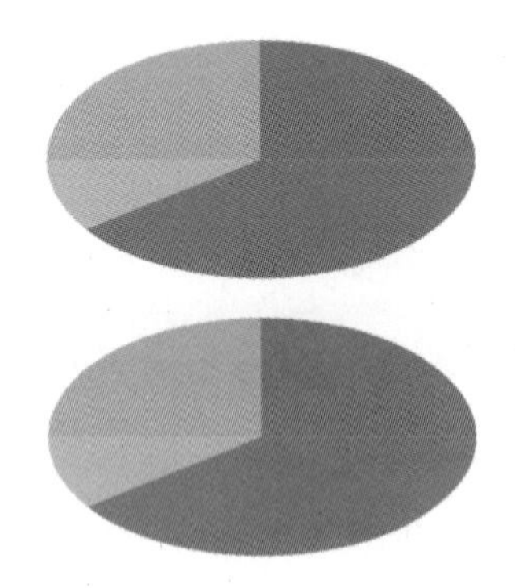
图4-155　复制饼图

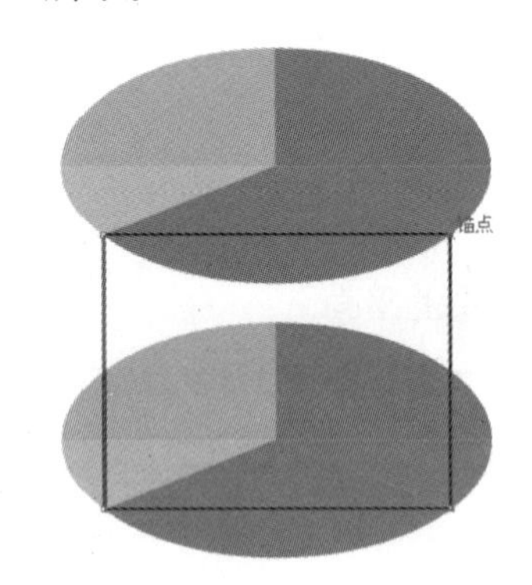
图4-156　沿扇形的4个端点画一个矩形

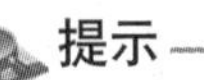
提示

使用了“智能辅助线”功能后，当钢笔放在一些特殊的点上，例如一个端点，钢笔就会被自动吸附上去。

(2)此时钢笔勾画的矩形边线色为（无色），填充色和扇形的颜色相同，如图4-157所示，这样的圆柱体会缺乏立体感，下面要进行一些修改。方法：选中矩形，调出“颜色”面板，如图4-158所示。然后单击面板右上角的小三角，在弹出的快捷菜单中将“RGB”模式调整为“HSB”模式，如图4-159所示，接着在这种模式下将“B”（亮度）的值减少10%，效果如图4-160所示。

(3)执行菜单中的“对象|排列|置于顶层”命令，将上方的扇形放到矩形的上面，如图4-161所示。

(4)同理，将黄色和粉色的两部分完成，这样饼图的立体感就明显增强了，如图4-162所示。

3. 制作突出的效果

(1)利用工具箱中的（直接选择工具）选中饼图中的红色部分，然后执行菜单中的“选择|反向”命令，将其余的部分全部选中，接着执行菜单中的“对象|隐藏|所选对象”命令，此时饼图就只剩下了红色的部分。

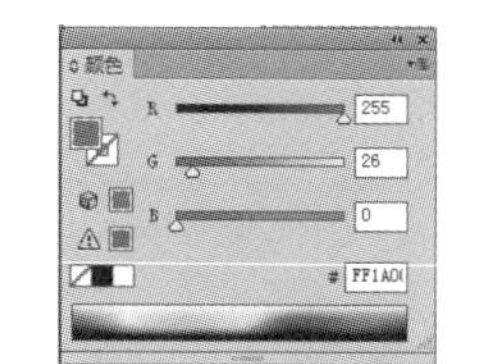

图 4-158 RGB 模式颜色

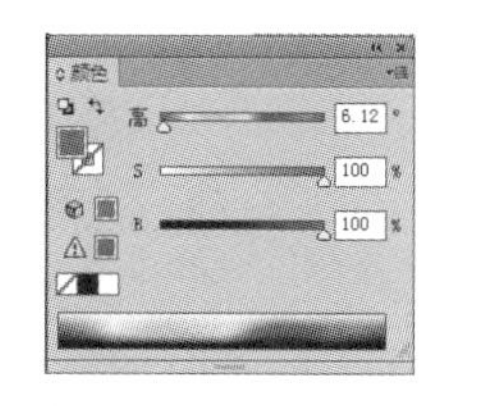

图4-157 填充色和扇形的颜色相同　图4-159 HSB模式颜色　图4-160“B”的值减少10%的效果

(2) 利用工具箱中的 (直接选择工具) 拖出一个选框，从而将扇形的全部和矩形的上面一条边选中，然后将它们一起向上拖拉，如图 4-163 所示。完成后执行菜单中的“对象 | 显示全部”命令，结果如图 4-164 所示。

图4-161 将上方的扇形放到矩形的上面

图4-162 立体饼图的主体

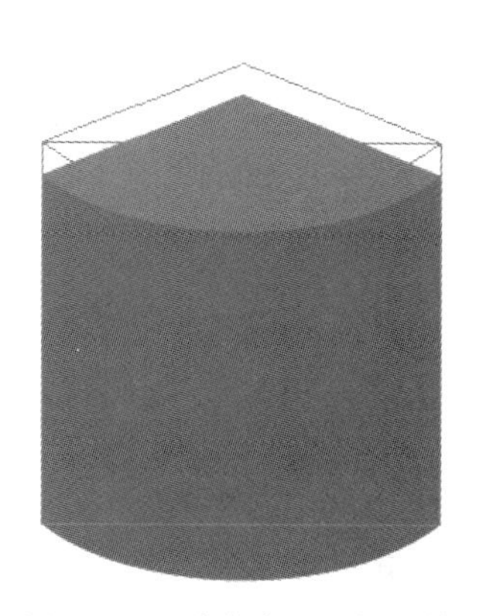

图4-163 选中扇形和矩形的上面一条边向上拖拉

(3)制作饼图中绿色的部分。方法：选中绿色的扇形，将其垂直升高一定的距离，如图4-165所示，然后利用 (钢笔工具) 将镂空的部分填补上，并按照上面的方法填充颜色，效果如图 4-166 所示。

图4-164 全部显示效果

图4-165 将绿色的扇形垂直升高一定的距离

图4-166 镂空的部分填补上

（4）同理，将其余的部分完成，如图 4–167 所示。然后利用手工的方法画出图例说明，如图 4–168 所示。

（5）最后将文字和图例加到饼图上，效果如图 4–169 所示。

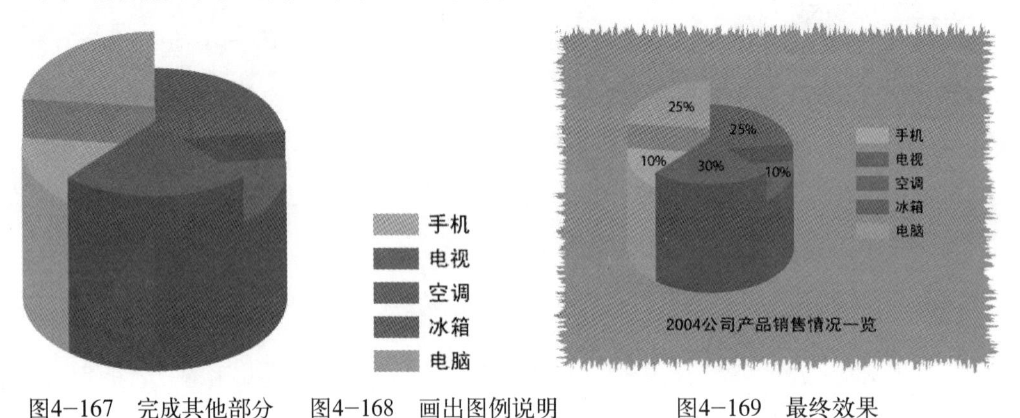

图4–167　完成其他部分　　图4–168　画出图例说明　　图4–169　最终效果

4.3.6　自定义图表

制作要点

在大家熟悉的Office办公软件中，可以制作出各种类型的图表，但是如果要将自己绘制的图形定义为图表图案，那将是噩梦般的经历，而使用Illustrator CS6可以轻松地完成它。本例我们将教授大家制作自定义的图表，如图4–170所示。通过本例学习应掌握工具箱中的图表工具，将图形定义为参考线以及将自定义图案指定到图表中的方法。

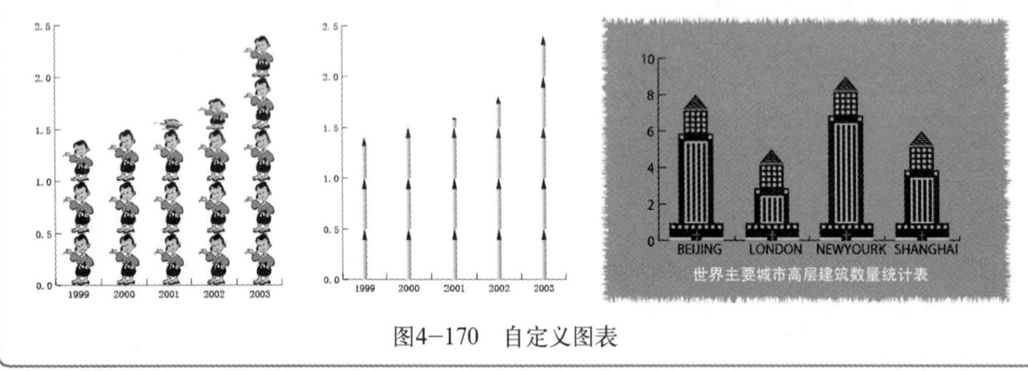

图4–170　自定义图表

操作步骤

1. 制作原始图表

（1）执行菜单中的“文件|新建”命令，在弹出的对话框中设置如图 4–171 所示，然后单击“确定”按钮，新建一个文件。

（2）选择工具箱中的（图表工具），在页面的工作区中单击会弹出一个对话框如图 4–172 所示，在对话框中可精确地输入长和宽的具体数值也可以用拖动出一个图表区域，然后在弹出的对话框中设置如图 4-173 所示，单击“确定”按钮。此时在刚才拖动出的图表区域中会产生一个图表，如图 4-174 所示。

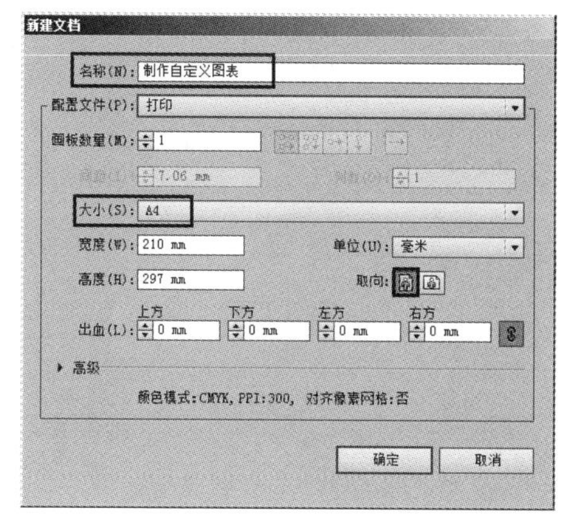

图4-171　设置“新建文档”参数

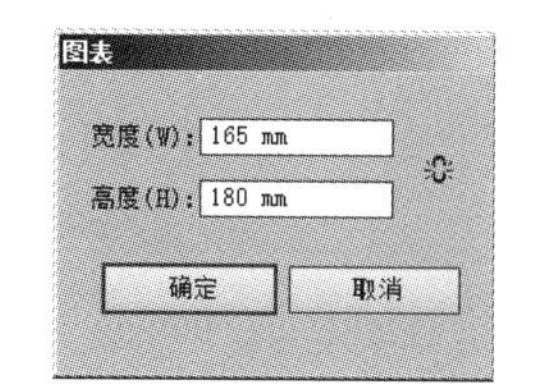

图4-172　“图表”对话框

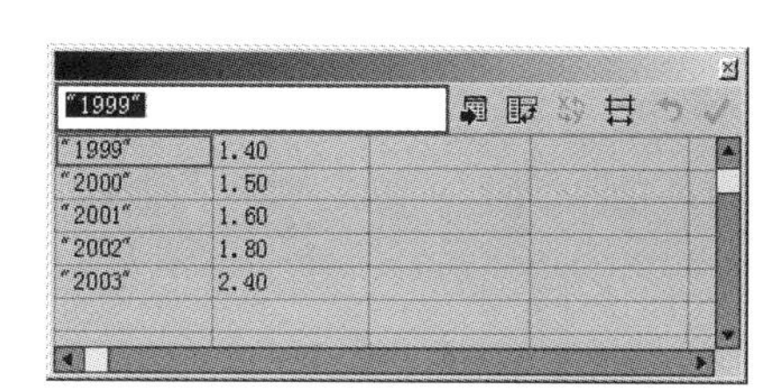

图4-173　输入图表所需信息

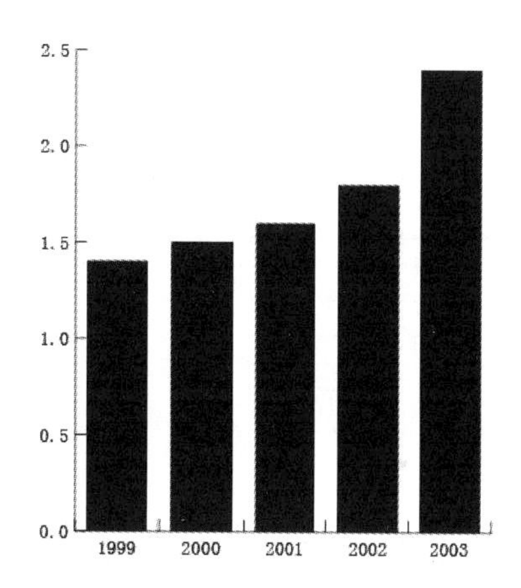

图4-174　根据图表信息生成的图表

2．将自定义的图案指定到图表中去

（1）将配套光盘“素材及效果\4.3.6　自定义图表\小人 .ai”复制到当前文件中，如图 4-175 所示。

（2）选中小人图形，执行菜单中的“对象|图表|设计”命令，在弹出的“图表设计”对话框中单击“新建设计”按钮，从而将小人定义为图表图案，接着单击“重命名”按钮，将其重命名为“person”，如图 4-176 所示，单击“确定”按钮。

（3）选择工作区中的图表，右击，然后在弹出的快捷菜单中选择“列”命令，接着在弹出的“图表列”对话框中设置如图 4-177 所示，单击“确定”按钮，结果如图 4-178 所示。

（4）同理，还可以将其他图形定义为图表图案，并将定义好的图案指定到图表中去，如图 4-179 所示。

3．修改图表图案在图表中的分布

（1）此时铅笔间距垂直过近。为了解决这个问题，可以在铅笔外面绘制一个矩形，并设置它的填充色和描边色均为☒，效果如图 4-180 所示。然后再将其定义为图表图案指定到图表中去即可，效果如图 4-181 所示。

图4-175　复制图形到当前文件

图4-176　将小人定义为图表图案

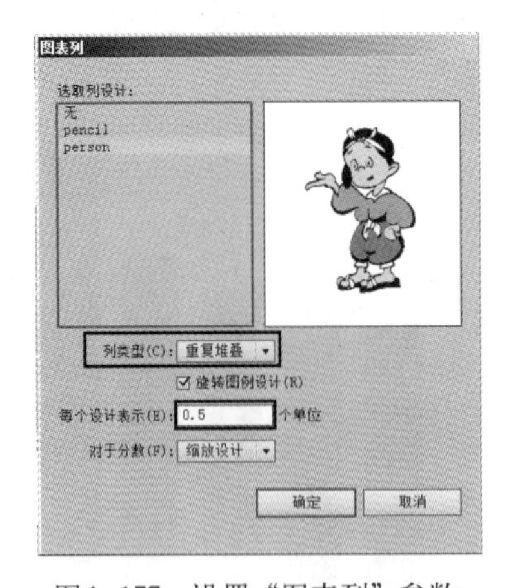

图4-177　设置“图表列”参数

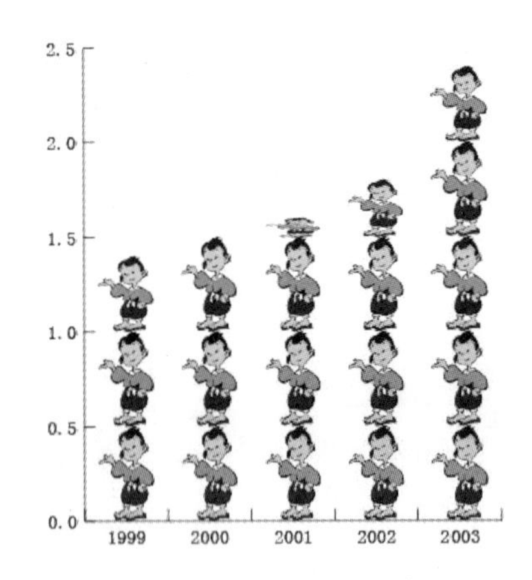

图4-178　生成的图表

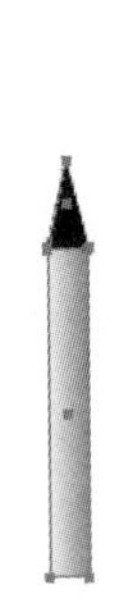

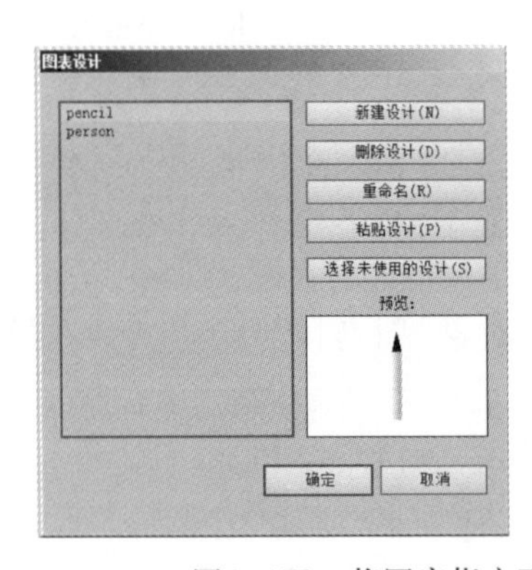

图4-179　将图案指定到图表中去

提示

此时铅笔位于矩形内部，此时重复的图形为矩形。

（2）此时铅笔水平间距过大。为了解决这个问题，可以右击图表，在弹出的快捷菜单中选择“类型”命令，然后在弹出的对话框中设置如图 4-182 所示，单击“确定”按钮，效果如图 4-183 示。

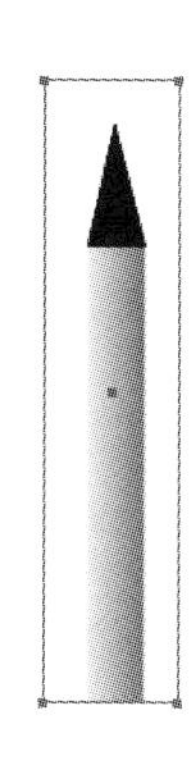

图4-180　将填充色和描边色均设置为

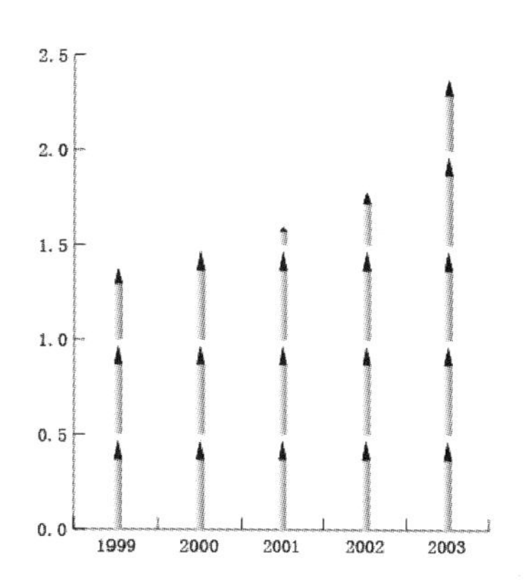

图4-181　将图案指定到图表中去

图4-182　修改图表参数

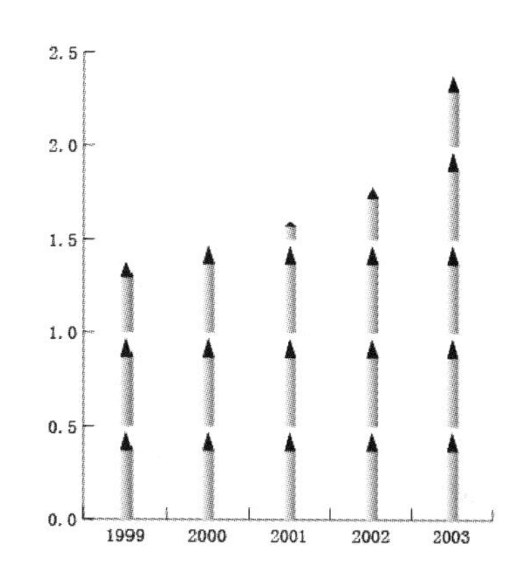

图4-183　修改参数后的图表

4. 制作会自动拉伸的图表

（1）这个制作的过程很容易出错，所以我们讲得详细一些。首先绘制一个新图形，如图 4-184 所示。

（2）在此图形的中间部分绘制一条直线，如图 4-185 所示，然后将它们全部选中后组成群组，接着利用工具箱中的（编组选择工具）选中这条直线，执行菜单中的“视图 | 参考线 | 建立参考线”命令，将其定义为参考线。

提示

在Illustrator CS6中任意一条曲线都可以定义为参考线，而任意一条参考线也可以转化为直线。

（3）选中图 4-185 中所有图形，执行菜单中的“对象 | 图表 | 设计”命令，在弹出的“图表设计”对话框中单击“新建设计”按钮，从而将其定义为图表图案，接着单击“重命名”按钮，将其重命名为“building”，如图 4-186 所示，单击“确定”按钮。

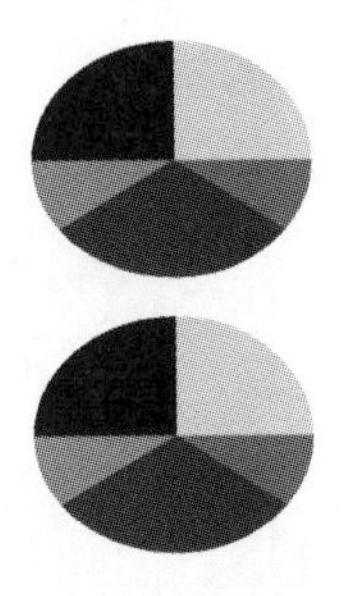
图4-184 绘制图形

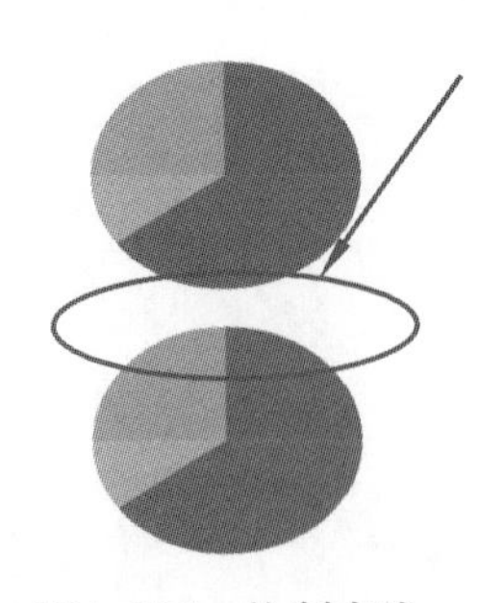
图4-185 绘制直线

图4-186 定义为图表图案

（4）将图案应用到新的图表中去，如图4-187所示，此时会发现结果和前面的例子并没有什么不同，这并不是我们想要的结果，下面进行进一步处理。

（5）打开“图表列”对话框进行修改，如图4-188所示，修改后的结果如图4-189所示。

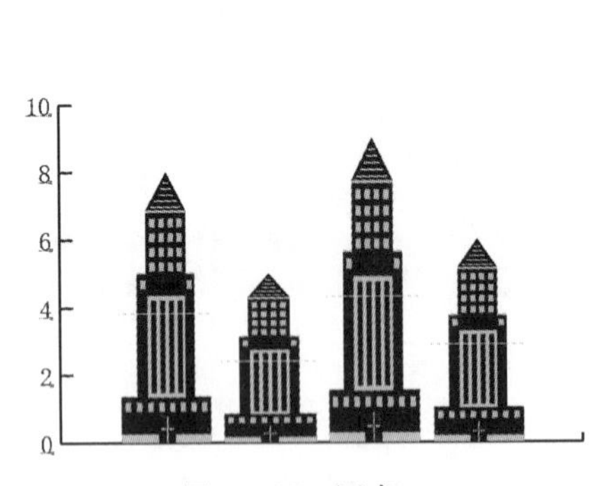

图4-187 图表

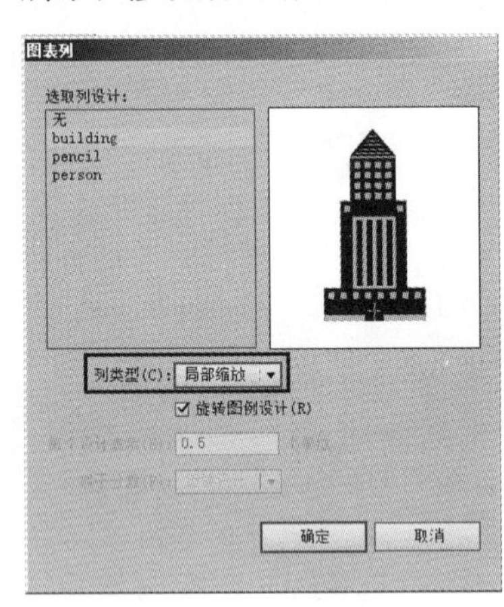

图4-188 修改参数

提示

将直线定义为参考线的目的是以该参考线为标准拉伸图形。

（6）此时参考线没有消失，下面执行菜单中的“视图|参考线|隐藏参考线”命令，将其隐藏即可。

（7）将文字背景等修饰加到这几个图表上，结果如图4-190所示。

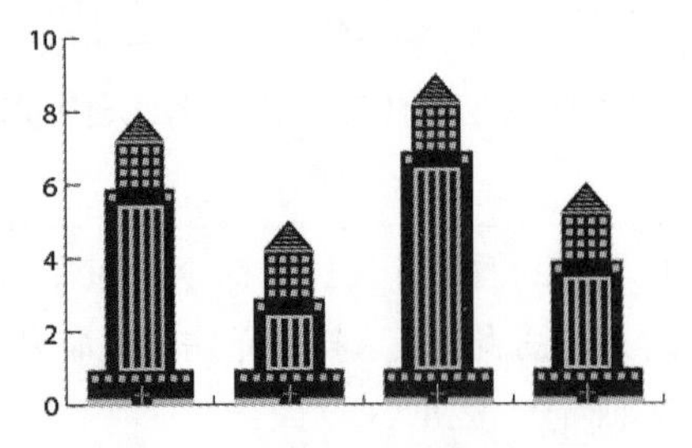

图4-189 修改参数后的图表

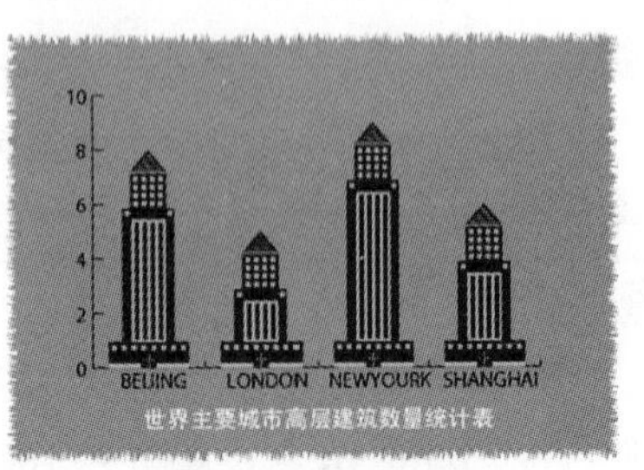

图4-190 最终效果

4.3.7　制作趣味图表

制作要点

为了获得对各种数据的统计和比较直观的视觉效果，人们通常采用图表来表现数据。Illustrator CS6将其强大的绘图功能引入到了图表的制作中，也就是说，在应用丰富的图表类型创建了基础图表之后，用户还可以尽情地将创意融入图表之中，制作出个性化的图表，以使图表的显示生动而富有情趣。本例将制作一个对普通饼状图进行设计改造的艺术化图表，如图4-191所示。通过本例的学习，应掌握自定义图案笔刷、创建基础数据图表、创建图案表格、文字的区域内排版和沿线排版等知识的综合应用。

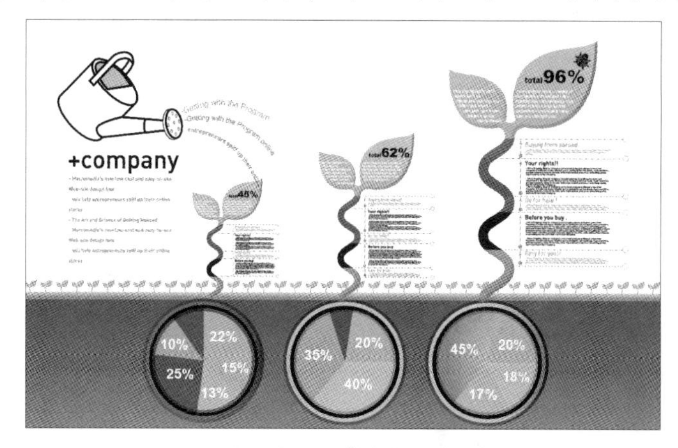

图4-191　艺术化图表

操作步骤

（1）执行菜单中的“文件｜新建”命令，在弹出的对话框中设置参数，如图 4-192 所示，然后单击“确定”按钮，新建一个名称为“趣味图表 .ai”的文件。

（2）这是一个以饼图为主的图表，使图表与周围环境浑然一体是表格趣味化的核心，因此先来设置环境并划分版面中大的板块。方法：选择工具箱中的 （矩形工具），绘制一个与页面等宽的矩形，并使其顶端位于标尺横坐标 100　mm 的位置，使其底端与页面底边对齐。然后按快捷键〈Ctrl+F9〉打开“渐变”面板，设置图 4-193 所示的从上至下的线性渐变（参考数值分别为 CMYK（28，50，60，0），CMYK（50，60，75，5）），并将 “描边”设置为无。

（3）在紧靠矩形的上部绘制一个很窄的矩形条，将其填充为从上至下的线性渐变（参考数值分别为 CMYK（35，0，95，0），CMYK（50，60，75，5）），并将“描边”设置为无，如图 4-194 所示。

（4）该艺术化图表通过不断生长的植物来象征网络营销的优势分析，在页面中多次出现了植物形象，下面先利用“自定义画笔”来制作位于页面中部的一排处于萌芽状态的小苗。方法：先利用工具箱中的 （钢笔工具）绘制出图 4-195 所示的小苗图形，并将其填充为草绿色（参考颜色数值为 MYK（40，10，100，0））。

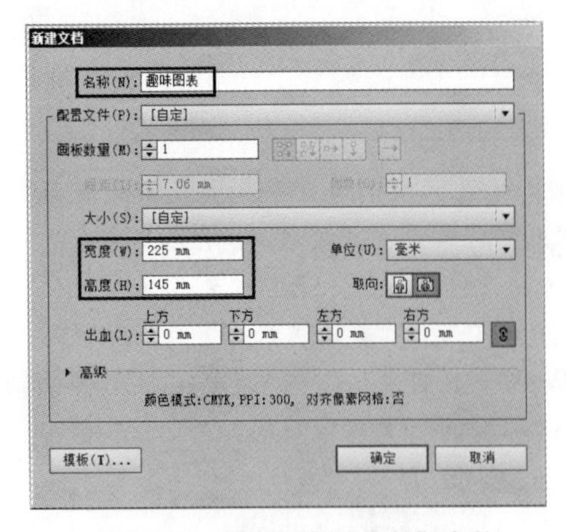

图4-192　设置“新建文档”参数

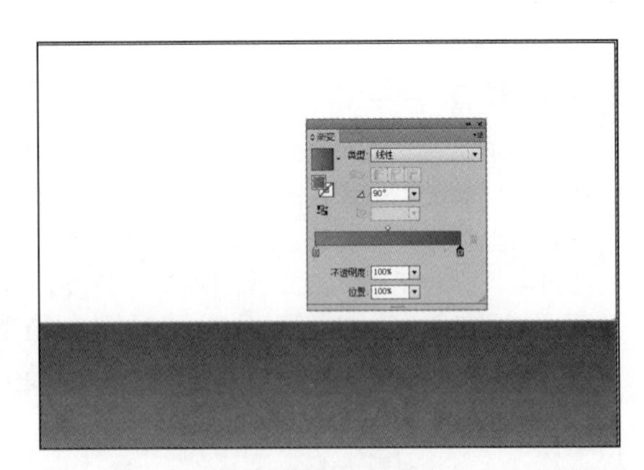

图4-193　绘制与页面等宽的矩形并填充为线性渐变

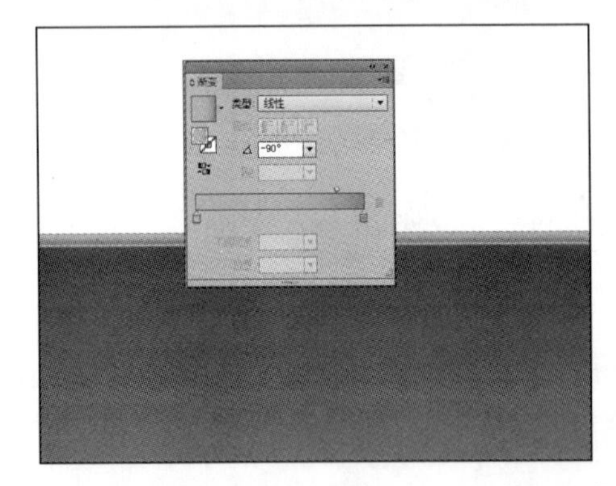

图4-194　紧靠矩形上部绘制一个很窄的矩形条

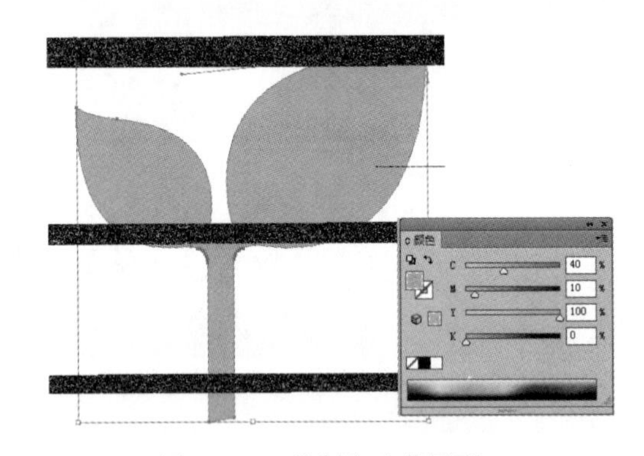

图4-195　绘制出小苗图形

（5）利用工具箱中的 （矩形工具）绘制出一个矩形框（“填充”和“描边”都设置为无）。然后利用 （选择工具）同时选中该矩形框和小苗图形，再按〈F5〉键打开“画笔”面板，在面板弹出菜单中选择“新建画笔”命令，如图 4-196 所示。此时在弹出的“新建画笔”对话框中列出了 Illustrator 可以创建的 4 种画笔类型，这里选择“图案画笔”单选按钮，如图 4-197 所示，单击“确定”按钮。接着在弹出的“图案画笔选项”对话框中采用默认设置，如图 4-198 所示，单击“确定”按钮，此时新创建的画笔会自动出现在“画笔”面板中，如图 4-199 所示。

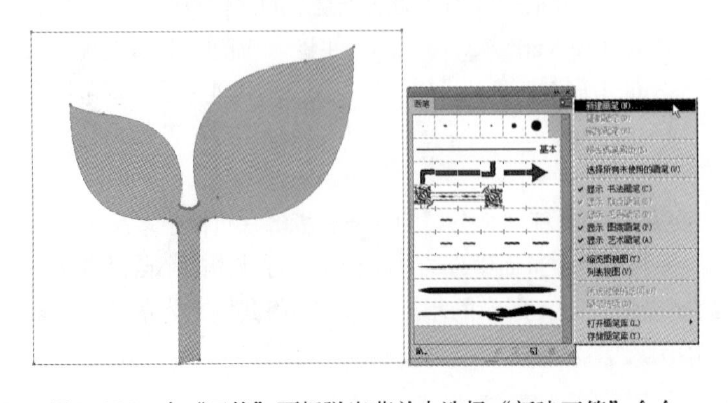

图4-196　在“画笔”面板弹出菜单中选择“新建画笔”命令

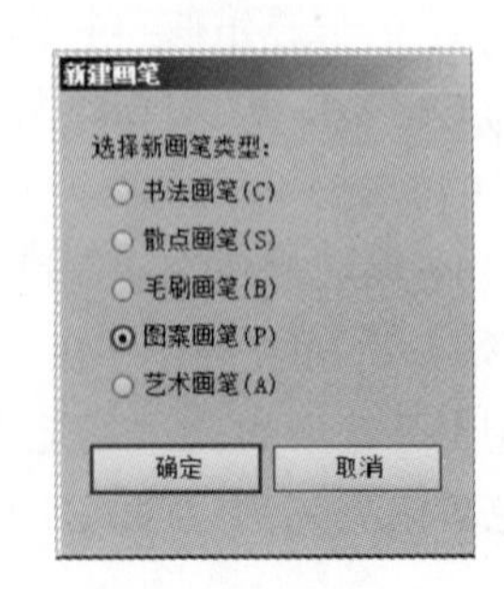

图4-197　选择“图案画笔”单选按钮

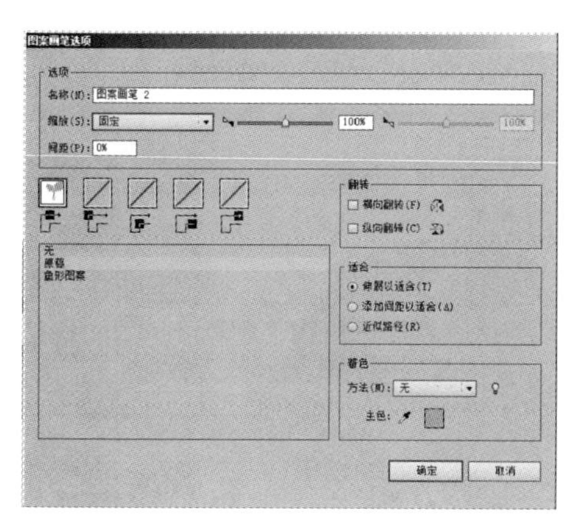

图4-198　“图案画笔选项”对话框

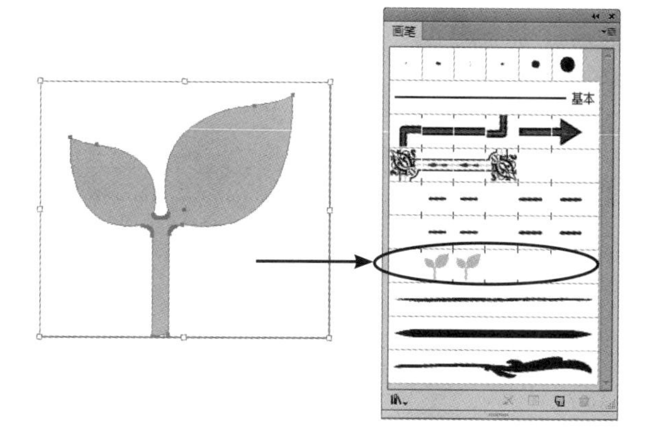

图4-199　新建画笔出现在“画笔”面板中

提示

矩形框的宽度及它与小苗图形两侧的距离很重要，它将决定后面自定义画笔形状点的间距，因此矩形框的宽度不能太大。

（6）将小苗“种植”在页面中间的矩形框上。方法：先利用工具箱中的 （直线段工具）绘制出一条横跨页面的直线，然后在“画笔”面板下方单击 （新建画笔）图标，此时小苗图形会沿直线走向进行间隔排列，效果如图 4-200 所示。

图4-200　小苗图形沿直线走向在矩形上面进行间隔排列

（7）下面开始制作饼图，先输入第一组表格数据，形成基础柱形图表。方法：选择工具箱中的 （柱形图工具），在页面上拖动鼠标绘制出一个矩形框来设置图表的大小，然后松开鼠标，此时会弹出图表数据输入框。接着在图表数据输入框中输入第一组比较数据，如图 4-201 所示，数据输入完后单击输入框右上方的应用图标 ，此时会自动生成图表，默认状态下生成的图表是普通的柱形图，如图 4-202 所示。在此图表中，可以看到网络商店的 6 项销售额分别以不同灰色的矩形表示。

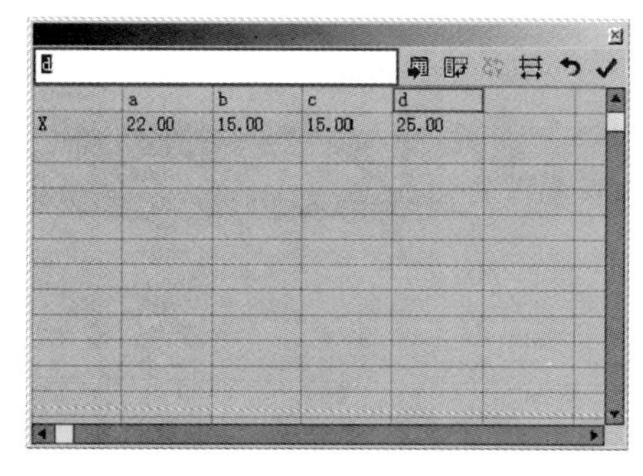

	a	b	c	d
X	22.00	15.00	15.00	25.00

图4-201　图表数据输入框

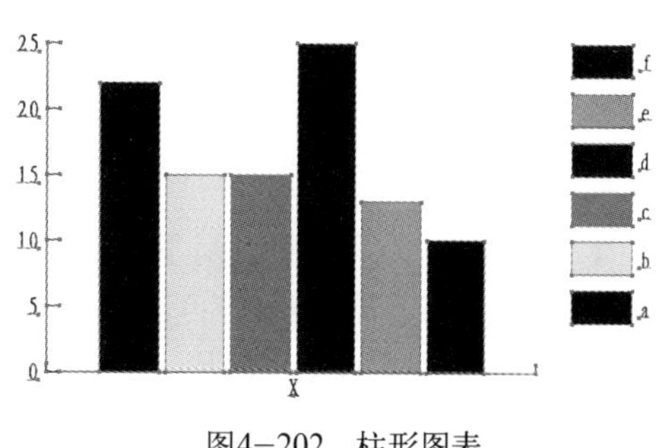

图4-202　柱形图表

(8)利用工具箱中的 (选择工具)选中柱形图,然后在工具箱中的 (柱形图工具)上双击，接着在弹出的“图表类型”对话框中单击 (饼图) 按钮，如图 4−203 所示，再单击“确定”按钮，此时柱形图表会转换为图 4−204 所示的饼图。

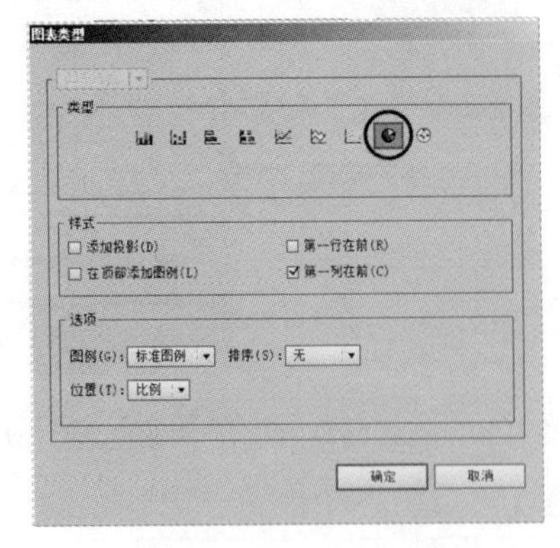

图4−203　在“图表类型”对话框中单击“饼图”按钮

图4−204　柱形图表转换为饼状图表

(9) 现在的饼图是黑白效果的，要改变其中每一个小块的颜色，必须先将其进行解组。方法为：按 3 次快捷键〈Shift+Ctrl+G〉解除表格的组合（第一次按快捷键〈Shift+Ctrl+G〉时，会弹出图 4−205 所示的警告对话框，单击“是”按钮）。在解除表格的组合之后，利用 (直接选择工具) 分别选中右侧的一列小色块及饼图下面的“X”字母，按〈Delete〉键将它们删除。然后分别选中饼图中的各分解块，将填充色修改为鲜艳的彩色（颜色请读者自行设置）。最后设置稍微粗一些的轮廓描边，效果如图 4−206 所示。

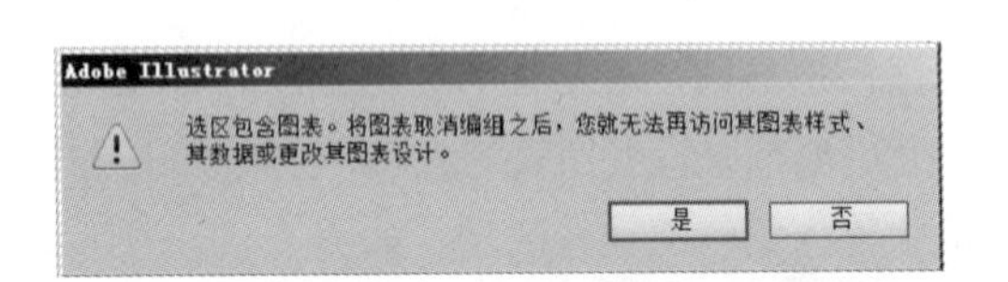

图4−205　解组时会弹出警告对话框

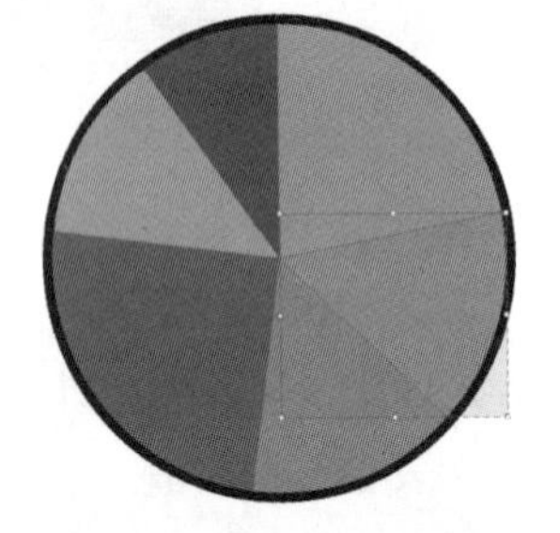

图4−206　分别选中饼图中的分解块并填充为彩色

(10) 在饼图下面绘制两个稍微大一些的同心圆形，并分别填充为品红色（参考颜色数值为 CMYK（0，100，0，0））和深褐色（参考颜色数值为 CMYK（90，85，90，80）），如图 4−207 所示。

提示

在饼图圆心位置按住〈Alt+Shift〉组合键，可绘制出从同一圆心向外发射的正圆形。

(11) 同理，再绘制一个从同一圆心向外扩展的正圆形，并将其“填充”设置为无，“描边”设置为深褐色（参考颜色数值为 CMYK（90，85，90，80）），“描边粗细”设置为 4 pt，如图 4−208 所示。然后选中该圆形，执行菜单中的“对象｜路径｜轮廓化描边”命令，将描边转换为圆环状图形。接着按快捷键〈Shift+Ctrl+F10〉打开“透明度”面板，将“不透明度”设置为 40%，此时，几圈描边的颜色使饼图形成了按钮般的卡通效果，如图 4-209 所示。

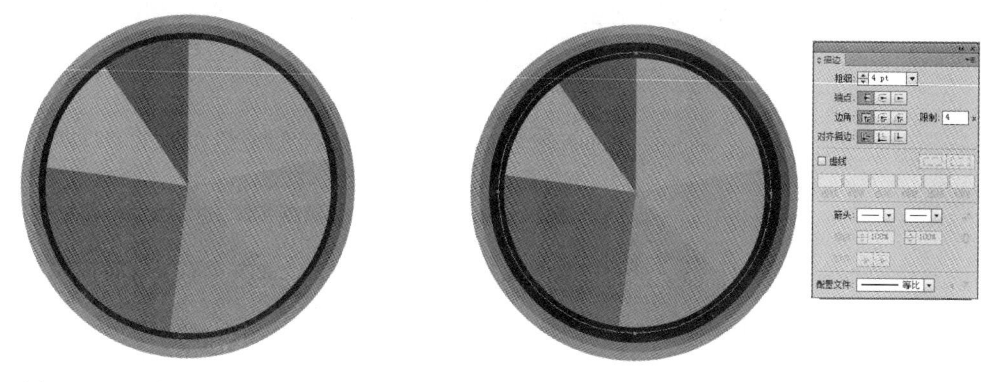

图4-207 在饼图下面绘制两个稍微大一些的同心圆形　图4-208 再绘制出一个从同一圆心向外扩展的圆环形

（12）选择工具箱中的 T（文字工具），分别输入百分比数据文本，然后在工具选项栏中设置“字体”为 Arial Black，字体颜色为白色，接着将它们分别放置到饼图上相应的分区，如图 4-210 所示。

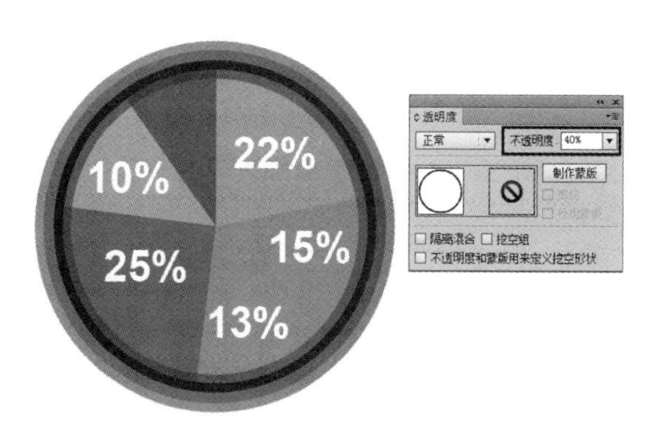

图4-209 改变圆环状图形的不透明度

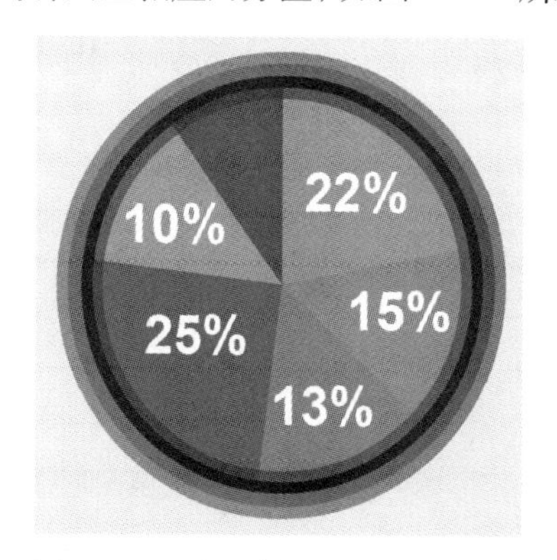

图4-210 分别输入百分比数据文本

（13）继续制作另外两个饼图，它们都只具有 4 组比较数据，请读者参照图 4-211 和图 4-212 中所提供的数据表来分别创建两个柱形图，再将它们转换为饼图。在生成黑白的饼图后，按 3 次快捷键〈Shift+Ctrl+G〉解除组合，然后就可以自由地进行块的上色、描边等操作了（具体步骤可参看本例步骤（9）～（10）的讲解）。最后将完成的 3 个饼状图表放置到页面中，效果如图 4-213 所示。

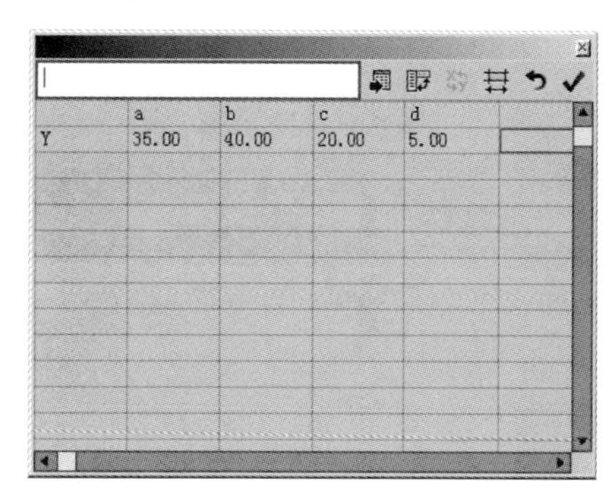

	a	b	c	d
Y	35.00	40.00	20.00	5.00

图4-211 第二个饼图的参考数据

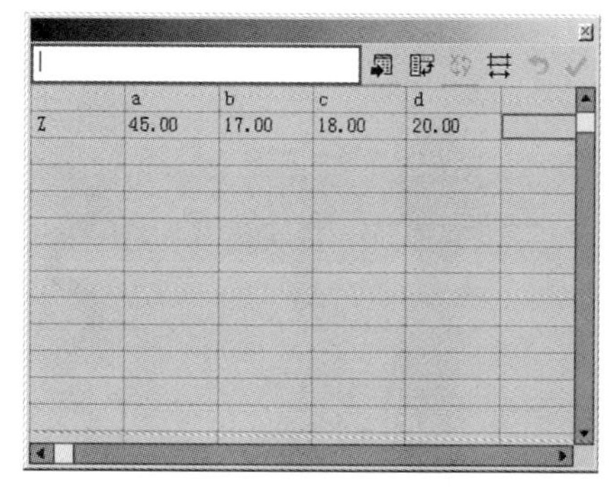

	a	b	c	d
Z	45.00	17.00	18.00	20.00

图4-212 第三个饼图的参考数据

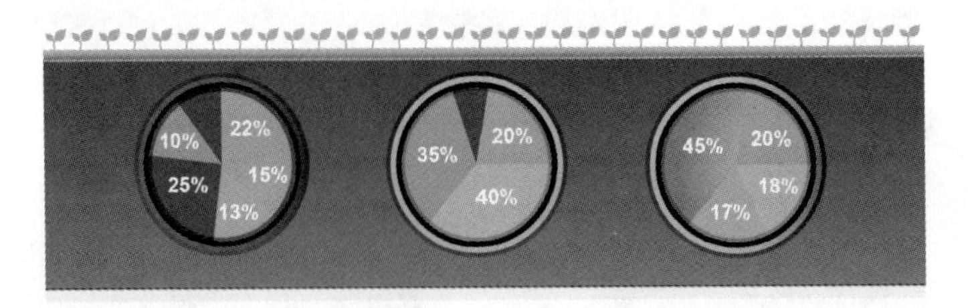

图4-213　将完成的3个饼状图表放置到页面中

（14）制作位于页面视觉中心位置的小树苗，然后使小树苗的生长高度依据表格数据而变化。先来绘制一棵小树苗图形。方法：利用工具箱中的（钢笔工具）绘制出图 4-214 所示的小苗形状的闭合路径，并将它填充为草绿色（参考颜色数值为 CMYK（40，10，100，0）），然后沿图 4-215 所示的位置绘制出 5 条水平线段，下面将用这些线段把下部的图形截断裁开。

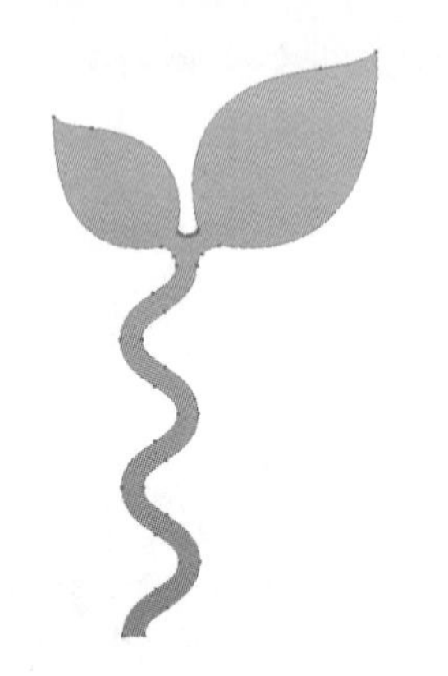

图4-214　绘制小树苗图形并填充为草绿色

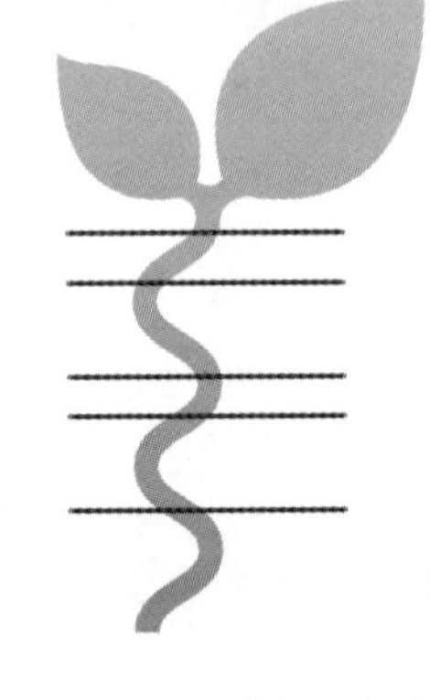

图4-215　绘制出5条水平直线段

（15）利用（选择工具），在按〈Shift〉键同时选中树苗图形和 5 条直线段，然后按快捷键〈Shift+Ctrl+F9〉打开“路径查找器”面板，如图 4-216 所示。单击（分割）按钮，此时图形被裁成许多局部块，再按快捷键〈Shift+Ctrl+A〉取消选取。接着利用（直接选择工具）重新选中裁开的局部图形，改变其填充颜色，从而得到图 4-217 所示的效果。最后沿着小树苗的右侧边缘，利用（钢笔工具）绘制出一些曲线图形，并将它们填充为“浅绿—草绿”的线性渐变，如图 4-218 所示，以增加小树苗的图形复杂度和视觉上的立体效果。

图4-216　“路径查找器”面板

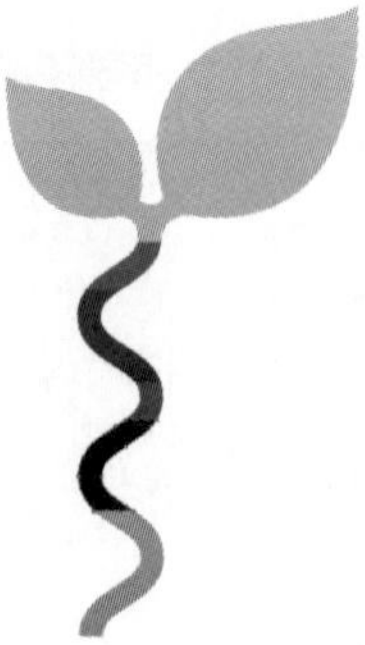

图4-217　点选小树苗茎部裁开的图形改变填充颜色

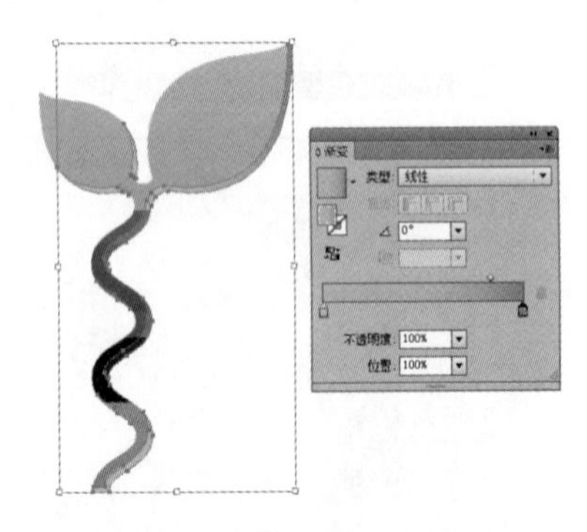

图4-218　绘制一些曲线图形并将其填充为“浅绿—草绿”的渐变

(16) 选中刚才绘制的曲线图形，按快捷键〈Shift+Ctrl+F10〉打开“透明度”面板，改变“混合模式”为“正片叠底”。色彩在经过处理后会整体变暗，形成一道窄窄的阴影，如图 4-219 所示。

(17) 至此，小树苗图形绘制完成。下面利用 ▶（选择工具）选中组成小树苗的所有图形，然后按快捷键〈Ctrl+G〉组成群组。

(18) 在小树苗图形绘制完成后，要将它定义为图表的设计单元，以便与图表数据发生关联。方法：利用 ▶（选择工具）选中树苗图形组，然后执行菜单中的“对象｜图表｜设计”命令，在弹出的“图表设计”对话框中单击“新建设计”按钮，此时可以看到列表中多了一个树苗选项（下面的预览框中出现了该图案的预览图），如图 4-220 所示。接着单击“重命名”按钮，在弹出的对话框中输入新的名称 tree。最后单击“确定”按钮，将小树苗作为图表图案单元存储起来。

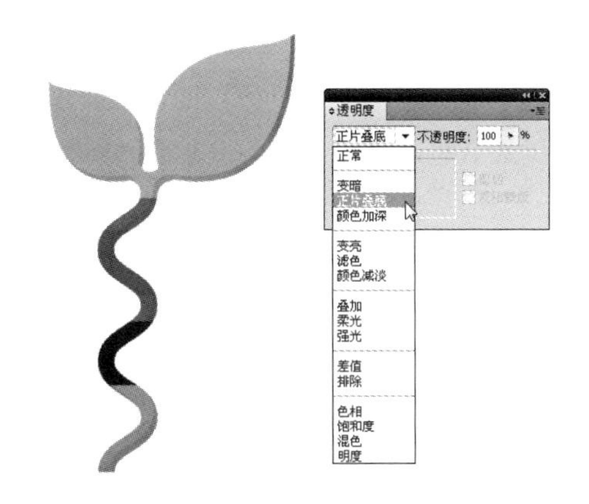

图4-219 整体变暗形成阴影

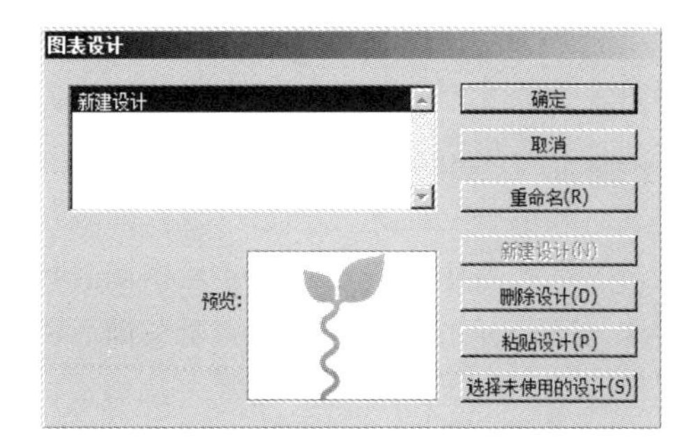

图4-220 小树苗被作为图表图案单元存储起来

(19) 创建另一个基础柱形图表。方法：选择工具箱中的 （柱形图工具），在页面上拖动鼠标绘制出一个矩形框，用来设置图表的大小，然后松开鼠标，在弹出的图表数据输入框中输入一组三个季度营业增长率的数据，如图 4-221 所示。在数据输入完成后，单击输入框右上方的应用图标 ✓，此时会生成柱形图表，如图 4-222 所示。

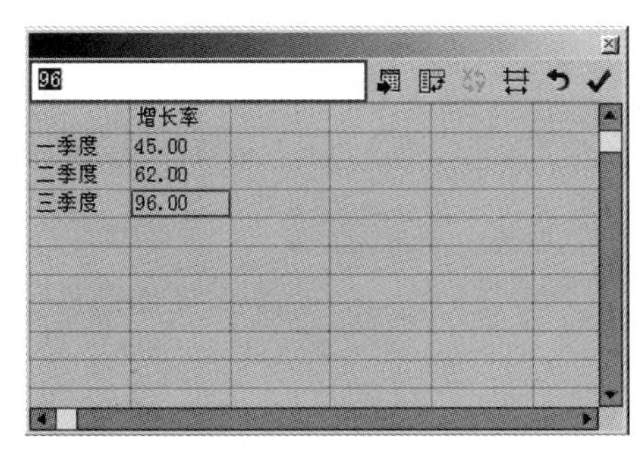

图4-221 图表数据输入框

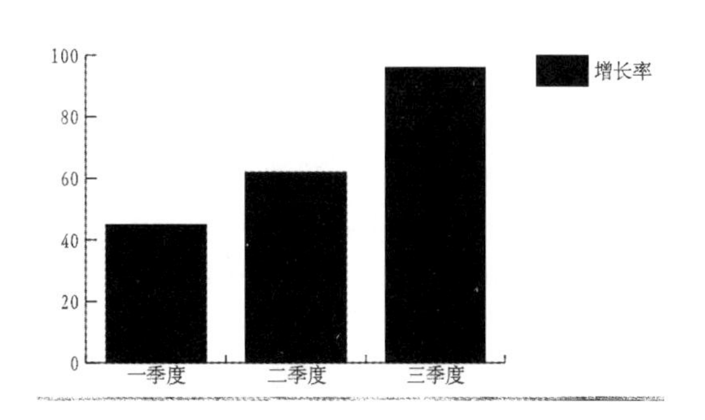

图4-222 柱形图表

(20) 用小树苗图案替换刻板的柱形图。方法：利用工具箱中的 （编组选择工具）选中所有的黑色柱形（在一个柱形内连续单击鼠标 3 次），然后执行菜单中的“对象｜图表｜柱形图”命令，在弹出的“图表列”对话框中选择“tree”选项，如图 4-223 所示。并且在“列类型”右侧的下拉列表框中选择“一致缩放”选项（这个选项的功能是将图案单元按柱形图高度进行等比例缩放），单击“确定”按钮，得到图 4-224 所示的非常形象生动的增长率图表。

图4-223　在“图表列”对话框中选择“tree”选项

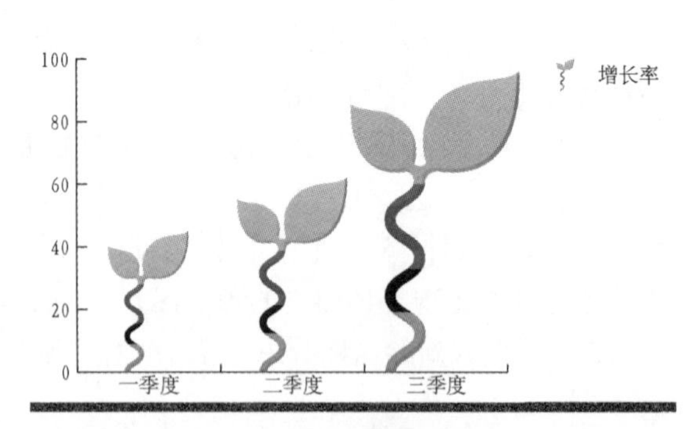

图4-224　图案单元按柱形图高度进行等比例缩放

（21）为了使版面美观，同时保持图表的数据属性（也就是还可以不断地更改数据），下面将图表中的文字与轴都暂时隐藏起来。方法：利用工具箱中的（编组选择工具）选中所有要隐藏的内容，然后将它们的“填充”与“描边”都设置为无，效果如图 4-225 所示。接着将图表移至页面中图 4-226 所示的位置，此时树苗与前面做好的饼图还拼接不上，下面还需利用（编组选择工具）进行位置的细致调整，从而得到图 4-227 所示的上下衔接效果。

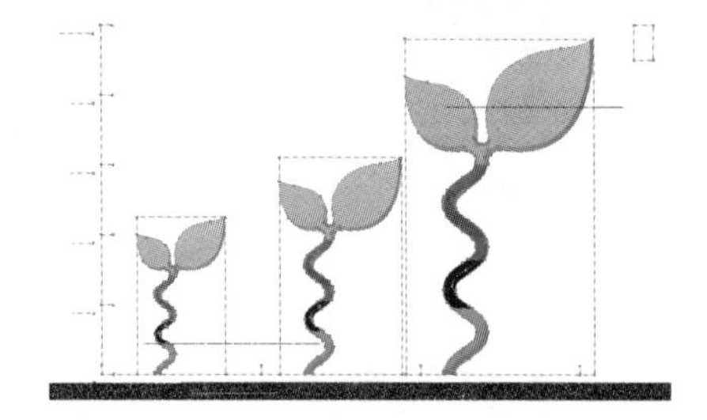

图4-225　将图表中的文字与轴都暂时隐藏起来

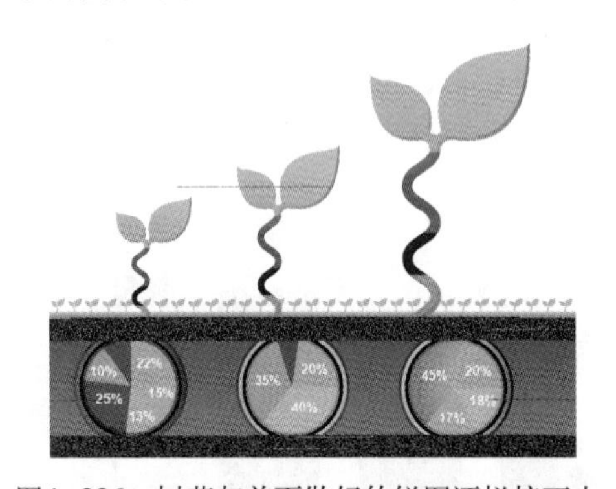

图4-226　树苗与前面做好的饼图还拼接不上

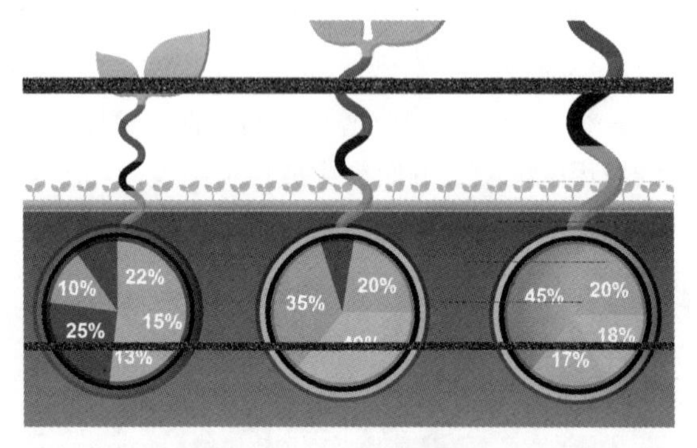

图4-227　对树苗和饼状图的位置进行细致调整

提示

如果要再次修改图表原始数据，则可以利用（选择工具）选中整个（已替换为图案的）图表，然后执行菜单中的“对象|图表|数据”命令，在弹出的图表数据输入框中重新修改数据，然后单击输入框右上方的应用图标。

（22）打开配套光盘中的“素材及效果\4.3.7　制作趣味图表\喷壶.ai”文件，如图 4-228 所示，然后将喷壶的黑白卡通图形复制粘贴到目前的图表页面中。接着利用（钢笔工具）绘制出图 4-229 所示的 3 条曲线路径，以模仿从喷壶中喷出的水流形状。

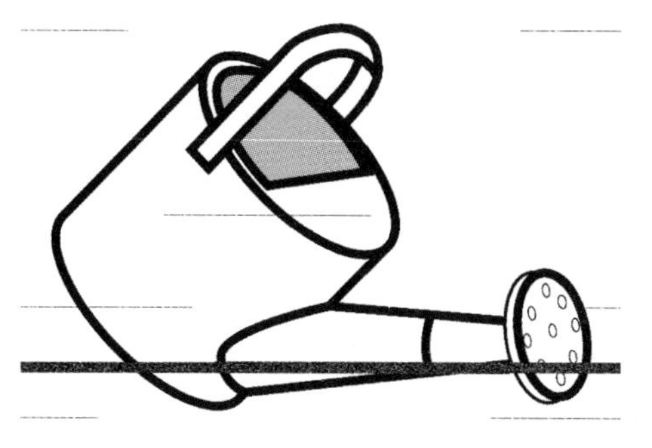

图4−228　光盘中提供的素材图“喷壶.ai”

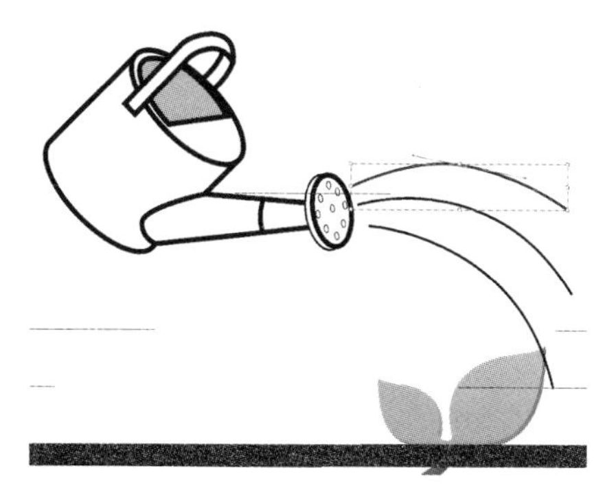

图4−229　绘制出3条曲线路径

（23）制作文字沿线排版的效果。方法：选择工具箱中的 （路径文字工具），在最上面的一条路径左侧端点上单击，然后直接输入文本，并在属性栏内设置“字体”为 Arial，“字号”为 8 pt，文字颜色为蓝绿色，此时输入的文本会自动沿曲线路径排列，图 4−230 所示。同理，在另外两条曲线路径上也输入文字，得到图 4−231 所示的效果。最后，在喷壶的下方添加标题文字和几行小字，字体和字号请读者自行设定，完成后的效果如图 4−232 所示。

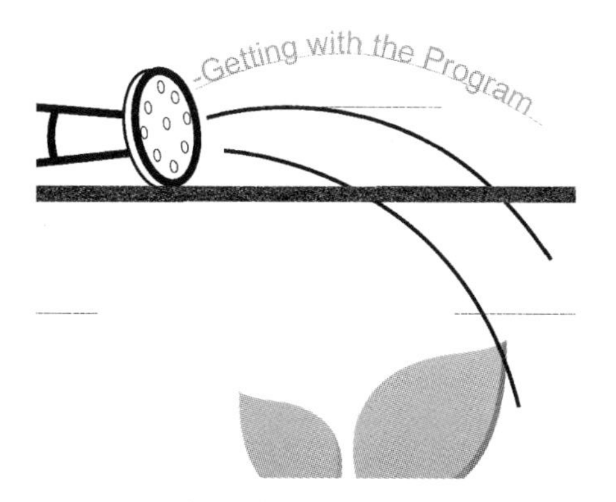

图4−230　输入的文本自动沿路径排列

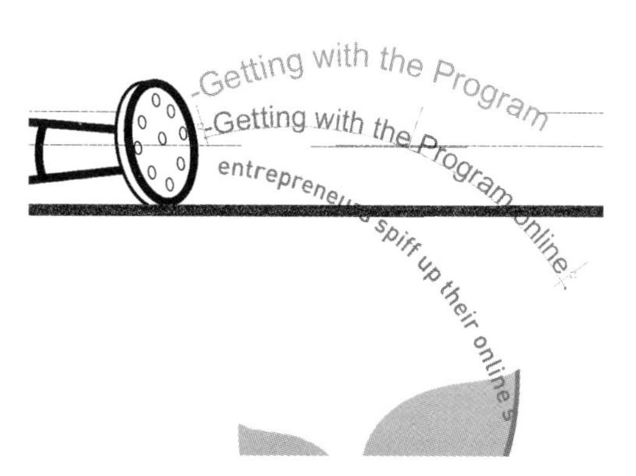

图4−231　在另外两条曲线路径上也输入文字

（24）由于树苗图表中影响观感的轴与数据等都被隐藏了，因此需要直接将文字置入树叶内部，以取得醒目的效果。方法：先将前面绘制的树苗图形复制一份，然后选择工具箱中的 （美工刀工具），按住〈Alt〉键，以直线的方式将树叶与茎裁断，如图 4−233 所示。接着按快捷键〈Shift+Ctrl+A〉取消选择，再利用工具箱中的 （直接选择工具）选中下面的茎部，按〈Delete〉键将其删除。

（25）按快捷键〈F7〉打开“图层”面板，然后单击“图层”面板下方的 （创建新图层）按钮，新建“图层 2”。接着将刚才裁切后剩下的树叶图形移至图表（最右侧）树苗上，再进行适当放缩。最后利用 （直接选择工具）调整锚点与方向线，使它比图表树苗中的叶形稍微小一圈，如图 4−234 所示。

提示

在调整“图层2”中的树叶形状时，可以先将“图层1”暂时锁定。

图4-232　在喷壶的下方添加标题文字和几行小字

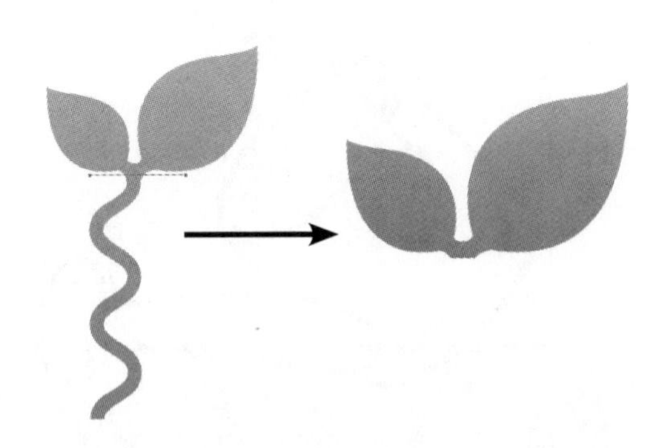

图4-233　应用“美工刀工具”将树叶与茎裁断

（26）下面将文字置入树叶内部，也就是所谓的图形内排文。方法：选中树叶路径，然后利用工具箱中的（区域文字工具）在路径边缘单击，此时光标会出现在路径内部。接着输入文字，文字将出现在树叶路径内部，修改文字的大小与颜色，从而得到图4-235所示的效果。同理，制作另外两片树叶中的区域内文字，最后效果如图4-236所示。

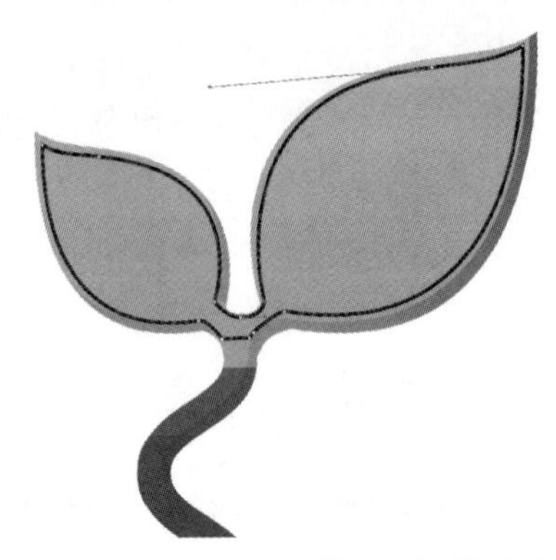

图4-234　将裁切后的路径调整到比图表树苗中的叶形稍微小一圈

（27）在树苗的附近需要添加标注文字。首先绘制一些虚线作为段落的分隔线。方法：选择工具箱中的（直线段工具），按住〈Shift〉键，绘制出6条水平线条，然后打开“描边”面板，在其中设置参数，如图4-237所示（注意虚线参数的设置），从而将6条水平线条都转换为虚线，如图4-238所示。

图4-235　将文字置入树叶内部

图4-236　制作3片树叶中的区域内文字

（28）在每条虚线的右侧末端绘制一个圆形框，并调整圆形的边线为黑色的虚线，如图4-239所示，然后制作纵向分隔线。方法：利用工具箱中的（直线段工具）绘制出一条直线段（在第1、2条水平虚线之间左侧），然后设置“描边粗细”为0.35 pt，描边颜色为灰色（参考颜色数值为：CMYK（0，0，0，60）），如图4-240所示。接着在“描边”面板中分别选取箭头“起点”和“终点”的形状（起点为三角形，终点为圆形），如图4-241所示，单击“确定”按钮，从而得到图4-242所示的箭头图形。

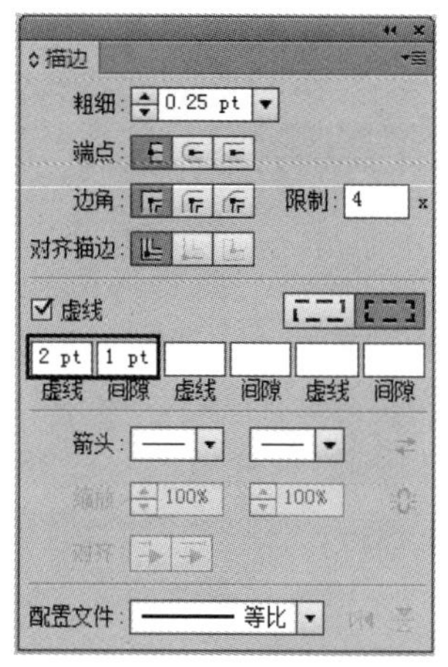

图4-237　在“描边”面板中设置虚线参数

图4-238　将6条水平线条都转换为虚线

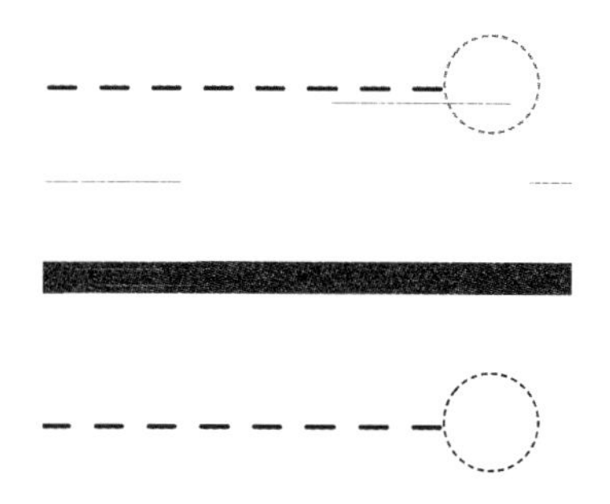

图4-239　在每条虚线的右侧末端绘制一个圆形虚线框

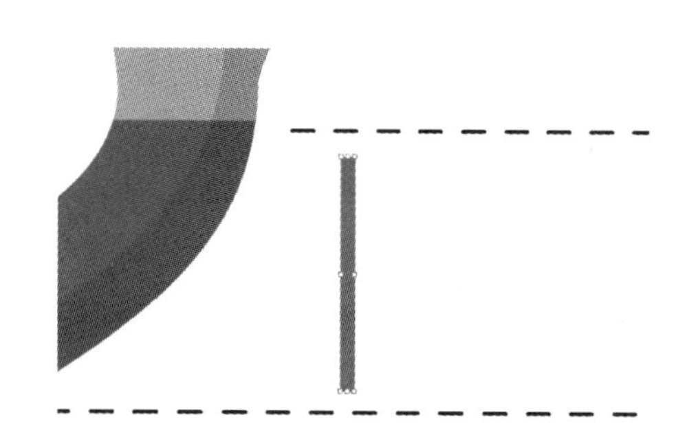

图4-240　制作纵向分隔线

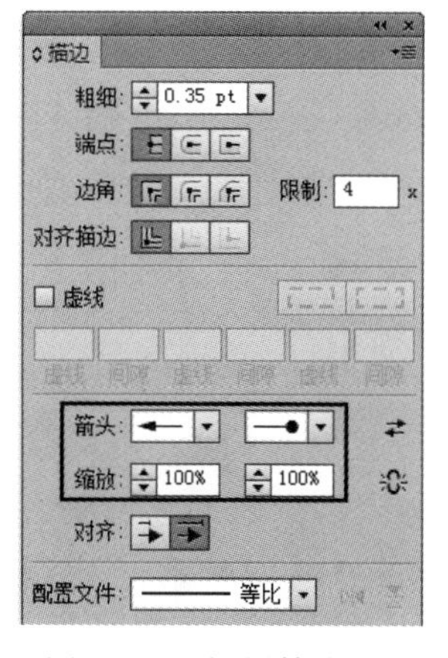

图4-241　设置箭头图形

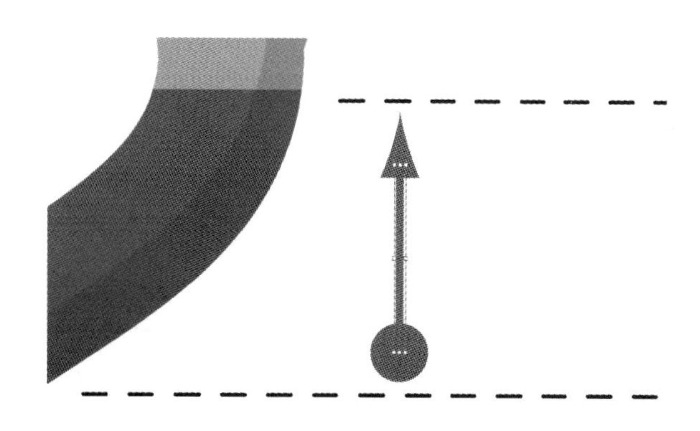

图4-242　箭头两端分别被添加上三角形和圆形

(29) 将箭头图形复制几份，然后分别进行纵向垂直对齐的排列，效果如图 4-243 所示。

(30) 现在水平与垂直的框架结构已搭建好，下面开始添加文字内容。方法：利用工具箱中的 T.（文字工具）输入文本（标题与正文都是独立的文本块），字体字号请读者自行设定，但为了版面的美观与统一，文字段落的颜色主要为灰色（参考颜色数值为 CMYK（0，0，0，60））和黑色交替出现。最右侧树苗旁的文字整体排版效果如图 4-244 所示。

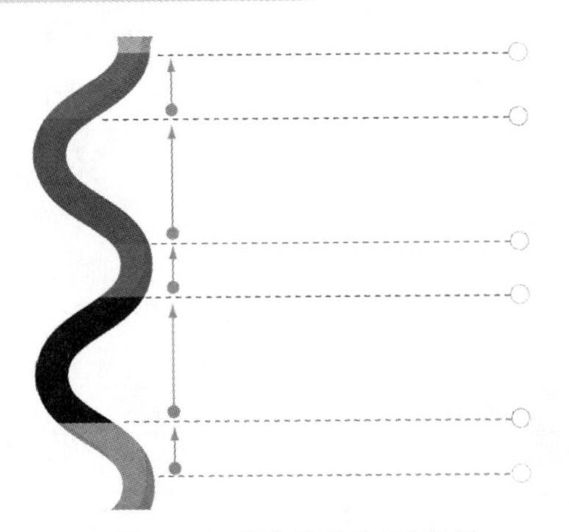

图4-243　纵向垂直对齐的排列

图4-244　最右侧树苗旁的文字整体排版效果

（31）同理，制作另外两棵树苗右侧的文字与线条框架，字号和线条的粗细要随着树苗宽高的缩小而减小，以使文字与图表构成一个息息相关、共同增长的整体，如图 4-245 所示。

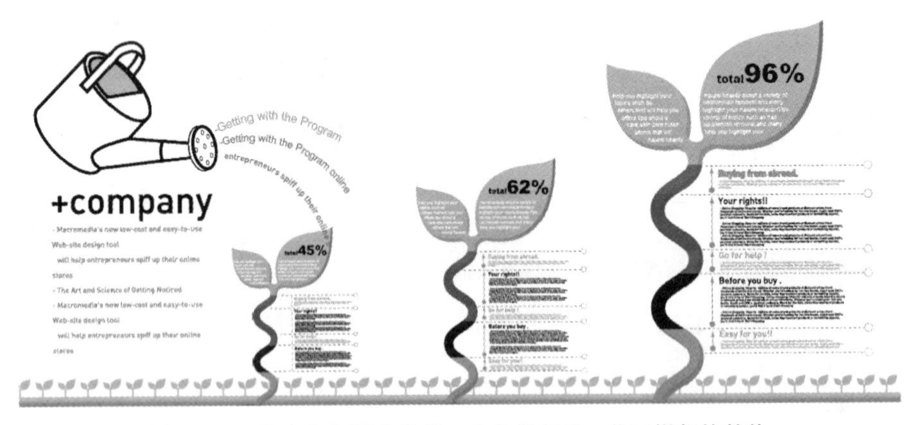

图4-245　使文字与图表构成一个息息相关、共同增长的整体

（32）最后，再增添一些图形小细节，例如树叶上的甲壳虫等，如图 4-246 所示。至此，艺术化图表制作完毕，下面缩小图形以显示全页，效果如图 4-247 所示。

图4-246　添加到树叶上的甲壳虫

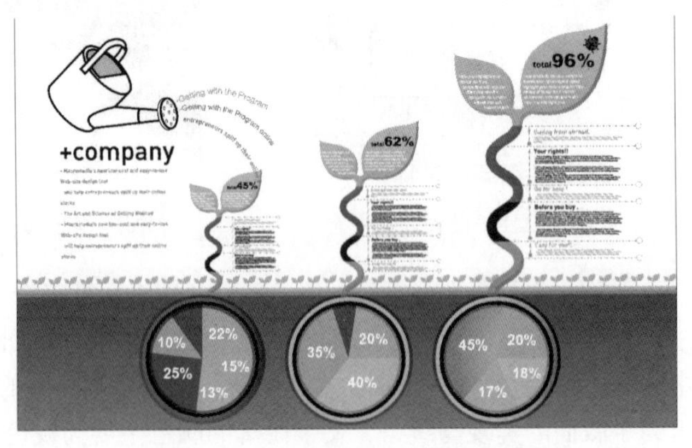

图4-247　最后完成的艺术化图表效果

课后练习

1. 制作图 4–248 所示的液体滴落效果。
2. 制作图 4–249 所示的商标效果。

图4–248 液体滴落效果

图4–249 商标效果

第5章 渐变、网格和混合

在Illustrator CS6中，实现一种颜色到另外一种颜色过渡的方法有3种，它们分别是渐变、网格和混合。这3种工具有各自的应用范围，其中渐变工具是对单个对象进行线性或圆形渐变填充；网格工具是对单个对象的不同部分进行颜色填充；混合工具是对多个对象之间进行形状和颜色的混合。通过本章学习应掌握渐变、网格和混合的具体应用。

5.1 使用渐变填充

渐变填充是指在一个图形中从一种颜色变换到另一种颜色的特殊的填充效果。在Illustrator CS6中应用渐变填充，既可以使用工具箱上的（渐变工具），也可以使用“色板”面板中的渐变色板。图5-1所示为使用渐变工具制作的杯子上的高光效果。

如果需要对渐变填充的类型、颜色以及渐变的角度等属性进行精确的调整控制，必须使用“渐变”面板中的来进行相关设置。执行菜单中的“窗口|渐变”命令，即可调出“渐变”面板，如图5-2所示。

提示

如果单击“渐变”面板标签上的双向小三角符号，“渐变”面板将会简化显示，如图5-3所示。

图5-1 制作杯子上的高光效果

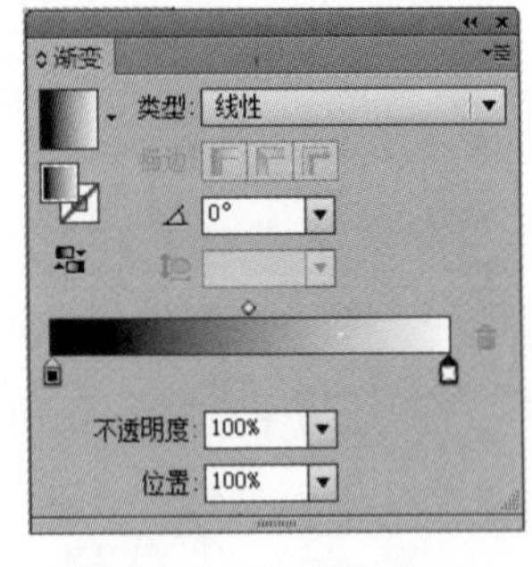

图5-2 “渐变”面板

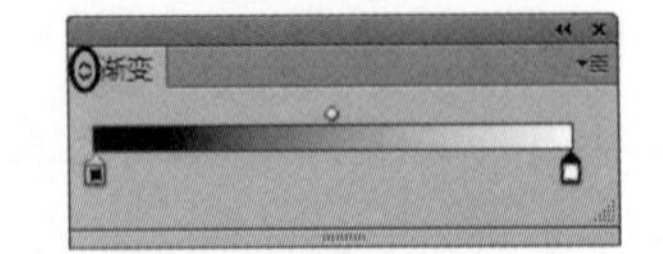

图5-3 简化显示“渐变”面板

5.1.1 线性渐变填充

线性渐变填充是一种沿着线性方向使两种颜色逐渐过渡的效果，这是一种最常用的渐变填充方式。使用线性渐变填充的具体操作步骤如下：

（1）如果要对图形应用线性渐变填充，必须选中需要进行线性渐变填充的图形，然后选择工具箱中的（渐变工具），如图 5-4 所示。

（2）在选取了（渐变工具）后，所选的图形还不能自动实现渐变填充。此时必须在“渐变”面板的“类型”下拉列表中，选取渐变类型为“线性”。此时所选的图形才呈现出线性渐变填充的效果，如图 5-5 所示。

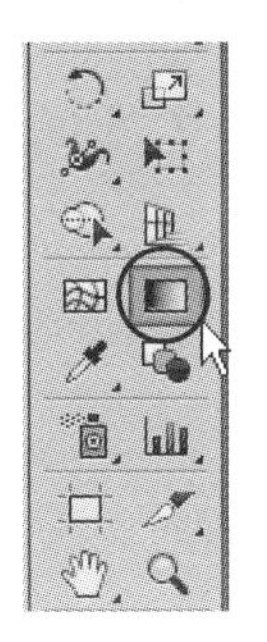

图5-4 选择“渐变工具”

图5-5 线性渐变效果

（3）如果想要改变直线渐变的渐变程度，只要选择（渐变工具）后，在应用了线性渐变填充的图形上拖动出一条直线，此时直线的起点表示渐变效果的起始点，而直线的终点表示渐变效果的终止点。拖动出直线的位置和长短将直接影响渐变的效果，如图 5-6 所示。

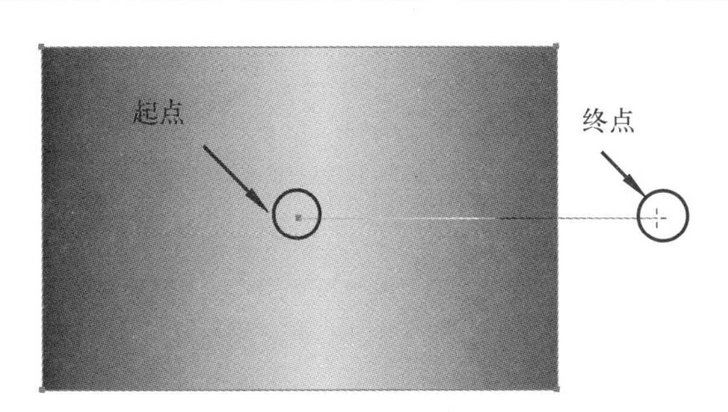

图5-6 拖动出渐变

（4）如果想要改变直线渐变的渐变方向，只要选取（渐变工具），然后在应用了线性渐变填充的图形上拖动出一条直线，此时直线的方向即表示渐变效果的渐变方向，如图 5-7 所示。

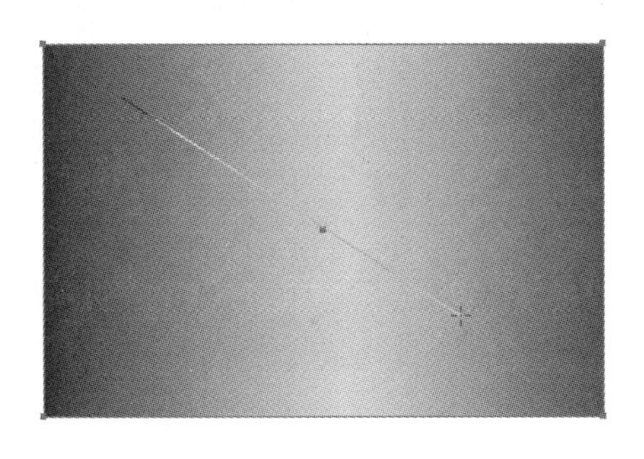

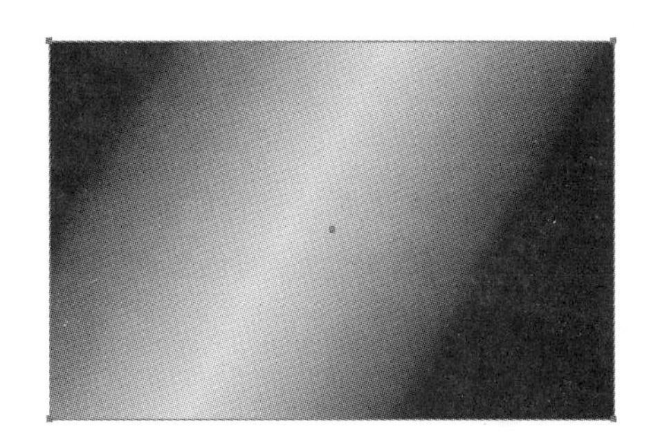

图5-7 改变渐变方向

（5）如果需要精确地控制线性渐变的方向，可以在“渐变”面板的“角度”数值框中输入相应的数值。

提示

系统的默认值是0°，当输入的角度值大于180°或者小于-180°时，系统将会自动将角度转换成-180°～180°之间的相应角度。比如输入280°，则系统将会将它转为-80°。

（6）如果需要改变改变线性渐变填充的起始颜色和终止颜色，可以单击“渐变”面板中的起始颜色标志或终止颜色标志（即面板色彩条下面的两个滑块），将会弹出“颜色”面板。此时，可以从“颜色”面板中选取颜色作为起始颜色或终止颜色。当颜色选定之后，该颜色将会自动应用于选定的对象上。

5.1.2 径向渐变填充

径向渐变填充是一种沿着径向方向使两种颜色逐渐过渡的效果。使用径向渐变填充的具体操作步骤如下：

（1）如果要对图形应用径向渐变填充，首先必须选中需要进行径向渐变填充的图形，然后选择工具箱上的（渐变工具）。

（2）此时，所选的图形还不能自动实现渐变填充。下面还必须在“渐变”面板的“类型”下拉列表中选取渐变类型为“径向”，这样，所选图形才呈现出渐变填充的效果，如图5-8所示。

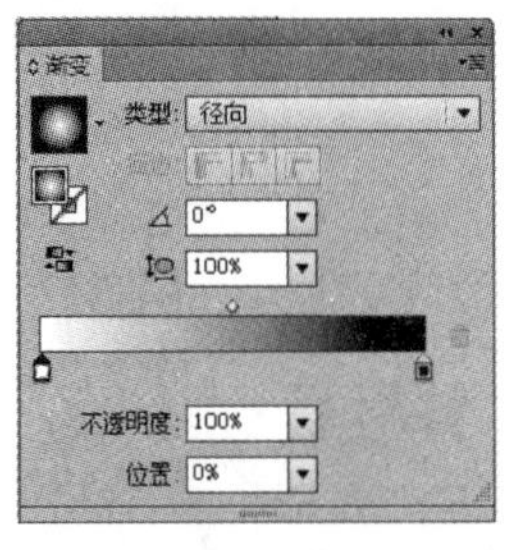

图5-8　径向渐变效果

提示

与线性渐变填充不同的是，径向渐变填充不存在渐变角度的问题。因为径向填充的方向对于中心点而言是对称的。

5.2 使用网格

虽然Illustrator CS6的（渐变工具）可以产生很奇妙的效果，但是渐变工具的应用中有一个很大的缺陷，即渐变填充的颜色变化只能按照预先设定的方式，而且同一个图形中的渐变方向必须是相同的。不过Illustrator还提供了一个叫渐变网格的工具来弥补这样的缺陷，利用渐变网格可以对单个对象的不同部分进行颜色填充。图5-9所示为使用渐变网格制作的效果。

图5-9　利用渐变网格制作的花朵

5.2.1 创建网格

使用（网格工具）或者执行菜单中的“对象|创建渐变网格”命令都能用来将一个对象转换成网格对象，下面分别进行讲解。

1. 利用（网格工具）创建网格

利用（网格工具）创建网格的具体操作步骤如下：

（1）首先必须在画布上绘制一个需要实施网格效果的图形并选中它，如图 5−10 所示。然后选择工具箱上的（网格工具），如图 5−11 所示，此时，光标将变为一个带有网格图案的箭头形状，如图 5−12 所示。

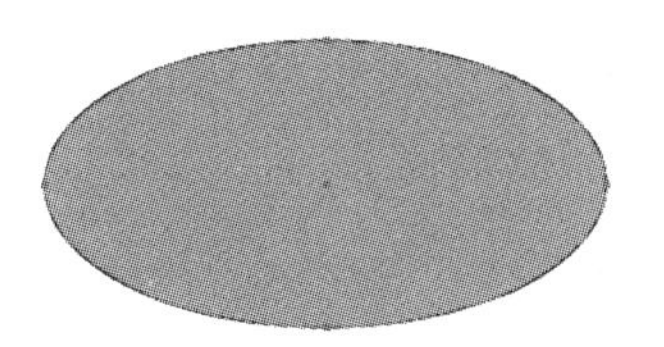

图5−10　创建图形

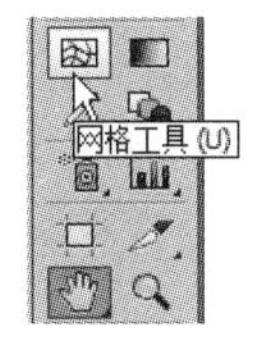

图5−11　选择网格工具

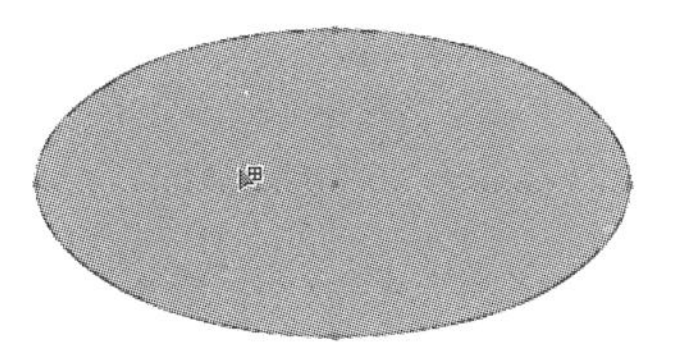

图5−12　网格工具的光标显示

（2）将光标移到图形上，在需要制作纹理的地方单击即可添加一个网格点，多次单击之后可以生成一定数量的网格点，从而也就形成了一定形状的网格，如图 5−13 所示。

（3）选择工具箱上的（直接选择工具），然后选中需要上色的网格点，接着在“颜色”面板上选择相应的颜色后，选中的网格点就应用了所需的颜色，如图 5−14 所示。

2. 利用“创建渐变网格”命令创建网格

利用“创建渐变网格”命令创建网格的具体操作步骤如下：

（1）首先还是在画布上绘制一个需要实施网格效果的图形并选中它。

（2）执行菜单中的“对象 | 创建渐变网格”命令，此时会弹出图 5−15 所示的对话框。

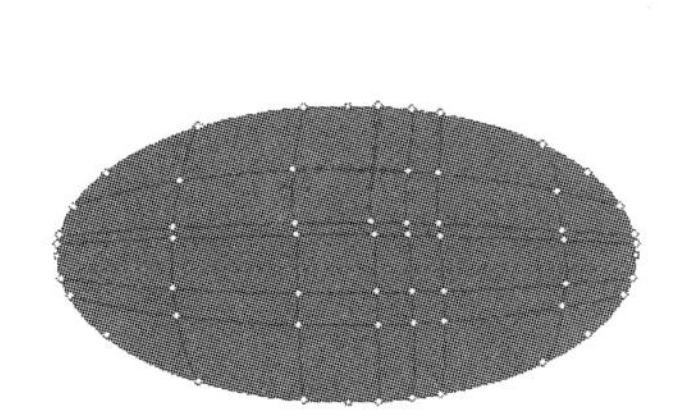

图5−13　手动创建网格

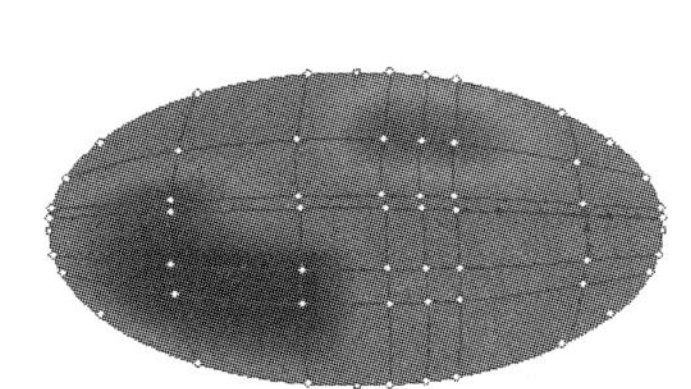

图5−14　对网格点应用所需颜色

图5−15　“创建渐变网格”对话框

在该对话框中，可以在“行数”和“列数”数值框中设置图形网格的行数和列数，从而也就设置了网格的单元数。

在“外观”下拉列表中有“平淡色”“至中心”和“至边缘”3 个选项可供选择。其中，“至中心”表示从图形的边缘向中心进行渐变；“至边缘”表示从图形的中心向边缘进行渐变。图 5−16 所示为两种外观方式的对比。

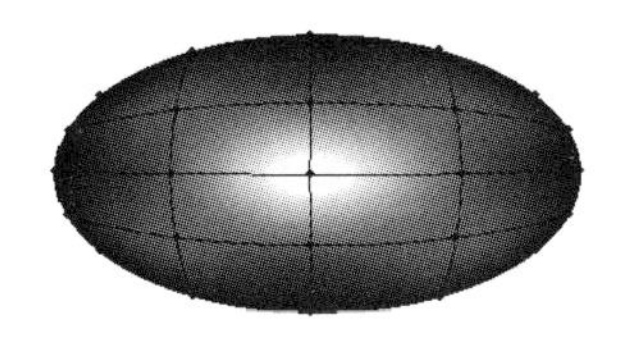

至中心

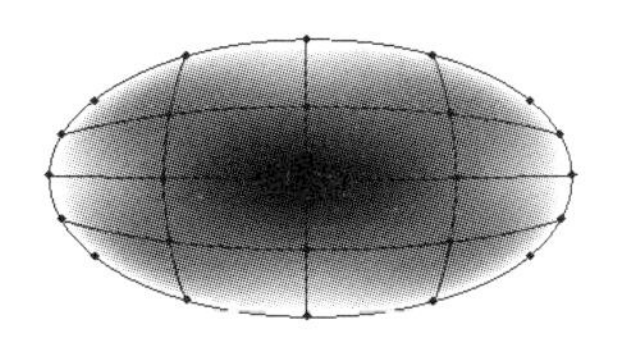

至边缘

图5−16　两种外观方式

“高光”数值框中的值表示图形创建渐变网格之后高光处的光强度。值越大，高光处的光强度越大，反之则越小。

5.2.2 编辑渐变网格

无论是利用（网格工具）还是“创建渐变网格”命令创建的网格，一般情况下不会一次达到所需的效果，这就需要对网格进行编辑。下面具体讲解网格的添加、删除和调整的方法。

（1）添加网格。方法：选择工具箱上的（网格工具），如果要添加一个用当前填充色上色的网格点，可单击网格对象上任意一点，相应的网格线将从新的网格点延伸至图形的边缘，如图5-17所示；如果单击的是一条已存在的网格线，则可增加一条与之相交的网格线，如图5-18所示。

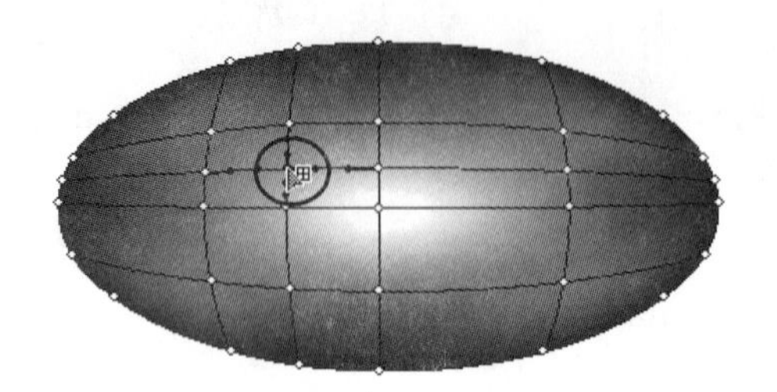

图5-17　单击网格对象上任意一点

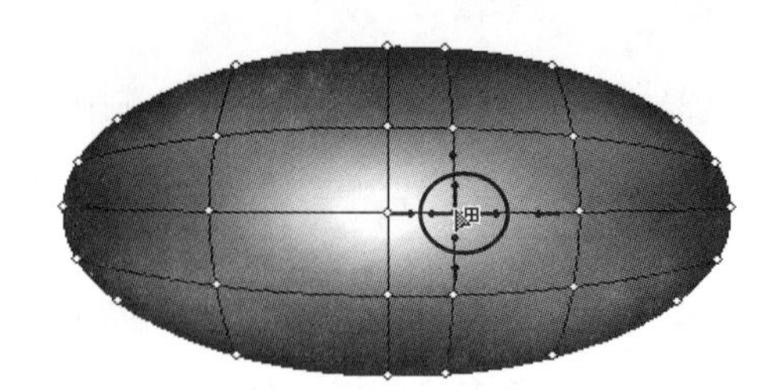

图5-18　在已有的网格线上单击

（2）删除网格。方法：如果要删除一个网格点及相应的网格线，可以选中工具箱中的（网格工具）后直接按住〈Alt〉键，然后单击该网格点即可。

（3）调整网格。方法：选择工具箱中的（网格工具），然后在网格图形上单击网格点，此时该网格点将显示其控制柄，可以拖动控制柄对通过该网格点的网格线进行调整，如图5-19所示。

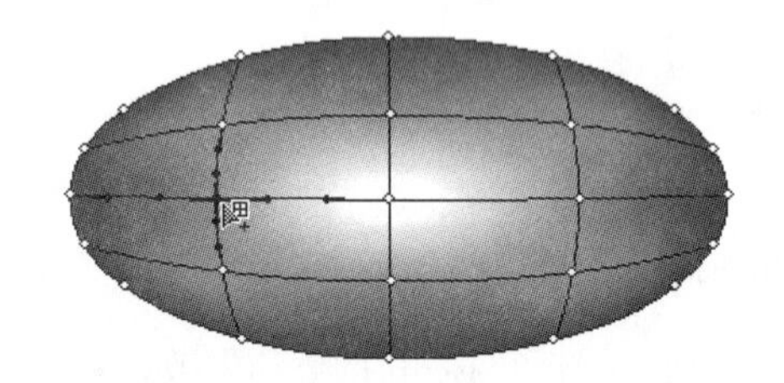

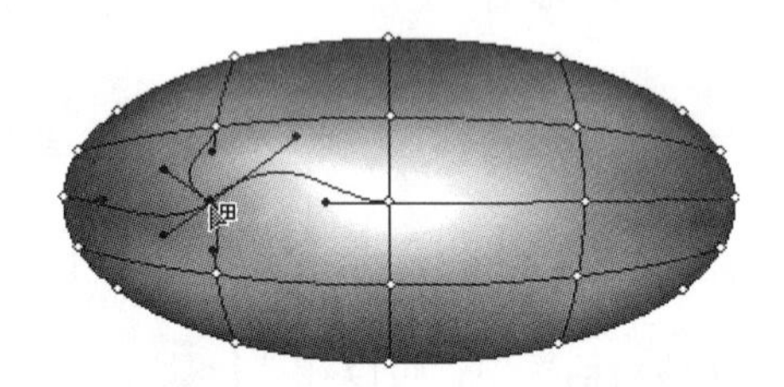

图5-19　通过拖动控制柄对网格线进行调整

5.3 使用混合

混合是Illustrator　CS6中比较有特色的一个功能，利用它可以混合线条、颜色和图形。使用（混合工具）可以在两个或者多个图形之间产生一系列连续变换的图形，从而可以实现色彩和形状的渐进变化。

混合具有下列3个特点：

（1）混合可以用在两个或者两个以上的图形之间。图形可以是封闭的，也可以是开放的路径，甚至群组图形、复合路径以及蒙版图形都可以使用混合功能。

(2) 混合适用于单色填充或者渐变填充的图形，对于使用图案填充的图形则只能做形状的混合，而不能做填充的混合。

(3) 进行过混合操作的图形会自动结合成为一个新的混合图形，并且其特征是可以被编辑修改的，但更改混合图形中的任何一个图形，整个混合图形都会自动更新。

5.3.1　创建混合

在 Illustrator　CS6 中，混合是在两个不同路径之间完成的，单击同一区域内不同路径上的定位点就可以创建出匀称平滑的混合效果。如果单击相反区域内的定位点，混合就会变得扭曲。创建混合的具体操作步骤如下：

(1) 如果要创建混合效果，首先必须绘制两个图形，这两条图形可以是封闭的路径，也可以是开放的路径。然后为这两条路径设置不同的画笔或者填充属性，如图 5–20 所示。

图5–20　创建两个混合基础图形

(2) 选择工具箱上的 (混合工具)，分别单击两个图形，就会产生混合效果，如图 5–21 所示。

同样，也可以利用菜单命令完成混合。方法：选中要进行混合的图形，执行菜单中的“对象 | 混合 | 建立”命令，即可完成混合。

混合分为两种：平滑混合和扭曲混合。选取两个图形上相应的点生成的混合是平滑混合，如图 5–21 所示；而选取一个图形上的起点，在选取另一条路径上的终点生成的混合是扭曲混合，如图 5–22 所示。

图5–21　平滑混合效果

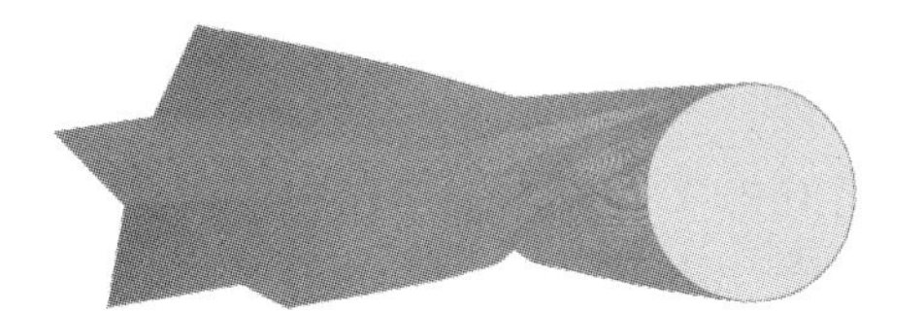

图5–22　扭曲混合效果

5.3.2　设置混合参数

利用“混合选项”对话框，可以设置混合效果的各项参数，如图 5–23 所示。

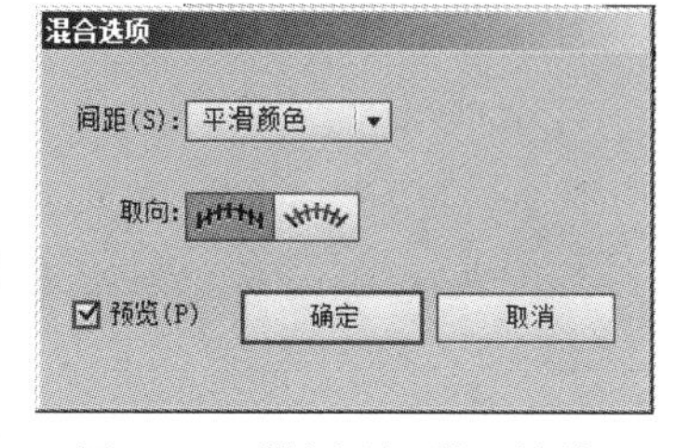

图5–23　“混合选项”对话框

设置混合参数的具体操作步骤如下：

(1) 调出“混合选项”对话框。调出“混合选项”对话框方法有两种：

- 选中需要混合的图形，然后双击工具箱上的 (混合工具)。
- 执行菜单中的“对象 | 混合 | 混合选项”命令。

(2) 在“混合选项”对话框中，“间距”下拉列表中有“平滑颜色”“指定的步数”和“指定的距离”3 个选项可供选择。

- 如果选择“平滑颜色”选项，表示系统将按照混合的两个图形的颜色和形状来确定混合步数。一般情况下，系统内定的值会产生平滑的颜色渐变和形状变化。

- 如果选择“指定的步数”选项，就可以控制混合的步数。选中此项后，在后面的数值框中可以输入 1 ～ 300 的数值。数值越大，混合的效果越平滑。图 5-24 所示为不同步数的混合效果。

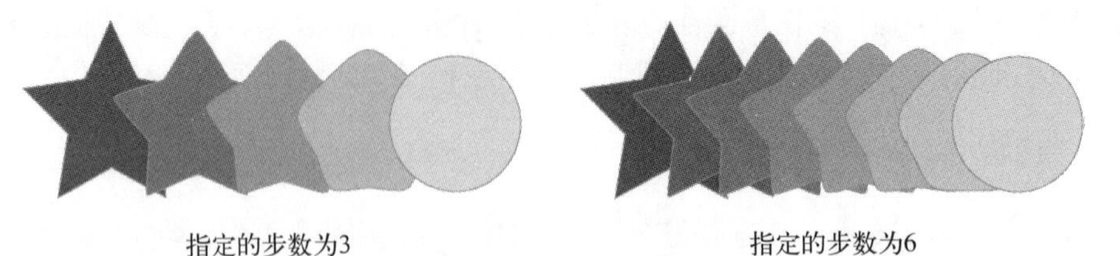

图5-24　不同的“指定的步数”的混合效果

- 如果选择“指定的距离”选项，可以控制每一步混合间的距离。选中此项后，可以输入 0.1 ～ 1300 pt 的混合距离。

(3) 在“混合选项”对话框的“取向”选项用于设定混合的方向。其中表示以对齐页的方式混合；表示以对齐路径的方式进行混合。图 5-25 所示为两种对齐方式的比较。

图5-25　不同“取向”的效果比较

5.3.3　编辑混合图形

在生成了混合效果之后，如果需要改变混合效果中起始图形和终止图形的前后位置，不必重新进行混合操作，只需执行菜单中的“对象 | 混合 | 反向混合轴”命令即可。

如果对执行了混合操作的效果不满意，或者需要单独编辑混合效果中起始和终止两个图形，可以执行菜单中的“对象 | 混合 | 释放”命令，将混合对象释放，从而得到混合前的两个独立图形。

调整混合后图形之间的脊线。方法：一般情况下脊线为直线，两端的节点为直线节点。但是可以使用工具箱上的（转换锚点工具）将直线点转换为曲线点，这样就可以对混合图形之间的脊线进行编辑了，如图 5-26 所示。

图5-26　将直线点转换为曲线点

如果要混合图形按照一条已经绘制好的开放路径进行混合，可以首先绘制出一条路径，如图 5-27 所示，然后选中混合图形，如图 5-28 所示。接着执行菜单中的“对象 | 混合 | 替换混合轴”命令。此时混合图形就会依据绘制的路径进行混合，如

图5-27　绘制路径

图 5-29 所示。

图5-28　选中混合图形

图5-29　替换混合轴效果

5.3.4　扩展混合

混合后的图形是一个整体，不能对单独某一个图形进行填充等操作。此时可以通过“扩展”命令，将其扩展为单个图形，然后再进行相应操作。扩展混合的具体操作步骤如下：

（1）选中要扩展的混合图形，然后执行菜单中的“对象 | 扩展”命令，此时会弹出图 5-30 所示的对话框。

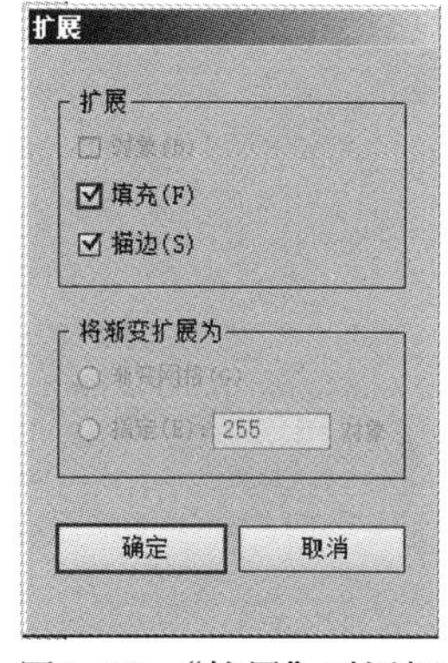

图5-30　“扩展”对话框

（2）在“扩展”对话框中“扩展”选项组中共有“对象”“填充”和“描边”3 个复选框，设置完毕后单击“确定”按钮，即可将混合图形展开。

（3）混合图形展开后，它们还是一组对象，此时可以使用（编组选择工具）选取其中的图形进行复制、移动、删除等操作。

5.4　实 例 讲 解

本节将通过 4 个实例来对渐变、渐变网格和混合的相关知识进行具体应用，旨在帮助读者能够举一反三，快速掌握渐变、渐变网格和混合在实际中的应用。

5.4.1　制作立体五角星效果

制作要点

本例将制作一个立体五角星效果，如图5-31所示。通过本例学习应掌握（混合工具）与（比例缩放工具）的综合应用。

图 5-31　立体五角星效果

操作步骤

（1）执行菜单中的“文件|新建”命令，新建一个文件。

（2）选择工具箱上的（星形工具），设置描边色为无色，填充色为红色，配合〈Shift〉键，绘制一个正五角星，结果如图 5-32 所示。

（3）选中五角星，双击工具箱上的（比例缩放工具），在弹出的对话框中设置如图 5-33 所示，单击“复制”按钮，从而复制出一个大小为原来 20% 的星形。然后用将填充色改为黄色，结果如图 5-34 所示。

图5-32　绘制正五角星

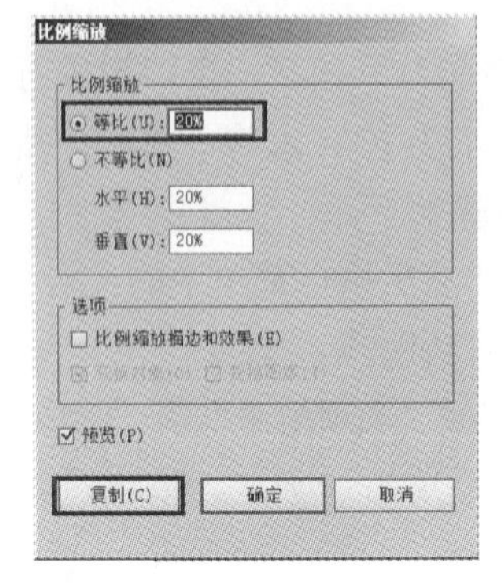

图5-33　设置“比例缩放”参数

图5-34　将小五角星填充为黄色

（4）选择工具箱上的（混合工具），分别单击两个五角星，即可产生立体的五角星效果，如图 5-35 所示。

（5）此时如果要改变立体五角星的颜色，可以利用工具箱上的（编组选择工具）选择混合后的五角星，然后更改其填充颜色即可，如图 5-36 所示。

图5-35　立体的五角星效果

图5-36　更改其填充颜色

5.4.2　制作蝴蝶结

制作要点

本例将制作一个逼真的蝴蝶结效果，如图5-37所示。通过本例学习应掌握“混合”命令和“自由扭曲”滤镜的应用。

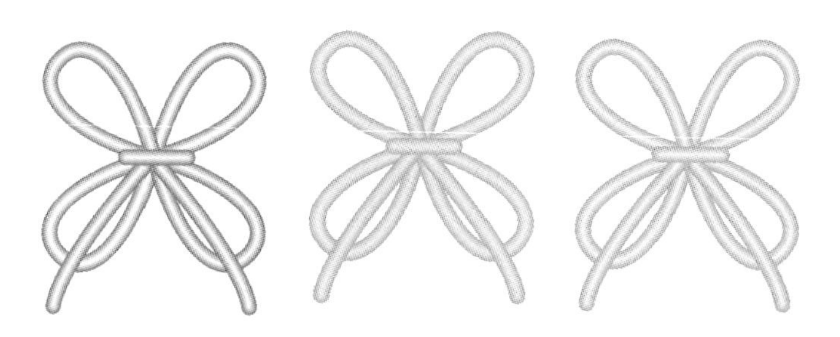

图5-37　蝴蝶结

操作步骤

（1）执行菜单中的“文件|新建”命令，在弹出的对话框中设置如图5-38所示，然后单击“确定”按钮，新建一个文件。

（2）选择工具箱中的 （椭圆工具），设置描边色为黑色，填充为无色，绘制一个椭圆，结果如图5-39所示。

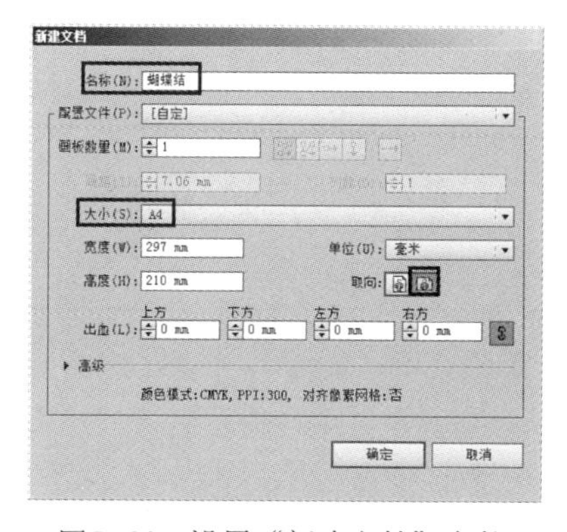

图5-38　设置“新建文档”参数

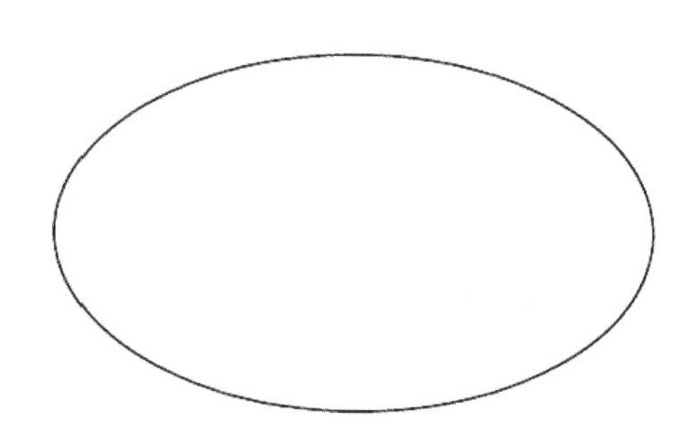

图5-39　绘制椭圆

（3）选中椭圆，执行菜单中的“效果|扭曲和变换|自由扭曲”命令，弹出图5-40所示的对话框。然后将上下控制点的位置进行调换，如图5-41所示，单击“确定”按钮，效果如图5-42所示。

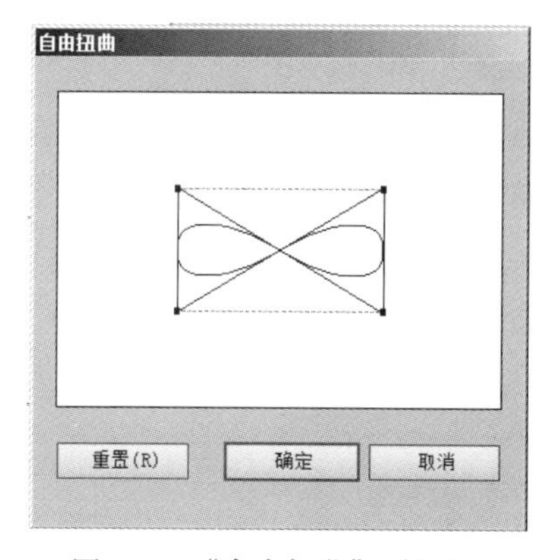

图5-40　“自由扭曲”对话框

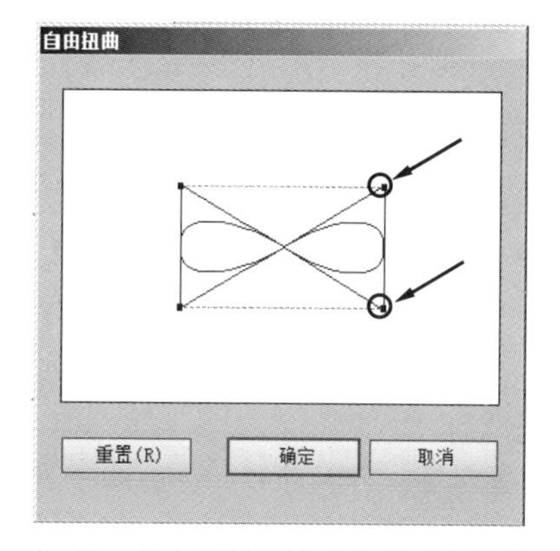

图5-41　将上下控制点的位置进行调换

（4）选择变形后的图形，将线条粗细设置为15 pt，描边颜色设置为60%灰色，如图5-43所示。

（5）选择变形后的图形，执行菜单中的“编辑|复制”命令，然后执行菜单中的“编辑|贴在前面”命令，在原图形上方复制一个图形。接着将它的线条粗细设置为0.5 pt，描边颜色设置为白色，效果如图5-44所示。

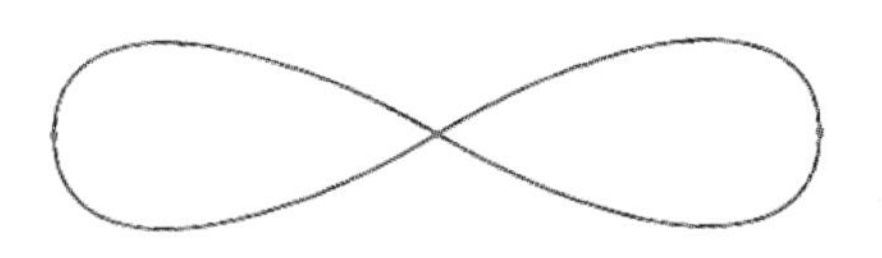

图5-42　自由扭曲效果

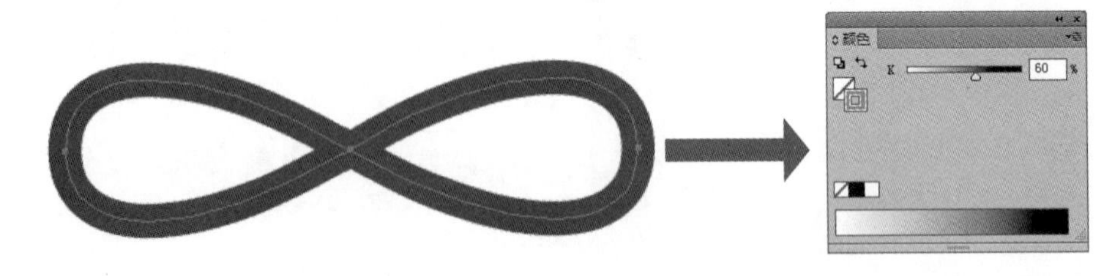

图5-43　调整线条粗细和描边颜色

（6）将两个图形进行混合。方法：全选这两个图形，执行菜单中的“对象|混合|建立”命令，效果如图5-45所示。

图5-44　调节复制后的图形线条粗细和描边颜色

图5-45　混合效果

提示

如果图形混合后不够圆滑，可执行菜单中的“对象|混合|混合选项”命令，在弹出的“混合选项”对话框中加大“指定的步数”的数值，如图5-46所示，然后单击“确定”按钮即可。

（7）选择工具箱上的（旋转工具）对其进行旋转，效果如图5-47所示。此时蝴蝶结发生了变形，这是不正确的。为了解决这个问题，下面按〈Ctrl+Z〉组合键，回到上一步，然后执行菜单中的“对象|扩展外观”命令，效果如图5-48所示。接着再利用（旋转工具）对其进行旋转，即可产生正确的变形效果，如图5-49所示。

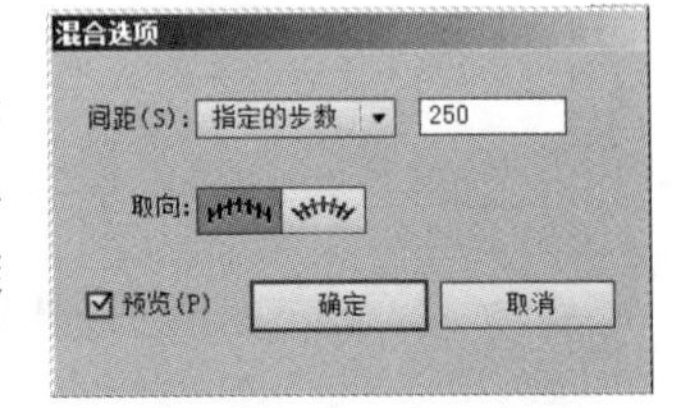

图5-46　设置混合选项

（8）确认图形处于选择状态，选择工具箱上的（旋转工具），按住〈Alt〉键，在变形图形的中心点上单击，在弹出的“旋转”对话框中设置如图5-50所示，单击“复制”按钮，效果如图5-51所示。

（9）同理，利用工具箱上的（钢笔工具）绘制蝴蝶结的“结”和“飘带”图形，并分别进行混合，效果如图5-52所示。

提示

需要注意的是“结”和“飘带”的端点均为圆头端点，如图5-53所示。

（10）如果要改变蝴蝶结的颜色，可以执行菜单中的“对象|混合|释放”命令，将混合后的图形解除混合，效果如图5-54所示。更改线条颜色后再执行菜单中的“对象|混合|建立”命令，

即可产生缤纷的蝴蝶结效果，如图 5−55 所示。

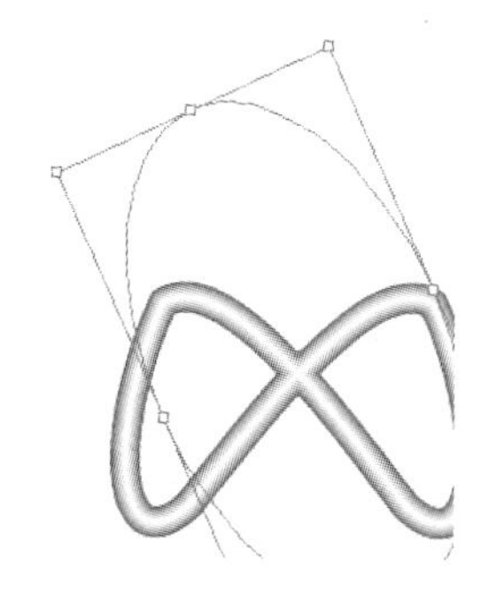

图5−47　直接旋转效果

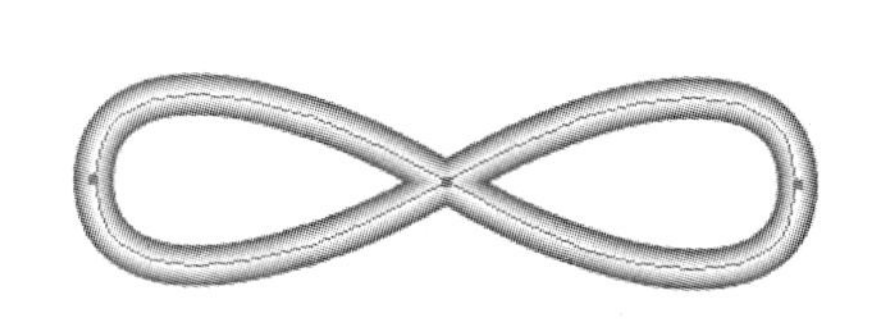

图5−48　扩展外观效果

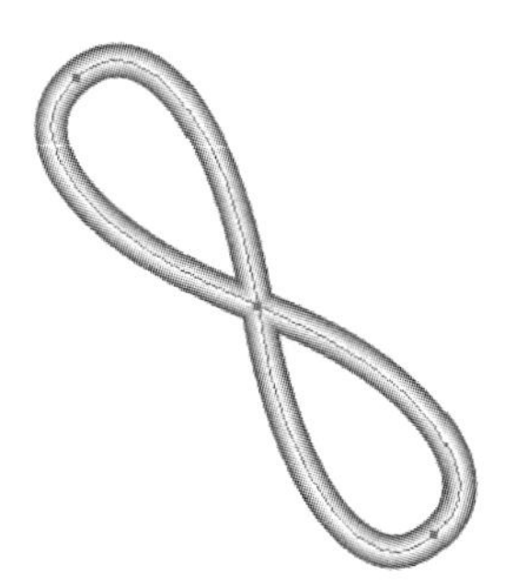

图5−49　旋转后效果

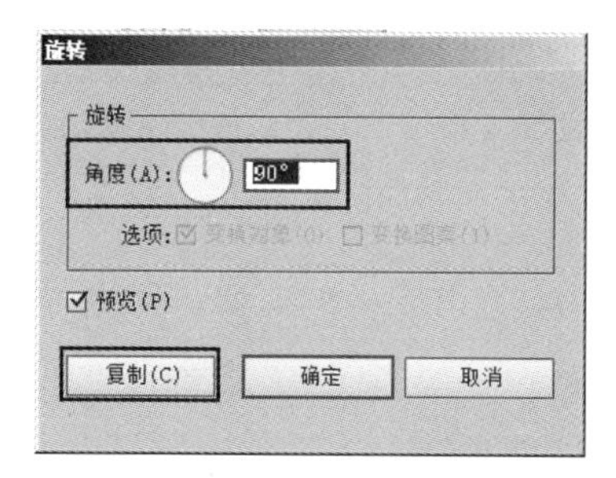

图5−50　设置“旋转”参数

图5−51　旋转复制效果

图5−52　绘制“结”和“飘带”图形

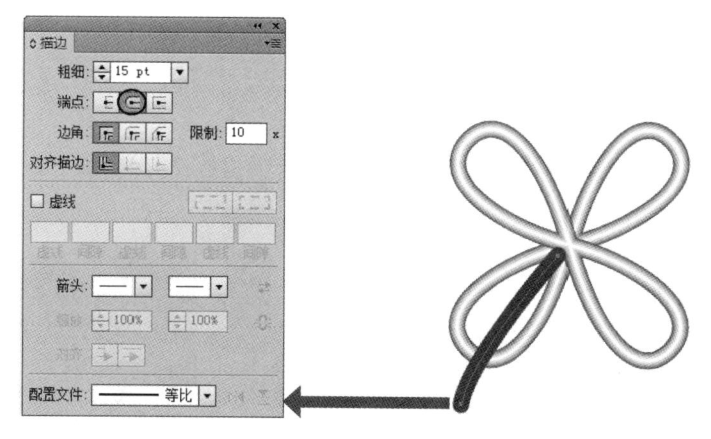

图5−53　“结”和“飘带”的端点均为圆头端点

图5−54　将混合后的图形解除混合

图5−55　要改变蝴蝶结的颜色

提示

利用工具箱上的（编组选择工具）分别选择线条后更改颜色也可以达到同样的效果。

5.4.3 制作玫瑰花

制作要点

本例将制作一朵逼真的玫瑰花，如图5-56所示。通过本例学习应掌握通过利用（渐变网格工具）对同一物体的不同部分进行上色的方法。

图 5-56 玫瑰花

操作步骤

1．创建背景

（1）执行菜单中的“文件|新建”命令，在弹出的对话框中设置如图5-57所示，然后单击“确定”按钮，新建一个文件。

（2）为了衬托玫瑰花，绘制一个黑色矩形作为背景，然后执行菜单中的“对象|锁定|所选对象”命令，将其锁定，以便于以后绘制玫瑰花，效果如图5-58所示。

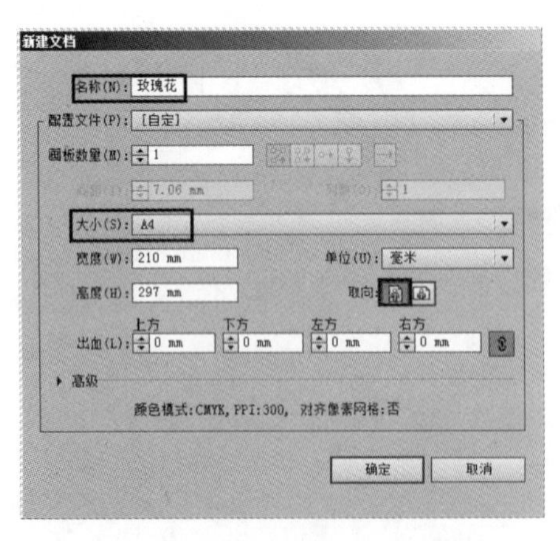

图5-57 设置“新建文档”参数

图5-58 绘制黑色矩形作为背景

2．利用渐变网格工具绘制玫瑰花花瓣

绘制玫瑰花的原则是由内向外绘制。

（1）选择工具箱上的 （钢笔工具），然后在绘图区绘制图形，并将其填充为白色，效果如图 5-59 所示。

（2）选择工具箱上的 （网格工具），对图形添加渐变网格。然后利用 （套索工具）对相应位置上的节点分别进行上色，并利用 （直接选择工具）改变节点的位置，从而形成自然的颜色过渡，效果如图 5-60 所示。

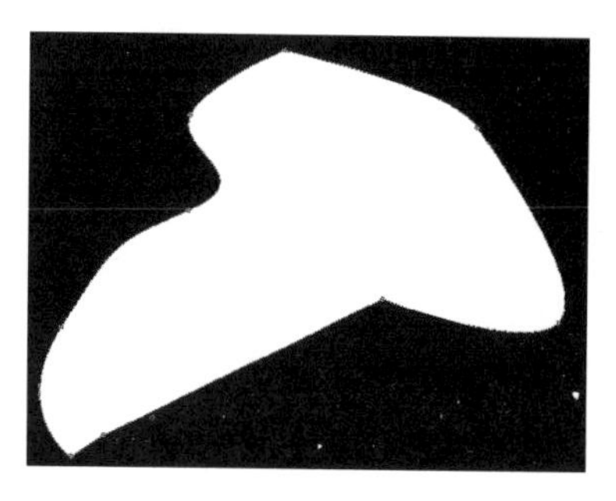

图5-59　绘制图形

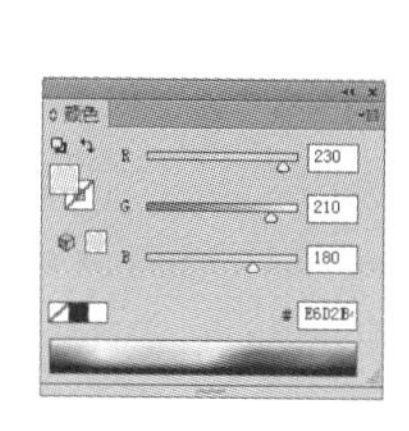

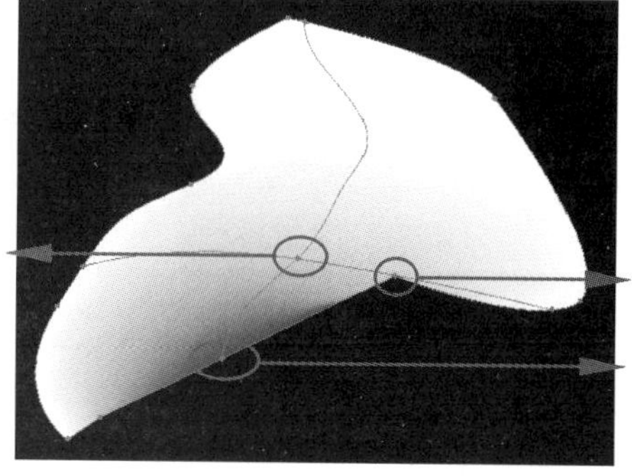

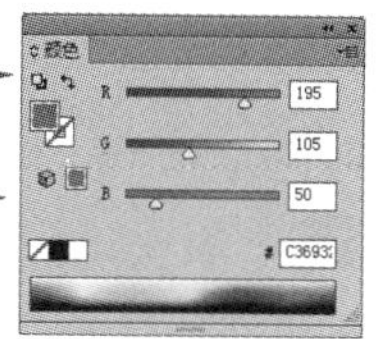

图5-60　对花瓣不同部分上色

提示

将渐变网格应用到单色或渐变填充的对象上，可以对多点创建平滑颜色过渡（但不能将复合路径转换为网格对象）。

（3）同理，制作其余的花瓣，并调整它们的先后顺序，最终效果如图 5-61 所示。

提示

对于使用单色填充的对象执行菜单中的“对象|创建渐变网格”命令（这样用户能够指定网格结构的细节）或使用 (渐变网格)工具单击，都可以转换为渐变网格；对于渐变填充的对象，可以执行菜单中的“对象|扩展”命令,在弹出的对话框中设置如图5-62所示，将其转化为一个网格对象。这样渐变色就会被保留下来，而且网格的经纬线还会根据渐变色方向进行排布。

图5-61　最终效果

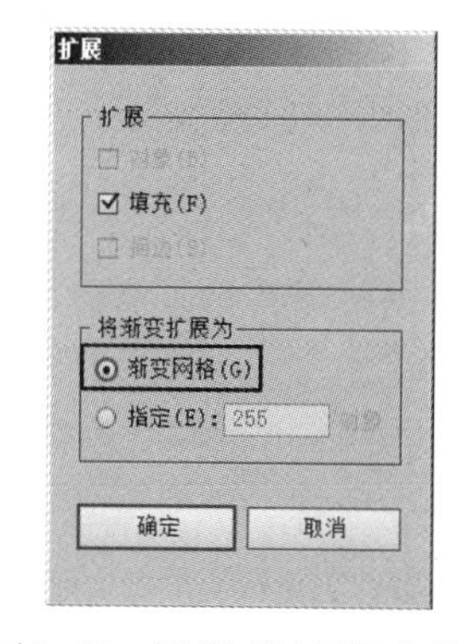

图5-62　设置“扩展”参数

5.4.4　手提袋的制作 1

制作要点

本例制作的是一个手提纸袋在虚拟环境中的立体展示效果图，如图5-63所示。制作在一定环境之中的立体效果必须要考虑透视变化、光线方向、投影效果等因素，因此，本例手提袋表面的图形设计虽然简单（主要以多色渐变为主），但制作的难点主要在于：立体造型的构成；文字的透视变形；手提袋不同部位的投影（侧面、提绳以及整体在地面上的投影）等。通过本例学习应重点掌握“利用灰度渐变和“透明度”面板的混合模式来制作淡出投影”的方法。

图5-63　手提袋效果

操作步骤

（1）执行菜单中的“文件 | 新建”命令，在弹出的对话框中设置如图 5-64 所示，然后单击“确定”按钮，新建一个文件，存储为“手提袋 .ai”。

（2）设置一个深灰色的背景。方法：选择工具箱中的（矩形工具），绘制一个与页面等大的矩形，将其“填充”颜色设置为深灰色（参考颜色数值为 CMYK（70，65，60，35）），将“边线”设置为无，从而得到如图 5-65 所示的效果。

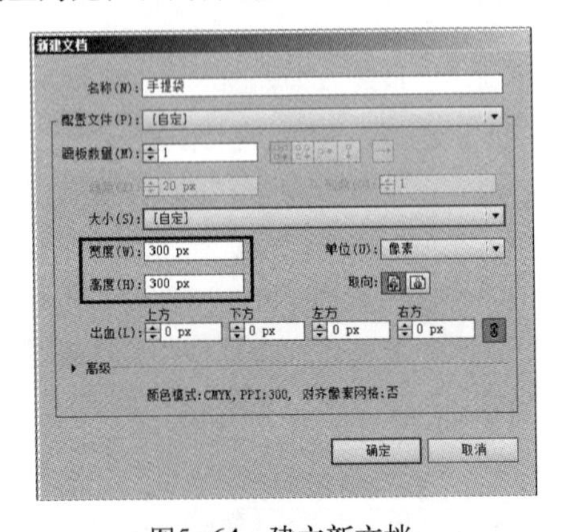

图5-64　建立新文档

图5-65　绘制与页面等大矩形填充为深灰色

（3）先绘制出手提袋的基本造型，这个窄长的手提袋主要由 3 个侧面构成。方法：选用工具箱中的（钢笔工具），用直线段的方式绘制出图 5-66 所示的正侧面，将其暂时填充为白色，“边线”设置为无。然后利用（钢笔工具）勾画出其余两个侧面，注意为了使纸袋展示效果生动，将侧上方凹陷处绘制为曲线形，并暂时填充为不同深浅的灰色以暗示造型，如图 5-67 和图 5-68 所示。

（4）这个包装袋没有具体的装饰图形，主要以大面积底色（多色渐变）填充为主，是一种较为简洁与大气的设计。下面先来添加两个侧面的多色渐变。方法：利用工具箱中的（选择工具）点中包装袋正侧面图形，然后按快捷键〈Ctrl+F9〉打开“渐变”面板，设置图 5-69 所示的 5 色线性渐变，这是一种颜色色相变化较大的渐变（5 色参考数值分别为：白色， CMYK（0，85，95，0），CMYK（30，100，60，0），CMYK（80，90，0，0）CMYK（100，95，40，0）），渐变的角度为 -83°。

图5-66　绘制出正侧面图形

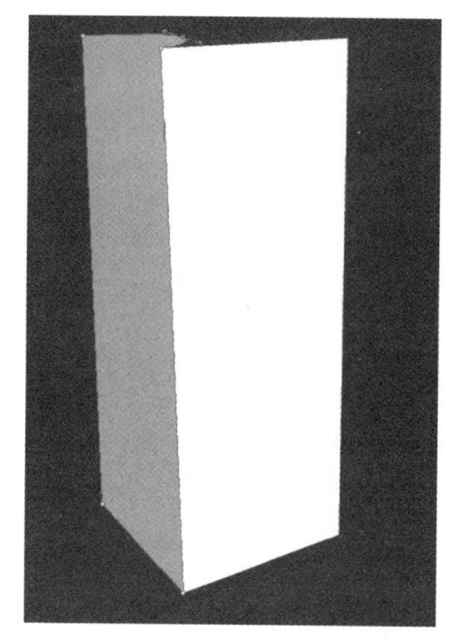

图5-67　绘制出左侧面图形

图5-68　纸袋侧上方凹陷处绘制为曲线形

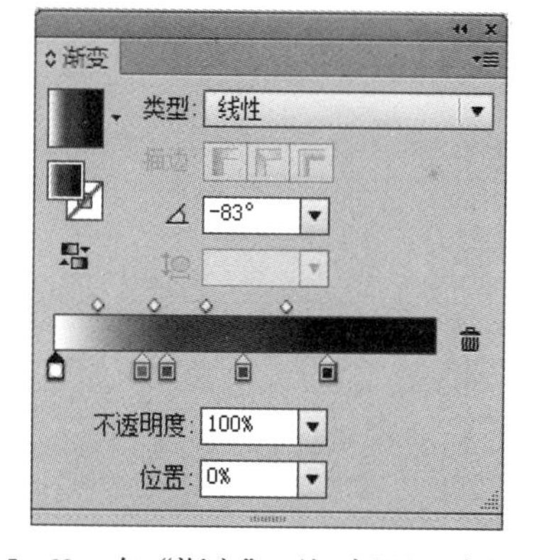

图5-69　在“渐变”面板中设置5色渐变

（5）另外，渐变的起始和终止位置以及渐变方向都可以手动调节。方法：选择工具箱中的■（渐变工具），在正侧面图形内部从上向下拖动鼠标绘制出一条直线，直线的方向和长度分别控制渐变的方向与色彩分布，合适的渐变分布需要多次调节（最好是手动与数值相结合）才可以得到。调节完成后的渐变效果如图 5-70 所示。最后，将“渐变”面板中调节好的渐变色拖动到“色板”中保存起来，如图 5-71 所示。

（6）利用工具箱中的■（选择工具）选中手提袋的左侧面，然后在“色板”面板中单击刚才保存的多色渐变，即可将同样的渐变自动填充到左侧面内，但由于形状的差异，渐变色需要重新设置方向和角度，这一次渐变的角度为 -115°，效果如图 5-72 所示。

（7）为了形成立体的视觉效果，假定手提袋的正面为受光面，左侧面为背光面，那么左侧面必须颜色整体调暗一些。方法：利用工具箱中的（选择工具）选中左侧面，先按快捷键〈Ctrl+C〉复制，然后按快捷键〈Ctrl+F〉原位粘贴，即可在原侧面图形上得到一个新的复制单元，接着将它的“填色”设置为浅灰色（参考颜色数值为 CMYK（0，0，0，40）），效果如图 5–73 所示。

图5–70　从上向下填充渐变颜色

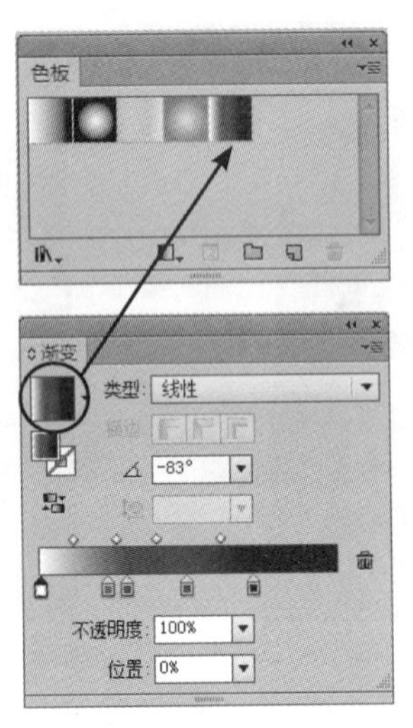

图5–71　将渐变色存储在“色板”面板中

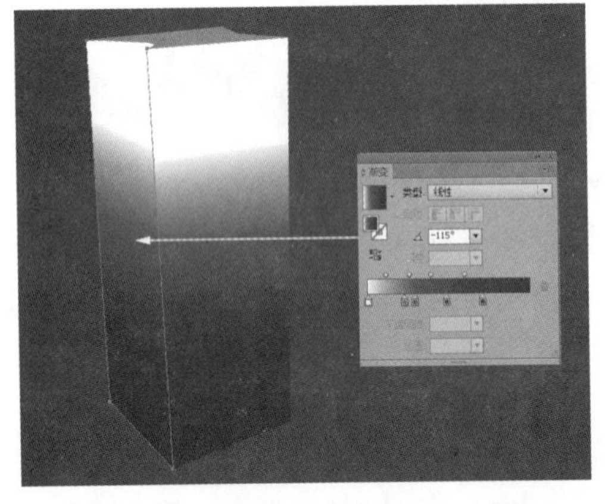

图5–72　在左侧面中填充相同的5色渐变

图5–73　将左侧面复制一份填充为浅灰色

（8）接下来，按快捷键〈Shift+Ctrl+F10〉打开“透明度”面板，改变透明“混合模式”为“变暗”，如图 5–74 所示，此时灰色块经过透叠使左侧面颜色产生了加暗的效果，如图 5–75 所示。

（9）再进一步处理左侧面转折处的微妙光线。方法：选择工具箱中的（钢笔工具），用直线段的方式绘制出图 5–76 所示的侧面光影形状，然后按快捷键〈Ctrl+F9〉打开“渐变”面板，设置图 5–77 所示的 4 色灰度线性渐变（4 色灰度参考数值分别为 K80，K90，K80，K0），渐变的角度为 –96°，渐变方向从右上向左下稍微倾斜，效果如图 5–78 所示。

（10）接下来，按快捷键〈Shift+Ctrl+F10〉打开“透明度”面板，改变透明“混合模式”为“变暗”，如图 5–79 所示，“不透明度”设置为 30%。灰度渐变的色块经过透叠在左侧面形成一道投影，如图 5–80 所示。

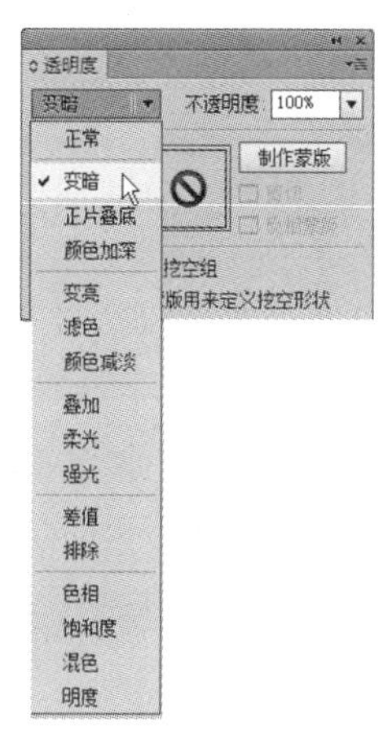

图5-74 “透明度”面板中改变混合模式

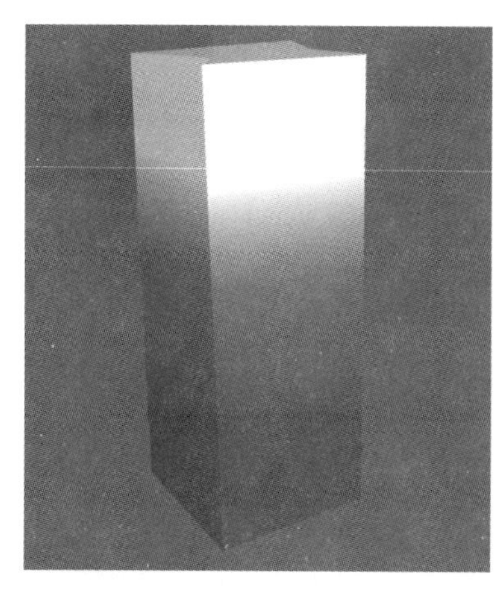

图5-75 灰色块经过透叠使左侧面颜色获得了加暗的效果

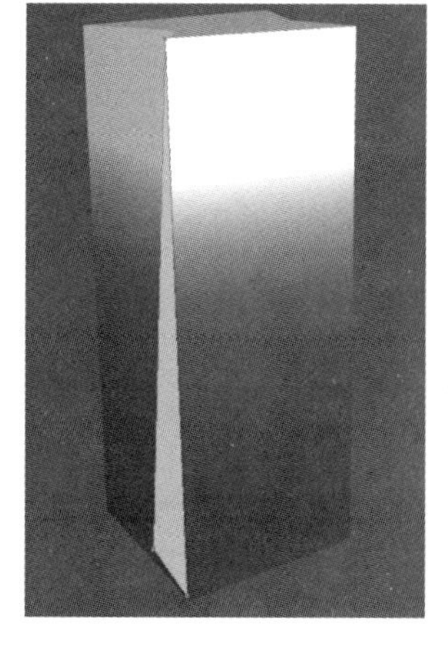

图5-76 绘制出侧面光影形状

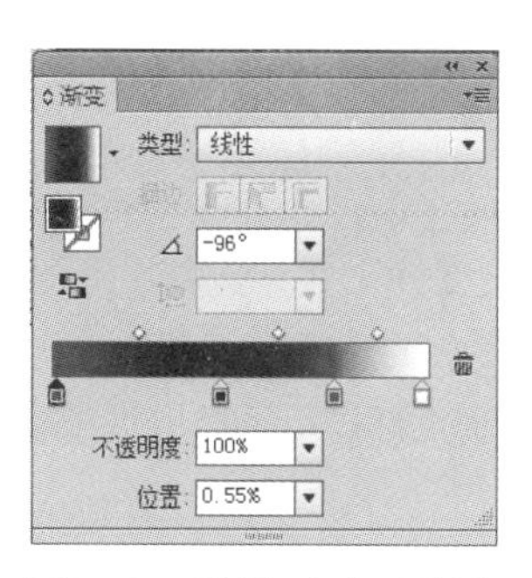

图5-77 设置4色灰度渐变

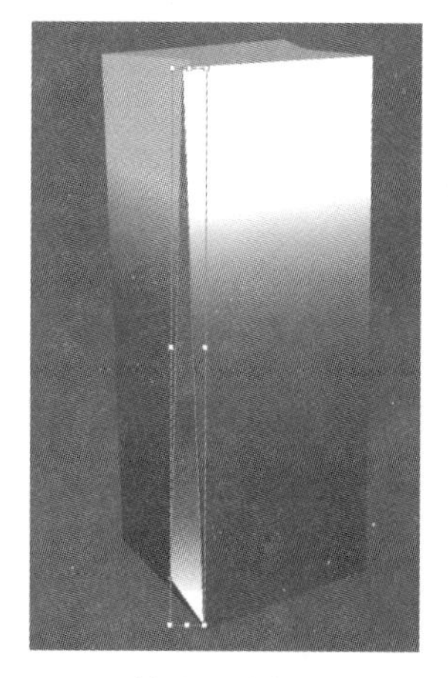

图5-78 填充灰度渐变后的效果

（11）此时投影边缘过于生硬，下面对投影边缘进行虚化处理。方法：执行菜单中的“效果｜模糊｜高斯模糊”命令，在弹出的对话框中设置模糊“半径”为 3 像素，单击“确定”按钮，效果如图 5-81 所示。

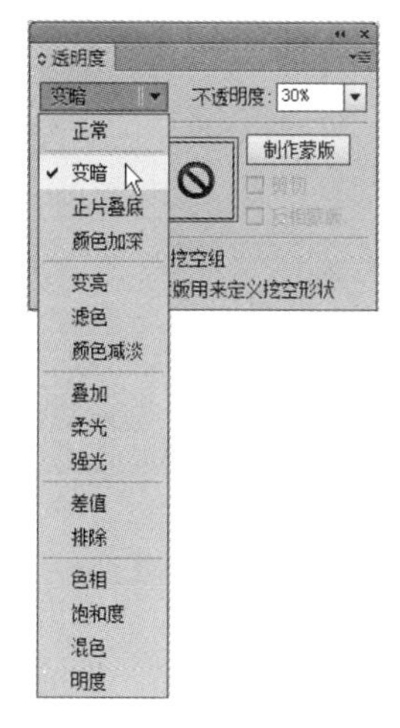

图5-79 改变混合模式

图5-80 半透明投影效果

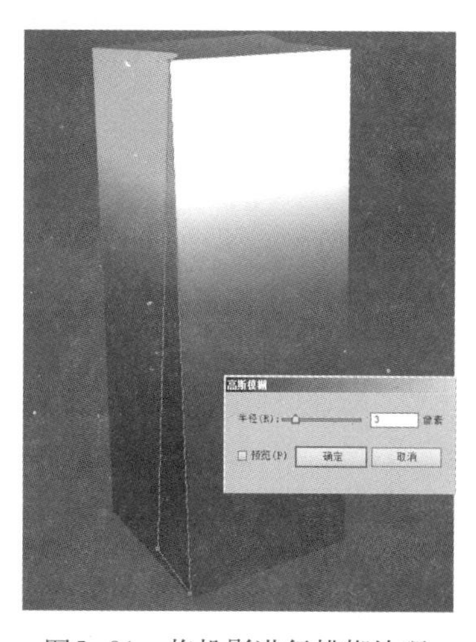

图5-81 将投影进行模糊处理

(12) 对纸袋内侧面的光影处理。由于纸袋内侧面较小，只需填充一个由“深灰—浅灰”的线性渐变即可，效果如图 5-82 所示。

(13) 手提袋正面和侧面都分别有少量文字，文字必须沿纸袋方向发生不同程度的透视变形。方法：选择工具箱中的（文字工具），输入文本“GBC”，然后在工具选项栏中设置“字体”为 Times New Roman，“字体样式”为 Bold，文本填充颜色为深蓝色（参考颜色数值为 CMYK（100，100，50，10））。

(14) 由于本例的文字要进行透视变形等图形化的处理，下面执行“文字 | 创建轮廓”命令，将文字转换为图 5-83 所示由锚点和路径组成的图形。

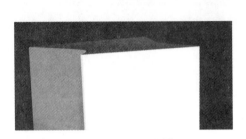

图5-82　纸袋内侧面光影处理

图5-83　输入正面标题文字

(15) 选择工具箱中的（自由变换工具），利用鼠标按住变换框右上角的控制手柄，然后按下〈Ctrl〉键，此时光标变为一个黑色的三角，接着向上拖动鼠标使文字发生自由变形，符合透视变形规律。同理，再将文字其余控制点都进行调整（调整程度不可太大），从而得到图 5-84 所示效果。

(16) 选择工具箱中的（文字工具），输入另外两行文本，然后在工具选项栏中设置“字体”为 Times New Roman，“字体样式”为 Regular，文本填充颜色为深红色（参考颜色数值为 CMYK（40，85，55，20）），如图 5-85 所示。接着执行菜单中的“文字 | 创建轮廓”命令，将文字转换为普通图形。

图5-84　应用“自由变换工具”使文字发生透视变形

图5-85　再输入两行深红色文本

(17) 选择工具箱中的（自由变换工具），利用鼠标按住变换框右上角的控制手柄，再按下〈Ctrl〉键，此时光标变为一个黑色的三角，接着向上拖动鼠标使文字发生自由变形。最后按住变换框右下角的控制手柄，向上拖动得到如图 5-86 所示效果。此时文字沿包装袋表面具有一定的走向，变形后的文字才能与手提袋在视觉上成为一个整体。

（18）下面来制作手提袋左侧面上的一段变形文本。方法： 选择工具箱中的T（文字工具），输入段落文本，然后在工具选项栏中设置“字体”为Times New Roman，“字体样式”为Regular，文本填充颜色为白色，并且在工具选项栏中将“段落对齐方式”改为“居中对齐”，得到图5-87所示居中排列的段落文本。接着执行菜单中的“文字 | 创建轮廓”命令，将文字转换为普通图形，以便于完成后面的扭曲变形。

图5-86　深红色文本发生透视变形

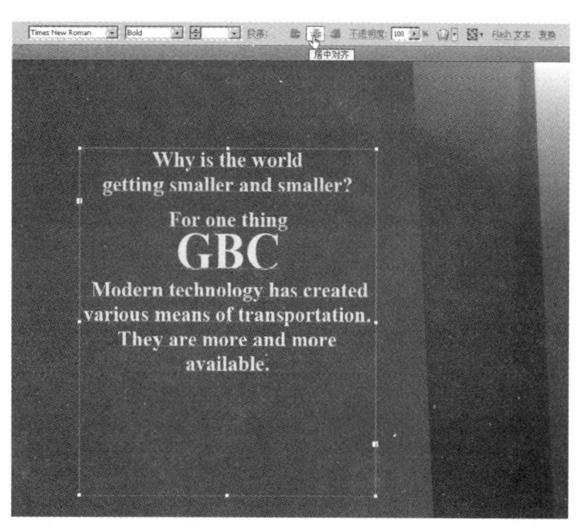

图5-87　居中对齐的段落文本

（19）将转换为图形的段落文字缩小后移至手提袋左侧面下部位置，并沿顺时针方向进行一定角度的旋转，如图5-88所示。然后选择工具箱中的（自由变换工具），具体操作方法请读者参照前面步骤（13）和步骤（15），使文字沿手提袋侧面走向发生透视变形，效果如图5-89所示。

（20）由于文字位于背光的阴暗面下部位置，因此在透明度上也要稍微降低一些。方法：按快捷键〈Shift+Ctrl+F10〉打开“透明度”面板，将“不透明度”设置为60%，从而使文字透明度下降，与手提袋整体光影相协调，如图5-90所示。

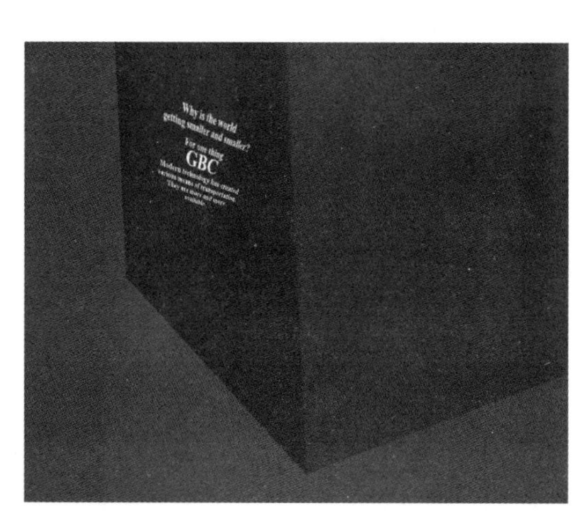

图5-88　将段落文字缩小并沿顺时针方向旋转

图5-89　应用“自由变换工具”使文字发生透视变形

（21）制作手提袋提手处的红色软绳。方法：利用工具箱中的（钢笔工具）象征性地绘制出一条曲线，如图 5–91 所示。然后按快捷键 <Ctrl+F10> 打开“描边”面板，将线条的“粗细”设置为 2 pt，另外，注意要将“线端”设置为“圆头端点”，如图 5–92 所示。接着在“颜色”面板中将线条“描边”设置为红色（参考颜色数值为 CMYK（10，100，100，0））。

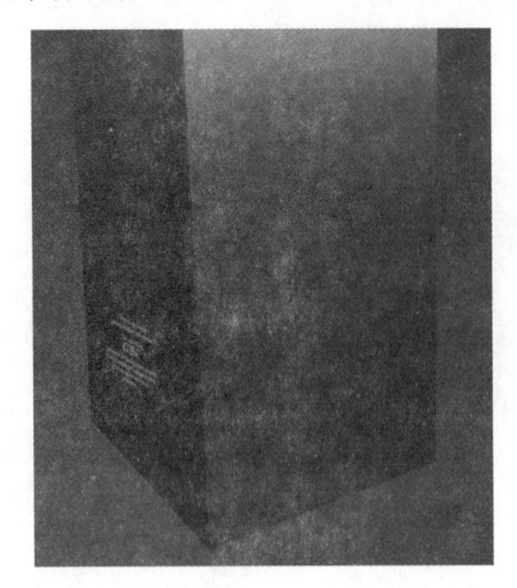

图5–90　降低文字明度，使其与整体协调统一

图5–91　绘制一条曲线路径

（22）下面通过添加内发光给线条增加一定的立体凸起感。方法：执行菜单中的“对象 | 路径 | 轮廓化描边”命令，将刚才绘制的曲线路径转为闭合图形，如图 5–93 所示。然后执行菜单中的“效果 | 风格化 | 内发光”命令，在弹出的对话框中设置如图 5–94 所示，单击“确定”按钮。增加了（稍暗一些颜色的）内发光后，线条增添了立体的感觉，如图 5–95 所示。

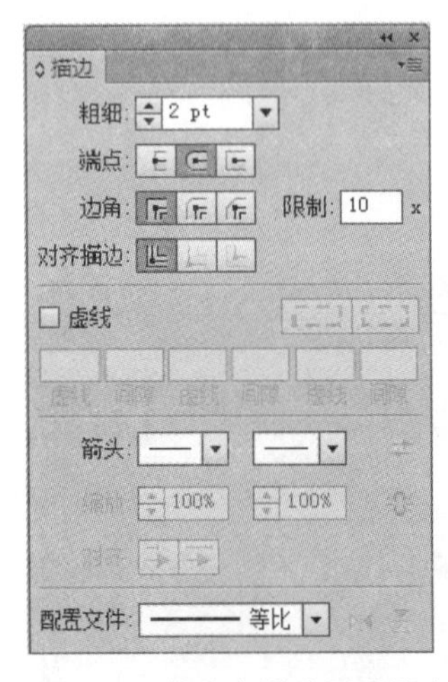

图5–92　将线条设为圆头端点

图5–93　将路径转换为闭合图形

提示

线条内发光的参考颜色数值为CMYK（55，90，90，50）。

（23）在制作立体展示效果图的时候，细节部分的处理是至关重要的。接下来，还要为红色提手添加一个左下方的投影，这样的处理会使画面细节生动许多。方法： 利用工具箱中的

（钢笔工具），沿红色提手形状再绘制出一条曲线（位置比红色线向左下方偏移），然后按快捷键〈Ctrl+F10〉打开“描边”面板，将线条的“粗细”设置为 2 pt。接着在“颜色”面板中将线条“描边”设置为中灰色（参考颜色数值为 CMYK（0，0，0，70））。最后执行菜单中的“对象｜排列｜后移一层”命令，将灰色线移至红色线的后面，效果如图 5-96 所示。

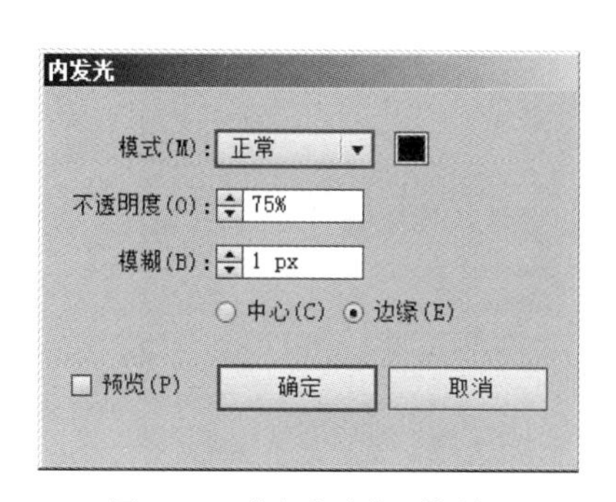

图5-94　“内发光”对话框

图5-95　添加内发光后线条增加了立体感

（24）利用“高斯模糊”功能对投影的边缘进行虚化处理。方法：执行菜单中的“效果｜模糊｜高斯模糊”命令，在弹出的对话框中设置模糊“半径”为 4 像素，如图 5-97 所示，单击“确定”按钮。此时投影边缘得到虚化的处理，如图 5-98 所示。现在缩小显示全图，观看手提袋的效果，如图 5-99 所示。

图5-96　再绘制一条作为投影的灰色线条

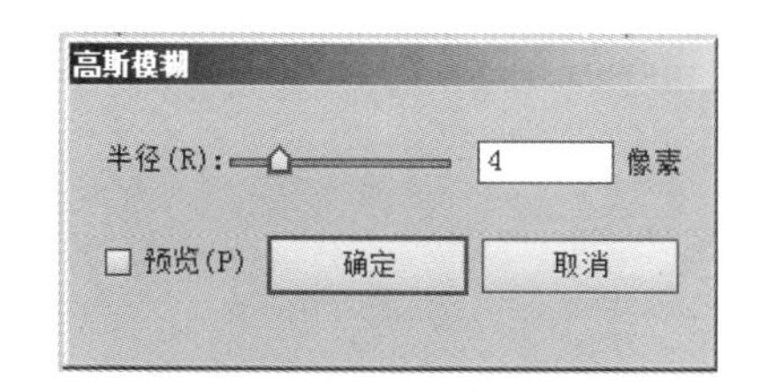

图5-97　“高斯模糊”对话框

（25）最后一个步骤是为手提袋制作一个在环境中的投影。方法：利用工具箱中的（钢笔工具）绘制出图 5-100 所示的闭合四边形（整体光影形状），然后按快捷键〈Ctrl+F9〉打开“渐变”面板，设置图 5-101 所示的 3 色灰度线性渐变表示光影变化（3 色参考数值分别为 K0，K75，K100），渐变的角度为 -62°，渐变方向从左上向右下方向倾斜，注意靠近手提袋底部的位置颜色要稍重一些，效果如图 5-102 所示。

（26）接下来，按快捷键〈Shift+Ctrl+F10〉打开“透明度”面板，改变透明“混合模式”为“正片叠底”，如图 5-103 所示，“不透明度”设置为 50%。灰度渐变的色块经过透叠仿佛在地面形成一道投影，远处逐渐淡出到深灰色的背景之中，如图 5-104 所示。

图5-98　红色提手下的虚影效果

图5-99　手提袋目前的全图效果

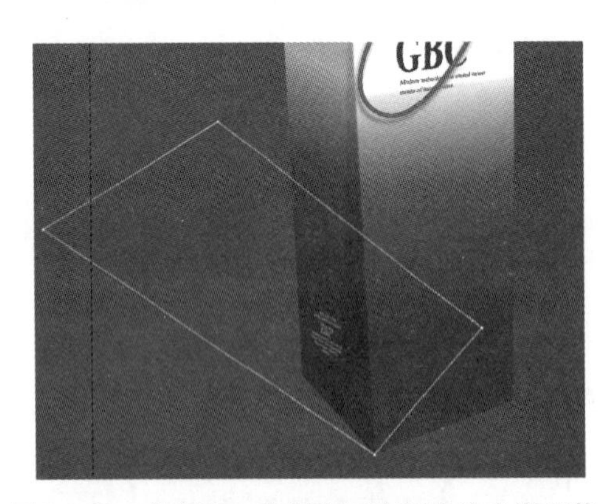

图5-100　绘制出一个闭合四边形作为光影形状

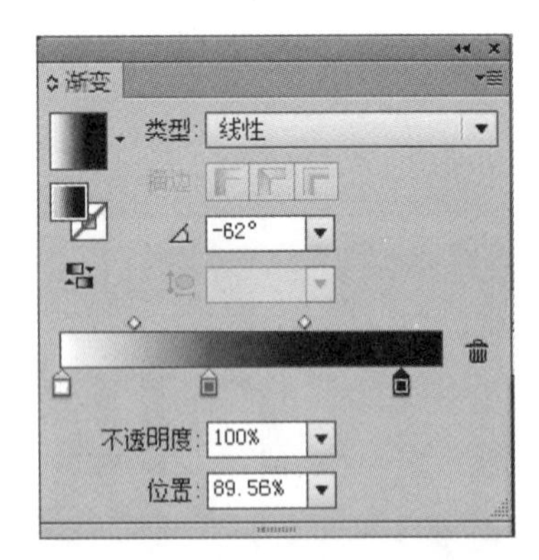

图5-101　设置3色灰度线性渐变

图5-102　在四边形中填充黑白灰的线性渐变

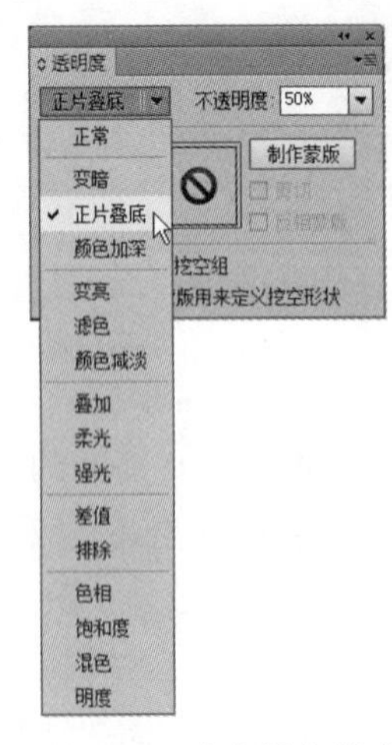

图5-103　改变混合模式

（27）下面再来处理投影边缘过于生硬的问题。方法：执行菜单中的“效果｜模糊｜高斯模糊”命令，在弹出的对话框中设置模糊“半径”为10像素，如图5-105所示，单击“确定”按钮。此时投影边缘得到虚化的处理，如图5-106所示。

图5-104 灰度渐变的色块经过透叠仿佛在地面形成一道投影

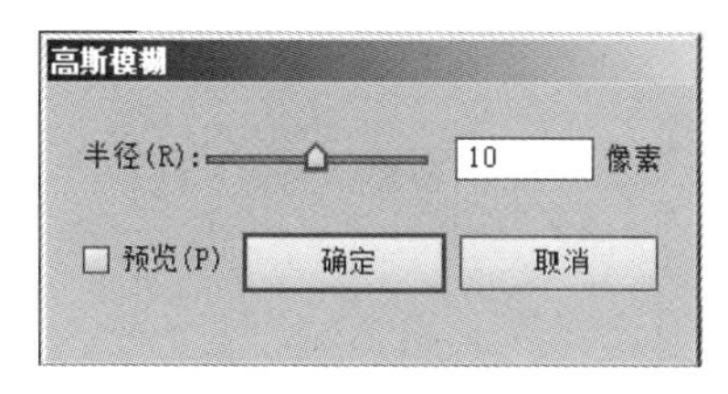

图5-105 “高斯模糊”对话框

提示

本例中多次讲到制作虚化，半透明和淡入淡出的投影的制作方法，读者在今后的设计制作工作中可以参考。

（28）至此，手提袋的立体展示效果图制作完成，最后的效果如图5-107所示。

图5-106 投影边缘得到虚化的处理

图5-107 最后完成的手提袋立体展示效果图

课后练习

1. 制作图5-108所示的水滴效果。

图5-108　水滴效果

2. 制作图 5-109 所示的 Apple 标志效果。
3. 制作图 5-110 所示的放大镜效果。

图5-109　Apple标志效果

图5-110　放大镜效果

第6章 透明度、外观属性、图形样式、滤镜与效果

在Illustrator CS6中使用“透明度”面板可以调整对象的不透明度和混合模式；使用“外观”面板可以查看对象的填充、描边和效果等属性；使用“图形样式”面板可以为对象添加各种丰富的图形样式；使用“滤镜”可以对图形调整颜色、处理成素描画、浮雕效果等；使用“效果”还可以对图形应用高斯模糊、投影和外发光等效果。通过本章学习应掌握透明度、外观属性、样式、滤镜与效果的具体应用。

6.1 混合模式和透明度

透明度是Illustrator CS6中一个较为重要的图形外观属性。通过在“透明度”面板进行设置，可以将Illustrator CS6中的图形设置为完全透明的、半透明的或不透明的3种状态。

此外，在“透明度”面板中还可以对图形间的混合模式进行设置。所谓混合（Blending）模式，就是指当两个图形重叠时，Illustrator CS6提供的上下图层颜色间多种不同的颜色演算方法。不同的混合模式会带给图形完全不同的合成效果，适当的应用混合模式将使作品增色不少。

执行菜单中的“窗口|透明度”命令，可以调出“透明度”面板，如图6-1所示。其中各选项功能如下：

❶ 混合模式：用于设置图形间的混合属性。

❷ 不透明度：用于设置图形的透明属性。

❸ 隔离混合：选择该复选框，能够使透明度设置只影响当前组合或图层中的其他对象。

❹ 挖空组：选择该复选框，能够使透明度设置不影响当前组合或图层中的其他对象，但背景对象仍然受透明度的影响。

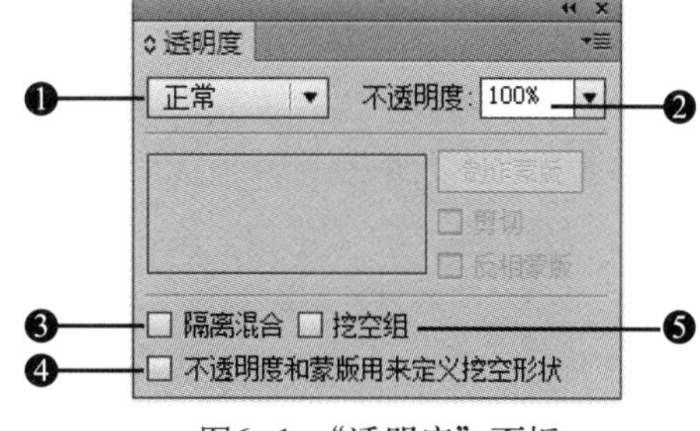

图6-1 “透明度”面板

❺ 不透明度和蒙版用来定义挖空形状：选择该复选框，可以使用不透明蒙版来定义对象的不透明度所产生的效果有多少。

6.1.1 混合模式

Illustrator CS6一共提供了16种混合模式，它们分别是：

（1）正常：将上一层的图形直接完全叠加在下层的图形上，这种模式上层图形只以不透明

度来决定与下层图形之间的混合关系，是最常用的混合模式。

（2）正片叠底：将两个颜色的像素相乘，然后再除以 255 得到的结果就是最终色的像素值。通常执行正片叠底模式后颜色比原来的两种颜色都深，任何颜色和黑色执行正片叠底模式得到的仍然是黑色，任何颜色和白色执行正片叠底模式后保持原来的颜色不变。简单地说：正片叠底模式就是突出黑色的像素。

（3）滤色：是与“正片叠底”相反的模式，它是将两个颜色的互补色的像素值相乘，然后再除以 255 得到最终色的像素值。通常执行屏幕模式后的颜色都较浅。任何颜色和黑色执行屏幕模式，原颜色不受影响；任何颜色和白色执行滤色模式得到的是白色。而与其他颜色执行此模式都会产生漂白的效果。简单地说，“滤色”模式就是突出白色的像素。

（4）叠加：图像的颜色被叠加到底色上，但保留底色的高光和阴影部分。底色的颜色没有被取代，而是和图像颜色混合体现原图的亮部和暗部。

（5）柔光：“柔光”模式根据图像的明暗程度来决定最终色是变亮还是变暗。当图像色比 50% 的灰要亮时，则底色图像变亮，如果图像色比 50% 的灰要暗，则底色图像就变暗。

（6）强光：“强光”模式是根据图像色来决定执行叠加模式还是滤色模式。当图像色比 50% 的灰要亮时，则底色变亮，就像执行滤色模式一样，如果图像色比 50% 的灰要暗，则就像执行叠加模式一样，当图像色是纯白或者纯黑是得到的是纯白或者纯黑色。

（7）颜色减淡：“颜色减淡”模式通过查看每个通道的颜色信息来降低对比度，使底色的颜色变亮，从而反映绘图色。和黑色混合没有变化。

（8）颜色加深：“颜色加深”模式通过查看每个通道的颜色信息来增加对比度，使底色的颜色变暗，从而反映绘图色。和白色混合没有变化。

（9）变暗：“变暗”模式通过查看各颜色通道内的颜色信息，并按照像素对比底色和图像色，哪个更暗，便以这种颜色作为最终色，低于底色的颜色被替换，暗于底色的颜色保持不变。

（10）变亮：“变亮”模式正好与“变暗”模式相反。

（11）差值：“差值”模式通过查看每个通道中的颜色信息，比较图像色和底色，用较亮的像素点的像素值减去较暗的像素点的像素值，差值作为最终色的像素值。与白色混合将使底色反相，与黑色混合则不产生变化。

（12）排除：与“差值”模式类似，但是比“差值”模式生成的颜色对比度略小，因而颜色较柔和。与白色混合将使底色反相，与黑色混合则不产生变化。

（13）色相：“色相”模式是采用底色的亮度、饱和度以及图像色的色相来创建最终色。

（14）饱和度：“饱和度”模式是采用底色的亮度、色相以及图像色的饱和度来创建最终色。

（15）混色：“混色”是采用底色的亮度以及图像色的色相、饱和度来创建最终色。它可以保护原图的灰阶层次，对于图像的色彩微调，给单色和彩色图像着色都非常有用。

（16）明度：与“混色”模式正好相反，“明度”模式采用底色的色相和饱和度以及绘图色的亮度来创建最终色。

6.1.2 透明度

Illustrator CS6 是用“不透明度”来描述图形的透明程度，可以通过调整滑块或者直接输入数值的方式设定不透明度值，如图 6-2 所示。

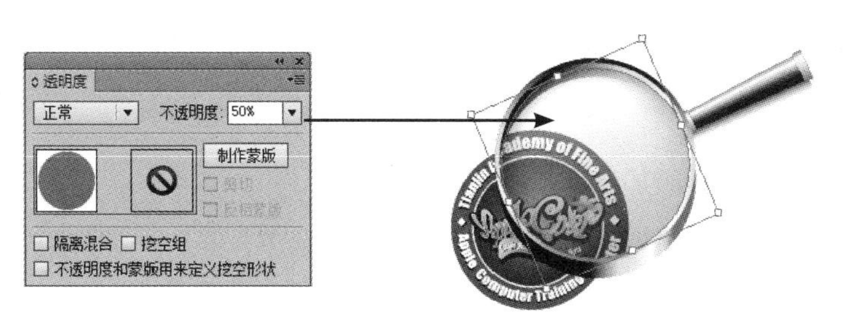

图6−2 调整不透明度数值及效果

在默认情况下，Illustrator CS6 中新创建的图形的“不透明度”值为 100%。当图形的“不透明度”值为 100% 时，图形是完全不透明的，此时不能透过它看到下方的其他对象；当图形的“不透明度”值为 0 时，图形则是完全透明的；当图形“不透明度”值介于 0% ～ 100% 时，图形是半透明的。图 6−3 所示为不同透明度的比较。

不透明度为0

不透明度为50

不透明度为100

图6−3 不同透明度的效果比较

“透明度”面板中包含一个将图形制作为“不透明蒙版”的设置。它同下一节讲到的普通的蒙版一样，不透明度蒙版也是不可见的，但它可以将自己的不透明设置应用到它所覆盖的所有图形中。制作“不透明蒙版”的具体操作步骤如下：

（1）选中需要作为蒙版的图形。

（2）单击“透明度”面板右上角的小三角，然后在弹出的快捷菜单中选择“建立不透明蒙版”命令即可。

6.2 外观面板

在 Illustrator CS6 中，图形的填充色、描边色、线宽、透明度、混合模式和效果等均属于外观属性。执行菜单中的“窗口 | 外观”命令，即可调出“外观”面板，如图 6−4 所示。

图6−4 “外观”面板

“外观”面板显示了下列 4 种外观属性的类型。

（1）填色：列出了填充属性，包括填充类型、颜色、透明度和效果。

（2）描边：列出了边线属性，包括边线类型、笔刷、颜色、透明度和效果。

（3）不透明度：列出了透明度和混合模式。

（4）效果：列出了当前选中图形所应用的效果菜单中的命令。

6.2.1 使用“外观”面板

利用“外观”面板可以浏览和编辑外观属性。

1. 通过拖拉将外观属性施加到物体上

通过拖拉将外观属性施加到物体上的具体操作步骤如下：

（1）确定图形没有被选择。

（2）拖动“外观”面板左上角的外观属性图标到该图形上，如图6–5所示，效果如图6–6所示。

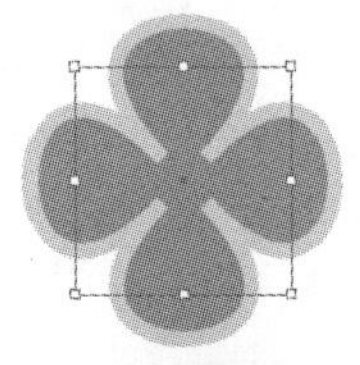

图6–5　将图标拖动到图形上

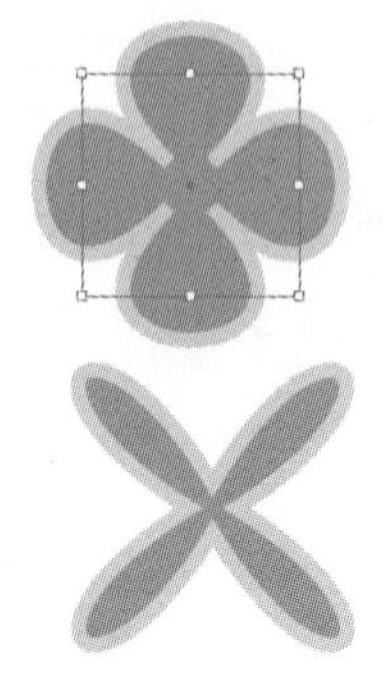

图6–6　施加外观后的效果

2. 记录外观属性

记录外观属性的具体操作步骤如下：

（1）在线稿中选择一个要改变外观属性的图形，如图 6–7 所示。

（2）在“外观”面板中选择要记录的外观属性，如图 6–8 所示。

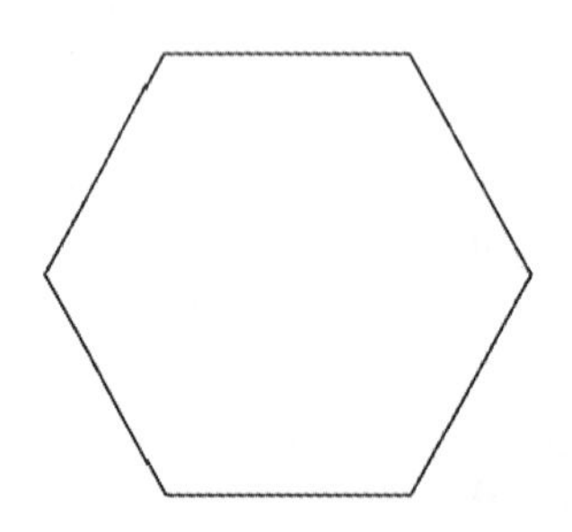

图6–7　选择要改变外观属性的图形

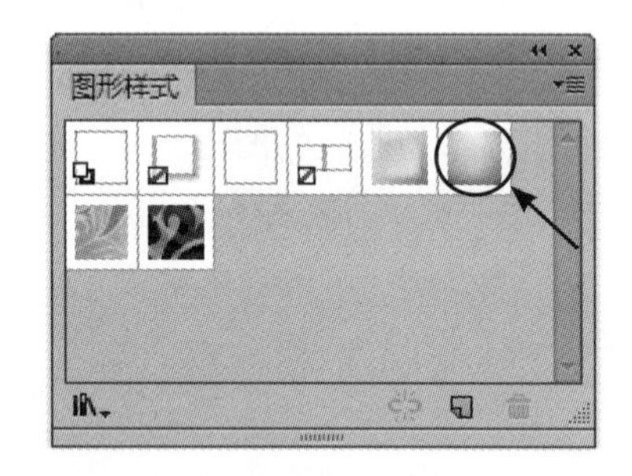

图6–8　选择要记录的外观属性

（3）在“外观”面板中向上或向下拖动外观属性到想要的位置后松开鼠标，即可将样式赋予图形，效果如图 6–9 所示。此时可以从“外观”面板中查看相关参数，如图 6–10 所示。

（4）在“外观”面板中将不透明度改为 50%，如图 6–11 所示，则图形对象随之发生改变，如图 6–12 所示。然后将其拖入“图形样式”面板中，从而产生一个新的样式，如图 6–13 所示。

3. 修改外观属性

修改外观属性的具体操作步骤如下：

（1）在线稿中选择一个要改变外观属性的图形。

图6-9　将样式赋予图形的效果

图6-10　“外观”面板

图6-11　将黄色填充向上移动

图6-12　更改外观属性后的物体

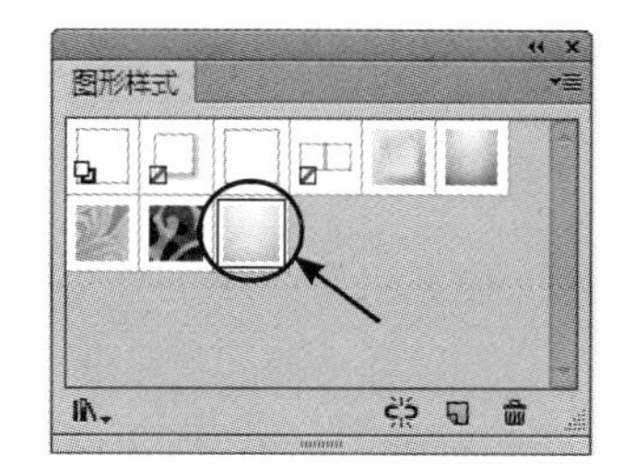

图6-13　产生新的样式

（2）在“外观”面板中，双击要编辑的外观属性，打开其对话框后编辑其属性即可，如图 6-14 所示。

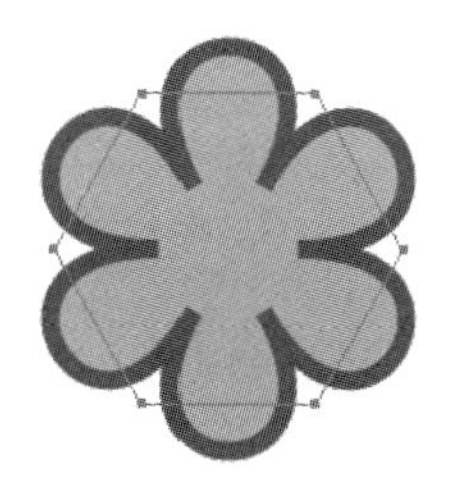

（a）原物体

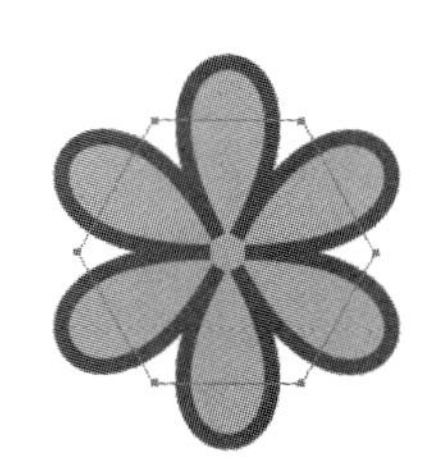

（b）更改“收缩和膨胀”后的对象

（c）双击“收缩和膨胀”效果

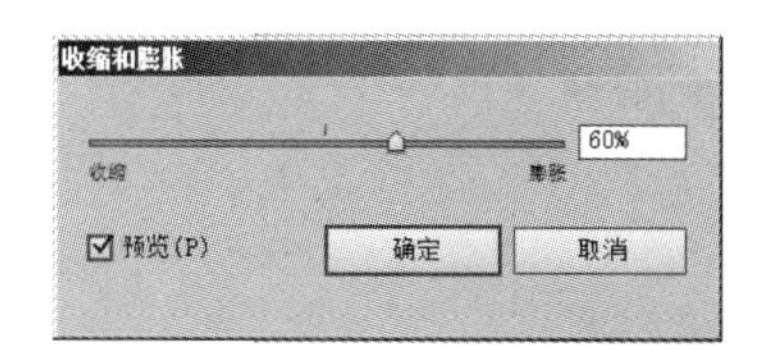

（d）原物体的“收缩和膨胀”对话框

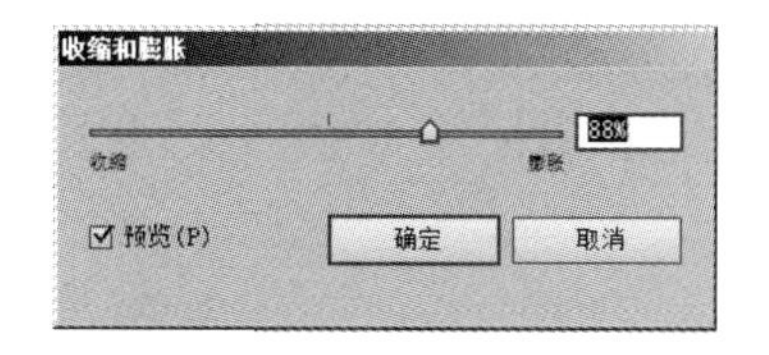

（e）更改后的“收缩和膨胀”对话框

图6-14　编辑外观属性

4. 增加另外的填充和描边

增加另外的填充和描边的具体操作步骤如下：

（1）在线稿中"外观"面板中选择一个填充或者描边，然后单击面板下方的（复制所选项目）按钮，从而增加一个填充或描边属性（此时复制的是描边属性），如图 6–15 所示。

（2）对复制后的填色和描边属性进行设置（此时设置的是描边属性），效果如图 6–16 所示。

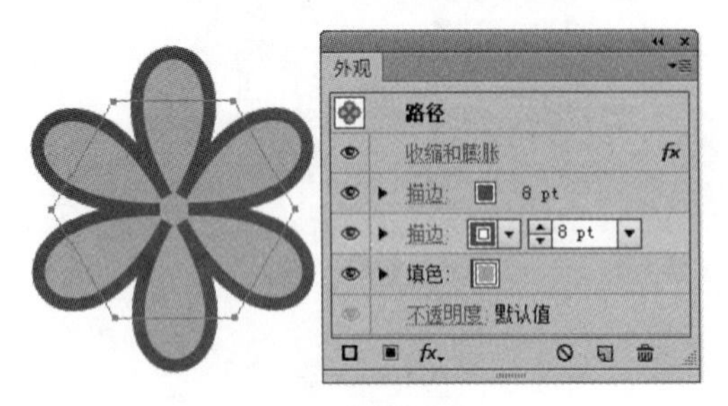

图6–15　复制描边属性

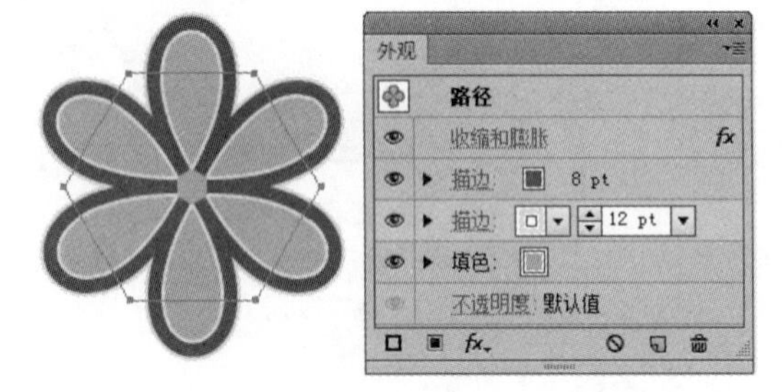

图6–16　设置复制后的描边属性

6.2.2　编辑"外观"属性

利用"外观"面板，还可以进行复制、删除外观属性等操作。

1. 复制外观属性

复制外观属性的具体操作步骤如下：

（1）在线稿中选择一个要复制外观属性的图形。

（2）在"外观"面板中选择要复制的外观属性，直接拖动到面板下方的（复制所选项目）按钮上即可。

2. 删除一个外观属性

删除一个外观属性的具体操作步骤如下：

（1）在线稿中选择一个要删除外观属性的图形。

（2）在"外观"面板中选择要复制的外观属性，单击（删除所选项目）按钮即可。

3. 删除所有的外观属性

删除所有的外观属性的具体操作步骤如下：

（1）在线稿中选择一个要改变外观属性的图形。

（2）删除包括填充和边线在内的所有的外观属性。方法：在"外观"面板中，单击（清除外观）按钮即可。

6.3　图 形 样 式

图形样式是外观属性的集合。Illustrator CS6 中的图形样式被存储在"图像样式"面板中，执行菜单中的"窗口 | 图形样式"命令，可以打开 / 隐藏"图形样式"面板，如图 6–17 所示。

（1）（图形样式库菜单）：单击该按钮将弹出"图形样式"菜单，如图 6–18 所示，从中可以调出和保存图形样式。

（2）（断开图形样式链接）：单击该按钮，对象中所用的图形样式将与“图形样式”面板解除链接关系。

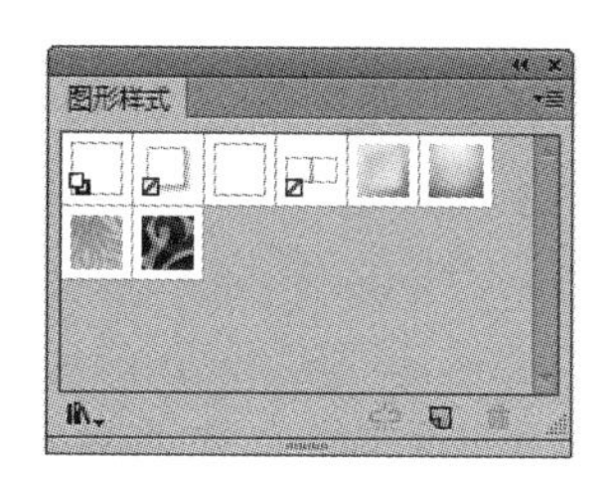

图6-17 “图形样式”面板

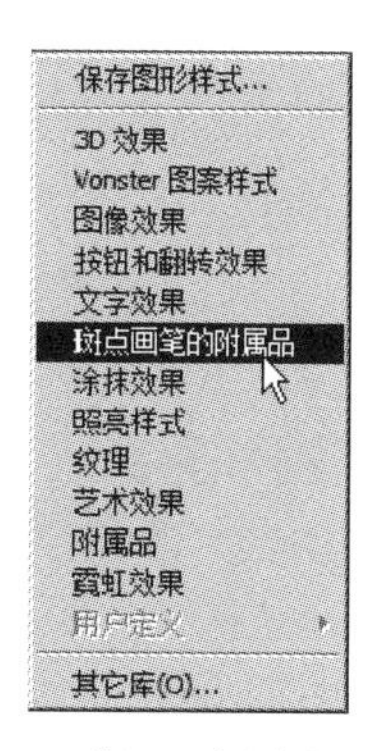

图6-18 “图形样式”菜单

（3）（新建图形样式）：单击该按钮，可以将选中的对象作为图形样式添加到“图形样式”面板中。

（4）（删除图形样式）：单击该按钮，将删除所选“图形样式”面板的样式。

6.3.1 为对象添加图形样式

使用“图形样式”面板添加样式的操作很简单，只需选择要添加样式的对象，然后单击“图形样式”面板中需要的样式即可为对象添加图形样式，如图 6-19 所示。

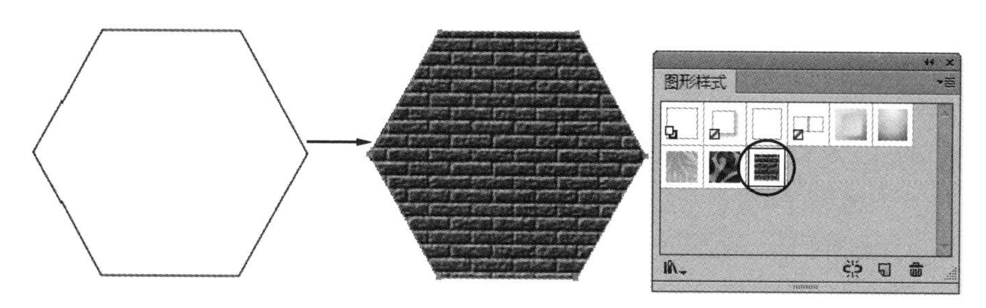

图6-19 添加图形样式

6.3.2 新建图形样式

在 Illustrator CS6 中用户将制作好的图形定义为图形样式，以便于重复使用。具体操作步骤如下：选择要定义为图形样式的图案，然后单击“图形样式”面板下方的（新建图形样式）按钮，即可新建图形样式。

6.4 效 果

在 Illustrator CS6 中效果位于“效果”菜单中，分为 Illustrator 效果和 Photoshop 效果两种类型，如图 6-20 所示。使用它们可以制作出变化多端的特殊效果。

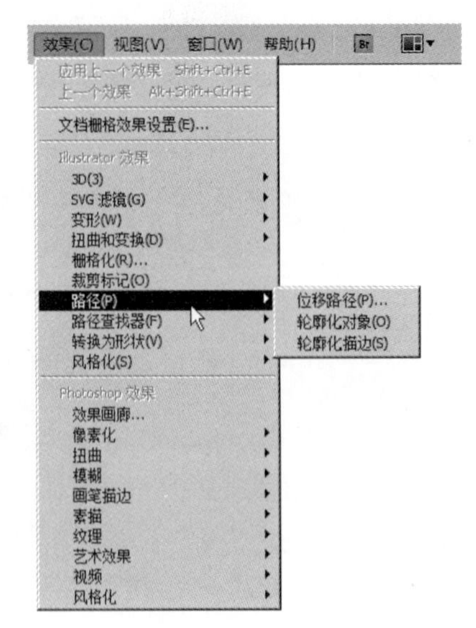

图6-20 “效果”菜单

6.5 实例讲解

本节通过4个实例来对透明度、外观属性、图形样式、滤镜与效果的相关知识进行具体应用，旨在帮助读者能够举一反三，快速掌握透明度、外观属性、图形样式、滤镜与效果在实际中的应用。

6.5.1 半透明的气泡

制作要点

本例将制作半透明的气泡效果，如图6-21所示。通过本例的学习，读者应掌握“渐变”面板中的“径向”渐变和“透明度”面板中“不透明蒙版”命令的综合应用。

图6-21 半透明的气泡

操作步骤

（1）执行菜单中的“文件|新建”命令，在弹出的对话框中设置参数，如图6-22所示，然后单击“确定”按钮，新建一个文件。

（2）选择工具箱中的（椭圆工具），设置描边色为无色，填充色为“黑—白”径向渐变，如图6-23所示。然后在绘图区中绘制一个将作为蒙版的圆形，效果如图6-24所示。

（3）选择该圆形，执行菜单中的“编辑|复制”命令，然后执行菜单中的“编辑|贴在前面”

命令，在原图形上方复制一个圆形。

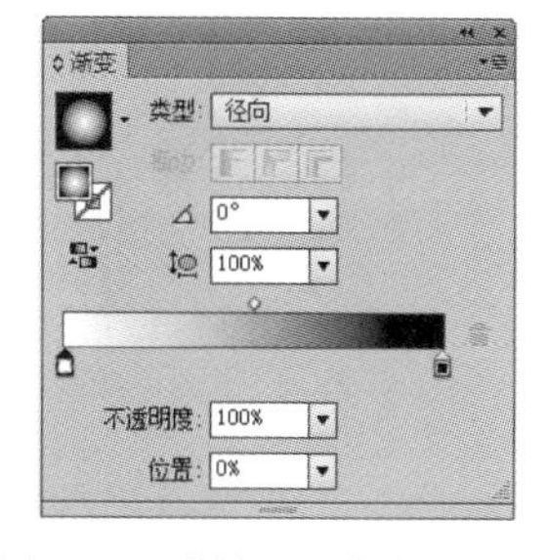

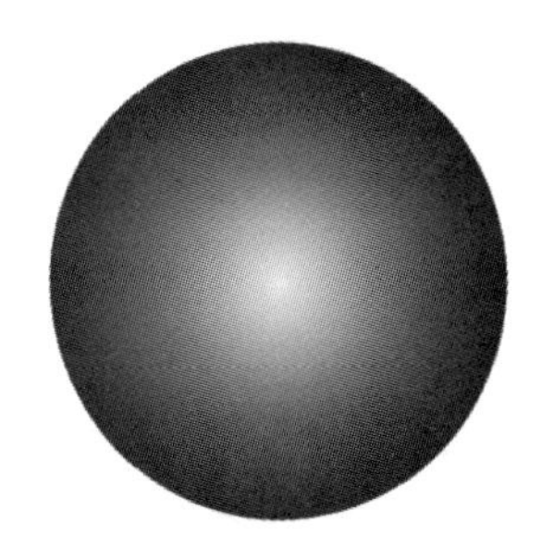

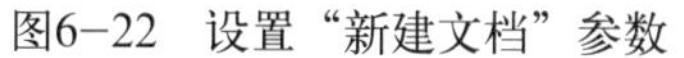
图6-22　设置“新建文档”参数

图6-23　“黑—白”径向渐变　　图6-24　绘制圆形

（4）改变渐变颜色。其方法为：在“渐变”面板中单击黑色滑块，然后在“颜色”面板中将其改为天蓝色，如图 6-25 所示。

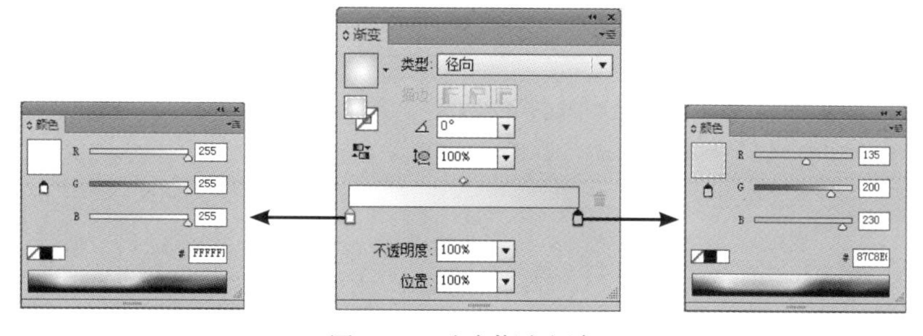

图6-25　改变渐变颜色

（5）选择蓝—白渐变的圆形，执行菜单中的“对象 | 排列 | 置于底层”命令，将其放置到作为蒙版的黑—白渐变圆形的下方。

（6）利用工具箱中的 （选择工具），同时框选两个圆形，然后执行菜单中的“窗口 | 透明度”命令，调出“透明度”面板。接着单击“制作蒙版”按钮，如图 6-26 所示。此时“透明度”面板如图 6-27 所示，效果如图 6-28 所示。

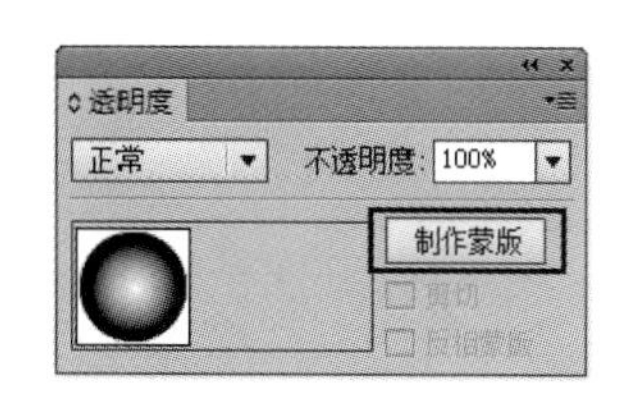

图6-26　单击“制作蒙版”按钮

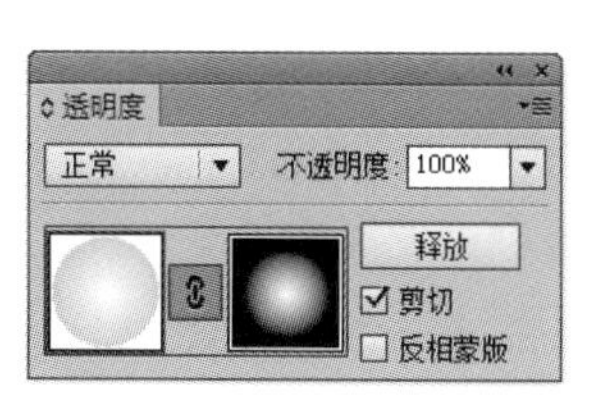

图6-27　“透明度”面板

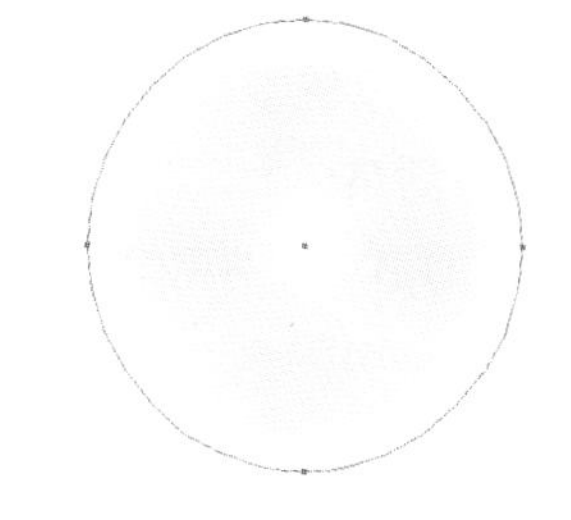

图6-28　不透明蒙版效果

提示

Illustrator中有剪贴蒙版和不透明蒙版两种类型的蒙版。这里使用的是不透明蒙版，它是在“透明度”面板中设定的。

（7）此时半透明气泡的渐变色与所需要的是相反的。解决这个问题的方法很简单，只要在“透明度”面板中选中“反相蒙版”复选框即可，如图6-29所示，效果如图6-30所示。

（8）至此，半透明的气泡制作完毕。为了便于观看半透明效果，下面执行菜单中的“视图|显示透明度栅格”命令，显示透明栅格，效果如图6-31所示。

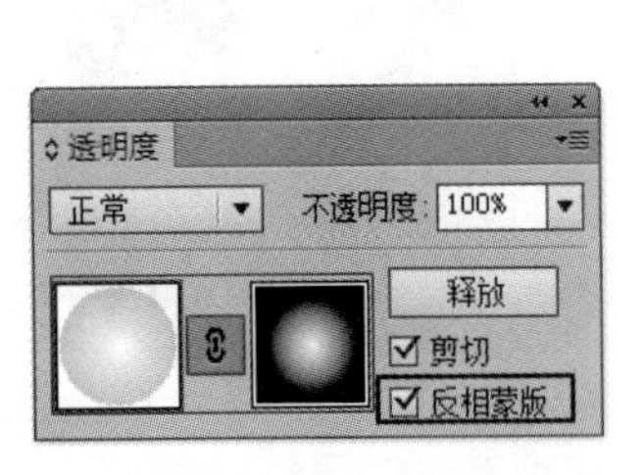

图6-29 选中“反相蒙版”复选框

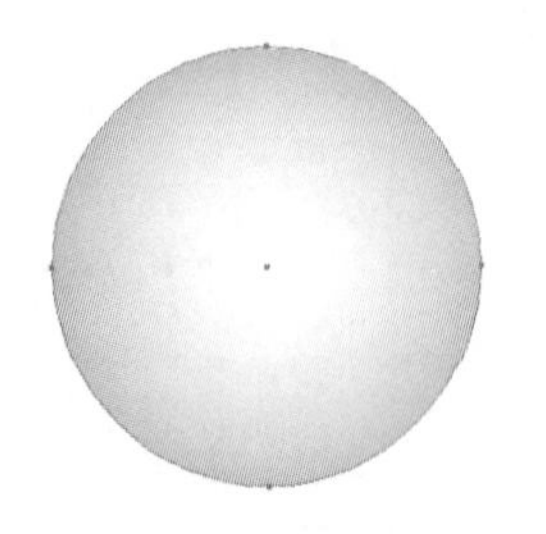

图6-30 “反相蒙版”效果

图6-31 显示透明栅格

6.5.2 扭曲练习

制作要点

本例制作各种花朵效果，如图6-32所示。通过本例的学习，读者应掌握“粗糙化”、“收缩和膨胀”效果及“动作”面板的综合应用。

图6-32 花朵效果

操作步骤

（1）执行菜单中的“文件|新建”命令，在弹出的对话框中设置参数，如图6-33所示，然后单击“确定”按钮，新建一个文件。

（2）选择工具箱中的（多边形工具），设置描边色为（无色），在“渐变”面板中设置渐变“类型”为“径向”，渐变色如图6-34所示。然后在绘图区中绘制一个五边形，效果如图6-35所示。

（3）将五边形处理为花瓣。其方法为：执行菜单中的“效果|扭曲和变换|收缩和膨胀”命令，在弹出的对话框中设置参数，如图6-36所示，单击“确定”按钮，效果如图6-37所示。

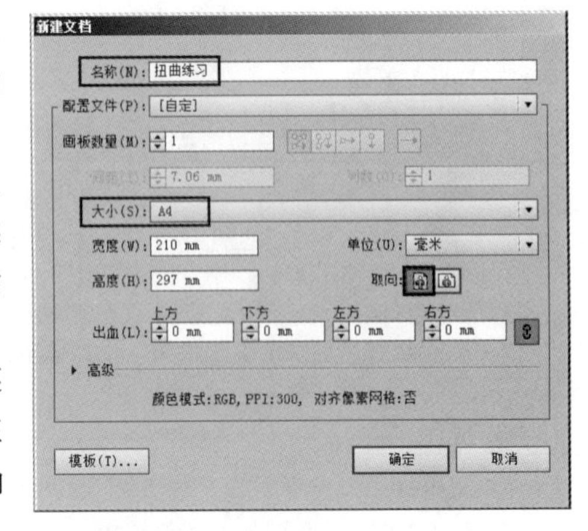

图6-33 设置“新建文档”参数

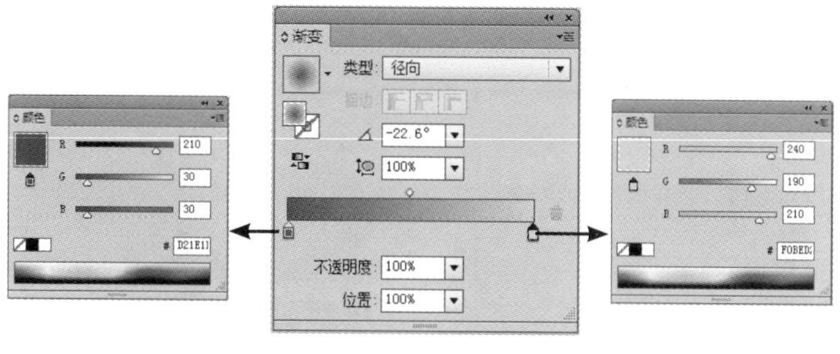

图6–34　设置为径向渐变

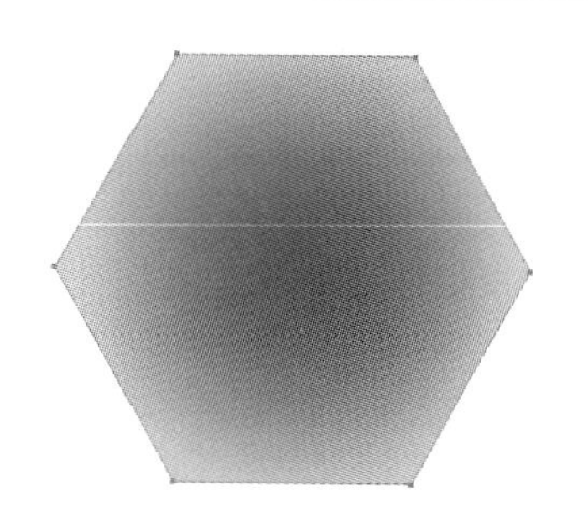
图6–35　径向渐变效果

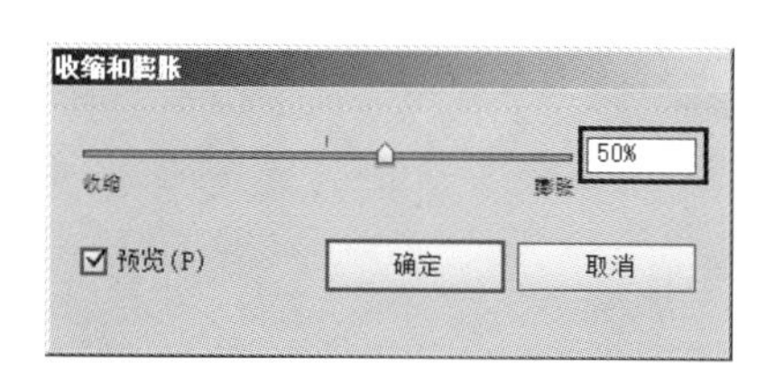

图6–36　设置“收缩和膨胀”参数

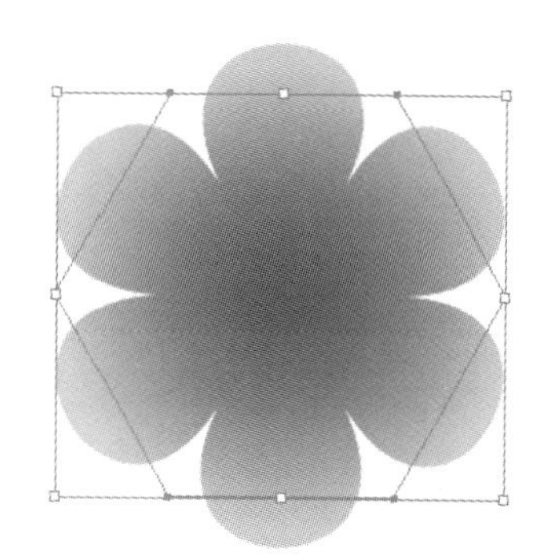
图6–37　“收缩和膨胀”效果

（4）通过“缩放并旋转”动作制作出其余花瓣。方法：执行菜单中的“窗口|动作”命令，调出“动作”面板，如图 6–38 所示。然后单击面板下方的（新建动作）按钮，在弹出的“新建动作”对话框中设置名称为“缩放并旋转”，如图 6–39 所示。接着单击“记录”按钮，开始录制动作。

图6–38　“动作”面板

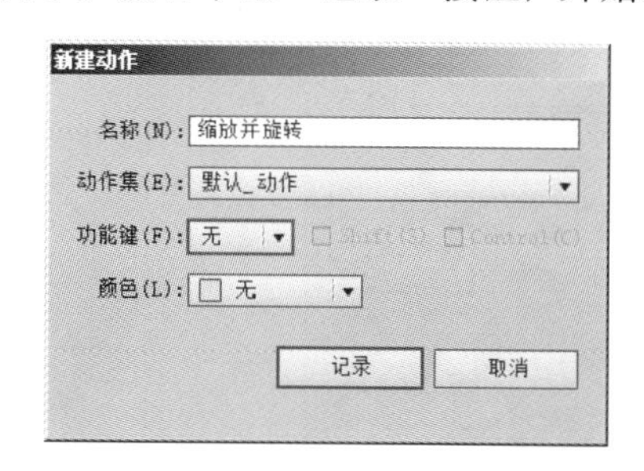

图6–39　设置名称为“缩放并旋转”

（5）选中花瓣图形，然后双击工具箱中的（比例缩放工具），在弹出的“比例缩放”对话框中设置参数，如图 6–40 所示，单击“复制”按钮。接着双击工具箱中的（旋转工具），在弹出的“旋转”对话框中设置参数，如图 6–41 所示。单击“确定”按钮，效果如图 6–42 所示。

（6）此时“动作”面板如图 6–43 所示。单击该面板下方的（停止记录）按钮，停止录制动作。然后选择“缩放并旋转”动作，单击面板下方的（播放当前所选动作）按钮，如图 6–44 所示，反复执行该动作，从而制作出剩余的花瓣，效果如图 6–45 所示。

（7）制作牡丹花。方法为：选中所有的图形，执行菜单中的“效果|扭曲和变换|粗糙化”命令，在弹出的对话框中设置参数，如图 6–46 所示，单击“确定”按钮，效果如图 6–47 所示。

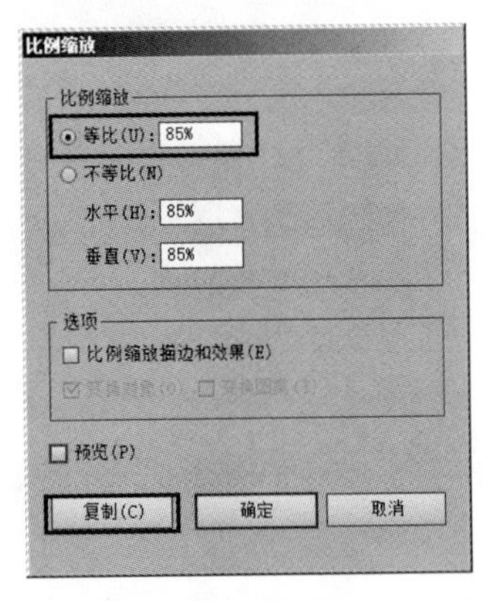

图6-40　设置“比例缩放”参数

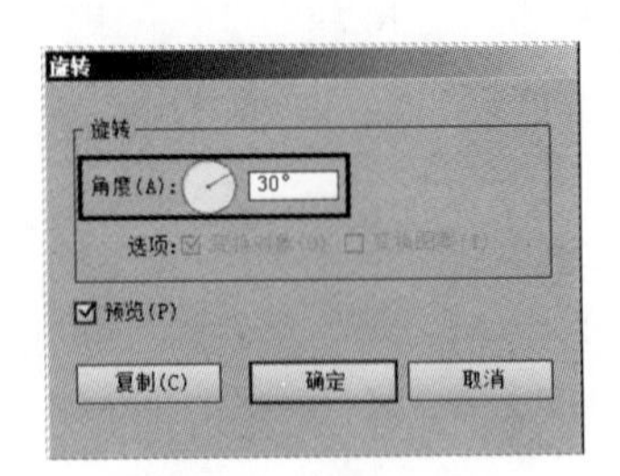

图6-41　设置旋转参数

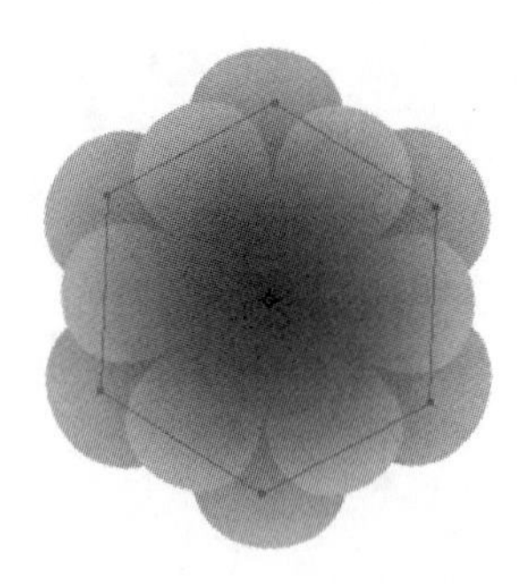

图6-42　旋转后的效果

图6-43　“动作”面板

图6-44　停止录制后的“动作”面板

图6-45　制作出剩余的花瓣

提示

此时“外观”面板如图6-48所示。如果要调节“粗糙化”参数，可直接双击“外观”面板中的“粗糙化”，再次调出“粗糙化”面板。

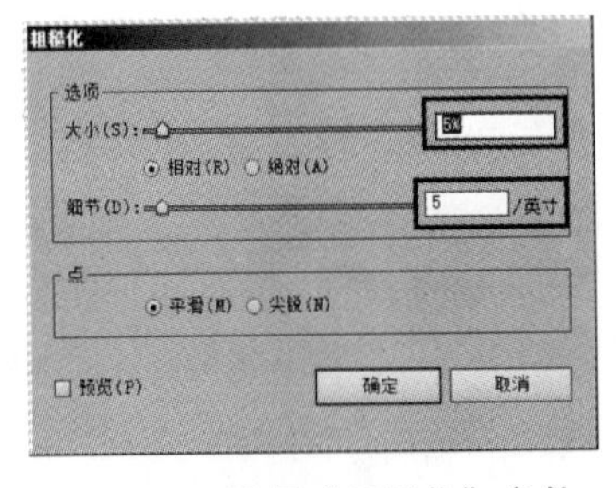

图6-46　设置“粗糙化”参数

图6-47　“粗糙化”效果

图6-48　“外观”面板

（8）制作菊花。其方法为：选中所有的图形，执行菜单中的“效果|扭曲和变换|收缩和膨胀”命令，在弹出的对话框中设置参数，如图6-49所示，单击“确定”按钮，效果如图6-50所示。此时“外观”面板如图6-51所示。

提示

（1）如果将“收缩和膨胀”参数调整为–40%，如图6-52所示，效果如图6-53所示。

（2）在“滤镜”菜单中同样存在“收缩和膨胀”命令，只不过执行“滤镜”中的该命令后，在“外观”面板中是不能再次进行编辑的。

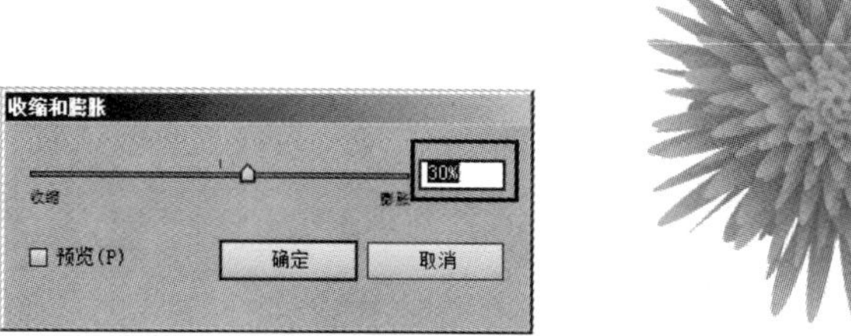

图6-49　设置“收缩和膨胀”参数　图6-50　“收缩和膨胀”效果

图6-51　“外观”面板

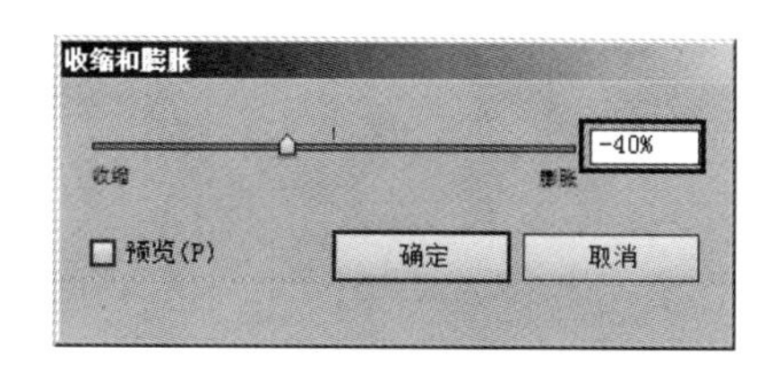

图6-52　设置“收缩和膨胀”参数为-40%

图6-53　“收缩和膨胀”效果

6.5.3　制作立体半透明标志

制作要点

使用Illustrator中的不透明度特性，可以模拟玻璃等透明材质上的高光。将不透明度、混合模式和渐变结合在一起可创建出精致的透明与反光效果。本例将制作有一定立体造型与光感的标志，如图6-54所示。通过本例的学习应掌握不透明度、混合模式和渐变的综合应用。

操作步骤

（1）执行菜单中的“文件｜新建”命令，在弹出的对话框中设置如图6-55所示，然后单击“确定”按钮，新建一个文件。接着执行菜单中的“文件|存储”命令，将其存储为“透明球形标志.ai”文件。

（2）标志是以一个深蓝色正圆形为主体，然后通过逐步应用渐变与透明度变化等功能形成立体反光效果。下面先从最下层图形开始制作。其方法为：选择工具箱中的（椭圆工具），按住〈Shift〉键拖动鼠标，绘制出一个正圆形。然后，按快捷键〈F6〉打开“颜色”面板，在面板右上角弹出的菜单中选择“CMYK”命令，将这个正圆形的“填色”设置为深蓝色（参考颜色数值为CMYK（100，80，45，10）），“描边”设置为无，如图6-56所示。

图6-54　立体透明球形标志

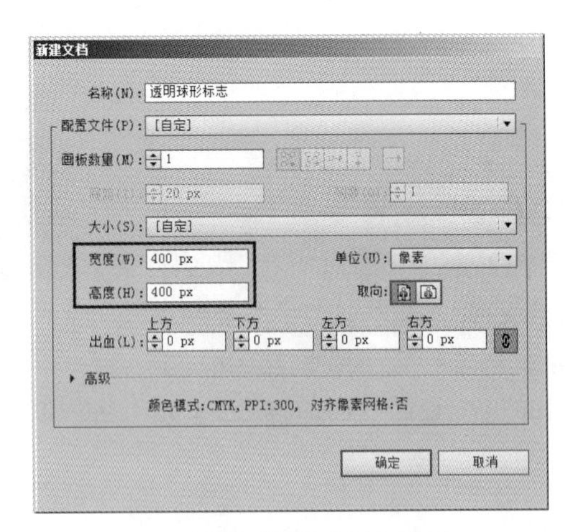

图6-55　设置“新建文档”参数

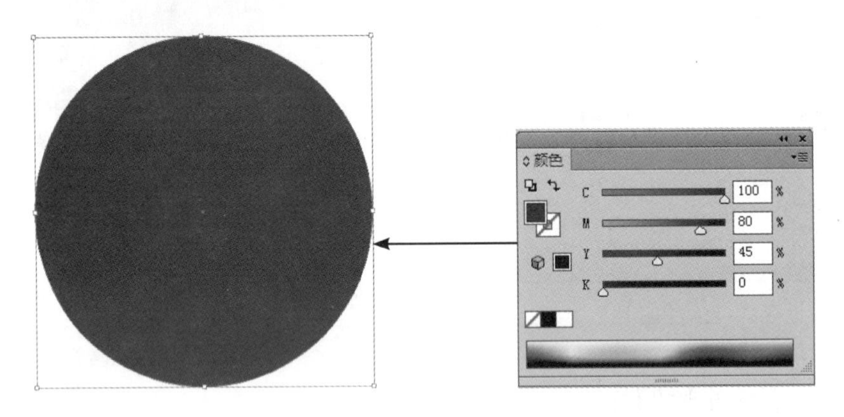

图6-56　绘制一个深蓝色正圆形

（3）继续绘制一个小一些的正圆形，然后按快捷键〈Ctrl+F9〉，调出“渐变”面板，设置如图 6-57 所示的白色—深蓝紫色线性渐变（深蓝紫色参考数值为 CMYK（100，100，50，10））。然后，选择工具箱中的■（渐变工具），在圆形内部从左上方向右下方拖动鼠标拉出一条直线，直线的方向和长度分别控制渐变的方向与色彩分布。

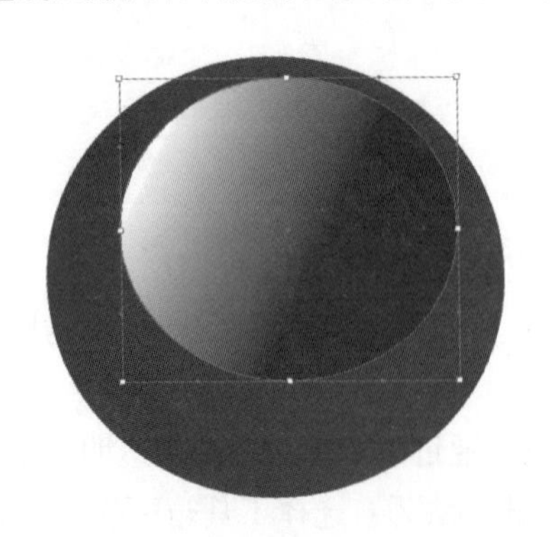

图6-57　在第二个圆形内设置两色径向渐变

（4）利用工具箱中的■（选择工具）选中第二个正圆形，然后按快捷键〈Ctrl+Shift+F10〉打开“透明度”面板，如图 6-58 所示将“不透明度”设置为 50%。

图6-58　在“透明度”面板中将“不透明度”设置为50%

提示

当“不透明度”设置为0%时，选中的图形对象完全透明而不可见；而当“不透明度”设置为100%时，图形对象正常显示，完全覆盖下层图形。

（5）应用层层递进的图形构成方法，再绘制如图6-59所示的第三个椭圆形，并设置为白色—深蓝色（深蓝色参考数值为CMYK（100，80，10，0））的线性渐变，第三个椭圆形设置的渐变颜色比第二个圆形在明度和饱和度上有所提高，这样有助于形成球形的浮凸感。

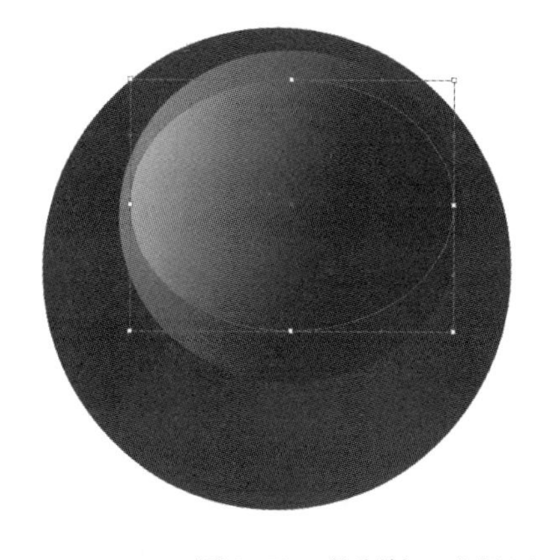

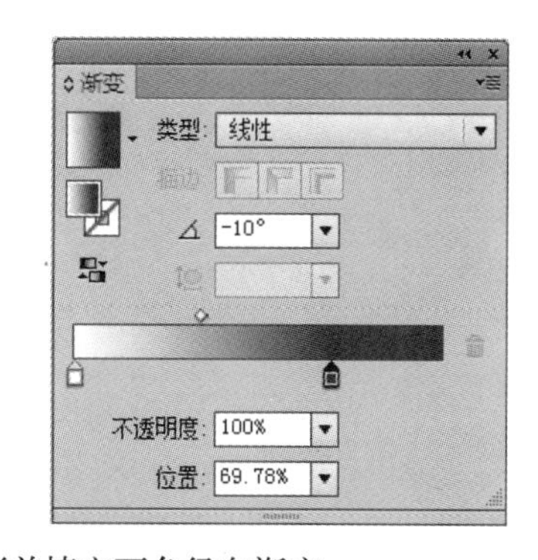

图6-59　绘制第三个椭圆形并填充两色径向渐变

（6）为了使第三个椭圆形与前面两个圆形形成更加整体和谐的效果，先在“透明度”面板中将它的“不透明度”设置为70%，然后单击打开图6-60所示的混合模式下拉菜单，选择“柔光”选项，此时第三个椭圆的蓝色渐变在“柔光”模式下自动降低对比度，与下面的图形颜色和谐统一，效果如图6-61所示。

提示

“透明度”面板中的混合模式控制着重叠图形颜色间的相互作用。

（7）下面要在圆形上进一步添加几个填充渐变色的曲线图形，一来是为强调球体的弧形凸起感，二来是要借助曲线图形中的多色渐变来描绘球体反光。先绘制第一个曲线图形。其方法为：选用工具箱中的（钢笔工具），绘制图6-62所示的封闭曲线路径，然后设置一种在浅蓝色间微妙变化的四色线性渐变（四色参考数值分别为CMYK（80，40，0，0），CMYK（0，0，0，0），CMYK（80，35，0，0），CMYK（50，40，10，0））。绘制完之后，还可选用工具箱中的（直接选择工具）调节锚点及其手柄以修改曲线形状。

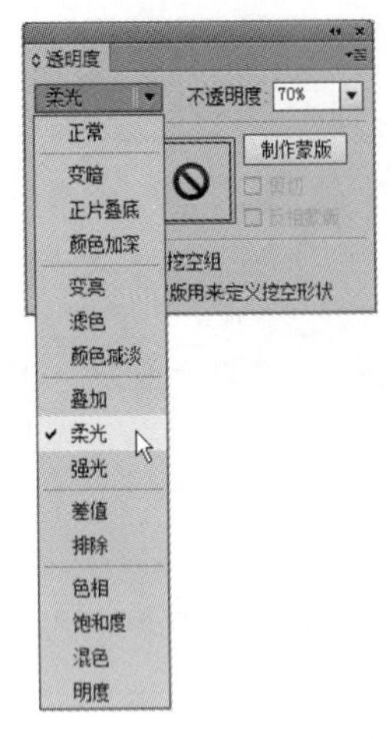

图6-60　将混合模式设为“柔光”

图6-61　“柔光”模式下自动降低对比度

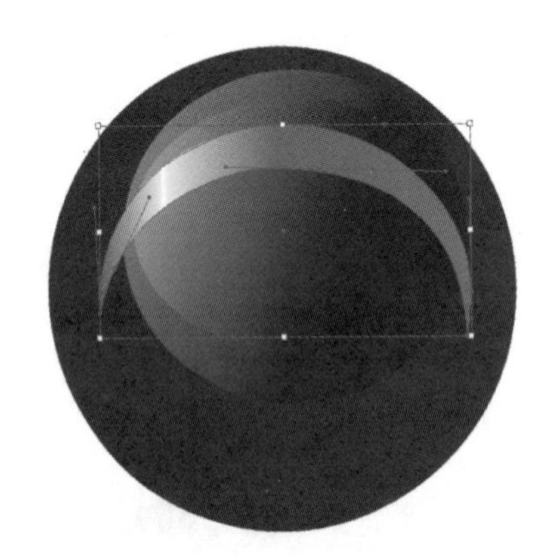

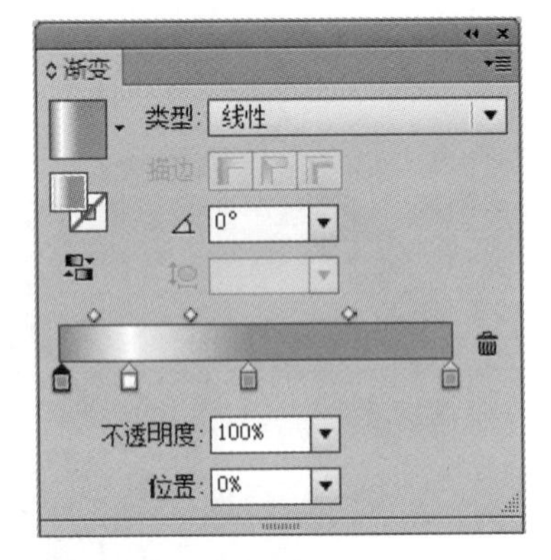

图6-62　绘制第一个填充为四色渐变的曲线图形

提示

由于本例绘制的图形曲线弧度变化较大，在弧形转折处设置的锚点如果是角点，可利用选项栏中的（将所选锚点转换为平滑工具）将角点快速转换为平滑点，在调节路径形状时比使用（转换锚点工具）更方便。

（8）在“透明度”面板中保持这个圆弧状图形的“不透明度”为100%，设置混合模式为“柔光”，从而使这个多色渐变图形也柔和地融入标志整体色调之中，效果如图6-63所示。

（9）在标志下部绘制第二个曲线图形，设置为图6-64所示的三色渐变（三色参考数值分别为CMYK（100，85，35，0），CMYK（50，30，15，0），CMYK（95，75，20，0）），这个图形的高光部分颜色要设置得比上一个曲线图形稍暗一些。然后，在“透明度”面板中将它的“不透明度”设置为55%，混合模式为“正常”。

（10）将第一个曲线图形复制一份，然后利用工具箱中的（直接选择工具），向下拖动

图 6-65 所示的位于该路径下侧的控制锚点及其手柄，但保持曲线上侧形状不变。如果需要，还可以应用工具箱中的（添加锚点工具）在扩大的路径上增加控制点。调整完形状之后，在“渐变”面板中设置如图 6-66 所示，将“填色”设置为一种比较明亮的浅蓝—白色间的多色渐变（读者可选择自己喜好的浅蓝色，渐变中包含的几种浅蓝色间应具有微妙的差别）。

图6-63　设置“柔光”模式后的效果

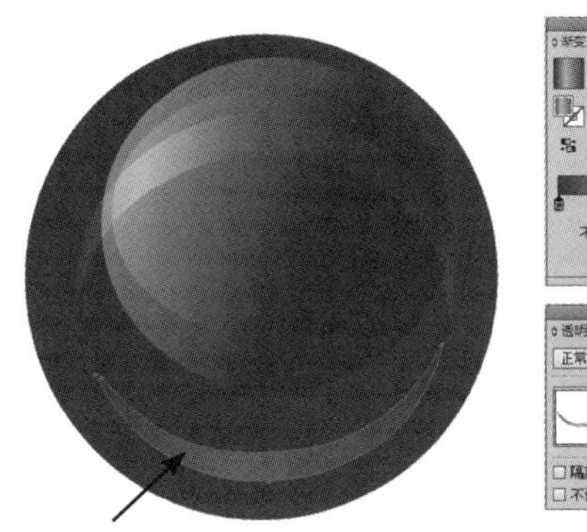

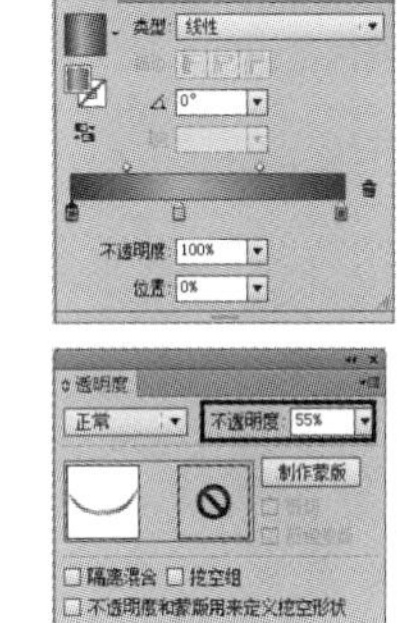

图6-64　设置图形填充为“不透明度”为55%的三色渐变

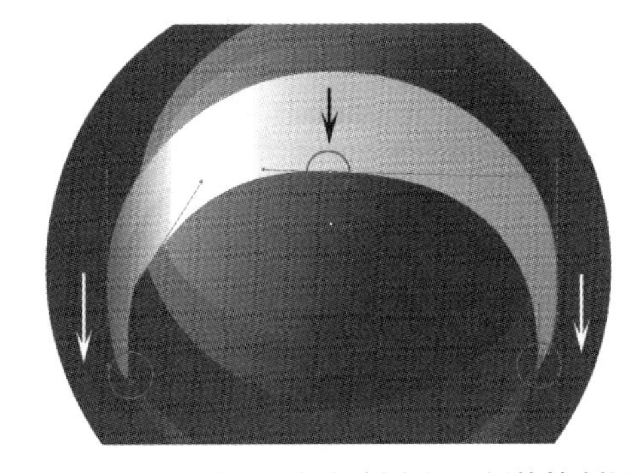

图6-65　向下拖动位于新复制路径下侧的控制锚点

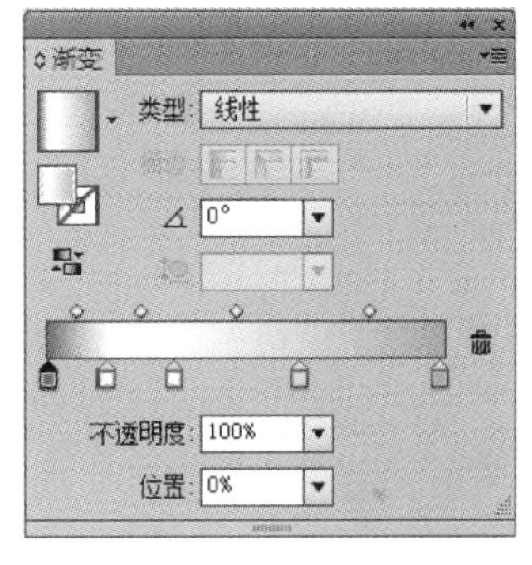

图6-66　设置多色渐变

（11）利用工具箱中的（选择工具）选中这个新绘制的圆弧状图形，然后在“透明度”面板中设置“不透明度”为 100%，混合模式为“柔光”，从而使它也以相同的方式柔和地与下层图形相融，如图 6-67 所示。到此，标志上大块面的图形已拼接完成。一系列圆形与圆弧状图形以半透明的方式层叠在一起，形成一种仿佛光线从左上方照射而来的奇妙效果。但要注意调节各图形中渐变颜色的相对位置，尽量使较浅的颜色位于图形左侧。完整的效果如图 6-68 所示。

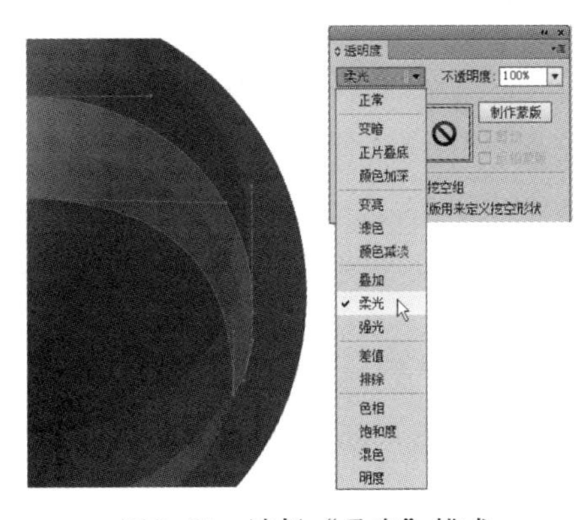

图6-67　选择“柔光”模式

图6-68　标志中大块面图形拼接完成的效果

(12)标志上主要的块面绘制完成后，下面添加3条白色圆弧线，以丰富标志图形的构成元素。其方法为：选取工具箱中的（椭圆工具），按住〈Shift〉键分别绘制出3个填充为“无”、“描边”为白色的正圆形。然后，用工具箱中的（选择工具）将这3个圆形都选中，按快捷键〈Ctrl+F10〉打开“描边”面板，将“粗细”设置为2 pt，效果如图6-69所示。

（13）将白色线条也以半透明的方式与下面的图形合成。其方法为：保持3个圆形在被选中的状态下，在“透明度”面板中将“不透明度”设置为50%，混合模式设置为“正常”，效果如图6-70所示。

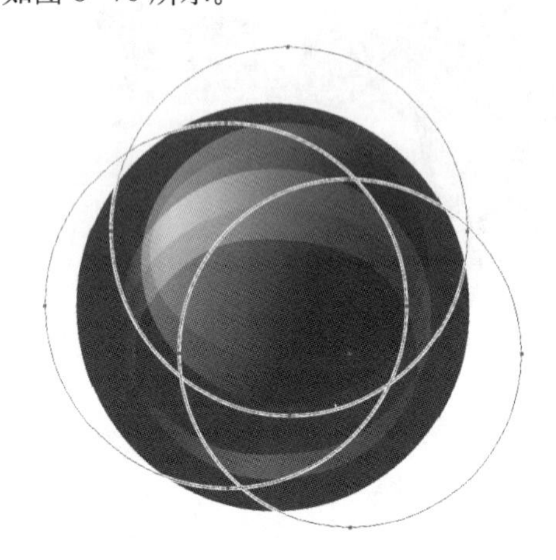

图6-69　添加三道白色圆弧线

图6-70　将白色线条的“不透明度”设置为50%

（14）由于白色圆弧线是用（椭圆工具）绘制完整的圆圈而形成的，因此，还需要把超出标志之外的多余的圆弧部分裁掉。下面使用“剪切蒙版”的方式来进行裁切。其方法为：利用工具箱中的（选择工具）选中位于标志最下面的深蓝色正圆形（本例步骤（2）绘制），执行菜单中的“编辑｜复制”命令将其复制一份。然后再执行菜单中的“编辑｜贴在前面”命令，将复制的图形进行原位粘贴。接着在保持新粘贴的圆形被选中的状态下，将其“填色”和“描边”都设置为“无”（即转变为纯路径）。最后执行菜单中的“对象｜排列｜置于顶层”命令，将其置于所有图形的最上层。

（15）利用（选择工具）按住〈Shift〉键依次选择刚才绘制的3个白色圆圈，将它们与上一步骤制作的路径全都选中。然后执行菜单中的“对象｜剪切蒙版｜建立”命令，超出标志之外的多余的圆弧部分被裁掉。可以把标志放置到黑色的背景上，这样能清楚地看出白色圆弧线被裁切的效果，如图6-71所示。

（16）至此，标志中包含的图形元素基本完成，接下来要制作与图形搭配的艺术字体。其方法为：选择工具箱中的（文字工具），输入英文“CIGHOS”。然后在“工具”选项栏中设置“字体”为Impact，文本填充颜色为白色。接着执行“文字｜创建轮廓”命令，将文字转换为由锚点和路径组成的图形。最后如图6-72所示，调整文字图形的大小并将其放置到标志中心的位置。

(17)为文字添加半透明投影。其方法为：利用（选择工具）选中文字图形，执行菜单中的“效果｜风格化｜投影”命令，在弹出的对话框中设置如图6-73所示，单击“确定”按钮，效果如图6-74所示，文字右下方向出现透明的黑色投影效果。

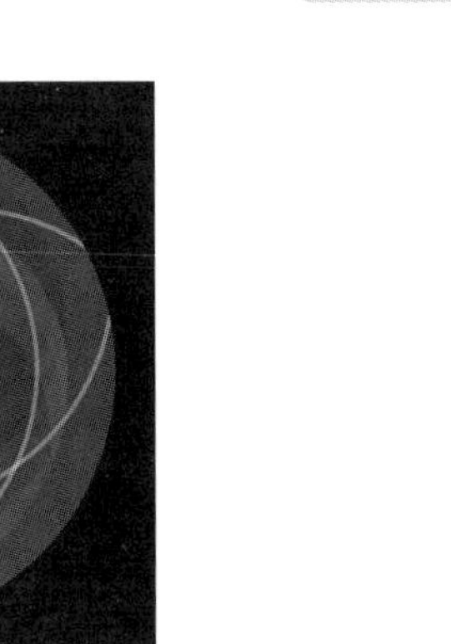

图6-71 超出标志之外的多余的圆弧部分被裁掉

图6-72 输入白色文字并将其放置到标志中心位置

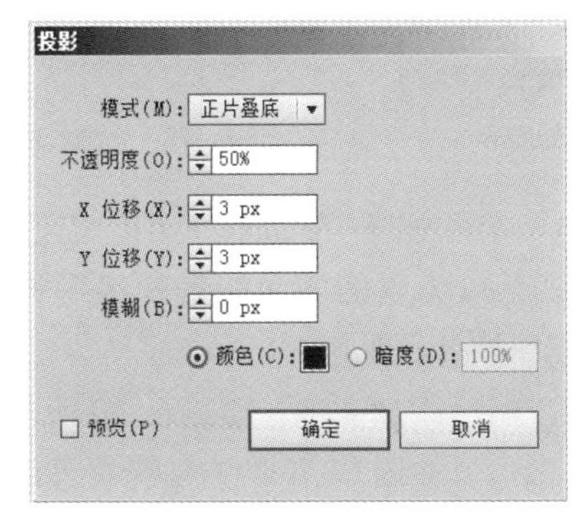

图6-73 “投影”对话框

图6-74 在文字右下方添加半透明投影

（18）在白色文字的左侧再添加上一行蓝色文字“NEXT”，文字颜色参考数值为CMYK（100，100，30，0）。然后利用工具箱中的 （选择工具）将所有的图形都选中，按快捷键〈Ctrl+G〉将它们组成一组。整个标志制作完成，最后的效果如图 6-75 所示。

图6-75 最后制作完成的标志效果图

6.5.4 苹果 iPod

制作要点

本例将制作一个非常精巧逼真的苹果iPod，如图6-76所示。本例对光的表现非常出色，但在质感的表现上稍有欠缺，这点可以通过将图导入Photoshop来进行完善。通过本例的学习，应掌握钢笔工具、渐变工具和图层混合模式的综合应用。

操作步骤

1. 制作 iPod 正面

（1）执行菜单中的“文件|新建”命令，建立一个大小为A4，颜色模式为“CMYK”的新文件。

（2）选择工具箱中的 （圆角矩形工具），在工作区中绘制一个 8 mm×13 mm 的圆角矩形，圆角半径为4.2 mm，线条粗细为3 pt，描边色为10%的灰色，填充渐变色如图6-77所示，填充后的效果如图6-78所示。

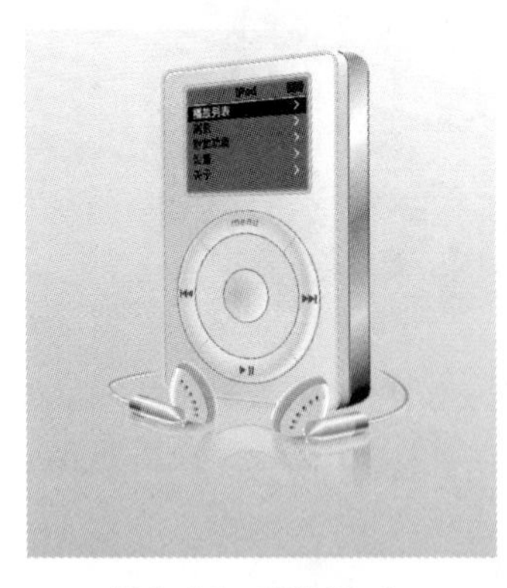
图6-76 苹果iPod

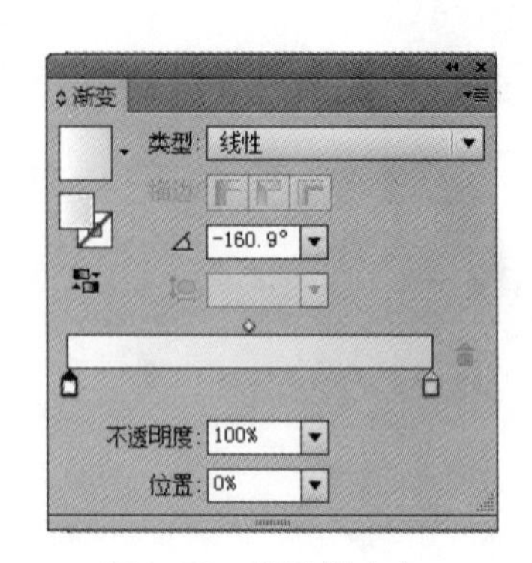

图6-77 设置渐变色

图6-78 绘制圆角矩形

(3) 为了使边框的立体感更加明显，下面制作一个和图6-78同样大小，描边粗细为3 pt，描边色比上一个略深一点，为30%的灰色，填充色为空的圆角矩形。然后将它移到图6-78上方，并和图6-78的边框线略微错开一点距离，效果如图6-79所示。

(4) 制作屏幕。方法为：首先制作淡绿色的屏幕，然后添加文字，如图6-80所示。接着将其置于图6-79所示的图形上方并调整好大小位置。最后，按图6-79的方法给屏幕添加一个边框，效果如图6-81所示。

图6-79 使边框的立体感更加明显

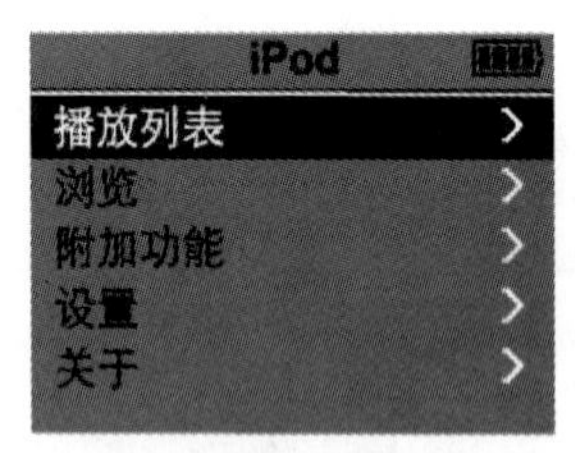

图6-80 添加文字

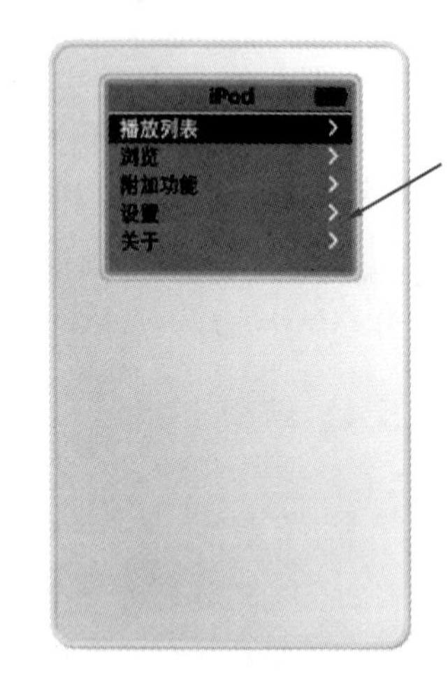

图6-81 添加边框

2. 制作iPod的按钮

(1) 分别制作3个同心圆，小的在上，大的在下，直径分别为65 mm、48 mm和20 mm，效果如图6-82所示。然后分别填充大圆和小圆，从而使按钮具有一定的立体感，效果如图6-83所示。

(2) 制作最外面的4个按钮。方法为：通过大圆的中心制作两条垂直交叉的直线，设置描边粗细为0.5 pt，描边色为30%的灰色，如图6-84所示。然后执行菜单中的“对象|排列”命令，将这两条线放在两个小圆的下面，效果如图6-85所示。

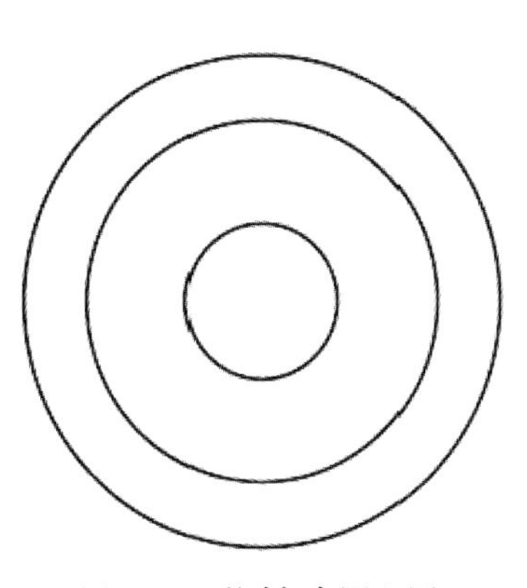

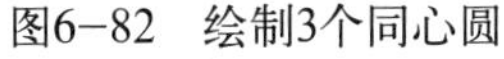

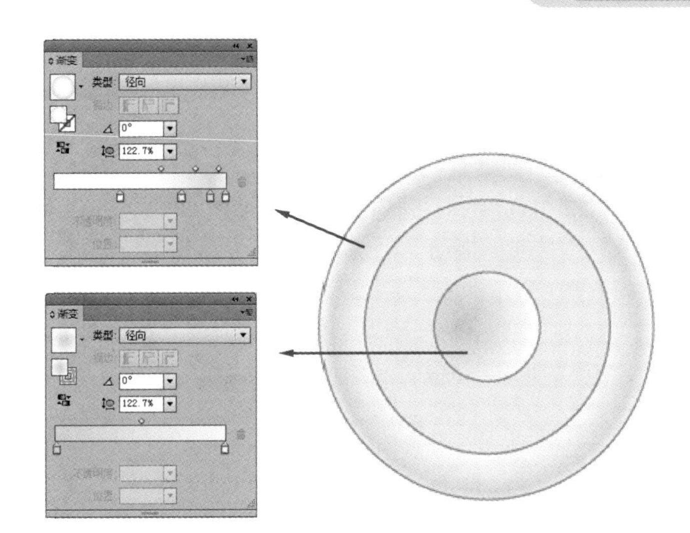

图6-82　绘制3个同心圆　　　　图6-83　填充同心圆

(3) 绘制按钮上的符号，并将其放置到相应的位置上。为了使符号上的反光和按钮上的保持一致，可以将按钮的图层模式设为“叠加”，使它能透过背景的高光，最终效果如图 6-86 所示。

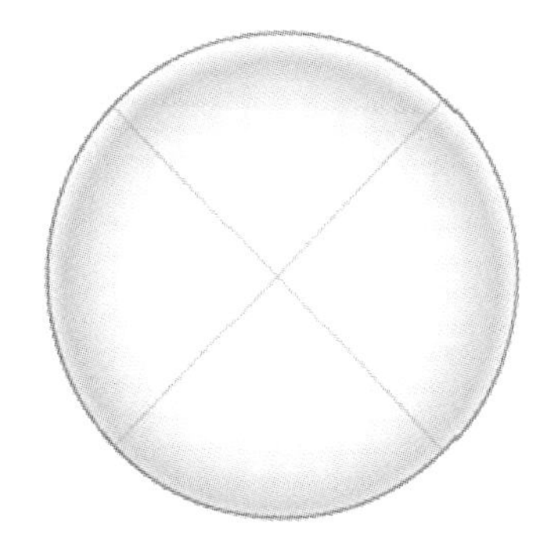

图6-84　制作两条垂直交叉的直线

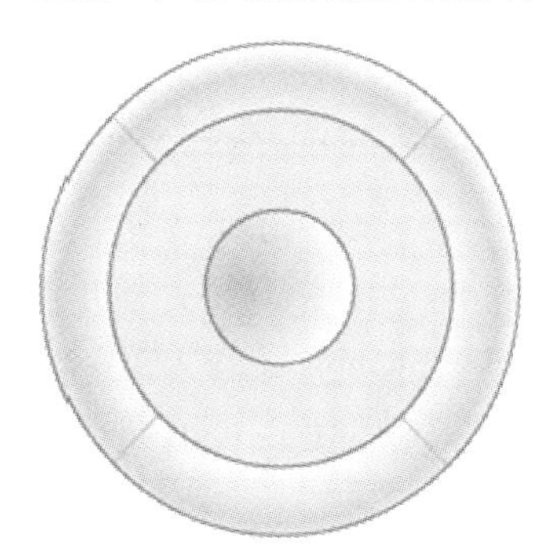

图6-85　移动两条线的位置

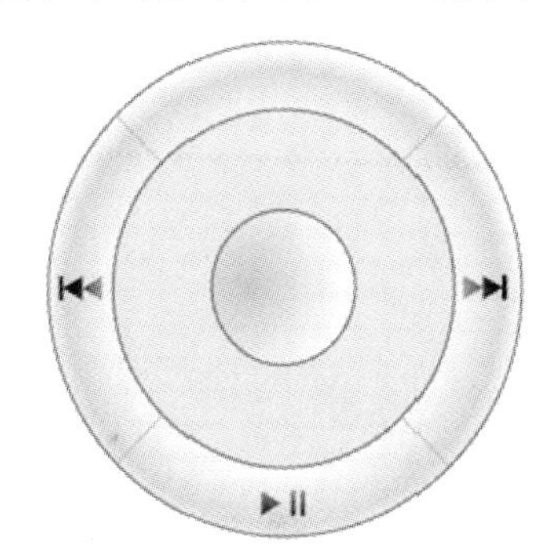

图6-86　绘制按钮上的符号

(4) 制作按钮上的文字。方法为：为了使文字的方向和圆形按钮的弧度相匹配，可以利用工具箱中的（路径文字工具）沿所设定的曲线输入文字，如图 6-87 所示。调整好相应的大小和位置后，执行“文字 | 创建轮廓”命令，将文本变为路径。接着使用和按钮上的符号一样的方法将“叠加”模式改为“柔光”，如图 6-88 所示，效果如图 6-89 所示。

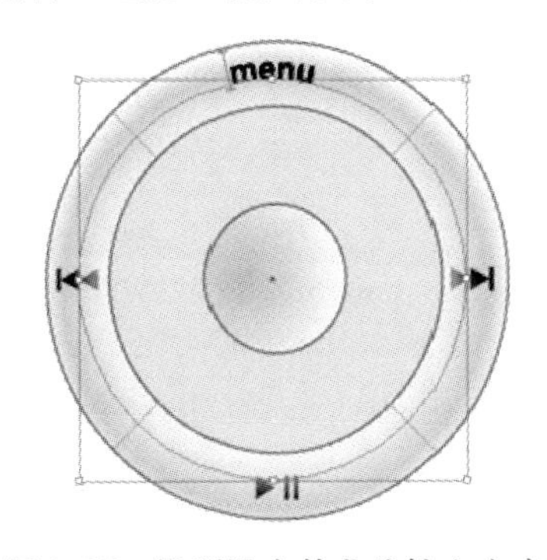

图6-87　沿所设定的曲线输入文字

图6-88　设置“柔光”

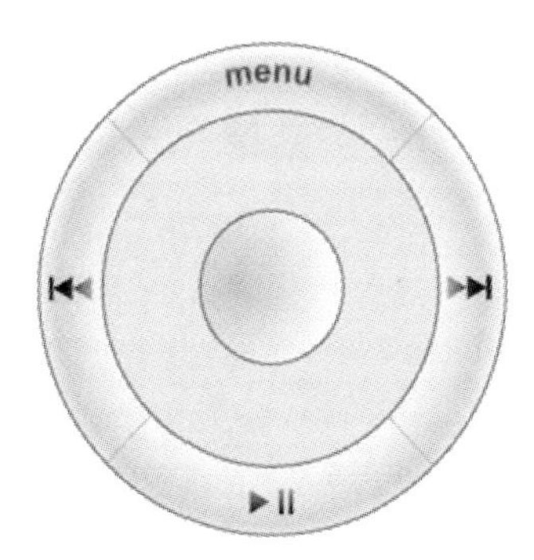

图6-89　“柔光”效果

（5）将制作好的按钮放到 iPod 的面板上，效果如图 6–90 所示。

3. 制作 iPod 立体效果

（1）制作 iPod 正面的透视效果。方法为：为了便于操作，首先将图 6–90 中所有图形全部选中，并组成群组。然后选择工具箱中的（自由变换工具）单击控制框的左上角，不要松开鼠标直接向下拖动，再按〈Alt+Ctrl+Shift〉组合键，这样图形便产生了透视的效果，效果如图 6–91 所示。

（2）制作 iPod 侧面的立体效果。方法为：首先利用（钢笔工具）绘制出侧面的浅色部分，如图 6–92 蓝色部分所示，将描边色设为空，渐变填充色如图 6–93 所示。然后将其放到正面面板的下面。

图6–90　将按钮放到iPod的面板上

图6–91　透视效果

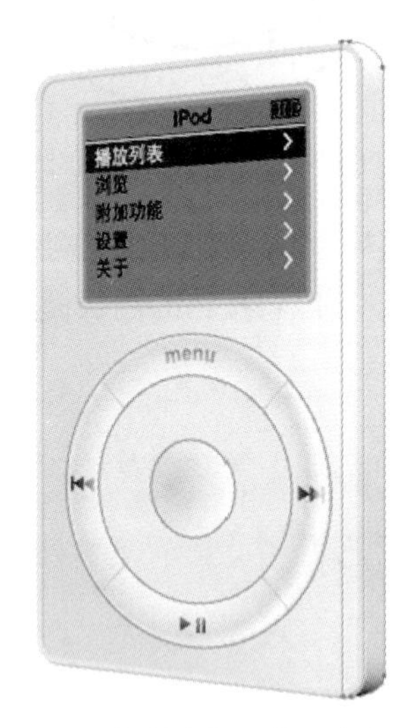

图6–92　绘制出侧面的浅色部分

（3）同理，利用（钢笔工具）绘制出侧面深色的部分，设置的渐变填充色如图 6–94 所示，描边色仍然为空，效果如图 6–95 所示。

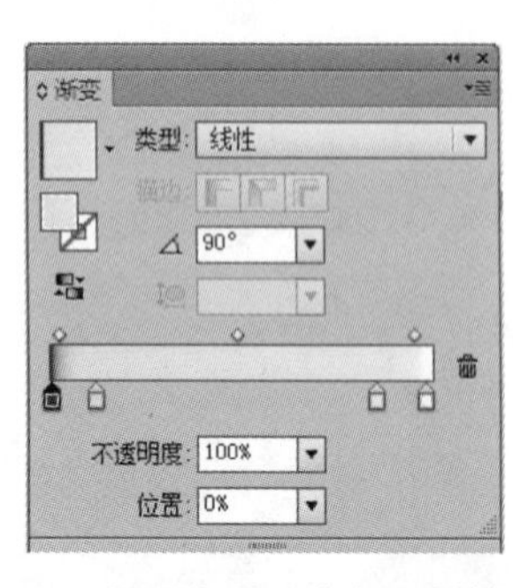

图6–93　设置侧面浅色部分的渐变色

图6–94　设置侧面深色部分的渐变色

图6–95　效果图

（4）最后添加一些修饰，给侧面深色部分加一些边线，设定线条粗细为 1 pt，描边色为 60% 的灰色。图 6–96 为局部放大的效果，图 6–97 为苹果 iPod 主体效果。

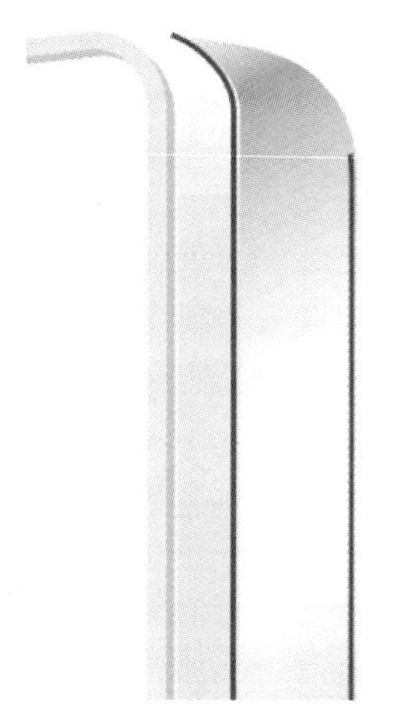

图6-96 局部放大的效果

图6-97 苹果iPod主体效果

4. 制作耳机

iPod的耳机非常精巧，如图6-98所示。它是这个作品中对技术要求比较高的部分，下面就开始制作。

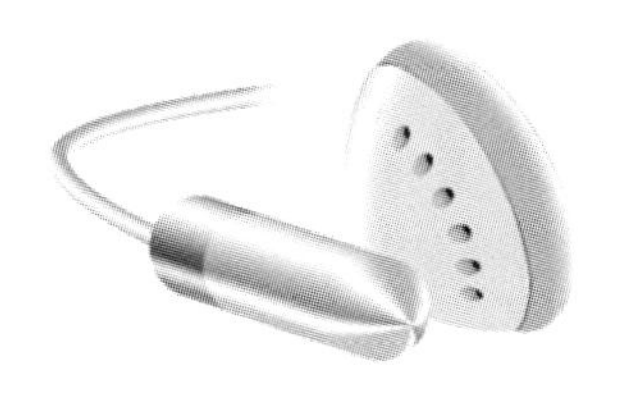

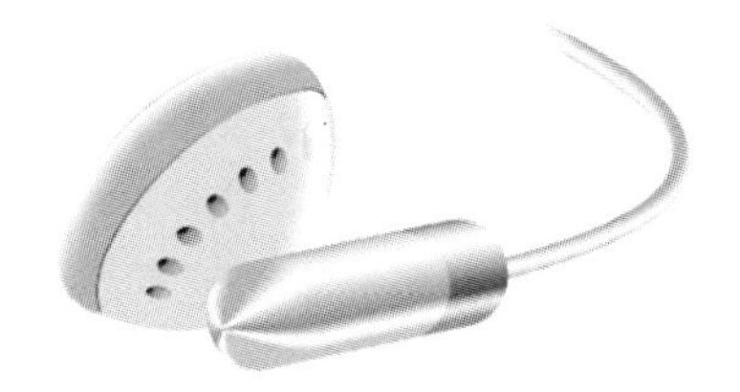

图6-98 iPod的耳机

(1)制作耳机的头部。方法为：利用 (钢笔工具)绘制出耳机头部深色部分，如图6-99所示。然后设置描边色为空，填充渐变色如图6-100所示，效果如图6-101所示。

图6-99 绘制出耳机头部深色部分

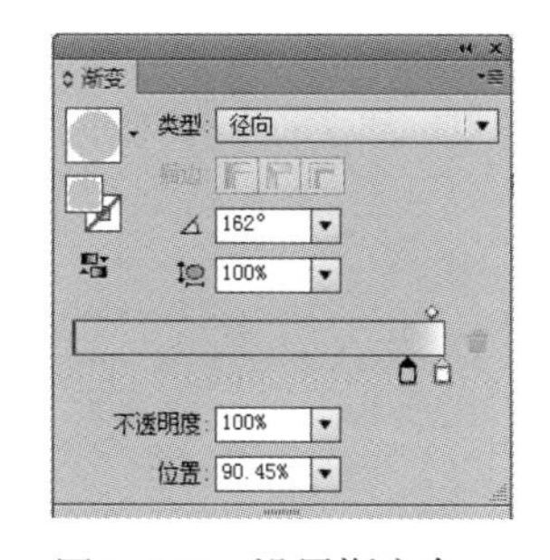

图6-100 设置渐变色

图6-101 渐变填充效果

(2) 利用 (钢笔工具) 绘制出耳机头部浅色部分，如图6-102所示。然后设置描边色为空，渐变填充色如图6-103所示，填充的效果如图6-104所示。

(3) 两部分完成后，将它们组合到一起，并将深色部分放置到上方，然后给深色的部分加一些边线，效果如图6-105所示。

图6-102　绘制出耳机头部浅色部分

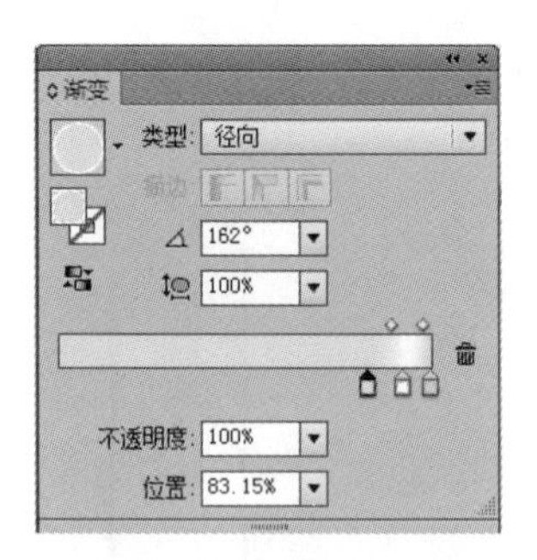

图6-103　设置渐变色

图6-104　渐变填充效果

图6-105　组合效果

（4）制作耳机上的小圆孔。方法为：绘制两个椭圆形，并将其中一小部分叠加到一起，如图 6-106 所示。然后将其全部选中，执行菜单中的“窗口 | 路径查找器”命令，调出“路径查找器”面板，接着单击（分割）按钮，如图 6-107 所示，将其打散并去除多余部分，效果如图 6-108 所示。

（5）利用工具箱中的（直接选择工具）选取图 6-108 的浅色部分，设置渐变填充色如图 6-109 所示，描边色设为空。然后再选取图 6-108 的深色部分，设置填充色为 75% 的灰色，描边色为空，效果如图 6-110 所示。

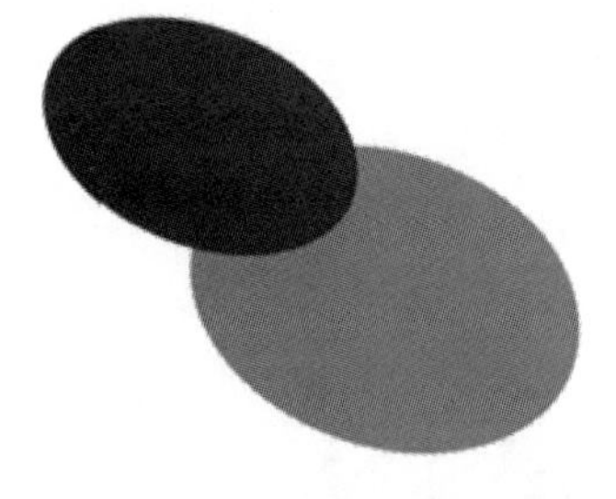

图6-106　绘制两个椭圆形

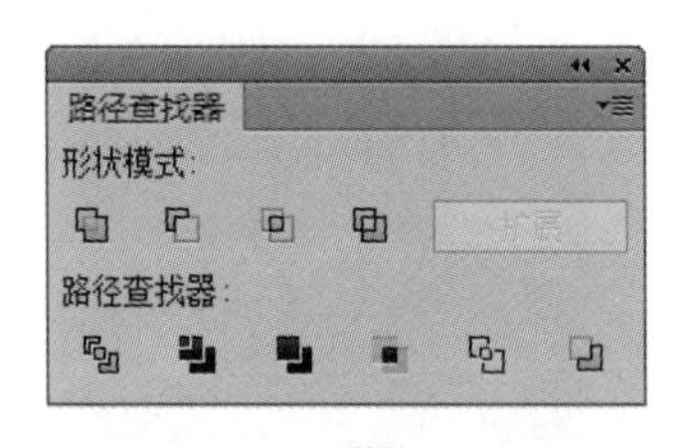

图6-107　单击（分割）按钮

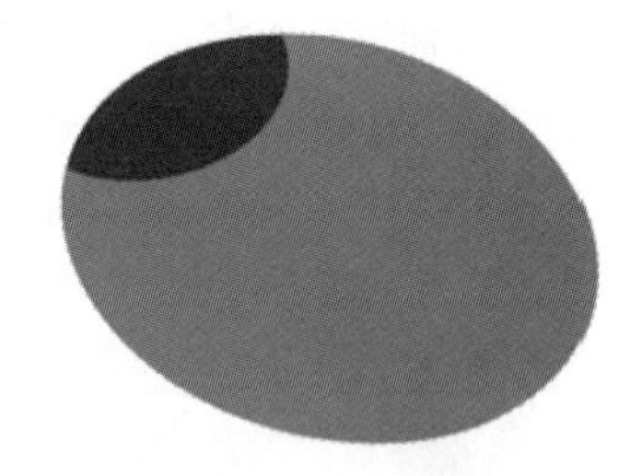

图6-108　去除多余部分

（6）选择工具箱中的（自由变换工具），将图 6-108 复制后变换成不同的形状，并按一定的弧度进行排列，如图 6-111 示。然后将它们添加到耳机上，效果如图 6-112 所示。

（7）制作耳机的圆柱形连接部分。方法为：利用（钢笔工具）绘制出图 6-113 所示的圆角矩形，设置填充色为图 6-114 所示的渐变色，设置其描边色为空。

（8）同理，绘制一个圆角矩形，设置其长度大约为上一个的 80%，如图 6-115 所示，并设置填充渐变色比上一个长圆形略浅一些。

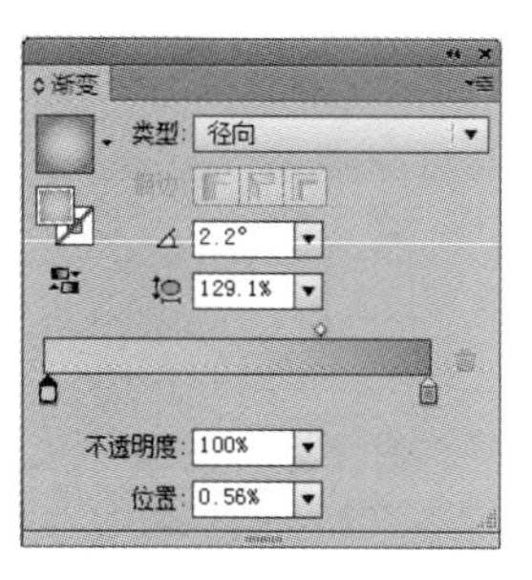

图6-109　设置渐变填充色

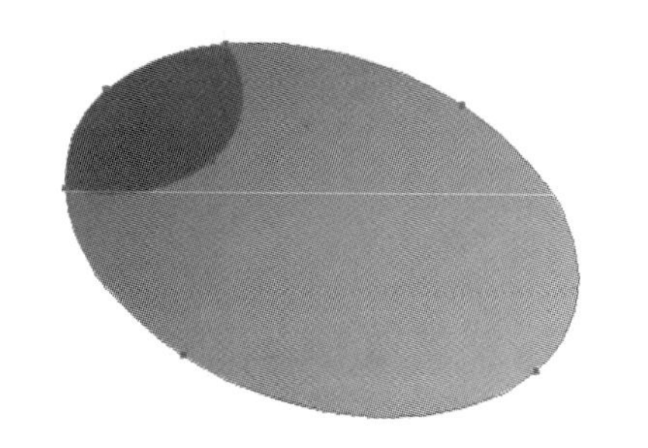
图6-110　渐变填充效果

图6-111　按弧度进行排列

图6-112　将小圆孔添加到耳机上

图6-113　绘制长圆形

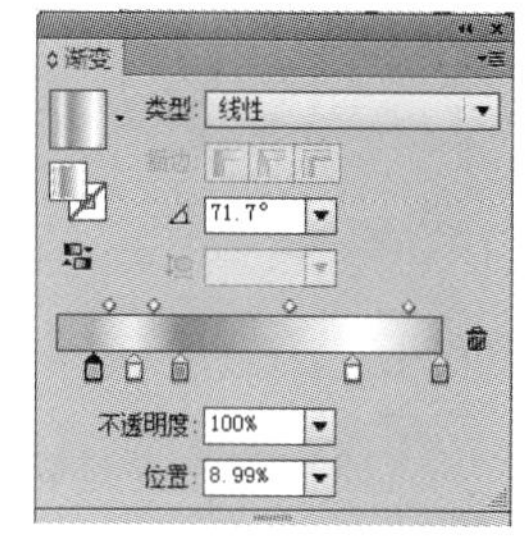

图6-114　设置填充渐变色

（9）将两个长圆形叠放在一起，如图 6-116 所示。

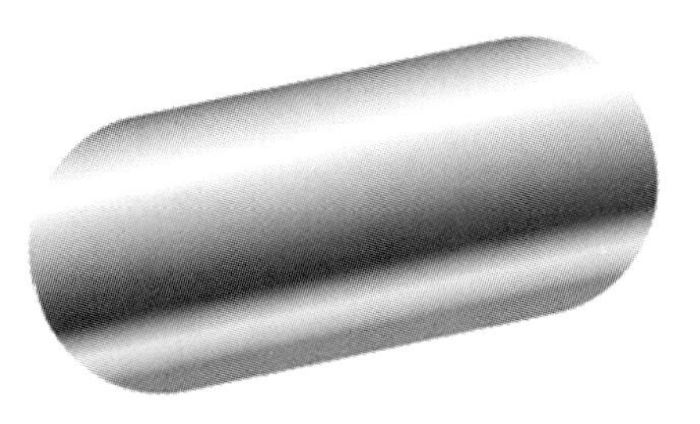
图6-115　绘制一个长度大约为上一个图形80%的圆角矩形

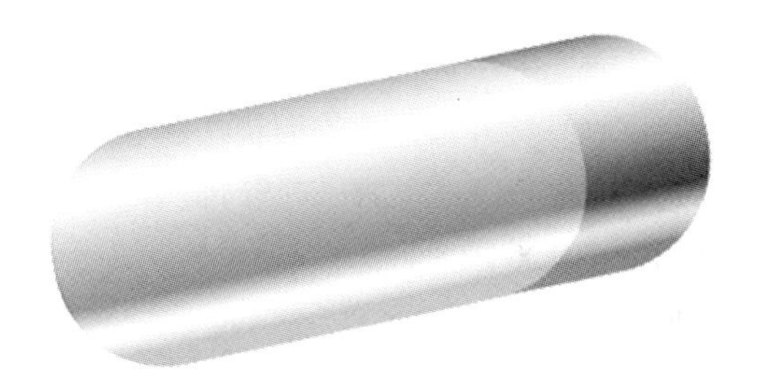
图6-116　组合效果

（10）和前面的图 6-98 比较一下，会发现这个圆柱的左边缺少立体感，下面就来解决这个问题。方法为：首先制作一个与圆柱直径相等的圆，并填充和小长圆形相同的渐变色，如图 6-117 所示。然后多建一些圆形并填充相同的渐变色，如图 6-118 所示，接着利用（混合工具）将其依次混合，效果如图 6-119 所示。

图6-117　渐变效果

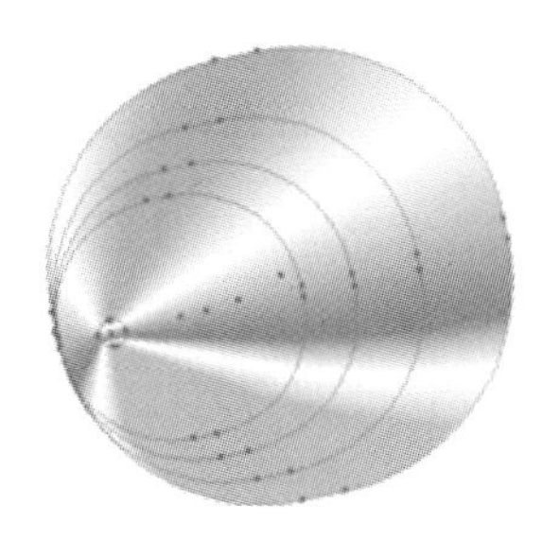
图6-118　创建多个圆形

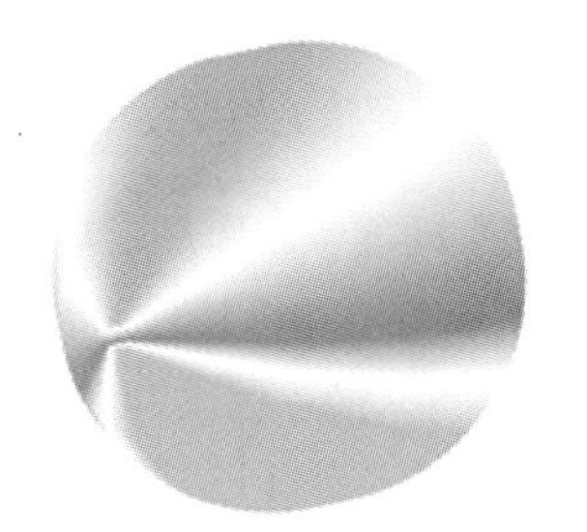
图6-119　混合效果

（11）将制作好的球面加到圆柱体的左端，效果如图 6-120 所示。

（12）制作耳机的连接线。首先制作一个圆，并填充图6–121所示的渐变色，再将其顺时针旋转50°，效果如图6–122所示。

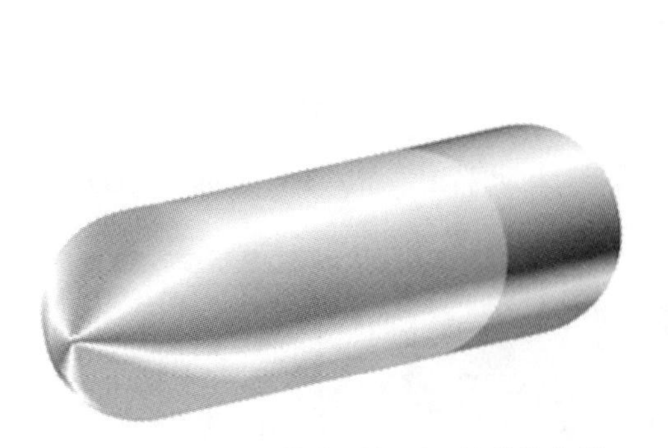

图6–120 制作好的球面加到圆柱体的左端

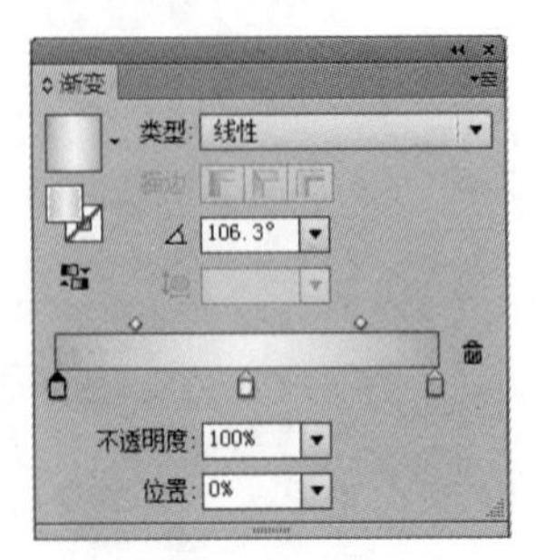

图6–121 设置渐变色

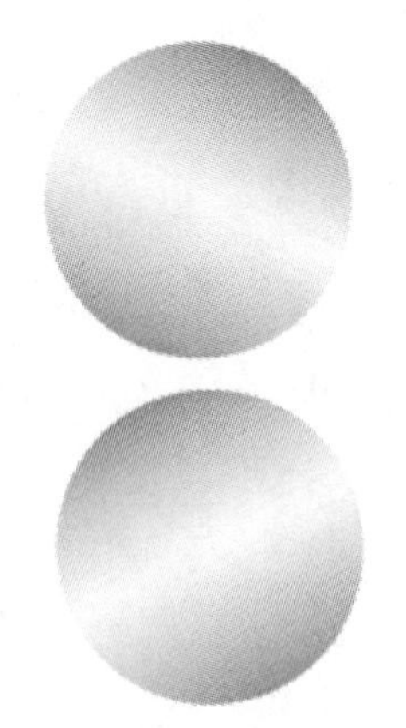

图6–122 填充并旋转圆形

（13）双击工具箱中的（混合工具），打开“混合选项”对话框，设置“指定的步数”为150，如图6–123所示，单击“确定”按钮。然后再用（混合工具）依次单击两个圆的中心，将其混合，效果如图6–124所示。

提示

“指定的步数”越多，混合后的效果就越光滑，但文件也就越大，所以要合理选择。

（14）按耳机连线的形状绘制一条曲线，如图6–125所示。然后将混合后的图形和曲线全部选中，执行菜单中的“对象|混合|替换混合轴”命令，将混合的路径用新的曲线所代替，效果如图6–126所示。

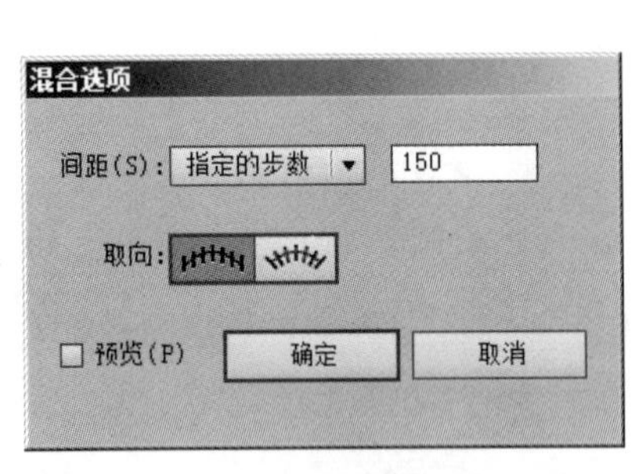

图6–123 设置“指定的步数”为150

图6–124 混合效果

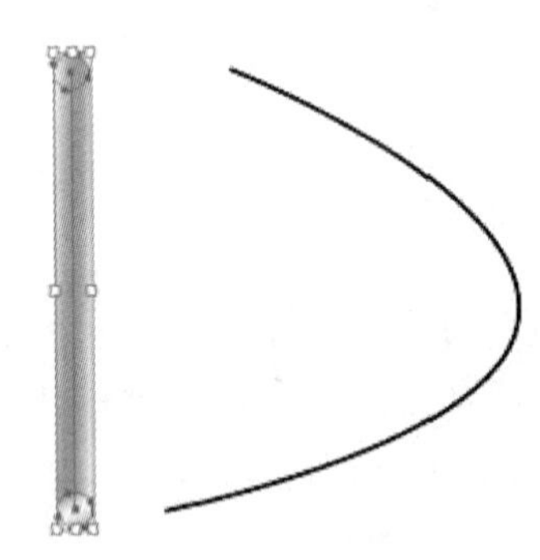

图6–125 按耳机连线的形状绘制一条曲线

（15）同理，制作左边耳机的连线，并将连线组成群组，如图6–127所示。

（16）制作耳机连线端部的渐隐效果。方法为：绘制一个矩形，设置矩形的填充色，如图6–128所示，描边色设为空，将连线要渐隐的部分遮住，如图6–129所示。然后将它们全部选中，执行菜单中的“窗口|透明度”命令，调出“透明度”面板，接着单击右上角的黑三角，从弹出菜单中选择“建立不透明蒙版”命令，此时的“透明度”面板如图6–130所示。

（17）同理，制作左侧耳机连线的渐隐效果，并将渐隐后的连线组成群组，如图6–131所示。

（18）制作完成后，将耳机添加到iPod上，效果如图6–132所示。

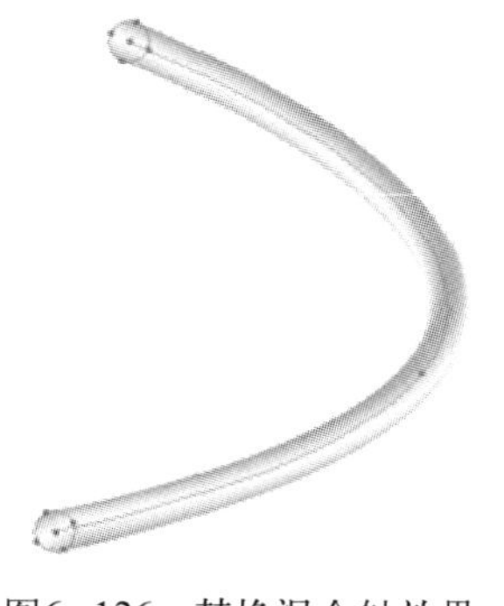

图6-126　替换混合轴效果

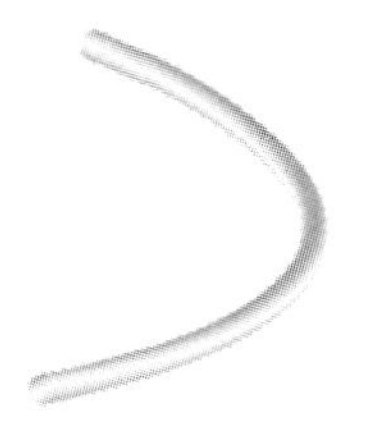

图6-127　将连接线组成群组

图6-128　绘制矩形

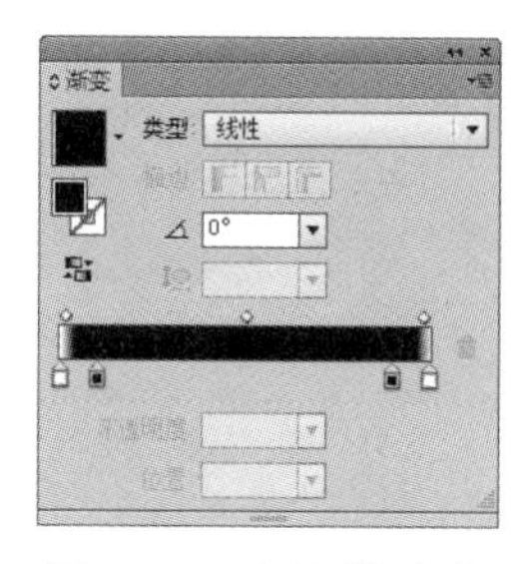

图6-129　设置渐变色

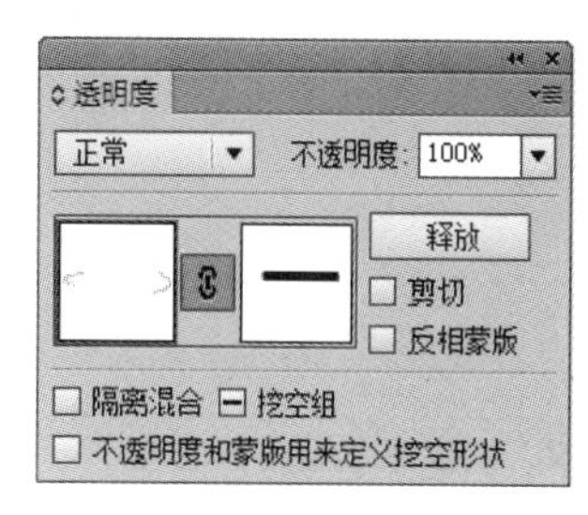

图6-130　蒙版效果

图6-131　将渐隐后的耳机连线组成群组

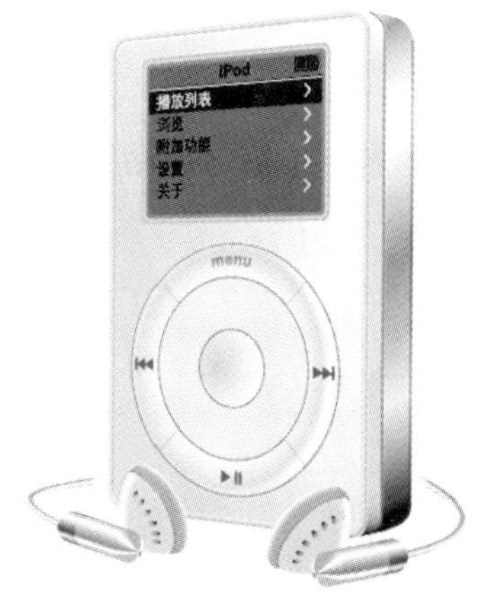

图6-132　将耳机添加到iPod上

5．添加投影

（1）添加耳机的阴影。方法为：绘制一个圆，设置渐变填充，参数设置如图 6-133 所示，描边色为空，效果如图 6-134 所示。然后将其变形为图 6-135 所示的效果。接着将其添加到 iPod 上，效果如图 6-136 所示。

（2）制作 iPod 在桌面上的倒影。方法为：首先将 iPod 全部选中并组成群组，然后选择工具箱中的 （刻刀工具），按住〈Alt〉键，将 iPod 整齐地裁成两半，如图 6-137 所示。图 6-138 所示为裁好后的线框图。接着执行菜单中的“对象 | 解组”命令，解散群组。最后，将裁口上面的部分全部删除，剩下就是要变成投影的部分，如图 6-139 所示。

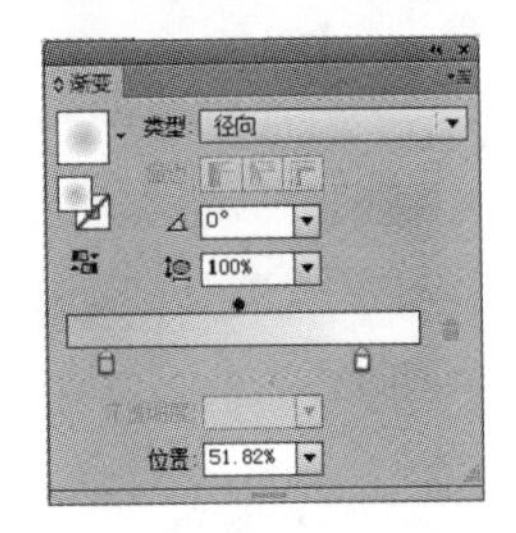

图6-133 设置渐变色

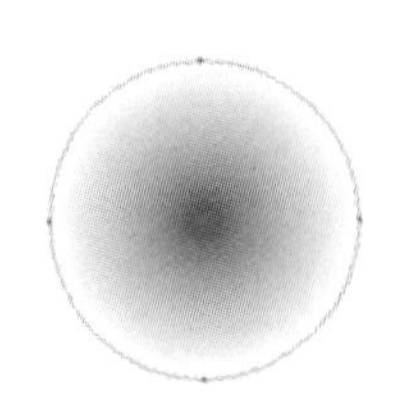

图6-134 绘制圆形　图6-135 变形效果

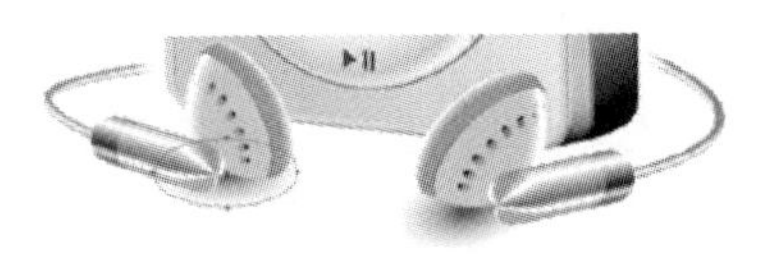

图6-136 组合效果

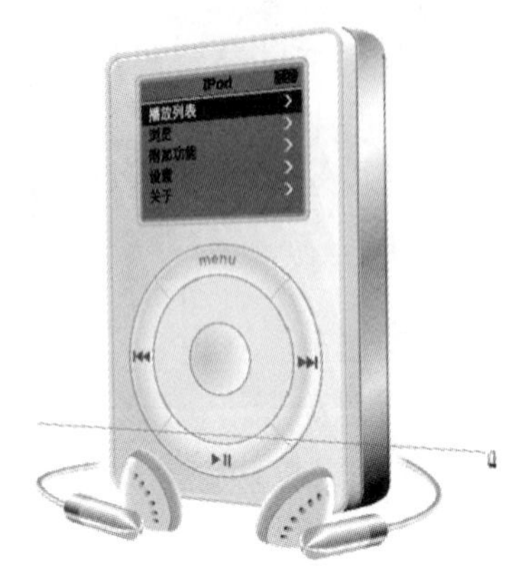

图6-137 将iPod整齐地裁成两半

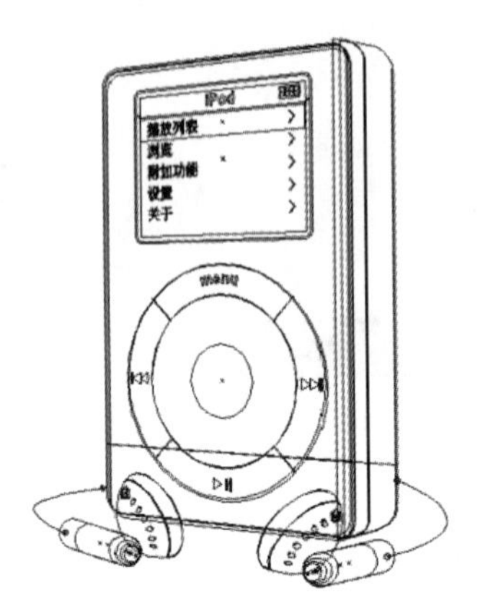

图6-138 裁好后的线框图

（3）制作一个平行四边形，如图 6-140 所示。然后填充渐变色如图 6-141 所示，接着将 iPod 的剩余部分组成群组放到四边形的下面，如图 6-142 所示。

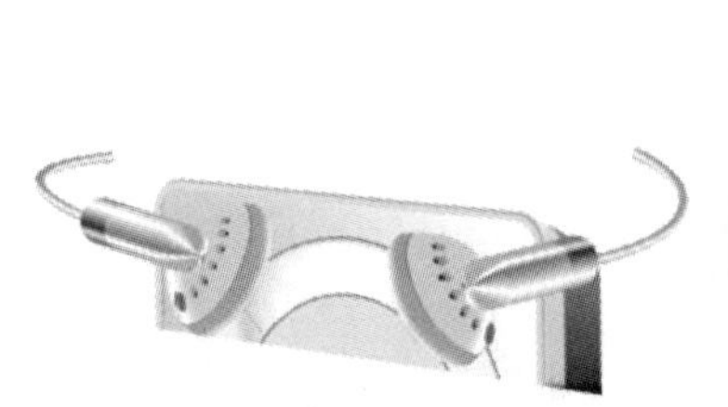

图6-139 要成为投影的部分

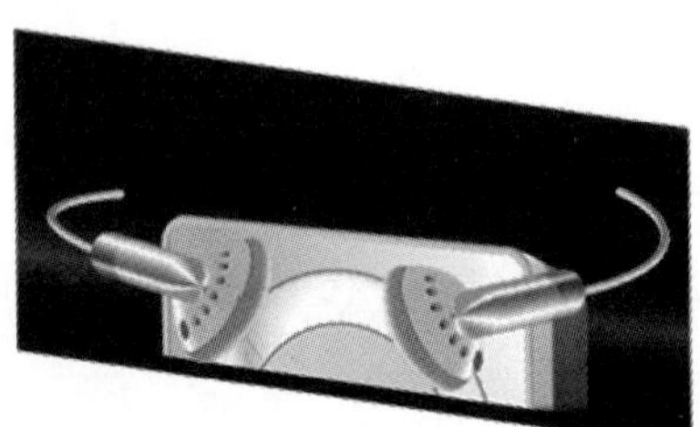

图6-140 制作一个平行四边形

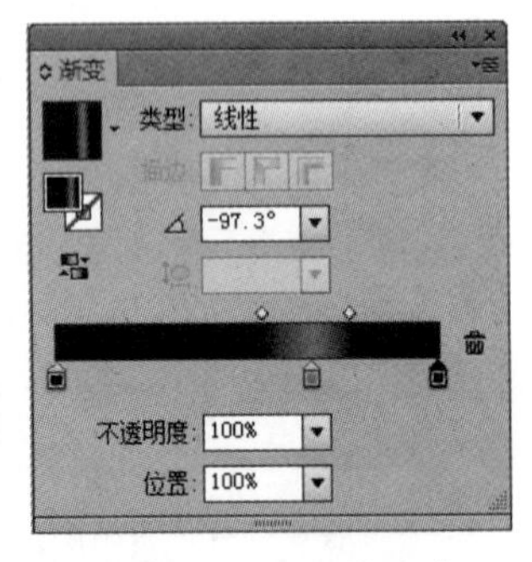

图6-141 设置渐变色

（4）选中所有图形，在“透明度”面板中制作透明蒙版，如图 6-143 所示，效果如图 6-144 所示。

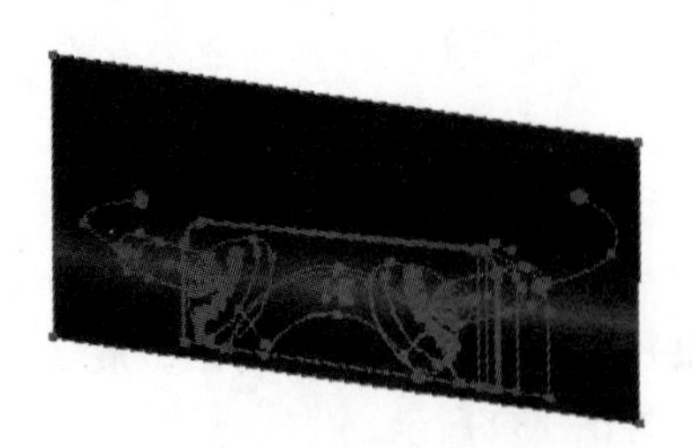

图6-142 将iPod的剩余部分组成群组放到四边形的下面

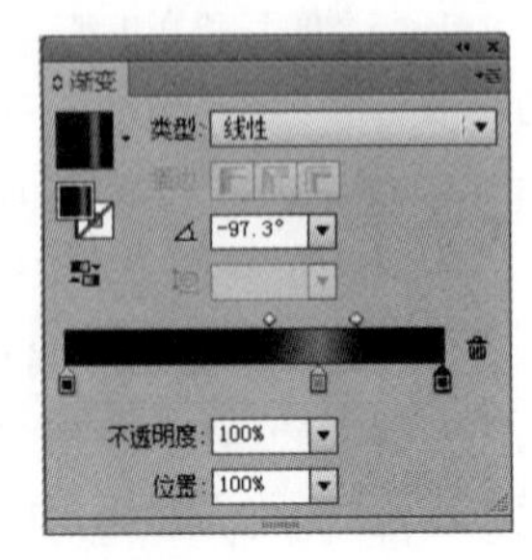

图6-143 建立蒙版

（5）将阴影和投影加到图上，此时一幅完整的 iPod 效果图就完成了，如图 6-145 所示。

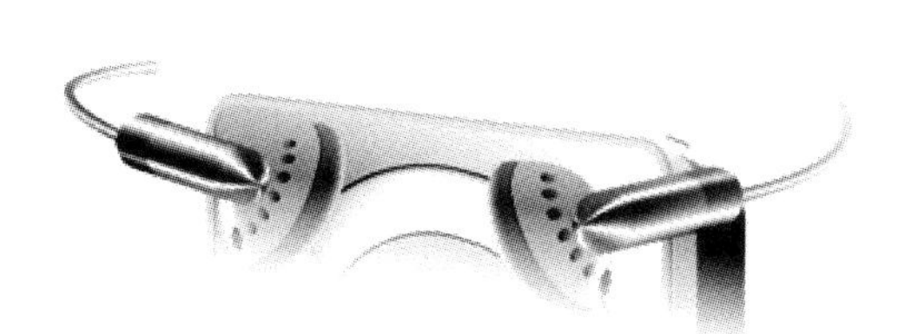

图6-144　蒙版效果

图6-145　最终效果

课 后 练 习

1. 制作图 6-146 所示的报纸的扭曲效果。

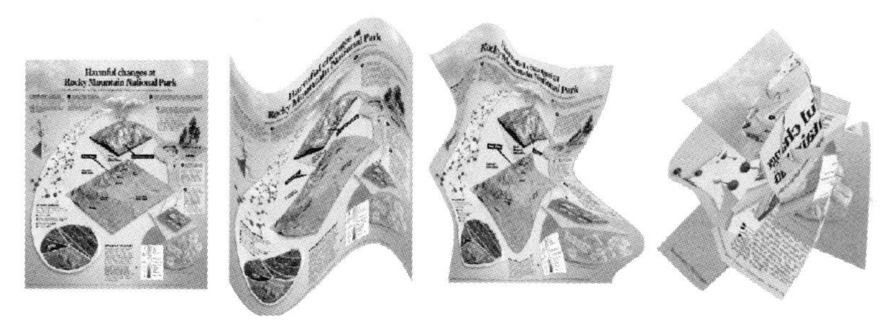

图6-146　报纸的扭曲效果

2. 制作图 6-147 所示的盘子中的鸡蛋效果。

图6-147　盘子中的鸡蛋效果

第 7 章

图层与蒙版

在创建复杂的作品时，需要在绘图页面创建多个对象，为了便于管理，通常会将不同对象放置到不同图层中。蒙版的工作原理与面具一样，就是将不想看到的地方遮挡起来，只透过蒙版的形状来显示想要看到的部分。通过本章学习应掌握图层与蒙版的使用方法。

7.1 认识“图层”面板

图层就像一叠含有不同图形图像的透明纸，按照一定的顺序叠放在一起，最终形成一幅图形图像。图层在图形处理的过程中具有十分重要的作用，创建或编辑的不同图形通过图层来进行管理，既可以方便用户对某个图形进行编辑操作，也可使图形的整体效果更加丰富。

在 Illustrator CS6 中，图层的操作与管理是通过“图层”面板来实现的，因此，若要操作和管理图层，首先必须要熟悉“图层”面板。执行菜单中的“窗口|图层”命令，或按快捷键〈F7〉，即可调出“图层”面板，如图 7-1 所示。

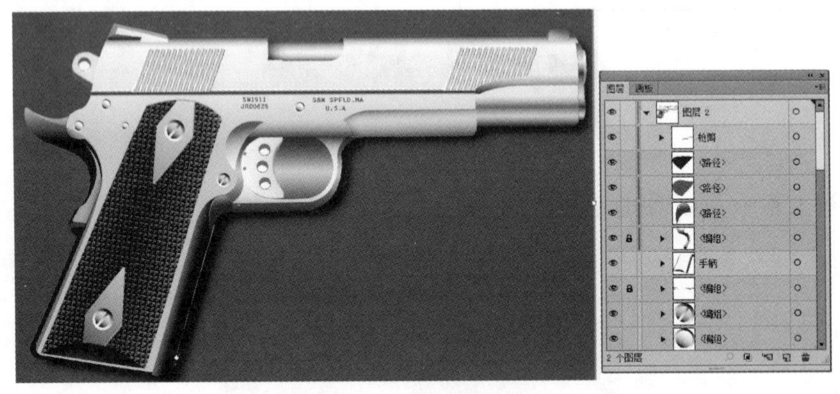

图7-1　“图层”面板

该面板的主要选项、按钮的含义如下：

（1）图层名称：用于区分每个图层。

（2）可视性图标：用于设置显示或隐藏图层。

（3）锁定图标：用于锁定图层，避免错误操作。

（4）建立 / 释放剪切蒙版：用于为当前图层中的图形对象创建或释放剪切蒙版。

（5）创建子图层：单击该按钮，可在当前工作图层中创建新的子图层。

提示

在Illustrator CS6中，一个独立的图层可以包含多个子图层，若隐藏或锁定其主图层，那么该图层中所有子图层也将被隐藏或锁定。

（6）创建新图层：单击该按钮，即可创建一个新图层。

（7）删除所选图层：单击该按钮，即可删除当前选择的图层。

（8）打开图层菜单：单击该按钮，将弹出快捷菜单，如图 7-2 所示。利用快捷菜单可以对图层进行相关操作。

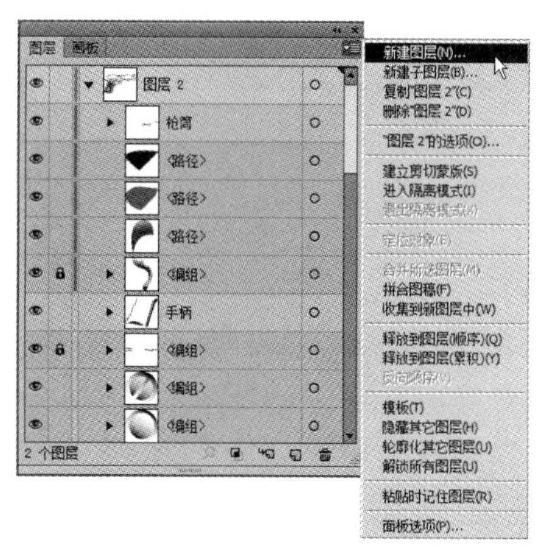

图7-2 “图层”快捷菜单

7.2 图层的创建与编辑

图层的操作主要包括创建新图层、设置图层选项、调整图层秩序、复制图层、删除图层和合并图层这几项。下面来具体讲解。

7.2.1 创建新图层

在 Illustrator CS6 中，创建新图层的操作方法有 3 种：

（1）单击“图层”面板下方的（创建新图层）按钮，即可快速创建新图层。

（2）按住〈Alt〉键的同时，单击”图层”面板下方的（创建新图层）按钮，在弹出的图 7-3 所示的对话框中设置相应的选项后，单击“确定”按钮，即可创建一个新的图层。

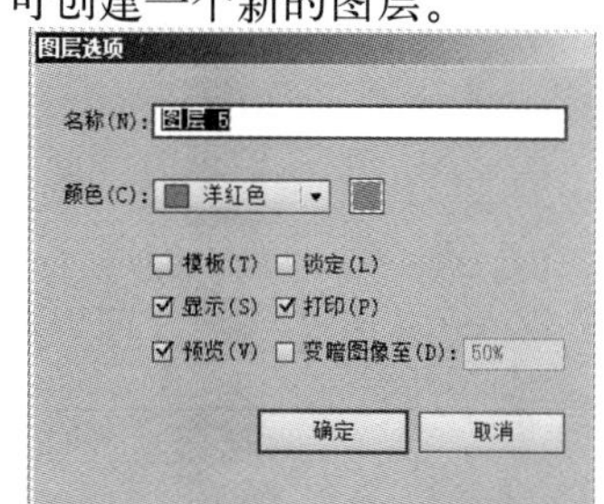

图7-3 “图层选项”对话框

“图层选项”对话框中的主要选项含义如下：

- 名称：该选项用于显示当前图层的名称，在其右侧的文本框中可以为当前选择的图层重新命名。
- 颜色：在其右侧的颜色下拉列表中选择一种预设的颜色，即可定义当前所选图层中被选择的图形的变换控制框的颜色。另外，若双击其右侧的颜色图标，将弹出“颜色”对话框，如图 7-4 所示，可在该对话框中选择或创建自定义的颜色，从而设置当前所选图层中被选择的图形的变换控制框的颜色。

- 模板：选中该复选框，即可将当前图层转换为模板。当图层转换为模板后，其图标将变为图标，同时该图层将被锁定，并且该图层名称的字体将呈倾斜状，如图 7–5 所示。

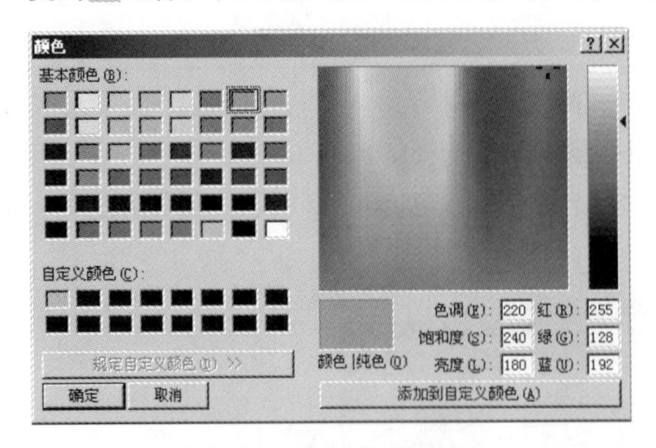

图7–4 “颜色”对话框

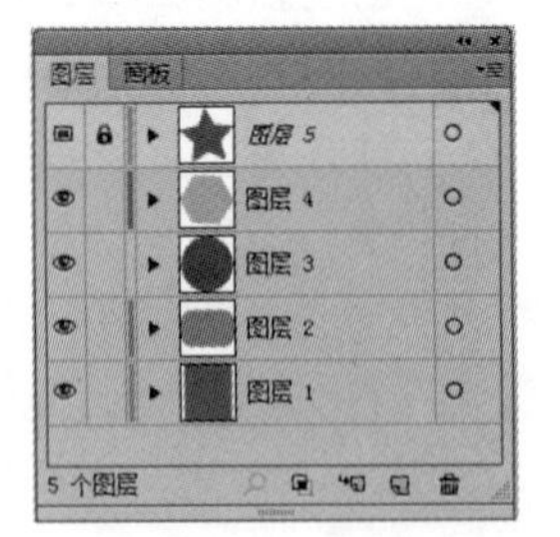

图7–5 图层显示模式

- 显示：选中该复选框，即显示当前图层中的图形对象；若取消选中该复选框，则将隐藏当前图层中的图形对象。
- 预览：选中该复选框，将以预览的形势显示当前工作图层中的图形对象；若取消选中该复选框，则将以线条的形式显示当前图层中的图形对象，如图 7–6 所示，并且当前图层名称前面的图标将变为图标。

选中“预览”选项

未选中“预览”选项

图7–6 选中与取消选中“预览”复选框时图形显示效果

- 锁定：选中该复选框，将锁定当前图层中的图形对象，并在图层名称的前面显示锁定图标。当图层被锁定后，将不可对该图层中的图形进行编辑或选择操作。
- 打印：选中该复选框，在输出打印时，将打印当前图层中的图形对象；若取消选中该复选框，该图层中的图形对象将无法打印，并且该图层名称的字体将呈倾斜状。
- 变暗图像至：选中该复选框，将使当前图层中的图像变淡显示，其右侧的文本框用于设置图形变淡显示的程度。当前，“变暗图像至”选项之前图层中的图形变淡显示，但在打印和输出时，其效果不会发生变化。

(3) 单击“图层”面板右上角的按钮，在弹出的快捷菜单中选择“新建图层”命令，弹出“图层选项”对话框，在该对话框中设置相应的选项，然后单击“确定”按钮，即可创建一个新图层。

7.2.2 调整图层顺序

“图层”面板中的图层是按照一定的顺序进行排列的，图层排列的顺序不同，所产生的效果也就不同。因此，在使用 Illustrator　CS6 绘制或编辑图层时，常需要调整图层顺序。

调整图层顺序的具体步骤如下：在“图层”面板中选择需要调整的图层（此时选择的是“图层 5”），然后按住鼠标左键向上或向下拖动，即可改变当前所选图层的排列顺序，如图 7−7 所示。

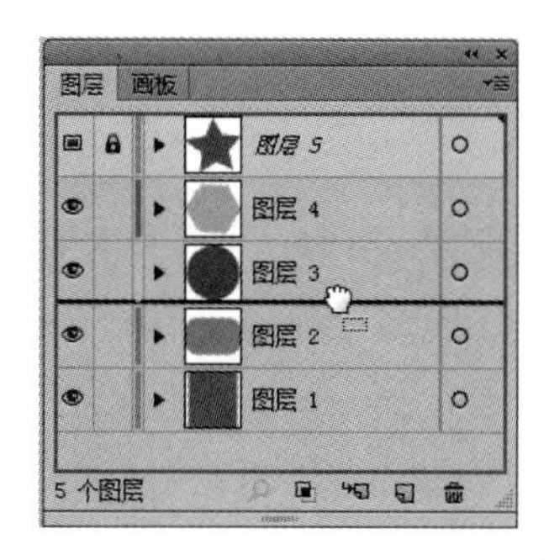

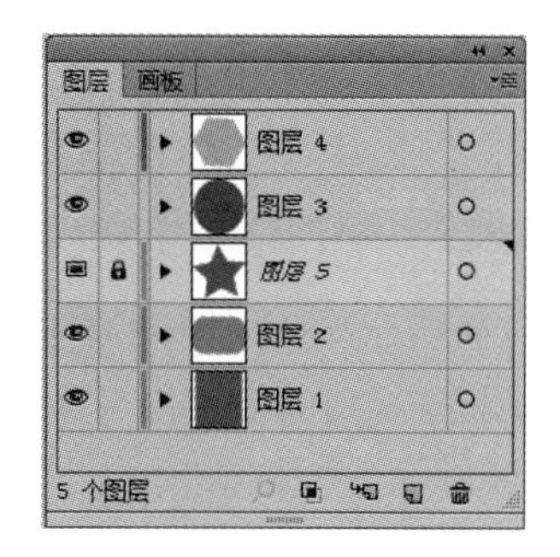

图7−7　调整图层顺序

7.2.3　复制图层

如果复制某个图层，必须首先选择该图层，然后单击“图层”面板右上角的按钮，在弹出的快捷菜单中选择“复制图层”命令（或将其拖动到图层面板下方（创建新图层）按钮上），即可快速复制选择的图层。

7.2.4　删除图层

对于“图层”面板中不需要的图层，可以在面板中将其进行删除。删除图层的方法有两种：

（1）在“图层”面板中，选择需要删除的图层（若要删除多个不相邻的图层，可按住〈Ctrl〉键的同时依次单击非相邻的图层；若要删除多个相邻的图层，可以按住〈Shift〉键进行选择），然后单击“图层”面板下方的（删除所选图层）按钮，此时会弹出图 7−8 所示的对话框，提示是否删除此图层。单击“是”按钮，即可删除所选择的图层。

图7−8　提示对话框

（2）在“图层”面板中选择需要删除的图层，将其直接拖动到“图层”面板下方的（删除所选图层）按钮上，即可快速删除所选择的图层。

提示

如果要删除图层中的某个图形时，可以在工作区选择该图形，然后按〈Delete〉键即可删除该图层对象，此时不会弹出询问对话框。

7.2.5　合并图层

在使用 Illustrator　CS6 绘制或编辑图层时，过多的图层将会占用许多内存资源，影响应用软件的使用。因此经常要将多个图层进行合并。

合并图层的具体步骤如下：在“图层”面板中选择需要合并的图层，然后单击“图层”面板右上角的按钮，在弹出的快捷菜单中选择“合并所选图层”命令，即可合并所选择的图层。

7.3 编辑图层

在Illustrator CS6中，不仅可以通过“图层”面板中的各相关组件和按钮进行图层的相关操作，还可以通过“图层”面板进行其他的操作。例如：隐藏或显示图层，以及更改“图层”面板的显示模式。

7.3.1 选择图层及图层中的对象

对于每个对象，Illustrator CS6都对应着相应的图层，因此可以直接通过“图层”面板选择所需操作的对象。

如果要选择图层中所包含的某个对象时，只需单击该对象所在图层名称右侧的○图标，即可选择该对象。此时选择的对象图层名称右侧的图标将呈◎形状，并且其后面将显示一个彩色方块，如图7-9所示。

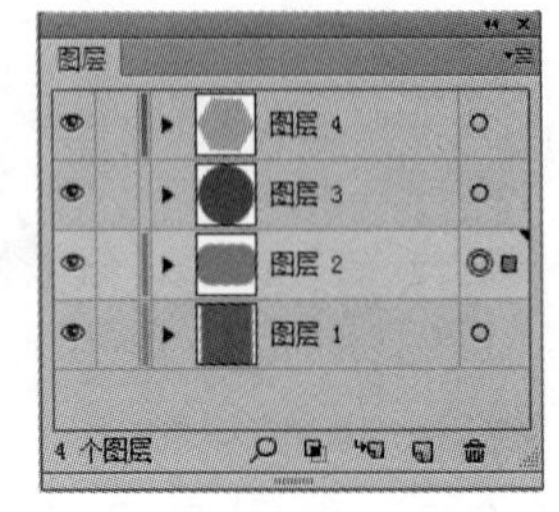

图7-9 选择图层中的对象

除了可以在“图层”面板中选择单个对象外，还可以使用同样的方法选择面板中群组或整个主图层、次级主图层、子图层所包含的对象。

当选择图层中所包含的对象时，其右侧都将显示一个彩色方块■，选择并拖动该彩色方块，使其在“图层”面板中上下移动，即可移动该图层对象的排列顺序。

提示

在拖动彩色方块■至所需图层位置时，如果按住<Alt>键，则可以以复制的方式进行拖动操作；如果按住<Ctrl>键，则可以将其拖动至锁定状态的主图层或次级图层。

7.3.2 隐藏/显示图层

为了便于在窗口中绘制或编辑具有多个元素的图形对象，可以通过隐藏图层的方法隐藏图层中的图形对象。

1. 隐藏图层

隐藏图层的操作方法有3种：

（1）在“图层”面板中，单击需要隐藏的图层名称前面的👁可视性图标，即可快速隐藏该图层。此时👁图标变为□形状。

（2）在“图层”面板中，选择不需要隐藏的图层，然后单击面板右侧的▾≡按钮，在弹出的快捷菜单中选择“隐藏其他图层”命令，即可隐藏未选择的其他图层。

（3）在“图层”面板中，选择不需要隐藏的图层，然后按住〈Alt〉键的同时，单击该图层名称前面的👁可视性图标，即可隐藏处所选择的图层以外的其他图层。

2. 显示隐藏的图层

显示隐藏的图层的操作方法有3种：

（1）如果需要显示隐藏的图层，可在“图层”面板中单击其图层名称前面的□图标，即可显示该图层。

（2）在“图层”面板中选择任意一个图层，单击面板右侧的▾≡按钮，在弹出的快捷菜单中选择“显示所有图层”命令，即可显示所有隐藏的图层。

（3）在“图层”面板中，按住〈Alt〉键的同时在任意一个图层的图标处单击，即可显示所有隐藏的图层。

7.4 创建与编辑蒙版

蒙版的工作原理与面具一样，就是将不想看到的地方遮挡起来，只透过蒙版的形状来显示想要看到的部分。

7.4.1 创建剪切蒙版

蒙版可以使用线条、几何形状及位图图像来创建，也可以通过复合图层和文字来创建。创建剪切蒙版的具体操作步骤如下：

（1）将作为蒙版的图形和要被蒙版的对象放置在一起，如图 7-10 所示。

（2）利用工具箱中的（选择工具）同时框选它们，然后执行菜单中的“对象|剪切蒙版|建立”命令，此时透过蒙版的图形可以看到下面的图像，而蒙版图形以外的区域被遮挡，如图 7-11 所示。

图7-10 将作为蒙版的图形和要被蒙版的对象放置在一起

图7-11 剪切蒙版的效果

7.4.2 释放蒙版效果

如果对创建的蒙版效果不满意，需要重新对蒙版中的对象进行进一步编辑时，需要先释放蒙版效果，才可以进行编辑。

释放蒙版效果的方法有 3 种：

（1）选择工具箱中的（选择工具），然后在绘图区选择需要释放的蒙版，单击图层面板下方的（建立／释放剪切蒙版）按钮，即可释放创建的剪切蒙版。

（2）选择工具箱中的（选择工具），然后在绘图区选择需要释放的蒙版，右击，从弹出的快捷菜单中选择“释放剪切蒙版”命令，即可释放创建的剪切蒙版。

（3）选择工具箱中的（选择工具），然后在绘图区选择需要释放的蒙版，执行菜单中的“对象|剪切蒙版|释放”命令，即可释放创建的剪切蒙版。

7.5 实 例 讲 解

本节将通过 5 个实例来对图层与蒙版的相关知识进行具体应用，旨在帮助读者举一反三，快速掌握图层与蒙版在实际中的应用。

7.5.1 彩色光盘

制作要点

本例将制作一个彩色光盘，如图7-12所示。通过本例的学习，应掌握（混合工具）、“路径查找器”面板和“剪切蒙版”的应用。

图7-12 彩色光盘

操作步骤

（1）执行菜单中的“文件|新建”命令，在弹出的对话框中设置参数，如图 7-13 所示，然后单击“确定”按钮，新建一个文件。

（2）选择工具箱中的（直线段工具），将线条色设置为红色，在绘图区中绘制一条直线，如图 7-14 所示。

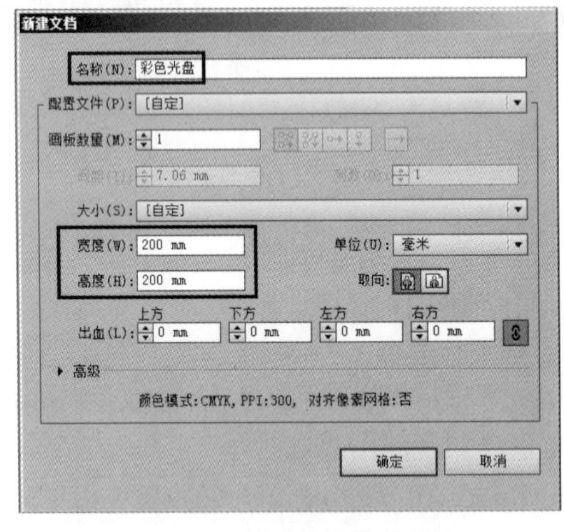

图7-13 设置新建文档属性

图7-14 绘制直线

（3）选择工具箱中的（旋转工具），然后在直线的左端单击，从而确定旋转的轴心点，如图 7-15 所示。接着在弹出的“旋转”对话框中设置参数，如图 7-16 所示，单击“复制”按钮，效果如图 7-17 所示。

（4）按快捷键〈Ctrl+D〉6 次，重复上次的旋转操作，效果如图 7-18 所示。

（5）分别选择每条直线，赋给它们“红、橙、黄、绿、青、蓝、紫、白”8 种颜色，效果如图 7-19 所示。

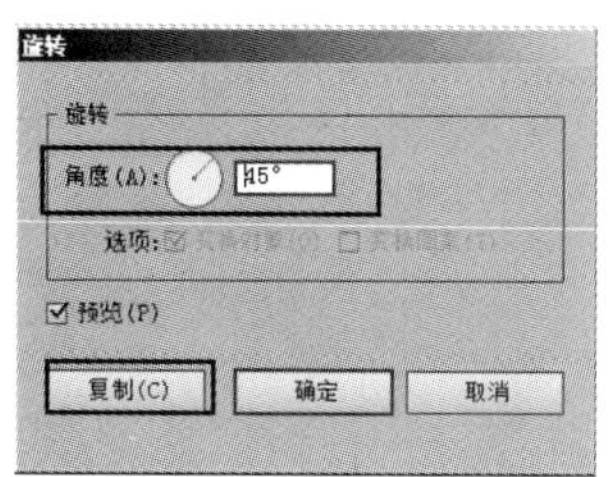

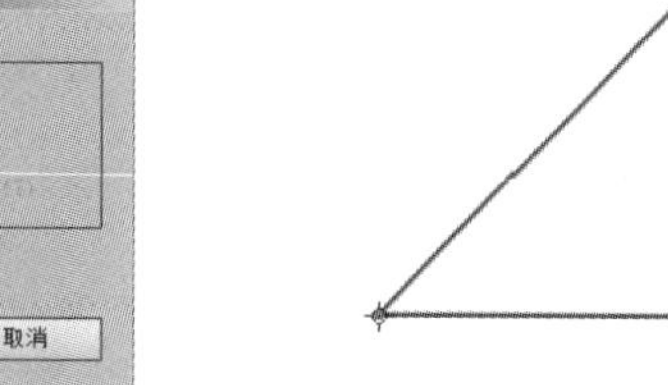

图7-15　确定轴心点　　图7-16　设置旋转参数　　图7-17　旋转复制效果

提示

此时，应调节线条色而不是填充色。

(6) 选择工具箱中的 (混合工具)，依次单击每条直线，混合后的效果如图 7-20 所示。

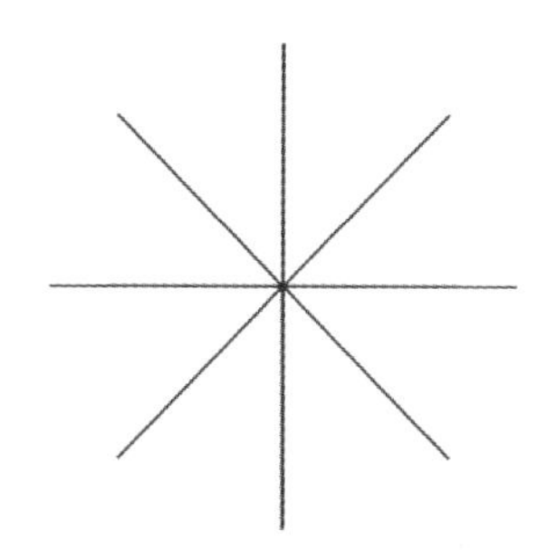

图7-18　重复旋转复制效果

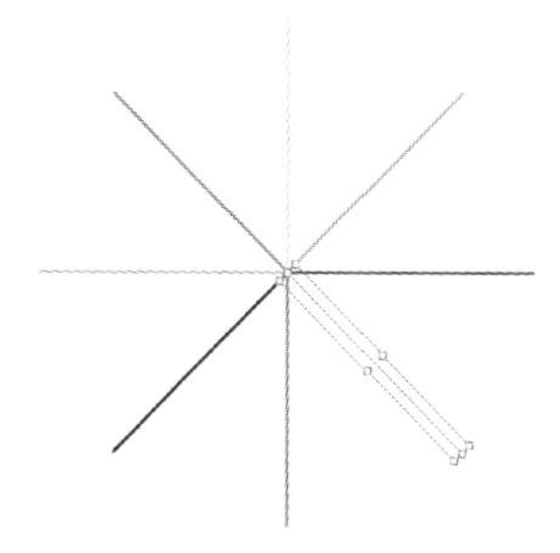

图7-19　赋予直线不同颜色

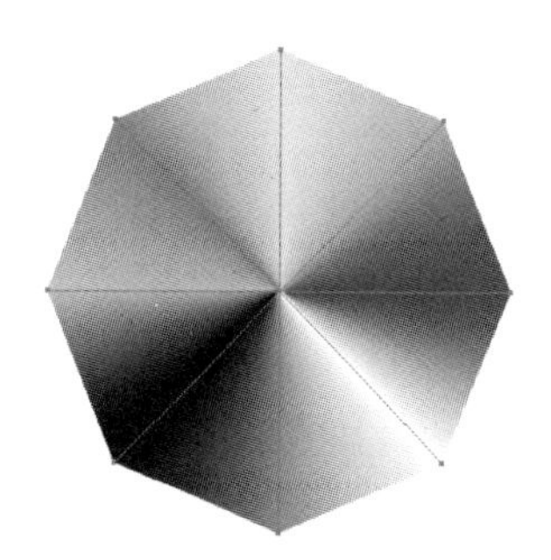

图7-20　混合效果

(7) 选择工具箱中的 (椭圆工具)，设置描边色为无色，填充为白色，配合〈Shift〉键绘制圆形，效果如图 7-21 所示。

(8) 双击工具箱上的 (比例缩放工具)，在弹出的对话框中设置参数，如图 7-22 所示，单击“复制”按钮，从而复制出一个缩小的圆形，效果如图 7-23 所示。

图7-21　绘制圆形

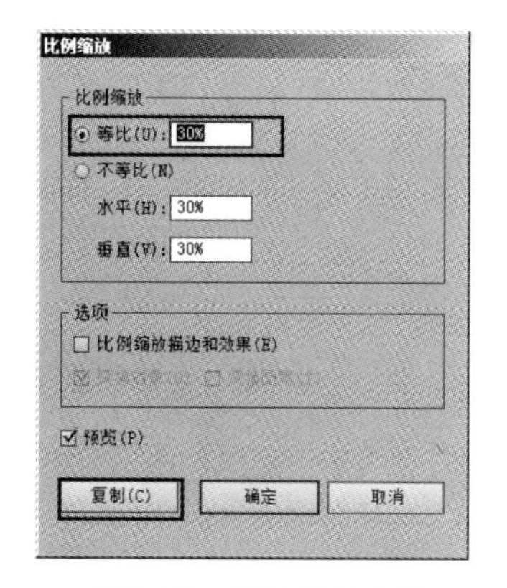

图7-22　设置缩放参数

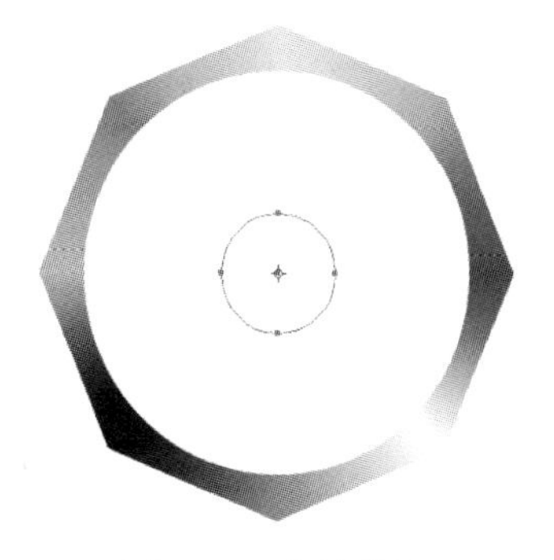

图7-23　缩放效果

(9)执行菜单中的“窗口|路径查找器”命令，调出“路径查找器”面板。然后同时选择两个圆，单击 (减去顶层) 按钮，如图 7-24 所示，效果如图 7-25 所示。

(10)选择所有的图形，然后执行菜单中的“对象|剪切蒙版|建立”命令，效果如图 7-26 所示。

图7-24　单击按钮

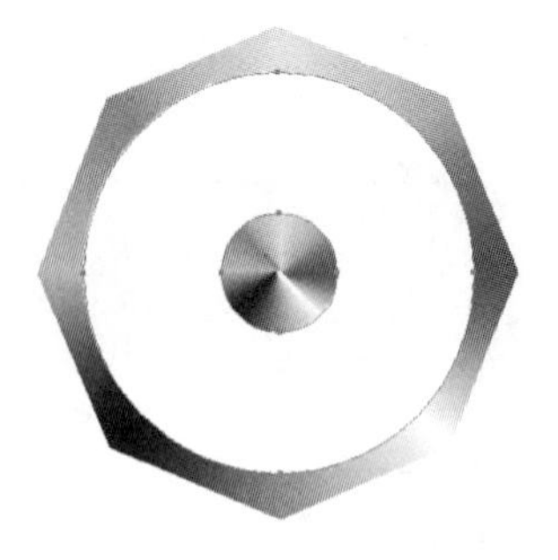

图7-25　扩展后效果

图7-26　剪切蒙版效果

7.5.2　铅笔

制作要点

本例将制作逼真的铅笔效果，如图7-27所示。通过本例学习应掌握“混合”命令和“剪切蒙版”命令的综合应用。

操作步骤

1．创建笔杆

（1）执行菜单中的“文件|新建”命令，在弹出的对话框中设置如图7-28所示，然后单击“确定”按钮，新建一个文件。

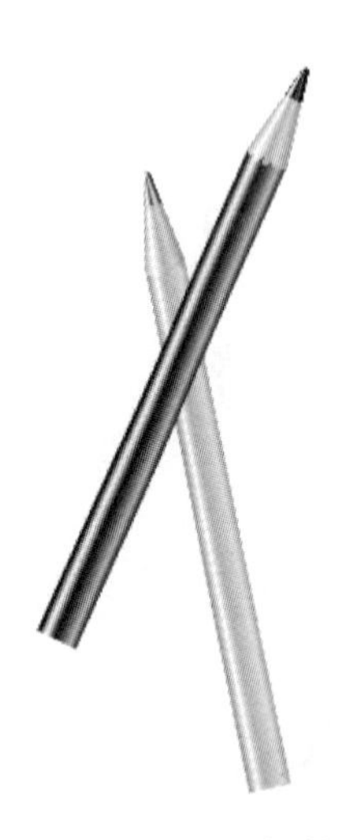

图7-27　铅笔

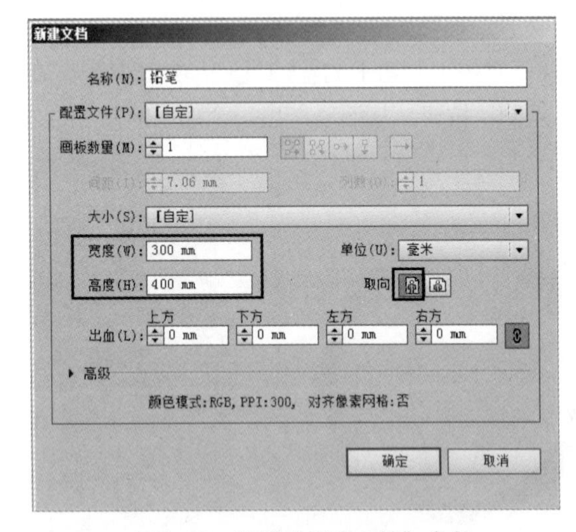

图7-28　设置“新建文档”参数

（2）选择工具箱上的（矩形工具），设置描边色为（无色），填充色如图7-29所示。然后在绘图区单击，在弹出的对话框中设置如图7-30所示，单击“确定”按钮，效果如图7-31所示。

2．制作被刮削过的木笔杆

被刮削过的木笔杆是通过5种颜色的矩形混合来完成的。

图7-29　设置渐变填充

图7-30　设置矩形参数

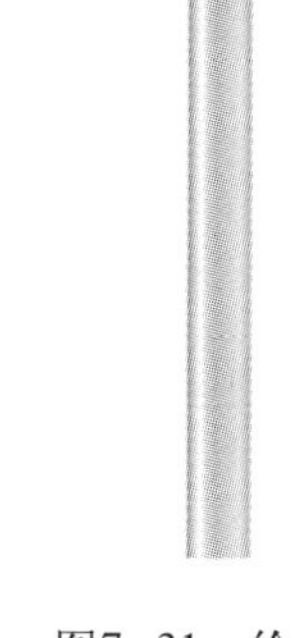

图7-31　绘制矩形

（1）选择工具箱上的▭（矩形工具），设置描边色为▱（无色），填充色暂定为黑色，然后在绘图区单击在弹出的对话框中设置如图7-32所示，单击“确定”按钮，结果如图7-33所示。

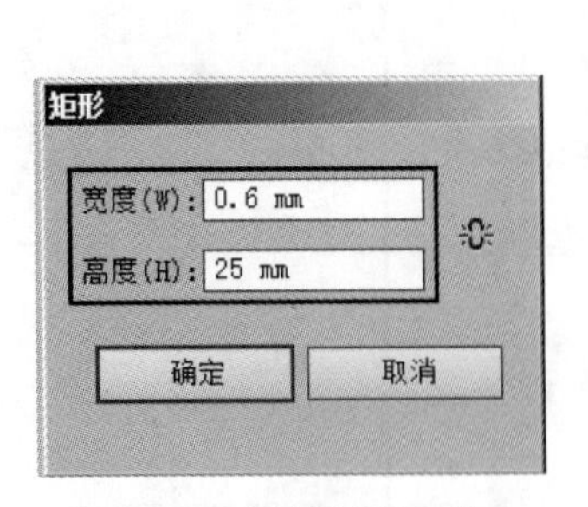

图7-32　设置矩形参数

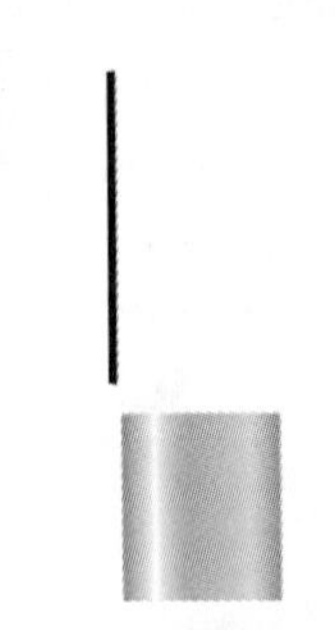

图7-33　绘制矩形

（2）选中绘图区中的黑色矩形，然后双击工具箱上的⟳（旋转工具），在弹出的对话框中设置如图7-34所示，单击“复制”按钮，从而复制出一个旋转-12°的矩形。接着将复制后的矩形移动到图7-35所示的位置。

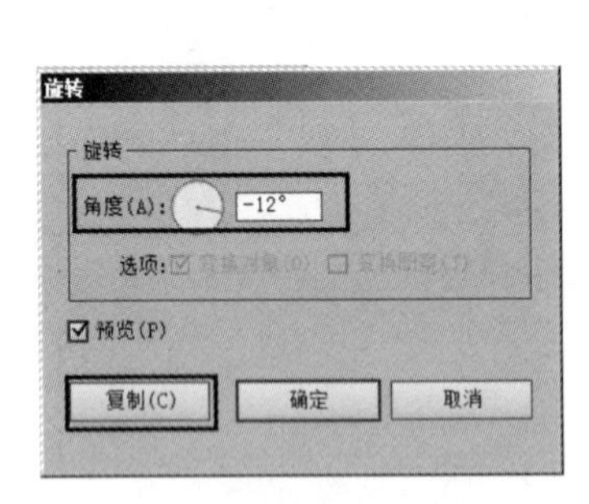

图7-34　设置旋转参数

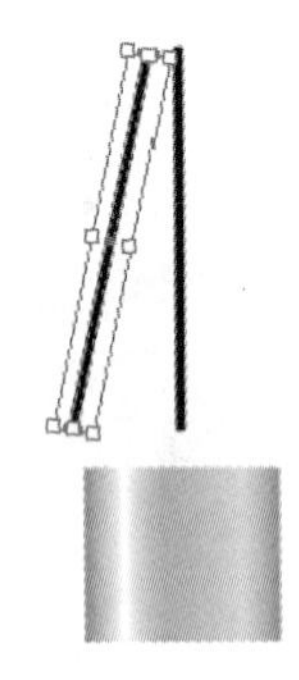

图7-35　移动复制后的矩形

（3）选中绘图区中的旋转后的黑色矩形，然后选择工具箱上的⧖（镜像工具），按住〈Alt〉键在绘图区中心黑色矩形处单击，将其作为镜像轴心点。接着在弹出的对话框中设置如图7-36所示，单击“复制”按钮，从而在右侧镜像复制出一个矩形，结果如图7-37所示。

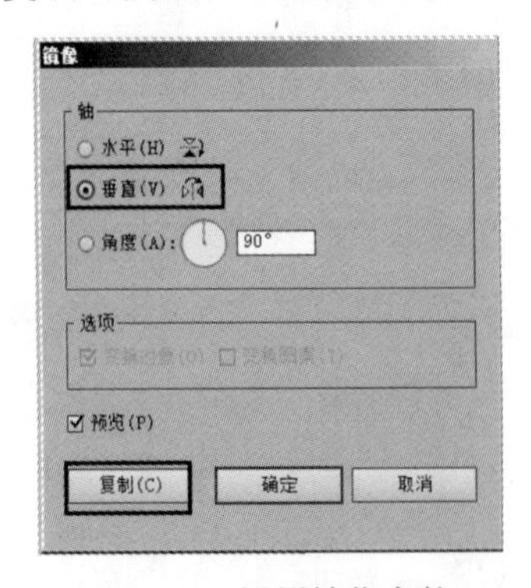

图7-36　设置镜像参数

图7-37　镜像效果

（4）选中最左边的黑色矩形，然后选择工具箱上的⟳（旋转工具），按住〈Alt〉键在绘图区中心黑色矩形处单击，将其作为旋转中心点。接着在弹出的对话框中设置如图7-38所示，单击“复制”按钮，效果如图 7-39 所示。

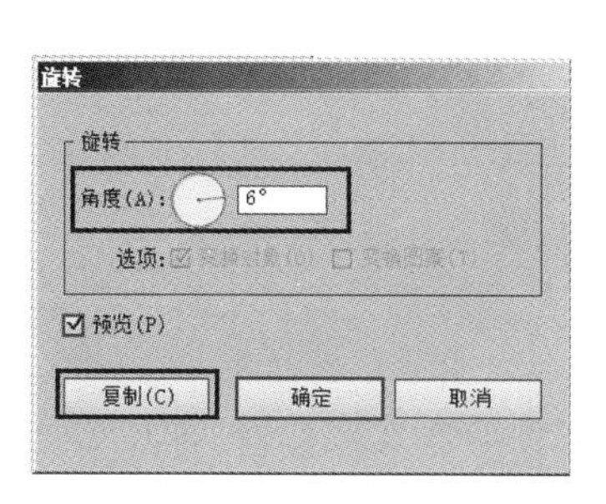

图7-38 设置旋转参数

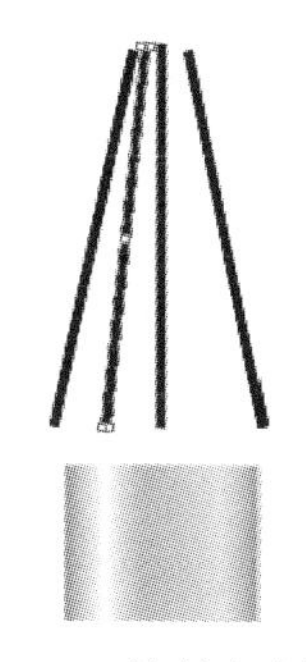

图7-39 旋转复制效果

（5）利用工具箱上的（镜像工具）镜像出另一侧的矩形，结果如图 7-40 所示。

（6）将 5 个矩形赋予不同的填充颜色，效果如图 7-41 所示。

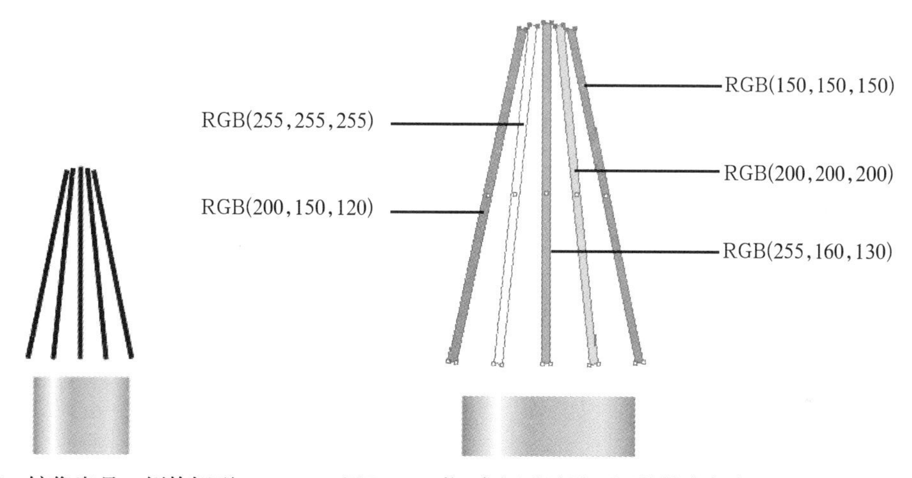

图7-40 镜像出另一侧的矩形

图7-41 将5个矩形赋予不同的填充颜色

（7）选择工具箱上的（混合工具），依次点击绘图区中的 5 个矩形，效果如图 7-42 所示。然后将混合后的图形移到图 7-43 所示的位置。

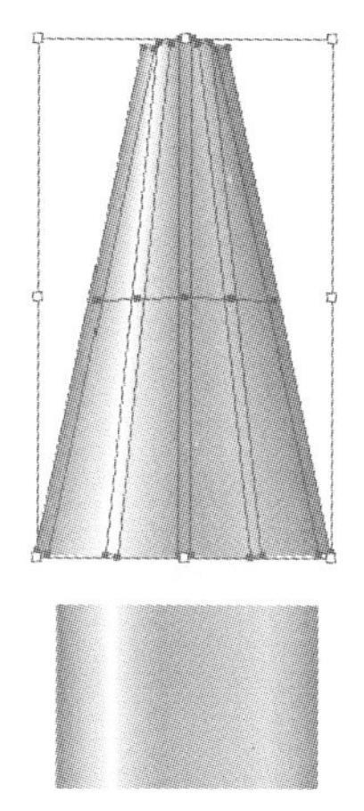

图7-42 混合后效果

图7-43 移动混合后的图形

（8）选择工具箱上的（钢笔工具），绘制图 7-44 所示的图形作为蒙版。然后同时选中混合后的图形和蒙版图形，执行菜单中的“对象 | 剪切蒙版 | 建立”命令，此时蒙版图形以外的区域被隐藏，效果如图 7-45 所示。

提示

（1）在Illustrator中有两种类型的蒙版：“剪切蒙版”和“不透明度蒙版”。此时所用的是“剪切蒙版”。使用“对象|剪切蒙版|建立”命令是将剪贴组中位于最上方的对象转换为一个蒙版，它将把下方图像超出蒙版边界的部分隐藏。在应用了剪切蒙版之后，可以很容易地使用(套索工具)或其他任意的路径编辑工具调整作为蒙版对象的轮廓，就像调整蒙版内部的对象一样。可以使用（直接选择工具）编辑路径，使用（编组选择工具）在一个组合中隔离对象或选中整个对象，或使用（选择工具）在多个组合对象中进行工作。

（2）当使用了“剪切蒙版”后“图层”面板中的两个标志可以告诉用户当前的文档中有一个有效的剪切蒙版。第一，剪切路径的名称具有下画线，即使将剪贴路径重新命名，该下画线依然存在；第二，若具有一个有效的剪切蒙版，用户会发现“图层”面板中被剪贴的项目之间是虚线，如图7-46所示。

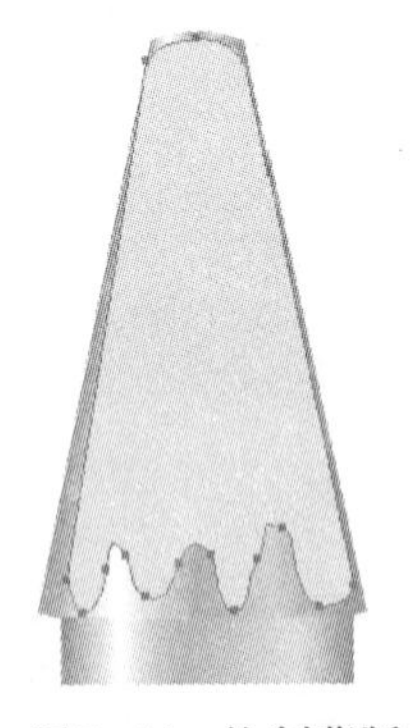

图7-44　绘制蒙版

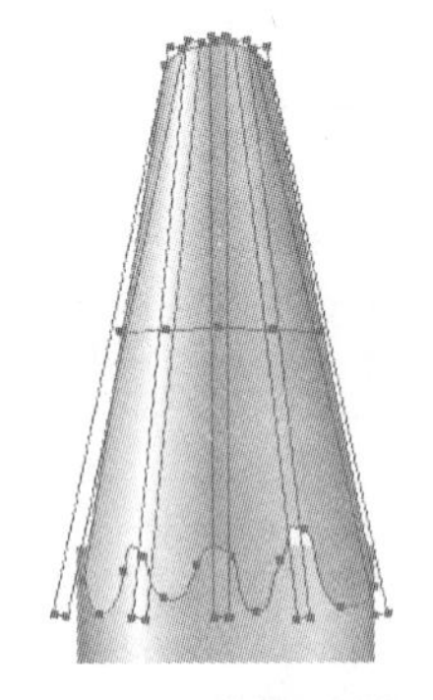

图7-45　蒙版效果

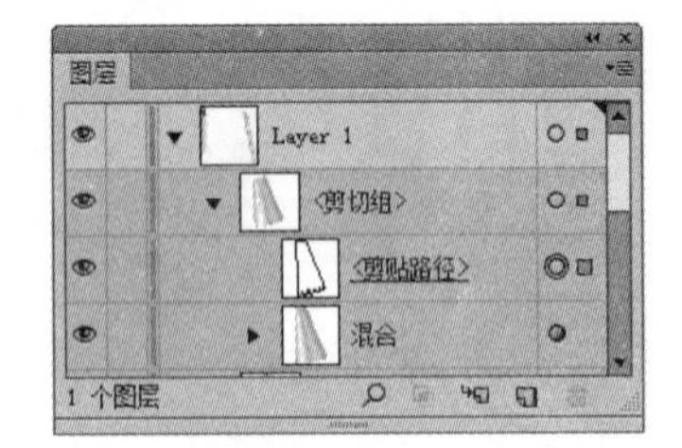

图7-46　图层分布

（9）此时被刮削过的木笔杆与笔杆没有完全匹配。下面通过工具箱上的（直接选择工具）调节蒙版图形的节点来解决这个问题，效果如图 7-47 所示。

（10）此时由于笔杆与被削刮过的木笔杆之间有一处空白。不要紧，下面选择工具箱上的（添加锚点工具），在笔杆顶部添加节点，然后将其向上移动，从而将空白修补，效果如图 7-48 所示。

图7-47　调节蒙版图形的节点

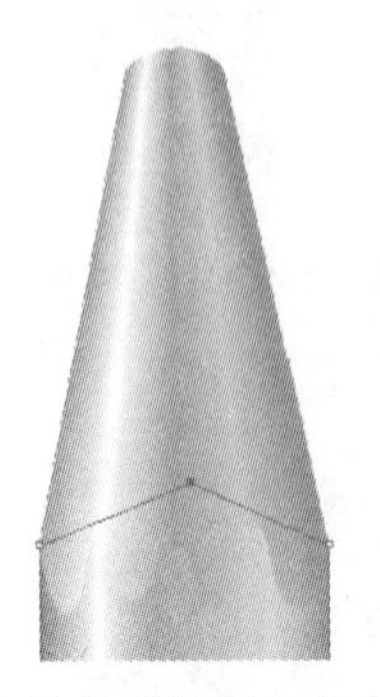

图7-48　在笔杆顶部添加并向上移动顶点

3. 制作笔尖

我们将采用复制被刮削过的木笔杆，然后改变其填充色并调整大小的方法制作笔尖。

(1) 首先选中被刮削过的木笔杆，然后选择工具箱上的 (选择工具)，按下键盘上的〈Shift+Alt〉组合键，向上移动，从而复制出一个图形。然后将其缩放到适当大小，效果如图 7-49 所示。

(2) 选择工具箱上的 (编组选择工具)，然后分别选择笔尖中的 5 个矩形并赋予它们不同的颜色，效果如图 7-50 所示。

(3) 至此整支铅笔制作完毕，下面将其旋转一定角度。然后复制出另一支铅笔，并调节其颜色，最终结果如图 7-51 所示。

图7-49 复制并缩放图形

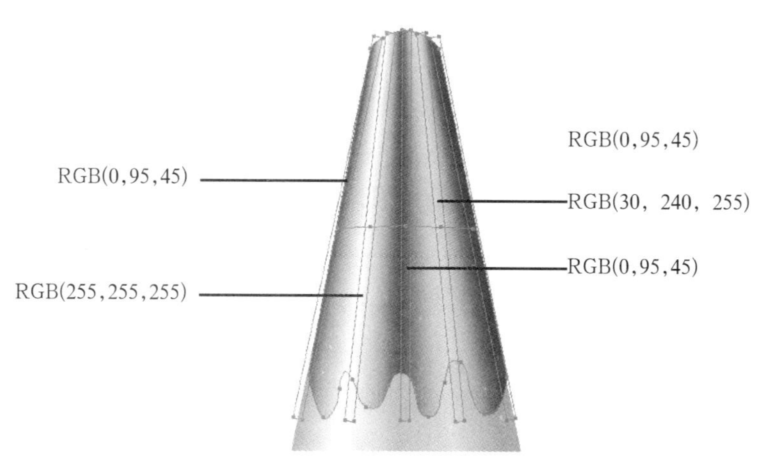

图7-50 分别赋予5个矩形不同颜色

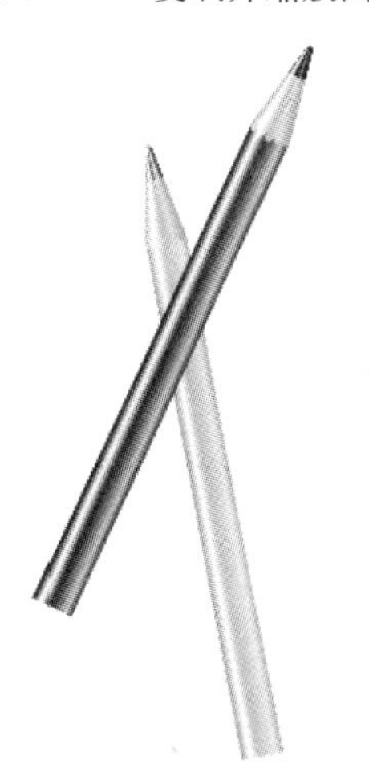

图7-51 最终效果

7.5.3 放大镜的放大效果

制作要点

本例将制作放大镜效果，如图7-52所示。通过本例的学习，读者应掌握剪切蒙版的使用方法。

操作步骤

(1) 执行菜单中的“文件|新建”命令，在弹出的对话框中设置参数，如图 7-53 所示，然后单击“确定”按钮，新建一个文件。

(2) 执行菜单中的“文件|打开”命令，打开配套光盘中的“素材及效果\7.5.3 放大镜的放大效果\放大镜.ai”和“商标.ai”文件，然后将它们复制到当前文件中，效果如图 7-54 所示。

(3) 为了产生放大镜的放大效果，下面复制一个图标并将其适当放大，如图 7-55 所示。然后利用“对齐”面板将它们中心对齐，并使放大后的图标位于上方。

图7−52 放大镜效果

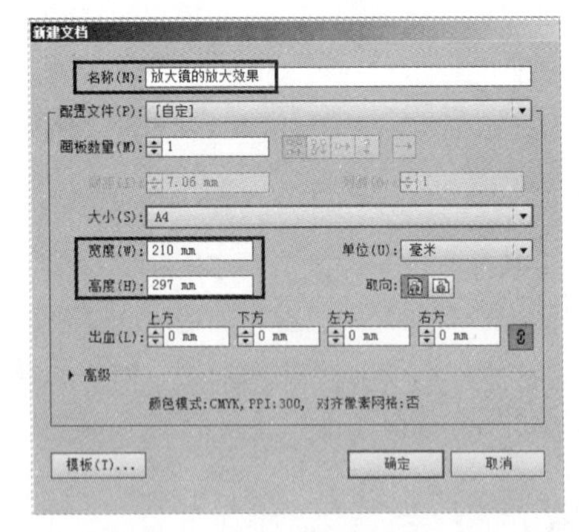

图7−53 设置“新建文档”参数

图7−54 将图标和放大镜放置到当前文件中

图7−55 复制并适当放大图标尺寸

(4)绘制一个镜片大小的圆形，放置位置如图7−56所示。然后同时选择放大后的图标和圆形，执行菜单中的“对象|剪切蒙版|建立”命令，效果如图7−57所示。

图7−56 绘制圆形

图7−57 蒙版效果

(5) 由于绘制图标时没有绘制白色的圆，因此，会通过上面的图标看到下面的图标，这是不正确的。下面就来解决这个问题。其方法为：首先执行菜单中的“对象|剪切蒙版|释放”命令，将蒙版打开，然后在放大的图标处放置一个白色圆形，再次进行蒙版操作，效果如图7−58所示。

(6) 调整放大镜和图标到相应位置，最终效果如图7−59所示。

图7-58 再次进行蒙版操作效果

图7-59 最终效果

7.5.4 手提袋制作 2

制作要点

本例将制作一个柠檬手提袋，如图7-60所示。通过本例学习应掌握利用图层来分层绘制图形的方法。

操作步骤

1. 制作背景

（1）执行菜单中的“文件|新建”命令，在弹出的对话框中设置如图 7-61 所示，然后单击“确定”按钮，新建一个文件。

图7-60 柠檬手提袋效果

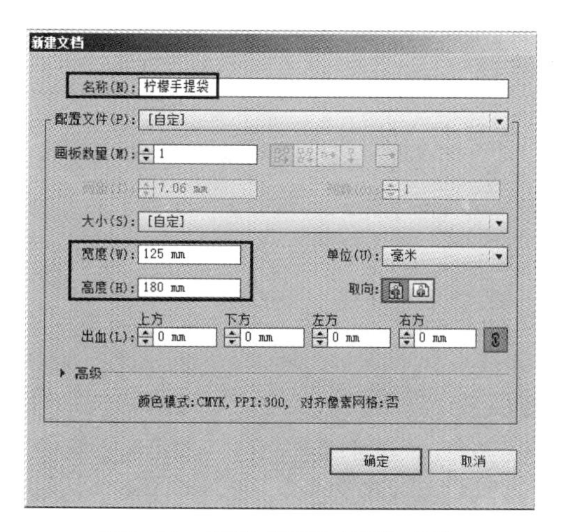

图7-61 设置“新建文档”参数

（2）选择工具箱上的▭（矩形工具），设置描边色为☒（无色），填充渐变色如图 7-62 所示。然后在视图中绘制一个矩形，如图 7-63 所示。

（3）同理，绘制一个矩形，并设置其描边色为☒（无色），填充色如图 7-64 所示。然后将其放置到上一步创建的矩形下方，如图 7-65 所示。

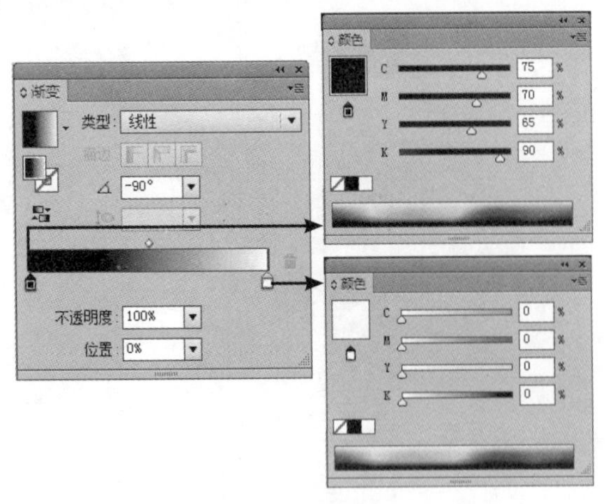

图7-62 设置填充色

图7-63 绘制矩形的效果

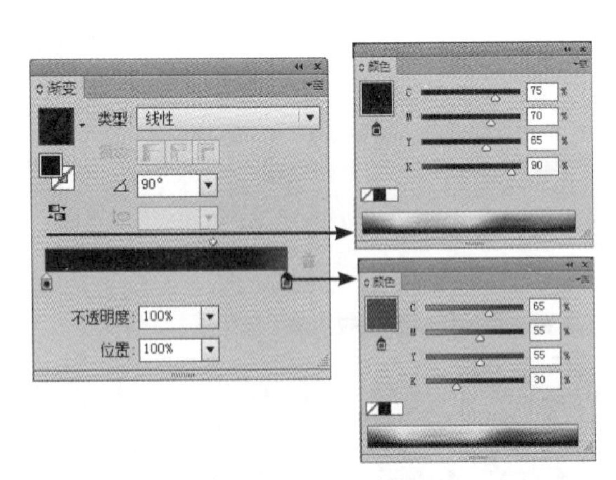

图7-64 设置填充色

图7-65 绘制矩形的效果

2. 制作包装袋主体

(1) 绘制包装袋正面图形。方法：将“图层 1”重命名为“背景”层，然后单击图层面板下方的 (创建新图层) 新建“包装袋正面”层，利用工具箱中的 (钢笔工具) 绘制一个描边色为 (无色)，填充色为白色 (颜色参考值为 CMYK (0, 0, 0, 0)) 的图形作为包装袋正面图形，如图 7-66 所示。

(2) 绘制包装袋侧面图形。方法：在“背景”层上方新建“包装袋侧面”层，然后利用 (钢笔工具) 绘制侧面上部图形如图 7-67 所示，并设置描边色为 (无色)，填充色如图 7-68 所示。接着利用 (钢笔工具) 绘制侧面下部图形如图 7-69 所示，并设置描边色为 (无色)，填充渐变色如图 7-70 所示，此时图层分布如图 7-71 所示。

(3) 为了防止错误操作，下面锁定“背景”“包装袋正面”和“包装袋侧面”3 层，然后新建“包

装袋正面文字”层，利用工具箱中的T（文字工具）创建文字“T”，并设置字色为 CMYK（65，0，100，0）。接着执行菜单中的“对象|扩展”命令，在弹出的对话框中设置如图 7-72 所示，单击“确定”按钮，结果如图 7-73 所示。

图7-66　绘制正面图形

图7-67　绘制上部侧面图形

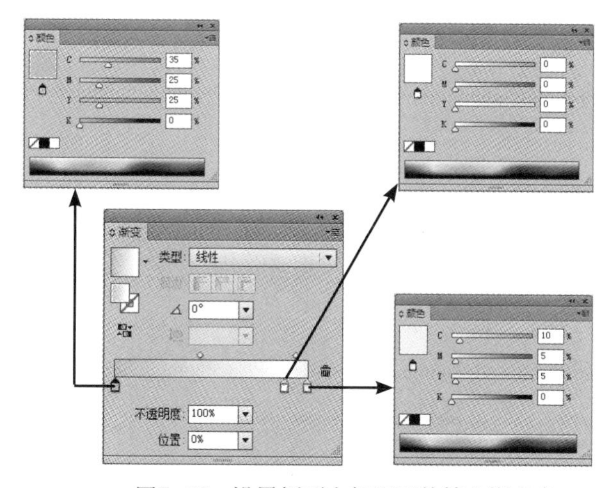

图7-68　设置侧面上部图形的填充渐变色

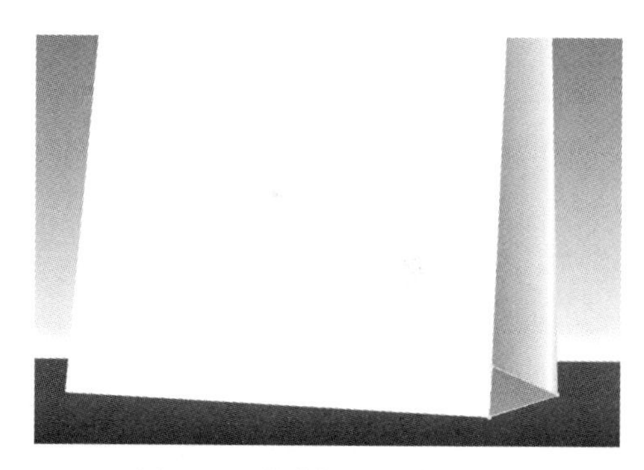

图7-69　绘制侧面下方图形

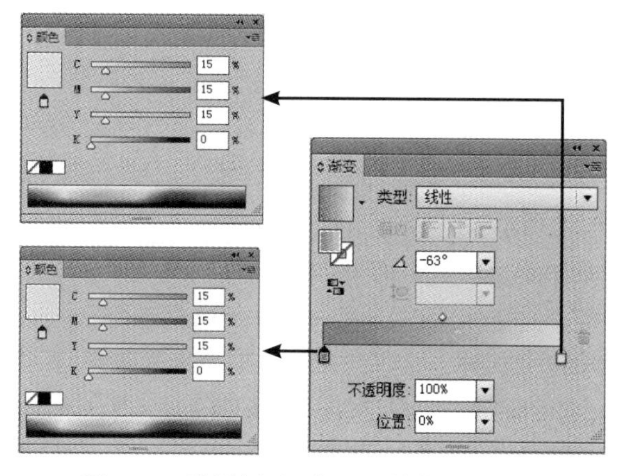

图7-70　设置侧面下部图形的填充渐变色

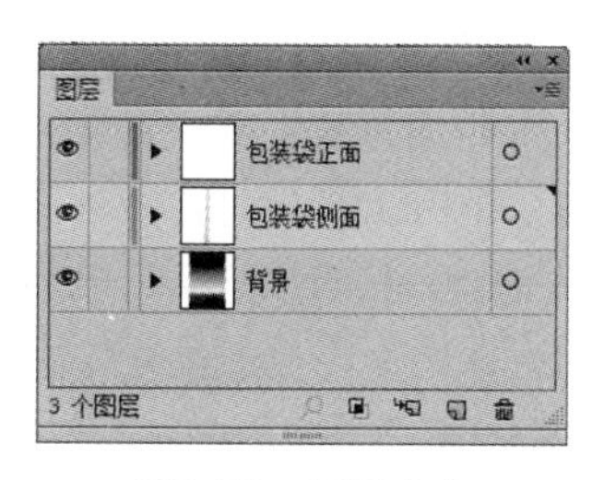

图7-71　图层分布

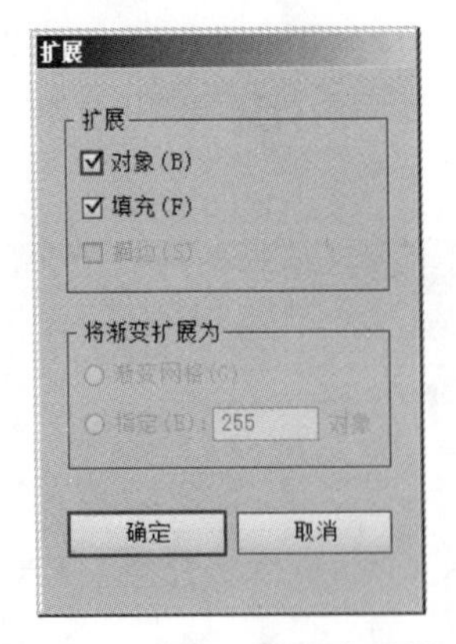

图7-72 设置“扩展”参数

图7-73 扩展后的效果

提示

将文字进行扩展的目的是防止在其余计算机上打开该文件时，因丢失字体而出现字体替换的情况。

（4）同理，在“包装袋正面文字”层上输入其余文字，效果如图 7-74 所示，此时图层分布如图 7-75 所示。

图7-74 输入其余文字

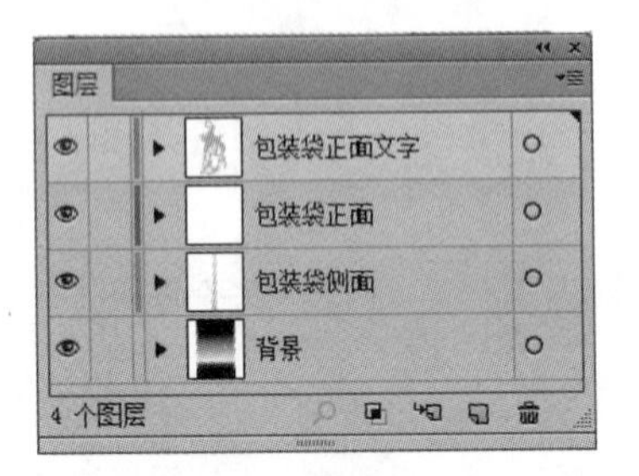

图7-75 图层分布

（5）导入柠檬图片。方法：新建“柠檬”层，执行菜单中的“文件 | 导入”命令，导入“配套光盘 \ 素材及效果 \7.5.4 手提袋制作 2\ 柠檬 1.eps”文件。然后适当缩小并旋转一定角度，效果如图 7-76 所示。

（6）同理，导入“配套光盘 \ 素材及效果 \7.5.4 手提袋制作 2\ 柠檬 2.eps”和“柠檬 3.eps”文件，适当缩小并旋转一定角度，如图 7-77 所示。

（7）创建包装袋侧面的文字。方法：将所有图层进行锁定，然后新建“包装袋侧面文字”层，利用工具箱中的（直排文字工具）输入文字“Made from lemons”，并设置字色为 CMYK（65，0，100，0）。接着执行菜单中的“对象 | 扩展”命令，将文字进行扩展，效果如图 7-78 所示。

（8）此时文字位于包装袋正面之上，这是不正确的，下面将“包装袋侧面文字”层移动到“包装袋正面”和“包装袋侧面”层之间，效果如图 7-79 所示。

图7-76　将“柠檬1.eps”适当缩小并旋转一定角度

图7-77　导入“柠檬2.eps”和“柠檬3.eps

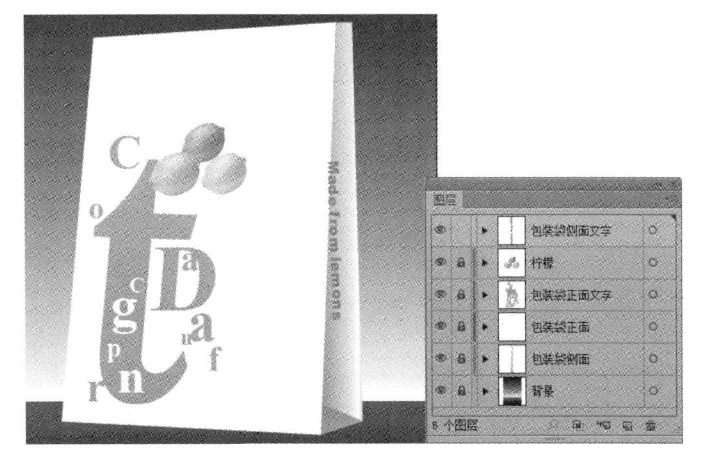

图7-78　创建侧面文字

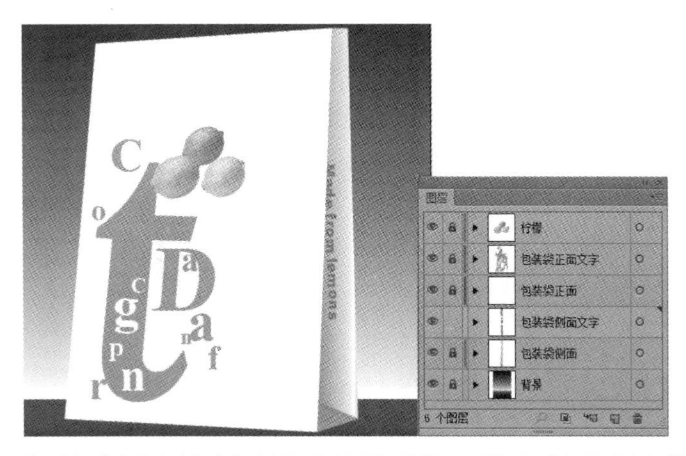

图7-79　将“包装袋侧面文字”层移动到“包装袋正面”和“包装袋侧面”层之间

提示

在Illustrator中位于上方图层的对象会遮挡住下方图层的对象，这里利用“包装袋正面”层将包装袋侧面文字与包装袋正面相重叠的区域进行遮挡。

(9) 在“柠檬”层的上方新建“包装袋提手”层，然后选择工具箱中的▢（圆角矩形工具），设置描边色为◪（无色），填充渐变色如图 7-80 所示。接着绘制一个圆角矩形作为包装袋的提手，并放置到相应的位置，如图 7-81 所示。

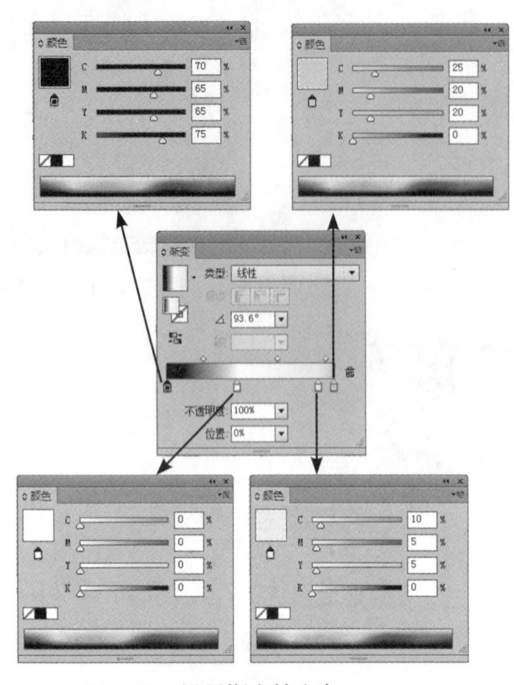

图7-80　设置渐变填充色

图7-81　绘制包装袋的提手

3．制作倒影

(1) 解锁“背景”层以外的所有图层，然后选择所有对象，执行菜单中的“对象|编组”命令，进行成组。接着执行菜单中的“编辑|复制”命令，进行复制。

(2) 在“背景”层上方新建“倒影”层，然后执行菜单中“编辑|贴在前面”命令，进行粘贴。接着选择工具箱中的▣（镜像工具），按住键盘上的〈Alt〉键，在包装袋底部单击，再在弹出的“镜像”对话框中设置如图 7-82 所示，单击“确定”按钮，效果如图 7-83 所示。

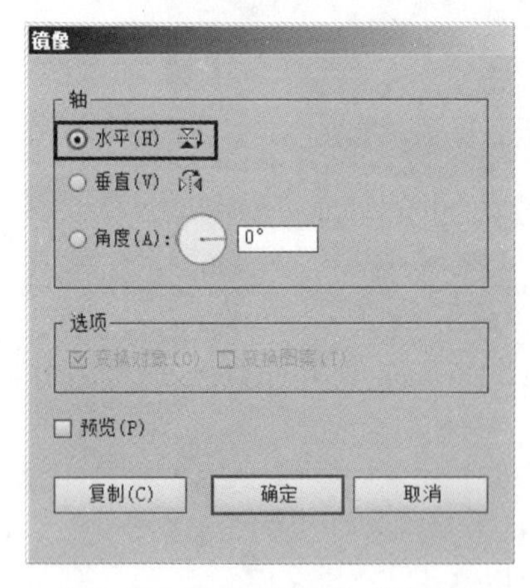

图7-82　选择“水平”单选按钮

图7-83　“镜像”后的效果

(3) 选择镜像后的包装袋图形，然后在“透明度”面板中将“不透明度”设为15%，如图 7-84 所示，最终效果如图 7-85 所示，图层分布如图 7-86 所示。

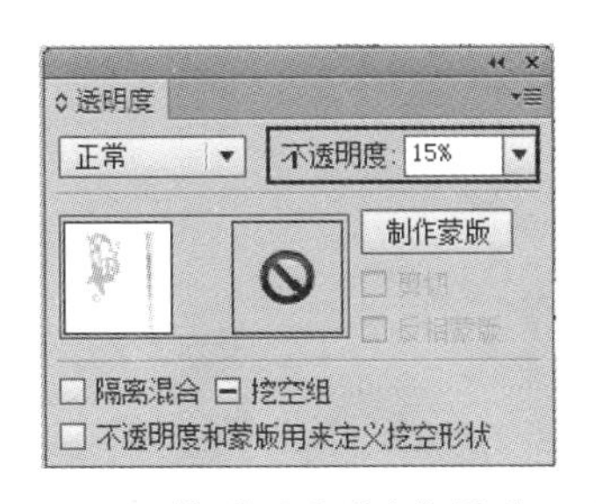

图7-84 将“不透明度”设为15%

图7-85 最终效果

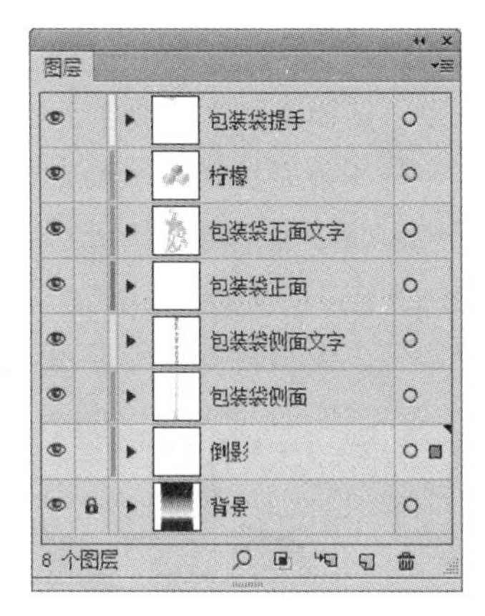

图7-86 图层分布

7.5.5 彩色点状字母标志

制作要点

本例将制作一个彩色点状字母标志，如图7-87所示。字母仿佛是透明容器，其中装满彩色的半透明状的水泡，这样的标志容易令人展开视觉图形的联想。通过本例学习应掌握“透明度”面板和剪切蒙版的综合应用。

操作步骤

(1) 执行菜单中的“文件|新建”命令，在弹出的对话框中设置如图 7-88 所示，单击“确定”按钮，从而新建一个文件。然后将其存储为“彩色点状标志 .ai”。

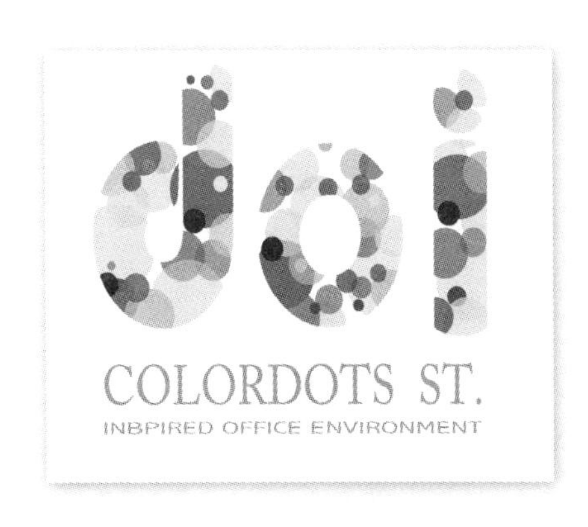

图7-87 彩色点状字母标志

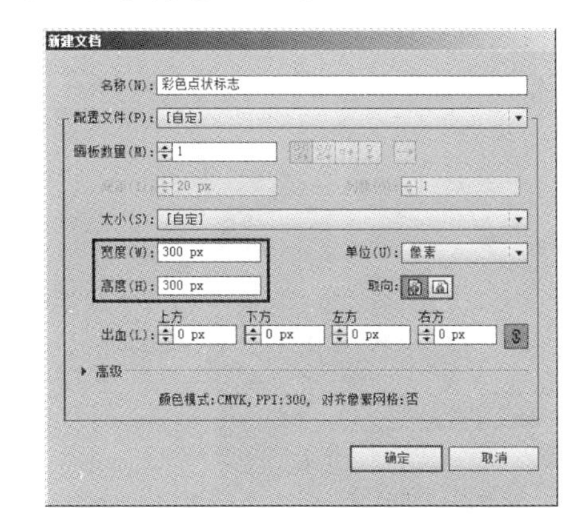

图7-88 建立新文档

(2) 在本例中，字母图形为容器，而圆点状图形为填充内容。下面先将简单的字母图形制作好。方法：选择工具箱中的 T (文字工具)，分别输入小写英文字母“d”“o”“i”(注意：

分 3 个独立的文本块输入，以便于后面逐个字母调节）。然后在工具选项栏中设置“字体”为 Bauhaus93（读者可以自己选取一种较圆润的英文字体）。由于本例的文字要作为剪切蒙版的形状，因此下面必须执行“文字｜创建轮廓”命令，将文字转换为普通图形，效果如图 7-89 所示。

（3）在标志设计中，直接选用字库里现有字体常常会缺乏个性，因此一般还需要进行后期修整。例如本例中的文字，还需要进行宽高比例和局部曲线型等方面的调整。方法：字母如“i”中有些线条显然很硬，可先 选择工具箱中的（添加锚点工具），在字母“i”和“d”上的水平线中间添加锚点，然后利用工具选项栏中的（将所选锚点转换为平滑工具）将图 7-90 中圈出的角点都转换为平滑点。接着利用工具箱中的（直接选择工具）调节各锚点的控制手柄，使字母边缘的转折变得柔和。最后改变正常比例，将字母整体拉长一些。

图7-89　分别输入字母d，o，i，形成3个文字块

图7-90　进行宽高比例和局部曲线型等方面的调整

提示

利用选项栏中的（将所选锚点转换为尖角工具）和（将所选锚点转换为平滑工具）可以在角点和平滑点之间进行快速转换，在调节路径形状时比使用（转换锚点工具）更方便。

（4）接下来绘制彩色圆点，彩色圆点其实就是许多大小、颜色、透明度各异的重叠的圆形，下面先摆放基本形。方法：利用工具箱中的（椭圆工具），绘制许多大小不一的圆形，并填充不同的颜色。但要注意：这些圆形其实都是要被放置入字母内部的，因此最好沿字母形状和走向来排布，如图 7-91 所示，所有的彩色圆形都是沿字母“d”来摆放的。 然后按快捷键 <Shift+Ctrl+F10> 打开“透明度”面板，接着选中每个圆形，改变透明度数值，色彩经过透叠形成了奇妙的效果，如图 7-92 所示。

图7-91　沿字母“d”形状绘制许多彩色圆形

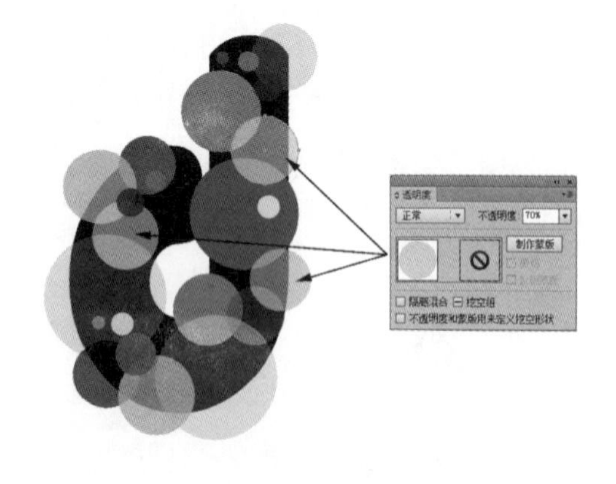

图7-92　选中每个圆形，改变透明度数值

（5）同理，将 3 个字母都用彩色圆形透叠，排放圆点时要考虑在字母中的相对位置，效果如图 7-93 所示。

（6）接下来，将彩色圆点放入字母图形内部，这需要将字母图形转为蒙版。方法：利用（选择工具）将 3 个字母都选中（按住〈Shift〉键逐个选取），然后执行菜单中的“对象｜排列｜置于顶层”命令，将 3 个字母图形置于彩色圆点的上面，接着执行菜单中的“对象｜复合路径｜建立”命令，如图 7-94 所示，从而将 3 个字母可作为一个整体的蒙版来应用。最后再将字母图形的“填色”和“边线”都设置为无色，效果如图 7-95 所示。

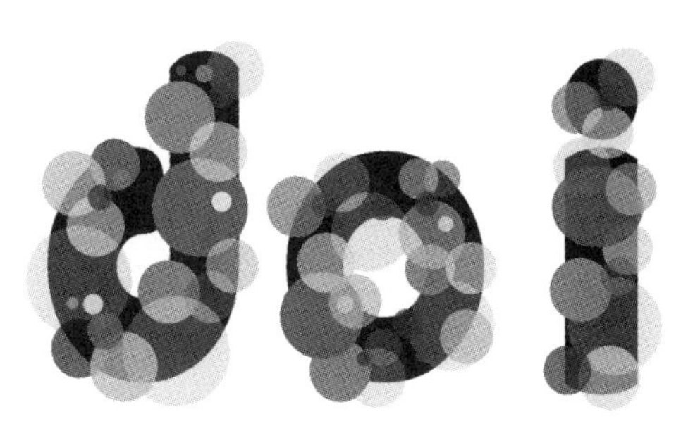

图7-93　3个字母都用彩色圆形透叠的效果

图7-94　将3个字母制作成复合路径并置于顶层

（7）利用（选择工具）全部选中 3 个字母（蒙版）和下面的圆点，然后执行菜单中的“对象｜剪切蒙版｜建立”命令，从而得到图 7-96 所示效果。

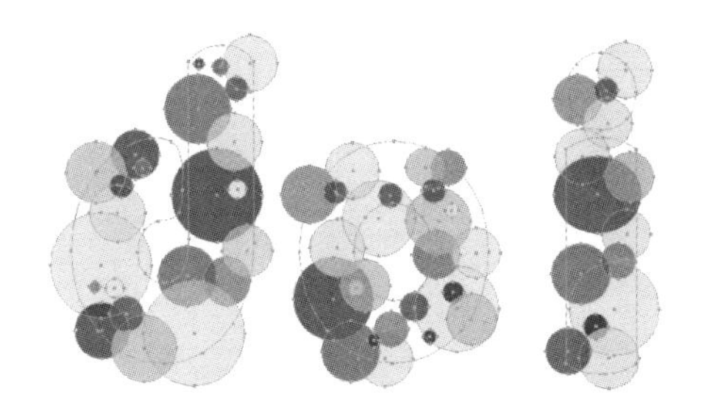

图7-95　将3个字母的“边线”和“填充”都设置为无

图7-96　制作剪切蒙版之后的效果

提示

“剪切蒙版”中的“蒙版”也就是裁切的形状，它必须同时满足两个条件：一是位于所有图形的最上层；二是纯路径（“填色”和“边线”都设置为无色）。

（8）现在要增加一些颜色稍深一些的彩色点，这需要先释放蒙版，剪切蒙版的好处在于裁剪完成后还可以反复处于编辑的状态。方法：执行菜单中的“对象｜剪切蒙版｜释放”命令，此时蒙版与图形暂时恢复原状。然后如图 7-97 所示在其中增加一些深色圆点，调整完成后再重新生成剪切蒙版（将蒙版与圆点全部都选中，然后执行菜单中的“对象｜剪切蒙版｜建立”命令），效果

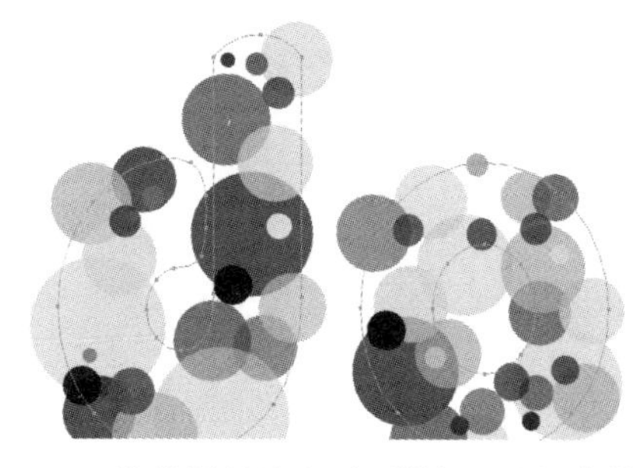

图7-97　将蒙版释放之后再增加一些深色的圆点

如图 7–98 所示。

（9）图形制作完成后，最后添加文字 。方法： 选择工具箱中的T（文字工具），输入两行英文，请读者自己选取两种笔画稍细一些的英文字体（参考颜色数值为 CMYK（0，0，0，50）），将它们放置于图形的下方。

（10）至此，这个简单的彩点构成的标志基本制作完成了，最后再对整体比例稍做调整，得到图 7–99 所示效果。

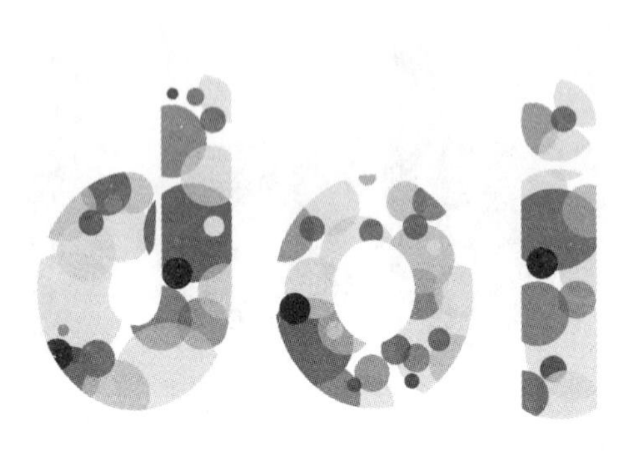

图7–98 制作剪切蒙版之后的效果

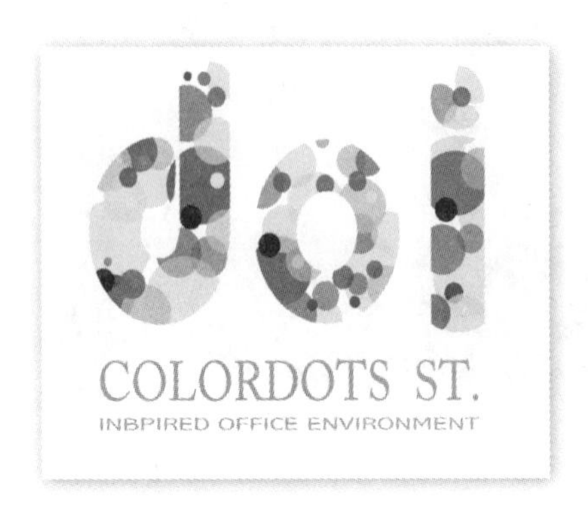

图7–99 最后完成的标志效果

课 后 练 习

1. 利用图层制作图 7-100 所示的苹果机箱效果。
2. 利用剪切蒙版制作图 7-101 所示的光盘盘面效果。

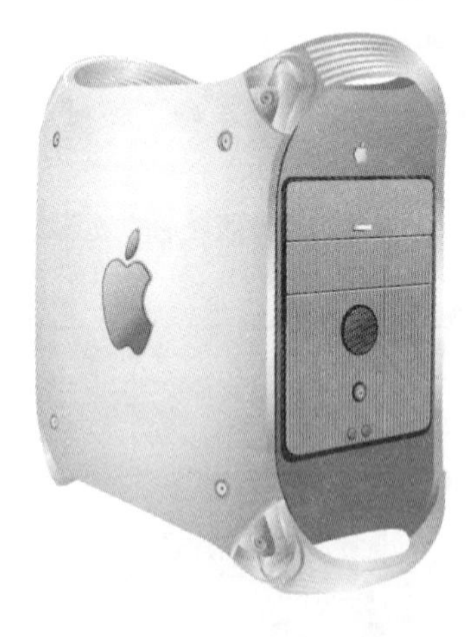

图7–100 苹果机箱效果

图7–101 光盘盘面效果

第 8 章 综合实例

通过前面 7 章的学习，大家已经掌握了 Illustrator CS6 的一些基本操作。本章将通过 4 个综合实例来具体讲解 Illustrator CS6 在实际设计工作中的具体应用，旨在帮助读者拓宽思路，提高综合运用 Illustrator CS6 的能力。

8.1 无袖 T 恤衫设计

制作要点

本例将制作一款具有青春时尚风格的无袖夏季T恤衫设计，如图8-1所示。本例在设计上强调的是 T 恤衫的装饰设计，因为这一部分设计空间最为广阔，并且最能体现出强烈的个性和时尚风格。本例选取的T恤装饰图形为简洁的卡通风格，因此不涉及复杂的制作技巧。通过本例的学习应掌握利用绘图工具绘制图形、制作透明效果和文字沿开放曲线或闭合形状表面排列的技巧的综合应用。

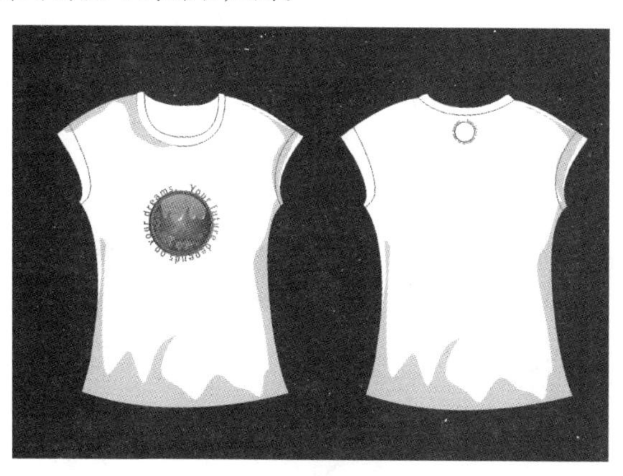

图8-1 无袖T恤衫设计

操作步骤

1. 制作背景

（1）执行菜单中的“文件 | 新建”命令，在弹出的“新建文档”对话框中设置参数如图 8-2 所示，单击“确定”按钮。

（2）创建黑色背景。方法：利用工具箱中的（矩形工具）创建一个 210 mm×185 mm 的矩形，并将其描边色设为无色，填充色设为黑色，如图 8-3 所示。然后执行菜单中的“对象|锁定|所选对象”按钮，将其锁定。

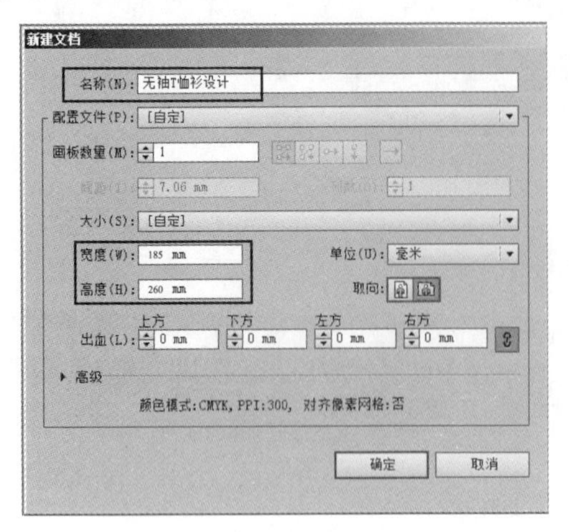

图8-2　设置“新建文件”参数

图8-3　创建黑色背景

2．绘制无袖T恤衫的外形图

（1）这里选取的是一款收腰式无袖T恤衫（女式），下摆属于弧形下摆，我们运用尽量简洁概括的线条来勾勒T恤衫背面外形。方法：利用工具箱中的（钢笔工具）绘制出图 8-4 所示的T恤衫外形（闭合路径），并设置填充色为白色。

（2）在外形图上绘制领口和分割图形（也可以是分割线）。方法：利用工具箱中的（钢笔工具）在领口、袖口处绘制出弧形的闭合路径或是弧线，从而得到无袖 T 恤背面的外形图。然后将T恤衫背面外形图复制一份放置在页面左侧，将它修改为T恤衫正面外形图。正背外形上的差异主要在领口处。下面利用工具箱中的（钢笔工具）在领口处绘制如图 8-5 所示的圆弧形闭合路径。注意，要将弧线调节得左右对称。接着将T恤衫正背外形图并列放置，效果如图 8-6 所示。

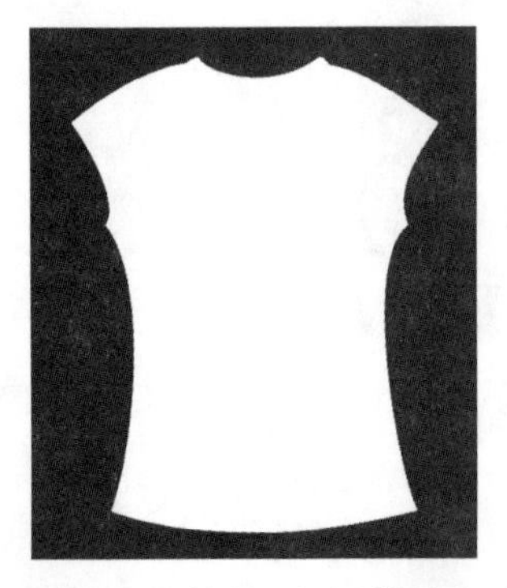

图8-4　绘制出T恤衫背面外形

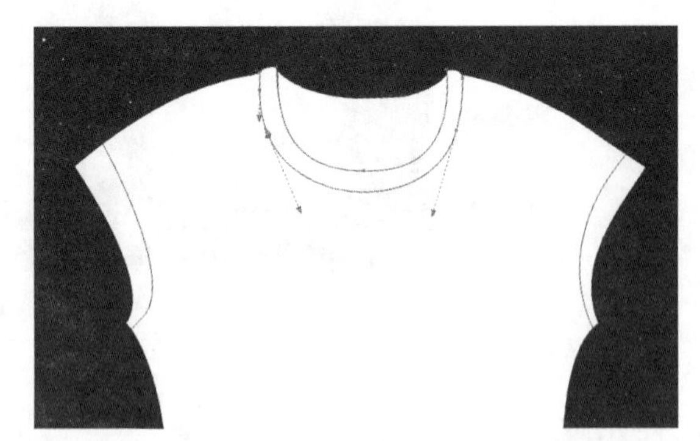

图8-5　绘制T恤衫背面外形图的领口部分

（3）为了强调T恤衫的布面材质和追求一种生动的效果，下面在正背面外形图内增加一定的衣纹褶皱。方法：利用工具箱内的（钢笔工具）绘制出图 8-7 所示的褶皱形状（该形状可以是一个完整的闭合图形，也可以是几个分离的闭合图形），并设置填充色为浅灰色（参考颜色数值为 CMTK（0，0，0，10））。

图8-6　T恤衫正背面外形图

图8-7　绘制出T恤正背面上简单的褶皱形状

3．绘制 T 恤衫上的图案

（1）现在进行装饰部分的设计，也就是绘制 T 恤衫上要印的图案，这种款式体现的是一种巧妙的文图组合效果。方法：利用工具箱中的（椭圆工具），按住〈Ctrl〉键绘制出一个正圆形，然后利用工具箱中的（路径文字工具）在绘制的圆形上单击，此时会出现一个顺着曲线走向的闪标，如图 8-8 所示，接着输入文字“Your future depends on your dreams.”，并调整字号大小，尽量使这段文字排满整个圆圈。再在沿线排版的文字上按住鼠标并顺时针拖动，从而调整文字在圆弧上的排列形式，如图 8-9 所示。最后选中文字，在属性栏内设置“字体”为 Typodermic（也可自由选择任意你喜欢的字体），从而得到如图 8-10 所示的效果。

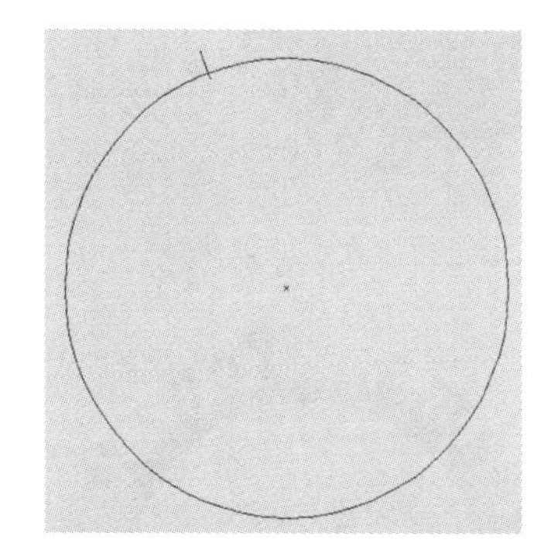

图8-8　在正圆形边缘上插入光标

图8-9　调整文字在圆弧上的排列形式

图8-10　取消圆形的轮廓线后的文字效果

（2）利用（选择工具）选中沿线排版的文字，执行菜单中的“对象 | 扩展”命令，然后在弹出的图 8-11 所示的对话框中单击“确定”按钮，从而将文字转换为轮廓。接着在渐变面板中设置“黑色－蓝色”的线性渐变，如图 8-12 所示，再利用工具箱中的（渐变工具）对文字进行统一渐变，效果如图 8-13 所示。

（3）利用工具箱中的（椭圆工具）在沿线排版的文字内部创建一个正圆形，并设置其描边色设为无色，填充色如图 8-12 所示，效果如图 8-14 所示。

（4）利用（选择工具）选中中间的圆形，然后双击工具箱中的（比例缩放工具），在弹出的“比例缩放”对话框中设置如图 8-15 所示，单击“复制”按钮，从而复制出一个缩小的、中心对称的正圆形。接着在这个圆形内填充由“蓝色－黑色”的线性渐变，得到图 8–16 所示的效果。最后再复制出一个缩小的、中心对称的正圆形，并填充为白色，如图 8–17 所示。

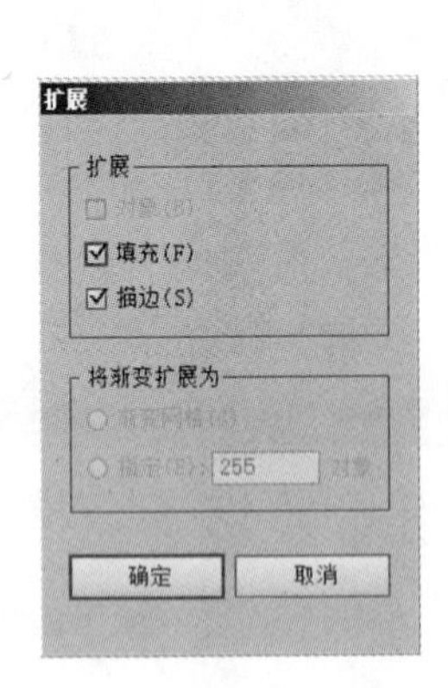

图8–11　设置扩展参数

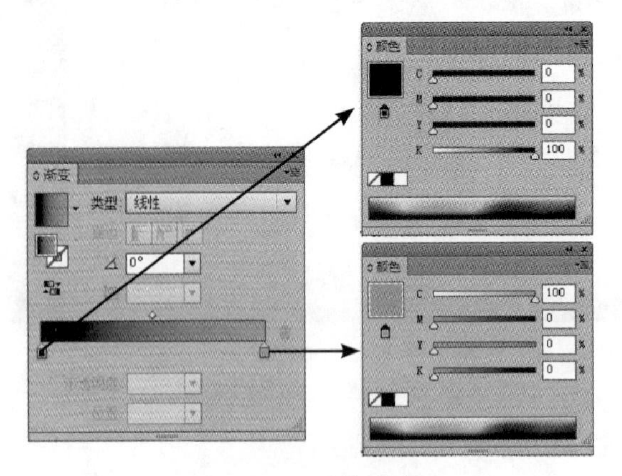

图8–12　设置渐变色

图8–13　对文字进行填充后的效果

图8–14　对圆形进行填充后的效果

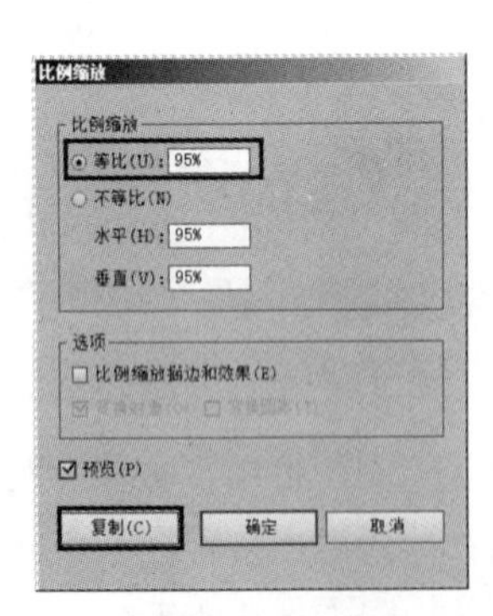

图8–15　“比例缩放”对话框

图8–16　复制一个正圆形并填充渐变

图8–17　复制一个正圆形并填充白色

（5）接下来，在中间白色圆形内部绘制一系列水珠和水滴的图案，从而形成一种仿佛水从圆形内溢出的效果。方法：利用（钢笔工具）在圆形内绘制几个连续的如同正在下坠的水滴形状，填充设置为粉蓝色，参考颜色数值为 CMYK（20，20，0，0），并在每个水滴下端添加很小的白色闭合图形，从而形成水滴上的高光效果，如图 8–18 所示。

（6）选中最里面的正圆形，然后设置渐变填充色如图 8-19 所示，效果如图 8-20 所示。

图8-18　绘制下坠的水滴形状

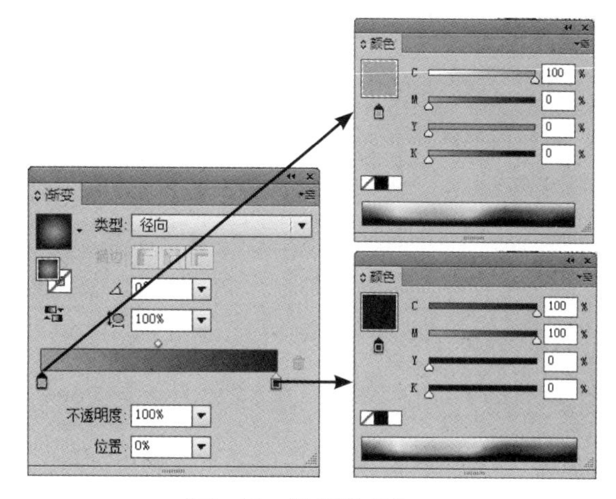

图9-19　设置渐变色

（7）制作一个透明的小水泡单元图形。方法：利用（椭圆工具）绘制一个椭圆形，并设置其描边色设为无色，填充色如图 8-21 所示，结果如图 8-22 所示。然后执行菜单中的“编辑 | 复制”命令，再执行菜单中的“编辑 | 贴在前面”命令，将复制后的圆形放置到前面。接着将其填充色设为黑—白径向渐变，效果如图 8-23 所示。

图8-20　填充后的效果

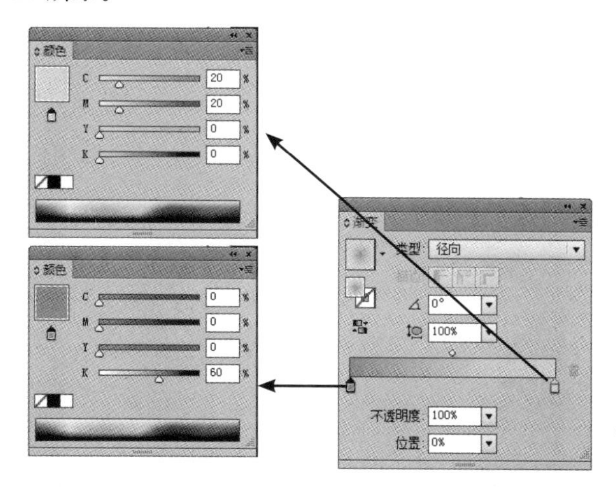

图8-21　设置渐变色

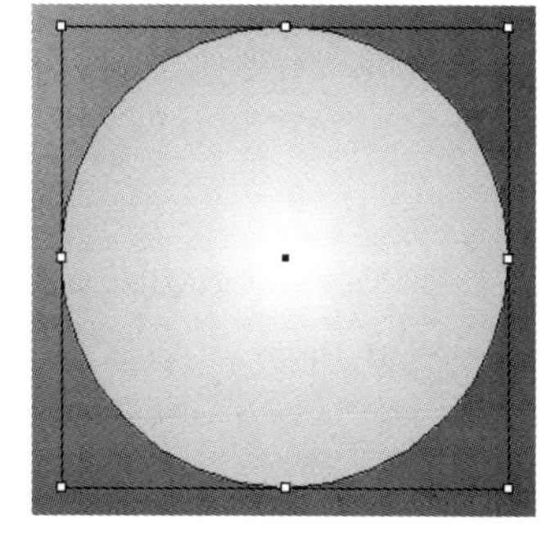

图8-22　绘制一个椭圆

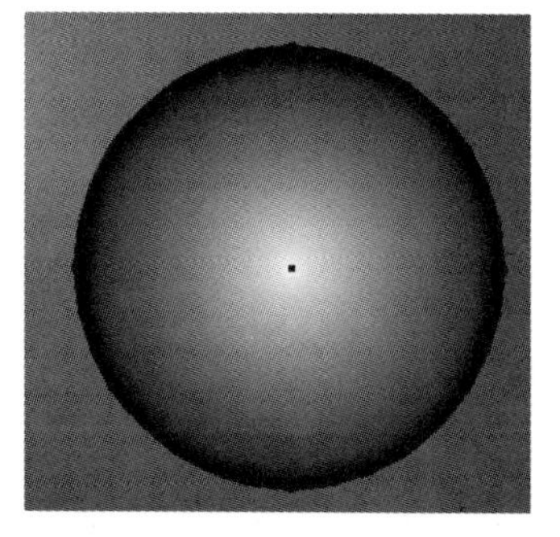

图8-23　复制一个椭圆并将填充色改为黑—白径向渐变

（8）利用工具箱中的 （选择工具），同时框选两个圆形，然后单击“制作蒙版”按钮，如图 8-24（a）所示，然后勾选“反相蒙版”复选框，如图 8-24（b）所示，结果如图 8-24（c）所示。

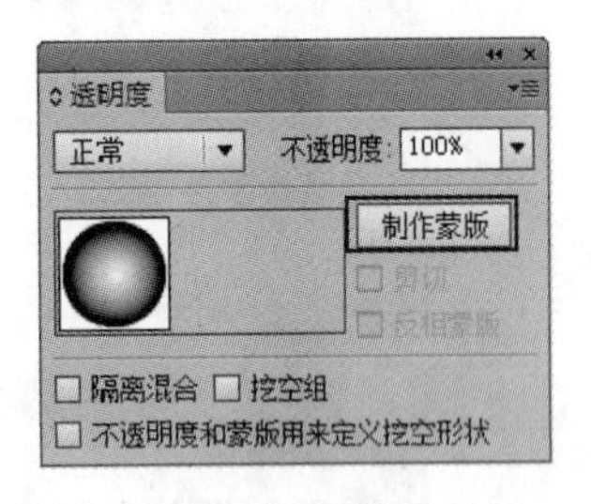

（a） 单击“制作蒙版”按钮

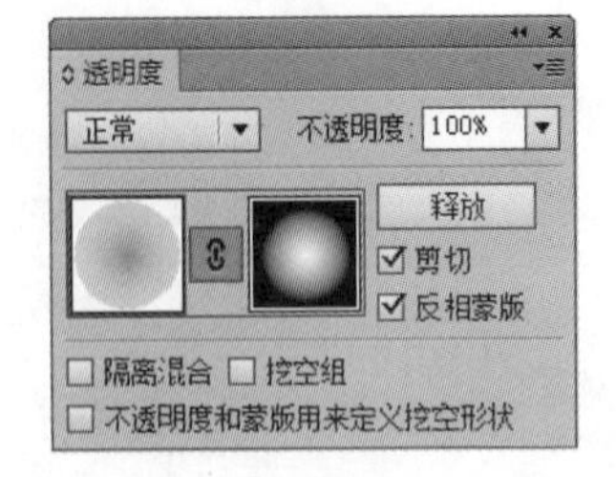

（b） 勾选“反相蒙版”复选框

（c） 半透明效果

图8-24 制作半透明效果

（9）将小水泡的单元图形复制许多份，并缩放为不同大小，效果如图 8-25 所示

（10）利用 （选择工具）将所有构成装饰图案的文字与图形都选中，按快捷键〈Ctrl+G〉组成群组。然后将它移动到 T 恤衫正面外形图上。接着将装饰图案中的局部图形复制一份，缩小后放置到 T 恤衫背面靠近领口处，如图 8-26 所示。

（11）至此，这件女式无袖 T 恤衫正背面款式设计全部完成，最后的效果如图 8-27 所示。

图8-25 复制水泡效果

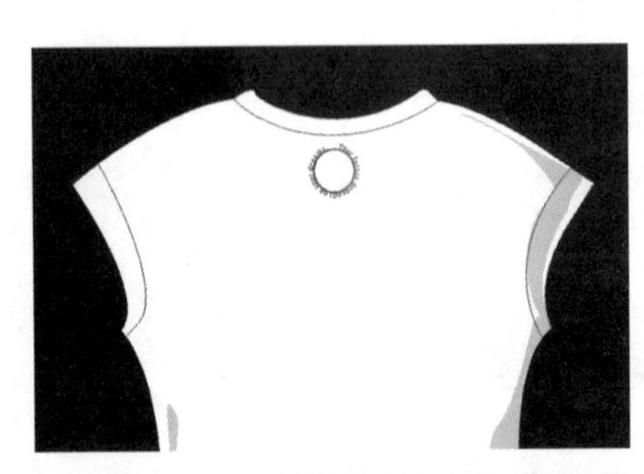

图8-26 将装饰图案复制缩小后置于T恤背面靠近领口处

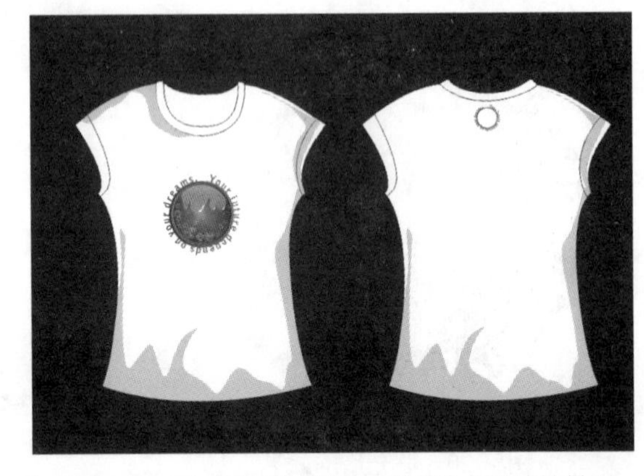

图8-27 女式无袖T恤衫正背面款式设计效果图

8.2 三折页设计

制作要点

本例将制作卡通风格的宣传三折页（三折页正背内容及折页的立体展示效果），如图8-28所示。通过本例学习应掌握利用参考线来准确定位三折页的位置，利用“段落样式”统一段落效果，利用“剪切蒙版”控制图像的显示区域，制作制作多重彩色勾边的卡通文字和沿路经排版文字的综合应用。

图8-28　三折页设计

操作步骤

（1）创建一个成品尺寸为291 mm×210 mm，出血为3 mm，页数为2的文档。方法：执行菜单中的“文件｜新建”命令，在弹出的“新建文档”对话框中设置参数如图8-29所示，单击“确定”按钮，结果如图8-30所示。

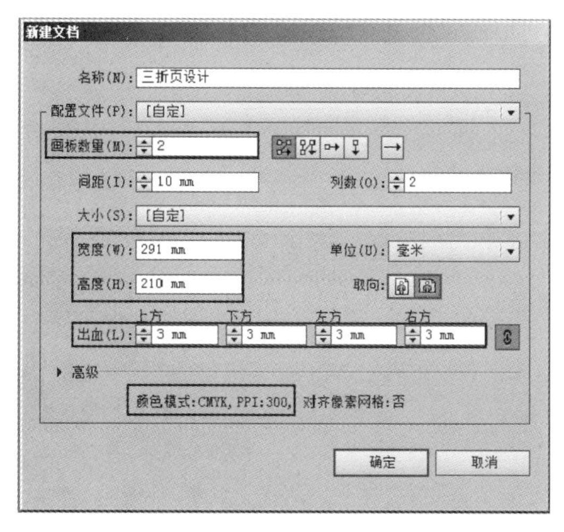

图8-29　设置“新建文档”参数

图8-30　新建的双页文档

提示

“出血”是印刷那种图像边缘正好与纸的边缘重合的版面时所需要的工艺处理。由于印刷机械（主要是装订机）的原因，在制作时应将图像尺寸四边扩大各3 mm，印刷时沿四周边缘各裁切约3 mm，如果不这样处理，往往会在纸的边缘和印刷图像边缘间留下白边而达不到效果。

（2）设置参考线来定位第一页三折页的折缝。方法：双击工具箱中的（抓手工具），使第一页最大化显示。然后执行菜单中的“视图｜标尺”命令，显示出标尺。接着从垂直标尺处拉出一条参考线，并在属性栏中设置其 X 位置为 97 mm，如图 8-31 所示，从而定位出第一个折缝位置。同理，拉出另一条垂直参考线，并将其 X 位置定为 194 mm，从而定位出第二个折缝位置。效果如图 8-32 所示。

（3）定位第二页三折页的折缝。方法：利用工具箱中的（选择工具）框选第一页上的两条参考线，然后按快捷键〈Ctrl+C〉进行复制，接着单击页面下方的按钮，切换到第二页。然后双击标尺左上角，从而将标尺零点定位于第二页的左上角，接着按快捷键〈Ctrl+V〉，将第一页的两条参考线粘贴到第二页中，结果如图 8-33 所示。

图8-31 定位第一个折缝位置

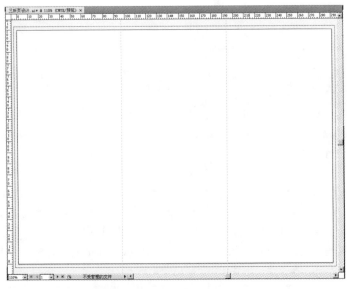

图8-32 定位第二个折缝位置

（4）制作第一页底色。方法：单击页面下方的按钮，回到第一页。然后选择工具箱中的

(矩形工具)，在工作区中单击，在弹出的“矩形”对话框中将矩形“宽度”设为297 mm，“高度”设为216 mm，如图8-34所示，单击“确定”按钮。接着利用“对齐”面板在画布中将矩形居中对齐，如图8-35所示。最后设置矩形的描边为无色，填充为深蓝色（参考颜色数值为CMYK（100，80，50，20）），效果如图8-36所示。

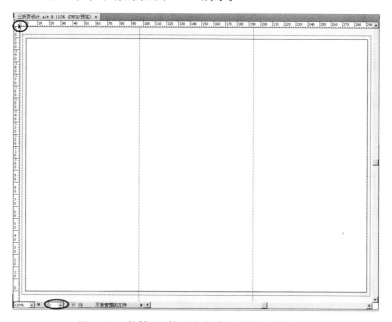

图8-33 将第1页的两条参考线粘贴到第2页中

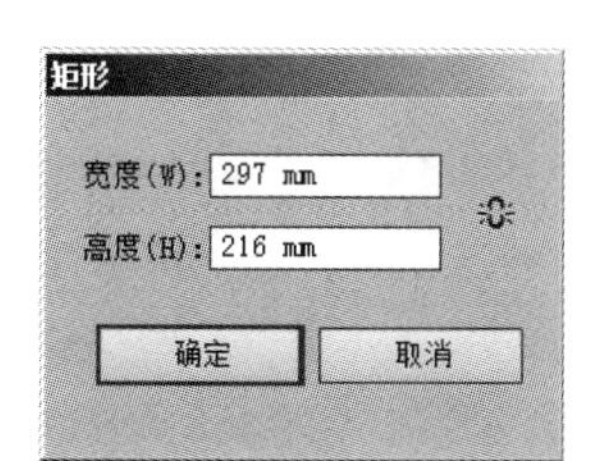

图8-34 设置矩形参数

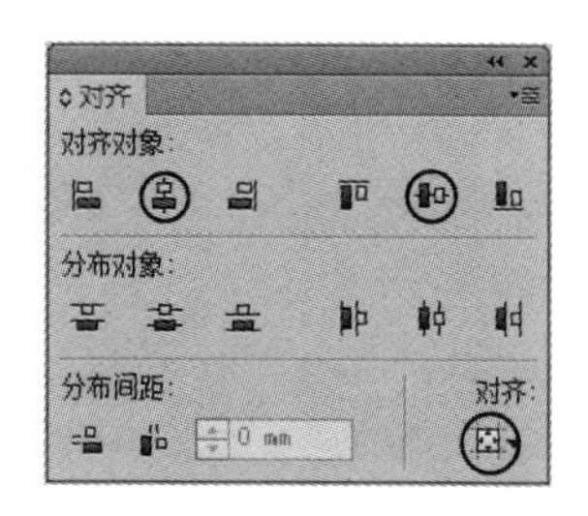

图8-35 设置对齐参数

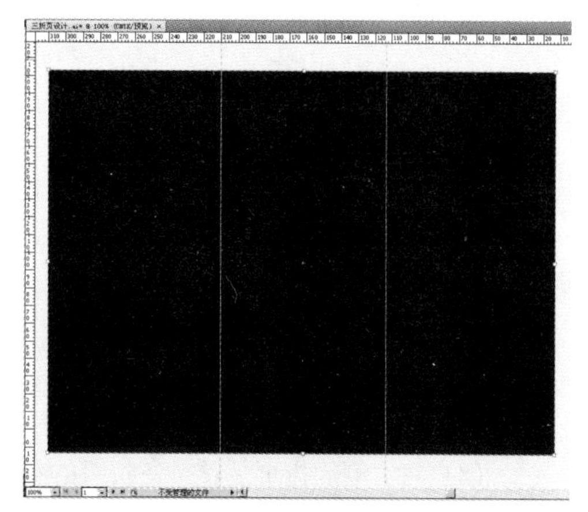

图8-36 在画布中将矩形居中对齐的效果

提示

三折页的成品尺寸为291 mm×210 mm。上下左右各要留出3 mm出血，因此矩形大小为297 mm×216 mm。

（5）为了防止错误操作，下面执行菜单中的“对象|锁定|所选对象”命令，锁定作为底色的矩形。

（6）在这个三折页中，有一个贯穿所有内容的核心图形——简洁的人形图标，它在页面中重复出现很多次，下面就来绘制这个图标。方法：使用工具箱中的(椭圆工具)和(钢笔工具)

绘制图 8-37 所示的简单人形，绘制完成后，将它填充为草绿色（参考颜色数值为 CMYK（30，0，90，0）），描边色设置为无色。然后利用 （选择工具）将构成人形的图形都选中，执行菜单中的“对象|复合路径|建立”命令，将人形图形创建为复合路径，接着将其并移动到图 8-38 所示折页靠右侧位置（图形穿过靠右侧折缝）。

图8-37　绘制一个简洁的人形图标

图8-38　将人形图标放置在折页靠右（穿过折缝）位置

（7）将人形图标复制一份并进行水平翻转。方法：利用工具箱中的 （选择工具）选中人形图形，然后选择工具箱中的 （镜像工具），按住键盘上的〈Alt〉键，在人形图形右侧单击确定镜像中心点，接着在弹出的“镜像”对话框中设置如图 8-39 所示，单击“复制”按钮，从而在封面图形左侧得到一个复制的镜像图形。最后将它移动到图 8-40 所示位置（超出页面外的部分后面要裁掉）。

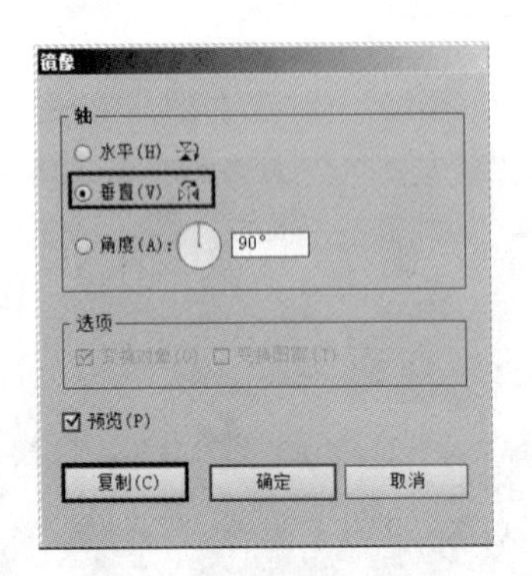

图8-39　“镜像”对话框

图8-40　将复制出的镜像图形移到右侧位置

（8）靠右侧的折页是整个三折页的封面部分，在它的中心还有圆形图标和艺术文字。下面先来制作折页封面上的圆形图标。方法：利用工具箱中的 （椭圆形工具），按住〈Shift+Ctrl〉组合键拖动鼠标，在页面中绘制出一个正圆形，然后在属性栏内设置正圆宽度与高度为 68 mm×68 mm，填充为与背景相同的深蓝色，描边色为草绿色（参考颜色数值为 CMYK（30，0，90，0）），“描边粗细”为 4 pt，如图 8-41 所示。接着双击工具箱中的 （比例缩放工具），在弹出的对话框中设置如图 8-42 所示，单击“复制”按钮，从而原地复制一个圆形。再在属性栏中设置其宽度与高度为 50 mm×50 mm，如图 8-43 所示，并将其填充为天蓝色（参考颜色数值为 CMYK（100，0，0，0）），描边色为无色，从而得到一个中心对称的缩小的圆形，如图 8-44 所示。

(9) 同理，再复制一个设置其宽度与高度为35 mm×35 mm，填充为与背景相同的深蓝色，描边色为无色，效果如图 8-45 所示。

(10) 在圆形图标的内部有一圈沿圆形边缘排列的文字，需要应用沿线排版的功能来实现。方法：复制一个天蓝色的圆形，然后利用工具箱中的 （路径文字工具）在圆形的外轮廓边缘上单击鼠标，插入光标。接着输入文本“CARTOON CLUB WILL MAKE YOUR WISH COME TRUE”，并在属性栏中设置“字体”为 Arial（读者可以自己选择适合的字体），字号为 12 pt，文字颜色为白色。此时新输入的文字会沿着圆形的外轮廓进行排列，如图 8-46 所示，

图8-41 绘制出一个正圆形，设置填充与描边

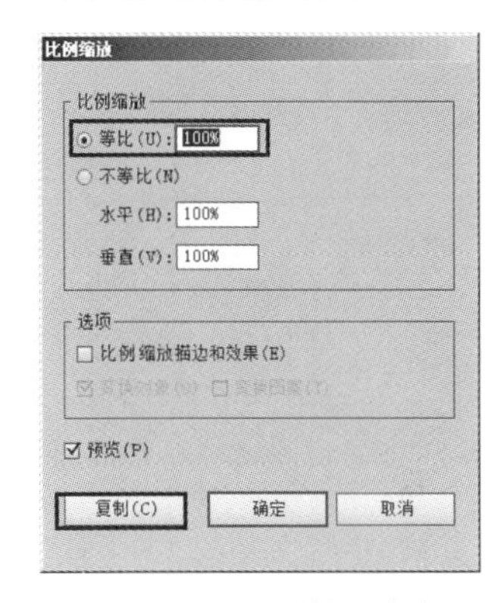

图8-42 设置缩放参数

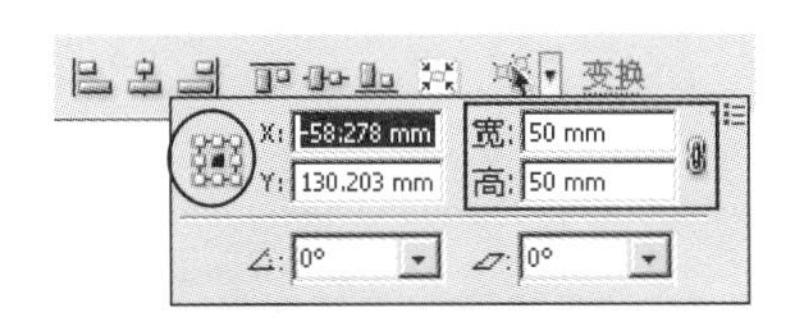

图8-43 设置圆形参数

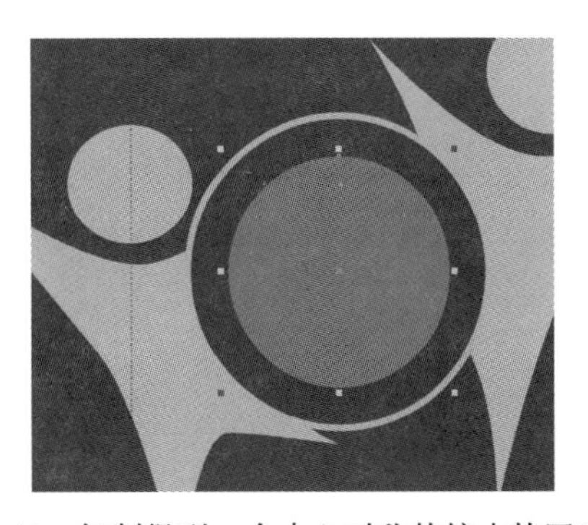

图8-44 复制得到一个中心对称的缩小的圆形

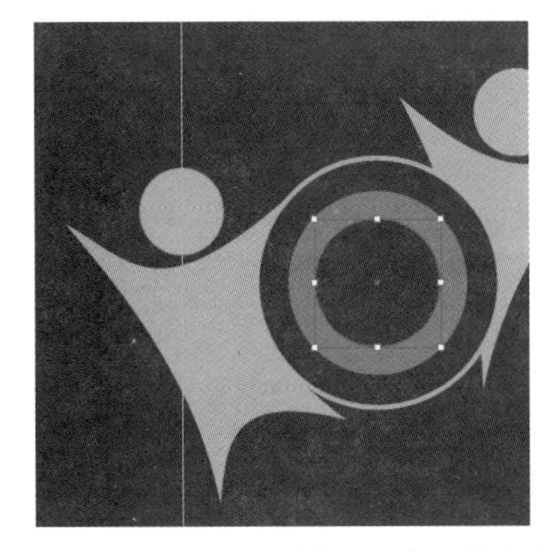

图8-45 再绘制一个描边色为无色，填充为与背景相同的深蓝色的圆形

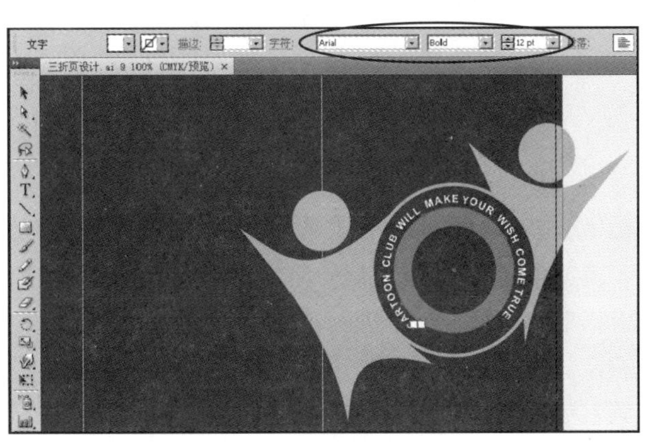

图8-46 使文字沿着天蓝色圆形的外轮廓进行排列

（11）将前面绘制好的两个人形图标各复制一份，然后缩小后置于图 8-47 所示的中心位置，并将其中一个人形填充为白色，然后添加深蓝色（与背景色相同）的边线。

（12）圆形图标内还包含一个非常重要的文字元素，它被设计为具有扭曲变形与多重勾边的卡通文字效果。下面先输入文字并转为曲线。方法：利用工具箱中的（文字工具）在页面外输入文字“CARTOON”，并在属性栏中设置“字体”为 Berlin Sans Demi Bold（读者可以自己选择适合的字体，最好边缘圆滑而且笔画粗一些），字号为 36 pt，文字颜色为草绿色（参考颜色数值为 CMYK（30，0，90，0）），如图 8-48 所示。

图8-47　复制出两个缩小的人形图标

图8-48　输入文字并将其转为曲线

（13）下面利用 Illustrator CS6 的封套扭曲来制作变形文字。方法：利用工具箱中的（选择工具）选择文字，然后执行菜单中的“对象|封套变形|用网格建立”命令，在弹出的“封套网格”对话框中设置网格的“行数”和“列数”均为 1，如图 8-49 所示，单击“确定”按钮。此时文字周围会自动添加一圈矩形路径（封套）。封套由多个节点组成，下面利用工具箱中的（直接选择工具）调整这些节点的位置和控制柄来修改封套形状，如图 8-50 所示，此时文字随着封套的变形而发生扭曲变化。

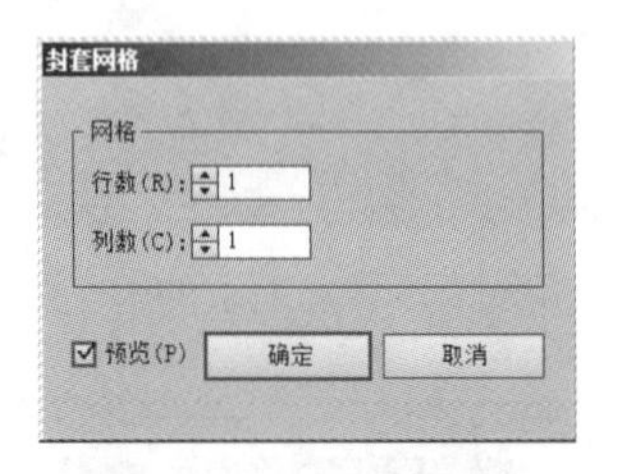

图8-49　设置封套网格

图8-50　对文字进行封套变形的效果

（14）同理，再输入文字“CLUB”，然后制作封套变形，得到图 8-51 所示效果。

（15）一般来说，多重彩色勾边是文字卡通化的一种常用修饰手法，可以产生一种可爱的描边效果。下面来制作第一层勾边。方法：利用工具箱中的（选择工具）选择文字，然后执行菜单中的“对象|扩展”命令，在弹出的“扩展”对话框中设置参数如图 8-52 所示，单击“确定”按钮，从而将文字扩展为图形。接着在描边面板中设置参数如图 8-53 所示，并设置描边色为与背景一样的深蓝色（参考颜色数值为 CMYK（100，80，50，20）），效果如图 8-54 所示。

图8-51　制作封套变形文字CLUB

（16）接下来制作第二层勾边。方法：选择两组扩展后的文字图形，执行菜单中的“对象 | 取消编组”命令两次。然后执行菜单中的“对象 | 复合路径 | 建立”命令，将两组文字图形组成复合路径。接着执行菜单中的“窗口 | 外观”命令，调出外观面板，如图 8-55 所示。最后单击面板下方的□（添加新描边）按钮，添加一个描边粗细为 3 pt，描边色为天蓝色（参考颜色数值为 CMYK（75，25，0，0））的描边属性，如图 8-56 所示，效果如图 8-57 所示。

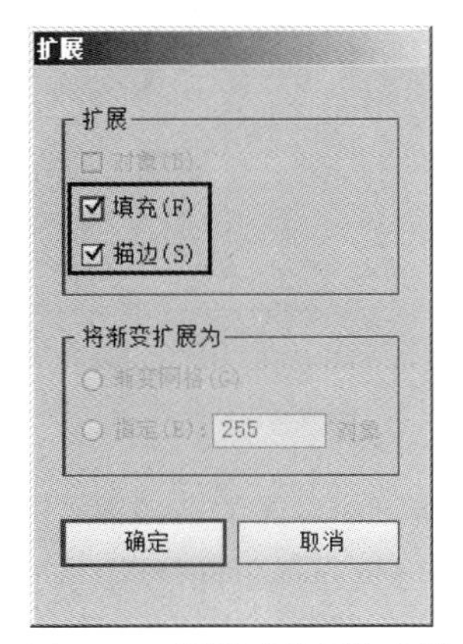

图8-52 设置“扩展”参数

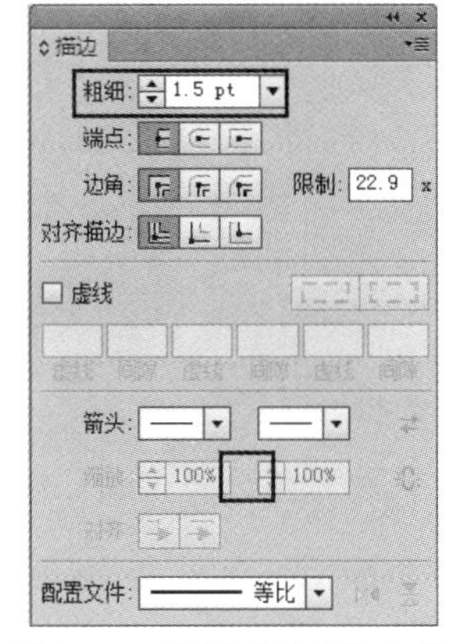

图8-53 设置“描边”参数

图8-54 第一次描边的效果

图8-55 调出“外观”面板

图8-56 添加描边属性

图8-57 第2次描边后的效果

提示

建立复合路径的目的是将所有的文字图形作为一个整体路径进行描边。如果不执行该命令，将对每个字母图形进行单独描边。

（17）制作第 3 层描边。方法：单击面板下方的□（添加新描边）按钮，添加一个描边粗细为 4.5 pt，描边色为草绿色（参考颜色数值为 CMYK（30，0，90，0））的描边属性，如图 8-58 所示，效果如图 8-59 所示。

图8-58 添加第三个描边属性

图8-59 第三次描边后的效果

（18）将制作好的卡通文字移至封面圆形图标下方，得到图 8-60 所示效果。然后将卡通文字复制一份，将外观面板中的 3 个描边属性删除，填充为白色。再将起放置到封面的最底端。此时缩小全页，整体效果如图 8-61 所示。

图8-60　将制作好的卡通文字移至封面圆形图标下方

图8-61　页面整体效果

（19）左侧折页版式较为规则，图、文以整齐的方式排列，下面先来制作图像的圆角效果。方法：选择工具箱中的▢（矩形工具），在页面上单击，在弹出的“圆角矩形”对话框中设置参数如图 8-62 所示，单击“确定”按钮。然后执行菜单中的“文件 | 置入”命令，在弹出的对话框中选择配套光盘“素材及效果 \8.2　三折页设计 \ 素材 \pic-1.tif”，单击“导入”按钮，将其导入。

（20）将导入的 pic-1.tif 缩放到比圆角矩形略大的大小，然后选择圆角矩形，执行菜单中的“对象 | 排列 | 置于顶层”命令，将其放置到 pic-1.tif 的上方，如图 8-63 所示。接着利用▶（选择工具）全选圆角矩形和 pic-1.tif 图片，执行菜单中的“对象 | 剪切蒙版 | 建立”命令，建立剪切蒙版。最后将描边色设为浅蓝色（参考颜色数值为 CMYK（50，0，0，0）），描边粗细为 1.5　pt，再将蒙版后的图片移动到图 8-64 所示的位置。

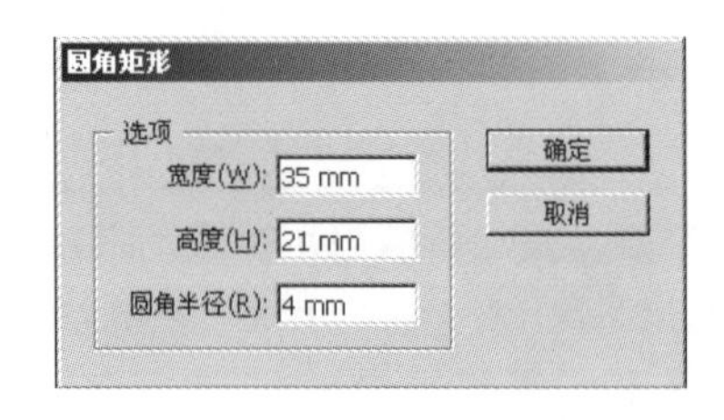

图8-62　设置圆角矩形的参数

图8-63　将圆角矩形放置到图片上方

（21）输入大标题文字。方法：利用工具箱中的T（文字工具），在页面左上角输入大标题“You are Watching”，设置字体为 Times New Roman，字号为 30 pt，字色为白色，如图 8-65 所示。

（22）制作小标题样式。方法：利用工具箱中的T（文字工具）在页面中分别输入图 8-66 所示的小标题文字，将小标题“The　biggest　fan　ever”的“字体”设为 Arial　Black（读者可以自己选择适合的粗体字），“字号”为 14 pt，颜色为橘黄色（参考颜色数值为 CMYK（0，20，100，0））。然后执行菜单中的“窗口 | 文字 | 段落样式”命令，调出段落样式面板，单击面板下

方的（新建图层样式）按钮，将小标题文字定义为 text1 段落样式，如图 8-67 所示。

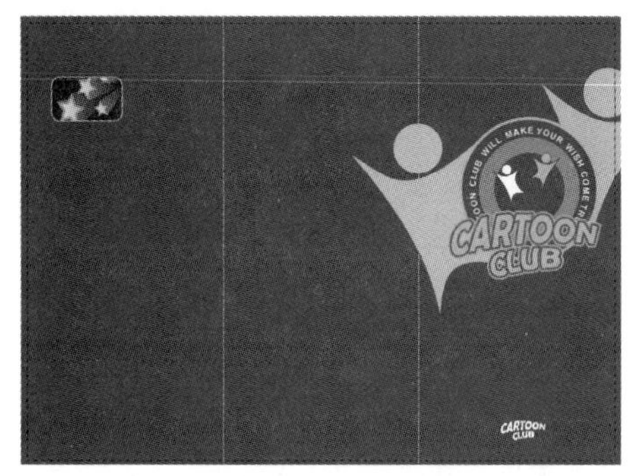

图8-64 蒙版后的图片移动到左上方的位置

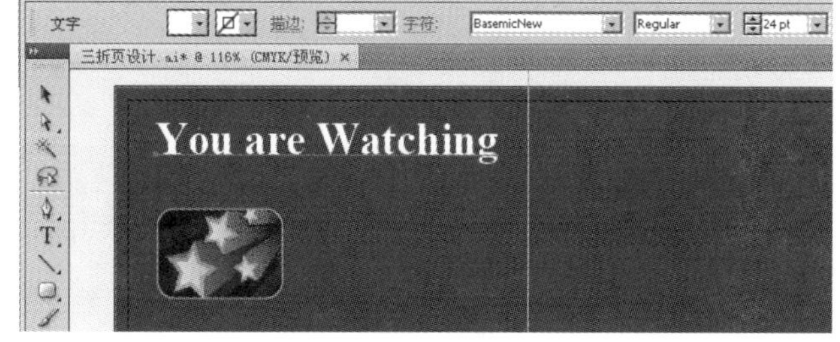

图8-65 输入大标题

图8-66 输入小标题文字

图8-67 定义小标题样式

提示

对于版面中重复出现的相同属性的文本，一般都要定义为样式，以求精确和省时。

（23）制作正文样式。方法：输入正文内容，如图 8-68 所示，将“字体”设为 Arial，“字号”为 10 pt，颜色为白色。然后单击面板下方的（新建图层样式）按钮，将正文文字定义为 text2 段落样式，如图 8-69 所示。

图8-68 输入正文文字

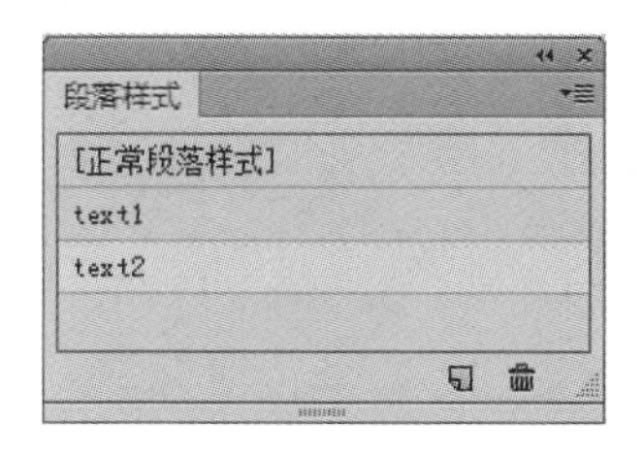

图8-69 定义正文样式

（24）在图形和正文的下面利用工具箱中的（直线段工具）绘制出一条浅蓝色（参考颜色数值为 CMYK（50，0，0，0））的直线，描边粗细为 1.5 pt，如图 8-70 所示。

（25）利用工具箱中的（选择工具）全选小标题、正文文字、图片和直线，然后执行菜单中的“对象 | 编组”命令，将它们组成一个整体。接着将其向下复制 4 个。最后全选 5 个成组后的对象，单击工具栏中的按钮，从中选择“对齐所选对象”。再单击（水平左对齐）和（垂直居中分布）按钮，效果如图 8-71 所示。

（26）替换复制的编组中的图片。方法：利用工具箱中的（编组选择工具）选择图 8-72

所示的要替换的图片，然后执行菜单中的“窗口|链接”命令，调出链接面板。接着单击面板下方的 (重新链接）按钮，在弹出的“置入”对话框中选择 pic-2.tif，如图 8-73 所示，单击“置入”按钮，即可替换图片，效果如图 8-74 所示。

图8-70　绘制直线

图8-71　对齐后的效果

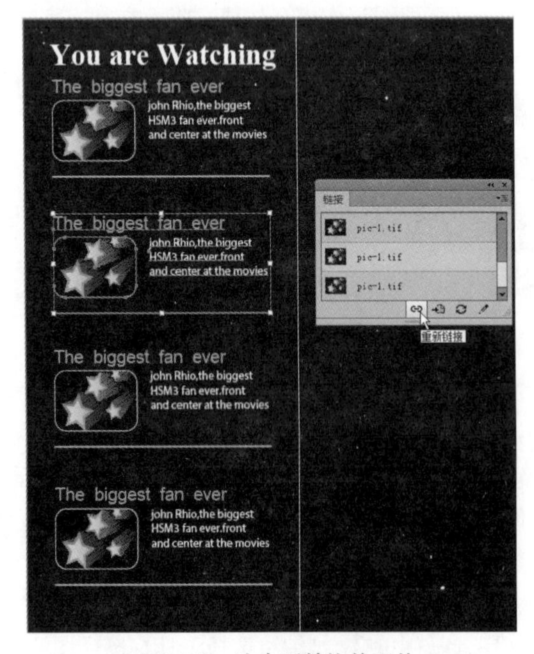

图8-72　选中要替换的图片

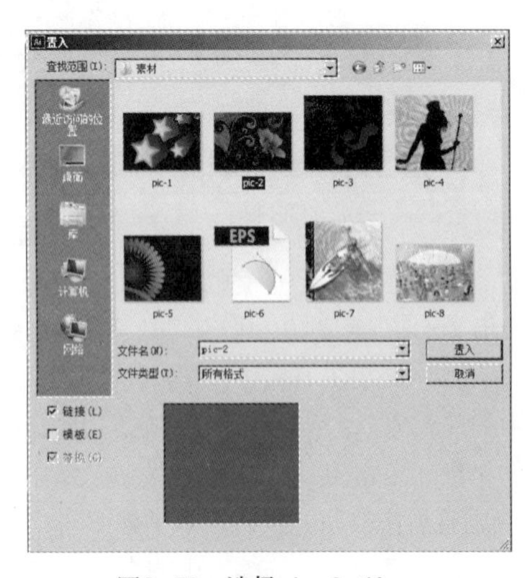

图8-73　选择pic-2.tif

（27）同理，替换其余图片，效果如图 8-75 所示。

（28）至此，折页正面的三页内容已制作完成，整体效果如图 8-76 所示。

图8-74 替换图片后的效果

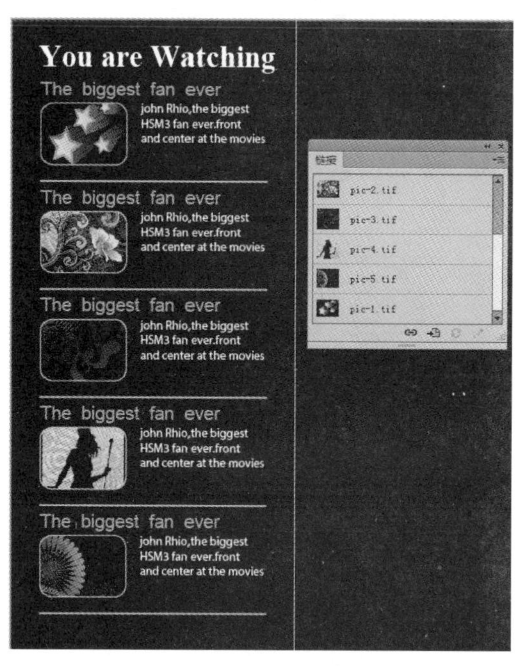

图8-75 替换其余图片后的效果

（29）单击窗口左下角（下一页）按钮，进入第二页。下面先来设置背景颜色。方法：利用工具箱中的（矩形工具），根据参考线绘制出 3 个矩形，然后从左至右分别填充为草绿色（参考颜色数值为 CMYK（30，0，90，0））、深蓝色（参考颜色数值为 CMYK（100，80，50，20））和浅蓝色（参考颜色数值为 CMYK（50，0，0，0）），接着将描边色设置为无色，效果如图 8-77 所示。

图8-76 整体效果

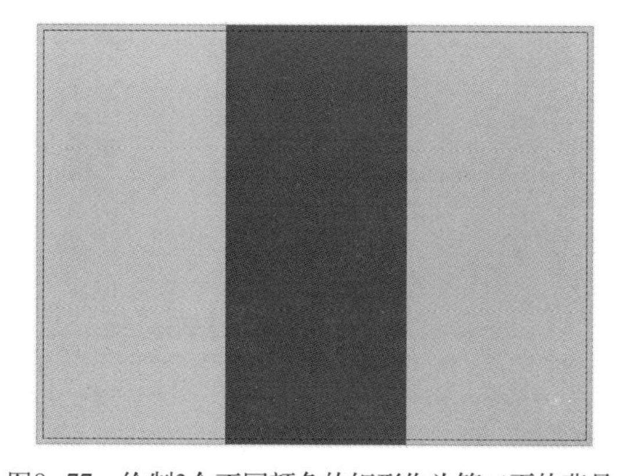

图8-77 绘制3个不同颜色的矩形作为第二页的背景

（30）执行菜单中的“文件 | 置入”命令，在弹出的“置入”对话框中选择配套光盘“素材及效果 \8.2 三折页设计 \ 素材 \pic-6.eps”，如图 8-78 所示，单击“置入”按钮。然后将置入的图片放缩到合适大小后后移到图 8-79 所示中间页位置。

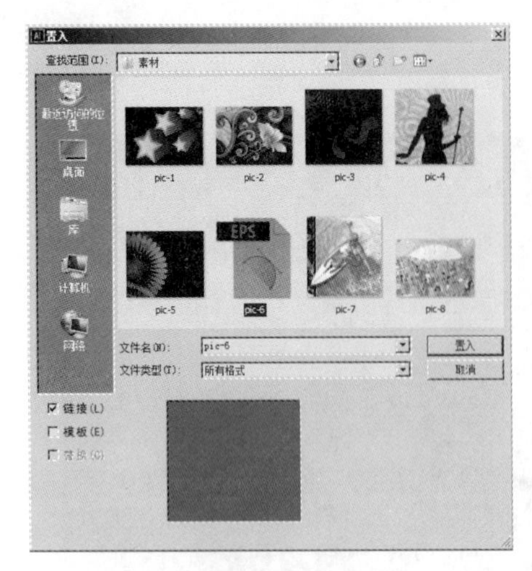

图8-78 选择要置入的图片

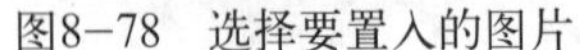

图8-79 置入图片后的效果

提示

pic-6.eps图片事先在Photoshop中存储了一个路径，然后在“路径”面板中将路径存储为“剪切路径”，接着将图像存储为Photoshop EPS格式，这样图片在置入Illustrator后会自动去除背景。

（31）利用工具箱中的（钢笔工具）绘制出图 8-80 所示的闭合图形（上部为弧形），并将它填充为白色，描边设置为无。然后在这部分白色图形上添加正文内容，如图 8-81 所示。

图8-80 绘制闭合图形

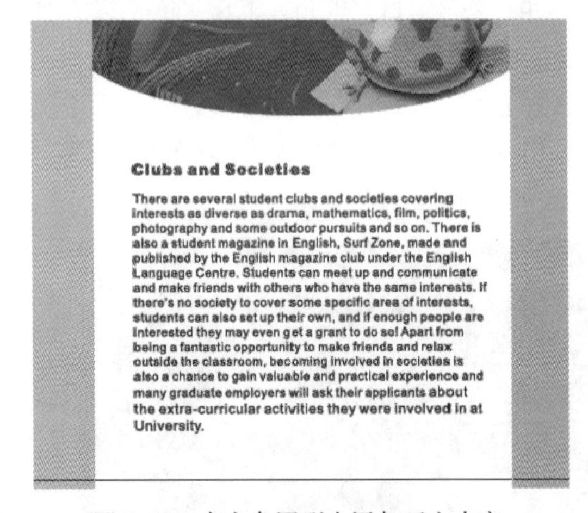

图8-81 在白色图形上添加正文内容

（32）中间页制作完成后，下面进行左侧面的图文排版，并对左侧页的图像置入后进行外形的修改。方法：执行菜单中的“文件 | 置入”命令，置入配套光盘“素材及效果 \8.2 三折页设计 \ 素材 \pic-7.tif”，如图 8-82 所示。该图内容的主体是一个帆板冲浪的人物。然后以它为中心，利用工具箱中的（钢笔工具）绘制出如图 8-83 所示的闭合图形，外形随意，只要保证曲线流畅即可。

（33）利用工具箱中的（选择工具）同时选择图片和绘制的图形，然后执行菜单中的“对象 | 剪切蒙版 | 建立”命令，结果如图 8-84 所示。

图8-82　置入pic-7.tif图片

图8-83　绘制闭合图形

（34）添加左侧页的文本，得到如图 8-85 所示效果。

图8-84　建立剪切路径后的效果

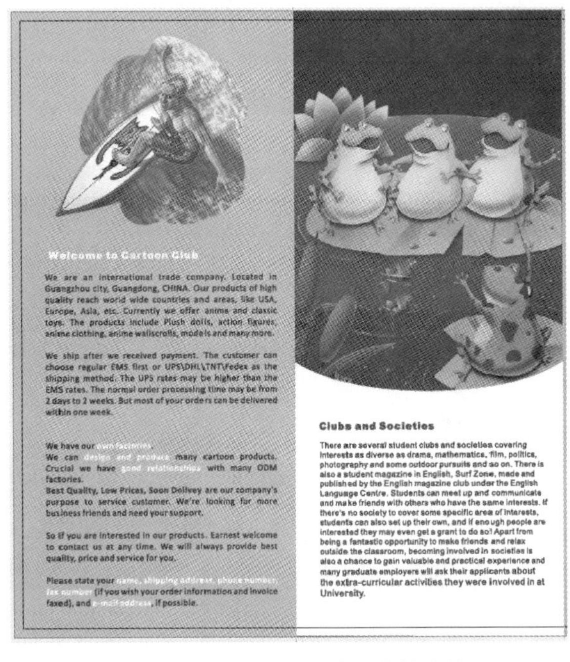

图8-85　添加左侧页中文本的效果

（35）现在开始进行右侧面的图文排版，先将右侧页的基本图文置入。方法：执行菜单中的“文件|置入”命令，置入配套光盘“素材及效果\8.2 三折页设计\素材\pic-8.tif”，然后参照前面步骤(34)的方法，利用“剪切蒙版”将图片放置于一个椭圆形内，如图 8-86 所示。然后在其下方输入正文文字，如图 8-87 所示。

（36）回到“页 1”，将折页封面上绘制的两个人形图标各复制一份，粘贴到“页 2”的右侧及中间页中。然后调整大小、位置、旋转角度和颜色，如图 8-88 所示。

（37）右侧页面中还有最后一个技术要点——图形内排文，这也是图文混排时常用的技巧。下面利用工具箱中的（钢笔工具）绘制出图 8-89 所示的闭合图形，注意图形左侧的曲线与人形的曲线一致，这样能使图文在视觉上相呼应。然后利用工具箱中的（区域文字工具）在闭合路径上端单击，接下来输入的文本会自动排列在图形内部，如图 8-90 所示。

图8-86　建立圆形剪切路径后的效果

图8-87　添加左侧页中文本的效果

图8-88　复制两个人形图形并调整大小、位置、旋转角度和颜色

（38）此时三折页背面三页也编排完毕，整体效果如图 8-91 所示。为了能够更加直观而真实地显示出最后的成品展示效果，下面在 Photoshop 中为三折页制作了一幅立体展示效果图，如图 8-92 所示。在 CorelDRAW 中也可以制作出同样的展示效果（包括倒影、投影和反光），这里限于篇幅，请读者自己思考制作。

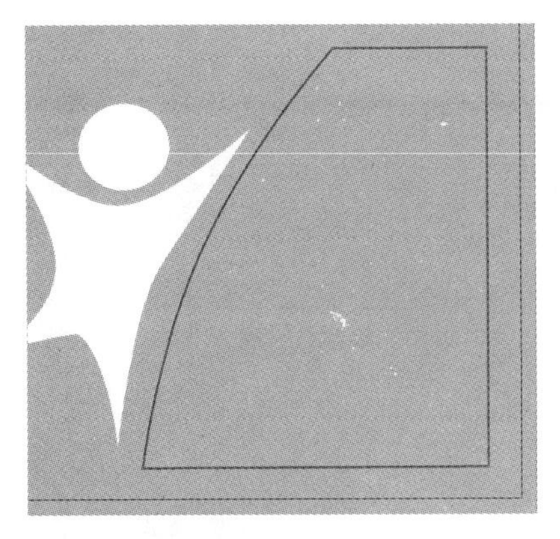

图8–89 绘制路径

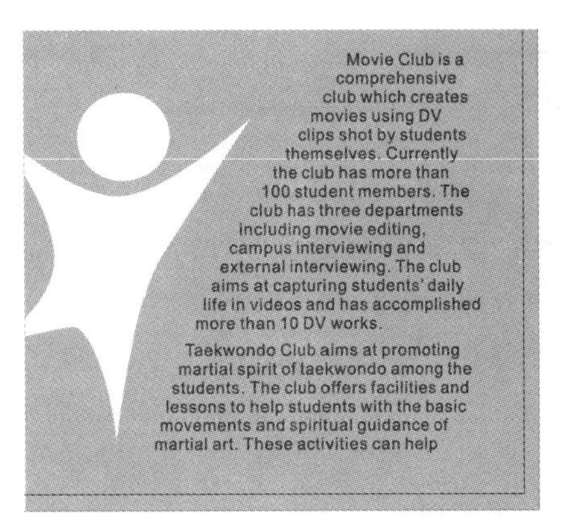

图8–90 在路径内输入文字效果

图8–91 三折页背面的整体编排效果

图8–92 立体展示效果图

8.3 杂志封面版式设计

制作要点

Illustrator软件不仅具有超强的绘图功能，而且还是一个应用范围广泛的排版软件。本例选取的是一个杂志封面的版式案例，如图8-93所示。在这个版式中充满了趣味和夸张的设计，属于一种活泼灵动的现代版面类型。通过规则的小图形重复和夸大的字母外形来营造妙趣横生的画面，从常规的构图模式走向注重读者体验的新境界。通过本例学习应掌握杂志封面常用版式设计的方法。

操作步骤

（1）执行菜单中的“文件｜新建”命令，在弹出的对话框中设置如图 8–94 所示，然后单击“确定”按钮，新建一个文件（该杂志为非正常开本）。接着将其存储为“杂志封面 .ai”。

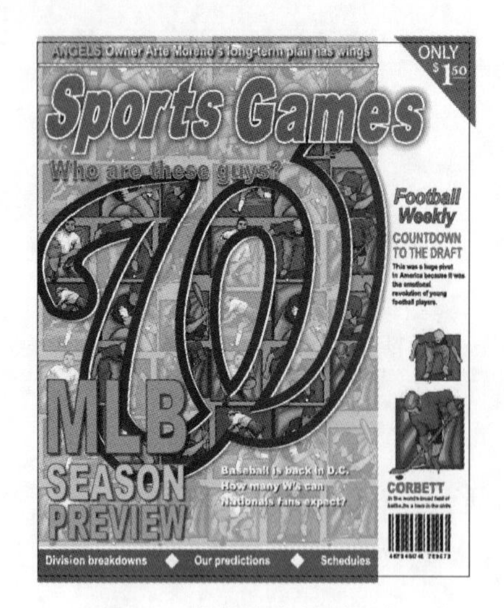

图8-93 制作杂志封面版式设计

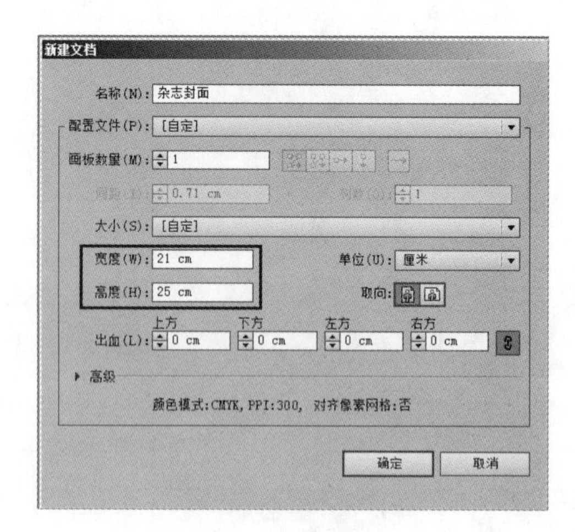

图8-94 建立新文件

提示

本例设置的页面大小只是封面的尺寸，不包括封底。

（2）该杂志封面的底图是由大量小图片（体育运动内容）重复拼接而成，这些小图片来自于图库，现在，先将从图库中选出的6张小图片置入页面中。方法：执行菜单中的“文件｜置入”命令，在弹出的对话框中设置如图8-95所示，选择配套光盘中“素材及效果\8.3杂志封面版式设计\sports001.jpg”文件，单击“置入”按钮，将小图片原稿置入到“杂志封面.ai”页面中。同理，再将sports002.jpg、sports003.jpg、sports004.jpg、sports005.jpg、sports006.jpg都依次置入，如图8-96所示。

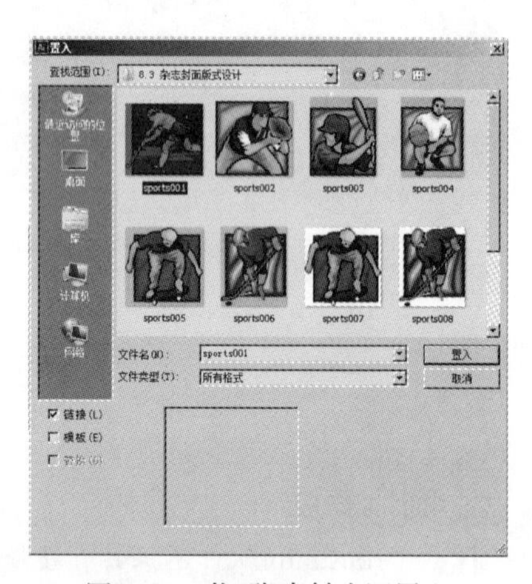

图8-95 将6张素材小图置入

（3）执行菜单中的“视图｜显示标尺”命令，调出标尺。然后按住鼠标从水平和垂直标尺中分别拖动出几条参考线，如图8-97所示。接着利用工具箱中的（选择工具），将这6张小图片分别进行移动和放缩，将它们与刚才定义的水平和垂直参考线对齐。

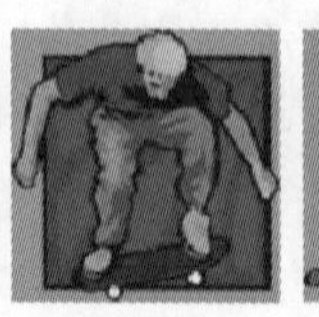

图8-96 置入的6张体育运动内容的小图片

提示

由于小图片背景中的正方形色块大小不一，因此只需将保证整体外围边缘大致对齐即可。

图8-97 将小图片依照参考线大致对齐

（4）下面以这6张小图片为一组复制单元，进行横向和纵向的复制，使其形成图案般的效果。方法：利用工具箱中的（选择工具）将6张小图片都选中（按住〈Shift〉键依次单击），然后按快捷键〈Ctrl+G〉将它们组成一组。接下来利用（选择工具）按住〈Alt〉键向右移动这组图形，将它复制出一份，如图8-98所示。

图8-98 以6张小图片为一组复制单元并进行横向复制

提示

在按下〈Alt〉键拖动图形之后，再按下〈Shift〉键，可以保证在复制的同时水平或垂直对齐。

（5）横向只需要复制出一组图形即可，下面来进行纵向的复制，应用“多重复制”的方法来自动实现。方法：先用工具箱中的（选择工具）按住〈Shift〉键将2组12张小图片都选中，然后按快捷键〈Ctrl+G〉将它们组成一组。接着，再用选择工具按住〈Alt〉键向下移动这组图形（在按下〈Alt〉键拖动图形之后，一定要再按下〈Shift〉键，以保证在复制的同时垂直对齐），将它复制出一份作为第一个复制单元。最后，反复按快捷键〈Ctrl+D〉，得到图8-99所示的纵向反复复制并整齐排列的效果。

（6）对于版面来说，不断重复使用相同的基本元素，能造成视觉上的节奏与韵律美感，因此，重复在版面中并不意味着机械的、简单的排列，而是要通过巧妙地选择重复单元和排列方式，在版面中形成一种图案装饰化的表达。我们把制作好的底图移到版面中。方法：利用（选择工具）的同时按住〈Shift〉键，将2组12张小图片都选中，然后按快捷键〈Ctrl+G〉将它们组成一组。注意版面右侧要留出45 mm的空白区域（要添加文字内容），如图8-100所示。

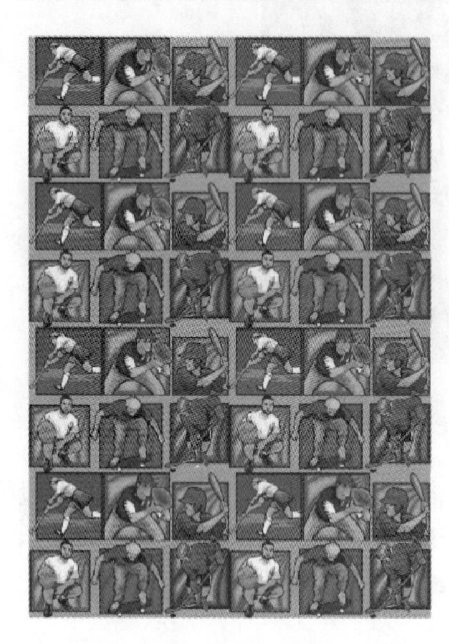

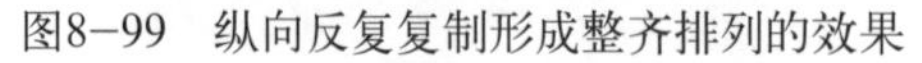

图8-99　纵向反复复制形成整齐排列的效果

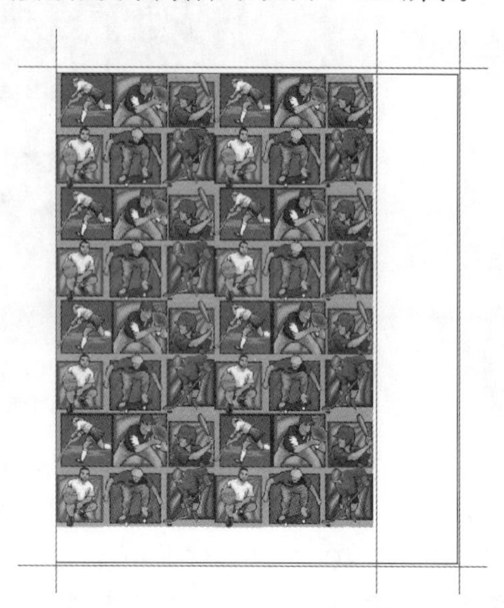

图8-100　将图片组放缩后移到页面中左侧位置

（7）在页面上、右、下三侧边缘向外3 mm处分别设置“出血线”。以上侧边缘为例，放大页面左上部，将底图拉大或向上移动，使图像超出页面上部边缘，如图8-101所示，这样可以确保裁切后不会露出白边。而图像左侧边缘是接书脊和封底的，因此不需要设置出血。

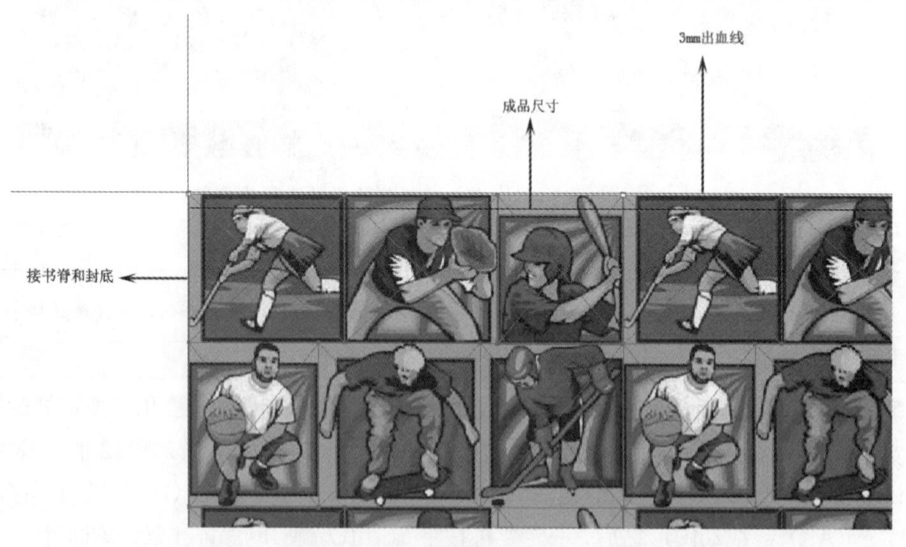

图8-101　使图像上部超出版面之外，以免裁切后留白边

（8）接下来，在页面之外绘制该封面中最显著的图形元素——一个艺术化的“W”字母外形，它与底图间将发生有趣的重叠效果。先来制作它的外形。方法：选用工具箱中的（钢笔工具），在页面中绘制图8-102所示的曲线路径（一个较夸张的字母“W”的外轮廓）。绘制完之后，

还可选用工具箱中的（直接选择工具）调节锚点及其手柄以修改曲线形状。放大局部，可以看出有些转折处的锚点并不够平滑，先用（直接选择工具）选中图 8-103 所示的锚点，然后利用选项栏中的（将所选锚点转换为平滑）工具在选中锚点上单击，可以将角点转换为平滑点，以生成平滑流畅的曲线路径。

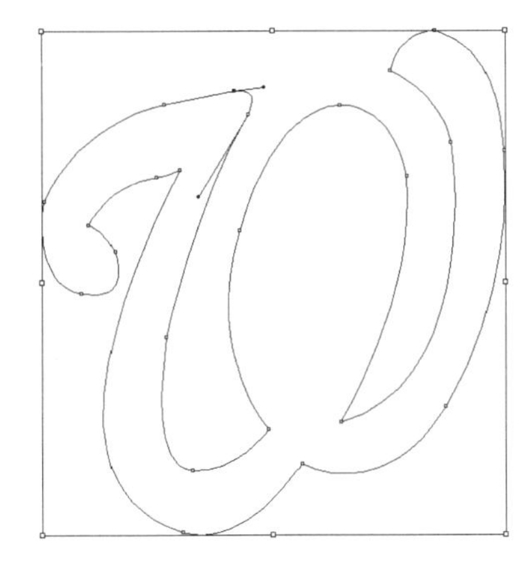

图8-102 绘制一个较夸张的字母“W”的外轮廓

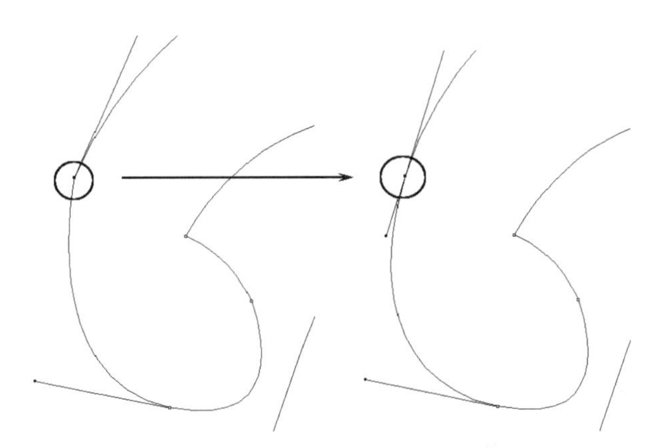

图8-103 将角点转换为平滑

（9）利用（钢笔工具）在“W”的外轮廓的内部画出一个独立的封闭路径，然后按快捷键〈Shift+Ctrl+F9〉打开“路径查找器”面板。接着利用工具箱中的（选择工具）按住〈Shift〉键将两个路径都选中，在“路径查找器”面板中单击（减去顶层）按钮，使它们发生相减的运算，其结果是“W”的内部镂空，形成如手写体般的字形效果，如图 8-104 所示。

（10）返回页面，利用（选择工具）选中刚才制作好的底图，按快捷键〈Ctrl+C〉将底图复制一份。然后，按快捷键〈Ctrl+Shift+F10〉打开“透明度”面板，如图 8-105 所示将“不透明度”设置为 35%，底图透明度整体降低，形成图 8-106 所示的浅网效果。

图8-104 “W”的内部镂空

图8-105 “透明度”面板

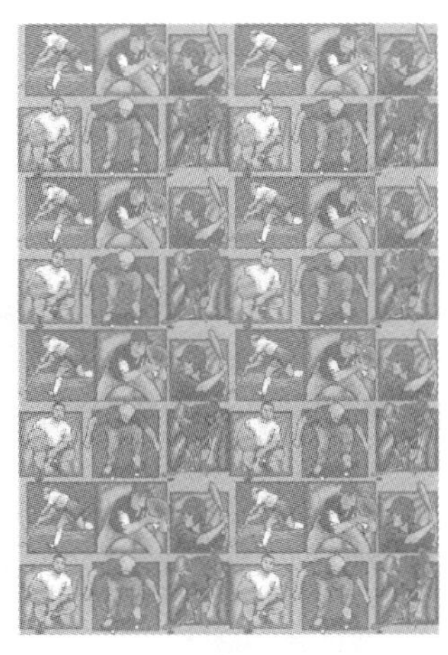

图8-106 底图透明度整体降低

（11）按快捷键〈F7〉打开“图层”面板，然后单击图层面板下方的（创建新图层）按钮，新建“图层 2”，接着按快捷键〈Ctrl+V〉将刚才复制的底图粘贴到“图层 2”中，调整位置，使“图层 2”中的底图与“图层 1”中的底图重合，如图 8-107 所示。

（12）原先绘制好的“W”字母路径位于“图层 1”，现在来将它移入“图层 2”中。方法：利用工具箱中的（选择工具）将“W”字母路径选中，在“图层”面板中“图层 1”名称项的后面会出现一个蓝色的小标识，如图 8-108 所示，用鼠标选中并将它拖动到“图层 2”层中，这样便于进行后面的编辑。接着，将“图层 1”名称前的（切换可视性）图标点掉，使“图层 1”暂时隐藏。

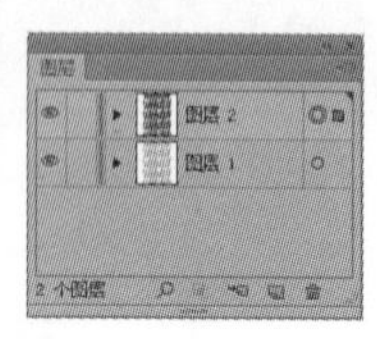

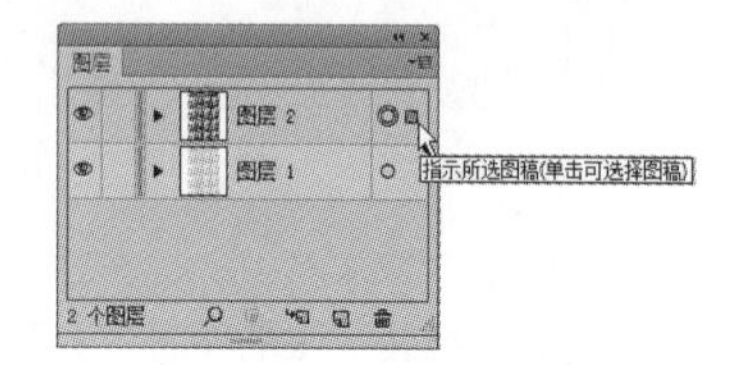

图8-107　将原来复制的底图粘贴到“图层2”　　图8-108　将“W”字母路径移入“图层2”

（13）在“图层 2”中我们应用“W”字母的路径作为蒙版形状，在底图上制作剪切蒙版效果，使“图层 2”中蒙版范围之外的部分全被裁掉。方法：利用（选择工具）选中“W”字母路径，按快捷键〈Ctrl+C〉将它复制一份，然后再按快捷键〈Ctrl+V〉得到一个复制出的“W”字母路径，将复制出的路径移动到图 8-109 所示位置（在页面范围外保留原来的“W”字母路径以备后面步骤使用），然后按住〈Shift〉键将它与底图一起选中。接着，执行菜单中的“对象｜剪切蒙版｜建立”命令，超出“W”字母路径之外的多余的图像部分被裁掉，效果如图 8-110 所示。

图8-109　将“W”字母路径移动到底图上中间部位　图8-110　超出“W”字母路径之外的图像部分被裁掉

（14）在“图层”面板上再次单击“图层 1”名称前的（切换可视性）图标，使“图层 1”显示出来，效果如图 8-111 所示，此时字母图形内的图像保留原始颜色，而其余部分图像形成浅网效果。这里文字与图像两种设计语言自然地结合在一起，使版面充满情趣和视觉感染力。

（15）为了使字母“W”具有更强的装饰性，下面还要对它进行边缘立体化的处理，先在它外部边缘勾一层较粗的深蓝色装饰边线。方法：单击图层面板下方的（创建新图层）按钮，新建立“图层 3”，将刚才（步骤（13））留在页面范围外的“W”字母路径再复制一份，粘贴到“图层 3”中。然后，将它的“描边”设置为深蓝色（参考颜色数值为 CMYK（100，80，0，60）。接着，再按快捷键〈Ctrl+F10〉打开“描边”面板，将描边“粗细”设置为 12 pt。文字边缘被描上了一层深蓝色装饰边，效果如图 8-112 所示。

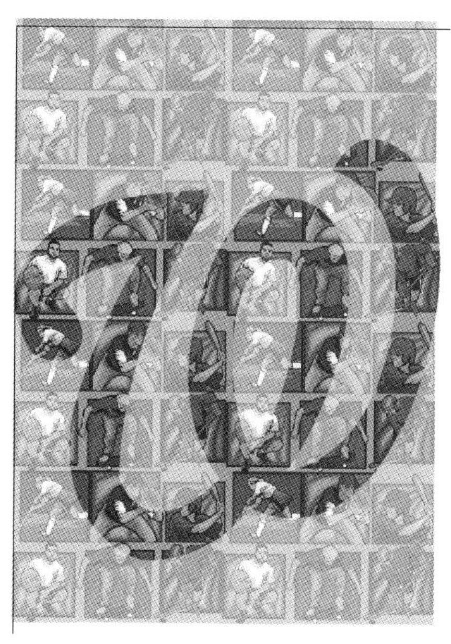

图8-111　字母内保留原始颜色，其余部分形成浅网效果

图8-112　深蓝色装饰边线

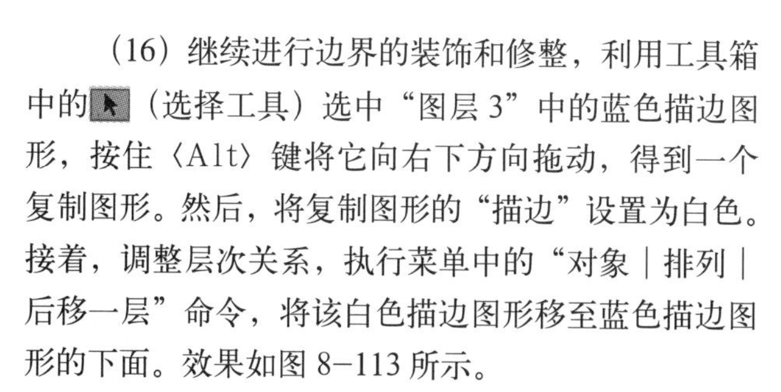

（16）继续进行边界的装饰和修整，利用工具箱中的（选择工具）选中“图层 3”中的蓝色描边图形，按住〈Alt〉键将它向右下方向拖动，得到一个复制图形。然后，将复制图形的“描边”设置为白色。接着，调整层次关系，执行菜单中的“对象｜排列｜后移一层”命令，将该白色描边图形移至蓝色描边图形的下面。效果如图 8-113 所示。

图8-113　再添加一层白色的描边图形

（17）为了进一步增强文字边缘的立体装饰感，在白色描边的下面需要再添加半透明投影。方法：保持白色描边图形被选中的状态下，执行菜单中的“效果｜风格化｜投影”命令，在弹出的对话框中设置如图 8-114 所示，将“不透明度”设置为 50%，“X 位移”量为 0.8 mm，“Y 位移”量为 0.8 mm（位移量为正的数值表示生成投影在图形的右下方向），“模糊”数值设为 0.8 mm。投影“颜色”为黑色。然后单击“确定”按钮，在白色描边的右下方向出现了逐渐虚化的半透明投影。效果如图 8-115 所示。

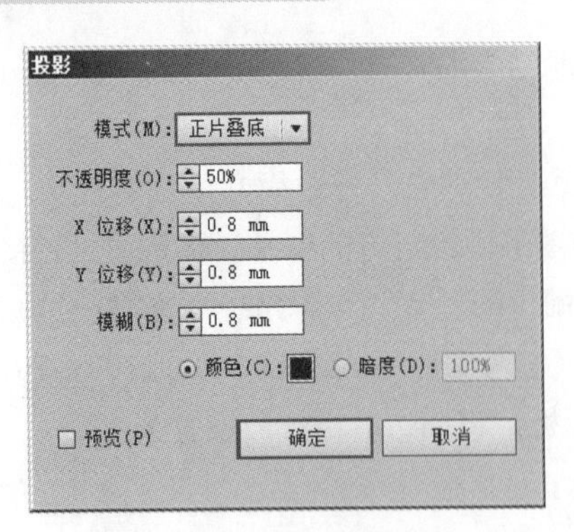

图8-114 “投影”对话框

图8-115 添加逐渐虚化的半透明投影

(18) 选择工具箱中的（矩形工具）画出一个与底图相同宽度的矩形，将其“填色”设置为一种红色（参考颜色数值为 CMYK（0，100，100，20），“描边”设置为无。调整它的高度，并将它移至图 8-116 所示的页面下部边缘。

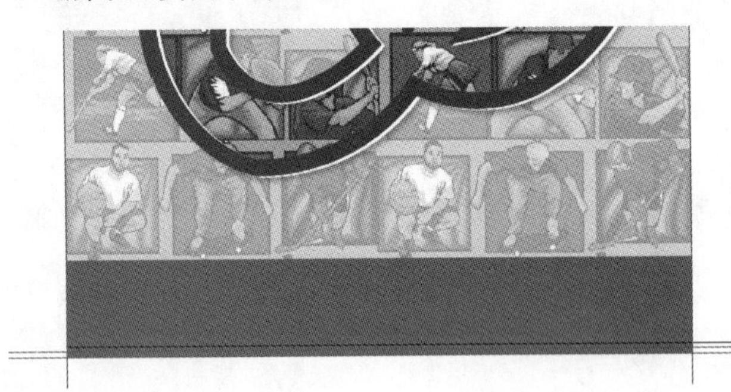

图8-116 在版面底部画出一个矩形并填充红色

提示

下部边缘也存在出血的问题，因此要将红色矩形向下多扩宽3 mm。

(19) 至此，封面的图形部分处理完成，下面进入文字的编辑阶段。先来制作版面左下部的文字。方法：单击“图层”面板下方的（创建新图层）按钮新，建立“图层 4”，选择工具箱中的（文字工具），先分别输入 3 段文本“MLB”“SEASON”和“PREVIEW”。然后，在工具选项栏中设置“字体”为“Arial”，“字体样式”为“Bold”，接着，执行“文字｜创建轮廓”命令，将文字转换为如图 8-117 所示由锚点和路径组成的图形。

(20) 封面中把版面推向极致的手法是对比，缺乏对比的版面看起来毫无生气，由于版面中间图形化的字母“W”外形夸张，填充图像颜色也很炫目，因此其他字体不宜再制作过多的艺术效果，而是要选择相对规范的字体，只添加简单的技巧，与图形化文字形成对比，这样版面才能活泼而又不失大方稳重。下面先选中已转为路径的文字“MLB”，再利用（选择工具）对文字进行拉伸变形（纵向拉伸形成窄长的字体风格）。然后，将“填色”设置为浅蓝色（参考颜色数值为 CMYK（40，18，5，0），“描边”设置为深灰色（参考颜色数值为：CMYK（0，0，0，80），描边“粗细”设置为 3 pt。文字边缘被描上了一层深灰色装饰边，效果如图 8-118 所示。

(21) 执行菜单中的“效果｜风格化｜投影”命令，在弹出的对话框中设置如图 8-119 所示，然后单击“确定”按钮，在文字右下方添加虚化的投影效果。同理，再制作出“SEASON”和“PREVIEW”的效果，其中“SEASON”的“填色”为粉红色（参考颜色数值为 CMYK（0，22，15，0），“PREVIEW”的“填色”为淡蓝色（参考颜色数值为 CMYK（40，10，0，0），文字下都添加投影。最后三行文字的拼接效果如图 8-120 所示。

图8-117　输入3段文字并转为路径

图8-118　对文字进行描边的效果

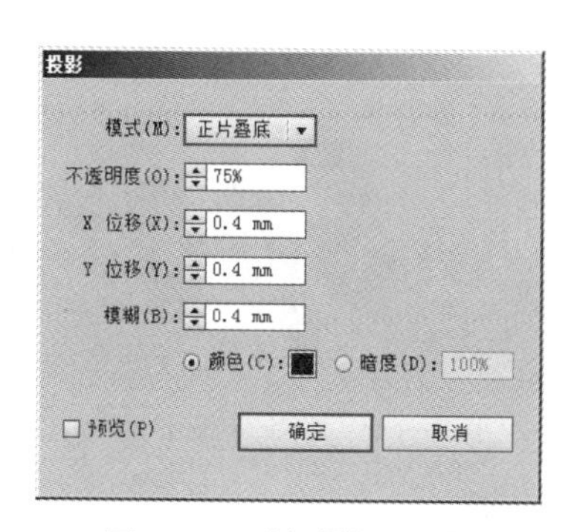

图8-119　“投影”对话框

图8-120　三行文字的拼接效果

（22）将它移动到版面的左下角，调整大小，效果如图 8-121 所示。

（23）现在要制作的是杂志的标题，输入文本“Sports”，然后，在工具选项栏中设置“字体”为“Arial Black”（或者另外选择一种更粗一些的字体），其中单词“Sports”的“填色”为红色（参考颜色数值为 CMYK（0，100，100，0），接着，执行“文字｜创建轮廓”命令，将文字转换为如图 8-122 所示由锚点和路径组成的图形。

图8-121　将文字移动到版面的左下角

图8-122　将文字转换为由锚点和路径组成的图形

（24）把分离的字母图形制作成为一个“复合路径”。方法：利用工具箱中的（选择工具）选中文字图形，然后执行菜单中的“对象｜复合路径｜建立”命令，将分散的单词合成一个整体图形。

提示

如果不将分离的字母图形制作成“复合路径”，则后面加外发光效果时会发生阴影的重叠。

（25）接着，再为文字添加一些简单的装饰的效果。为了避免封面文字效果的散乱，所有文字特技都只限于描边和投影（以及类似于投影的外发光）这两种简单效果，以保持版面字体风格的统一。方法：先将文字的“描边”设置为白色，描边“粗细”设置为3 pt。文字边缘被描上了一圈纤细的白色装饰边，效果如图8-123所示。

（26）由于选择的粗体字没有合适的斜体样式，必须使用其他工具使文字倾斜，模拟斜体字的效果。方法：选中工具箱中的（倾斜工具），在文字的中心部位先单击鼠标，设置倾斜中心点。接下来，按住〈Shift〉键向右拖动鼠标，文字发生向右的倾斜效果，如图8-124所示。

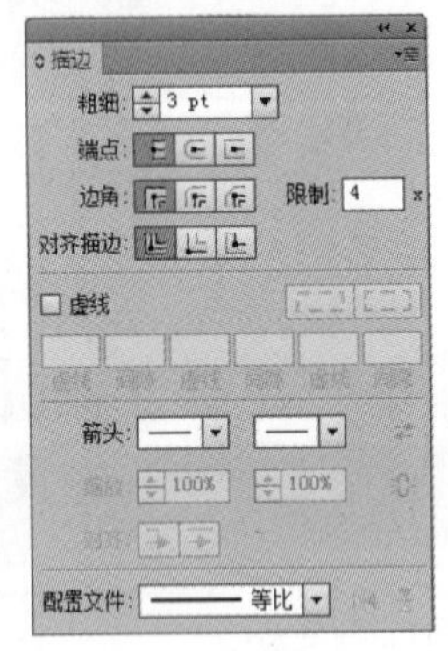

图8-123 将文字图形描上一圈白色边线

图8-124 将文字图形进行向右的倾斜处理

（27）最后一种装饰效果是黑色的“外发光”，这种发光效果类似于“投影”，但它是从文字中心向外进行颜色扩散。方法：选中文字，执行菜单中的“效果｜风格化｜外发光”命令，在弹出的对话框中设置如图8-125所示，然后单击“确定”按钮，文字外围添加上了虚化的黑色发光效果，如图8-126所示。

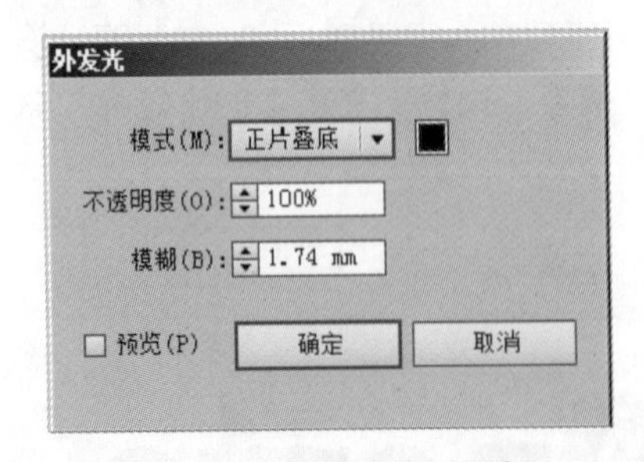

图8-125 “外发光”对话框

图8-126 文字外围添加上了虚化的黑色发光效果

（28）同理，再制作出另一个单词“Games”的装饰效果。应用（选择工具）按住〈Shift〉键将两个单词图形都选中，然后按快捷键〈Ctrl+G〉将它们组成一组。效果如图8-127所示。

Sports Games

图8-127　标题文字的合成效果

（29）将标题文字移至版面的顶端，并在其下面以相同的风格再制作一行红色小字。效果如图 8-128 所示。版面中还有很多分布的小字，此处不再一一详述做法。字体风格都是描边和投影，请读者参考图 8-129 和图 8-130 所示效果自己完成（此处的条形码是模拟制作的，读者可以不用添加）。

图8-128　将标题文字放置于版面上端

图8-129　制作上半部分版面中其他的小文字效果

（30）最后，执行菜单中的“文件 | 置入”命令，将“配套光盘 \ 素材及效果 \8.3 杂志封面设计”中的图“sports007.jpg”和“sports008.jpg”两个文件置入，将它们缩小一些放置在图 8-131 所示的封面右下方部位。

图8-130　制作小文字效果并添加条码

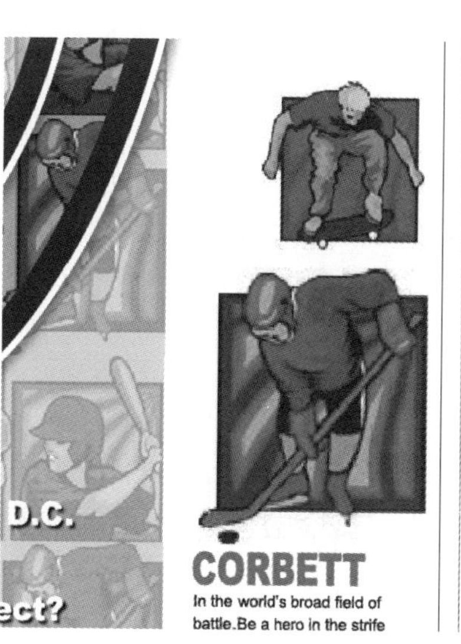

图8-131　右下部再置入两张小图片

提示

所有的文字（以及最后加入的小图形）都位于“图层4”上。

（31）至此，杂志封面的版式案例已制作完成。最后的图层分布效果如图 8-132 所示，读者可以参考这种图层分配的思路，将背景、主体图形和文字都分别置于不同的图层上，以便于编辑和管理。最后的版面效果如图 8-133 所示。

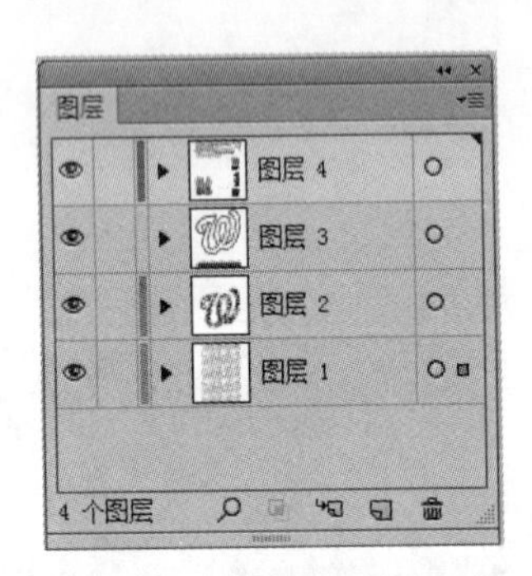

图8-132　最后的图层分布

图8-133　制作完成的封面版面效果

8.4　包装盒平面展开图及立体展示效果图

制作要点

本例将制作一个包装盒平面展开图及立体展示效果图，如图8-134所示。这是一个综合性很强的案例，它分为两大部分：一是包装设计的平面展开图，主要运用Illustrator软件来绘制；二是包装盒的立体展示效果图，主要运用Photoshop软件来完成。因为包装盒的立体造型展示要求有接近真实的透视、光线与环境投影等效果，而Photoshop并不具有强大的三维造型功能。因此，这是本案例的主要难点。

在此案例中，反复用到Photoshop中的加深和减淡工具。另外，选区的巧妙运用、复杂图层的控制、透视变形、投影与半透明倒影的制作等也是重点。在Illustrator中主要学习纹理图案、剪切蒙版以及包装平面展开图的制作。通过本例的学习，读者应掌握包装盒平面展开图及立体展示效果图的制作方法。

操作步骤

1．包装盒立体展示效果图的制作

（1）启动 Photoshop，执行菜单中的“文件｜新建”命令，在弹出的对话框中设置参数，如图 8-135 所示，然后单击“确定”按钮，新建一个文件。然后将其存储为“包装盒 .psd”。

包装盒立体展示效果图

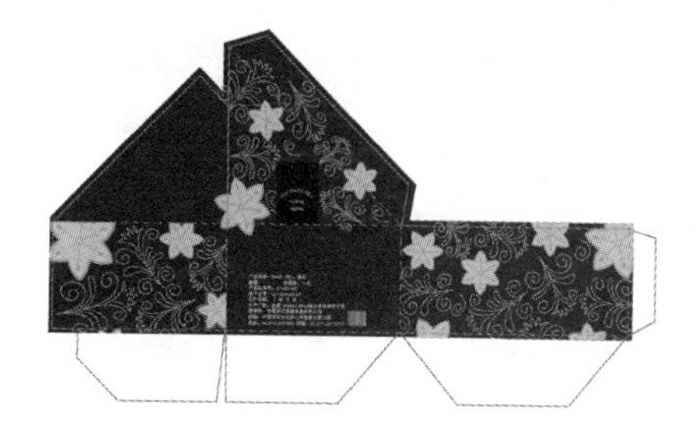

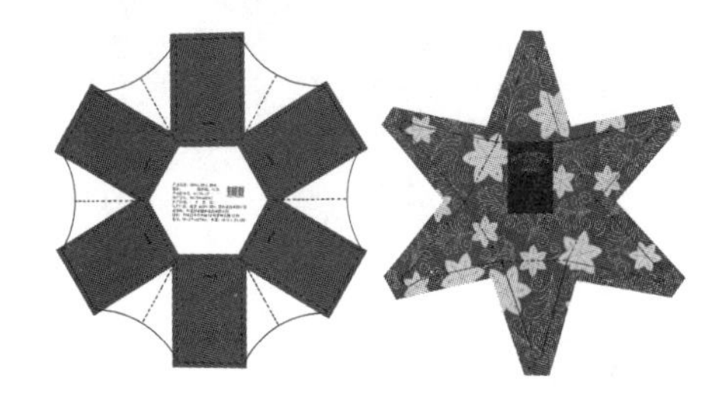

包装盒平面展开图

图8-134　包装盒立体展示效果图及平面展开图

（2）先来制作一个深暗色的背景作为包装盒放置的环境底色。方法：选择工具箱中的 （渐变工具），然后单击工具选项栏左部的 （单击可编辑渐变）按钮，在弹出的“渐变编辑器”对话框中设置参数，如图 8-136 所示。我们需要一个深色的背景，因此设置“黑—深灰—黑”的渐变（深灰色参考颜色数值为 CMYK（75，70，60，80）），单击“确定”按钮。接着，按住〈Shift〉键在画面中从上至下拖动鼠标，在画面中填充由“黑—深灰—黑”的三色线性渐变，效果如图 8-137 所示。

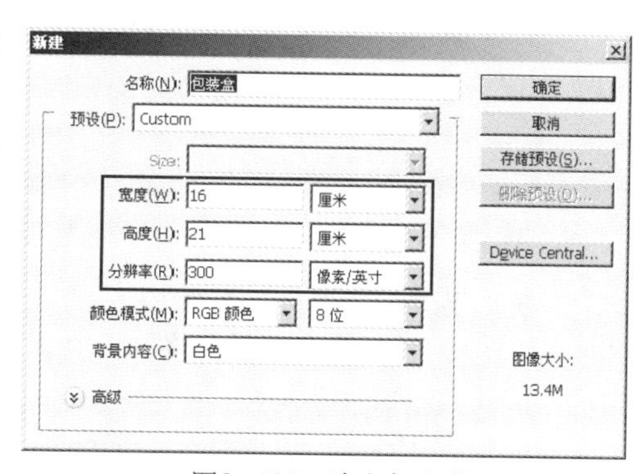

图8-135　建立新文件

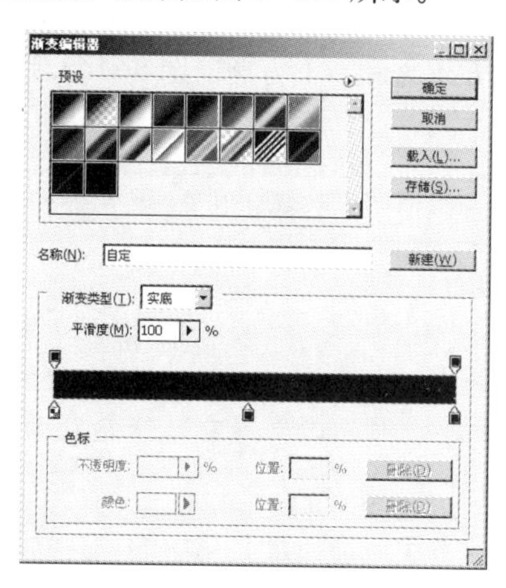

图8-136　在“渐变编辑器”里设置参数

图8-137　在画面中填充三色线性渐变

（3）接下来开始包装盒的绘制，首先新建一个图层。再执行菜单中的“窗口｜图层”命令，调出“图层”面板，然后将“背景”图层的图标拖动到面板下方的（创建新图层）按钮上，从而复制出一个图层，并将复制出的图层更名为“layer1”。接着在画面的中下部利用（钢笔工具）绘制出一个四边形路径，再按快捷键〈Ctrl+Enter〉将路径转换为选区，如图8−138（a）所示。最后，执行菜单中的“编辑|填充”命令，将其填充为一种深蓝色（参考颜色数值为CMYK（100，100，64，40））。这样，包装盒的其中一个侧面就出现了，效果如图8−138（b）所示。

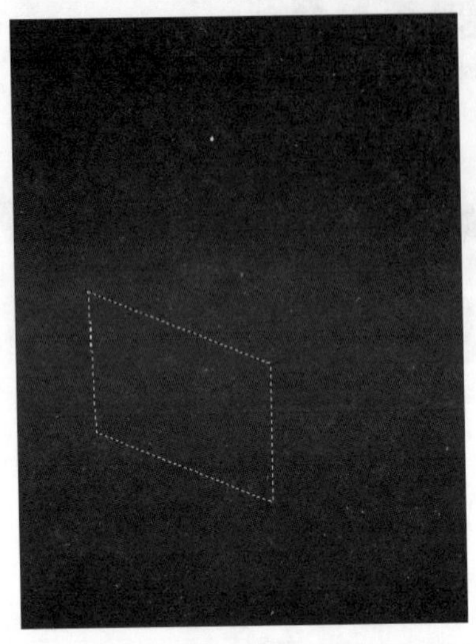

（a）绘制四边形路径并转换为浮动选区

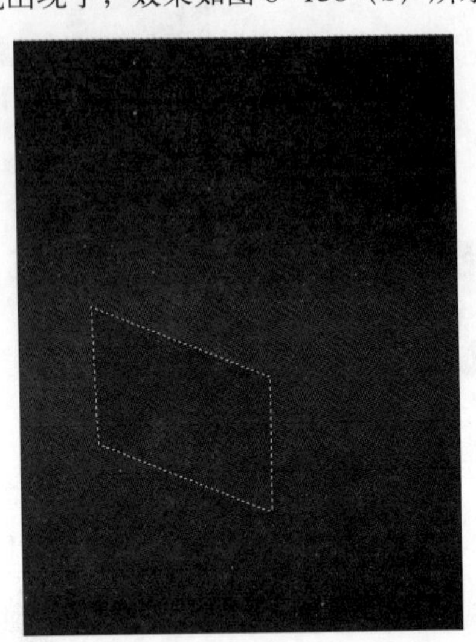

（b）在选区中填充一种深蓝色

图8−138　绘制并填充选区

（4）接下来为这个侧面制作一种光影效果，光影可以根据自己的想象来制作（如果对效果没有把握，也可以参考实际光线中的盒子表面的光效）。这里使用了工具箱中的（加深工具）和（减淡工具）两个重要的修饰工具。这两个工具都存在羽化的边缘，所以操作时不能保证留出精确的四边形边缘，并且由于包装盒的每个面都有不同的光影效果，因此必须逐面进行绘制，并且将包装盒的每个面都放置在独立的图层上。

方法：选择工具箱中的（减淡工具），然后在其设置栏里设置参数，如图8−139所示，将画笔的“硬度”设为0，画笔的“主直径”设为473像素，“范围”设为中间调，“曝光度”设为11%。接着利用（减淡工具）在这个侧面的左下方和右上方顺着图8−140所示的方向来回拖动鼠标，效果如图8−141所示。

图8−139　减淡工具的设置栏

提示

减淡工具可以进行局部颜色提亮的微妙处理，因此这里用它来修饰表面变化的光影，直到达到满意的效果。

（5）接下来将这个侧面的阴影部分描绘出来。方法：选择工具箱中的（加深工具），然后在其设置栏里设置图8−142所示的参数，将画笔的“硬度”设为0，画笔的“主直径”设为

360 像素。接着，用加深工具在这个侧面的中部和顶部边缘顺着图 8-143 所示方向来回拖动鼠标，鼠标经过的部位颜色被加深变暗了，形成自然变化的光影，如图 8-144 所示。一个侧面理想的光影效果就绘制出来了。

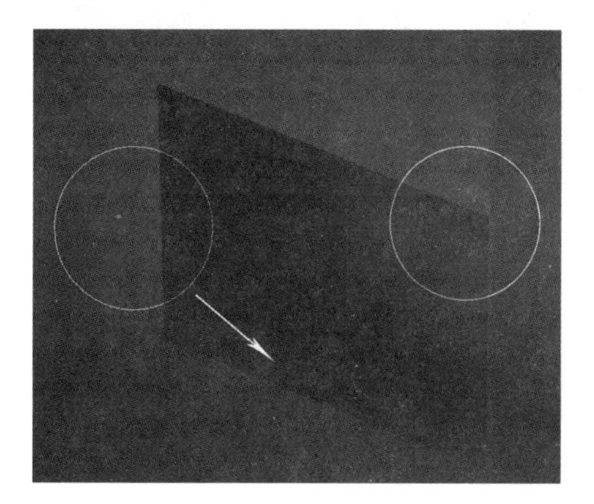

图8-140　用减淡工具绘制效果

图8-141　盒子一个侧面的光泽部分呈现出来

图8-142　加深工具的设置栏

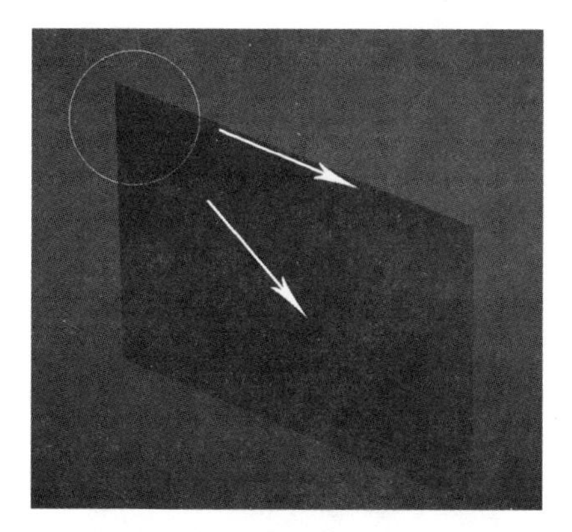

图8-143　用加深工具绘制效果

图8-144　盒子一个侧面微妙变化的光影效果

提示

拖动鼠标时不可太过于机械，否则形成的光感会显得生硬。可以多试几次以得到理想的效果。

（6）同理，来制作包装盒的另一个侧面。方法：新创建一个图层，更名为“layer2”。然后应用同样的方法，在刚才那个侧面旁边绘制图 8-145 所示的选区，将其也填充为深蓝色（参考颜色数值为 CMYK（100，100，64，40））。

（7）选择工具箱中的（加深工具），在其设置栏里设置参数，如图 8-146 所示。然后利用（加深工具）在这个侧面的左上方和右下方顺着图 8-147 所示的方向来回拖动鼠标。

（8）选择工具箱中的（减淡工具），然后在其设置栏里设置参数，如图 8-148 所示，并且在这个侧面中部顺着图 8-149 所示的方向来回拖动鼠标，最终得到图 8-150 所示的效果。包装盒侧面呈现出微妙变化的光影效果，由于它处于深暗的背景中，因此明暗变化不宜过于明显。

图8-145　用钢笔工具绘制选区并填充为深蓝色

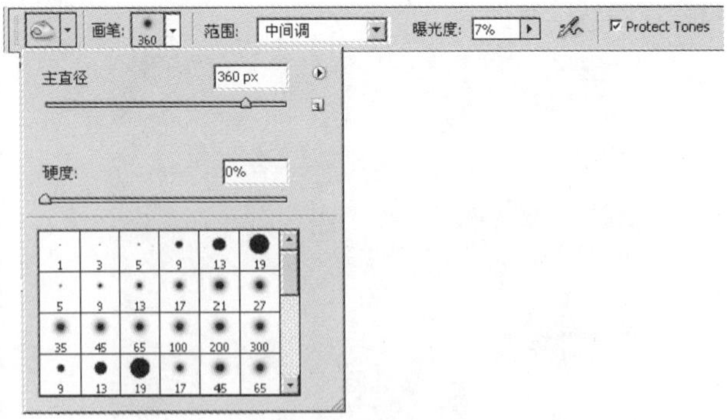

图8-146　加深工具的设置栏

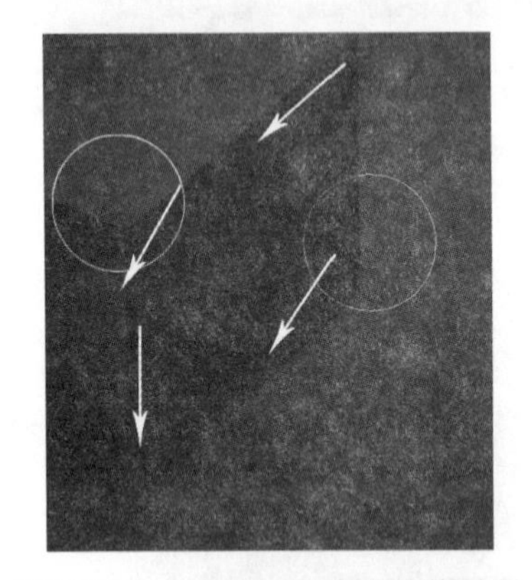

图8-147　用加深工具制作阴影效果

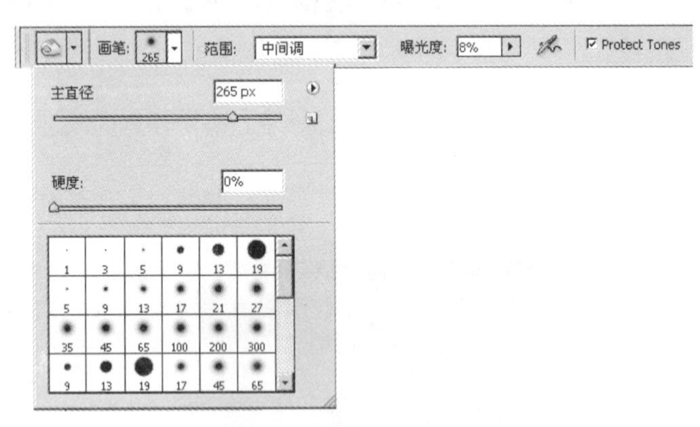

图8-148　减淡工具的设置栏

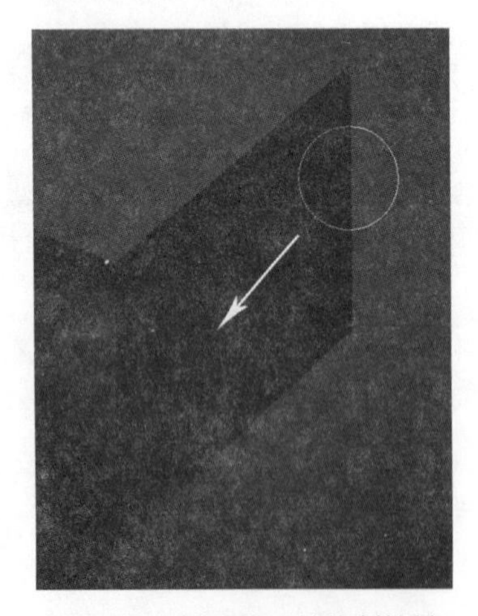

图8-149　用减淡工具绘制效果

图8-150　第2个侧面的光影效果

（9）同理，请读者参照图 8-151 所示的效果绘制出包装盒的顶面形状。然后选择工具箱中的（减淡工具），在其设置栏内设置合适的“笔刷大小”和“曝光度”（可以设置与图 8-148 相同的参数）。接着利用（减淡工具）在这个侧面的右上方顺着图 8-152 所示的方向来回拖动鼠标，直到达到满意的光影效果。

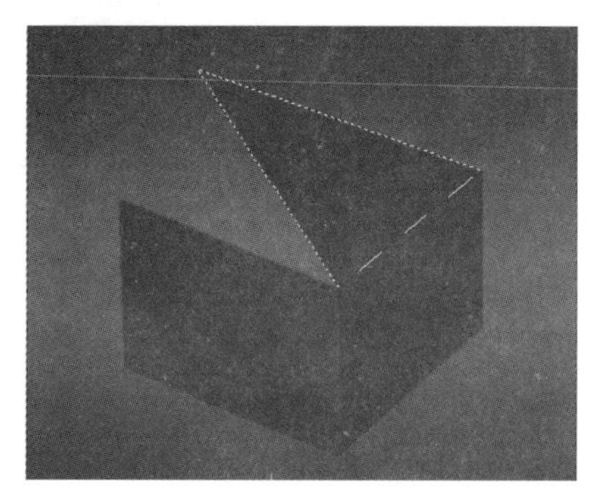

图8-151 建立选区并填充颜色

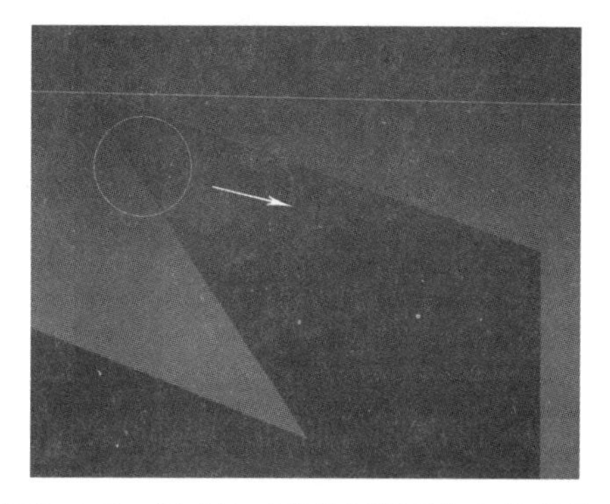

图8-152 用减淡工具绘制局部加亮的效果

（10）每个侧面都要同时应用加深和减淡工具，以形成丰富的明暗变化的区域。选择工具箱中的（加深工具），参照图 8-153 所示的方向拖动鼠标，面与面的交界处颜色要特意加重一些，以突出转折的效果。3 个面制作完成的效果如图 8-154 所示。

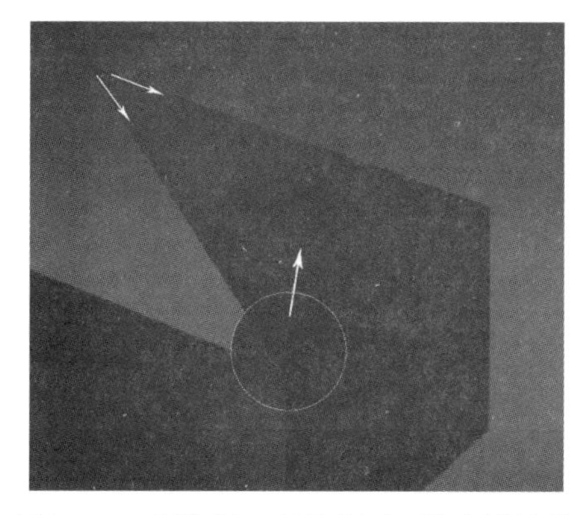

图8-153 用加深工具绘制项面的光影效果

图8-154 3个面制作完成的效果

（11）创建新图层“layer3”，采用同样的方法，参照图 8-155 制作出包装盒的内侧面。然后利用工具箱中的（加深工具）在内侧面的两个内角部位顺着图 8-156 所示的方向来回拖动鼠标，加强内侧面的立体感觉。至此，整个盒身的基本光影效果就做成了。请读者用心体会加深与减淡工具的使用方法以及参数设置的技巧，尽管这两个工具是简单的工具，但自有它的妙用，多练习就能掌握其中的窍门，包装盒基本型的立体效果如图 8-157 所示。

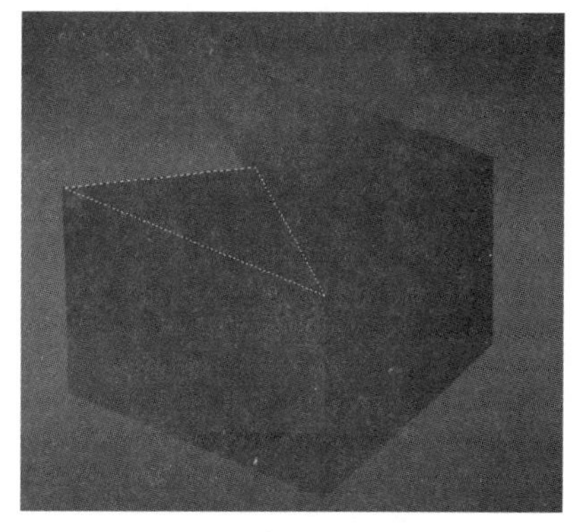

图8-155 建立选区并填充颜色

（12）本例制作的包装盒表面印有明亮精致的花纹，具有烫金的效果，在深暗的盒面上熠熠生辉，我们先来设计盒面上的花纹图案。由于花纹简洁而富于曲线变化，因此在 Illustrator 软件中进行单元形绘制。方法：打开 Illustrator CS6 软件，新创建一个空白文件，应用工具箱中的（钢笔工具）绘制出小花的轮廓，并将其“填色”设置为一种偏绿的黄色（参考颜色数值为 CMYK（30，30，95，0）），如图 8-158 所示。

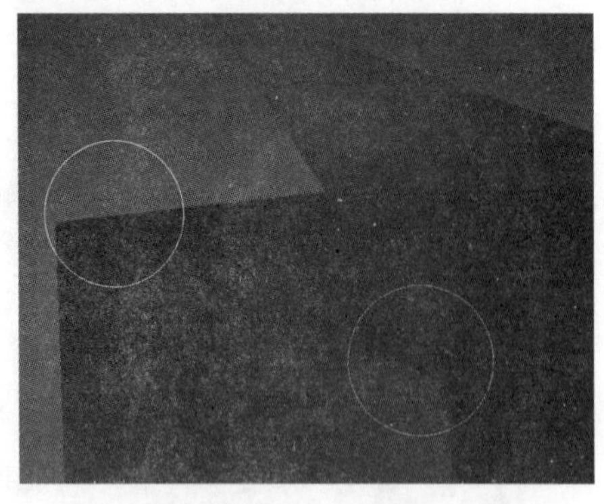

图8-156　用加深工具绘制阴影效果

图8-157　包装盒基本型的立体效果

（13）将花瓣向内收集一层，得到简单的重瓣效果。方法：先用工具箱中的（选择工具）将画好的小花图形选中，然后在工具箱中的（比例缩放工具）上双击，在弹出的对话框中设置参数，如图 8-159 所示，然后单击“复制”按钮，在花朵中心得到一个向内缩小一圈的复制图形，将它的“填色”设置为一种明亮的黄色（参考颜色数值为 CMYK（15，8，80，0）），如图 8-160 所示。

图8-158　绘出小花轮廓并填充颜色

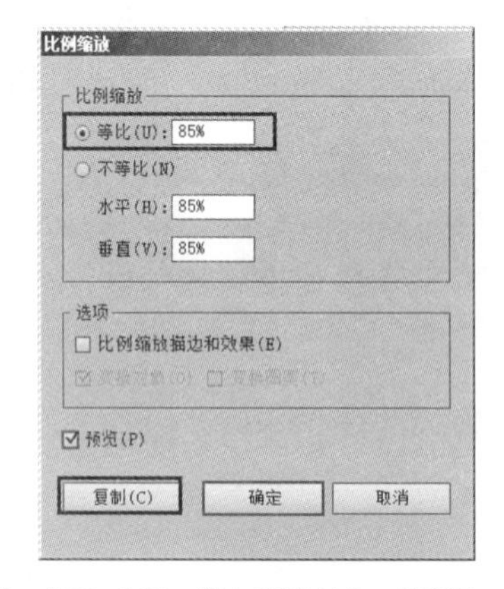

图8-159　“比例缩放”对话框

图8-160　将花朵复制后缩小到85%

（14）在每个花瓣上添加圆点。方法：选择工具箱中的（椭圆工具），在花瓣的中心画一个竖着的小椭圆形，将其“填色”设置为偏绿的黄色（参考颜色数值为 CMYK（30，30，95，0）），如图 8-161 所示。然后将其经过旋转后复制到每个花瓣的中心，如图 8-162 所示。

图8-161　画出一个小椭圆形

图8-162　将小圆形旋转并复制到每个花瓣的中心

（15）接下来要绘制的是花蕊部分。方法：使用工具箱中的（椭圆工具）在花朵的中心画出一个圆环，将其“填色”设置为无，“描边粗细”设置为 5 pt（注：由于图形大小会影响描边大小的显示，所以请依据自己所画的图形大小来设置描边宽度），如图 8-163 所示。接着再利用工具箱中的（钢笔工具）画出伸向周边的一条花蕊（3 段线段的拼接），同样将“填色”设置为无，“描边粗细”设置为 5 pt。描边的颜色为偏绿的黄色（参考颜色数值为 CMYK（30，30，95，0）），效果如图 8-164 所示。

图8-163　绘制出中心的小圆环

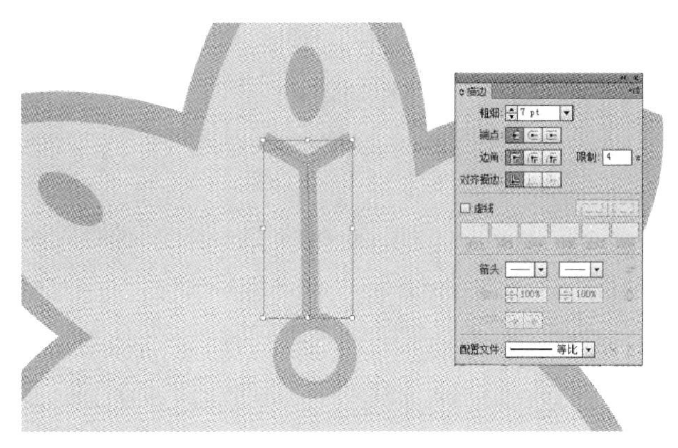

图8-164　绘制出其中一条花蕊

（16）选择工具箱中的（选择工具），按住〈Shift〉键将花蕊线段都选中，然后按快捷键〈Ctrl+G〉将它们组成一组。接着，将其复制出 5 份，经过旋转后围绕在中心圆环的周围，形成如图 8-165 所示的中心放射状效果。简单的花形图案便绘制完成。

（17）包装盒表面图案中还包括一种小花藤图形，直接用工具箱中的（钢笔工具）绘制出花藤的路径（其中包含大量的曲线路径），Illustrator 中（钢笔工具）的用法与 Photoshop CS6 基本一致。然后，将其“填色”设置为无，“描边粗细”设置为 5 pt，效果如图 8-166 所示。

图8-165　将花蕊复制粘贴在圆环周围

图8-166　用钢笔工具绘制出花藤路径

这样，包装盒所需要的基本图案就做好了。由于 Photoshop CS6 与 Illustrator CS6 的兼容性很好，因此可直接将绘制好的花纹图案复制粘贴到 Photoshop CS6 中打开的“包装盒 .psd”里，贴入的图形自动生成独立的一层，相当方便。

（18）回到 Photoshop CS6 软件中，将刚才贴入的花藤图案进行大小和位置的调整。方法：

按快捷键〈Ctrl+T〉应用“自由变换”命令，然后拖动控制框边角的手柄，对花藤图案进行大小宽窄的调整，并将其移动到图8-167所示的位置。

（19）同理，将Illustrator中画好的花朵图形也通过复制粘贴置入底图中，然后按快捷键〈Ctrl+T〉应用“自由变换”命令，这里要对小花的透视进行改变，因此需要按住〈Ctrl〉键的同时拖动控制框边角的手柄，这样可以任意改变图形的透视效果，使图案与包装盒正面形成相同的透视关系，调整后的效果如图8-168所示。

图8-167　将花藤置入底图中并进行缩放变形

图8-168　使花朵图案与包装盒正面形成相同的透视关系

（20）为了让置入图案与包装盒侧面的边缘吻合，要将其多余的边角去掉，这里需要灵活地利用选区的功能。方法：选择花纹所在侧面的图层，也就是“layer1”层，然后利用（魔棒工具）将蓝色块面的外部区域选中，如图8-169所示。接着选择花朵图案所在的图层，按键盘上的〈Delete〉键，将花朵图案周围多余的部分清除，效果如图8-170所示。

图8-169　将蓝色块以外的区域选中

图8-170　将花朵图案多余的部分清除

（21）其余的图案置入方法与多余边角的清除方法及之前的方法基本一致，请读者参照图8-171自行绘制，制作方法此处不再赘述。

（22）为了使包装盒的光影效果成为一个整体，因此在置入的图案上也要添加光影的变化。由于每个图案的光影效果不尽相同，因此要针对每个图案进行光影的添加与调节。这里仅以小花图案为例进行讲解。在“图层”面板上选中小花所在的图层，然后利用（魔棒工具）选中

小花之外的区域，再执行菜单中的“选择 | 反向”命令，将小花图案制作为选区，如图 8-172 所示。

图8-171　将其余的花纹图案置入并调整

图8-172　将一朵小花图案制作为选区

提示

由于每个图案都形成单独的一个图层，所以图层总体数量较多，此时想要选中某一图案所在图层是件比较麻烦的事，这里教大家一个简易的方法：选择工具箱中的（移动工具），将光标移到图像中某个需要选中的图案（如一朵花）上面，右击，会弹出图8-173所示的快捷菜单，其中列出了几个图层的选项，选择第一个图层，便会自动选中小花所在图层。这种方法可以快捷准确地选中任意图层。

图8-173　在弹出的快捷菜单中选中任意图层

（23）下面来示范如何在这朵花的选区内进行光影的描绘。由于小花的阴影部分偏红，所以不能只使用（加深工具），还要配合（画笔工具）一起来工作。方法：首先选择工具箱中的（画笔工具），在其设置栏中设置图 8-174 所示的参数，将工具箱中的前景色设置为中等亮度的棕黄色（参考颜色数值为 CMYK（35，40，90，0））。然后在小花的右上部顺着图 8-175 所示的方向来回拖动鼠标，描绘出一定范围的虚化的阴影效果，如图 8-176 所示。

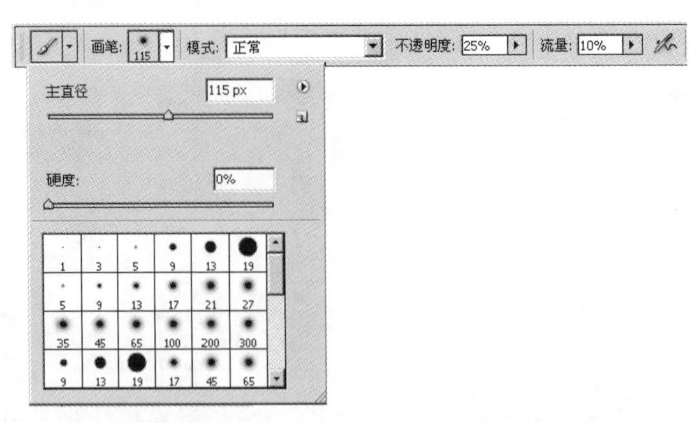

图8-174　画笔工具的设置栏

图8-175　顺着箭头方向来回拖动鼠标

图8-176　在小花上描绘出一定范围的虚化的阴影效果

（24）得到初步的阴影效果之后，下面继续用（加深工具）和（减淡工具）进行修饰。方法：选择工具箱中的（加深工具），然后在其设置栏内设置图 8-177 所示的参数，然后顺着图 8-178 所示的方向来回拖动鼠标，直到达到满意的效果。同样的方法，再选择工具箱中的（减淡工具），请读者自己设置合适的“笔刷大小”和“曝光度”，顺着图 8-179 所示的方向来回拖动鼠标，在本来为纯色填充的图形内部形成明暗的微妙变化。

图8-177　加深工具的设置栏

图8-178　用加深工具修饰局部

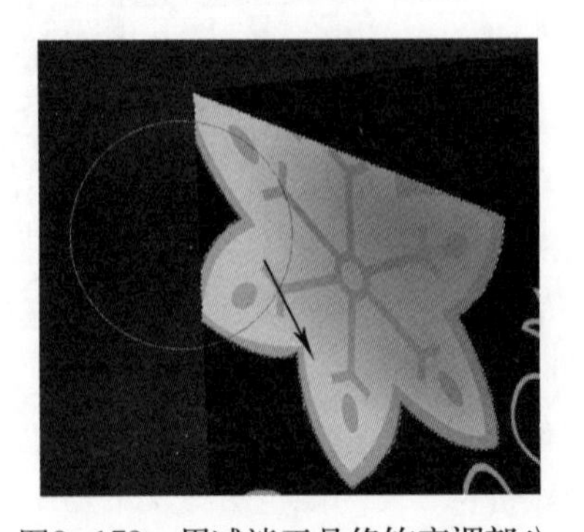

图8-179　用减淡工具修饰亮调部分

（25）其余盒面图案的光效制作方法都与小花基本一致，请读者按照相同的思路进行局部提亮与加暗，并仔细体会这种局部添加光线的简单方法，效果参照图 8-180 和图 8-181。图中圈中的部分就是需要调节光影效果的部分，最后完整效果如图 8-182 所示。

图8-180　需要添加光影部分（一）

图8-181　需要添加光影的部分（二）

（26）到目前为止，包装盒呈现出较为完整的状态，图案与光影形成华丽与精致之感。为了增强立体展示的真实效果，接下来盒面还有一些细节需要添加，如商标和产品信息等。首先来制作包装盒上的模拟商标。方法：选择工具箱中（钢笔工具），画出图 8-183 所示的商标的大体轮廓，然后按快捷键〈Ctrl+Enter〉将其转换为选区，填充为“深灰—黑色”的线性渐变，效果如图 8-184 所示。

图8-182　所有图案添加光影后的效果

（27）接下来添加商标上的文字，标题文字呈弧形排列，因此选择工具箱中的（横排文字工具），并在其设置栏中设置图 8-185 所示的参数（文本参考颜色数值为 CMYK（35，38，95，8））。然后在画面上部输入文本“THE BRASS RELL”，如图 8-186 所示。接下来，单击其设置栏中的（创建文字变形）按钮，在弹出的对话框中设置图 8-187 所示的参数，选择一种“扇形”的变形方式，单击“确定”按钮后，文字自动沿弧形排列，效果如图 8-188 所示。

图8-183　用钢笔工具画出商标轮廓

图8-184　填充为“深灰-黑色”的线性渐变

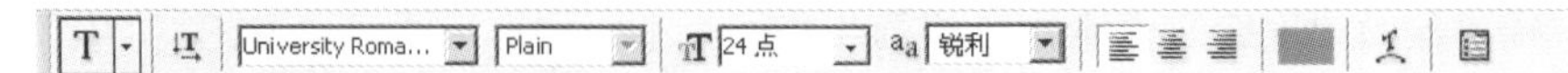

图8-185　文字工具的设置栏

图8-186　输入文本“THE BRASS RELL”

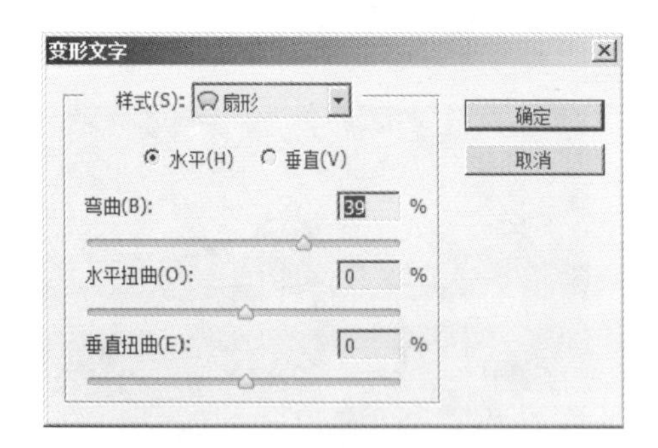

图8-187　“变形文字”对话框

图8-188　文字发生曲线变形的效果

（28）调整文字的大小与形状，并将其移动到商标内部。方法：执行菜单中的“图层｜栅格化｜文字”命令，先将文本转为普通点阵图，这样就可以随意改变文字的形状了。按快捷键〈Ctrl+T〉应用“自由变换”命令，文字周围出现变形控制框，按住〈Ctrl〉键的同时拖动控制框边角的手柄，这样可以任意改变文字的透视效果，使文字与包装盒顶面形成相同的透视关系。调整后的效果如图 8-189 所示。同理，添加商标内的其他文字内容，如图 8-190 所示。

图8-189　调整文字大小与透视关系

图8-190　添加其他文字内容

（29）包装盒的侧面还需要添加详细的商品说明，选择工具箱中的T（横排文字工具），输入图 8-191 所示的文本信息。然后执行菜单中的“窗口｜字符”命令，在打开的“字符”面板中设置图 8-192 所示的参数，将“行距”设置为 18 点，“颜色”为中灰色（参考颜色数值为 CMYK（0，0，0，50））。

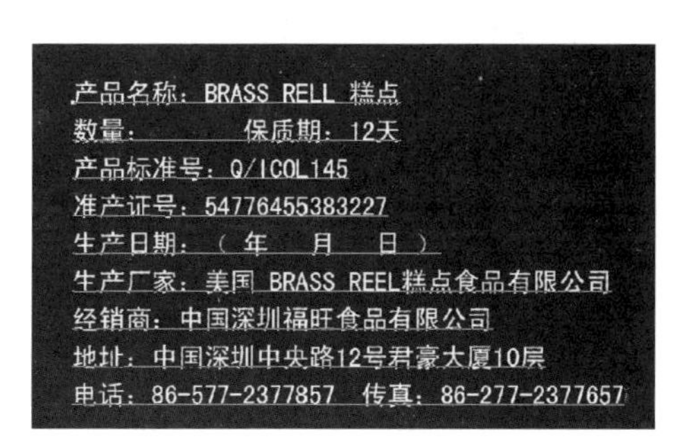

图8-191　输入文本信息

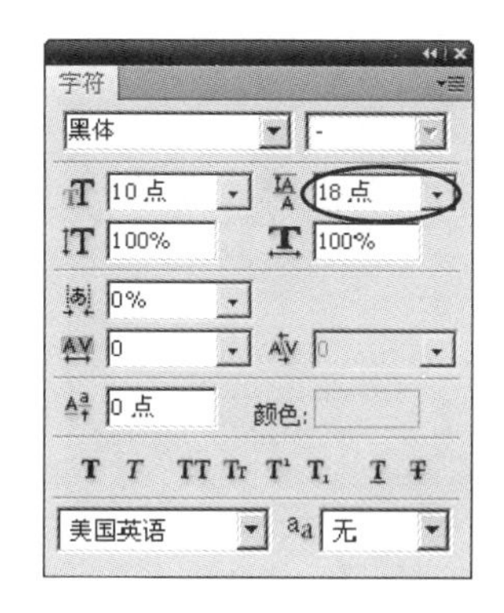

图8-192　设置“字符”面板参数

（30）执行菜单中的“图层 | 栅格化 | 文字”命令，先将文本转为普通点阵图，然后按快捷键〈Ctrl+T〉应用“自由变换”命令，文字周围出现变形控制框，按住〈Ctrl〉键的同时拖动控制框边角的手柄，调整文字的透视效果，使文字与包装盒侧面形成相同的透视关系。调整后的效果如图 8-193 所示。

（31）再将条形码贴入，包装盒侧面信息制作完成。完整效果如图 8-194 所示。

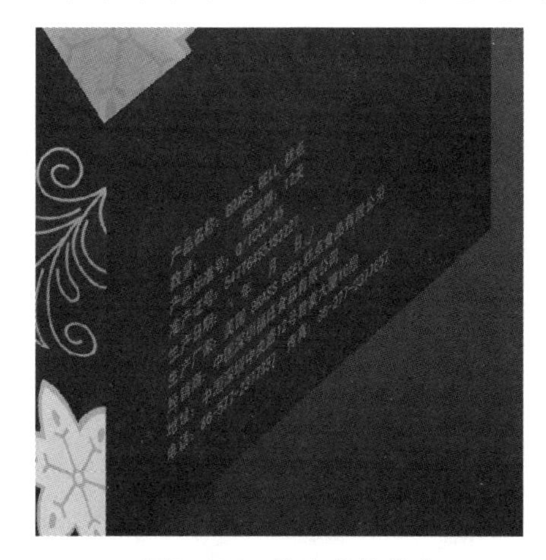

图8-193　输入产品信息

图8-194　包装盒侧面信息制作完成后的效果

（32）本步骤非常重要，可谓本案例中立体造型的画龙点睛之处，也就是制作包装盒边缘的反光。没有经过边缘强调的盒型整体缺乏生气，面的转折以及包装盒的光滑材质都没有得以体现。方法：新创建图层并命名为“转折光线”，然后选择工具箱中的（画笔工具），在其设置栏中设置图 8-195 所示的参数，画笔颜色为白色。接下来，在包装盒边缘的转折处按住〈Shift〉键（画出直线）从上至下拖动鼠标，如图 8-196 所示，转折处被逐渐提亮，形成光滑的反光效果。同样的方法，制作出图 8-197 所示的 4 个方向上的反光线条。

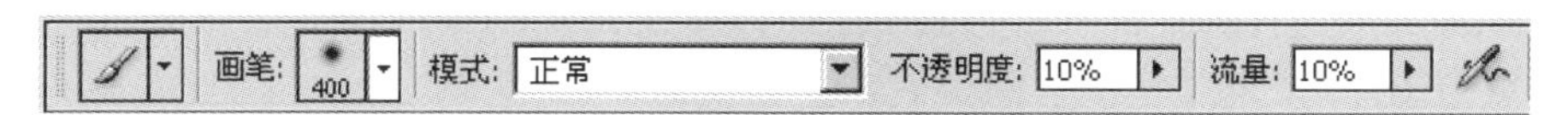

图8-195　画笔工具的设置栏

图8-196　应用画笔工具绘制边缘反光

图8-197　转折处被逐渐提亮，形成光滑的反光效果

（33）当然，描绘反光的工具并不仅限于画笔工具，读者可以开阔思路，采用不同的方式来完成该效果。例如，包装盒内侧面边缘的反光可以采取一种不同的方式来处理，即先用（钢笔工具）绘制出边缘厚度的轮廓（从宽到窄的图形），如图 8-198 所示，然后按快捷键〈Ctrl+Enter〉将其转换为选区，接着利用（画笔工具）在其中涂画上深浅不同的灰色（注意，此处不能只填充为单色），效果如图 8-199 所示。现在，完整的包装盒效果如图 8-200 所示。

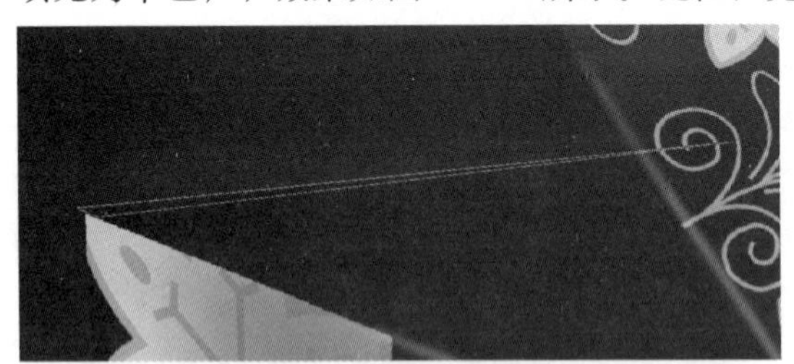

图8-198　用钢笔工具绘制内侧面边缘厚度轮廓

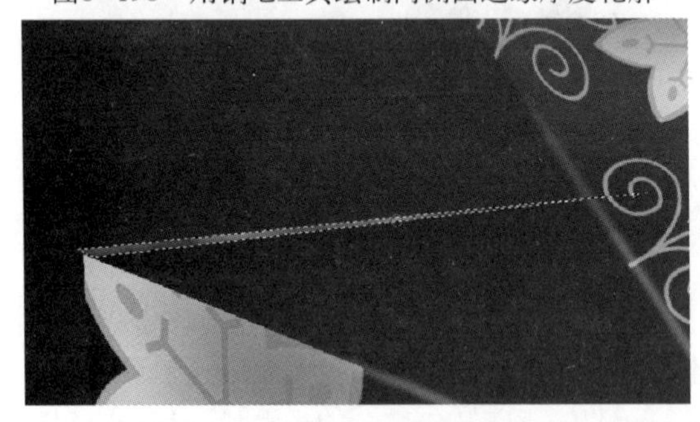

图8-199　用画笔工具填色

图8-200　完整的包装盒效果

（34）既然制作的是包装盒立体展示效果，那么包装盒所处的空间环境就非常重要，目前制作完成的盒子与背景没有联系，因此像是悬浮于空中的孤立的物体，需要添加阴影和水平面的倒影效果，下面先来制作阴影效果。方法：首先在“背景”图层的上方新建一个图层，将其更名为“阴影层”，再选择工具箱中的（画笔工具），设置画笔设置栏中的参数如图 8-201 所示，前景色选取为黑色，在包装盒的右侧和下部绘制出投影（先绘制出投影形状的选区再进行填色也可以），最后效果如图 8-202 所示。

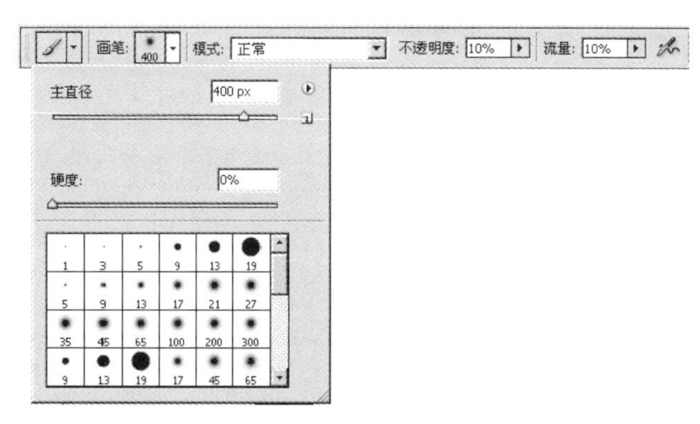

图8-201　设置画笔设置栏中的参数

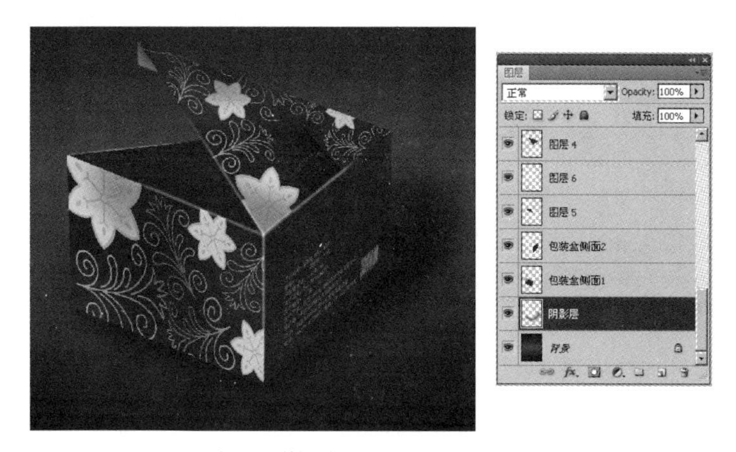

图8-202　在“阴影层”上用画笔工具描绘出投影的效果

（35）下面制作的是包装盒下部的倒影，它仿佛是放置在一个玻璃平面上一样。方法：先在“图层”面板上按〈Shift〉键将包装盒左前方侧面的底图及上面的花纹全部选中，然后按快捷键〈Ctrl+E〉将它们合为一层，更名为“包装盒侧面 1”。接着选择工具箱中的（移动工具），按住〈Alt〉键的同时向下拖动鼠标，侧面图被复制出一份并自动生成一个新图层，将其更名为“包装盒侧面 1 倒影”，如图 8-203 所示。

图8-203　包装盒侧面1倒影

提示

将“包装盒侧面1倒影”层置于“包装盒侧面1”层和“阴影层”的下面。

（36）现在倒影图像与真实图像不存在镜像关系，下面就来解决这个问题。方法：选择“包装盒侧面1倒影”层，执行菜单中的“图像｜调整｜垂直翻转”命令，此时侧面图像进行了垂直翻转，如图8-204所示。然后执行菜单中的“图像｜调整｜斜切”命令，拖动控制手柄，使图像发生变形，如图8-205所示。

图8-204　进行垂直翻转操作

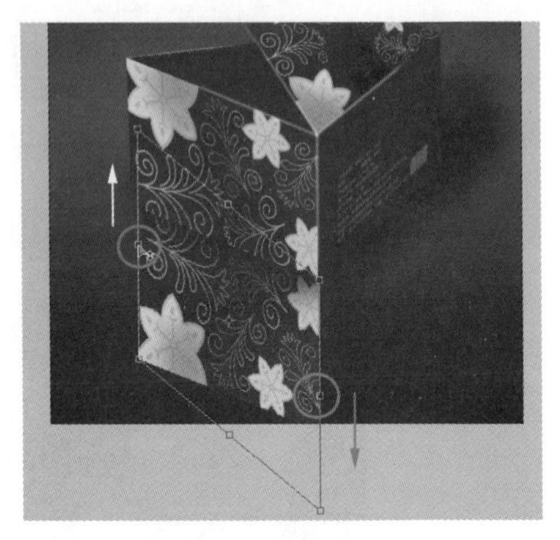

图8-205　应用“斜切”命令使倒影图像发生变形

（37）在“图层”面板上将“包装盒侧面1倒影”的“不透明度”更改为20%，从而得到图8-206所示的半透明倒影。同理，请读者参照图8-207所示的效果制作包装盒右侧面的倒影。为了使倒影的效果更加真实，也可以再进一步修饰。方法：利用工具箱中的（套索工具），在套索工具设置栏中将“羽化”值预设为80像素，圈选出倒影最下部边缘区域。接着，按键盘上的〈Delete〉键将选区内的图像删除，由于羽化值的作用，删除后图像下部边缘自然淡入到背景中。

图8-206　半透明倒影

图8-207　使倒影图像下部边缘自然淡入到背景中

提示

如果一次删除淡入的效果不够明显，可以再按〈Delete〉键删除一次。

（38）至此，包装立体展示效果的制作完毕。同样的思路，可以制作出形态各异的盒子的展示状态。例如，图 8–208 所示为一个六棱柱体形的包装盒，放大局部，如图 8–209 所示，可以看出它完全采用与蓝色盒子相同的手法来制作，但由于侧面数量的增加，因此光影效果和图案拼贴更加烦琐一些。而图 8–210 所示是 3 个不同盒型与结构的包装组合，位于中间的红色包装盒盖比较特殊，边缘为弧形，这部分形状需要利用（钢笔工具）绘制出完美的弧线型。有兴趣的读者可以自己制作另外两种盒型的立体效果。

图8–208　制作出的一个六棱柱体形的包装盒

图8–209　观察它的块面构成和光影效果

图8–210　3个不同盒型与结构的包装组合

2．包装盒平面展开图的绘制

立体展示效果图完成之后，下面制作包装盒的平面展开图，由于该过程涉及较为规范的实线、虚线和几何形状，因此选用 Illustrator CS6 软件来绘制。

（1）启动 Illustrator，执行菜单中的“文件｜新建”命令，在弹出的对话框中设置图 8–211 所示的参数，单击“确定”按钮，从而新建一个文件。再将其存储为“包装盒展开图 .ai”。

（2）利用（钢笔工具）绘制出包装盒展开图的内轮廓，将其“描边”设置为无，“填色”设置为深蓝色（参考颜色数值为 CMYK（100，100，60，35）），效果如图 8–212 所示。

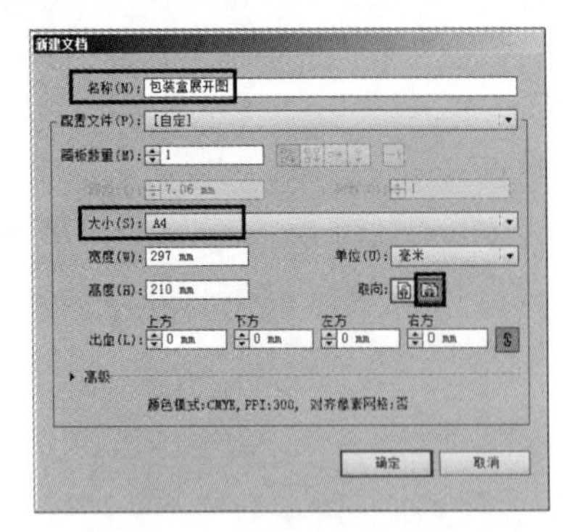

图8-211 “新建文档”对话框

图8-212 用钢笔工具画出包装盒内轮廓，并填充适当颜色

(3) 下面绘制包装盒的外轮廓，主要以线型来表示。方法：选择工具箱中的 (钢笔工具)，在其设置栏中设置如图 8-213 所示的参数，然后依照如图 8-214 所示的形状画出外轮廓。

图8-213 设置钢笔工具设置栏中的参数

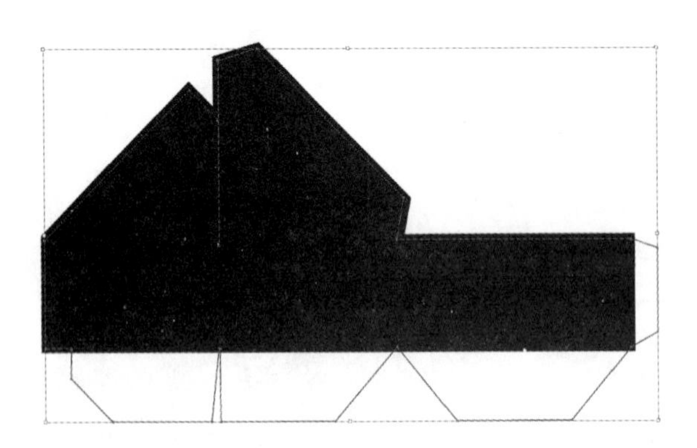
图8-214 根据内轮廓形状画出外轮廓

(4) 包装盒内轮廓向内，下面还需绘制提供折叠位置的虚线部分。方法：选择工具箱中的“钢笔工具”，然后在“描边”面板中设置图 8-215 所示的参数。接着，顺着包装展开图的内轮廓的边缘绘制图 8-216 所示的虚线（为了便于读者看清虚线，这里暂时将背景改为白色）。

(5) 下面在包装盒展开图上添加明亮的图案部分，由于之前在 Illustrator 中已将图案的单元形绘制好了，所以现在只需直接复制过来即可。方法：将之前绘制好的小花和花藤单元图形贴入包装盒，利用 （自由变换工具）调整大小和角度，使其以合适的形态放入包装盒内，如图 8-217 所示。随后将单元图案进行多次复制，直至布满包装盒的整个右侧面，最后利用工具箱中的 （选择工具）将所有的花纹图形都选中，按快捷键〈Ctrl+G〉将它们组成一组，效果如图 8-218 所示。

(6) 由于有的图案已经超出包装盒侧面的边缘，所以还需要把多余的部分清除掉，使图案完全位于包装盒的外形之中。我们用“剪切蒙版”的方式来进行裁切。方法：利用 (矩形工具)绘制一个与这个侧面一样大小的矩形框，将其“填色”和“描边”都设置为无（即转变为纯路径）。然后执行菜单中的“对象｜排列｜置于顶层”命令，将其置于所有图形的最上层，如图 8-219 所示。

接着选择 （选择工具），按住〈Shift〉键依次选择成组的花纹图形与刚才制作的矩形纯路径，然后，执行菜单中的“对象｜剪切蒙版｜建立”命令，超出矩形框之外的多余的花纹被裁掉，效果如图 8-220 所示。

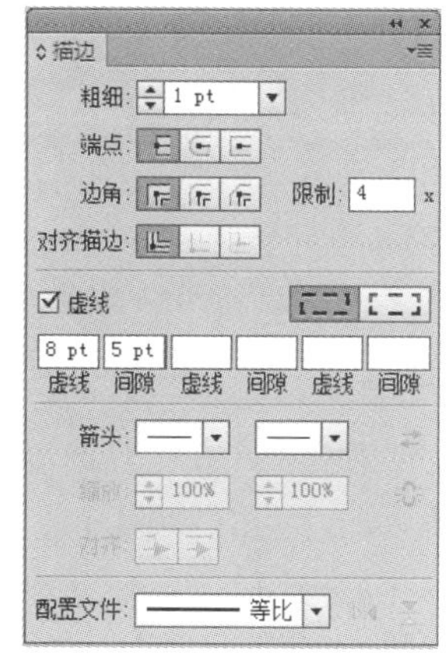

图8-215　设置虚线参数

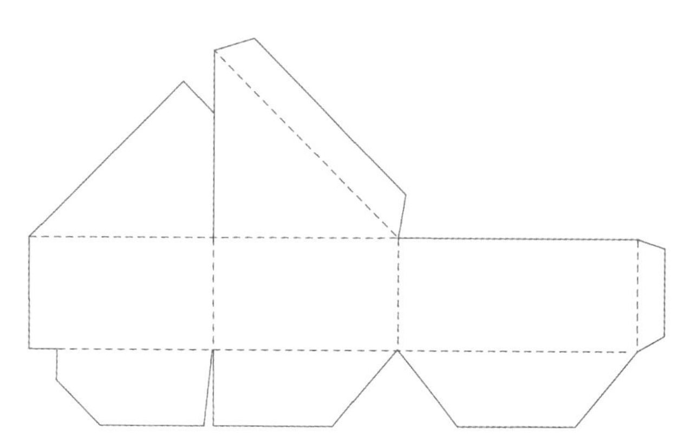

图8-216　绘制参考折叠位置的虚线

图8-217　将绘制好的小花和花藤贴入

图8-218　复制并粘贴单元图案直至布满整个侧面

图8-219　绘制与侧面同样大小矩形路径

图8-220　将矩形框之外的花纹全部裁掉

(7)选中成组的花纹图案，执行菜单中的“对象|排列|后移一层”命令，将其移至黑线的下方，效果如图 8-221 所示。其余两个侧面的图案制作方法与此相同，请读者参照图 8-222 所示的图案效果自行绘制。

图8-221　将图案移至黑线下方

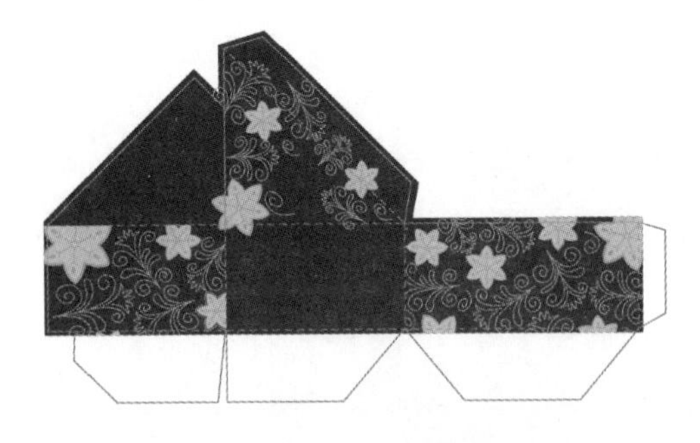

图8-222　整个包装盒面的图案效果

（8）添加商标和文字介绍。方法：选择工具箱中的（矩形工具），绘制如图 8-223 所示的矩形，将其“填色”设置为黑色。然后选择工具箱中的（文字工具），在工具选项栏中设置“字体”为 UniversityRomanLetPlate（读者可以任意选择字体），“字号”为 4 pt，在画面空白处输入文本“THE　BRASS　RELL”。接着，进行文本弧形化的操作。单击工具设置栏上的（制作封套）按钮，在弹出的对话框中设置图 8-224 所示的参数，选择“弧形”变形方式，单击“确定”按钮后，文字自动沿弧形排列，效果如图 8-225 所示。

图8-223　绘制商标黑色的背景

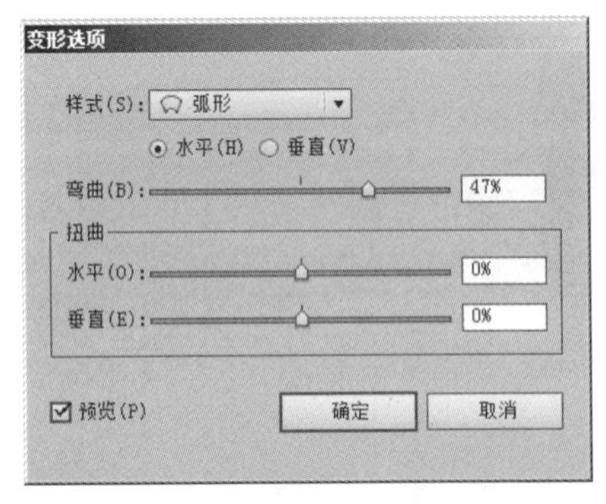

图8-224　在“变形选项”对话框中设置参数

图8-225　文字弧形排列的效果

（9）将文字移到商标内，如图 8-226 所示。然后再输入包装盒面上的其他文字，并将它们分别放置在包装盒展开图相应的位置上，如图 8-227 和图 8-228 所示。

（10）包装盒完成后的效果如图 8-229 所示。由于本书篇幅有限，因此包装盒展开图未涉及精确的尺寸度量，仅仅只是平面设计效果图，读者在工作中碰到制作展开盒型的问题时，必须先经过计算，然后设置精确的参考线和参考图形，再按标准尺寸进行制作。图 8-230 所示为前面提到六棱柱体包装盒的平面展开效果图，在此处以供有兴趣的读者参考。

图8-226　将文字放入商标内

图8-227　输入文字

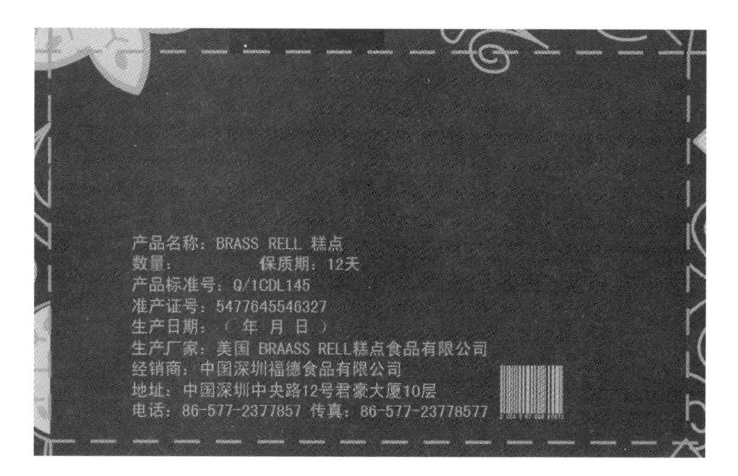

图8-228　输入产品信息

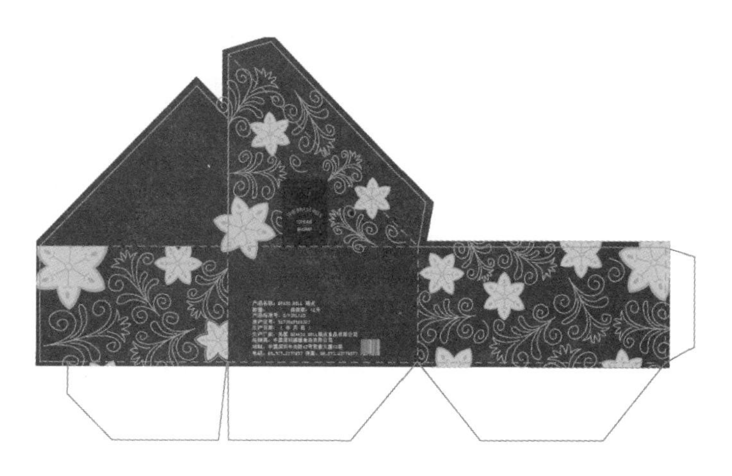

图8-229　包装盒平面展开图最后完成的效果

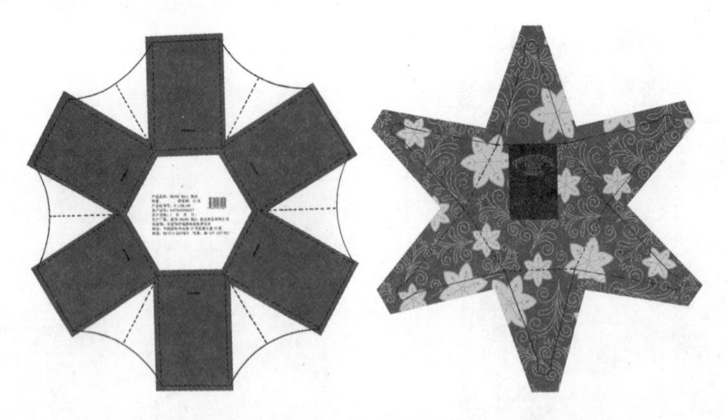

图8-230　前面提及的六棱柱体包装盒的平面展开图

课后练习

1. 制作图 8-231 所示的汽车效果。
2. 制作图 8-232 所示的卡通形象。

图8-231　汽车效果

图8-232　卡通形象